Andreas Rieder

Keine Probleme mit Inversen Problemen

Andreas Rieder

Keine Probleme mit Inversen Problemen

Eine Einführung in ihre stabile Lösung

Bibliografische Information Der Deutschen Bibliothek
Die Deutsche Bibliothek verzeichnet diese Publikation in der Deutschen Nationalbibliografie;
detaillierte bibliografische Daten sind im Internet über <http://dnb.ddb.de> abrufbar.

Prof. Dr. Andreas Rieder
Institut für Praktische Mathematik
Universität Karlsruhe
Kaiserstraße 12
76128 Karlsruhe

E-Mail: andreas.rieder@math.uni-karlsruhe.de

1. Auflage Oktober 2003

Der Vieweg Verlag ist ein Unternehmen der Fachverlagsgruppe BertelsmannSpringer.
www.vieweg.de

Umschlaggestaltung: Ulrike Weigel, www.CorporateDesignGroup.de

Gedruckt auf säurefreiem und chlorfrei gebleichtem Papier.

ISBN-13:978-3-528-03198-5   e-ISBN-13:978-3-322-80234-7
DOI: 10.1007/978-3-322-80234-7

Für

MARTINA

ohne sie gäbe es dieses Buch nicht und nicht so
und für

LARA-SOPHIE

sie wünschte sich, ihr Papa schriebe ein Kinderbuch.

Vorwort

Während die Modellierung und die numerische Simulation technischer, naturwissenschaftlicher, ökonomischer sowie sozialer Prozesse seit langem intensiv untersucht werden, treten in den letzten Jahren vermehrt inverse Aufgabenstellungen in den Vordergrund. Zum Beispiel zur Erzeugung ultrakurzer Laserimpulse in der Hochfrequenztechnik. Hierfür werden Kristallspiegel benötigt mit vorgegebener Reflektivität und Dispersion. Wie kann das Design solcher Spiegel gelingen? Dazu muss aus dem beobachtbaren Abstrahlverhalten von Kristallen auf deren innere, nicht zugängliche Struktur geschlossen werden. Das ist das inverse Problem. Das zugehörige direkte Problem lautet: Wie durchläuft ein Laserimpuls einen Kristallspiegel mit bekannter innerer Struktur?

Ein inverses Problem liegt immer dann vor, wenn aus einer beobachtbaren Wirkung auf deren unzugängliche Ursache geschlossen werden muss. Inverse Probleme haben leider oft die unangenehme Eigenschaft schlecht gestellt zu sein. Salopp gesprochen wehren sie sich dagegen, durch Standardverfahren der Numerischen Mathematik gelöst zu werden. Die Schwierigkeiten rühren von einer Instabilität her: Kleine Fehler in der beobachteten Wirkung, hervorgerufen z.B. durch unvermeidbare Messfehler, ziehen große Fehler in den zugehörigen Ursachen nach sich. Dieser Hang zur Fehlerverstärkung muss im Lösungsprozess berücksichtigt werden, ansonsten werden unbrauchbare Ergebnisse erzielt.

Schlecht gestellte Probleme bedürfen einer Stabilisierung, die Regularisierung genannt wird: Das schlecht gestellte Problem wird durch ein eng verwandtes Problem ersetzt, das stabil lösbar ist. Wie dies zu erreichen ist, was dabei beachtet werden soll, ist Inhalt des vorliegenden Lehrbuchs. Es beginnt mit einer Beispielsammlung zur Einstimmung, die die Relevanz inverser und schlecht gestellter Aufgaben verdeutlicht und ihre abstrakte Definition erleichtert.

Inverse Probleme führen auf Gleichungen mit Operatoren, deren Bilder beliebig nahe zusammen liegen können, obwohl die Urbilder weit auseinander liegen. Typische Vertreter dieser Gattung sind die linearen kompakten Operatoren zwischen Hilberträumen, die in diesem Buch als Prototypen dienen werden. In Kapitel 2 lege ich die theoretischen Fundamente, die im zentralen Kapitel 3 über allgemeine Regularisierungsverfahren benötigt werden. In den darauf folgenden zwei Kapiteln behandle ich spezielle Klassen von Regularisierungsverfahren, das sind die Tikhonov–Phillips- und die iterativen Regularisierungen. Einen beträchtlichen Teil des Buchs habe ich den Aspekten der Diskretisierung gewidmet (Kapitel 6). Eine solides theoretisches Wissen ist unabdingbar, aber ich möchte Ihnen auch vermitteln, wie Sie die Lösung eines schlecht gestellten Problems stabil berechnen können. Neben den klassischen Projektionsverfahren präsentiere ich hier ein neues numerisches Schema, die Approximative Inverse, das flexibel der speziellen Anwendung angepasst werden kann. Ohne Kapitel 7 über nichtlineare schlecht gestellte Probleme wäre dieses Buch unvollständig. Nach einer kurzen

grundlegenden Einführung gehe ich auf zwei Verfahrensklassen im Detail ein:
Die nichtlineare Version der Tikhonov–Phillips-Regularisierung sowie Iterationen
vom Newton-Typ, wobei ich besonderen Wert lege auf die numerisch effizienten,
die sogenannten inexakten Verfahren. Zur Abrundung der Darstellung stelle ich
Begriffe und Ergebnisse der Funktionalanalysis, deren Kenntnis ich voraussetze,
in einem Anhang zusammen (Kapitel 8). Vor Beginn der Lektüre sollten Sie einen
Blick hinein werfen.

Bei der Konzeption dieses Lehrbuchs leiteten mich folgende Motive: Die
Theorie soll an zahlreichen Beispielen verdeutlicht werden, wenn immer möglich
aus praktischen Anwendungen stammend. Aus persönlichen Neigungen fiel
die Wahl auf tomographische Verfahren der Medizintechnik. So wird Sie die
Radon-Transformation, das mathematische Modell der 2D-Computer-Tomogra-
phie, durch die Kapitel begleiten. Des Weiteren lag mir am Herzen, theoreti-
sche Vorhersagen auch im numerischen Experiment zu reproduzieren. Zu den
meisten vorgestellten Algorithmen finden Sie deswegen ausführliche Computer-
Experimente. Damit Sie die Korrektheit der Ergebnisse überprüfen sowie eige-
ne Experimente durchführen können, stelle ich meine MATLAB-Programme* im
Online-Service zu diesem Buch bereit. Unter der URL

```
www.mathematik.uni-karlsruhe.de/~rieder/online-service.html
```

finden Sie die entsprechenden Dateien sowie weitere Informationen und interessante Links.

Dieses Lehrbuch entstand aus Vorlesungen, die ich an den Universitäten in
Saarbrücken und Karlsruhe gehalten habe. Beim Schreiben wurde mein ursprüng-
liches Manuskript immer üppiger, so dass für eine einführende vierstündige Vor-
lesung eine Themenauswahl getroffen werden muss. Ich empfehle den Stoff aus
den Kapiteln 1, 2.1–2.4, 3.1–3.4 (mit kurzem Blick auf 3.5 und 3.6), 4, 5, 6.1 (mit
Hinweis auf 6.2) sowie 7 (7.4 und 7.5.3 im Kurzstil). Bei Bedarf kann innerhalb
der Abschnitte weiter ausgedünnt werden durch Verzicht auf ein Beispiel oder
einen Beweis.

Es ist ein schöner Brauch, am Ende des Vorworts denjenigen zu danken, die zum
Gelingen des Buchs direkt oder indirekt beigetragen haben. Ohne die langjährige
Unterstützung und Förderung durch meinen Lehrer, Herrn Prof. Dr. A.K. Louis,
wäre ich nicht in der Lage gewesen, dieses Buch zu schreiben. Meinem Gastge-
ber im Rahmen eines Feodor Lynen-Forschungsstipendiums der Alexander von
Humboldt-Stiftung, Herrn Prof. Dr. R.O. Wells, Jr., verdanke ich u.A. wertvolle
Anregungen und Hinweise zum Verfassen mathematischer Texte.

Meine Darstellung hat in manchen Details von Diskussionen profitiert mit
meinen Karlsruher Kollegen, den Herren Professoren A. Kirsch, R. Lemmert und
L. Weis. Danken möchte ich auch Herrn cand. math. S. Gemmrich für die Hilfe
bei den MATLAB-Implementierungen sowie Herrn Dr. V. Dicken für die freundli-
che Überlassung seiner SPECT-Rekonstruktionen (Bild 7.2).

---

* MATLAB ist ein eingetragenes Warenzeichen von The MathWorks, Inc. (www.mathworks.de).
  Bei MATLAB handelt es sich um ein interaktives Programmsystem mit hoher Numerik- und
  Graphik-Funktionalität. Eingesetzt wird MATLAB sowohl im Hochschulbereich als auch in der
  Industrie.

Ein tief empfundener Dank geht an meine Frau, Dr. Martina Bloß-Rieder. Sie hat nicht nur mein Manuskript in eine erste LATEX-Version gebracht, sondern hat auch die mühevolle und undankbare Aufgabe des Korrekturlesens übernommen. Dabei hat sie mich wiederholt bei Ungenauigkeiten und Unstimmigkeiten erwischt, die sie nicht durchgehen ließ, was der Lesbarkeit des Buchs zu Gute kam. Verbliebene Fehler und holprige Formulierungen sind selbstverständlich einzig mir anzulasten.

Maximiliansau, im Juli 2003

Andreas Rieder

P.S. Bevor Sie mit dem – manchmal beschwerlichen – Studium dieses Buchs beginnen, möchte ich Sie – quasi als Lockerungsübung – mit einem Stück Weltliteratur *über* Mathematik erfreuen. Mit solch einer Eleganz kann wohl nur ein Nobelpreisträger sein bewunderndes Erstaunen in Worte fassen:

„Nein", rief er, „heute dürfen Sie keine Algebra treiben, Fräulein Imma, oder im luftleeren Raume spielen, wie Sie es nennen! Sehen Sie doch die Sonne! ...Darf ich...?" Und er trat zum Tischchen und nahm das Kollegheft zur Hand.

Was er sah, war sinnverwirrend. In einer krausen, kindlich dick aufgetragenen Schrift, die Imma Spoelmanns besondere Federhaltung erkennen ließ, bedeckte ein phantastischer Hokuspokus, ein Hexensabbat verschränkter Runen die Seiten. Griechische Schriftzeichen waren mit lateinischen und mit Ziffern in verschiedener Höhe verkoppelt, mit Kreuzen und Strichen durchsetzt, ober- und unterhalb waagrechter Linien bruchartig aufgereiht, durch andere Linien zeltartig überdacht, durch Doppelstrichelchen gleichgewertet, durch runde Klammern zusammengefaßt, durch eckige Klammern zu großen Formelmassen vereinigt. Einzelne Buchstaben, wie Schildwachen vorgeschoben, waren rechts oberhalb der umklammerten Gruppen ausgesetzt. Kabbalistische Male, vollständig unverständlich dem Laiensinn, umfaßten mit ihren Armen Buchstaben und Zahlen, während Zahlenbrüche ihnen voranstanden und Zahlen und Buchstaben ihnen zu Häupten und Füßen schwebten. Sonderbare Silben, Abkürzungen geheimnisvoller Worte waren überall eingestreut, und zwischen den nekromantischen Kolonnen standen Sätze und Bemerkungen in täglicher Sprache, deren Sinn gleichwohl so hoch über allen menschlichen Dingen war, daß man sie lesen konnte, ohne mehr davon zu verstehen als von einem Zaubergemurmel.

Klaus Heinrich sah auf zu der kleinen Gestalt, die in schillerndem Kleide, behangen von den schwarzen Gardinen ihres Haares, neben ihm stand und in deren fremdartigem Köpfchen dies alles Sinn und hohes, spielendes Leben hatte. Er sagte: „Und über diesen gottlosen Künsten wollen Sie den schönen Vormittag versäumen?"

Thomas Mann, *Königliche Hoheit*

Inhaltsverzeichnis

5 Iterative Regularisierungen · 106

5.1	Landweber-Verfahren	106
5.2	Semi-iterative Verfahren	115
	5.2.1 Die ν-Methoden	119
5.3	Das Verfahren der konjugierten Gradienten (cg-Verfahren)	121
	5.3.1 Herleitung	122
	5.3.2 Historische Herleitung des cg-Verfahren	126
	5.3.3 cg-Polynome und ihre Orthogonalität	128
	5.3.4 Stabilität und Konvergenz	132
	5.3.5 Das Diskrepanzprinzip	137
	5.3.6 Anzahl der Iterationen	146
5.4	Übungsaufgaben	149

6 Diskretisierung und Regularisierung · 153

6.1	Projektionsverfahren	153
	6.1.1 Diskretisierung durch Projektionsverfahren	153
	6.1.2 Konvergenz von Projektionsverfahren	156
	6.1.2.1 Anwendung der Fehlerquadratmethode auf die Symmsche Integralgleichung	161
	6.1.3 Regularisierung durch Projektionsverfahren	163
	6.1.3.1 Ein numerisches Experiment zur Fehlerquadratmethode	166
6.2	Regularisierung von Projektionsverfahren	171
	6.2.1 Ein Diskrepanzprinzip für lineare Verfahren	173
	6.2.2 Ein Diskrepanzprinzip für das cg-Verfahren	182
	6.2.3 Numerische Experimente	188
	6.2.4 Gebrochene Potenzen von Operatoren: Normabschätzungen	190
6.3	Semi-diskrete Probleme: Die Approximative Inverse	195
	6.3.1 Einführende Betrachtungen	195
	6.3.2 Konvergenz und Stabilität	202
	6.3.3 Anwendung der Approximativen Inversen auf die Tomographie	208
	6.3.3.1 Konvergenz und Stabilität	208
	6.3.3.2 Algorithmus der gefilterten Rückprojektion	213
6.4	Übungsaufgaben	219

7 Nichtlineare schlecht gestellte Probleme · 223

7.1	Lokale Schlechtgestelltheit	223
7.2	Fréchet-Differenzierbarkeit	228
7.3	Charakterisierung nichtlinearer schlecht gestellter Probleme	232
7.4	Nichtlineare Tikhonov–Phillips-Regularisierung	240
7.5	Iterative Methoden vom Newton-Typ	247
	7.5.1 Das nichtlineare Landweber-Verfahren	248
	7.5.2 Regularisierungen vom Gauß–Newton-Typ	249

Symbolverzeichnis

$\mathbb{N}, \mathbb{N}_0$	Menge der natürlichen Zahlen, $\mathbb{N}_0 = \mathbb{N} \cup \{0\}$
$\mathbb{Z}$	Menge der ganzen Zahlen
$\mathbb{R}, \mathbb{R}_{\geq 0}$	Körper der reellen Zahlen, $\mathbb{R}_{\geq 0} = [0,\infty[$
$\mathbb{C}$	Körper der komplexen Zahlen
$\mathbb{K}$	wahlweise $\mathbb{R}$ oder $\mathbb{C}$
X^n	n-faches Cartesisches Produkt der Menge bzw. des Raums X
$\ell^2(\mathbb{N})$	Hilbertraum der quadratsummierbaren Folgen
$L^2(G)$	Hilbertraum der quadratintegrierbaren Funktionen über dem Gebiet G: $L^2(G) = \{f : G \to \mathbb{C} \mid \int_G \lvert f(x)\rvert^2 \mathrm{d}x < \infty\}$
$L^\infty(G)$	Banachraum der wesentlich beschränkten Funktionen
$\mathcal{C}^k(\Omega)$	Banachraum der k-mal stetig differenzierbaren Funktionen mit beschränkten Ableitungen in der offenen Menge $\Omega \subset \mathbb{R}^d$
$\langle \cdot,\cdot \rangle_X,\ \lVert \cdot \rVert_X$	Skalarprodukt und induzierte Norm des Hilbertraums X
$\mathcal{L}(X,Y),\ \mathcal{L}(X)$	Raum der stetigen linearen Abbildungen zwischen den normierten Räumen X und Y mit Norm $\lVert A \rVert = \lVert A \rVert_{X \to Y} = \sup_{\lVert x \rVert_X = 1} \lVert Ax \rVert_Y$, $\mathcal{L}(X) = \mathcal{L}(X,X)$
$\mathcal{K}(X,Y),\ \mathcal{K}(X)$	$\mathcal{K}(X,Y) = \{A \in \mathcal{L}(X,Y) \mid A \text{ ist kompakt}\}$, $\mathcal{K}(X) = \mathcal{K}(X,X)$ (Seite 24)
$X_\nu,\ \lVert \cdot \rVert_\nu$	von $A \in \mathcal{L}(X,Y)$ abhängiger Teilraum von X: $X_\nu = \mathcal{R}(\lvert A\rvert^\nu)$, Norm in X_ν (Seite 56)
$X_l,\ \mathcal{Y}_l$	endlichdimensionale Teilräume von X bzw. Y (Seite 153)
$\{(\sigma_j; v_j, u_j)\}_{j \in \mathbb{N}}$	singuläres System von $A \in \mathcal{K}(X,Y)$ (Seite 31)
$\mathcal{D}(A)$	Definitionsbereich des Operators A
$\mathcal{N}(A)$	Nullraum (Kern) des Operators $A : X \to Y$: $\mathcal{N}(A) = \{x \in X \mid Ax = 0\}$
$\mathcal{R}(A)$	Bildraum des Operators $A : X \to Y$: $\mathcal{R}(A) = \{Ax \mid x \in X\}$
$\sigma(A)$	Spektrum von $A \in \mathcal{L}(X)$ (Seite 29)
A^{-1}	Inverse der Abbildung A
A^t	Transponierte der Matrix A
A^*	zu $A \in \mathcal{L}(X,Y)$ adjungierter Operator: $\langle Ax,y \rangle_Y = \langle x, A^*y \rangle_X$
A^+	verallgemeinerte Inverse von $A \in \mathcal{L}(X,Y)$ (Seite 22)
$\lvert A \rvert^\nu$	gebrochene Potenz von A^*A: $\lvert A \rvert^\nu = (A^*A)^{\nu/2}$ (Seite 35)
A_l	projizierter Operator: $A_l = P_l A Q_l$ (Seite 153)

$P_M \in \mathcal{L}(X)$	Orthogonalprojektor auf den abgeschlossenen Unterraum M des Hilbertraums X
P_l, Q_l	Orthogonalprojektoren: $P_l = P_{\mathcal{X}_l}$, $Q_l = Q_{\mathcal{Y}_l}$
I	Einheitsmatrix, Einheitsoperator
$\mathbf{A}_l$	Koordinatendarstellung von A_l (Seite 154)
$\mathbf{G}_{\Phi_l}$, $\mathbf{G}_{\Psi_l}$	Gramsche Matrizen (Seite 154)
R_t, R_m	Regularisierungsverfahren (Seite 53)
F_t, F_m	Filter (Seite 62)
p_t, p_m	Residuenfunktion, Residuenpolynom: $p_t(\lambda) = 1 - \lambda\, F_t(\lambda)$
E_ν, e_ν	schlimmster Fehler, bester schlimmster Fehler (Seite 58)
$\overline{M}$ ($\overline{M}^{\|\cdot\|}$)	Abschluss der Menge M (bez. der Norm $\|\cdot\|$)
$M^\perp$	Orthogonalraum der Menge M
$\text{int}(M)$	offener Kern (Inneres) der Menge M
S^{d-1}	Einheitssphäre im $\mathbb{R}^d$
$B_r(x) \subset X$,	Kugel um x mit Radius r: $B_r(x) = \{y \in X \,|\, \|y - x\|_X < r\}$
Π_m	Raum der Polynome vom Maximalgrad m
Π_m^0	$\{p \in \Pi_m \,|\, p(0) = 1\}$
T_m	Tschebyscheff-Polynome 1. Art (Seite 42)
U_m	Tschebyscheff-Polynome 2. Art (Seite 40)
$P_m^{(\alpha,\beta)}$	Jacobi-Polynome (Seite 45)
$O(\cdot)$, $o(\cdot)$	Landau-Symbole: $f(t) = O(g(t))$ für $t \to t_0$, falls es eine Konstante C gibt, so dass $|f(t)| \le C\,|g(t)|$ ist in einer Umgebung von t_0; $f(t) = o(g(t))$, falls $\lim_{t \to t_0} |f(t)/g(t)| = 0$
δ	Dirac-Distribution
$\delta_{i,j}$	Kronecker-Symbol: $\delta_{i,j} = 1$ für $i = j$ und $\delta_{i,j} = 0$ ansonsten
$\omega(\varphi)$, $\omega^\perp(\varphi)$	Einheitsvektoren im $\mathbb{R}^2$ zum Winkel φ (Seite 3)
$\times$	Cartesisches Produkt
$\oplus$	direkte Summe
$\lfloor\cdot\rfloor$	Gauß-Klammer: $x \in \mathbb{R} \Rightarrow \lfloor x \rfloor \in \mathbb{Z}$ mit $\lfloor x \rfloor \le x < \lfloor x \rfloor + 1$
$\Longrightarrow$, $\Longleftrightarrow$	Implikationspfeile: $A \Longrightarrow B$, aus A folgt B; $A \Longleftrightarrow B$, A und B implizieren sich wechselseitig
$\text{supp}\, f$	Träger der Funktion f: Abschluss der Menge $\{x \,|\, f(x) \ne 0\}$
χ_D	charakteristische Funktion der Menge D: $\chi_D(x) = 1$ für $x \in D$ und $\chi_D(x) = 0$ ansonsten
$\text{span}\{v_1,\dots,v_n\}$	lineare Hülle von $\{v_1,\dots,v_n\}$ (Menge der Linearkombinationen aus $\{v_1,\dots,v_n\}$)
$\mathbf{R}$	Radon-Transformation (Seite 4)
∇, div, Δ	Gradient, Divergenz (Seite 5), Laplace-Operator (Seite 6)

1 Einführung: Was ist ein inverses Problem?

Unter einem *inversen Problem* verstehen wir das

Schließen von einer beobachteten WIRKUNG auf deren URSACHE.

Bei einem *direkten Problem* wird die Wirkung aus der Ursache ermittelt. Unsere abstrakte Charakterisierung wollen wir nun anhand konkreter Situationen erläutern.

1.1 Computer-Tomographie

Die Computer-Tomographie erlaubt Ärzten einen Einblick in das Körperinnere ohne einen operativen Eingriff. Dieses Diagnoseverfahren liefert Schnittbilder durch den menschlichen Körper. Es wird somit dieselbe Information zur Verfügung gestellt, die man erhalten würde, könnte man eine Scheibe aus dem Körper herausschneiden und von oben darauf blicken. Das zugrunde liegende physikalische Prinzip ist recht einfach. Die verschiedenen Gewebetypen (Leber, Lunge, Herz, Knochen usw.) weisen unterschiedliche Dichten auf. Die Photonen eines Röntgenstrahls, der von der einen Körperseite aus durch den Körper dringt, werden daher je nach Gewebetyp unterschiedlich stark absorbiert. Mit Hilfe eines Detektors werden die auf der anderen Seite austretenden Photonen gezählt, siehe Bild 1.1. Steht diese Information von vielen Röntgenstrahlen zur Verfügung, die eine Schnittebene des Körpers möglichst gleichmäßig von allen Richtungen überdecken, dann kann die Dichteverteilung des Körpers in dieser Ebene rekonstruiert werden.

Das inverse Problem der Computer-Tomographie besteht also darin, aus der Abminderung von Röntgenstrahlen beim Durchgang durch den Körper (gemessene Wirkung) auf die Dichteverteilung des Körpers (Ursache der Abminderung) zu schließen.

Wir leiten nun ein mathematisches Modell für die Computer-Tomographie her, das für einen Strahl L die Beziehung herstellt zwischen emittierter Intensität $\mathcal{J}_0$, der Intensität $\mathcal{J}_1$ nach Durchgang durch das Objekt und der Dichte f des Objekts. Dazu analysieren wir den in Bild 1.2 skizzierten Sachverhalt. Der Einfachheit halber nehmen wir an, dass wir Objekte einer endlichen Ausdehnung untersuchen, die nach einer eventuellen Skalierung im Einheitskreis Ω um den Koordinatenursprung liegen. Für die gesuchte Dichtefunktion f gilt dementsprechend:

$$f(x) = 0, \quad \text{falls } x = (x_1, x_2)^t \notin \Omega \subset \mathbb{R}^2. \tag{1.1}$$

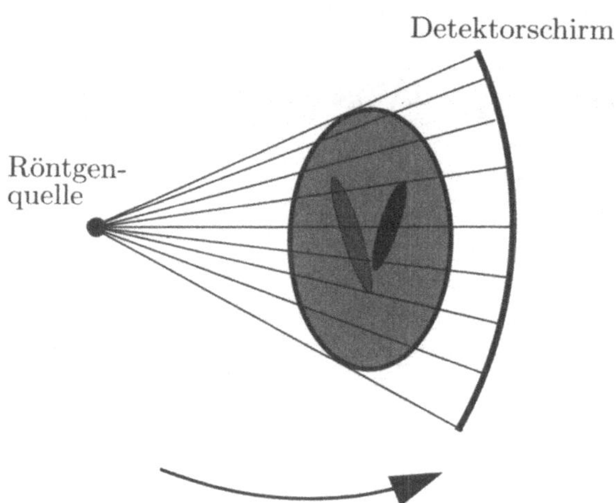

Bild 1.1: Prinzip eines Scanners. Die Röntgenquelle emittiert einen Fächer von Strahlen, die den Körper durchdringen. Auf der gegenüberliegenden Seite zählen Detektoren die ankommenden Photonen pro Strahl. Diese Messung wird für verschiedene Quellpositionen rund um den Körper durchgeführt.

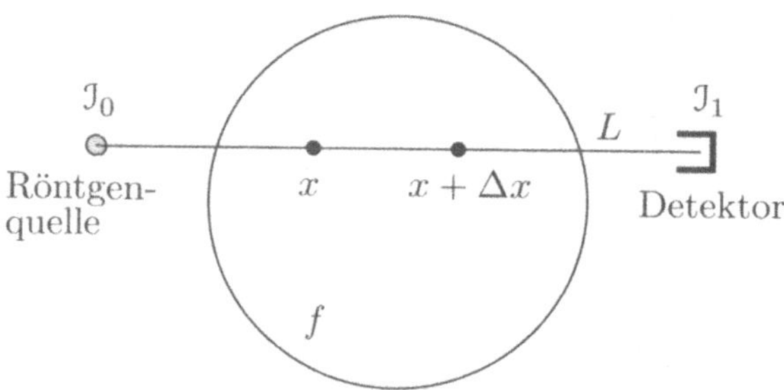

Bild 1.2: Die emittierte Intensität ist $\mathfrak{I}_0$. Nach Durchgang durch das Objekt mit Dichte f entlang des Strahls L wird die Intensität $\mathfrak{I}_1$ am Detektor gemessen.

In Näherung gilt folgende physikalische Gesetzmäßigkeit. Die Abnahme der Intensität von x zu $x + \Delta x$ ist proportional zum Produkt aus der zurückgelegten Strecke $\|\Delta x\|$ und der im Punkt x vorhandenen Intensität $\mathfrak{I}_L(x)$. Der Proportionalitätsfaktor ist die Dichte in x:

$$\mathfrak{I}_L(x + \Delta x) - \mathfrak{I}_L(x) = -f(x)\,\|\Delta x\|\,\mathfrak{I}_L(x). \tag{1.2}$$

Die obige Gleichung muss asymptotisch in Sinne von $\|\Delta x\| \to 0$ verstanden werden. Zur Herleitung der Beziehung (1.2) sind wir implizit von einer geradlinigen Ausbreitung eines Röntgenstrahls ausgegangen. Bei Dichten, wie sie im menschlichen Körper herrschen, handeln wir uns dabei einen vertretbaren Modellfehler

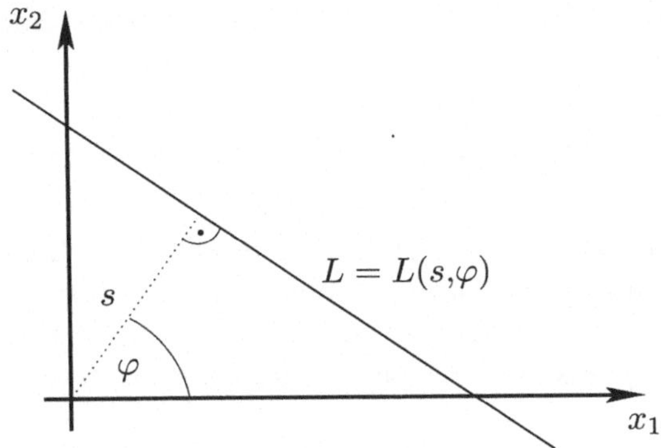

Bild 1.3: Parametrisierung des Röntgenstrahls.

ein, der durch geeignete Maßnahmen an den Detektoren korrigiert werden kann, siehe z.B. DÖSSEL [30].

Nun parametrisieren wir den Weg L des Röntgenstrahls durch zwei Parameter s und φ wie in Bild 1.3 dargestellt, d.h. $L = L(s,\varphi)$. Dabei gibt s den Abstand von L zum Ursprung an und φ ist der Winkel zwischen dem Lot vom Ursprung auf L und der x_1-Achse.

Mit den Einheitsvektoren

$$\omega(\varphi) = (\cos\varphi, \sin\varphi)^t \quad \text{und} \quad \omega^{\perp}(\varphi) = (-\sin\varphi, \cos\varphi)^t \qquad (1.3)$$

sowie der Parametrisierung $\gamma(t) = s\,\omega(\varphi) + t\,\omega^{\perp}(\varphi)$ erhalten wir $L(s,\varphi) = \{\gamma(t)\,|\,t \in \mathbb{R}\}$. Seien τ und $\tau + \Delta\tau$, $\Delta\tau > 0$, die Parameterwerte von x und $x + \Delta x$, dann haben wir

$$x = \gamma(\tau), \quad x + \Delta x = \gamma(\tau + \Delta\tau) \quad \text{sowie} \quad \|\Delta x\| = \Delta\tau.$$

Die Beziehung (1.2) schreiben wir damit um in

$$-f(\gamma(\tau))\,\Im_L(\gamma(\tau)) = \frac{\Im_L(\gamma(\tau + \Delta\tau)) - \Im_L(\gamma(\tau))}{\Delta\tau} \qquad (1.4)$$

und lassen darin $\Delta\tau$ gegen Null gehen. Das bedeutet, dass der Punkt $x + \Delta x$ auf L gegen x konvergiert. Da der Differenzenquotient auf der rechten Seite von (1.4) gegen die entsprechende Ableitung geht, erhalten wir

$$-f(\gamma(\tau))\,\Im_L(\gamma(\tau)) = \frac{\mathrm{d}}{\mathrm{d}t}\,\Im_L(\gamma(t))\big|_{t=\tau}$$

und hieraus

$$f(\gamma(\tau)) = -\frac{\mathrm{d}}{\mathrm{d}t}\,\ln\Im_L(\gamma(t))\big|_{t=\tau}. \qquad (1.5)$$

Integrieren wir beide Seiten über τ von der Röntgenröhre τ_{RR} bis zum Detektor τ_D, dann ergibt sich schließlich

$$\int_{\tau_{RR}}^{\tau_D} f(\gamma(\tau))\,d\tau = -\ln \mathfrak{I}_1 + \ln \mathfrak{I}_0 = \ln(\mathfrak{I}_0/\mathfrak{I}_1)\,.$$

Der Mittelwert der Dichte f längs L entspricht dem Logarithmus aus dem Verhältnis von Eingangs- zu Ausgangsintensität. In seiner mathematischen Formulierung reduziert sich das inverse Problem der Computer-Tomographie auf die Rekonstruktion von f aus der Kenntnis seiner Linienintegrale über alle Strahlen, die Ω durchlaufen.

Wir definieren die zweidimensionale *(2D)-Radon-Transformation* $\mathbf{R}$, die einer Funktion f ihre Linienintegrale zuordnet, d.h.

$$\mathbf{R}f(s,\varphi) = \int_{\mathbb{R}} f\big(\underbrace{s\,\omega(\varphi) + t\,\omega^{\perp}(\varphi)}_{=\,\gamma(t)}\big)\,dt. \qquad (1.6)$$

Mit der Radon-Transformation schreibt sich das Rekonstruktionsproblem der 2D-Computer-Tomographie als eine Integralgleichung. Zu den gemessenen Daten

$$g(s,\varphi) = \ln \frac{\mathfrak{I}_0(s,\varphi)}{\mathfrak{I}_1(s,\varphi)}$$

suchen wir eine Dichtefunktion, die diese Daten verursacht. Wir suchen also ein f, für das die Gleichung

$$\mathbf{R}f(s,\varphi) = g(s,\varphi) \qquad (1.7)$$

erfüllt ist.

Für eine Einführung in die mathematischen Aspekte der Computer-Tomographie verweisen wir auf das Buch [95] von NATTERER. Die technische Seite wird in dem schon erwähnten Buch [30] von DÖSSEL dargestellt.

1.2   Impedanz-Tomographie

Ziel der Impedanz-Tomographie ist die Ermittlung des elektrischen Widerstands der Körperorgane (der elektrische Widerstand wird auch Impedanz genannt, daher die Namensgebung). Eine mögliche Anwendung der Impedanz-Tomographie liegt in der Überwachung von Patienten nach einer Transplantation. So ändert eine transplantierte Niere ihren elektrischen Widerstand lange bevor sie vom Körper als Fremdorgan abgestoßen wird. Durch ein frühzeitiges Erkennen der Abstoßreaktion können lebensbedrohende Komplikationen vermieden werden.

Den Messaufbau bei der Impedanz-Tomographie stellt Bild 1.4 schematisch dar. Ein Gürtel von Elektroden wird um den Körper befestigt. Dann wird an

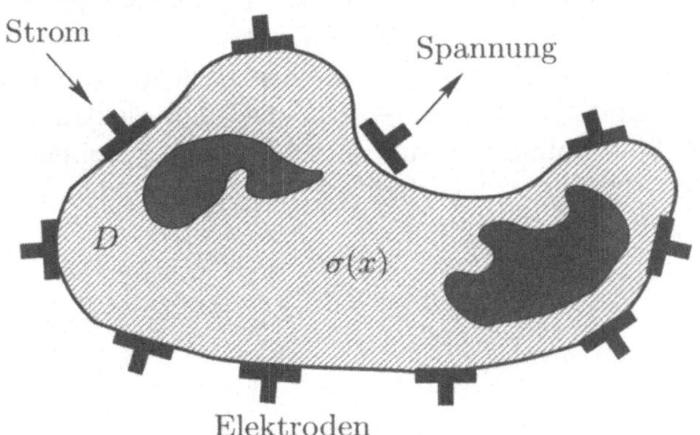

Bild 1.4: Messaufbau bei der Impedanz-Tomographie. An allen Elektroden wird reihum Strom angelegt und an den anderen die sich einstellende Spannung gemessen.

einer Elektrode Strom angelegt und an allen anderen die sich einstellende Spannung gemessen. Die Messung wird solange wiederholt, bis an allen Elektroden Strom angelegt worden ist. Wir beobachten so die Spannungsverteilung an der Körperoberfläche (Wirkung), hervorgerufen durch den elektrischen Widerstand (Ursache) im Körperinnern und durch den angelegten Strom.

Zur mathematischen Modellierung der Impedanz-Tomographie beschränken wir uns auf ein Gebiet D im $\mathbb{R}^2$. Bezeichnen wir mit j den Strom und mit u die Spannung, dann gilt

$$\sigma \frac{\partial u}{\partial \mathbf{n}} = j \qquad \text{auf dem Rand } \partial D \text{ von } D,$$

wobei $\sigma = \sigma(x)$ der elektrische Widerstand im Punkt $x \in D$ ist und $\partial/\partial \mathbf{n}$ die Ableitung in Richtung der äußeren Normalen an ∂D bezeichnet. Das Körperinnere D darf frei von Stromquellen angenommen werden, so dass der Stromfluss $\sigma \nabla u$ divergenzfrei ist, d.h. $\text{div}(\sigma \nabla u) = 0.$* Eine Herleitung dieser Beziehung aus den Maxwellschen Gleichungen der Elektrodynamik finden Sie z.B. bei BORCEA [7] sowie bei CHENEY, ISAACSON und NEWELL [14].

Der Strom, die Spannung und der elektrische Widerstand stehen somit über ein elliptisches Randwertproblem in Zusammenhang:

$$\text{div}(\sigma \nabla u) = 0 \quad \text{in } D,$$

$$\sigma \frac{\partial u}{\partial \mathbf{n}} = j \quad \text{auf } \partial D.$$

(1.8)

Das direkte Problem besteht darin, diese Differentialgleichung unter Kenntnis von σ und j zu lösen.

---

* $\text{div } v = \sum_{i=1}^{d} \frac{\partial v}{\partial x_i}$

Beim inversen Problem ist σ unbekannt. Wir kennen jedoch j und u auf ∂D. Genauer: Wir kennen die Abbildung $\Lambda_\sigma : j|_{\partial D} \mapsto u|_{\partial D}$, die den Neumann-Randwerten der Differentialgleichung (1.8) ihre Dirichlet-Randwerte zuordnet. Wir definieren den Operator $\Phi : \sigma \mapsto \Lambda_\sigma$, der dem elektrischen Widerstand die Neumann–Dirichlet-Abbildung zuordnet. Zu der experimentell ermittelten Neumann–Dirichlet-Abbildung $\widetilde{\Lambda}$ suchen wir dasjenige σ, das $\widetilde{\Lambda}$ verursacht, d.h. wir müssen die *nichtlineare* Gleichung

$$\Phi(\sigma) = \widetilde{\Lambda}$$

lösen.

1.3 Ein inverses Streuproblem: Ultraschall-Tomographie

Wie bei beiden vorausgegangenen Beispielen handelt es sich bei der Ultraschall-Tomographie um ein bildgebendes Verfahren. Hierbei "schaut" man mittels Ultraschallwellen in den Körper.

Die Datenaufnahme ist in Bild 1.5 skizziert. Schallwellen werden aus verschiedenen Richtungen auf den Körper eingestrahlt und an Detektoren wird das gestreute Schallfeld aufgenommen. Die Streuung und Brechung der Schallwellen (Wirkung) wird durch das akustische Profil bzw. den Brechungsindex des Körpers (Ursache) beeinflusst.

Wellen breiten sich im menschlichen Körper wie in einer Flüssigkeit aus, d.h. der orts- und zeitabhängige Schalldruck $u(x,t)$, $x \in \mathbb{R}^d$, $d \in \{2,3\}$, erfüllt die *Wellengleichung*

$$\frac{1}{c^2(x)} \, \frac{\partial^2 u(x,t)}{\partial t^2} \; = \; \Delta u(x,t)$$

mit dem Laplace-Operator $\Delta = \sum_{i=1}^d \partial^2/\partial x_i^2$ und der Schallausbreitungsgeschwindigkeit $c = c(x)$. Transformieren wir den Zeitbereich durch die Fourier-Transformation in den Frequenzbereich, so geht die Zeitableitung 2. Ordnung über in eine Multiplikation mit dem negativen Quadrat der Frequenz. Durch

$$u(x,\omega) := \frac{1}{\sqrt{2\pi}} \int_{\mathbb{R}} u(x,t) \, \mathrm{e}^{-i\omega t} \, \mathrm{d}t$$

gewinnen wir so

$$\Delta u(x,\omega) + k^2 \, n^2(x) \, u(x,\omega) = 0, \qquad (1.9)$$

wobei $k = \omega/c_0$ die Wellenzahl und

$$n(x) = c_0/c(x)$$

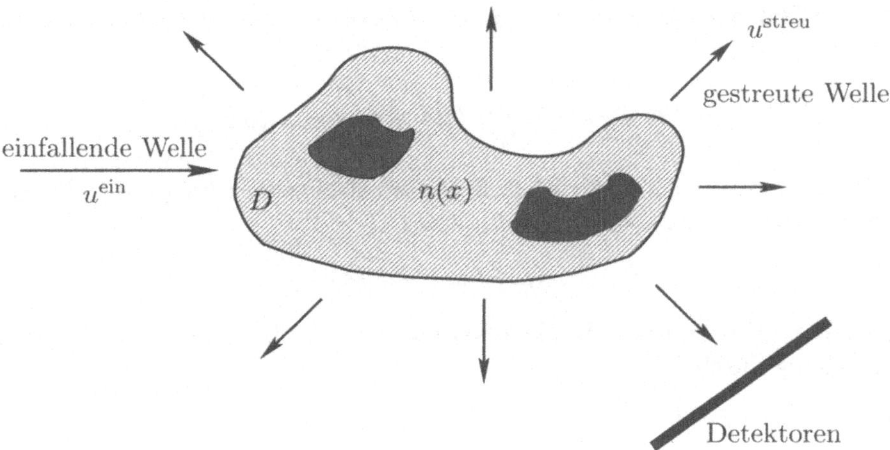

Bild 1.5: Prinzip der Ultraschall-Tomographie. Eine Ultraschallquelle (Ultraschallwandler) bestrahlt den Körper. Das Schallecho wird an Detektoren registriert.

der Brechungsindex ist. Hier bezeichnet c_0 die konstante Schallausbreitungsgeschwindigkeit des homogenen Hintergrunds $\mathbb{R}^d \backslash \overline{D}$, wenn D das Gebiet mit dem gesuchten Brechungsindex ist.

Nach dem Superpositionsprinzip (Huygensches Prinzip) setzt sich der Schalldruck additiv aus der eingestrahlten Welle u^{ein} und der gestreuten Welle u^{streu} zusammen:

$$u(x,\omega) = u^{\mathrm{ein}}(x,\omega) + u^{\mathrm{streu}}(x,\omega). \tag{1.10}$$

Wir fixieren nun die Frequenz ω und strahlen eine ebene Welle ein, und zwar aus der Richtung $\mathbf{r} \in S^{d-1}$ mit der Wellenzahl k. Damit haben wir

$$u^{\mathrm{ein}}(x) = u^{\mathrm{ein}}(x,\mathbf{r}) = \exp(-\imath\, k\, \mathbf{r}^{\mathrm{t}} x).$$

Ab jetzt betrachten wir u^{ein} sowie u^{streu} in Abhängigkeit von $\mathbf{r}$. Ebene Wellen haben die bemerkenswerte Eigenschaft, dass sie die *Helmholtz-Gleichung*

$$\Delta u^{\mathrm{ein}}(x,\mathbf{r}) + k^2\, u^{\mathrm{ein}}(x,\mathbf{r}) = 0 \tag{1.11}$$

erfüllen. Definieren wir $f(x) = 1 - n^2(x)$ als neue gesuchte Größe, so dürfen wir (1.9) umschreiben in

$$\Delta u(x,\mathbf{r}) + k^2\, u(x,\mathbf{r}) = k^2\, f(x)\, u(x,\mathbf{r}),$$

was zusammen mit (1.11) und der Superposition (1.10) auf

$$\Delta u^{\mathrm{streu}}(x,\mathbf{r}) + k^2\, u^{\mathrm{streu}}(x,\mathbf{r}) = k^2\, f(x)\, u(x,\mathbf{r})$$

führt. Die *Fundamental-Lösung* oder *Green-Funktion* G des Helmholtz-Operators erlaubt nun die Darstellung

$$u^{\text{streu}}(x,\mathbf{r}) = k^2 \int_D G(x-y)\,f(y)\,u(y,\mathbf{r})\,\mathrm{d}y \qquad (1.12)$$

für die gestreute Welle. Das ist die *Lippmann–Schwinger-Integralgleichung*, die wir nun herleiten: Die Fundamental-Lösung G erfüllt

$$(\Delta + k^2)\,G = \delta$$

mit der Dirac-Distribution δ. Hieraus ergibt sich die Lippmann–Schwinger-Integralgleichung durch

$$
\begin{aligned}
u^{\text{streu}}(x,\mathbf{r}) &= \big(u^{\text{streu}}(\cdot,\mathbf{r}) * \delta\big)(x) \\
&= \big(u^{\text{streu}}(\cdot,\mathbf{r}) * (\Delta + k^2)\,G\big)(x) \\
&= \big((\Delta + k^2)\,u^{\text{streu}}(\cdot,\mathbf{r}) * G\big)(x) \\
&= k^2 \Big(\big(f(\cdot)\,u(\cdot,\mathbf{r})\big) * G\Big)(x),
\end{aligned}
$$

wobei $*$ das Faltungsprodukt zweier Funktionen repräsentiert $v*w(x) = w*v(x) = \int w(x-y)\,v(y)\,\mathrm{d}y$. Die Fundamental-Lösung des Helmholtz-Operators ist

$$
G(x) = \left\{
\begin{array}{ll}
-\dfrac{\imath}{4}\,\mathrm{H}_0^{(1)}(k\,\|x\|) & :\quad d=2 \\[3ex]
-\dfrac{1}{4\pi}\,\dfrac{\exp(\imath\,k\,\|x\|)}{\|x\|} & :\quad d=3
\end{array}
\right. \qquad \text{für } x \neq 0.
$$

Hierbei ist $\mathrm{H}_0^{(1)}$ die *Hankel-Funktion* 1. Art der Ordnung 0, siehe z.B. ABRAMOWITZ und STEGUN [2].

Im direkten Problem der Ultraschall-Tomographie berechnen wir die gestreute Welle aus der Kenntnis von f und u in D. Dies entspricht dem Auswerten des Integrals in (1.12). Das inverse Problem besteht darin, aus der Kenntnis von $u^{\text{streu}}(x,\mathbf{r}) = u(x,\mathbf{r}) - u^{\text{ein}}(x,\mathbf{r})$ für alle $x \in \Gamma$ und alle $\mathbf{r} \in \mathcal{S}$ die Funktion f und damit den Brechungsindex n in D zu bestimmen. Auf der Kurve $\Gamma \subset \mathbb{R}^d$ sitzen die Detektoren, und $\mathcal{S} \subset S^{d-1}$ ist die Menge der Einstrahlrichtungen ebener Wellen. Lösen des inversen Problems bedeutet Lösen der Integralgleichung (1.12).

In (1.12) sehen wir eine nichtlineare Abhängigkeit zwischen u^{streu} und f. Die sogenannte *Born–Rytov-Approximation* erlaubt eine einfache Linearisierung. Es wird davon ausgegangen, dass die gestreute Welle klein ist verglichen mit der eingestrahlten Welle: $u^{\text{streu}} \ll u^{\text{ein}}$. Unter gewissen Voraussetzungen handelt es sich dabei um eine physikalisch sinnvolle Annahme. In der Lippmann–Schwinger-Integralgleichung vernachlässigen wir so u^{streu} unter dem Integral und erhalten

$$u^{\text{streu}}(x,\mathbf{r}) = k^2 \int_D G(x-y)\,\exp(-\imath\,k\,\mathbf{r}^{\mathrm{t}}y)\,f(y)\,\mathrm{d}y, \qquad (1.13)$$

worin u^{streu} nur noch linear von f abhängt.

Eine übersichtliche Einführung in das weite Gebiet der inversen Streuprobleme geben COLTON und KRESS in [17]. Über neueste Entwicklungen berichten COLTON, COYLE und MONK [16].

1.4 Inverse Wärmeleitungsprobleme

Inverse Wärmeleitungsprobleme treten in drei Varianten auf:

- Zu einer Wärmeverteilung zum Zeitpunkt T wird die Wärmeverteilung gesucht, die zum Zeitpunkt $t < T$ vorlag.

- Aus dem Wärmefluss über die Oberfläche eines Objekts soll die Wärmeverteilung im Innern des Objekts ermittelt werden. Zum Beispiel möchte man die Temperatur in einem Hochofen aus Messungen auf der Hochofenwand berechnen.

- Bestimmung des ortsabhängigen Wärmeleitkoeffizienten eines Objekts aus Temperaturmessungen auf der Objektoberfläche. Dieses Problem ist eng verwandt mit der Impedanz-Tomographie. Dort spielt der elektrische Widerstand σ die Rolle des Wärmeleitkoeffizienten.

Wir wollen nachfolgend zwei Beispiele inverser Wärmeleitungsprobleme etwas genauer vorstellen.

1.4.1 Örtlich eindimensionales Wärmeleitungsproblem (rückwärts in der Zeit)

Wir messen die Temperatur eines eindimensionalen Stabs zum Zeitpunkt $t = 1$ und wollen seine Temperatur zum Zeitpunkt $t = 0$ rekonstruieren.

Mit $u(x,t)$ bezeichnen wir die Temperatur des Stabs im Ort $x \in [0,\pi]$ (der Stab habe die Länge π) zum Zeitpunkt $t \geq 0$. Wir kennen $u(x,1)$ für alle $x \in [0,\pi]$ und suchen $u(x,0)$ für alle $x \in [0,\pi]$.

Das mathematische Modell für die zeitliche Änderung der Wärmeverteilung ist die *Wärmeleitungsgleichung*

$$\frac{\partial u(x,t)}{\partial t} = \frac{\partial^2 u(x,t)}{\partial x^2}, \quad x \in [0,\pi], \quad t \geq 0. \tag{1.14}$$

An beiden Stabenden werde die Temperatur konstant gehalten. In unserem Modell erreichen wir dies durch

$$u(0,t) = u(\pi,t) = 0 \quad \text{für alle } t \geq 0. \tag{1.15}$$

Das direkte Problem besteht in der Simulation der Wärmediffusion. Dazu müssen wir aus der Anfangstemperatur $u(\cdot,0)$ die Wärmeverteilung $u(\cdot,t)$ zu fortschreitender Zeit $t > 0$ berechnen, und zwar mittels (1.14) und (1.15).

Wir gehen nun das inverse Problem an. Sei $f(\cdot) = u(\cdot,0)$ die aus $u_1(\cdot) = u(\cdot,1)$ zu rekonstruierende Anfangstemperatur. Diese beiden Größen sind wiederum über (1.14) und (1.15) verbunden.

Mit einer bewährten Technik, dem sogenannten Separationsansatz, entwickeln wir u in die Reihe

$$u(x,t) = \sum_{n=1}^{\infty} a_n(t)\,\varphi_n(x), \tag{1.16}$$

worin Orts- und Zeitvariable in gewisser Weise entkoppelt wurden. Für die zeitabhängigen Entwicklungskoeffizienten a_n werden wir gewöhnliche Anfangswertprobleme herleiten und explizit lösen. Dies gelingt uns wegen unserer geschickten Wahl des Funktionensystems $\left\{\varphi_n(x) = \sqrt{\frac{2}{\pi}}\,\sin(nx)\right\}_{n\in\mathbb{N}}$. Die φ_n sind nicht nur Eigenfunktionen des Differentialoperators $\partial^2/\partial x^2$, die den Randwerten (1.15) genügen, sondern bilden außerdem ein vollständiges Orthonormalsystem in $L^2(0,\pi)$. Das gesuchte f hat die Darstellung

$$f(\cdot) = \sum_{n=1}^{\infty} c_n\,\varphi_n(\cdot) \quad \text{mit } c_n = \sqrt{\frac{2}{\pi}}\int_0^{\pi} f(y)\,\sin(ny)\,\mathrm{d}y\,.$$

Daraus ergeben sich die Anfangswerte

$$a_n(0) = c_n, \quad n \in \mathbb{N}, \tag{1.17}$$

für die Koeffizienten a_n aus (1.16). Mit dem Ansatz (1.16) gehen wir in die Wärmeleitungsgleichung (1.14) und erhalten

$$\sum_{n=1}^{\infty} a_n'(t)\,\varphi_n(x) \overset{!}{=} \sum_{n=1}^{\infty} a_n(t)\,\varphi_n''(x)$$

$$= -\sum_{n=1}^{\infty} n^2\,a_n(t)\,\varphi_n(x)\,.$$

Ein Koeffizientenvergleich führt auf die gewöhnlichen Differentialgleichungen

$$a_n'(t) = -n^2\,a_n(t)\,, \quad t \geq 0,$$

für alle $n \in \mathbb{N}$. Die zugehörigen Anfangsbedingungen (1.17) garantieren die Eindeutigkeit der Lösungen $a_n(t) = c_n\exp(-n^2 t)$, woraus folgt

$$u(x,t) = \sum_{n=1}^{\infty} c_n\,\exp(-n^2 t)\,\varphi_n(x).$$

Für $t = 1$ reduziert sich die obige Reihe auf

$$u_1(x) \;=\; u(x,1) \;=\; \sum_{n=1}^{\infty} c_n \, \exp(-n^2) \, \varphi_n(x)$$

$$\;=\; \frac{2}{\pi} \sum_{n=1}^{\infty} \left(\int_0^{\pi} f(y) \, \sin(ny) \, \mathrm{d}y \right) \exp(-n^2) \, \sin(nx) \,.$$

Durch Vertauschen von Summation und Integration gewinnen wir die *Fredholm-sche Integralgleichung 1. Art* zur Bestimmung von f:

$$u_1(x) \;=\; \int_0^{\pi} k(x,y) \, f(y) \, \mathrm{d}y \tag{1.18}$$

mit

$$k(x,y) \;=\; \frac{2}{\pi} \sum_{n=1}^{\infty} \exp(-n^2) \, \sin(ny) \, \sin(nx) \,, \tag{1.19}$$

siehe Bild 1.6. Die Funktion k heißt der *Kern der Integralgleichung*.

1.4.2 Bestimmung der Wandstärke eines Hochofens aus Temperaturmessungen

Die Verhüttung von Eisen aus den Erzen geschieht im Hochofen, einem Schachtofen ausgekleidet mit feuerfesten Steinen. Nach dem Anblasen bleibt ein Hochofen ununterbrochen mehrere Jahre in Betrieb. Die Innenwände werden dabei einem starken Verschleiß ausgesetzt, verursacht sowohl durch chemische als auch physikalische Prozesse. Im Extremfall kann es zum Durchbruch kommen. Dies bedeutet Gefährdung von Menschenleben und Produktionsausfall. Zur Erhöhung der Betriebssicherheit eines Hochofens ist die Kenntnis seiner Wandstärke unbedingt erforderlich.

Die hohen Temperaturen (bis zu $1500°C$) verbieten jegliche Messungen im Innern des Ofens. Das Problem besteht daher in einer verlässlichen Berechnung der Wanddicke aus indirekten Informationen. Zu diesem Zweck werden Temperatursensoren in die Wandverkleidung eingebaut. Aus den dort gemessenen Temperaturen soll das Wandprofil rekonstruiert werden.

Die Wärmeausbreitung in einem Gebiet $D \subset \mathbb{R}^3$ wird über die Wärmeleitungsgleichung

$$\frac{\partial u(x,t)}{\partial t} \;=\; \sum_{i=1}^{3} \frac{\partial}{\partial x_i} \left(\lambda(x,u) \, \frac{\partial u(x,t)}{\partial x_i} \right), \quad x \in D,\, t \geq 0, \tag{1.20}$$

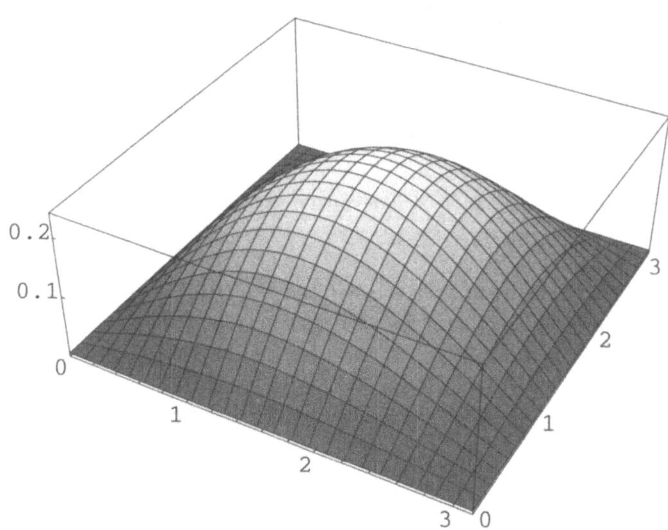

Bild 1.6: Der Integralkern k (1.19) des örtlich eindimensionalen Wärmeleitungsproblems rückwärts in der Zeit.

modelliert, vgl. die eindimensionale Version (1.14). In (1.20) bezeichnet $u(x,t)$ die Temperatur in $x \in D$ zum Zeitpunkt t und $\lambda(x,u)$ ist der orts- und temperaturabhängige Wärmeleitkoeffizient des Wandmaterials.

In dieser Allgemeinheit ist das Problem zu komplex. Daher nehmen wir Vereinfachungen vor. Bei gleichmäßiger Befüllung des Hochofens kann der Prozess stationär angenommen werden, d.h. die Temperatur ist unabhängig von der Zeit. Durch die Rotationssymmetrie des Hochofens eliminieren wir eine Raumdimension. Gleichzeitig gehen wir zu Zylinderkoordinaten über.

Der Hochofen reduziert sich so auf das zweidimensionale Gebiet D, skizziert im Bild 1.7. Lassen wir D um die Achse Γ_1 rotieren, dann erhalten wir die dreidimensionale Geometrie des Hochofens. Die schwarzen Punkte in D markieren die Positionen der Temperaturfühler. Der Randteil Γ_2 beschreibt die Innenseite des Hochofens, die verschlissen wird. Daher muss Γ_2 variabel gestaltet werden. Der Abstand von Γ_2 zum Außenrand Γ_4 darf entlang der gestrichelten Linien variieren.

Unser inverses Problem hat folgende Gestalt angenommen: zu gemessenen Temperaturen an den Temperaturfühlern suchen wir die zugehörigen Abstände von Γ_2 zu Γ_4 entlang der gestrichelten Linien.

Das mathematische Modell, das wir ausgehend von (1.20) entwickelt haben, lautet

$$\frac{\partial}{\partial r}\left(\lambda\,\frac{\partial u}{\partial r}\right) + \frac{\partial}{\partial z}\left(\lambda\,\frac{\partial u}{\partial z}\right) + \frac{\lambda}{r}\,\frac{\partial u}{\partial r} = 0 \quad \text{in } D, \qquad (1.21)$$

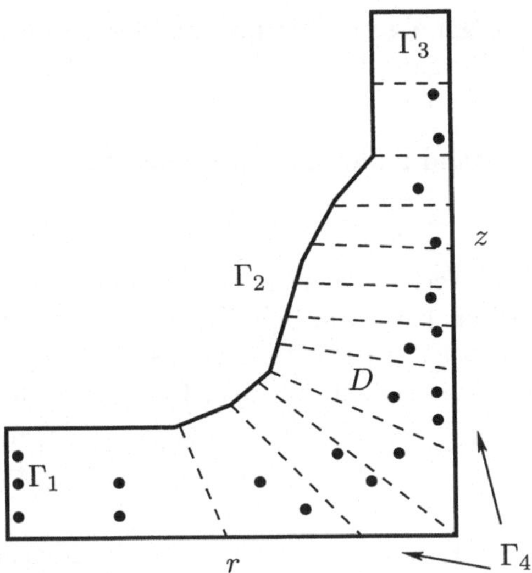

Bild 1.7: Modellgeometrie D des Hochofens. Rotation von D um die Achse Γ_1 erzeugt das dreidimensionale Modell. Die Abnutzung der inneren Wand wird durch einen variablen Rand Γ_2 ermöglicht, der sich längs der gestrichelten Linien verändern darf. Die schwarzen Punkte symbolisieren die Temperaturfühler in der Wandverkleidung.

wobei $\lambda = \lambda(r,z,u)$ und $u = u(r,z)$ ist. Es handelt sich um eine zweidimensionale, nichtlineare elliptische Differentialgleichung in Zylinderkoordinaten (die Winkelvariable haben wir eliminiert). Zur vollständigen Beschreibung stellen wir Randbedingungen bereit. Im Einzelnen sind dies:

- Die Rotationsinvarianz bedingt, dass kein Wärmefluss über die Rotationsachse Γ_1 stattfindet. Die Ableitung von u in Richtung der äußeren Normalen $\mathbf{n}$ verschwindet auf Γ_1, d.h.

$$\frac{\partial u}{\partial \mathbf{n}} = 0 \quad \text{auf } \Gamma_1.$$

- Das obere Ende von D stimmt nicht unbedingt mit dem oberen Ende des Hochofens überein (der obere Teil spielt für unsere Betrachtungen keine Rolle). Das berücksichtigen wir wieder durch einen verschwindenden Wärmefluss:

$$\frac{\partial u}{\partial \mathbf{n}} = 0 \quad \text{auf } \Gamma_3.$$

- Die äußere Oberfläche des Hochofens wird wassergekühlt. Es findet ein Wärmeaustausch statt, modelliert durch

$$-\frac{\partial u}{\partial \mathbf{n}} = \alpha_0 \left(u - T_\mathrm{W} \right) \quad \text{auf } \Gamma_4.$$

Hierbei ist T_W die gemessene Temperatur des Kühlwassers und α_0 ist der bekannte Wärmeübergangskoeffizient zwischen dem Kühlwasser und dem Stahlmantel des Hochofens.

- Über den inneren Rand findet natürlich auch ein Wärmefluss statt:

$$-\frac{\partial u}{\partial \mathbf{n}} = \alpha_1 \left(u - T_{ES}\right) \quad \text{auf } \Gamma_2.$$

Die Größen auf der rechten Seite sind zum einen die Temperatur T_{ES} von geschmolzenem Eisen bzw. von Schlacke oder einem Gemisch davon. Zum anderen handelt es sich um den Wärmeübergangskoeffizienten α_1 zwischen den verschiedenen Materialien und dem Eisen bzw. der Schlacke.

Das direkte Problem, das ist die Berechnung von u aus (1.21) mit den vier Randbedingungen von oben, kann mit Standardmethoden (z.B. Finite Elemente) gelöst werden.

Das inverse Problem formulieren wir nun als Minimierungsaufgabe. Seien u_j, $j = 1,\ldots,m$, die gemessenen Temperaturen an den m Sensoren, positioniert in $x_j \in D$, $j = 1,\ldots,m$. Die Ränder Γ_1, Γ_3 und Γ_4 sind fest. Somit hängt $u(x_j)$ nur noch von Γ_2 ab, d.h. von $p = (p_1,\ldots,p_n)^t$, wobei die p_i die Abstände von Γ_2 zu Γ_4 entlang der n gestrichelten Linien sind, siehe Bild 1.7. Wir suchen nun die Abstände $p_1,\ldots,p_n$, die die Fehlerquadratsumme

$$\sum_{j=1}^{m} \left(u(x_j;p) - u_j\right)^2$$

für alle $p \in [0,\infty[^n$ minimieren. Hierbei bezeichnet $u(x_j;p)$ die Temperatur in x_j, die wir durch Lösen des direkten Problems erhalten. Offensichtlich hängt das optimale p nichtlinear von den Messungen ab.

Weitere Details zu diesem inversen Wärmeleitungsproblem sowie numerische Ergebnisse mit am Hochofen gemessenen Daten präsentieren RADMOSER und WINCOR [110].

1.5   Abstrakte Formulierung inverser Probleme

Die einführenden Beispiele des vorherigen Abschnitts motivieren die abstrakten Definitionen eines mathematischen Modells und des zugehörigen inversen bzw. direkten Problems.

Definition 1.5.1 *Ein **mathematisches Modell** ist eine Abbildung*

$$A : X \to Y$$

*von der Menge der Ursachen (Parameter) X in die Menge der Wirkungen (Daten) Y. Im **direkten Problem** berechnen wir die Wirkung aus der Ursache, d.h. wir ermitteln Ax für $x \in X$. Im umgekehrten Fall sprechen wir vom **inversen Problem**: wir finden zur Wirkung $y \in Y$ die Ursache $x \in X$, so dass $Ax = y$ ist.*

HADAMARD [45] führte den Begriff der *gut gestellten* Probleme ein.

Definition 1.5.2 *Sei $A : X \to Y$ eine Abbildung zwischen den topologischen Räumen X und Y. Das Problem (A,X,Y) heißt* **gut gestellt** *(well-posed), wenn folgende Eigenschaften erfüllt sind.*

(a) *Die Gleichung $Ax = y$ hat für jedes $y \in Y$ eine Lösung.*

(b) *Diese Lösung ist eindeutig bestimmt.*

(c) *Die inverse Abbildung $A^{-1} : Y \to X$ ist stetig, d.h. die Lösung x hängt stetig von den Daten y ab (kleine Störungen in y bewirken kleine Störungen in x).*

Ist eine der Bedingungen verletzt, so heißt das Problem **schlecht gestellt** *(ill-posed).*

Hadamard war davon überzeugt, dass mathematische Modelle, die physikalische Vorgänge beschreiben, immer auf gut gestellte Probleme führen. Schlecht gestellte Probleme könnten nur bei unvollständig formulierten oder fehlerhaften Modellen auftreten. Hier irrte Hadamard. Inverse Probleme sind typischerweise schlecht gestellt, und zwar meist durch Verletzen der Bedingung (c) aus Definition 1.5.2. Diese Bedingung ist besonders kritisch, wenn die Daten nicht exakt vorliegen, sondern aus Messungen gewonnen wurden. Bei schlecht gestellten Problemen kann ein kleines Messrauschen zu dramatischen Rekonstruktionsfehlern führen.

Die Bedingung (c) wird wesentlich von den Topologien auf X und Y beeinflusst. Dabei kann man die Stetigkeit des inversen Operators entweder durch Verfeinern der Topologie auf Y oder durch Vergröbern der Topologie auf X erzwingen. Jedoch sind in Anwendungen die Topologien meist durch das Problem vorgegeben. Wie Topologien die Bedingung (c) verändern können, werden wir in Beispiel 1.5.4 kennen lernen.

Sämtliche einführende Beispiele der vorherigen Abschnitte sind schlecht gestellt (in ihrer vollständigen Formulierung mit den entsprechenden Räumen X und Y). In zwei weiteren Beispielen erläutern wir Definition 1.5.2.

Beispiel 1.5.3 Das Cauchy-Problem für die Laplace-Gleichung im Halbraum betrachtete HADAMARD [45] als Prototyp eines "künstlichen" schlecht gestellten Problems, das keinen physikalischen Hintergrund hat. Gesucht ist eine Funktion u zweier reeller Veränderlicher, die die partielle Differentialgleichung

$$\frac{\partial^2 u(x,y)}{\partial x^2} + \frac{\partial^2 u(x,y)}{\partial y^2} = 0 \quad \text{in} \quad \mathbb{R} \times [0,\infty[\; =: H$$

erfüllt mit den Randwerten

$$u(x,0) = 0 \qquad \text{für } x \in \mathbb{R},$$

$$\frac{\partial u(x,0)}{\partial y} = g(x) \quad \text{für } x \in \mathbb{R}.$$

Die Abbildung $A : X \ni u \mapsto g \in Y$ ist das mathematische Modell im Sinne der Definition 1.5.1 mit $X = \mathcal{C}^2(H)$ und $Y = \mathcal{C}(\mathbb{R})$.

Zu $n \in \mathbb{N}$ wählen wir den Randwert $g_n(x) = n^{-1}\sin(nx)$, der auf die eindeutige Lösung

$$u_n(x,y) = A^{-1}g_n(x,y) = n^{-2}\sin(nx)\sinh(ny)$$

der Randwertaufgabe führt. Es ist $\sinh(ny) = \big(\exp(ny) - \exp(-ny)\big)/2$ der *Sinus hyperbolicus*. Wir lassen n nun wachsen. Die Norm $\|g_n\|_{\mathcal{C}(\mathbb{R})}$ der Daten wird immer kleiner,

$$\|g_n\|_{\mathcal{C}(\mathbb{R})} = \sup_{x\in\mathbb{R}}|g_n(x)| = n^{-1} \to 0 \quad \text{für } n \to \infty,$$

wohingegen die zugehörigen Lösungen explodieren:

$$\|u_n\|_{\mathcal{C}^2(H)} \geq \sup_{(x,y)\in H}|u_n(x,y)| = \sup_{y\geq 0} n^{-2}\sinh(ny) \to \infty \quad \text{für } n \to \infty.$$

Der Operator $A^{-1} : Y \to X$ ist nicht stetig; das Problem (A,X,Y) mithin schlecht gestellt, da die Forderung (c) aus Definition 1.5.2 verletzt ist. ♠

Beispiel 1.5.4 Differenzieren ist ein schlecht gestelltes Problem. Dies sehen wir an der Integralgleichung

$$Af(x) := \int_0^x f(t)\,\mathrm{d}t = g(x), \quad x \in [0,1]. \tag{1.22}$$

Sie ist eindeutig lösbar genau dann, wenn g in $\mathcal{C}^1_\star(0,1) = \{\varphi \in \mathcal{C}^1(0,1)\,|\,\varphi(0) = 0\}$ ist. Dann haben wir $f = g'$.

Der Integraloperator $A : \mathcal{C}(0,1) \to \mathcal{C}^1_\star(0,1)$ besitzt folgende Eigenschaften: er ist bijektiv, sein inverser Operator A^{-1} ist stetig, denn

$$\|Af\|_{\mathcal{C}^1(0,1)} = \sup_{x\in[0,1]}|Af(x)| + \sup_{x\in[0,1]}|\underbrace{(Af)'(x)}_{=\,f(x)}| \geq \sup_{x\in[0,1]}|f(x)| = \|f\|_{\mathcal{C}(0,1)}$$

und somit ist $\|A^{-1}\|_{\mathcal{C}^1_\star\to\mathcal{C}} \leq 1$. Damit haben wir die Gutgestelltheit von $\big(A,\mathcal{C}(0,1),\mathcal{C}^1_\star(0,1)\big)$ gezeigt.

Wir nehmen nun an, dass wir die rechte Seite von (1.22) durch eine Messung gewonnen haben. Damit kennen wir nur eine verrauschte Version g^ε der exakten Daten g mit $g^\varepsilon = g + \varepsilon$. Die Größe ε kann neben Messfehlern auch Rundungsfehler im Rechner darstellen. Wir stoßen auf folgendes Problem: im Allgemeinen ist $g^\varepsilon(0) = \varepsilon(0) \neq 0$. Darüber hinaus wird ε in der Regel nicht differenzierbar sein, d.h. $g^\varepsilon \notin \mathcal{C}^1_\star(0,1)$, und wir können A^{-1} nicht auf g^ε anwenden. Uns bleibt keine andere Wahl: wir müssen den Definitions- und den Bildbereich von A erweitern, um Datenfehler zuzulassen.

Eine "natürliche" Erweiterung der stetigen Funktionen sind die wesentlich beschränkten Funktionen. Wir betrachten im Weiteren den Operator A als eine Abbildung von $L^\infty(0,1)$ nach $L^\infty(0,1)$. In diesem Rahmen ist Differenzieren in der Tat schlecht gestellt. Dies sehen wir an der speziellen Störung $g^\varepsilon(x) = g(x) + \varepsilon \sin(n\,x)$, $\varepsilon > 0$ (es gilt sogar $g^\varepsilon \in \mathcal{C}^1_*(0,1)$). Mit f^ε bezeichnen wir die zugehörige Lösung von (1.22). Dann gilt einerseits $\|g^\varepsilon - g\|_{L^\infty} = \varepsilon$, aber andererseits ist $\|f^\varepsilon - f\|_{L^\infty} = \|(g^\varepsilon)' - g'\|_{L^\infty} = n\,\varepsilon$. Der Datenfehler wird um den Faktor n verstärkt! Mit $\varepsilon = \varepsilon_n = 1/\sqrt{n}$ erhalten wir

$$\|g^{\varepsilon_n} - g\|_{L^\infty} \overset{n \to \infty}{\longrightarrow} 0 \quad \text{und} \quad \|f^{\varepsilon_n} - f\|_{L^\infty} \overset{n \to \infty}{\longrightarrow} \infty.$$

Damit kann $A : L^\infty(0,1) \to L^\infty(0,1)$ nicht stetig invertierbar sein. Mit anderen Worten: $(A,L^\infty(0,1),L^\infty(0,1))$ ist schlecht gestellt.

Welche Konsequenzen hat diese Schlechtgestelltheit für die numerische Lösung von (1.22)? Den inversen Operator zu A, den Differentialoperator, realisieren wir durch den zentralen Differenzenquotienten D_h zur Schrittweite $h > 0$:

$$D_h\, g(x) := \frac{g(x+h) - g(x-h)}{2h}.$$

Die exakten Daten g mögen in $\mathcal{C}^\nu(0,1)$ für $\nu \geq 3$ liegen. Eine Taylorentwicklung liefert

$$g(x+h) = g(x) + h\,g'(x) + \frac{h^2}{2}\,g''(x) + \frac{h^3}{6}\,g'''(\xi^+) \quad \text{für ein } \xi^+ \in [x,x+h].$$

Ebenso erhalten wir

$$g(x-h) = g(x) - h\,g'(x) + \frac{h^2}{2}\,g''(x) - \frac{h^3}{6}\,g'''(\xi^-) \quad \text{für ein } \xi^- \in [x-h,x].$$

Für die Approximation $D_h g$ an f gilt

$$\|f - D_h g\|_{L^\infty} = \|g' - D_h g\|_{L^\infty} \leq \frac{h^2}{6}\,\|g'''\|_{L^\infty} = \frac{h^2}{6}\,\|f''\|_{L^\infty}.$$

Wir vergleichen nun die exakte Lösung f mit der numerischen Lösung unter den gestörten Daten $g^\varepsilon = g + \varepsilon$, wobei $\|\varepsilon\|_{L^\infty} \leq \bar{\varepsilon}$ sei. Wegen

$$\|D_h(g - g^\varepsilon)\|_{L^\infty} \leq \bar{\varepsilon}/h$$

haben wir

$$\|f - D_h\, g^\varepsilon\|_{L^\infty} \leq \underbrace{\frac{h^2}{6}\,\|f''\|_{L^\infty}}_{\text{Approximationsfehler}} + \underbrace{\frac{\bar{\varepsilon}}{h}}_{\text{Datenfehler}}.$$

Der Gesamtfehler setzt sich aus zwei Komponenten zusammen, dem *Approximationsfehler* $h^2\,\|f''\|_{L^\infty}/6$ und dem *Datenfehler* $\bar{\varepsilon}/h$. Während der Approximationsfehler für kleinere Schrittweiten abnimmt, explodiert der Datenfehler mit kleiner werdender Schrittweite. Es ist daher unmöglich, den Gesamtfehler beliebig klein zu machen, wie wir in Bild 1.8 gut sehen können.

Wir können den Gesamtfehler jedoch bez. der Schrittweite minimieren. Die optimale Diskretisierungsschrittweite

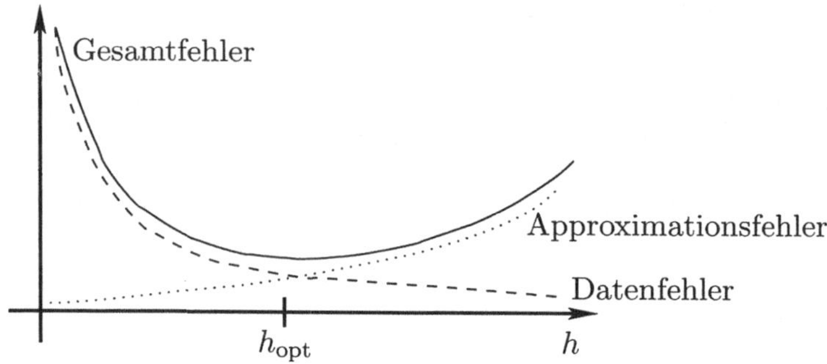

Bild 1.8: Der Gesamtfehler setzt sich aus Approximationsfehler und Datenfehler zusammen, die gegensätzliches Verhalten bez. der Schrittweite aufweisen.

$$h_{\mathrm{opt}} = \left(\frac{3\,\bar{\varepsilon}}{\|f''\|_{L^\infty}} \right)^{1/3}$$

balanciert den Approximations- und den Datenfahler aus (h_{opt} hängt von der unbekannten Lösung f ab). Der minimale Gesamtfehler beläuft sich auf

$$\|f - D_{h_{\mathrm{opt}}}\, g^\varepsilon\|_{L^\infty} \leq \frac{3^{2/3}}{2}\, \bar{\varepsilon}^{2/3}\, \|f''\|_{L^\infty}^{1/3}. \tag{1.23}$$

Falls die rechte Seite g "nur" aus $\mathcal{C}^2$ ist, erhalten wir für die optimale Schrittweite die Abschätzung

$$\|f - D_{h_{\mathrm{opt}}}\, g^\varepsilon\|_{L^\infty} \leq \sqrt{2}\, \bar{\varepsilon}^{1/2}\, \|f'\|_{L^\infty}^{1/2}, \tag{1.24}$$

die von geringerer Ordnung als (1.23) gegen Null strebt, wenn der Datenfehler ε abnimmt.

An diesem kleinen Beispiel haben wir viele Effekte schlecht gestellter Probleme vorgeführt, die wir später in einem allgemeineren Rahmen wiederfinden werden. ♠

1.6 Übungsaufgaben

Aufgabe 1.1 Gegeben sei die Wärmeleitungsgleichung mit Quellterm

$$\frac{\partial u(x,t)}{\partial t} = \frac{\partial^2 u(x,t)}{\partial x^2} + f(x,t),$$

wobei wir homogene Anfangs- und Randbedingungen

$$u(x,0) = 0, \quad 0 < x < \pi,$$

$$u(0,t) \;=\; u(\pi,t) \;=\; 0, \quad 0 \le t,$$

annehmen wollen. Wir setzen voraus, dass sowohl f als auch u in eine Sinusreihe entwickelbar sind.

Bestimmen Sie den Quellterm $f(x,t)$ aus Temperaturmessungen $u(a,t)$ an einem *inneren* Punkt $a \in \,]0,\pi[$. Zeigen Sie, dass dieses inverse Problem äquivalent ist zur Integralgleichung

$$u(a,t) \;=\; Af(t) \quad \text{mit} \quad Af(t) \;=\; \int_0^t \int_0^\pi k(s,t-\tau)\, f(s,\tau)\, \mathrm{d}s\, \mathrm{d}\tau$$

mit Kern

$$k(s,z) \;=\; \frac{2}{\pi} \sum_{n=1}^\infty \exp(-n^2 z)\, \sin(n\,a)\, \sin(n\,s).$$

Aufgabe 1.2 Betrachten Sie die eindimensionale Diffusionsgleichung

$$-\big(a(x)\,u'(x)\big)' \;=\; f(x), \quad 0 < x < 1,$$

mit den Randbedingungen

$$a(0)\,u'(0) \;=\; b_0 \quad \text{und} \quad a(1)\,u'(1) \;=\; b_1.$$

Die Bestimmung des Diffusionskoeffizienten a aus der Kenntnis von u und f definiert ein inverses Problem.

(a) Sei $f(x) = -1$ für $x \in [0,1]$ und $b_0 = 0$, $b_1 = 1$. Für $u(x) = x$ löst der Diffusionskoeffizient $a(x) = x$ offensichtlich die Diffusionsgleichung. Zeigen Sie, dass zur gestörten Lösung

$$u_\varepsilon(x) \;=\; \varepsilon\, \sin(x/\varepsilon^2) + x$$

der Diffusionskoeffizient

$$a_\varepsilon(x) \;=\; \frac{\varepsilon\, x}{\varepsilon + \cos(x/\varepsilon^2)}$$

gehört. Wie verhalten sich $u_\varepsilon(x)$ und $a_\varepsilon(x)$ für $\varepsilon \to 0$?

(b) Sei a der Diffusionskoeffizient zur Lösung u der Diffusionsgleichung und a_ε derjenige zur "gestörten" Lösung u_ε. Zeigen Sie, dass gilt

$$a(x) - a_\varepsilon(x) \;=\; \frac{u_\varepsilon'(x) - u'(x)}{u'(x)\,u_\varepsilon'(x)} \left(b_0 - \int_0^x f(s)\, \mathrm{d}s \right).$$

Welche Normen $\|\cdot\|$ und $\|\!|\cdot|\!\|$ sind geeignet, um eine Abschätzung der Form

$$\|a - a_\varepsilon\| \;\le\; C\, \|\!|u - u_\varepsilon|\!\|$$

zu garantieren? Hierbei soll die Konstante C nur von f, b_0, b_1 sowie u und a abhängen.

Aufgabe 1.3 Weisen Sie die Fehlerabschätzung (1.24) aus Beipiel 1.5.4 nach.

2 Schlecht gestellte Operatorgleichungen

Dieses Kapitel knüpft nahtlos an den Abschnitt 1.5 an. Wir gehen hier der Frage nach, wann das Problem (A,X,Y) schlecht gestellt ist. Wir interessieren uns insbesondere für Kriterien an die Abbildung A, die die Schlechtgestelltheit implizieren. In der Allgemeinheit von Definition 1.5.2 wird uns das nicht gelingen, denn topologische Räume weisen zu wenig Struktur auf. Daher werden wir unsere Untersuchungen einschränken auf Hilberträume X und Y sowie auf die stetigen linearen Abbildungen zwischen ihnen. Im Weiteren sei

$$A \in \mathcal{L}(X,Y) := \left\{ B : X \to Y \mid B \text{ ist linear und } \|B\| := \sup_{\|x\|_X = 1} \|Bx\|_Y < \infty \right\}.$$

Darüber hinaus werden wir den Lösungsbegriff einer Operatorgleichung verallgemeinern, so dass nur noch Teil (c) der Definition 1.5.2 kritisch ist. In diesem Rahmen finden wir eine prägnante Charakterisierung der Schlechtgestelltheit. Nämlich: Das Problem (A,X,Y) ist genau dann schlecht gestellt, falls das Bild $\mathcal{R}(A) := \{Ax \mid x \in X\}$ von A (engl. *range*) in Y nicht abgeschlossen ist.

Eine Operatorklasse, die ausnahmslos auf schlecht gestellte Probleme führt, sind die *kompakten* Operatoren mit einem nicht endlichdimensionalen Bild. Für uns sollen Gleichungen mit kompakten Operatoren daher Prototypen schlecht gestellter Probleme sein. Typische Vertreter kompakter Operatoren sind Integraloperatoren, siehe Abschnitte 1.1, 1.3 sowie 1.4.1. Selbstverständlich führen wir in die für uns wesentlichen Eigenschaften kompakter Operatoren ein.

Die in diesem Kapitel benötigten Begriffe und Konzepte aus der Hilbertraumtheorie können Sie im Anhang (Kapitel 8) nachlesen.

2.1 Verallgemeinerte oder Moore–Penrose Inverse

Zu gegebenem $g \in Y$ suchen wir eine Lösung der Gleichung

$$Af = g.$$

Dabei wollen wir einen verallgemeinerten Lösungsbegriff verwenden. Zunächst fahnden wir nach Elementen f aus X, die den Defekt minimieren, somit die Ungleichung

$$\|Af - g\|_Y \leq \|A\varphi - g\|_Y \quad \text{für alle } \varphi \in X$$

erfüllen. Diese ausgezeichneten Elemente lassen sich äquivalent charakterisieren. Dazu führen wir zwei neue Notationen ein: Mit $A^* \in \mathcal{L}(Y,X)$ bezeichnen wir den zu $A \in \mathcal{L}(X,Y)$ adjungierten Operator (Kapitel 8.3.3), charakterisiert durch $\langle Ax,y \rangle_Y = \langle x,A^*y \rangle_X$ für alle $x \in X$ und alle $y \in Y$. Unter $P_M \in \mathcal{L}(Z)$ verstehen wir den Orthogonalprojektor im Hilbertraum Z auf den abgeschlossenen Teilraum M.

Satz 2.1.1 *Seien $g \in Y$ und $A \in \mathcal{L}(X,Y)$. Dann sind folgende Aussagen äquivalent.*

(a) *$f \in X$ erfüllt $Af = P_{\overline{\mathcal{R}(A)}}\, g$.*

(b) *$f \in X$ minimiert das Residuum: $\|Af - g\|_Y \leq \|A\varphi - g\|_Y$ für alle $\varphi \in X$.*

(c) *$f \in X$ löst die **Normalgleichung***

$$A^*Af = A^*g. \tag{2.1}$$

Beweis: Der Beweis wird Ihnen als Aufgabe 2.1 überlassen. ∎

Die Normalgleichung (2.1) verdankt ihren Namen dem Umstand, dass das Residuum $Af - g$ senkrecht (*normal*) auf dem Bild von A steht; denn

$$A^*Af = A^*g \iff A^*(Af - g) = 0 \iff Af - g \in \mathcal{N}(A^*) = \mathcal{R}(A)^{\perp}. \tag{2.2}$$

Im Hinblick auf Satz 2.1.1 müssen wir die Lösbarkeit der Normalgleichung studieren.

Lemma 2.1.2 *Sei $g \in Y$. Dann gelten:*

(a) *Die Menge der Lösungen der Normalgleichung $\mathbb{L}(g) = \{\varphi \in X \mid A^*A\varphi = A^*g\}$ ist genau dann nicht leer, wenn g in $\mathcal{R}(A) \oplus \mathcal{R}(A)^{\perp}$ liegt.*

(b) *Die Menge $\mathbb{L}(g)$ ist abgeschlossen und konvex.*

Bemerkung 2.1.3 Im Allgemeinen haben wir $\mathcal{R}(A) \oplus \mathcal{R}(A)^{\perp} \neq Y$. Sollte g ein Randelement von $\mathcal{R}(A)$ sein, dann hat die Normalgleichung keine Lösung. Es kann kein f in X existieren, das den Defekt minimiert. In der Tat ist dann

$$\inf\{\,\|A\varphi - g\|_Y \mid \varphi \in X\,\} = 0 \quad \text{sowie} \quad \|A\varphi - g\|_Y > 0 \text{ für alle } \varphi \in X.$$

Beweis von Lemma 2.1.2:

(a) Sei $\varphi \in \mathbb{L}(g)$. Aus der trivialen Zerlegung $g = A\varphi + (g - A\varphi)$ folgt unmittelbar: $g \in \mathcal{R}(A) \oplus \mathcal{R}(A)^{\perp}$, denn $g - A\varphi \in \mathcal{R}(A)^{\perp}$, siehe (2.2).
Für den Umkehrschluss sei $g \in \mathcal{R}(A) \oplus \mathcal{R}(A)^{\perp}$. Somit existieren ein $\varphi \in X$ und ein $\widetilde{g} \in \mathcal{R}(A)^{\perp}$ mit $g = A\varphi + \widetilde{g}$. Wir wenden auf beide Seiten dieser Gleichung den Projektionsoperator $P_{\overline{\mathcal{R}(A)}}$ an und erhalten $P_{\overline{\mathcal{R}(A)}}\, g = A\varphi$. Gemäß Satz 2.1.1 folgt $A^*A\varphi = A^*g$, was $\varphi \in \mathbb{L}(g)$ bedeutet. Insbesondere ist $\mathbb{L}(g)$ nicht die leere Menge.

(b) Wir zeigen die Abgeschlossenheit von $\mathbb{L}(g)$. Sei dazu $\{\varphi_n\}_{n\in\mathbb{N}} \subset \mathbb{L}(g)$ eine Folge, die gegen $\varphi \in X$ konvergiert. Wegen $A^*g = \lim_{n\to\infty} A^*A\varphi_n = A^*A\varphi$ liegt das Grenzelement φ ebenfalls in $\mathbb{L}(g)$, d.h. $\mathbb{L}(g)$ ist abgeschlossen.

Für den Nachweis der Konvexität seien φ und ψ zwei Elemente aus $\mathbb{L}(g)$ und λ sei aus [0,1]. Mit der einfachen Rechnung $A^*A(\lambda\varphi + (1 - \lambda)\psi) = \lambda A^*A\varphi + (1 - \lambda)A^*A\psi = \lambda A^*g + (1 - \lambda)A^*g = A^*g$ sind wir auch schon fertig, denn die Verbindungsstrecke von φ und ψ verlässt $\mathbb{L}(g)$ nicht. ∎

Unter allen Elementen, die das Residuum minimieren, zeichnen wir nun dasjenige mit minimaler Norm aus.

Lemma 2.1.4 *Für $g \in \mathcal{R}(A) \oplus \mathcal{R}(A)^\perp$ enthält $\mathbb{L}(g)$ ein eindeutig bestimmtes Element f^+ minimaler Norm:*

$$\|f^+\|_X < \|\varphi\|_X \quad \text{für alle } \varphi \in \mathbb{L}(g)\backslash\{f^+\}.$$

Beweis: Die Norm ist ein stetiges Funktional über der abgeschlossenen und nichtleeren Menge $\mathbb{L}(g)$. Dies sichert die Existenz eines Elements in $\mathbb{L}(g)$ mit minimaler Norm.

Die Eindeutigkeit dieses Elements zeigen wir indirekt. Wir nehmen an, wir hätten zwei verschiedene Elemente φ und ψ in $\mathbb{L}(g)$ mit minimaler Norm $m = \|\varphi\|_X = \|\psi\|_X$. Die Konvexität von $\mathbb{L}(g)$ liefert

$$m \leq \|\lambda\varphi + (1 - \lambda)\psi\|_X \leq \lambda\|\varphi\|_X + (1 - \lambda)\|\psi\|_X = m \quad \text{für jedes } \lambda \in [0,1].$$

Daraus folgt

$$m^2 = \|\lambda\varphi + (1 - \lambda)\psi\|_X^2 = \lambda^2\|\varphi\|_X^2 + 2\lambda(1 - \lambda)\,\mathrm{Re}\,\langle\varphi,\psi\rangle_X + (1 - \lambda)^2\|\psi\|_X^2,$$

was

$$\mathrm{Re}\,\langle\varphi,\psi\rangle_X = m^2$$

impliziert. Damit sind wir schon fertig; denn

$$\|\varphi - \psi\|_X^2 = \|\varphi\|_X^2 - 2\,\mathrm{Re}\,\langle\varphi,\psi\rangle_X + \|\psi\|_X^2 = 0.$$

Es kann also nur ein Element mit minimaler Norm in $\mathbb{L}(g)$ geben. ∎

Definition 2.1.5 *Die Abbildung $A^+ : \mathcal{D}(A^+) \subset Y \to X$ mit dem Definitionsbereich $\mathcal{D}(A^+) = \mathcal{R}(A) \oplus \mathcal{R}(A)^\perp$, die jedem $g \in \mathcal{D}(A^+)$ das eindeutig bestimmte Element f^+ minimaler Norm aus $\mathbb{L}(g)$ zuordnet, heißt* **verallgemeinerte Inverse** *oder auch* **Moore–Penrose-Inverse** *von $A \in \mathcal{L}(X,Y)$.*

Das Element $f^+ = A^+g$ heißt **Minimum-Norm-Lösung** *von $Af = g$.*

Die Minimum-Norm-Lösung ist diejenige Lösung der Normalgleichung, die keinen Anteil im Nullraum des Operators hat.

Satz 2.1.6 *Sei* $g \in \mathcal{D}(A^+)$, *dann ist* $f^+ = A^+g$ *die eindeutige Lösung der Normalgleichung* $A^*Af = A^*g$ *in* $\mathcal{N}(A)^\perp$.

Beweis: Siehe Aufgabe 2.2. ∎

Bemerkung 2.1.7 In der Menge $\mathbb{L}(g)$ der Lösungen der Normalgleichung haben wir die Lösung mit minimaler Norm ausgezeichnet. Das war willkürlich. Mitunter kann es durchaus sinnvoll sein, eine Lösung zu suchen, die den Abstand zu einem bestimmten Element $f_* \in X$ minimiert. Es kann nur eine solche Lösung geben, siehe Aufgabe 2.3. Wir nennen sie f_*-*Minimum-Norm-Lösung* und bezeichnen sie der Einfachheit halber ebenfalls mit f^+. Es gilt

$$f^+ = A^+g + P_{\mathcal{N}(A)}f_*,$$

was in Aufgabe 2.4 zu zeigen ist.

Satz 2.1.8 *Die verallgemeinerte Inverse* A^+ *von* $A \in \mathcal{L}(X,Y)$ *hat die folgenden Eigenschaften.*

(a) A^+ *ist genau dann auf ganz* Y *definiert, wenn* $\mathcal{R}(A)$ *abgeschlossen ist.*

(b) $\mathcal{R}(A^+) = \mathcal{N}(A)^\perp$.

(c) A^+ *ist linear,*

(d) A^+ *ist genau dann stetig, wenn das Bild von* A *abgeschlossen ist:* $\mathcal{R}(A) = \overline{\mathcal{R}(A)}$.

Beweis: Den Beweis von (a) überlassen wir Ihnen.

(b) Aus Satz 2.1.6 folgt $\mathcal{R}(A^+) \subset \mathcal{N}(A)^\perp$. Es bleibt noch, die umgekehrte Inklusion zu demonstrieren. Sei dazu $\varphi \in \mathcal{N}(A)^\perp$. Für $g := A\varphi$ ist $P_{\overline{\mathcal{R}(A)}}\,g = A\varphi$ und mittels Satz 2.1.1 erhalten wir $\varphi \in \mathbb{L}(g)$. Wir nehmen nun ein beliebiges $\psi \in \mathbb{L}(g)$. Mit diesem gilt $A(\varphi - \psi) = 0$ bzw. $\varphi - \psi \in \mathcal{N}(A)$. Wegen $\varphi \in \mathcal{N}(A)^\perp$ und $\varphi - \psi \in \mathcal{N}(A)$ schließen wir vermöge Pythagoras auf $\|\psi\|^2 = \|\varphi\|^2 + \|\psi - \varphi\|^2 \geq \|\varphi\|^2$. Also ist $\varphi = A^+g$ das Element in $\mathbb{L}(g)$ mit minimaler Norm und $\mathcal{N}(A)^\perp \subset \mathcal{R}(A^+)$.

(c) Es seien φ und ψ in $\mathcal{D}(A^+)$. Die beiden Gleichungen $AA^+\varphi = P_{\overline{\mathcal{R}(A)}}\,\varphi$ und $AA^+\psi = P_{\overline{\mathcal{R}(A)}}\,\psi$ führen auf $A(A^+\varphi + A^+\psi) = P_{\overline{\mathcal{R}(A)}}(\varphi + \psi) = AA^+(\varphi + \psi)$. Da $\mathcal{R}(A^+) = \mathcal{N}(A)^\perp$ ist, muss $A^+\varphi + A^+\psi = A^+(\varphi + \psi)$ sein. Analog zeigt man $A^+(\alpha\varphi) = \alpha A^+\varphi$ für $\alpha \in \mathbb{K}$.

(d) Zuerst sei A^+ stetig angenommen. Da $\mathcal{D}(A^+)$ dicht liegt in Y, können wir A^+ stetig fortsetzen durch ein $B \in \mathcal{L}(Y,X)$, das $ABy = P_{\overline{\mathcal{R}(A)}}\,y$ für alle $y \in Y$ erfüllt. Diese Gleichung impliziert aber die Inklusion $\overline{\mathcal{R}(A)} = \mathcal{R}(P_{\overline{\mathcal{R}(A)}}) \subset \mathcal{R}(A)$, die zu zeigen war.

Für die umgekehrte Richtung nehmen wir $\mathcal{R}(A)$ abgeschlossen an. Wir betrachten die lineare Abbildung

$$\widehat{A} : \mathcal{N}(A)^{\perp} \longrightarrow \mathcal{R}(A),$$

$$\varphi \longmapsto A\varphi.$$

Offensichtlich ist $\widehat{A}$ bijektiv sowie beschränkt. Nach dem Satz von der stetigen Inversen (Satz 8.2.3) ist $\widehat{A}^{-1}$ ebenfalls beschränkt. Somit dürfen wir $\|A^+ y\|_X = \|\widehat{A}^{-1}(\widehat{A}A^+ y)\|_X \leq \|\widehat{A}^{-1}\| \|\widehat{A}A^+ y\|_Y = \|\widehat{A}^{-1}\| \|AA^+ y\|_Y$ für alle $y \in \mathcal{D}(A^+) = Y$ abschätzen. Schließlich folgt $\|y\|_Y \geq \|P_{\overline{\mathcal{R}(A)}} y\|_Y = \|AA^+ y\|_Y \geq \|\widehat{A}^{-1}\|^{-1} \|A^+ y\|_X$ für alle $y \in Y$. Dies zeigt $\|A^+\| \leq \|\widehat{A}^{-1}\|$, also ist A^+ in $\mathcal{L}(Y,X)$. $\blacksquare$

Satz 2.1.9 *Die verallgemeinerte Inverse A^+ von $A \in \mathcal{L}(X,Y)$ ist eindeutig durch die vier* **Moore–Penrose-Axiome** *charakterisiert:*

$$AA^+ A = A, \qquad A^+ AA^+ = A^+,$$

$$A^+ A = P_{\overline{\mathcal{R}(A^*)}}, \qquad AA^+ = P_{\overline{\mathcal{R}(A)}}.$$

Beweis: Siehe Aufgabe 2.6. $\blacksquare$

Sie sollten jetzt die Aufgaben 2.5 bis 2.8 bearbeiten.

Durch den eingeführten verallgemeinerten Lösungsbegriff einer linearen Gleichung verdient lediglich Teil (c) der Definition 1.5.2 Aufmerksamkeit. Von Interesse ist nur noch die Situation, in der A^+ unstetig ist (Satz 2.1.8 (d)).

Definition 2.1.10 *Das Problem (A,X,Y) heißt* **schlecht gestellt nach Nashed** *[92], wenn das Bild von A nicht abgeschlossen ist in Y. Ansonsten heißt das Problem (A,X,Y)* **gut gestellt nach Nashed.**

Vereinbarung: Sprechen wir ab jetzt von einem schlecht gestellten Problem, so verstehen wir "schlecht gestellt" im Sinne von Nashed.

2.2 Kompakte Operatoren

Die verallgemeinerte Inverse eines kompakten Operators ist unbeschränkt, wenn das Bild des Operators unendlichdimensional ist (Satz 2.3.9 unten). Daher sind für uns Operatorgleichungen mit einem kompakten Operator Modelle für schlecht gestellte Probleme.

Definition 2.2.1 *Seien X und Y normierte Räume. Der lineare Operator $A : X \to Y$ heißt* **kompakt** *genau dann, wenn eine der beiden folgenden äquivalenten Eigenschaften zutrifft.*

- *Jede beschränkte Teilmenge U von X hat ein relativ kompaktes Bild unter A, d.h. $\overline{AU}$ ist kompakt in Y.*

- *Für jede beschränkte Folge $\{\varphi_n\}_{n\in\mathbb{N}}$ aus X hat die Bildfolge $\{A\varphi_n\}_{n\in\mathbb{N}}$ einen Häufungspunkt in Y.*

Wir setzen $\mathcal{K}(X,Y) := \{A : X \to Y \mid A \text{ ist linear und kompakt}\}$ sowie $\mathcal{K}(X) := \mathcal{K}(X,X)$.

Kompaktheit ist stärker als Beschränktheit. Den Beweis des folgenden Lemmas überlassen wir Ihnen als Aufgabe 2.9.

Lemma 2.2.2 *Jeder kompakte lineare Operator zwischen normierten Räumen ist beschränkt: $\mathcal{K}(X,Y) \subset \mathcal{L}(X,Y)$.*

Einige Beispiele kompakter Operatoren sollen ihr Wesen erhellen.

Beispiel 2.2.3 Sei $A : X \to Y$ ein linearer Operator mit einem Bildraum von endlicher Dimension d. Wählen wir eine Basis $\{u_1, \ldots, u_d\}$ in $\mathcal{R}(A)$, so können wir die Wirkung von A auf $x \in X$ ausdrücken durch $Ax = \sum_{k=1}^{d} \alpha_k(x)\, u_k$ vermöge einer *stetigen* Koeffizientenfunktion $\alpha : X \to \mathbb{C}^d$.

Mit der beschränkten Folge $\{\varphi_n\}_{n\in\mathbb{N}}$ in X assoziieren wir die beschränkte Folge $\{\alpha(\varphi_n)\}_{n\in\mathbb{N}}$ in $\mathbb{K}^d$, die nach dem Satz von Bolzano–Weierstraß* eine konvergente Teilfolge besitzt. Diese nennen wir $\{\alpha(\varphi_{n_j})\}_{j\in\mathbb{N}}$. Damit haben wir zu $\{A\varphi_n\}_{n\in\mathbb{N}}$ eine konvergente Teilfolge gefunden, nämlich $\left\{ \sum_{k=1}^{d} \alpha_k(\varphi_{n_j})\, u_k \right\}_{j\in\mathbb{N}}$. Wir haben gerade gezeigt, dass ein stetiger linearer Operator mit einem endlichdimensionalen Bildraum ein kompakter Operator ist. ♠

In einer gewissen Weise sind kompakte Operatoren natürliche Verallgemeinerungen endlichdimensionaler linearer Operatoren (Matrizen) auf unendlichdimensionale Räume. Diese Tatsache wird durch das nächste Beispiel untermauert, sie kommt aber sehr viel stärker in der Spektraltheorie zum Vorschein, siehe den folgenden Abschnitt 2.3, insbesondere Satz 2.3.4.

Beispiel 2.2.4 Sei $A = \{a_{ik}\}_{i,k\in\mathbb{N}}$ eine unendliche Matrix, deren Einträge quadratsummierbar seien:

$$\sum_{i=1}^{\infty} \sum_{k=1}^{\infty} |a_{ik}|^2 < \infty.$$

Der Matrixoperator $A : \ell^2(\mathbb{N}) \to \ell^2(\mathbb{N})$, $(Ax)_i := \sum_{k=1}^{\infty} a_{ik}\, x_k$, ist wohldefiniert; denn

$$\sum_{i=1}^{\infty} \left| \sum_{k=1}^{\infty} a_{ik}\, x_k \right|^2 \leq \sum_{i=1}^{\infty} \sum_{k=1}^{\infty} |a_{ik}|^2 \sum_{k=1}^{\infty} |x_k|^2,$$

wobei wir die Cauchy–Schwarzsche Ungleichung für Reihen angewandt haben, siehe z.B. HEUSER [61, Satz 33.11]. Außerdem ist A linear und stetig mit $\|A\|^2 \leq \sum_{i,k=1}^{\infty} |a_{ik}|^2$. Wir erklären nun eine Folge $\{A_d : \ell^2(\mathbb{N}) \to \ell^2(\mathbb{N})\}_{d\in\mathbb{N}}$ stetiger Operatoren durch

---

* Eine beschränkte Folge in einem normierten Raum besitzt genau dann eine konvergente Teilfolge, wenn der Raum endlichdimensional ist, siehe z.B. HEUSER [63, Satz 11.7].

$$(A_d x)_i := \begin{cases} \displaystyle\sum_{k=1}^{\infty} a_{ik}\, x_k & : \quad i \in \{1,\ldots,d\} \\[2mm] 0 & : \quad \text{sonst} \end{cases},$$

deren Bild d-dimensional ist. Wir haben es nach Beispiel 2.2.3 mit einer Folge kompakter Operatoren zu tun, die wegen der Abschätzung $\|A - A_d\|^2 \le \sum_{i=d+1}^{\infty} \sum_{k=1}^{\infty} |a_{ik}|^2$ gleichmäßig gegen A konvergiert. Dadurch vererbt sich die Kompaktheit der A_d auf A, wie wir weiter unten in Satz 2.2.8 beweisen werden.

$\spadesuit$

In einem weiteren Beispiel betrachten wir Integraloperatoren (*der ersten Art vom Fredholm-Typ*), vgl. (1.18). Hierbei handelt es sich um typische Vertreter kompakter Operatoren.

Beispiel 2.2.5 Sei G eine kompakte Menge im $\mathbb{R}^d$, die nicht leer ist. Mit $k \in \mathcal{C}(G \times G)$ definieren wir $A : \mathcal{C}(G) \to \mathcal{C}(G)$ durch

$$Af(x) = \int_G k(x,y)\, f(y)\, \mathrm{d}y. \tag{2.3}$$

Die Funktion k heißt *Kern* des Integraloperators A. Integraloperatoren treten häufig in der mathematischen Formulierung physikalischer Prozesse auf, siehe z.B. die Abschnitte 1.1, 1.3 und 1.4.1.

Zum Nachweis der Kompaktheit von A ziehen wir eine Charakterisierung relativ kompakter Mengen in $\mathcal{C}(G)$ heran. Diese leistet der Satz von *Arzelà–Ascoli*.

Satz von Arzelà–Ascoli *Sei* $\emptyset \ne G \subset \mathbb{R}^d$ *kompakt. Eine Teilmenge* $U \subset \mathcal{C}(G)$ *ist relativ kompakt genau dann, wenn gilt*

(i) *U ist gleichgradig stetig, d.h. zu jedem $\varepsilon > 0$ gibt es ein $\delta > 0$ derart, dass für jedes $f \in U$ gilt $|f(x) - f(y)| < \varepsilon$ für alle $x, y \in G$ mit $\|x - y\| < \delta$.*

(ii) *U ist beschränkt, d.h. es existiert eine positive Zahl* M *mit* $\|g\|_{\mathcal{C}(G)} \le$ M, *und zwar für alle $g \in U$.*

Beweis: Wir verweisen auf Heuser [61, Abschnitt 106]. ∎

Satz 2.2.6 *Sei* $\emptyset \ne G \subset \mathbb{R}^d$ *kompakt. Falls* $k \in \mathcal{C}(G \times G)$ *ist, dann ist der Integraloperator (2.3) kompakt, d.h.* $A \in \mathcal{K}(\mathcal{C}(G))$.

Beweis: Ausgehend von einer beschränkten Teilmenge U von $\mathcal{C}(G)$ zeigen wir die relative Kompaktheit von AU in $\mathcal{C}(G)$ unter Ausnutzung des Satzes von Arzelà–Ascoli. Die Schranke für U sei M: $\|\varphi\|_{\mathcal{C}(G)} \le$ M für alle $\varphi \in U$.

(i) Aus $|A\varphi(x)| \le$ M $\mathrm{vol}_d(G)\, \max_{z,y \in G} |k(z,y)|$ für alle $x \in G$ und alle $\varphi \in U$ folgt die Beschränktheit von AU.

(ii) Der Kern k ist gleichmäßig stetig auf $G \times G$. Daher existiert für jedes $\varepsilon > 0$ ein $\delta > 0$, so dass für alle $x, y, z \in G$ mit $\|x - y\| < \delta$ gilt

$$|k(x,z) - k(y,z)| < \frac{\varepsilon}{M \operatorname{vol}_d(G)}.$$

Diese Eigenschaft des Kerns führt uns auf die Abschätzung

$$|A\varphi(x) - A\varphi(y)| < \varepsilon$$

für alle $x, y \in G$ mit $\|x - y\| < \delta$ und für alle $\varphi \in U$. Das ist die gleichgradige Stetigkeit von AU. $\blacksquare$

Die Menge $\mathcal{C}(G)$ zusammen mit der Supremumsnorm ist "lediglich" ein Banachraum. Da wir schlecht gestellte Operatorgleichungen aber in Hilberträumen studieren wollen, geben wir noch eine Bedingung an, unter der der Integraloperator (2.3) kompakt ist bez. des Hilbertraums $L^2(G)$.

Satz 2.2.7 *Sei $\emptyset \neq G \subset \mathbb{R}^d$ kompakt. Falls $k \in L^2(G \times G)$ ist, dann ist der Integraloperator (2.3) in $\mathcal{K}\left(L^2(G)\right)$.*

Beweis: Wir verweisen auf HEUSER [63, Abschnitt 87]. $\blacksquare$

Wir beenden Beispiel 2.2.5 mit einer Folgerung aus Satz 2.2.7: Die Integralgleichung (1.18) des inversen Wärmeleitungsproblems ist schlecht gestellt in $L^2(0,\pi)$. $\spadesuit$

Im nächsten Satz stellen wir einige Eigenschaften kompakter Operatoren zusammen.

Satz 2.2.8 *Seien X, Y und Z normierte Räume. Dann gelten:*

(a) *$\mathcal{K}(X,Y)$ ist ein normierter Raum mit der Operatornorm.*

(b) *Falls $A \in \mathcal{L}(X,Y)$ und $B \in \mathcal{K}(Y,Z)$ oder $A \in \mathcal{K}(X,Y)$ und $B \in \mathcal{L}(Y,Z)$, dann ist $BA \in \mathcal{K}(X,Z)$.*

(c) *Sei Y ein Banachraum. Dann ist $\mathcal{K}(X,Y)$ abgeschlossen bezüglich der Operatornorm, d.h. ist $\{A_n\}_{n \in \mathbb{N}}$ eine Folge kompakter Operatoren, die in $\mathcal{L}(X,Y)$ gegen A konvergiert, so ist A ebenfalls kompakt.*

(d) *Die Identität $I : X \to X$ ist dann und nur dann kompakt, wenn X endlichdimensional ist.*

(e) *Ist $A \in \mathcal{K}(X,Y)$ invertierbar und ist X nicht endlichdimensional, so ist A^{-1} nicht stetig.*

Beweis: Der Beweis von Teil (a) und (b) ist eine einfache Übung.

(c) Sei $\{\varphi_m\}_{m \in \mathbb{N}}$ beschränkt in X mit Schranke M. Zu $\varepsilon > 0$ existiert ein $n_0 \in \mathbb{N}$, so dass $\|A - A_n\| < \varepsilon/(3M)$ ist für alle $n \geq n_0$. Wegen der Kompaktheit von A_{n_0} können wir eine Teilfolge $\{\varphi_{m(k)}\}_{k \in \mathbb{N}}$ finden, deren Bildfolge $\{A_{n_0}\varphi_{m(k)}\}_{k \in \mathbb{N}}$ konvergiert. Daher gibt es ein $N \in \mathbb{N}$ mit $\|A_{n_0}\varphi_{m(k)} - A_{n_0}\varphi_{m(l)}\|_Y < \varepsilon/3$ für alle $k,l \geq N$. Über die Dreiecksungleichung erhalten wir

$$\begin{aligned}
\|A\varphi_{m(k)} - A\varphi_{m(l)}\|_Y \ &\leq\ \|A\varphi_{m(k)} - A_{n_0}\varphi_{m(k)}\|_Y \\
&\quad + \|A_{n_0}\varphi_{m(k)} - A_{n_0}\varphi_{m(l)}\|_Y \\
&\quad + \|A_{n_0}\varphi_{m(l)} - A\varphi_{m(l)}\|_Y \\
&<\ \frac{\varepsilon}{3\,\mathrm{M}}\,\mathrm{M} + \frac{\varepsilon}{3} + \frac{\varepsilon}{3\,\mathrm{M}}\,\mathrm{M} \\
&=\ \varepsilon \quad \text{für alle } k,l \geq N.
\end{aligned}$$

Somit ist $\{A\varphi_{m(k)}\}_{k\in\mathbb{N}}$ eine Cauchy-Folge, die in Y konvergiert. Das war zu zeigen.

(d) Die Einheitskugel $U = \{\varphi \in X \mid \|\varphi\|_X \leq 1\}$ ist kompakt genau dann, wenn X endlichdimensional ist, siehe z.B. HEUSER [63, Satz 11.8].

(e) Die Aussage beweisen wir indirekt. Wir nehmen also an, A^{-1} sei beschränkt. Dann ist die Identität $I = A^{-1}A : X \to X$ nach Teil (b) kompakt, und nach Teil (d) muss X endlichdimensional sein. Das ist ein Widerspruch zu $\dim X = \infty$. ∎

Einen Spezialfall von Teil (c) des obigen Satzes wollen wir hervorheben.

Korollar 2.2.9 *Sei X ein normierter Raum und sei Y ein Banachraum. Die Folge $\{A_n\}_{n\in\mathbb{N}}$ von linearen Operatoren mit endlichdimensionalen Bildern konvergiere gegen A in $\mathcal{L}(X,Y)$, dann ist A in $\mathcal{K}(X,Y)$.*

Diesen Abschnitt schließen wir mit einer weiteren Anwendung von Teil (c) des obigen Satzes. Die einzelnen Beweisschritte überlassen wir Ihnen als Aufgabe 2.10.

Satz 2.2.10 *Sei $G \subset \mathbb{R}^d$ kompakt und nicht leer. Der Kern k des Integraloperators $A : \mathcal{C}(G) \to \mathcal{C}(G)$, $Af(x) = \int_G k(x,y)\,f(y)\,\mathrm{d}y$, sei stetig für $x \neq y$ und schwach singulär, d.h. $|k(x,y)| \leq C\,\|x - y\|^{\alpha-d}$ für ein $\alpha \in\,]0,d[$ und ein $C > 0$. Dann ist $A \in \mathcal{K}(\mathcal{C}(G))$.*

Als Konsequenz aus obigem Satz halten wir fest: Die linearisierte Lippmann–Schwinger-Integralgleichung (1.13) ist schlecht gestellt in $\mathcal{C}(D)$.

2.3 Spektraltheorie kompakter Operatoren: Die Singulärwertzerlegung

In den Spektraleigenschaften kompakter Operatoren manifestiert sich ihre enge Verwandtschaft mit den endlichdimensionalen Operatoren.

Definition 2.3.1 *Sei X ein normierter Raum und sei $A \in \mathcal{L}(X)$.*

(a) *Eine Zahl $\lambda \in \mathbb{C}$ heißt **regulärer Wert** von A genau dann, wenn $\lambda I - A$ eine stetige Inverse hat.*

(b) *Die Menge $\sigma(A) = \{\lambda \in \mathbb{C} \mid \lambda$ ist nicht regulärer Wert von $A\}$ heißt **Spektrum** von A.*

(c) *Ein Spektralwert $\lambda \in \sigma(A)$ heißt **Eigenwert** von A, wenn $\mathcal{N}(\lambda I - A) \neq \{0\}$ ist. Die nicht-trivialen Elemente in $\mathcal{N}(\lambda I - A)$ sind die **Eigenvektoren** bzw. **Eigenfunktionen** von A zum Eigenwert λ.*

Das Spektrum von A ist eine kompakte Menge, die in einer Kugel um den Ursprung mit Radius $\|A\|$ enthalten ist.

Satz 2.3.2 *Sei X Banachraum und sei $A \in \mathcal{L}(X)$. Dann gelten*

(a) $\lambda \in \sigma(A) \implies |\lambda| \leq \|A\|$.

(b) *Die Menge $\sigma(A) \subset \mathbb{C}$ ist kompakt.*

Beweis:

(a) Wir nehmen an, es gäbe einen Spektralwert λ mit $|\lambda| > \|A\|$. Dann ist $\|\lambda^{-1}A\| = |\lambda|^{-1}\|A\| < 1$. Die Neumannsche Reihe (Satz 8.1.14) für $\lambda^{-1}A$ konvergiert und wir erhalten $\lambda^{-1}\sum_{k=0}^{\infty}(\lambda^{-1}A)^k = \lambda^{-1}(I - \lambda^{-1}A)^{-1} = (\lambda I - A)^{-1} \in \mathcal{L}(X)$. Also ist $\lambda \notin \sigma(A)$, was im Widerspruch zu $\lambda \in \sigma(A)$ steht.

(b) Im Endlichdimensionalen bedeutet die Kompaktheit einer Menge ihre Abgeschlossenheit und zugleich ihre Beschränktheit, siehe z.B. HEUSER [63, Satz 11.8]. Mit Teil (a) des Satzes ist bereits die Beschränktheit gezeigt, es bleibt die Abgeschlossenheit des Spektrums nachzuweisen, mit anderen Worten, das Komplement $\mathbb{C}\backslash\sigma(A)$ ist offen. Seien λ und μ zwei komplexe Zahlen mit $\lambda \notin \sigma(A)$ sowie $|\lambda - \mu| < \|(\lambda I - A)^{-1}\|^{-1}$. Wir zeigen, dass auch μ nicht in $\sigma(A)$ liegen kann. Es gilt $\mu I - A = \lambda I - A + (\mu - \lambda)I = (I - (\lambda - \mu)(\lambda I - A)^{-1})(\lambda I - A)$. Da $\|(\lambda - \mu)(\lambda I - A)^{-1}\| < 1$ ist, haben wir mit $(\lambda I - A)^{-1}(I - (\lambda - \mu)(\lambda I - A)^{-1})^{-1}$ die stetige Inverse von $\mu I - A$ gefunden, d.h. $\mu \notin \sigma(A)$. ∎

Nicht jeder Spektralwert eines stetigen Operators ist ein Eigenwert! Das ist ein wesentlicher Unterschied zwischen Matrizen und stetigen Operatoren auf unendlichdimensionalen Räumen. Ein einfaches Beispiel erläutert den Sachverhalt. Der Operator $A : \mathcal{C}(0,1) \to \mathcal{C}(0,1)$ sei definiert durch $Af(t) = t\,f(t)$. Er ist stetig mit Norm 1, besitzt *keine* Eigenwerte, jedoch ist $\sigma(A) = [0,1]$, siehe Aufgabe 2.11.

Solch eine Konstellation ist bei kompakten Operatoren ausgeschlossen. Mit Ausnahme der 0 ist jeder Spektralwert zugleich ein Eigenwert. Darüber hinaus kann es nur abzählbar viele Spektralwerte geben.

Satz 2.3.3 *Sei X ein normierter Raum. Für $A \in \mathcal{K}(X)$ gilt:*

(a) *Ist $\lambda \in \sigma(A)\backslash\{0\}$, so ist λ Eigenwert von A.*

(b) *Jeder Eigenwert λ hat endliche Vielfachheit, d.h. $\dim \mathcal{N}(\lambda I - A) < \infty$.*

(c) *Das Spektrum $\sigma(A)$ ist abzählbar (diskret) und $0 \in \sigma(A)$.*

(d) *Einzig möglicher Häufungspunkt von $\sigma(A)$ ist 0.*

Beweis: Die Beweise der Aussagen können in Standardlehrbüchern der Funktionalanalysis nachgelesen werden, so z.B. bei WEIDMANN [142, Satz 6.7]. ∎

Satz 2.3.4 **(Spektralsatz für selbstadjungierte kompakte Operatoren)**
Sei X ein Hilbertraum und sei $A \in \mathcal{K}(X)$ selbstadjungiert, d.h. $A^* = A$. Dann existiert eine orthonormale Folge $\{v_j\}_{j \in \mathbb{N}}$ in X und eine Folge $\{\lambda_j\}_{j \in \mathbb{N}}$ in $\mathbb{R}$ mit $|\lambda_1| \geq |\lambda_2| \geq \ldots > 0$, so dass

$$Ax = \sum_{j=1}^{\infty} \lambda_j \langle x, v_j \rangle_X \, v_j \tag{2.4}$$

ist. Die Folge $\{\lambda_j\}_{j \in \mathbb{N}}$ bricht entweder ab oder konvergiert gegen 0.

Beweis: Der Beweis kann in Standardbüchern der Funktionalanalysis nachgelesen werden, siehe z.B. HEUSER [63, Abschnitt 30]. ∎

Bemerkung 2.3.5

(a) Die Elemente der Folge $\{\lambda_j\}_{j \in \mathbb{N}}$ sind die Eigenwerte von A, die v_j die zugehörigen Eigenvektoren.

(b) Ist X endlichdimensional, so brechen die Folgen $\{\lambda_j\}$ und $\{v_j\}$ ab.

(c) Der Nullraum von A ist der Orthogonalraum des Spanns der v_j, d.h. $\mathcal{N}(A) = \mathrm{span}\{v_j \,|\, j \in \mathbb{N}\}^{\perp}$.

(d) Eine Spektralzerlegung bleibt nicht nur den symmetrischen kompakten Operatoren vorbehalten. Vielmehr erlaubt jeder symmetrische Operator $A \in \mathcal{L}(X)$ eine Integraldarstellung

$$Ax = \int_{\sigma(A)} \lambda \, dE_\lambda x, \tag{2.5}$$

wobei die Familie $\{E_\lambda\}_{\lambda \in \mathbb{R}}$ von Orthogonalprojektoren die *Spektralschar* von A ist, siehe z.B. WEIDMANN [142, Kapitel 7]. In der Tat ist Satz 2.3.4 nur ein Spezialfall hiervon. Für kompakte Operatoren ist die Spektralschar stückweise konstant:

$$E_\lambda x = \begin{cases} \displaystyle\sum_{j \in \mathcal{I}(\lambda)} \langle x, v_j \rangle_X \, v_j & : \ \lambda < 0 \\[2ex] P_{\mathcal{N}(A)} x + \displaystyle\sum_{j \in \mathcal{I}(\lambda)} \langle x, v_j \rangle_X \, v_j & : \ \lambda \geq 0 \end{cases}$$

mit der Indexmenge $\mathcal{I}(\lambda) = \{j \in \mathbb{N} \,|\, \lambda_j \leq \lambda\}$. Das Stieltjes-Integral (2.5) reduziert sich so auf die Summe (2.4).

Seien X und Y Hilberträume und sei $A \in \mathcal{K}(X,Y)$. Das Operatorprodukt A^*A ist selbstadjungiert in $\mathcal{K}(X)$. Sei $A^*Ax = \sum_{j=1}^{\infty} \lambda_j \langle x,v_j \rangle_X \, v_j$ die Reihendarstellung nach Satz 2.3.4. Für $\lambda_j \in \sigma(A^*A))\backslash\{0\}$ und den zugehörigen Eigenvektor $v_j \in X$ gilt

$$\lambda_j \, \|v_j\|_X^2 \; = \; \langle \lambda_j \, v_j, v_j \rangle_X \; = \; \langle A^* A v_j, v_j \rangle_X \; = \; \|A v_j\|_Y^2 > 0.$$

Alle λ_j sind daher positiv; wir ordnen sie monoton fallend an: $\lambda_1 \geq \lambda_2 \geq \ldots > 0$. Wir setzen

$$\sigma_j := \sqrt{\lambda_j} \quad \text{und} \quad u_j := \sigma_j^{-1} \, A v_j, \quad j \in \mathbb{N},$$

was

$$A v_j = \sigma_j \, u_j \quad \text{sowie} \quad A^* u_j = \sigma_j \, v_j \tag{2.6}$$

zur Folge hat. Ferner sind die u_j orthonormal in Y:

$$\langle u_j, u_k \rangle_Y \; = \; \frac{1}{\sigma_j \, \sigma_k} \, \langle A v_j, A v_k \rangle_Y \; = \; \frac{1}{\sigma_j \, \sigma_k} \, \langle A^* A v_j, v_k \rangle_X \; = \; \frac{\sigma_j}{\sigma_k} \, \underbrace{\langle v_j, v_k \rangle_X}_{\delta_{j,k}} \; = \; \delta_{j,k}.$$

Die Folge $\{u_j\}_{j \in \mathbb{N}}$ bildet ein vollständiges Orthonormalsystem von $\overline{\mathcal{R}(A)}$, $\{v_j\}_{j \in \mathbb{N}}$ ist ein vollständiges Orthonormalsystem in $\mathcal{N}(A)^{\perp}$:

$$\overline{\mathrm{span}\{u_j \mid j \in \mathbb{N}\}} \; = \; \overline{\mathcal{R}(A)}, \qquad \overline{\mathrm{span}\{v_j \mid j \in \mathbb{N}\}} \; = \; \mathcal{N}(A)^{\perp}.$$

Definition 2.3.6 *Die oben eingeführte Menge von Tripeln*

$$\{(\sigma_j; v_j, u_j) \mid j \in \mathbb{N}\} \; \subset \;]0,\infty[\, \times X \times Y$$

*heißt **singuläres System** von $A \in \mathcal{K}(X,Y)$. Die Skalare σ_j nennen wir **Singulärwerte**, die Funktionen bzw. Vektoren u_j und v_j bezeichnen wir als **singuläre Funktionen** bzw. **singuläre Vektoren**. Die Reihenentwicklung*

$$Ax = \sum_{j=1}^{\infty} \sigma_j \, \langle x,v_j \rangle_X \, u_j$$

*heißt **Singulärwertzerlegung (SWZ)** von A.*

Die SWZ zerlegt einen kompakten Operator in seine elementaren Bausteine, so dass er sich leichter analysieren lässt. Mit ihrer Hilfe können wir z.B. die Picard-Bedingung formulieren, die das Bild eines kompakten Operators charakterisiert.

Satz 2.3.7 (Picard-Bedingung)
Sei $A : X \to Y$ ein kompakter Operator mit singulärem System $\{(\sigma_j; v_j, u_j)\}$. Ein Element $g \in \overline{\mathcal{R}(A)}$ liegt genau dann in $\mathcal{R}(A)$, wenn die Reihe

$$\sum_{j=1}^{\infty} \frac{|\langle g,u_j \rangle_Y|^2}{\sigma_j^2} \tag{2.7}$$

konvergiert.

Da die Singulärwerte σ_j gegen 0 streben für $j \to \infty$, entspricht die Picard-Bedingung einer Abklingbedingung an die Fourier-Koeffizienten $\langle g,u_j \rangle_Y$; sie müssen hinreichend schnell abfallen.

Der **Beweis von Satz 2.3.7** ist bemerkenswert einfach. Zunächst betrachten wir den Fall $g \in \mathcal{R}(A)$. Wir finden also die Darstellung $g = Af$ mit einem $f \in X$. Es folgt $\langle g,u_j \rangle_Y = \langle f,A^*u_j \rangle_X = \sigma_j \langle f,v_j \rangle_X$ und weiter

$$\sum_{j=1}^{\infty} \sigma_j^{-2} |\langle g,u_j \rangle_Y|^2 = \sum_{j=1}^{\infty} |\langle f,v_j \rangle_X|^2 \leq \|f\|_X^2 < \infty,$$

was in diesem Falle zu zeigen war.

Nun sei $g \in \overline{\mathcal{R}(A)}$ und zusätzlich möge die Reihe (2.7) konvergieren. Dadurch ist das Element $f := \sum_{j=1}^{\infty} \sigma_j^{-1} \langle g,u_j \rangle_Y v_j$ wohldefiniert in X. Das Bild von f unter A ist gerade g; denn

$$Af = \sum_{j=1}^{\infty} \sigma_j^{-1} \langle g,u_j \rangle_Y Av_j = \sum_{j=1}^{\infty} \langle g,u_j \rangle_Y u_j = P_{\overline{\mathcal{R}(A)}}\, g = g.$$

Damit ist die Picard-Bedingung vollständig bewiesen. ∎

Bemerkung 2.3.8   Die Singulärwerte haben eine erwähnenswerte Minimaleigenschaft. Sie bestimmen, wie gut sich ein kompakter Operator bestenfalls durch einen endlichdimensionalen Operator approximieren lässt. Es gilt nämlich

$$\sigma_{j+1} = \inf \left\{ \|A - A_j\| \mid A_j \in \mathcal{L}(X,Y),\ \dim \mathcal{R}(A_j) \leq j \right\}, \quad j \in \mathbb{N},$$

was Sie in Aufgabe 2.12 zeigen sollen.

Die verallgemeinerte Inverse A^+ eines kompakten Operators besitzt eine Reihenentwicklung mit den Elementen der SWZ von A.

Satz 2.3.9   **(Verallgemeinerte Inverse eines kompakten Operators)**
Sei $A \in \mathcal{K}(X,Y)$ mit singulärem System $\{(\sigma_j; v_j,u_j)\}$. Dann ist

$$A^+ g = \sum_{j=1}^{\infty} \sigma_j^{-1} \langle g,u_j \rangle_Y v_j \quad \textit{für } g \in \mathcal{D}(A^+).$$

Hat A ein endlichdimensionales Bild, dann ist A^+ stetig.

Beweis: Für $g \in \mathcal{R}(A) \oplus \mathcal{R}(A)^\perp$ existieren $f \in X$ und $\varphi \in \mathcal{R}(A)^\perp$ mit $g = Af + \varphi$. Wegen $\langle g,u_j \rangle_Y = \langle Af,u_j \rangle_Y = \sigma_j \langle f,v_j \rangle_X$ konvergiert die Reihe

$$\widetilde{f} := \sum_{j=1}^{\infty} \sigma_j^{-1} \langle g,u_j \rangle_Y v_j = \sum_{j=1}^{\infty} \langle f,v_j \rangle_X v_j.$$

Das Element $\widetilde{f}$ ist in $\mathcal{N}(A)^{\perp}$ (wieso?) und erfüllt die Normalgleichung bez. g:

$$A^*A\widetilde{f} = \sum_{j=1}^{\infty} \sigma_j^{-1} \langle g,u_j \rangle_Y \sigma_j^2 v_j = \sum_{j=1}^{\infty} \sigma_j \langle g,u_j \rangle_Y v_j = A^*g.$$

Die Behauptung $\widetilde{f} = A^+g$ ergibt sich nun mit Satz 2.1.6.   ∎

Die SWZ werden wir später intensiv heranziehen zur Untersuchung schlecht gestellter Operatorgleichungen. Ihre Existenz ist für jeden kompakten Operator gesichert, im konkreten Einzelfall ist die explizite Berechnung der SWZ im Allgemeinen eine anspruchsvolle Aufgabe. Trotzdem kennt man für eine Reihe anwendungsrelevanter Operatoren die SWZ, z.B. für die Radon-Transformation (1.6) in verschiedenen Modifikationen, siehe DAVISON [18], LOUIS [79], LOUIS und RIEDER [85], MAASS [86, 87] und QUINTO [109].

In zwei einfacheren Beispielen wollen wir das Konstruktionsprinzip für SWZs erläutern. In Abschnitt 2.5 werden wir dann die SWZ der Radon-Transformation vorstellen, deren Herleitung umfangreicher ist.

Beispiel 2.3.10   Wir betrachten erneut den kompakten Integraloperator A : $L^2(0,1) \to L^2(0,1)$, siehe Beispiel 1.5.4,

$$Af(x) = \int_0^x f(t)\, \mathrm{d}t = \int_0^1 k(x,t)\, f(t)\, \mathrm{d}t$$

mit

$$k(x,t) = \begin{cases} 1 & : \quad 0 \le t \le x \le 1 \\ 0 & : \quad 0 \le x < t \le 1 \end{cases}.$$

Das singuläre System von A ist gegeben durch

$$\sigma_j = \frac{1}{(j-1/2)\,\pi},$$

$$v_j(t) = \sqrt{2}\,\cos((j-1/2)\,\pi\,t),$$

$$u_j(t) = \sqrt{2}\,\sin((j-1/2)\,\pi\,t).$$

Zuerst berechnen wir die Eigenwerte von A^*A. Aus $A^*g(x) = \int_x^1 g(t)\,\mathrm{d}t$ erhalten wir $A^*Af(x) = \int_x^1 \int_0^t f(y)\,\mathrm{d}y\,\mathrm{d}t$. Wir betrachten daher den folgenden Ansatz:

$$A^*Af(x) = \int_x^1 \int_0^t f(y)\,\mathrm{d}y\,\mathrm{d}t \stackrel{!}{=} \lambda\, f(x) \quad \text{für ein } \lambda > 0. \tag{2.8}$$

Hieraus folgt $f(1) = 0$. Differentiation der Gleichung (2.8) liefert $-Af(x) = \lambda f'(x)$ und somit $f'(0) = 0$. Nochmaliges Differenzieren von (2.8) ergibt $-f(x) = \lambda f''(x)$. Auf diese Weise haben wir ein Randwertproblem zur Bestimmung von λ und f gewonnen, und zwar

$$\lambda f''(x) + f(x) = 0 \quad \text{für} \quad x \in \,]0,1[, \tag{2.9}$$

$$f'(0) = 0, \quad f(1) = 0. \tag{2.10}$$

Die allgemeine Lösung der linearen Differentialgleichung (2.9) ist

$$f(x) = a \cos(\lambda^{-1/2}\, x) + b \sin(\lambda^{-1/2}\, x)$$

mit reellen Konstanten a und b, die wir den Randbedingungen anpassen müssen. Dazu setzen wir die Randbedingungen (2.10) ein. Die erste Bedingung führt auf

$$0 = f'(0) = \lambda^{-1/2}\, b,$$

was $b = 0$ zur Folge hat. Die zweite Bedingung bedeutet

$$0 = f(1) = a \cos \lambda^{-1/2} + b \sin \lambda^{-1/2} = a \cos \lambda^{-1/2}.$$

Mit $a = 0$ hätten wir nur die triviale Lösung, also muss $\cos \lambda^{-1/2} = 0$ sein, d.h. $\lambda^{-1/2}$ durchläuft die positiven Nullstellen des Kosinus: $\lambda_j^{-1/2} = (j - 1/2)\,\pi$ für $j \in \mathbb{N}$. Die Konstante a bestimmen wir so, dass $a \cos(\lambda_j^{-1/2}\, x)$ normiert ist. Dieser Normierungsfaktor ist $a = \sqrt{2}$. Schließlich haben wir $v_j(x) = \sqrt{2}\,\cos((j-1/2)\,\pi\, x)$ nachgewiesen.

Aus den Singulärwerten $\sigma_j = 1/((j - 1/2)\,\pi)$ und den v_j erhalten wir die u_j via

$$
\begin{aligned}
u_j(x) &= \sigma_j^{-1}\, A v_j(x) \\
&= (j - 1/2)\,\pi \int_0^x \sqrt{2}\,\cos((j - 1/2)\,\pi\, t)\,\mathrm{d}t = \sqrt{2}\,\sin((j - 1/2)\,\pi x).
\end{aligned}
$$

Die $\{u_j\}_{j\in\mathbb{N}}$ bilden eine Orthonormalbasis in $L^2(0,1)$, also gilt $\overline{\mathcal{R}(A)} = L^2(0,1)$. Wir formulieren nun die Picard-Bedingung (Satz 2.3.7) bezogen auf dieses Beispiel. Eine Funktion $g \in L^2(0,1)$ ist in $\mathcal{R}(A)$ dann und nur dann, wenn die Reihe

$$\sum_{j=1}^{\infty}(j - 1/2)^2\,|g_j|^2 \quad \text{mit} \quad g_j = \sqrt{2}\int_0^1 g(t)\,\sin((j - 1/2)\,\pi\, t)\,\mathrm{d}t$$

konvergiert. ♠

Beispiel 2.3.11 Abschließend untersuchen wir den Operator $A : L^2(0,\pi) \to L^2(0,\pi)$ aus Abschnitt 1.4.1, gegeben durch $Af(x) = \int_0^\pi k(x,y)\,f(y)\,\mathrm{d}y$ mit Kern $k(x,y) = \frac{2}{\pi}\sum_{j=1}^{\infty}\exp(-n^2)\,\sin(n\,y)\,\sin(n\,x)$. Da $\{\sqrt{2/\pi}\,\sin(j\,x)\}_{j\in\mathbb{N}}$ eine Orthonormalbasis des $L^2(0,\pi)$ bildet, ist $\{(\exp(-j^2);\,\sqrt{2/\pi}\,\sin(j\,x),\,\sqrt{2/\pi}\,\sin(j\,x))\}_{j\in\mathbb{N}}$ das singuläre System von A, siehe Aufgabe 2.14.

Ebenso wie im obigen Beispiel haben wir $\overline{\mathcal{R}(A)} = L^2(0,\pi)$. Nach der Picard-Bedingung ist ein $g \in L^2(0,\pi)$ im Bild von A genau dann, wenn die Reihe

$$\sum_{j=1}^{\infty}\exp(2\,j^2)\,|g_j|^2 \quad \text{mit} \quad g_j = \sqrt{\frac{2}{\pi}}\int_0^\pi g(t)\,\sin(j\,t)\,\mathrm{d}t$$

konvergiert. ♠

Bemerkung 2.3.12 In beiden Beispielen nimmt die Frequenz der singulären Funktionen zu mit kleiner werdenden Singulärwerten (sie oszillieren stärker). Das ist typisch für schlecht gestellte Probleme. Im Rekonstruktionsprozess müssen daher die Anteile der Lösung zu kleinen Singulärwerten gedämpft werden, da sie besonders mit hochfrequentem Rauschen kontaminiert sind.

Sie sollten jetzt die Aufgaben 2.13 und 2.14 bearbeiten.

2.4 Ein Funktionalkalkül für kompakte Operatoren

In diesem Abschnitt entwickeln wir einen Funktionalkalkül für kompakte Operatoren, den wir in den folgenden Kapiteln ständig benutzen werden. Er ermöglicht uns eine elegante Formulierung von Operatoren mit einer komplizierten Struktur. Darüber hinaus reduzieren sich Spektraluntersuchungen auf das Studium reeller Funktionen.

Sei $A \in \mathcal{K}(X,Y)$ mit dem singulären System $\{(\sigma_j; v_j, u_j)\}$. Für eine stückweise stetige Funktion $\varphi : [0,\infty[\to \mathbb{R}$, die nur Sprungunstetigkeiten[†] aufweist, definieren wir

$$\varphi(A^*A)x := \sum_{j=1}^{\infty} \varphi(\sigma_j^2) \langle x, v_j \rangle_X v_j + \varphi(0) P_{\mathcal{N}(A)}x. \tag{2.11}$$

Die obige Reihe konvergiert in X, denn φ wird nur über dem Kompaktum $[0, \|A\|^2]$ ausgewertet. Die Faktoren $\varphi(\sigma_j^2)$ bleiben somit beschränkt. In der Tat haben wir

$$\|\varphi(A^*A)\| = \sup_{j \in \mathbb{N}} |\varphi(\sigma_j^2)| \leq \sup_{0 \leq \lambda \leq \|A\|^2} |\varphi(\lambda)|$$

sowie

$$\|\varphi(A^*A)A^*\| = \sup_{j \in \mathbb{N}} \sigma_j |\varphi(\sigma_j^2)| \leq \sup_{0 \leq \lambda \leq \|A\|^2} \sqrt{\lambda} |\varphi(\lambda)|. \tag{2.12}$$

Diese beiden Aussagen sollen Sie in Aufgabe 2.15 verifizieren.

Die nachfolgenden Beispiele fördern das Verständnis der Definition von $\varphi(A^*A)$.

Beispiele 2.4.1 (a) Ist $\varphi \equiv 1$, dann haben wir $\varphi(A^*A) = I$. Hier wird deutlich, warum der rechte Summand in (2.11) wichtig ist. Ohne ihn hätten wir im Allgemeinen nur $\varphi(A^*A) = P_{\mathcal{N}(A)^\perp}$.

(b) Ist $p(t) = \sum_{k=0}^{n} a_k t^k$ ein reelles Polynom n-ten Grades, so wissen wir bereits, was $p(A^*A)$ bedeutet, nämlich

---

[†] An den Unstetigkeitsstellen existieren die beidseitigen Grenzwerte.

$$p(A^*A) = \sum_{k=1}^{n} a_k \, (A^*A)^k + a_0 \underbrace{(A^*A)^0}_{= I}. \tag{2.13}$$

Wegen

$$\sum_{j=1}^{\infty} p(\sigma_j^2) \, \langle x, v_j \rangle \, v_j + p(0) \, P_{\mathcal{N}(A)} x = \sum_{k=1}^{n} a_k (A^*A)^k x + a_0 \, x,$$

sind (2.11) und (2.13) kompatibel. ♠

Wählen wir φ als die positive Quadratwurzel, $\varphi(t) = \sqrt{t}$, so nennen wir $\varphi(A^*A)$ aus nahe liegenden Gründen den Betrag von A:

$$|A|x := (A^*A)^{1/2}x = \sum_{j=1}^{\infty} \sigma_j \, \langle x, v_j \rangle_X \, v_j.$$

Für A^* erhalten wir analog[‡]

$$|A^*|y = (AA^*)^{1/2}y = \sum_{j=1}^{\infty} \sigma_j \, \langle y, u_j \rangle_Y \, u_j.$$

Den eingeführten Funktionalkalkül werden wir insbesondere zur Behandlung gebrochener Potenzen von A^*A heranziehen. Nachfolgend formulieren wir zwei Resultate, die für allgemeines $A \in \mathcal{L}(X,Y)$ gelten. Wir beweisen sie jedoch nur für kompaktes A, da wir nur für solche Operatoren den Funktionalkalkül (2.11) eingeführt haben.

Satz 2.4.2 (**Interpolationsungleichung**)
Seien X und Y Hilberträume und sei $A \in \mathcal{L}(X,Y)$. Dann gilt für $\alpha, \beta \in \,]0,\infty[$ und $x \in X$:

$$\| \, |A|^{\beta}x \|_X \leq \| \, |A|^{\beta+\alpha}x \|_X^{\frac{\beta}{\beta+\alpha}} \, \|x\|_X^{\frac{\alpha}{\beta+\alpha}}.$$

Beweis: Es bezeichne $\{(\sigma_j; v_j, u_j)\}$ das singuläre System von A. Wir schreiben $\| \, |A|^{\beta}x \|^2 = \sum_{j=1}^{\infty} \sigma_j^{2\beta} |\langle x, v_j \rangle_X|^2$ um in $\| \, |A|^{\beta}x \|^2 = \sum_{j=1}^{\infty} a_j b_j$ mit $a_j = \sigma_j^{2\beta} |\langle x, v_j \rangle_X|^{2/p}$ und $b_j = |\langle x, v_j \rangle_X|^{2/q}$, wobei wir $1/p := \beta/(\beta + \alpha)$ und $1/q := \alpha/(\beta + \alpha)$ gesetzt haben. Wegen $1/p + 1/q = 1$ dürfen wir die Höldersche Ungleichung $\sum_{j=1}^{\infty} a_j b_j \leq (\sum_{j=1}^{\infty} a_j^p)^{1/p}(\sum_{j=1}^{\infty} b_j^q)^{1/q}$ für Reihen anwenden, siehe z.B. HEUSER [61, Abschnitt 59]. Es folgt

$$\| \, |A|^{\beta}x \|_X^2 \leq \left(\sum_{j=1}^{\infty} \sigma_j^{2(\beta+\alpha)} |\langle x, v_j \rangle_X|^2 \right)^{\frac{\beta}{\beta+\alpha}} \left(\sum_{j=1}^{\infty} |\langle x, v_j \rangle_X|^2 \right)^{\frac{\alpha}{\beta+\alpha}}$$

$$= \| \, |A|^{\beta+\alpha}x \|_X^{\frac{2\beta}{\beta+\alpha}} \, \|x\|_X^{\frac{2\alpha}{\beta+\alpha}}.$$

Das Ziehen der Quadratwurzel auf beiden Seiten beendet die Beweisführung. ∎

[‡] Mit $\varphi(A^*A)$ haben wir implizit auch $\varphi(AA^*)$ definiert. Wie sieht die zugehörige Reihe aus?

Satz 2.4.3 *Seien X und Y Hilberträume und sei $A \in \mathcal{L}(X,Y)$. Dann gelten:*

$$\mathcal{R}(A^*) = \mathcal{R}(|A|) = \mathcal{R}((A^*A)^{1/2}),$$
$$\mathcal{R}(A) = \mathcal{R}(|A^*|) = \mathcal{R}((AA^*)^{1/2}).$$

Beweis: Sei $\{(\sigma_j; v_j, u_j)\}$ das singuläre System von A. Wir führen die folgenden Äquivalenzumformungen durch, wobei wir zweimal die Picard-Bedingung (Satz 2.3.7) heranziehen und $\mathcal{N}(A)^\perp = \overline{\mathcal{R}(A^*)} = \overline{\mathcal{R}(|A|)}$ (Satz 8.3.28) verwenden:

$$x \in \mathcal{R}(A^*) \iff Ax \in \mathcal{R}(AA^*) \text{ und } x \in \mathcal{N}(A)^\perp$$

$$\iff \sum_{j=1}^{\infty} \sigma_j^{-4} |\langle Ax, u_j\rangle_Y|^2 < \infty \text{ und } x \in \mathcal{N}(A)^\perp \quad \text{(Picard-Bed.)}$$

$$\iff \sum_{j=1}^{\infty} \sigma_j^{-2} |\langle x, v_j\rangle_X|^2 < \infty \text{ und } x \in \overline{\mathcal{R}(|A|)}$$

$$\iff x \in \mathcal{R}(|A|) \quad \text{(Picard-Bedingung)}.$$

Die zweite Aussage beweist man analog. $\blacksquare$

Bemerkung 2.4.4 Die beiden letzten Sätze haben wir für stetiges A formuliert, ohne zu spezifizieren, was wir hierbei unter $|A|^\beta$ verstehen. Wir erinnern an die Bemerkung 2.3.5 (d). Analog zu (2.11) definieren wir daher

$$\varphi(A^*A)x := \int_{\sigma(A^*A)} \varphi(\lambda) \, dE_\lambda x,$$

wodurch wir den Funktionalkalkül auf $A \in \mathcal{L}(X,Y)$ ausgedehnt haben. Für weitere Details verweisen wir z.B. auf HEUSER [63, Kapitel XVI].

In den nachfolgenden Kapiteln werden wir Ergebnisse, wenn immer möglich, allgemein für $A \in \mathcal{L}(X,Y)$ formulieren. Beweisen werden wir sie aber meist nur für $A \in \mathcal{K}(X,Y)$, wobei wir uns des Funktionalkalküls (2.11) bedienen. Zum vollständigen Beweis müssten wir über die Spektralschar integrieren.

Bearbeiten Sie nun die Aufgaben 2.15 bis 2.18.

2.5 Ein weiteres Beispiel zur Singulärwertzerlegung: Die Radon-Transformation

Die Radon-Transformation hatten wir bereits in Kapitel 1 kennen gelernt als mathematisches Modell der Computer-Tomographie. Sie ist ein kompakter Operator mit einer explizit bekannten SWZ, die von DAVISON [18] und LOUIS [79] unabhängig voneinander gefunden wurde. Die nötigen Rechnungen zur Herleitung der SWZ sind weitgehend elementar, wenn auch umfangreich. Dieser Abschnitt kann ausgelassen werden, er ist für das Verständnis der restlichen Kapitel nicht direkt vonnöten.

Die Radon-Transformation (1.6) werden wir nur auf Funktionen $f : \mathbb{R}^2 \to \mathbb{R}$ mit kompaktem Träger[§] im Einheitskreis $\Omega = \{x \in \mathbb{R}^2 | x_1^2 + x_2^2 \le 1\}$ anwenden, vgl. (1.1). Der Schnitt der Geraden $L(s,\varphi)$, vgl. Bild 1.3, mit Ω hat die Darstellung

$$L(s,\varphi) \cap \Omega = \{s\,\omega(\varphi) + t\,\omega^{\perp}(\varphi) \,|\, t \in [-\mathrm{w}(s),\mathrm{w}(s)]\}, \quad |s| \le 1.$$

Hierbei ist

$$\mathrm{w}(s) := \begin{cases} \sqrt{1 - s^2} : |s| \le 1 \\ \quad 0 \quad : \text{sonst} \end{cases}$$

und $\omega(\varphi)$ sowie $\omega^{\perp}(\varphi)$ bezeichnen die Einheitsvektoren aus (1.3). Somit kennen wir die Integrationsgrenzen für t in (1.6) explizit:

$$\mathbf{R}f(s,\varphi) = \int_{-\mathrm{w}(s)}^{\mathrm{w}(s)} f\big(s\,\omega(\varphi) + t\,\omega^{\perp}(\varphi)\big)\,\mathrm{d}t. \tag{2.14}$$

Zuerst klären wir, zwischen welchen Räumen die Radon-Transformation stetig abbildet.

Satz 2.5.1 *Die Radon-Transformation* $\mathbf{R} : L^2(\Omega) \to L^2(Z)$, $Z := [-1,1] \times [0,2\pi]$, *ist linear und stetig mit Norm* $\|\mathbf{R}\| \le \sqrt{4\pi}$.

Die zu $\mathbf{R} \in \mathcal{L}\big(L^2(\Omega),L^2(Z)\big)$ *adjungierte Abbildung* $\mathbf{R}^* \in \mathcal{L}\big(L^2(Z),L^2(\Omega)\big)$ *ist*

$$\mathbf{R}^*g(x) = \int_0^{2\pi} g(x^t\omega(\varphi),\varphi)\,\mathrm{d}\varphi. \tag{2.15}$$

Hier bezeichnet $x^t y$ das Euklidische Skalarprodukt zweier Vektoren.

Beweis: Unter Anwendung der Cauchy-Schwarzschen Ungleichung für Integrale erhalten wir

$$|\mathbf{R}f(s,\varphi)|^2 = \left| \int_{-\mathrm{w}(s)}^{\mathrm{w}(s)} 1 \cdot f\big(s\,\omega(\varphi) + t\,\omega^{\perp}(\varphi)\big)\,\mathrm{d}t \right|^2$$

$$\le \int_{-\mathrm{w}(s)}^{\mathrm{w}(s)} 1\,\mathrm{d}t \int_{-\mathrm{w}(s)}^{\mathrm{w}(s)} \big|f\big(s\,\omega(\varphi) + t\,\omega^{\perp}(\varphi)\big)\big|^2\,\mathrm{d}t$$

$$= 2\,\mathrm{w}(s) \int_{-\mathrm{w}(s)}^{\mathrm{w}(s)} \big|f\big(s\,\omega(\varphi) + t\,\omega^{\perp}(\varphi)\big)\big|^2\,\mathrm{d}t.$$

Darauf aufbauend folgt

[§] Der *Träger* supp f einer Funktion f ist der Abschluss der Menge $\{x|f(x) \ne 0\}$.

$$\|\mathbf{R}f\|^2_{L^2(Z)} \;=\; \int_0^{2\pi} \int_{-1}^1 |\mathbf{R}f(s,\varphi)|^2 \;\mathrm{d}s\,\mathrm{d}\varphi$$

$$\leq\; 2\int_0^{2\pi} \int_{-1}^1 \mathrm{w}(s) \int_{-\mathrm{w}(s)}^{\mathrm{w}(s)} \left| f\big(s\,\omega(\varphi) + t\,\omega^\perp(\varphi)\big)\right|^2 \;\mathrm{d}t\,\mathrm{d}s\,\mathrm{d}\varphi$$

$$\leq\; 2\int_0^{2\pi} \int_\Omega |f(x)|^2 \;\mathrm{d}\varphi \;=\; 4\pi\,\|f\|^2_{L^2(\Omega)},$$

wobei wir für die letzte Ungleichung $\mathrm{w}(s) \leq 1$ ausgenutzt sowie die Transformation $(s,t) \mapsto x = (x_1,x_2) := s\,\omega(\varphi) + t\,\omega^\perp(\varphi)$ bei festem φ durchgeführt haben.

Die Darstellung von $\mathbf{R}^*$ sollen Sie selbst nachrechnen (Aufgabe 2.19).   ∎

Der adjungierte Operator $\mathbf{R}^*$ heißt *Rückprojektion*. Die Namensgebung erklärt sich folgendermaßen: Die Vereinigung

$$\bigcup_{\varphi \in [0,2\pi]} L(x^t\omega(\varphi),\varphi)$$

stimmt mit der Menge der Geraden überein, die durch den Punkt $x \in \mathbb{R}^2$ gehen. Der Wert von $\mathbf{R}^*\mathbf{R}f(x)$ ist daher die Mittelung über alle Integrale von f längs Geraden, die durch den Punkt x laufen. Die Linienintegrale werden auf x "rückprojiziert".

Um an die SWZ von $\mathbf{R} \in \mathcal{L}\big(L^2(\Omega),L^2(Z)\big)$ zu gelangen, ermitteln wir zuerst die Eigenwerte und Eigenfunktionen von $\mathbf{R}\mathbf{R}^* : L^2(Z) \to L^2(Z)$. Zum Zwecke einer übersichtlichen Notation führen wir Abkürzungen ein:

$$\mathbf{R}_\varphi f(s) \;:=\; \mathbf{R}f(s,\varphi) \quad \text{sowie} \quad \mathbf{R}^*_\varphi g(x) \;:=\; g(x^t\omega(\varphi),\varphi)$$

für $f \in L^2(\Omega)$ und $g \in L^2(Z)$. Damit ist $\mathbf{R}^*g(x) = \int_0^{2\pi} \mathbf{R}^*_\varphi g(x)\,\mathrm{d}\varphi$.
Wir beginnen mit der Berechnung von

$$\mathbf{R}_\varphi \mathbf{R}^*_\psi g(s) \;=\; \int_{-\mathrm{w}(s)}^{\mathrm{w}(s)} \mathbf{R}^*_\psi g\big(s\,\omega(\varphi) + t\,\omega^\perp(\varphi)\big)\,\mathrm{d}t$$

$$=\; \int_{-\mathrm{w}(s)}^{\mathrm{w}(s)} g\big(\big(s\,\omega(\varphi) + t\,\omega^\perp(\varphi)\big)^t\omega(\psi),\psi\big)\,\mathrm{d}t.$$

Die aufgetretenen Skalarprodukte der Einheitsvektoren berechnen wir zu

$$\omega(\varphi)^t\omega(\psi) \;=\; \cos(\varphi - \psi) \quad \text{und} \quad \omega^\perp(\varphi)^t\omega(\psi) \;=\; -\sin(\varphi - \psi).$$

Zusammen mit der Variablentransformation $t = \mathrm{w}(s)\,r$, $|s| < 1$, erhalten wir

$$\mathbf{R}_\varphi \mathbf{R}^*_\psi g(s) \;=\; \mathrm{w}(s) \int_{-1}^1 g\big(s\,\cos(\varphi - \psi) - \mathrm{w}(s)\,r\,\sin(\varphi - \psi),\psi\big)\,\mathrm{d}r. \qquad (2.16)$$

Für $g(\cdot,\psi) = g_m(\cdot,\psi) \in \Pi_m$ ist der Integrand in (2.16) eine Linearkombination der Ausdrücke $w^j(s)\, r^j\, s^{k-j}$ mit $0 \le j \le k \le m$. Für jeden dieser Terme können wir obiges Integral auswerten:

$$w(s) \int_{-1}^{1} w^j(s)\, r^j\, s^{k-j}\, \mathrm{d}r = w^{j+1}(s)\, s^{k-j} \begin{cases} 0 & :\ j \in 2\mathbb{Z}+1 \\[2ex] \dfrac{2}{j+1} & :\ j \in 2\mathbb{Z} \end{cases}$$

Daher schließen wir auf

$$\mathbf{R}_\varphi \mathbf{R}_\psi^* g_m(s) = w(s)\, P_m(s) \quad \text{mit einem } P_m \in \Pi_m$$

sowie auf

$$\langle \mathbf{R}_\varphi \mathbf{R}_\psi^* g_m, Q \rangle_{L^2(-1,1)} = \int_{-1}^{1} w(s)\, P_m(s)\, \overline{Q(s)}\, \mathrm{d}s. \tag{2.17}$$

Das Integral auf der rechten Seite ist das Skalarprodukt von P_m und Q in dem Raum $L^2([-1,1],w)$, der alle bez. w quadratintegrierbaren Funktionen umfasst. Für Q setzen wir jetzt die Orthogonalpolynome aus $L^2([-1,1],w)$ ein. Das sind die *Tschebyscheff-Polynome* $\{U_m\}_{m \in \mathbb{N}_0}$ *der zweiten Art*. Im Intervall $[-1,1]$ haben sie die Darstellung

$$U_m(s) = \frac{\sin\big((m+1)\arccos s\big)}{\sin\big(\arccos(s)\big)} = \frac{\sin\big((m+1)\arccos s\big)}{w(s)} \tag{2.18}$$

und genügen der Orthogonalitätsbeziehung

$$\int_{-1}^{1} U_m(s)\, U_k(s)\, w(s)\, \mathrm{d}s = \begin{cases} \pi/2 & :\ m = k \\ 0 & :\ \text{sonst} \end{cases}. \tag{2.19}$$

Die Polynome $\{U_m\}_{m \in \mathbb{N}_0}$ erzeugen ein vollständiges Orthogonalsystem in $L^2([-1,1],w)$. Im Verlauf dieses Abschnitts werden wir zwei weitere Systeme orthogonaler Polynome kennen lernen. Wir verweisen auf SZEGÖ [135] als Referenz zu diesem Thema.

Wie angekündigt, setzen wir $Q = U_\ell$ in (2.17) ein:

$$\langle \mathbf{R}_\varphi \mathbf{R}_\psi^* g_m, U_\ell \rangle_{L^2(-1,1)} = \int_{-1}^{1} w(s)\, P_m(s)\, U_\ell(s)\, \mathrm{d}s = 0 \quad \text{für } \ell > m. \tag{2.20}$$

Das obige Integral verschwindet für $\ell > m$; denn zum einen liegt das Polynom P_m in $\Pi_m = \mathrm{span}\{U_0,\ldots,U_m\}$ und zum anderen steht U_ℓ in $L^2([-1,1],w)$ senkrecht auf dem Spann von $\{U_0,\ldots,U_m\}$, siehe (2.19). Setzen wir noch $g_m = U_m$, dann haben wir sogar

$$\langle \mathbf{R}_\varphi \mathbf{R}_\psi^* U_m, U_\ell \rangle_{L^2(-1,1)} = 0 \quad \text{für } \ell \ne m. \tag{2.21}$$

Ist $\ell > m$ stimmt obige Aussage mit (2.20) überein. Im umgekehrten Fall, $\ell < m$, folgern wir

$$\langle \mathbf{R}_\varphi \mathbf{R}_\psi^* U_m, U_\ell \rangle_{L^2(-1,1)} = \langle U_m, \mathbf{R}_\psi \mathbf{R}_\varphi^* U_\ell \rangle_{L^2(-1,1)} = \langle U_m, \mathbf{R}_\varphi \mathbf{R}_\psi^* U_\ell \rangle_{L^2(-1,1)},$$

wobei die letzte Gleichung auf (2.16) beruht: $\mathbf{R}_\varphi \mathbf{R}_\psi^* U_\ell = \mathbf{R}_\psi \mathbf{R}_\varphi^* U_\ell$; denn U_ℓ hängt nicht vom Winkel ab. Auf die obige rechte Seite wenden wir erneut (2.20) an, allerdings mit vertauschten Rollen von m und ℓ. Damit haben wir (2.21) verifiziert.

Wir schreiben (2.21) etwas um in

$$\langle \mathrm{w}^{-1}\, \mathbf{R}_\varphi \mathbf{R}_\psi^* U_m, U_\ell \rangle_{L^2([-1,1],\mathrm{w})} = 0 \quad \text{für } \ell \neq m.$$

Aufgrund der Orthogonalitätsbeziehung (2.19) sowie der Vollständigkeit von $\{U_m\}_{m\in\mathbb{N}_0}$ kann $\mathrm{w}^{-1}\, \mathbf{R}_\varphi \mathbf{R}_\psi^* U_m$ nur mit einem Vielfachen von U_m übereinstimmen, d.h.

$$\mathbf{R}_\varphi \mathbf{R}_\psi^* U_m(s) = \alpha(\varphi - \psi)\, \mathrm{w}(s)\, U_m(s). \tag{2.22}$$

Das noch unbekannte Vielfache α hängt zwar von φ und ψ ab, aber nur von deren Differenz, wie wir an (2.16) sehen. Wir bestimmen α aus

$$\alpha(\varphi - \psi) = \frac{\mathbf{R}_\varphi \mathbf{R}_\psi^* U_m(s)}{\mathrm{w}(s)\, U_m(s)}, \quad |s| < 1,$$

indem wir den Zähler durch das Integral aus (2.16) ersetzen und dann s gegen 1 laufen lassen:

$$\alpha(\varphi - \psi) = \frac{\displaystyle\int_{-1}^{1} U_m\big(\cos(\varphi - \psi)\big)\, \mathrm{d}r}{U_m(1)} = \frac{2}{m+1}\, U_m\big(\cos(\varphi - \psi)\big).$$

Für die rechte Gleichung haben wir die Normierung $U_m(1) = m + 1$ der Tschebyscheff-Polynome berücksichtigt.

Mit den Tschebyscheff-Polynomen haben wir "fast" die Eigenfunktionen von $\mathbf{R}_\varphi \mathbf{R}_\psi^*$ gefunden: Nur das Gewicht w stört die Optik in (2.22). Da wir das Gewicht nicht entfernen können, haben wir keine andere Wahl, als es in die Darstellung einzubeziehen. Wir wären auch am Ziel, wenn wir auf der linken Seite von (2.22) das Gewicht zusätzlich vor U_m schreiben dürften. Dies gelingt uns, indem wir eine gewichtete Adjungierte $\mathbf{R}^\#$ einführen.

Im Weiteren betrachten wir die Radon-Transformation als stetige Abbildung von $L^2(\Omega)$ in den $L^2(Z,1/\mathrm{w})$ mit Skalarprodukt $\int_Z g(s,\varphi)\,\overline{h(s,\varphi)}/\mathrm{w}(s)\,\mathrm{d}s\,\mathrm{d}\varphi$. Die Adjungierte $\mathbf{R}^\#$ von $\mathbf{R} \in \mathcal{L}\big(L^2(\Omega),L^2(Z,1/\mathrm{w})\big)$ ist gegeben durch

$$\mathbf{R}^\# g(x) = \int_0^{2\pi} \mathbf{R}_\varphi^\#(x)\, \mathrm{d}\varphi, \quad \mathbf{R}_\varphi^\#(x) := g(x^t\omega(\varphi),\varphi)/\mathrm{w}(x^t\omega(\varphi)).$$

Die beiden Adjungierten $\mathbf{R}^*$ und $\mathbf{R}^\#$ hängen zusammen durch

$$\mathbf{R}_\varphi^\# g \;=\; \mathbf{R}_\varphi^*(g/\mathrm{w}).$$

Setzen wir $u_m(s) := \mathrm{w}(s)\, U_m(s)$, dann haben wir

$$\mathbf{R}_\varphi \mathbf{R}_\psi^\# u_m(s) \;=\; \mathbf{R}_\varphi \mathbf{R}_\psi^* U_m \;\overset{(2.22)}{=}\; \alpha(\varphi - \psi)\, u_m(s),$$

d.h. u_m ist Eigenfunktion von $\mathbf{R}_\varphi \mathbf{R}_\psi^\#$ zum Eigenwert $\alpha(\varphi - \psi)$.

Mit $e = e(\psi) \in L^1(0,2\pi)$ erhalten wir

$$\begin{aligned}
\mathbf{R}\mathbf{R}^\#(e\, u_m)(s,\varphi) &= \int_0^{2\pi} \mathbf{R}_\varphi \mathbf{R}_\psi^\# u_m(s)\, e(\psi)\, \mathrm{d}\psi \\[2mm]
&= \int_0^{2\pi} \alpha(\varphi - \psi)\, e(\psi)\, \mathrm{d}\psi\, u_m(s) \\[2mm]
&= \frac{2}{m+1} \int_0^{2\pi} U_m\big(\cos(\varphi - \psi)\big)\, e(\psi)\, \mathrm{d}\psi\, u_m(s).
\end{aligned}$$

Zur Auswertung des letzten Integrals ziehen wir das folgende Lemma heran, das in Aufgabe 2.20 bewiesen werden soll.

Lemma 2.5.2 *Sei $v \in L^1(-1,1)$. Dann gilt für $\ell \in \mathbb{Z}$ und $\varphi \in \mathbb{R}$*

$$\int_0^{2\pi} e^{i\ell\psi}\, v\big(\cos(\varphi - \psi)\big)\, \mathrm{d}\psi \;=\; 2\, e^{i\ell\varphi} \int_{-1}^1 \cos(\ell \arccos t)\, v(t)\, \frac{\mathrm{d}t}{\mathrm{w}(t)}.$$

Wir setzen $e(\psi) := e^{i\ell\psi}$ und fahren fort mit

$$\begin{aligned}
\mathbf{R}\mathbf{R}^\#\big(u_m\, e^{i\ell\cdot}\big)(s,\varphi) &= \frac{2}{m+1} \int_0^{2\pi} U_m\big(\cos(\varphi - \psi)\big)\, e^{i\ell\psi}\, \mathrm{d}\psi\, u_m(s) \\[2mm]
&= \sigma_{m,\ell}^2\, u_m(s)\, e^{i\ell\varphi}.
\end{aligned}$$

Hierin ist

$$\sigma_{m,\ell}^2 := \frac{4}{m+1} \int_{-1}^1 \cos(\ell \arccos t)\, U_m(t)\, \frac{\mathrm{d}t}{\mathrm{w}(t)}. \tag{2.23}$$

Für unser weiteres Vorgehen führen wir die *Tschebyscheff-Polynome* $\{T_k\}_{k\in\mathbb{N}_0}$ *der ersten Art* ein. Sie haben in $[-1,1]$ die Darstellung $T_k(t) = \cos(k \arccos t)$ und bilden ein vollständiges Orthogonalsystem in $L^2([-1,1],1/\mathrm{w})$:

$$\int_{-1}^1 T_m(t)\, T_k(t)\, \frac{\mathrm{d}t}{\mathrm{w}(t)} = \begin{cases} \pi & : \quad m = k = 0 \\ \pi/2 & : \quad m = k,\, k \neq 0 \\ 0 & : \qquad \text{sonst} \end{cases} . \tag{2.24}$$

Somit ist

$$\sigma_{m,\ell}^2 = \frac{4}{m+1} \int_{-1}^{1} T_{|\ell|}(t)\, U_m(t)\, \frac{dt}{w(t)} = 0 \quad \text{für } |\ell| > m \text{ oder } m + \ell \in 2\mathbb{Z} + 1.^{\P}$$

Mit der Definition

$$u_{m,\ell}(s,\varphi) := \frac{1}{\pi}\, e^{i\,\ell\varphi}\, w(s)\, U_m(s) \tag{2.25}$$

gilt zum einen

$$\int_0^{2\pi} \int_{-1}^{1} u_{m,\ell}(s,\varphi)\, \overline{u_{n,\lambda}(s,\varphi)}\, \frac{ds}{w(s)}\, d\varphi = \begin{cases} 1 & : \quad m = n \text{ und } \ell = \lambda \\ 0 & : \quad \text{sonst} \end{cases}$$

und zum anderen

$$\mathbf{R}\mathbf{R}^{\#} u_{m,\ell} = \sigma_{m,\ell}^2\, u_{m,\ell}, \quad |\ell| \le m,\ m + \ell \in 2\mathbb{Z}.$$

Die Integrale in der Darstellung der Eigenwerte $\sigma_{m,\ell}^2$ rechnen wir nun aus, wozu wir in (2.23) die Substitution $\vartheta = \arccos t$ vornehmen und die Darstellung (2.18) der U_m einsetzen:

$$\sigma_{m,\ell}^2 = \frac{4}{m+1} \int_0^{\pi} \frac{\sin\big((m+1)\,\vartheta\big)}{\sin\vartheta}\, \cos(|\ell|\,\vartheta)\, d\vartheta.$$

Die Summationsformel (Aufgabe 2.21)

$$\frac{\sin\big((m+1)\,\vartheta\big)}{\sin\vartheta} = \begin{cases} 2 \displaystyle\sum_{k=1}^{(m+1)/2} \cos\big((2k-1)\,\vartheta\big) & : \quad m \in 2\mathbb{Z} + 1 \\ 2 \displaystyle\sum_{k=1}^{m/2} \cos(2k\,\vartheta) & : \quad m \in 2\mathbb{Z} \end{cases}$$

sowie die Orthogonalität

$$\int_0^{\pi} \cos(k\,t)\, \cos(n\,t)\, dt = \begin{cases} \pi/2 & : \quad k = n \\ 0 & : \quad \text{sonst} \end{cases}$$

führen schließlich auf

$$\sigma_{m,\ell}^2 = \frac{4\,\pi}{m+1}, \quad |\ell| \le m,\ m + \ell \in 2\mathbb{Z}.$$

Wegen (2.6) erhalten wir die zugehörigen singulären Funktionen $v_{m,\ell}$ in $L^2(\Omega)$ durch

---

¶ Die Tschebyscheff-Polynome der ersten und zweiten Art sind mit ihren Indizes gerade bzw. ungerade, d.h. $T_m(-s) = (-1)^m\, T_m(s)$ sowie $U_m(-s) = (-1)^m\, U_m(s)$.

$$v_{m,\ell}(x) := \sigma_{m,\ell}^{-1}\, \mathbf{R}^{\#} u_{m,\ell}(x).$$

Wir wollen jetzt eine explizite Darstellung von $v_{m,\ell}$ erreichen. Dazu führen wir Polarkoordinaten in Ω ein: $x = r\,\omega(\vartheta)$. Unter Anwendung von Lemma 2.5.2 haben wir

$$
\begin{aligned}
v_{m,\ell}\big(r\,\omega(\vartheta)\big) &= \sigma_{m,\ell}^{-1}\, \frac{1}{\pi}\, \int_0^{2\pi} e^{\imath\,\ell\varphi}\, U_m\big(r\cos(\vartheta - \varphi)\big)\, \mathrm{d}\varphi \\[2mm]
&= \frac{1}{\sqrt{2\pi}}\, e^{\imath\,\ell\vartheta}\, \widetilde{q}_{m,\ell}(r)
\end{aligned}
\tag{2.26}
$$

mit

$$\widetilde{q}_{m,\ell}(r) = \sqrt{\frac{8}{\pi}}\, \sigma_{m,\ell}^{-1}\, \int_{-1}^{1} T_{|\ell|}(t)\, U_m(r\,t)\, \frac{\mathrm{d}t}{\mathrm{w}(t)}.$$

Wir verwenden nun, dass U_m mit m gerade oder ungerade ist, insbesondere kommen in $U_m(s)$ entweder nur gerade oder nur ungerade Potenzen von s vor:

$$U_m(s) = a_m\, s^m + a_{m-2}\, s^{m-2} + \ldots + a_\ell\, s^{|\ell|} + \ldots.$$

Das Monom $s^{|\ell|}$ ist Bestandteil von U_m; denn $|\ell| \leq m$ und $m + \ell \in 2\mathbb{Z}$. Sei $k \in \mathbb{N}_0$ so, dass $m - |\ell| = 2k$ ist. Die obige Darstellung von U_m zusammen mit (2.24) ergibt

$$
\begin{aligned}
\widetilde{q}_{m,\ell}(r) &= \sqrt{\frac{8}{\pi}}\, \sigma_{m,\ell}^{-1}\, \int_{-1}^{1} \sum_{i=0}^{k} a_{m-2i}\, r^{m-2i}\, t^{m-2i}\, T_{|\ell|}(t)\, \frac{\mathrm{d}t}{\mathrm{w}(t)} \\[2mm]
&= r^{m-2k}\, \sqrt{\frac{8}{\pi}}\, \sigma_{m,\ell}^{-1}\, \sum_{i=0}^{k} a_{m-2i} \left(\int_{-1}^{1} t^{m-2i}\, T_{|\ell|}(t)\, \frac{\mathrm{d}t}{\mathrm{w}(t)} \right) r^{2(k-i)} \\[2mm]
&= r^{m-2k}\, q_{m,\ell}(r^2) = r^{|\ell|}\, q_{m,\ell}(r^2).
\end{aligned}
\tag{2.27}
$$

Hier ist $q_{m,\ell}$ ein Polynom vom Maximalgrad $k = (m - |\ell|)/2$.

Zur genaueren Bestimmung von $q_{m,\ell}$ ziehen wir die Orthonormalität der Familie $\{v_{m,\ell}\,|\,|\ell| \leq m,\ m + \ell \in 2\mathbb{Z}\}$ heran. Transformation auf Polarkoordinaten ergibt

$$
\begin{aligned}
\langle v_{m,\ell}, v_{n,\ell}\rangle_{L^2(\Omega)} &= \int_0^1 r \int_0^{2\pi} v_{m,\ell}\big(r\,\omega(\vartheta)\big)\, \overline{v_{n,\ell}\big(r\,\omega(\vartheta)\big)}\, \mathrm{d}\vartheta\, \mathrm{d}r \\[2mm]
&= \int_0^1 r^{2|\ell|+1}\, q_{m,\ell}(r^2)\, q_{n,\ell}(r^2)\, \mathrm{d}r,
\end{aligned}
$$

wobei wir (2.26) und (2.27) einbezogen haben. Durch die Substitution $t = 2\,r^2 - 1$ im letzten Integral gelangen wir zu

$$2^{-2-|\ell|} \int_{-1}^{1} (t+1)^{|\ell|}\, q_{m,\ell}\!\left(\frac{t+1}{2}\right)\, q_{n,\ell}\!\left(\frac{t+1}{2}\right) \mathrm{d}t$$

$$= \langle v_{m,\ell}, v_{n,\ell}\rangle_{L^2(\Omega)} = \begin{cases} 1 & : \quad n = m \\ 0 & : \quad \text{sonst} \end{cases}. \tag{2.28}$$

Die L^2-Orthogonalität der $v_{m,\ell}$ über Ω hat sich übertragen auf eine gewichtete L^2-Orthogonalität der (verschobenen) Polynome $q_{m,\ell}$ über $[-1,1]$. Die Orthogonalpolynome über $[-1,1]$ bez. des Gewichts $(t+1)^{|\ell|}$ sind aber gut bekannt: Es sind die Jacobi-Polynome $\{P_n^{(0,|\ell|)}\}_{n\in\mathbb{N}_0}$.

Die *Jacobi-Polynome* $\{P_n^{(\alpha,\beta)}\}_{n\in\mathbb{N}_0}$, $\alpha,\beta > -1$, sind die Orthogonalpolynome in $L^2([-1,1],(1-t)^{\alpha}(1+t)^{\beta})$, bilden also ein vollständiges Orthogonalsystem. Entsprechend ihrer Normierung haben wir

$$\int_{-1}^{1} (t+1)^{|\ell|}\, P_{\frac{m-|\ell|}{2}}^{(0,|\ell|)}(t)\, P_{\frac{n-|\ell|}{2}}^{(0,|\ell|)}(t)\, \mathrm{d}t = \frac{2^{|\ell|+1}}{m+1} \begin{cases} 1 & : \quad n = m \\ 0 & : \quad \text{sonst} \end{cases}.$$

Aufgrund der Eindeutigkeit der (normierten) Orthogonalpolynome folgt im Hinblick auf (2.28) die Identität

$$2^{-1-|\ell|/2}\, q_{m,\ell}\!\left(\frac{t+1}{2}\right) = \sqrt{\frac{m+1}{2^{|\ell|+1}}}\, P_{\frac{m-|\ell|}{2}}^{(0,|\ell|)}(t)$$

und daraus

$$q_{m,\ell}(r^2) = \sqrt{2\,(m+1)}\, P_{\frac{m-|\ell|}{2}}^{(0,|\ell|)}(2r^2 - 1).$$

Wir setzen diesen Ausdruck für $q_{m,\ell}$ in (2.27) sowie (2.26) ein und erhalten die explizite Darstellung der $v_{m,\ell}$:

$$v_{m,\ell}(x) = \sqrt{\frac{m+1}{\pi}}\, e^{\imath \ell \arg x}\, \|x\|^{|\ell|}\, P_{\frac{m-|\ell|}{2}}^{(0,|\ell|)}(2\|x\|^2 - 1).^{\|} \tag{2.29}$$

Das Funktionensystem $\{v_{m,\ell}\,|\, m \in \mathbb{N}_0,\ \ell \in \mathbb{Z},\ |\ell| \le m,\ m + \ell \in 2\mathbb{Z}\}$ ist eine Orthonormalbasis in $L^2(\Omega)$.

Wir haben endlich die SWZ der Radon-Transformation gefunden.

Satz 2.5.3 *Seien $\{v_{m,\ell}\} \subset L^2(\Omega)$ und $\{u_{m,\ell}\} \subset L^2(Z,1/w)$, $w(s) = \sqrt{1-s^2}$, die Funktionensysteme (2.29) und (2.25). Ferner sei $\sigma_{m,\ell} = 2\sqrt{\pi/(m+1)}$.*

Dann ist $\{(\sigma_{m,\ell}; v_{m,\ell}, u_{m,\ell})\,|\, m \in \mathbb{N}_0,\ \ell \in \mathbb{Z},\ |\ell| \le m,\ m + \ell \in 2\mathbb{Z}\}$ das singuläre System der Radon-Transformation $\mathbf{R} : L^2(\Omega) \to L^2(Z,1/w)$, d.h.

$$\mathbf{R}f(s,\varphi) = \frac{1}{\pi}\, w(s) \sum_{\substack{m=0 \\ m+\ell\in 2\mathbb{Z}}}^{\infty} \sum_{\ell=-m}^{m} \sigma_{m,\ell}\, \langle f, v_{m,\ell}\rangle_{L^2(\Omega)}\, e^{\imath \ell \varphi}\, U_m(s).$$

Die Vielfachheit von $\sigma_{m,\ell}$ ist $m + 1$.

In Bild 2.1 sind drei Paare von singulären Funktionen der Radon-Transformation graphisch dargestellt.

Die SWZ aus Satz 2.5.3 ist nicht diejenige, an der wir ursprünglich inte-

---

$^{\|}$ Hier bezeichnet $\arg x$ den Winkel in der Polardarstellung von $x \in \mathbb{R}^2$: $x = \|x\|\, \omega(\arg x)$.

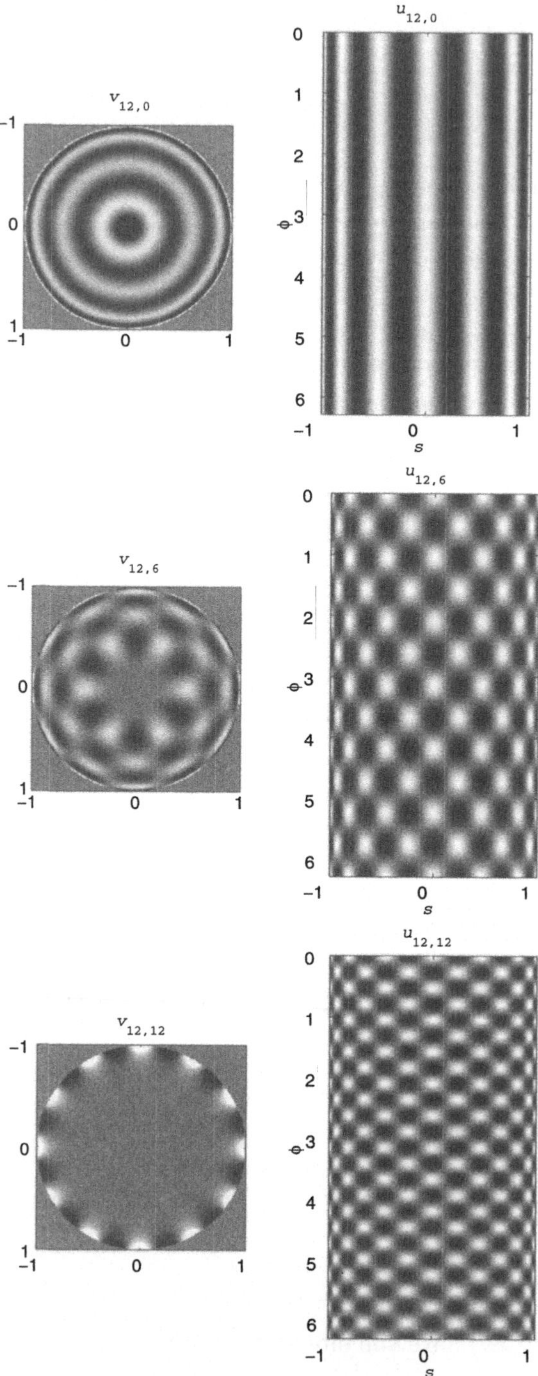

Bild 2.1: Links sind die Realteile der singulären Funktionen $v_{12,\ell}$ (2.29) für $\ell = 0,6,12$ dargestellt. Rechts daneben befinden sich die Realteile der zugehörigen $u_{12,\ell}$ (2.25).

ressiert waren. Aus praktischen Gründen haben wir ein Integrationsgewicht auf dem Bildraum der Radon-Transformation eingeführt. Die SWZ von $\mathbf{R} : L^2(\Omega) \to L^2(Z)$ ist nach wie vor nicht explizit bekannt. In der Tat ist $\mathbf{R} \in \mathcal{K}\big(L^2(\Omega),L^2(Z)\big)$, siehe Aufgabe 2.22, die SWZ existiert demnach. Außerdem ist das Rekonstruktionsproblem der 2D-Computer-Tomographie (1.7) schlecht gestellt bez. $L^2(\Omega)$ und $L^2(Z)$. Zum Schluss dieses Abschnitts stellen wir noch zwei Ergebnisse vor, die aus der SWZ folgen. Im ersten charakterisieren wir den Abschluss des Bildes von $\mathbf{R}$, im zweiten das Bild selbst. Die Beweise sollen Sie in den Aufgaben 2.23 und 2.24 erbringen.

Satz 2.5.4 *Eine Funktion $g \in L^2(Z,1/\mathrm{w})$ liegt in $\overline{\mathcal{R}(\mathbf{R})}$ genau dann, wenn folgende zwei Bedingungen erfüllt sind:*

1. $g(s,\varphi) = g\big(-s,(\varphi + \pi)\bmod 2\pi\big)$,

2. $\displaystyle\int_{-1}^{1} s^k\, g(s,\varphi)\, \mathrm{d}s = p_k(\varphi)$, *wobei p_k ein trigonometrisches Polynom vom Grad kleiner gleich k ist.*

Die beiden Bedingungen des obigen Satzes heißen *Konsistenzbedingungen* der Radon-Transformation.

Korollar 2.5.5 *Sei $g \in L^2(Z,1/\mathrm{w})$ eine Funktion, die den beiden Bedingungen von Satz 2.5.4 genügt. Dann liegt g in $\mathcal{R}(\mathbf{R})$ genau dann, wenn gilt*

$$\sum_{m=0}^{\infty} (m+1) \sum_{\substack{\ell=-m \\ m+\ell\in 2\mathbb{Z}}}^{m} |\langle g,u_{m,\ell}\rangle_{L^2(Z,1/\mathrm{w})}|^2 < \infty.$$

2.6 Übungsaufgaben

Aufgabe 2.1 Es sei $P_{\overline{\mathcal{R}(A)}} : Y \to Y$ die orthogonale Projektion von Y auf $\overline{\mathcal{R}(A)}$. Sei $g \in Y$. Dann sind folgende Aussagen äquivalent.

(a) $Af = P_{\overline{\mathcal{R}(A)}}g$,

(b) $\|Af - g\|_Y \le \|A\varphi - g\|_Y$ für alle $\varphi \in X$,

(c) f löst die Normalgleichung $A^*Af = A^*g$.

Hinweis: Zeigen Sie den Ringschluss (a) $\Longrightarrow$ (b) $\Longrightarrow$ (c) $\Longrightarrow$ (a), wobei Sie reelle Hilberträume voraussetzen können. Für die erste Implikation starten Sie mit $\|A\varphi - g\|_Y^2$ und verwenden dann den Satz von Pythagoras. Für die zweite Implikation betrachten Sie die Ableitung des quadratischen Polynoms $F(\lambda) = \|A(f + \lambda\varphi) - g\|_Y^2$ in $\lambda = 0$ für beliebiges $\varphi \in X$. Zum Nachweis der dritten Implikation ziehen Sie die Relation $\mathcal{N}(A^*) = \mathcal{R}(A)^\perp$ heran.

Aufgabe 2.2 Sei $g \in \mathcal{D}(A^+)$, dann ist $f^+ = A^+ g$ die eindeutige Lösung der Normalgleichung $A^* A f = A^* g$ in $\mathcal{N}(A)^\perp$.

Aufgabe 2.3 Beweisen Sie die folgende Verallgemeinerung von Lemma 2.1.4. Für $g \in \mathcal{D}(A^+)$ und $f_* \in X$ gibt es ein eindeutig bestimmtes Element $f^+ \in \mathbb{L}(g)$ mit minimalem Abstand zu f_*:

$$\|f^+ - f_*\|_X < \|\varphi - f_*\|_X \quad \text{für alle} \quad \varphi \in \mathbb{L}(g) \backslash \{f^+\}.$$

Aufgabe 2.4 Die f_*-*Minimum-Norm-Lösung* f^+ aus Aufgabe 2.3 hat die Darstellung

$$f^+ = A^+ g + P_{\mathcal{N}(A)} f_*.$$

Hinweis: Benutzen Sie die Identität $f_* - (A^+ g + P_{\mathcal{N}(A)} f_*) = P_{\mathcal{N}(A)^\perp}(f_* - A^+ g)$.

Aufgabe 2.5 Sei X ein Banachraum und Y ein normierter Raum. Der Operator $A \in \mathcal{L}(X,Y)$ erfülle die Abschätzung

$$\alpha \|x\|_X \leq \|Ax\|_Y \quad \text{für ein } \alpha > 0 \text{ und alle } x \in X,$$

vgl. Satz 8.1.15. Dann ist das Bild von A abgeschlossen. Insbesondere ist $A^+ \in \mathcal{L}(Y,X)$, wenn X und Y Hilberträume sind.

Aufgabe 2.6 Die verallgemeinerte Inverse von $A \in \mathcal{L}(X,Y)$ ist eindeutig durch die vier *Moore–Penrose-Axiome* charakterisiert:

$$AA^+ A = A, \quad A^+ A A^+ = A^+,$$
$$A^+ A = P_{\overline{\mathcal{R}(A^*)}}, \quad AA^+ = P_{\overline{\mathcal{R}(A)}}.$$

Aufgabe 2.7 Sei $d \in \mathbb{N}$ mit $d \geq 2$. Bestimmen Sie die verallgemeinerte Inverse folgender Matrizen.

(a) $A = (1, \dots, 1) \in \mathbb{R}^{1 \times d}$.

(b) $A \in \mathbb{R}^{m \times d}$ mit $A^t A = I_{\mathbb{R}^d}$ (Identität in $\mathbb{R}^d$).

(c) $A = \operatorname{diag}(a_1, \dots, a_d) \in \mathbb{R}^{d \times d}$ (Diagonalmatrix). Einige der Diagonalelemente dürfen durchaus Null sein.

(d) $A \in \mathbb{R}^{m \times d}$ mit maximalem Rang.

Aufgabe 2.8 Sei $a < b$. Bestimmen Sie die verallgemeinerte Inverse folgender Operatoren.

(a) $A : L^2(a,b) \to \mathbb{R}, \ f \mapsto \int_a^b f(t)\, dt$.

(b) $A : L^2(a,b) \to \mathbb{R}^d$, $f \mapsto \left(\int_a^b f(t)\, w_1(t)\, dt, \ldots, \int_a^b f(t)\, w_d(t)\, dt \right)^t$, mit dem Orthonormalsystem $\{w_1, \ldots, w_d\}$ in $L^2(a,b)$.

(c) $A : L^2(a,b) \to L^2(a,b)$, $f \mapsto g\,f$, wobei $0 \neq g \in \mathcal{C}(a,b)$ ist.

Aufgabe 2.9 Beweisen Sie Lemma 2.2.2.

Hinweis: Nehmen Sie an, $A \in \mathcal{K}(X,Y)$ wäre unbeschränkt. Dann gibt es eine Folge $\{x_k\}_{k \in \mathbb{N}} \subset X$ mit $\|x_k\|_X = 1$ und $\|Ax_k\|_Y > k$.

Aufgabe 2.10 Sei G ein kompaktes, nicht-leeres Gebiet im $\mathbb{R}^d$. Der Kern k des Integraloperators $A : \mathcal{C}(G) \to \mathcal{C}(G)$ mit

$$Af(x) = \int_G k(x,y)\, f(y)\, dy$$

sei stetig auf $G \times G \backslash \{(x,x) \mid x \in G\}$ und *schwach singulär*, d.h.

$$|k(x,y)| \leq C\, \|x - y\|^{\alpha - d}$$

für ein $\alpha \in \,]0,d[$. Dann ist $A \in \mathcal{K}(\mathcal{C}(G))$.

Hinweis: Approximieren Sie A durch eine Folge $\{A_n\}_{n \in \mathbb{N}}$ von Integraloperatoren mit stetigem Kern, d.h. $A_n : \mathcal{C}(G) \to \mathcal{C}(G)$ ist kompakt. Die Behauptung folgt dann aus Satz 2.2.8.

Aufgabe 2.11 Der Operator $A : \mathcal{C}(0,1) \to \mathcal{C}(0,1)$, definiert durch $Af(t) = t\,f(t)$, ist stetig mit Norm 1. Er besitzt *keine* Eigenwerte und $\sigma(A) = [0,1]$.

Aufgabe 2.12 Sei $A \in \mathcal{K}(X,Y)$ mit den Singulärwerten $\{\sigma_j\}_{j \in \mathbb{N}}$. Dann gilt

$$\sigma_{j+1} = \inf \left\{ \|A - A_j\| \mid A_j \in \mathcal{L}(X,Y),\ \dim \mathcal{R}(A_j) \leq j \right\}.$$

Hinweis: Es bezeichne μ_j das obige Infimum und sei $\{(\sigma_j; v_j, u_j)\}$ das singuläre System von A. Schneiden Sie die SWZ von A ab, um $\mu_j \leq \sigma_{j+1}$ zu zeigen.
Betrachten Sie ein beliebiges $A_j \in \mathcal{L}(X,Y)$ mit $\dim \mathcal{R}(A_j) = j$. Wählen Sie ein Orthonormalsystem $\{y_k\}_{1 \leq k \leq j}$ in $\mathcal{R}(A_j)$. Damit gilt $A_j \varphi = \sum_{k=1}^j \langle \varphi, a_k \rangle_X\, y_k$ mit $a_k = A_j^* y_k$.
Definieren Sie nun $f := \sum_{k=1}^{j+1} \xi_k\, v_k$, wobei die ξ_k das unterbestimmte homogene System $\sum_{k=1}^{j+1} \xi_k\, \langle v_k, a_i \rangle_X = 0$, $i = 1, \ldots, j$, lösen und $\sum_{k=1}^{j+1} \xi_k^2 = 1$ erfüllen. Untersuchen Sie die Differenz $(A - A_j)f$, um $\mu_j \geq \sigma_{j+1}$ zu erhalten.

Aufgabe 2.13 Gegeben sei folgende Integralgleichung mit symmetrischem Kern:

$$f \mapsto Af(x) = \int_0^\pi k(x,y)\, f(y)\, dy\,,$$

wobei

$$k(x,y) = \begin{cases} \cos x \, \sin y & : \quad 0 \leq x \leq y \leq \pi \\ \cos y \, \sin x & : \quad 0 \leq y \leq x \leq \pi \end{cases}$$

ist. Bestimmen Sie die Eigenwerte und Eigenfunktionen des Integraloperators $A : L^2(0,\pi) \to L^2(0,\pi)$.

Aufgabe 2.14 Sei $A : L^2(0,\pi) \to L^2(0,\pi)$ der Operator, welcher der Lösung der Wärmeleitungsgleichung

$$\frac{\partial u}{\partial t} = \frac{\partial^2 u}{\partial x^2}$$

mit homogenen Randbedingungen

$$u(0,t) = u(\pi,t) = 0$$

zum Zeitpunkt $t = 0$ die Lösung zum Zeitpunkt $t = 1$ zuordnet, siehe Abschnitt 1.4.1. Dann hat A das singuläre System $\{(\sigma_j; v_j, u_j)\}$ mit

$$\sigma_j = e^{-j^2}$$

$$v_j = u_j = \sqrt{\frac{2}{\pi}} \sin(jx).$$

Aufgabe 2.15 Sei $A \in \mathcal{K}(X,Y)$ ein kompakter Operator mit singulärem System $\{(\sigma_j; v_j, u_j)\}$ und $\varphi : [0,\infty[\to \mathbb{R}$ sei eine stückweise stetige Funktion. Zeigen Sie:

(a) Die Norm von A ist gleich dem größten Singulärwert: $\|A\| = \sigma_1$.

(b) $\varphi(A^*A)\, A^* = A^*\, \varphi(AA^*)$.

(c) $\|\varphi(A^* A)\| = \sup\{\, |\varphi(\sigma_j^2)| \mid j \in \mathbb{N}\,\} \leq \sup\{\, |\varphi(\lambda)| \mid 0 \leq \lambda \leq \|A\|^2\,\}$.

(d) $\|\varphi(A^* A)\, A^*\| = \sup\{\, \sigma_j\, |\varphi(\sigma_j^2)| \mid j \in \mathbb{N}\,\} \leq \sup\{\, \sqrt{\lambda}\, |\varphi(\lambda)| \mid 0 \leq \lambda \leq \|A\|^2\,\}$.

Aufgabe 2.16 Sei $A \in \mathcal{L}(X,Y)$. Dann gilt $\| |A|x \|_X = \|Ax\|_Y$ für alle $x \in X$. Es genügt, wenn Sie die Behauptung für kompaktes A verifizieren.

Aufgabe 2.17 Sei $A \in \mathcal{L}(X,Y)$. Dann gibt es $w \in X$ und $\widetilde{w} \in Y$ mit $|A|w = A^*\widetilde{w}$ sowie $\|w\|_X = \|\widetilde{w}\|_Y$.
Es genügt, wenn Sie die Behauptung für kompaktes A verifizieren.

Aufgabe 2.18 Beweisen Sie die zweite Aussage von Satz 2.4.3.

Aufgabe 2.19 Sei $\mathbf{R} \in \mathcal{L}\big(L^2(\Omega), L^2(Z)\big)$ die Radon-Transformation (2.14). Zeigen Sie, dass ihre Adjungierte $\mathbf{R}^* \in \mathcal{L}\big(L^2(Z), L^2(\Omega)\big)$ die Darstellung (2.15) besitzt.

Aufgabe 2.20 Sei $v \in L^1(-1,1)$. Dann gilt für $\ell \in \mathbb{Z}$ und $\varphi \in \mathbb{R}$

$$\int_0^{2\pi} e^{\imath\,\ell\psi}\, v\big(\cos(\varphi - \psi)\big)\, \mathrm{d}\psi = 2\, e^{\imath\,\ell\varphi} \int_{-1}^{1} \cos(\ell \arccos t)\, v(t)\, \frac{\mathrm{d}t}{\sqrt{1 - t^2}}.$$

Hinweis: Überlegen Sie, warum $\int_0^{2\pi} e^{\imath\,\ell\psi}\, v\big(\cos(\varphi - \psi)\big)\,\mathrm{d}\psi = e^{\imath\,\ell\varphi} \int_0^{2\pi} e^{\imath\,\ell\psi}\, v(\cos\psi)\,\mathrm{d}\psi$ ist und zerlegen Sie dann das Integral auf der rechten Seite in ein Integral über $[0,\pi]$ und eins über $[\pi,2\pi]$.

Aufgabe 2.21 Zeigen Sie

$$\frac{\sin\big((m + 1)\,\vartheta\big)}{\sin\vartheta} = \begin{cases} 2 \displaystyle\sum_{k=1}^{(m+1)/2} \cos\big((2k - 1)\,\vartheta\big) & : \quad m \in 2\mathbb{Z} + 1 \\[2em] 2 \displaystyle\sum_{k=1}^{m/2} \cos(2k\,\vartheta) & : \quad m \in 2\mathbb{Z} \end{cases}.$$

Hinweis: Überzeugen Sie sich zuerst von $\frac{\sin((m+1)\,\vartheta)}{\sin\vartheta} = \sum_{k=0}^{m} e^{\imath\,(2k-m)\,\vartheta}$ und fassen Sie dann konjugiert komplexe Terme zusammen.

Aufgabe 2.22 Die Radon-Transformation $\mathbf{R} : L^2(\Omega) \to L^2(Z)$ ist kompakt. **Hinweis:** Verwenden Sie $\mathbf{R} \in \mathcal{K}\big(L^2(\Omega), L^2(Z, 1/\mathrm{w})\big)$ mit $\mathrm{w}(s) = \sqrt{1 - s^2}$ sowie Satz 2.2.8 (b).

Aufgabe 2.23 Beweisen Sie die Konsistenzbedingungen der Radon-Transformation (Satz 2.5.4) unter Verwendung der Singulärwertzerlegung (Satz 2.5.3).

Aufgabe 2.24 Verifizieren Sie Korollar 2.5.5. Erinnern Sie sich noch an die Picard-Bedingung?

3 Regularisierung linearer Probleme und Optimalität

3.1 Vorbetrachtungen

Wir wollen eine lineare Operatorgleichung

$$Af = g, \quad g \in \mathcal{R}(A),$$

lösen, wobei uns nur verrauschte Daten g^ε mit

$$\|g - g^\varepsilon\|_Y \leq \varepsilon$$

zur Verfügung stehen. Wir nennen $\varepsilon > 0$ den *Rauschpegel*.

Ist das Bild von A nicht abgeschlossen, so ist die verallgemeinerte Inverse A^+ unstetig (Satz 2.1.8). Was das für den Rekonstruktionsprozess unter gestörten Daten bedeuten kann, haben wir ansatzweise schon in Beispiel 1.5.4 gesehen. Die ganze Problematik tritt in der Darstellung von A^+ durch die SWZ zu Tage (Satz 2.3.9):

$$A^+ = \sum_{j=1}^{\infty} \sigma_j^{-1} \langle \cdot, u_j \rangle_Y \, v_j.$$

Der Rauschanteil in Richtung eines singulären Vektors u_j, der zu einem kleinen Singulärwert σ_j gehört (siehe Bemerkung 2.3.12), wird im Rekonstruktionsprozess mit dem Faktor σ_j^{-1} verstärkt. Die vermeintliche "Lösung" $A^+ g^\varepsilon$ ist somit unbrauchbar, sofern sie existiert (notwendig: $g^\varepsilon \in \mathcal{D}(A^+)$, wobei $\mathcal{D}(A^+)$ ein *echter Unterraum von Y ist*).

Einen Ausweg aus dieser Misere bietet die Regularisierung oder Stabilisierung schlecht gestellter Probleme. Darunter verstehen wir die Approximation von A^+ durch eine Familie stetiger Operatoren $\{R_t\}_{t>0}$, die auf Y definiert sind. Aus der Schar $\{R_t g^\varepsilon\}_{t>0} \subset X$ müssen wir ein Element auswählen, das $A^+ g$ in einem geeigneten Sinne approximiert. Hier denken wir sofort an das best-approximierende Element $R_{t_{\mathrm{opt}}} g^\varepsilon$, das den Fehler $\|A^+ g - R_t g^\varepsilon\|_X$ minimiert. Diese Vorgehensweise scheitert an der Unkenntnis von $A^+ g$. Dennoch wollen wir in die Nähe von $A^+ g$ gelangen, zumindest asymptotisch bei abnehmendem Rauschpegel. Das heißt, wir wollen aus der Parameterschar $\{t > 0\}$ eine Teilschar $\{\gamma = \gamma(\varepsilon, g^\varepsilon)\}_{\varepsilon>0}$ auswählen können, für die gilt $\|A^+ g - R_{\gamma(\varepsilon, g^\varepsilon)} g^\varepsilon\|_X \to 0$, wenn der Rauschpegel ε gegen 0 geht. Die Parameterwahl sollte natürlich für alle $g \in \mathcal{R}(A)$ möglich sein und die Konvergenz des Fehlers sollte gleichmäßig in einer ε-Kugel um g stattfinden. Unsere Überlegungen fassen wir in der Definition von Regularisierungsverfahren zusammen.

Definition 3.1.1 *Sei $A \in \mathcal{L}(X,Y)$ und sei $\{R_t\}_{t>0}^*$ eine Familie stetiger (möglicherweise nichtlinearer) Operatoren von Y nach X mit $R_t 0 = 0$. Gibt es eine Abbildung $\gamma : {]0,\infty[} \times Y \to {]0,\infty[}$, so dass für jedes $g \in \mathcal{R}(A)$ gilt*

$$\sup\left\{ \|A^+ g - R_{\gamma(\varepsilon,g^\varepsilon)} g^\varepsilon\|_X \mid g^\varepsilon \in Y, \|g - g^\varepsilon\|_Y \leq \varepsilon \right\} \longrightarrow 0 \quad \text{für } \varepsilon \to 0, \quad (3.1)$$

*dann heißt das Paar $(\{R_t\}_{t>0}, \gamma)$ eine **Regularisierung** oder ein **Regularisierungsverfahren** für A^+. Wir sprechen von einer **linearen** Regularisierung, falls alle R_t linear sind. Die Abbildung γ heißt **Parameterwahl**. Sie sei so orientiert, dass*

$$\lim_{\varepsilon \to 0} \sup\left\{ \gamma(\varepsilon,g^\varepsilon) \mid g^\varepsilon \in Y, \|g - g^\varepsilon\|_Y \leq \varepsilon \right\} = 0 \qquad (3.2)$$

*ist. Der Zahlenwert $\gamma(\varepsilon,g^\varepsilon)$ heißt **Regularisierungsparameter**. Hängt γ nur von ε ab, so sprechen wir von einer **a priori Parameterwahl** (a priori: im Voraus), ansonsten von einer **a posteriori Parameterwahl** (a posteriori: im Nachhinein).*

In der obigen Definition kann (3.1) ersetzt werden durch die äquivalente Formulierung

$$\sup\left\{ \|f - R_{\gamma(\varepsilon,g^\varepsilon)} g^\varepsilon\|_X \mid g^\varepsilon \in Y, \|Af - g^\varepsilon\|_Y \leq \varepsilon \right\} \longrightarrow 0 \quad \text{für } \varepsilon \to 0,$$

für jedes $f \in \mathcal{N}(A)^\perp$. Im Folgenden werden wir beide Formulierungen benutzen, wobei wir diejenige bevorzugen, die im jeweiligen Kontext die einfachere Darstellung erlaubt.

Ein Konsequenz aus (3.1) ist die Konvergenz

$$\lim_{\varepsilon \to 0} \|R_{\gamma(\varepsilon,g)} g - A^+ g\|_X = 0 \quad \text{für alle } g \in \mathcal{R}(A). \qquad (3.3)$$

Wir fassen in $\Gamma := \{\gamma(\varepsilon,g) \mid \varepsilon > 0, \ g \in \mathcal{R}(A)\}$ alle Regularisierungsparameter zusammen, die in (3.3) eine Rolle spielen. Wegen (3.2) hat Γ den Häufungspunkt 0 und (3.3) impliziert

$$\lim_{\Gamma \ni \lambda \to 0} \|R_\lambda g - A^+ g\|_X = 0 \quad \text{für alle } g \in \mathcal{R}(A).$$

Alles in allem haben wir das folgende Lemma bewiesen.

Lemma 3.1.2 *Sei $A \in \mathcal{L}(X,Y)$ und sei $(\{R_t\}_{t>0}, \gamma)$ eine Regularisierung für A^+. Dann konvergiert die Teilfamilie $\{R_\lambda\}_{\lambda \in \Gamma}$ für $\lambda \to 0$ punktweise auf $\mathcal{R}(A)$ gegen A^+.*

Im Falle der Unstetigkeit von A^+ erzwingt diese punktweise Konvergenz die Unbeschränktheit jeder linearen Regularisierung für A.

---

* Der Parameterbereich für t kann auch eingeschränkt sein auf eine Teilmenge der positiven reellen Zahlen mit Häufungspunkt in der Null, z.B. eine diskrete Menge wie bei den iterativen Verfahren in Kapitel 5. Im Einzelfall ist der Parameterbereich evident, wir verzichten daher auf eine Unterscheidung bei der allgemeinen Definition von Regularisierungsverfahren.

Lemma 3.1.3 *Sei $A \in \mathcal{L}(X,Y)$ und sei $(\{R_t\}_{t>0},\gamma)$ eine lineare Regularisierung für A^+. Wenn das Bild von A nicht abgeschlossen ist, dann wächst $\{\|R_t\|\}_{t>0}$ über alle Schranken.*

Beweis: Wir führen den Beweis indirekt. Dazu nehmen wir an, es gäbe eine Zahl C mit $\|R_t\| \leq C$ für alle $t > 0$. Insbesondere haben wir dann auch $\|R_\lambda\| \leq C$ für alle $\lambda \in \Gamma$. Andererseits konvergiert $\{R_\lambda\}_{\lambda \in \Gamma}$ punktweise gegen A^+ in $\mathcal{R}(A)$ (Lemma 3.1.2). Nach dem Satz von Banach–Steinhaus (Satz 8.2.2) überträgt sich die Stetigkeit der R_λ in $\overline{\mathcal{R}(A)}$ auf A^+. Die Stetigkeit von A^+ erfordert jedoch die Abgeschlossenheit von $\mathcal{R}(A)$ (Satz 2.1.8) im Widerspruch zu unseren Voraussetzungen. ∎

Der Rekonstruktionsfehler $\|A^+g - R_t g^\varepsilon\|_X$ einer linearen Regularisierung setzt sich aus dem *Approximationsfehler* und dem *Datenfehler* zusammen:

$$\|A^+g - R_t g^\varepsilon\|_X \leq \underbrace{\|A^+g - R_t g\|_X}_{\text{Approximationsfehler}} + \underbrace{\|R_t(g - g^\varepsilon)\|_X}_{\text{Datenfehler}}. \tag{3.4}$$

Die obige Abschätzung ist im Allgemeinen scharf, d.h. nicht zu pessimistisch. Das typische Verhalten des Rekonstruktionsfehlers und seiner Komponenten ist in Bild 3.1 skizziert. Für t gegen 0 strebt der Approximationsfehler gegen 0. Der Datenfehler wächst dahingegen über alle Grenzen, sofern das Rauschen $g - g^\varepsilon$ nicht in $\mathcal{D}(A^+)$ liegt, was generell der Fall sein dürfte. Insgesamt explodiert der Rekonstruktionsfehler sowohl für t gegen 0 als auch für t gegen ∞. Es stellt sich die Frage nach der Wahl des *optimalen Regularisierungsparameters* t_{opt}, der sich durch eine Minimierung des Rekonstruktionsfehlers auszeichnet, indem er das Gleichgewicht findet zwischen Approximations- und Datenfehler. Eine Parameterwahl γ versucht, den optimalen Regularisierungsparameter zu finden, d.h. $\gamma(\varepsilon,g^\varepsilon) \approx t_{\text{opt}}$.

3.2   Klassifizierung von Regularisierungsverfahren

3.2.1   Grundlagen

Wir hätten gerne ein Kriterium zur Hand, das es uns ermöglicht, verschiedene Regularisierungsverfahren miteinander zu vergleichen. Ein sinnvolles Kriterium wäre die Konvergenzgeschwindigkeit des Fehlers

$$\sup \left\{ \|A^+g - R_{\gamma(\varepsilon,g^\varepsilon)} g^\varepsilon\|_X \mid g \in \mathcal{R}(A),\, g^\varepsilon \in Y,\, \|g - g^\varepsilon\|_Y \leq \varepsilon \right\} \quad \text{für } \varepsilon \to 0.$$

Leider ist diese Konvergenz beliebig langsam, und zwar für jedes Regularisierungsverfahren.

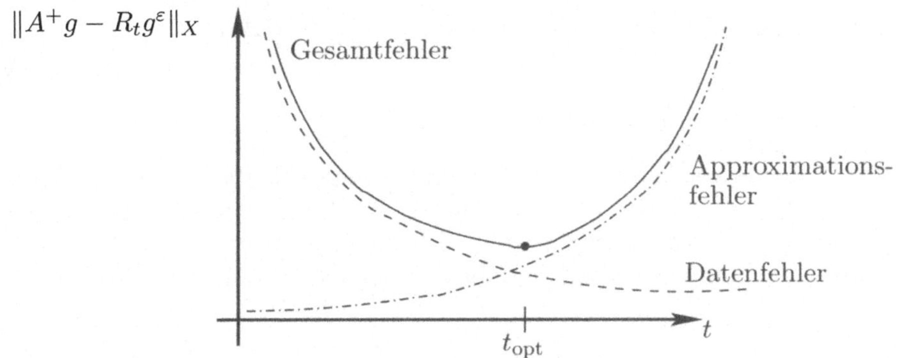

Bild 3.1: Der Rekonstruktionsfehler setzt sich zusammen aus Approximations- und Datenfehler, die gegensätzliches Verhalten in t aufweisen. Im optimalen Regularisierungsparameter t_{opt} nimmt der Rekonstruktionsfehler sein Minimum an.

Satz 3.2.1 *Das Bild von* $A \in \mathcal{L}(X,Y)$ *sei nicht abgeschlossen und es sei* $(\{R_t\}_{t>0},\gamma)$ *eine Regularisierung für* A^+ *mit* $R_t 0 = 0$ *für alle* $t > 0$.

*Dann gibt es **keine** Funktion* $h : [0,\infty[\to [0,\infty[$ *mit* $\lim_{\varepsilon \to 0} h(\varepsilon) = 0$, *so dass gilt*

$$\sup \left\{ \|A^+ g - R_{\gamma(\varepsilon,g^\varepsilon)} g^\varepsilon\|_X \mid g \in \mathcal{R}(A), \|g\|_Y \leq 1, \right.$$
$$\left. g^\varepsilon \in Y, \|g - g^\varepsilon\|_Y \leq \varepsilon \right\} \leq h(\varepsilon). \tag{3.5}$$

Ohne die zusätzliche Normierungsbedingung an g wäre die obige Aussage trivial. Warum?

Beweis von Satz 3.2.1: Wir nehmen an, es gäbe eine Funktion h, die der Abschätzung (3.5) genügt. Zur Vereinfachung der Schreibweise führen wir die abgeschlossene Einheitskugel $B = \{y \in Y \mid \|y\|_Y \leq 1\}$ ein.

Sei nun $g \in \mathcal{R}(A) \cap B$ und sei $\{g_k\}_{k \in \mathbb{N}}$ eine Folge in $\mathcal{R}(A) \cap B$ mit $\lim_{k \to \infty} g_k = g$. Für alle $0 < \varepsilon \leq 1$ existiert ein $K(\varepsilon) > 0$ mit $\|g_k - g\|_Y \leq \varepsilon \leq 1$, sofern $k \geq K(\varepsilon)$ ist. Die Differenz $g_k - g$ liegt in $\mathcal{R}(A) \cap B$ für $k \geq K(\varepsilon)$. Daher erhalten wir

$$\|A^+(g_k - g)\|_X \leq \sup \left\{ \|x\|_X \mid x \in A^+(\mathcal{R}(A) \cap B), \|Ax\|_Y \leq \varepsilon \right\}; \tag{3.6}$$

denn $A^+(g_k - g)$ liegt in der Menge, über die das Supremum genommen wird. Dies sehen wir anhand von $\|AA^+(g_k - g)\|_Y \leq \|AA^+\|\varepsilon \leq \varepsilon$, worin Satz 2.1.9 zum Tragen kommt. Weiter gilt

$$\|A^+(g_k - g)\|_X$$

$$\leq \sup \left\{ \|x - R_{\gamma(\varepsilon,g^\varepsilon)} z^\varepsilon\|_X \mid x \in A^+(\mathcal{R}(A) \cap B), z^\varepsilon \in Y, \|Ax - z^\varepsilon\|_Y \leq \varepsilon \right\};$$

denn die Menge, über die das Supremum genommen wird, umfasst die Menge auf der rechten Seite von (3.6) (Beachte $R_t 0 = 0$). Sei $x \in A^+(\mathcal{R}(A) \cap B) \subset \mathcal{N}(A)^\perp$ und sei $z = Ax$. Dann haben wir $A^+ z = A^+ A x = P_{\mathcal{N}(A)^\perp} x = x$. Deswegen ist

$$\|A^+(g_k - g)\|_X \;\leq\; \sup\big\{\|A^+z - R_{\gamma(\varepsilon,g^\varepsilon)}z^\varepsilon\|_X \;\big|\; z \in \mathcal{R}(A) \cap B,$$
$$z^\varepsilon \in Y,\ \|z - z^\varepsilon\|_Y \leq \varepsilon\big\}$$
$$\leq\; h(\varepsilon) \quad \text{für alle } k \geq K(\varepsilon),$$

wobei die letzte Ungleichung unserer Annahme entspricht. Wegen $\lim_{\varepsilon \to 0} h(\varepsilon) = 0$ gewinnen wir hieraus die Konvergenz $A^+ g_k \to A^+ g$ für $k \to \infty$ bzw. die Stetigkeit von A^+ auf $\mathcal{R}(A)$. Dies ist ein Widerspruch zur Voraussetzung $\mathcal{R}(A) \neq \overline{\mathcal{R}(A)}$. Unsere Annahme muss falsch sein, es gibt also keine Funktion h, die (3.5) genügt.

$\blacksquare$

3.2.2 Abstrakte Glattheit

Aussagen über die Konvergenzgeschwindigkeit von Regularisierungsverfahren können wir nur unter zusätzlichen Voraussetzungen an die verallgemeinerte Lösung gewinnen. Diese formulieren wir mit Hilfe geeigneter Unterräume X_ν von X, definiert durch

$$X_\nu := \mathcal{R}(|A|^\nu) = \big\{\, |A|^\nu z \;\big|\; z \in \mathcal{N}(A)^\perp \,\big\}, \quad \nu \geq 0.$$

Mit ansteigendem Index werden die Räume kleiner; denn $X_\nu \subset X_\mu$ für $\nu \geq \mu$. Der größte Raum ist $X_0 = \mathcal{N}(A)^\perp$.

Zu $x \in X_\nu$ gibt es ein $z \in \mathcal{N}(A)^\perp$ mit $x = |A|^\nu z = \sum_{k=1}^\infty \sigma_k^\nu \langle z, v_k\rangle_X v_k$. Es folgt

$$\sum_{k=1}^\infty \sigma_k^{-2\nu} |\langle x, v_k\rangle_X|^2 = \sum_{k=1}^\infty \sigma_k^{-2\nu} \sigma_k^{2\nu} |\langle z, v_k\rangle_X|^2 = \|z\|_X^2.$$

Dieser Zusammenhang motiviert und erlaubt die Definition der Norm $\|\cdot\|_\nu$ auf X_ν durch

$$\|x\|_\nu^2 := \|z\|_X^2 = \sum_{k=1}^\infty \sigma_k^{-2\nu} |\langle x, v_k\rangle_X|^2.$$

Der Raum X_ν besitzt die alternative Charakterisierung

$$X_\nu = \big\{\, x \in \mathcal{N}(A)^\perp \;\big|\; \|x\|_\nu < \infty \,\big\}.$$

Satz 3.2.2 *Sei $A \in \mathcal{K}(X,Y)$.*

(a) *Für $x \in X_{\max\{\nu,\mu\}}$ mit $\mu, \nu \geq 0$ und für $\vartheta \in [0,1]$ gilt*

$$\|x\|_{\vartheta\nu + (1-\vartheta)\mu} \leq \|x\|_\nu^\vartheta \, \|x\|_\mu^{1-\vartheta},$$

d.h. die Familie $\{\|\cdot\|_\nu\}_{\nu \geq 0}$ von Normen ist logarithmisch konvex.

(b) *Für $x \in X_\nu$ mit $\nu \geq \mu \geq 0$ gilt*

$$\|x\|_\mu \leq \|A\|^{\nu - \mu} \, \|x\|_\nu.$$

Beweis: Der Beweis bleibt Ihnen als Aufgabe 3.1 überlassen. ∎

Die Normen $\|\cdot\|_\nu$ messen im Allgemeinen eine abstrakte Glattheit. Bei vielen schlecht gestellten Problemen (A,X,Y) besitzt der Operator A eine Glättungseigenschaft: Das Bild Ax ist glatter als das Urbild x. Dies drückt sich im konkreten Fall dadurch aus, dass die singulären Funktionen v_k und u_k mit wachsendem k stärker oszillieren, ihre Frequenz nimmt zu, siehe Beispiele 2.3.10 sowie 2.3.11 und vgl. Bemerkung 2.3.12. Die hochfrequenten Anteile von x, das sind die Skalarprodukte $\langle x, v_k \rangle_X$ für große k, werden in Ax mit dem Faktor σ_k gedämpft. Nun erscheint die Bedingung $\|x\|_\nu < \infty$ in einem neuen Licht. Sie verlangt die Konvergenz $\langle x, v_k \rangle_X / \sigma_k^\nu \to 0$ für $k \to \infty$. Je größer ν ist, desto schneller muss $\langle x, v_k \rangle_X$ gegen 0 konvergieren. Mithin darf x keine hochfrequenten Komponenten besitzen, muss also glatt sein. Hierzu geben wir ein Beispiel.

Beispiel 3.2.3 Wir betrachten den Integraloperator $A : L^2(0,1) \to L^2(0,1)$, definiert durch

$$Af(t) = \int_0^1 \mathsf{k}(t,s)\, f(s)\, \mathrm{d}s \quad \text{mit } \mathsf{k}(t,s) = \begin{cases} t\,(1-s) & : \quad t \le s \\ s\,(1-t) & : \quad s \le t \end{cases}.$$

Der Kern k ist die Greensche Funktion zum Randwertproblem $-g'' = f$ mit $g(0) = g(1) = 0$, d.h. $Af = g$ genau dann, wenn g und f das Randwertproblem erfüllen. Überdies haben wir die Symmetrie $A = A^*$ sowie die Injektivität $\mathcal{N}(A) = \{0\}$. Auch kennen wir die SWZ von A, nämlich $\left\{ (1/(\pi k)^2;\, v_k, v_k) \right\}_{k \in \mathbb{N}}$ mit $v_k(t) = \sqrt{2}\,\sin(\pi k t)$. Damit können wir die Räume X_ν als Teilräume von $L^2(0,1)$ charakterisieren über die Äquivalenz

$$f \in X_\nu \quad \Longleftrightarrow \quad \|f\|_\nu^2 = 2\pi^{4\nu} \sum_{k=1}^\infty k^{4\nu}\, \big| \langle f(\cdot), \sin(\pi k\, \cdot) \rangle_{L^2(0,1)} \big|^2 < \infty. \quad (3.7)$$

In der Tat sind die X_ν Glattheitsklassen für $\nu \in \mathbb{N}$; denn

$$X_\nu = \overline{\left\{ f \in \mathcal{C}^{2\nu}(0,1) \mid f^{(2i)}(0) = f^{(2i)}(1) = 0,\, i = 0,\dots,\nu-1 \right\}}^{\|\cdot\|_\nu}, \quad (3.8)$$

was wir im Weiteren zeigen werden. Der Abschluss der Menge $\mathcal{M}_\nu := \{ f \in \mathcal{C}^{2\nu}(0,1) \mid f^{(2i)}(0) = f^{(2i)}(1) = 0,\, i = 0,\dots,\nu-1 \}$ bez. der Norm $\|\cdot\|_\nu$ stimmt also mit X_ν überein.

In Aufgabe 3.2 werden Sie zeigen, dass $\|f\|_\nu = \|f^{(2\nu)}\|_{L^2(0,1)}$ für $f \in \mathcal{M}_\nu$ ist. Daraus ergibt sich die Inklusion $\mathcal{M}_\nu \subset X_\nu$ und weiter $\overline{\mathcal{M}_\nu}^{\|\cdot\|_\nu} \subset X_\nu$.

Zum Nachweis der umgekehrten Inklusion sei $f \in X_\nu$. Wir schneiden die Reihenentwicklung von f bez. der singulären Vektoren von A nach m Summanden ab: $f_m := \sum_{k=1}^m \langle f, v_k \rangle_{L^2(0,1)}\, v_k$. Durch einfaches Nachrechnen überzeugen wir uns von $f_m \in \mathcal{M}_\nu$ für alle $m \in \mathbb{N}$. Die Differenz

$$\|f - f_m\|_\nu^2 = \pi^{4\nu} \sum_{k=m+1}^\infty k^{4\nu}\, |\langle f, v_k \rangle_{L^2(0,1)}|^2$$

strebt offensichlich gegen Null, sobald m über alle Schranken wächst. Das bedeutet nichts anderes als $f \in \overline{\mathcal{M}_\nu}^{\|\cdot\|_\nu}$ oder $X_\nu \subset \overline{\mathcal{M}_\nu}^{\|\cdot\|_\nu}$, womit (3.8) schließlich bewiesen ist.   ♠

3.2.3 Optimalität von Rekonstruktionsalgorithmen

Unter einem *stabilen Rekonstruktionsverfahren* oder einem *stabilen Rekonstruktionsalgorithmus* zur Lösung einer Operatorgleichung mit dem Operator $A \in \mathcal{L}(X,Y)$ verstehen wir eine stetige Abbildung $T : Y \to X$ mit $T0 = 0$ (Rekonstruktionsverfahren dürfen wie Regularisierungsverfahren nichtlinear sein! Das cg-Verfahren ist ein Beispiel hierfür, siehe Kapitel 5.3). Welchen Rekonstruktionsfehler müssen wir schlimmstenfalls ertragen, wenn die Lösung glatt, die Daten aber verrauscht sind? Die Antwort gibt das Supremum

$$
\begin{aligned}
E_\nu(\varepsilon,\varrho,T) \quad &:= \quad \sup\big\{\, \|Tg^\varepsilon - A^+ g\|_X \;\big|\; g \in \mathcal{R}(A),\, g^\varepsilon \in Y, \\
&\qquad\qquad\qquad\qquad \|g - g^\varepsilon\|_Y \le \varepsilon,\, \|A^+ g\|_\nu \le \varrho \,\big\} \\
&= \quad \sup\big\{\, \|Tg^\varepsilon - x\|_X \;\big|\; x \in X_\nu,\, g^\varepsilon \in Y,\, \|Ax - g^\varepsilon\|_Y \le \varepsilon,\, \|x\|_\nu \le \varrho \,\big\},
\end{aligned}
$$

das wir den *schlimmsten Fehler* des Rekonstruktionsverfahrens T für A nennen unter dem Rauschpegel ε mit der Zusatzinformation $\|A^+ g\|_\nu \le \varrho$.

Je kleiner dieser schlimmste Fehler ausfällt, desto geeigneter ist das Rekonstruktionsverfahren. Daher interessiert uns der *beste schlimmste Fehler (worst case error)*

$$
E_\nu(\varepsilon,\varrho) := \inf\big\{\, E_\nu(\varepsilon,\varrho,T) \,\big|\, T : Y \to X \text{ stetig},\, T0 = 0 \,\big\}.
$$

Dieser beste schlimmste Fehler stimmt überein mit der Größe

$$
e_\nu(\varepsilon,\varrho) := \sup\big\{\, \|x\|_X \;\big|\; x \in X_\nu,\, \|Ax\|_Y \le \varepsilon,\, \|x\|_\nu \le \varrho \,\big\}, \tag{3.9}
$$

was wir unten in Satz 3.2.4 zeigen werden. Doch zuvor wollen wir noch auf eine andere Interpretation von e_ν hinweisen. Liegt die von uns gesuchte verallgemeinerte Lösung $f^+ = A^+ g$ in X_ν und liefert unser Rekonstruktionsverfahren ein $\widetilde{f}$ aus X_ν mit $\|A\widetilde{f} - g^\varepsilon\|_Y \le \varepsilon$, dann ist der Rekonstruktionsfehler durch den schlimmsten Fehler beschränkt:

$$
\|f^+ - \widetilde{f}\|_X \;\le\; e_\nu\big(2\varepsilon, 2\,\max\{\|f^+\|_\nu, \|\widetilde{f}\|_\nu\}\big),
$$

siehe Aufgabe 3.3. Zusatzinformation wirkt stabilisierend.

Satz 3.2.4 *Für $A \in \mathcal{L}(X,Y)$ gilt $E_\nu(\varepsilon,\varrho) = e_\nu(\varepsilon,\varrho)$.*

Beweis: Wir zeigen zuerst die Ungleichung $e_\nu \le E_\nu$. Hierfür wählen wir ein $x \in X_\nu$ mit $\|Ax\|_Y \le \varepsilon$ sowie $\|x\|_\nu \le \varrho$. Der Rekonstruktionsalgorithmus $T : Y \to X$ sei beliebig. Mit der speziellen Störung $g^\varepsilon = 0$ von $g = Ax$ folgt $E_\nu(\varepsilon,\varrho,T) \ge \|x\|_X$. Diese Abschätzung gilt selbstverständlich für jedes x mit den obigen Eigenschaften. Daher erhalten wir

$$E_\nu(\varepsilon,\varrho,T) \geq \sup \left\{ \|x\|_X \mid x \in X_\nu,\ \|Ax\|_Y \leq \varepsilon,\ \|x\|_\nu \leq \varrho \right\} = e_\nu(\varepsilon,\varrho).$$

Schließlich nehmen wir das Infimum über alle stetigen $T : Y \to X$ mit $T0 = 0$, wodurch $e_\nu \leq E_\nu$ gezeigt ist. Der Nachweis von $E_\nu \leq e_\nu$ gestaltet sich schwieriger und wird z.B. von LOUIS [81] erbracht. ∎

Die Aussage von Satz 3.2.4 können wir gar nicht hoch genug schätzen: Ohne die Kenntnis auch nur eines Rekonstruktionsverfahrens können wir die Größe des besten schlimmsten Fehlers angeben. Wie groß ist dieser?

Satz 3.2.5 *Sei* $A \in \mathcal{L}(X,Y)$ *und sei* $\nu > 0$. *Dann gilt*

$$e_\nu(\varepsilon,\varrho) \leq \varrho^{1/(\nu+1)}\, \varepsilon^{\nu/(\nu+1)}. \tag{3.10}$$

Außerdem existiert eine Folge $\{\varepsilon_k\}_{k\in\mathbb{N}}$ *mit* $\varepsilon_k \to 0$ *für* $k \to \infty$, *so dass*

$$e_\nu(\varepsilon_k,\varrho) = \varrho^{1/(\nu+1)}\, \varepsilon_k^{\nu/(\nu+1)} \tag{3.11}$$

ist, d.h. die Abschätzung (3.10) *ist scharf; sie kann nicht verbessert werden.*

Beweis: Zu $x \in X_\nu$ gibt es ein $z \in \mathcal{N}(A)^\perp$ mit $x = |A|^\nu z$ sowie $\|x\|_\nu = \|z\|_X$. Wir wenden nun die Interpolationsungleichung (Satz 2.4.2) an:

$$
\begin{aligned}
\|x\|_X = \||A|^\nu z\|_X &\leq \||A|^{\nu+1} z\|_X^{\nu/(\nu+1)} \|z\|_X^{1/(\nu+1)} \\
&= \||A|x\|_X^{\nu/(\nu+1)} \|x\|_\nu^{1/(\nu+1)} \\
&= \|Ax\|_Y^{\nu/(\nu+1)} \|x\|_\nu^{1/(\nu+1)}.
\end{aligned}
$$

Mit einem Blick auf (3.9) folgt aus obiger Ungleichung die Behauptung $e_\nu(\varepsilon,\varrho) \leq \varepsilon^{\nu/(\nu+1)} \varrho^{1/(\nu+1)}$.

Die zweite Aussage von Satz 3.2.5 beweisen wir nur für kompaktes A. Mit Hilfe des zugehörigen singulären Systems $\{(\sigma_k; v_k, u_k)\}$ konstruieren wir zu $\varrho > 0$ die Folge $\{\varepsilon_k\}$ sowie eine Folge $\{x_k\}$ in $\mathcal{N}(A)^\perp$ mit $\|x_k\|_\nu = \varrho$, $\|x_k\|_X = \varrho^{1/(\nu+1)} \varepsilon_k^{\nu/(\nu+1)}$ und $\|Ax_k\|_Y \leq \varepsilon_k$. Aus (3.9) erhalten wir $e_\nu(\varepsilon_k,\varrho) \geq \|x_k\|_X = \varrho^{1/(\nu+1)} \varepsilon_k^{\nu/(\nu+1)}$. Zusammen mit (3.10) folgt daraus die Behauptung (3.11).

Abschließend konstruieren wir die Folgen $\{\varepsilon_k\}$ und $\{x_k\}$ mit den benötigten Eigenschaften. Dazu setzen wir $\varepsilon_k := \varrho\, \sigma_k^{\nu+1}$ und $x_k := \varrho |A|^\nu v_k$. Wir haben $\varepsilon_k \to 0$ für $k \to \infty$ und $\|x_k\|_\nu = \varrho$. Wegen $\sigma_k = (\varepsilon_k/\varrho)^{1/(\nu+1)}$ gelten $x_k = \varrho\, \sigma_k^\nu v_k = \varrho\, \varrho^{-\nu/(\nu+1)} \varepsilon_k^{\nu/(\nu+1)} v_k$ sowie $\|x_k\|_X = \varrho^{1/(\nu+1)} \varepsilon_k^{\nu/(\nu+1)}$ und $\|Ax_k\|_Y \leq \varepsilon_k$. ∎

Sei $T_\varepsilon \in \mathcal{L}(Y,X)$ ein Rekonstruktionsverfahren für A unter dem Rauschpegel ε mit der Zusatzinformation $\|A^+ g\|_\nu \leq \varrho$. Nach Satz 3.2.4 können wir den schlimmsten Fehler $E_\nu(\varepsilon,\varrho,T_\varepsilon)$ nach unten abschätzen: $E_\nu(\varepsilon,\varrho,T_\varepsilon) \geq e_\nu(\varepsilon,\varrho)$. Es liegt nun nahe, ein Rekonstruktionsverfahren *optimal* zu nennen, wenn in der letzten Abschätzung Gleichheit gilt. Dann erhalten wir aus (3.10) das asymptotische Verhalten $E_\nu(\varepsilon,\varrho,T_\varepsilon) \leq \varrho^{1/(\nu+1)} \varepsilon^{\nu/(\nu+1)}$ für $\varepsilon \to 0$. Ein schwächerer Optimalitätsbegriff, die *Ordnungsoptimalität*, verlangt vom schlimmsten Fehler nur noch die optimale Asymptotik $\varepsilon^{\nu/(\nu+1)}$. Die Details formulieren wir in der folgenden Definition.

Definition 3.2.6 *Sei $A \in \mathcal{L}(X,Y)$ mit einem nicht abgeschlossenen Bild. Das Rekonstruktionsverfahren (genauer: die Familie von Rekonstruktionsverfahren) $\{T_\varepsilon\}_{\varepsilon>0}$ heißt* **ordnungsoptimal** *bez. X_ν (und A), wenn es ein $C_\nu > 1$ gibt, so dass für alle $\varepsilon > 0$ hinreichend klein und alle $\varrho \geq 0$ gilt*

$$E_\nu(\varepsilon,\varrho,T_\varepsilon) \leq C_\nu\, \varrho^{1/(\nu+1)}\, \varepsilon^{\nu/(\nu+1)}. \tag{3.12}$$

Ist die obige Abschätzung mit $C_\nu = 1$ erfüllt, dann sprechen wir von einem **optimalen** *Rekonstruktionsverfahren.*

Regularisierungsverfahren $(\{R_t\}_{t>0},\gamma)$ sind Rekonstruktionsverfahren: $T_\varepsilon y := R_{\gamma(\varepsilon,y)} y$. Der Begriff der Ordnungsoptimalität ist somit auch für Regularisierungsverfahren $(\{R_t\}_{t>0},\gamma)$ definiert. Sind umgekehrt ordnungsoptimale Rekonstruktionsverfahren auch Regularisierungsverfahren? Im Wesentlichen lautet die Antwort "Ja", wie PLATO in [101, Theorem 2.1] nachwies.

Satz 3.2.7 *Das Bild von $A \in \mathcal{L}(X,Y)$ sei nicht abgeschlossen. Es gebe eine Familie $\{R_t\}_{t>0}$ stetiger Operatoren, $R_t : Y \to X$, $R_t 0 = 0$, zusammen mit einer Abbildung $\gamma : \,]0,\infty[\ \times Y \to\,]0,\infty[$, so dass $\{R_{\gamma(\varepsilon,\cdot)}\cdot\}_{\varepsilon>0}$ ordnungsoptimal bez. X_ν ist. Für $b > 1$ sei γ_b definiert durch $\gamma_b(\varepsilon,\cdot) := \gamma(b\,\varepsilon,\cdot)$.*

Dann ist $(\{R_t\}_{t>0},\gamma_b)$ ein Regularisierungsverfahren für A^+, das sogar ordnungsoptimal ist bez. X_μ für jedes $\mu \in\,]0,\nu]$.

Dieser Satz wird uns in den folgenden Kapiteln das Leben vereinfachen, denn die Ordnungsoptimalität von $\{R_{\gamma(\varepsilon,\cdot)}\cdot\}_{\varepsilon>0}$ lässt sich oft einfacher zeigen als die regularisierende Wirkung von $(\{R_t\}_{t>0},\gamma_b)$.

Beweis von Satz 3.2.7: Wir präsentieren nur die fundamentale Beweisidee. Zu $f \in \mathcal{N}(A)^\perp$ konstruieren wir eine Familie $\{f_\varepsilon\}_{\varepsilon>0}$ in X_ν mit $\|f_\varepsilon\|_\nu \leq \varrho_\varepsilon$ sowie

$$\|A(f - f_\varepsilon)\|_Y \leq (b-1)\,\varepsilon, \tag{3.13}$$

$$\|f - f_\varepsilon\|_X \to 0 \quad \text{für} \quad \varepsilon \to 0, \tag{3.14}$$

$$\varrho_\varepsilon\, \varepsilon^\nu \to 0 \quad \text{für} \quad \varepsilon \to 0. \tag{3.15}$$

Ist darüber hinaus $f \in X_\mu$ mit $\|f\|_\mu \leq \varrho$, dann verlangen wir zusätzlich

$$\varrho_\varepsilon^{1/(\nu+1)}\, \varepsilon^{\nu/(\nu+1)} \ \leq\ C\, \varrho^{1/(\mu+1)}\, \varepsilon^{\mu/(\mu+1)}, \tag{3.16}$$

$$\|f - f_\varepsilon\|_X \;\leq\; \widetilde{C}\, \varrho^{1/(\mu+1)}\, \varepsilon^{\mu/(\mu+1)}, \tag{3.17}$$

wobei die Konstanten C und $\widetilde{C}$ höchstens von μ abhängen.

Nehmen wir an, diese Familie wäre konstruiert. Sei $g^\varepsilon \in Y$ mit $\|Af - g^\varepsilon\|_Y \leq \varepsilon$. Die Abschätzung (3.13) impliziert $\|Af_\varepsilon - g^\varepsilon\|_Y \leq b\,\varepsilon := \widetilde{\varepsilon}$. Aus $f_\varepsilon \in X_\nu$, $\|f_\varepsilon\|_\nu \leq \varrho_\varepsilon$, und der Ordnungsoptimalität von $\{R_{\gamma(\varepsilon,\cdot)}\cdot\}_{\varepsilon>0}$ bez. X_ν folgern wir

$$\begin{aligned}
\|f_\varepsilon - R_{\gamma(\widetilde{\varepsilon},g^\varepsilon)}g^\varepsilon\|_X \;&\leq\; E_\nu(\widetilde{\varepsilon},\varrho_\varepsilon,R_{\gamma(\widetilde{\varepsilon},\cdot)})\;\overset{(3.12)}{\leq}\; C_\nu\,\varrho_\varepsilon^{1/(\nu+1)}\,\widetilde{\varepsilon}^{\nu/(\nu+1)} \\[4pt]
&\leq\; b^{\nu/(\nu+1)}\,C_\nu\,\varrho_\varepsilon^{1/(\nu+1)}\,\varepsilon^{\nu/(\nu+1)}.
\end{aligned}$$

Weiter erhalten wir

$$\|f - R_{\gamma(b\varepsilon,g^\varepsilon)}g^\varepsilon\|_X \leq \|f - f_\varepsilon\|_X + b^{\nu/(\nu+1)}\,C_\nu\,(\varrho_\varepsilon\,\varepsilon^\nu)^{1/(\nu+1)}, \tag{3.18}$$

was mit (3.14) und (3.15) auf

$$\sup\left\{ \|f - R_{\gamma_b(\varepsilon,g^\varepsilon)}g^\varepsilon\|_X \;\middle|\; g^\varepsilon \in Y,\; \|Af - g^\varepsilon\|_Y \leq \varepsilon \right\} \longrightarrow 0 \quad \text{für} \quad \varepsilon \to 0$$

führt. Somit haben wir die regularisierende Wirkung von $(\{R_t\}_{t>0},\gamma_b)$ verifiziert. Ist $f \in X_\mu$, $\|f\|_\mu \leq \varrho$, dann liefern (3.18), (3.16) und (3.17) die Ordnungsoptimalität bez. X_μ; denn

$$E_\mu(\varepsilon,\varrho,R_{\gamma_b(\varepsilon,\cdot)}\cdot) \leq \left(\widetilde{C} + C\,b^{\nu/(\nu+1)}\,C_\nu\right)\varrho^{1/(\mu+1)}\,\varepsilon^{\mu/(\mu+1)}.$$

Zur Vollständigkeit des Beweises fehlt noch die Konstruktion von $\{f_\varepsilon\}$ mit den geforderten Eigenschaften. Hierfür verweisen wir auf die Originalarbeit [101] von PLATO. ∎

Bemerkung 3.2.8   Der von uns in Definition 3.2.6 eingeführte Begriff der Ordnungsoptimalität hängt wesentlich von der Menge $X_\nu = \mathfrak{R}(|A|^\nu)$ ab, in der die gesuchte Lösung A^+g liegt. In einigen Anwendungen ist die Forderung $A^+g \in X_\nu$ sehr einschränkend, wenn die Singulärwerte z.B. exponentiell fallen. Betrachten wir das Wärmeleitungsproblem aus Kapitel 1.4.1, dessen zugehörige Singulärwertzerlegung wir in Beispiel 2.3.11 angegeben haben. Hier bedeutet die Forderung $A^+g \in X_\nu$, dass die Entwicklungskoeffizienten von A^+g bez. einer Fourier-Sinus-Reihe exponentiell fallen: A^+g muss also unendlich oft stetig differenzierbar sein! Was aber ist die beste Konvergenzordnung ($\varepsilon \to 0$), wenn die Lösung weniger glatt ist?

Das Konzept der Ordnungsoptimalität lässt sich verallgemeinern. Die Rolle von X_ν spielt dann z.B. $\mathfrak{R}(\varphi(|A|))$ mit einer geeigneten Funktion φ, die langsamer in die Null läuft als jede Potenz λ^ν mit $\nu > 0$. Eine mögliche Wahl wäre $\varphi(\lambda) = -1/\ln(\lambda)$. Was in dieser Situation unter Optimalität zu verstehen ist, wird z.B. von HOHAGE [68] und TAUTENHAHN [137] untersucht.

3.3　Eine allgemeine Theorie linearer Regularisierungen

Konkrete Regularisierungen für A^+ haben wir bis jetzt noch nicht konstruiert. Das wird sich hier ändern: Wir präsentieren ein sehr allgemeines Konzept zur Erzeugung von Regularisierungen, wobei der in Kapitel 2.4 eingeführte Funktionalkalkül gute Dienste leistet.

Ist $A \in \mathcal{K}(X,Y)$ injektiv, so lässt sich A^+ ausdrücken durch $A^+ = (A^*A)^{-1}A^*$, siehe Aufgabe 3.4. Da die Unstetigkeit durch $(A^*A)^{-1}$ eingeschleppt wird, müssen wir diesen Ausdruck stabilisieren. Hierzu verwenden wir eine Familie $\{F_t\}_{t>0}$ stückweise stetiger Funktionen $F_t : [0,\|A\|^2] \to \mathbb{R}$ mit Sprungunstetigkeiten[†], die

$$\lim_{t\to 0} F_t(\lambda) \;=\; 1/\lambda \quad \text{für alle } \lambda \in \,]0,\|A\|^2] \tag{3.19}$$

erfüllen. Damit erreichen wir, dass $F_t(A^*A)$ ein stetiger Operator ist, der punktweise gegen $(A^*A)^{-1}$ für $t \to 0$ konvergiert. Wir setzen daher

$$R_t g \;:=\; F_t(A^*A)A^*g$$

und nennen die Familie $\{F_t\}_{t>0}$ einen *Filter*: F_t filtert den Einfluss kleiner Singulärwerte von A auf R_t. Im Weiteren sei $\{(\sigma_k; v_k, u_k)\}$ das singuläre System von A. Unser Funktionalkalkül liefert nun die wichtige Identität

$$F_t(A^*A)A^*g \;=\; \sum_{k=1}^{\infty} F_t(\sigma_k^2)\,\sigma_k\,\langle g, u_k\rangle_Y\, v_k + F_t(0)\,\underbrace{P_{\mathcal{N}(A)}A^*g}_{=\,0}\,.$$

Im Rest des Buchs werden wir oft den Fehler $A^+g - R_t g$ für $g \in \mathcal{D}(A^+)$ abschätzen müssen. Wir werden dann auf die Darstellung (3.20) zurückgreifen, zu deren Herleitung wir ausnutzen, dass A^+g die Normalgleichung löst:

$$\begin{aligned} A^+g - R_t g \;&\overset{\cdot}{=}\; A^+g - F_t(A^*A)A^*g \\ &=\; A^+g - F_t(A^*A)A^*AA^+g \\ &=\; p_t(A^*A)A^+g \end{aligned} \tag{3.20}$$

mit

$$p_t(\lambda) \;:=\; 1 - \lambda\,F_t(\lambda). \tag{3.21}$$

Satz 3.3.1　*Sei $A \in \mathcal{K}(X,Y)$. Der Filter $\{F_t\}_{t>0}$ erfülle* (3.19) *sowie*

$$\lambda\,|F_t(\lambda)| \;\leq\; C_F \quad \text{für alle } \lambda \in [0,\|A\|^2] \text{ und } t > 0. \tag{3.22}$$

Dann gilt

$$\lim_{t\to 0} F_t(A^*A)A^*g \;=\; \begin{cases} A^+g & : \quad g \in \mathcal{D}(A^+) \\ \infty & : \quad g \notin \mathcal{D}(A^+) \end{cases}.$$

[†] An den Unstetigkeitsstellen existieren rechts- und linksseitiger Grenzwert.

Beweis: Wir betrachten zunächst den Fall $g \in \mathcal{D}(A^+)$. Hier haben wir

$$\|A^+ g - R_t g\|_X^2 \;=\; \|p_t(A^* A) A^+ g\|_X^2$$

$$=\; \sum_{k=1}^{\infty} p_t^2(\sigma_k^2)\, |\langle A^+ g, v_k\rangle_X|^2 + \|P_{\mathcal{N}(A)} A^+ g\|_X^2$$

$$=\; \sum_{k=1}^{\infty} p_t^2(\sigma_k^2)\, |\langle A^+ g, v_k\rangle_X|^2.$$

Aus der punktweisen Konvergenz (3.19) erhalten wir

$$\lim_{t \to 0} |p_t(\lambda)| \;=\; 0 \quad \text{für alle } \lambda \in \,]0, \|A\|^2]. \tag{3.23}$$

Die Beschränktheit (3.22) impliziert

$$|p_t(\lambda)| \leq 1 + \lambda\, |F_t(\lambda)| \leq 1 + C_F \quad \text{für alle } \lambda \in [0, \|A\|^2] \text{ und } t > 0.$$

Zu $\delta > 0$ existiert ein $N \in \mathbb{N}$, so dass $\sum_{k=N+1}^{\infty} |\langle A^+ g, v_k\rangle_X|^2 < \delta^2/(2(1 + C_F)^2)$ ist. Ferner gibt es, dank (3.23), ein $t_0 > 0$ mit $p_t^2(\sigma_k^2) < \delta^2/(2\|A^+ g\|_X^2)$ für alle $k \in \{1, \dots, N\}$ und alle t in $]0, t_0]$. Somit können wir $\|A^+ g - R_t g\|_X^2$ für alle t in $]0, t_0]$ abschätzen gemäß

$$\|A^+ g - R_t g\|_X^2 \;=\; \sum_{k=1}^{N} p_t^2(\sigma_k^2)\, |\langle A^+ g, v_k\rangle_X|^2 + \sum_{k=N+1}^{\infty} p_t^2(\sigma_k^2)\, |\langle A^+ g, v_k\rangle_X|^2$$

$$<\; \frac{\delta^2}{2\|A^+ g\|_X^2} \sum_{k=1}^{\infty} |\langle A^+ g, v_k\rangle_X|^2 + (1 + C_F)^2\, \frac{\delta^2}{2\,(1 + C_F)^2}$$

$$=\; \frac{\delta^2}{2} + \frac{\delta^2}{2} = \delta^2,$$

d.h. $\lim_{t \to 0} R_t g = A^+ g$ für $g \in \mathcal{D}(A^+)$.

Sei nun $g \notin \mathcal{D}(A^+)$. Wir nehmen an, zu einer Nullfolge $\{t_k\}_{k \in \mathbb{N}}$ gäbe es eine positive Konstante C mit $\|R_{t_k} g\|_X \leq C$ für alle $k \in \mathbb{N}$. Zu der in X beschränkten Folge $\{R_{t_k} g\}_{k \in \mathbb{N}}$ gibt es eine schwach konvergente Teilfolge $\{R_{t_{k_i}} g\}_{i \in \mathbb{N}}$ (Satz 8.3.7). Ihr schwacher Grenzwert sei z: $R_{t_{k_i}} g \rightharpoonup z$ für $i \to \infty$. Die Stetigkeit von A ergibt $A R_{t_{k_i}} g \rightharpoonup A z$ für $i \to \infty$.

Für jedes w aus $\mathcal{D}(A^+)$ gilt $\lim_{t \to 0} A R_t w = A A^+ w$, was wir im ersten Teil dieses Beweises zeigen konnten. Nach Satz 2.1.9 haben wir $A A^+ w = P_{\overline{\mathcal{R}(A)}} w$. Wegen $\|A R_t\| = \sup_{0 \leq \lambda \leq \|A\|^2} \lambda\, |F_t(\lambda)| \leq C_F$ und $\overline{\mathcal{D}(A^+)} = Y$ erhalten wir $\lim_{t \to 0} A R_t w = P_{\overline{\mathcal{R}(A)}} w$ für alle $w \in Y$ nach dem Satz von Banach–Steinhaus (Satz 8.2.2). Insbesondere konvergiert $\{A R_{t_{k_i}} g\}_{i \in \mathbb{N}}$ stark, und damit auch schwach, gegen $P_{\overline{\mathcal{R}(A)}} g$. Die Eindeutigkeit des (schwachen) Grenzwerts erzwingt die Identität $A z = P_{\overline{\mathcal{R}(A)}} g$, die $P_{\overline{\mathcal{R}(A)}} g \in \mathcal{R}(A)$ bedeutet. Durch die Zerlegung $g = P_{\overline{\mathcal{R}(A)}} g + (I - P_{\overline{\mathcal{R}(A)}})g$ stoßen wir somit auf den Widerspruch $g \in \mathcal{R}(A) \oplus \mathcal{R}(A)^{\perp} = \mathcal{D}(A^+)$. Die Schar $\{\|R_t g\|_X\}_{t>0}$ muss demnach über alle Schranken wachsen.   ■

Bemerkung 3.3.2 Setzen wir

$$R_t g := F_t(A^*A)A^*g + p_t(A^*A)f_* \quad \text{mit} \ f_* \in X,$$

so konvergiert $\{R_t g\}_{t>0}$ gegen die f_*-Minimum-Norm-Lösung (Bemerkung 2.1.7):

$$\lim_{t \to 0} R_t g = \begin{cases} A^+ g + P_{\mathcal{N}(A)} f_* & : \ g \in \mathcal{D}(A^+) \\ \infty & : \ g \notin \mathcal{D}(A^+) \end{cases}.$$

Hier agiert f_* als Anfangswert, der die Konvergenz von $\{R_t g\}_{t>0}$ steuert. Diese Verallgemeinerung von Satz 3.3.1 beweisen Sie in Aufgabe 3.5.

Die Filtereigenschaft (3.22) bedingt schon die Stabilität von $R_t g^\varepsilon$ im Rauschlevel ε, d.h. für festes t ist $R_t g^\varepsilon$ stetig in ε. In Satz 3.3.3 formulieren wir dieses Resultat noch schärfer.

Satz 3.3.3 *Der Filter* $\{F_t\}_{t>0}$ *erfülle* (3.22). *Seien* $f_t := R_t g = F_t(A^*A)A^*g$ *sowie* $f_t^\varepsilon := R_t g^\varepsilon$ *mit* $g, g^\varepsilon \in Y$ *und* $\|g - g^\varepsilon\|_Y \leq \varepsilon$. *Dann gelten*

$$\|Af_t - Af_t^\varepsilon\|_Y \leq C_F \, \varepsilon$$

und

$$\|f_t - f_t^\varepsilon\|_X \leq \varepsilon \, \sqrt{C_F \, M(t)}$$

mit

$$M(t) := \sup\{|F_t(\lambda)| \,|\, \lambda \in [0, \|A\|^2]\}. \tag{3.24}$$

Beweis: Aus $F_t(A^*A)A^* = A^*F_t(AA^*)$, siehe Aufgabe 2.15, folgt

$$\begin{aligned} \|Af_t - Af_t^\varepsilon\|_Y &= \|AF_t(A^*A)A^*(g - g^\varepsilon)\|_Y \\ &\leq \|AA^*F_t(AA^*)\| \, \|g - g^\varepsilon\|_Y \\ &\leq \sup_{0 \leq \lambda \leq \|A\|^2} \lambda |F_t(\lambda)| \, \varepsilon \leq C_F \, \varepsilon. \end{aligned}$$

Zum Beweis der zweiten Ungleichung schätzen wir folgendermaßen ab:

$$\begin{aligned} \|f_t - f_t^\varepsilon\|_X^2 &= \langle f_t - f_t^\varepsilon, F_t(A^*A)A^*(g - g^\varepsilon)\rangle_X \\ &= \langle f_t - f_t^\varepsilon, A^*F_t(AA^*)(g - g^\varepsilon)\rangle_X \\ &= \langle Af_t - Af_t^\varepsilon, F_t(AA^*)(g - g^\varepsilon)\rangle_Y \\ &\leq \|Af_t - Af_t^\varepsilon\|_Y \|F_t(AA^*)\| \, \|g - g^\varepsilon\|_Y \\ &\leq C_F \, \varepsilon \, M(t) \, \varepsilon. \end{aligned}$$

Durch Ziehen der Quadratwurzel auf beiden Seiten sind wir am Ziel.   ■

Mit der Abkürzung $f^+ = A^+g$ für $g \in \mathcal{D}(A^+)$ spalten wir den Gesamtfehler wieder in zwei Komponenten auf, vgl. (3.4),

$$\|f^+ - f_t^\varepsilon\|_X \leq \underbrace{\|f^+ - R_t g\|_X}_{\text{Approximationsfehler}} + \underbrace{\|R_t g - R_t g^\varepsilon\|_X}_{\text{Datenfehler}} \tag{3.25}$$

$$\leq \|f^+ - f_t\|_X + \varepsilon \sqrt{C_F\, M(t)}.$$

Nach Satz 3.3.1 konvergiert der Approximationsfehler gegen Null für $t \to 0$. Probleme bereitet der Datenfehler: Das asymptotische Verhalten (3.19) lässt $M(t)$ gegen Unendlich divergieren für $t \to 0$. Da die obige Fehlerabschätzung im Allgemeinen scharf ist, explodiert der Gesamtfehler $\|f^+ - f_t^\varepsilon\|_X$ für $t \to 0$. Konvergenz können wir jedoch erzwingen durch eine Kopplung von t an ε.

Korollar 3.3.4 *Der Filter* $\{F_t\}_{t>0}$ *erfülle* (3.19) *und* (3.22). *Wählen wir* $\gamma :$ $]0,\infty[\to]0,\infty[$ *so, dass gilt*

$$\gamma(\varepsilon) \to 0 \quad \text{sowie} \quad \varepsilon\, \sqrt{M(\gamma(\varepsilon))} \to 0 \quad \text{für} \quad \varepsilon \to 0, \tag{3.26}$$

dann ist $(\{R_t\}_{t>0},\gamma)$ *mit* $R_t = F_t(A^*A)A^*$ *ein Regularisierungsverfahren für* A^+.

Beweis: Mit der a priori Parameterwahl (3.26) konvergieren sowohl der Approximations- als auch der Datenfehler gegen Null, wenn der Rauschpegel ε kleiner wird. Die Details dürfen Sie in Aufgabe 3.6 ausarbeiten. ∎

Die Aussage von Korollar 3.3.4 legt die folgende Begriffsbildung nahe.

Definition 3.3.5 *Eine Familie* $\{F_t\}_{t>0}$ *stückweise stetiger Funktionen mit Sprungunstetigkeiten heißt **regularisierender Filter** (für* $A \in \mathcal{L}(X,Y)$*), wenn* (3.19) *und* (3.22) *erfüllt sind:*

$$\lim_{t \to 0} F_t(\lambda) = 1/\lambda \quad \text{für alle } \lambda \in\,]0,\|A\|^2],$$

$$\lambda\,|F_t(\lambda)| \leq C_F \quad \text{für alle } \lambda \in [0,\|A\|^2] \text{ und } t > 0.$$

Welche zusätzliche Bedingung an $\{F_t\}_{t>0}$ und welche (a priori) Parameterwahl garantieren Ordnungsoptimalität von $R_t = F_t(A^*A)A^*$? Auf die Beantwortung dieser Frage zielen unsere nächsten Untersuchungen ab.

Lemma 3.3.6 *Der Filter* $\{F_t\}_{t>0}$ *sei regularisierend für* $A \in \mathcal{L}(X,Y)$. *Zu* $p_t(\lambda) = 1 - \lambda F_t(\lambda)$, *siehe* (3.21), *und zu* $\mu > 0$ *gebe es eine Zahl* $t_0 > 0$ *und eine Funktion* $\omega_\mu :\,]0,t_0] \to \mathbb{R}$, *so dass*

$$\sup_{0 \leq \lambda \leq \|A\|^2} \lambda^{\mu/2}\,|p_t(\lambda)| \leq \omega_\mu(t) \quad \text{für alle } t \in\,]0,t_0] \text{ ist.}$$

Sei $g \in \mathcal{R}(A)$ *und sei* $f^+ = A^+ g$ *in* X_μ *mit* $\|f^+\|_\mu \leq \varrho$. *Dann gelten*

$$\|f^+ - f_t\|_X \leq \omega_\mu(t)\, \varrho \tag{3.27}$$

und

$$\|Af^+ - Af_t\|_Y \leq \omega_{\mu+1}(t)\, \varrho \tag{3.28}$$

für $f_t = R_t g = F_t(A^*A)A^* g$ *und* $0 < t \leq t_0$.

Beweis: Nach Voraussetzung ist $f^+ = |A|^\mu w$ für ein $w \in X$ mit $\|w\|_X \le \varrho$. Daraus folgt

$$\|f^+ - f_t\|_X \overset{(3.20)}{=} \|p_t(A^*A)f^+\|_X = \|p_t(A^*A)(A^*A)^{\mu/2}w\|_X$$

$$\le \|w\|_X \sup_{0\le\lambda\le\|A\|^2} |p_t(\lambda)|\, \lambda^{\mu/2} \le \varrho\, \omega_\mu(t).$$

Den Beweis der Abschätzung (3.28) sollen Sie in Aufgabe 3.7 erbringen.   ∎

Mit obiger Vorbereitung gelangen wir zu einer a priori Parameterwahl, die auf ein optimales Regularisierungsverfahren führt.

Satz 3.3.7 *Wir übernehmen die Voraussetzungen von Lemma 3.3.6. Darüber hinaus gelten die Asymptotiken*

$$\omega_\mu(t) \le C_p\, t^{\mu/2} \quad \text{für } t \to 0 \tag{3.29}$$

sowie

$$M(t) \le C_M\, t^{-1} \quad \text{für } t \to 0,$$

worin $\mu > 0$ ist und C_p sowie C_M positive Konstanten sind (siehe (3.24) für M). Die a priori Parameterwahl $\gamma :]0,\infty[\to]0,\infty[$ erfülle

$$C_\gamma \left(\frac{\varepsilon}{\varrho}\right)^{\frac{2}{\mu+1}} \le \gamma(\varepsilon) \le C_\Gamma \left(\frac{\varepsilon}{\varrho}\right)^{\frac{2}{\mu+1}} \quad \text{für } \varepsilon \to 0 \tag{3.30}$$

mit positiven Konstanten C_γ und C_Γ. Dann ist $(\{R_t\}_{t>0},\gamma)$, $R_t = F_t(A^*A)A^*$, ein ordnungsoptimales Regularisierungsverfahren für A^+ bez. X_μ.

Beweis: Die Regularisierungseigenschaft von $(\{R_t\}_{t>0},\gamma)$ erhalten wir direkt aus Korollar 3.3.4. Wir zeigen nun die Ordnungsoptimalität des Rekonstruktionsalgorithmus' $\{R_{\gamma(\varepsilon)}\}_{\varepsilon>0}$, indem wir wie üblich den Gesamtfehler aufspalten in Approximations- und Datenfehler. Dann wenden wir Lemma 3.3.6 sowie Satz 3.3.3 an und berücksichtigen weiter unsere Annahmen an ω_μ, M und γ. Für $g^\varepsilon \in Y$ mit $\|g^\varepsilon - g\|_Y \le \varepsilon$ haben wir für $\varepsilon \to 0$

$$\|f^+ - R_{\gamma(\varepsilon)}g^\varepsilon\|_X \le \|f^+ - f_{\gamma(\varepsilon)}\|_X + \|R_{\gamma(\varepsilon)}g - R_{\gamma(\varepsilon)}g^\varepsilon\|_X$$

$$\le \omega_\mu(\gamma(\varepsilon))\, \varrho + \varepsilon\, \sqrt{C_F\, M(\gamma(\varepsilon))}$$

$$\le C_p\, \gamma(\varepsilon)^{\frac{\mu}{2}}\, \varrho + \varepsilon\, \sqrt{C_F\, C_M}\, \gamma(\varepsilon)^{-\frac{1}{2}}$$

$$\le C_p\, C_\Gamma^{\frac{\mu}{2}}\, \varrho\, \varrho^{-\frac{\mu}{\mu+1}}\, \varepsilon^{\frac{\mu}{\mu+1}} + \sqrt{C_F\, C_M}\, C_\gamma^{-\frac{1}{2}}\, \varrho^{\frac{1}{\mu+1}}\, \varepsilon\, \varepsilon^{-\frac{1}{\mu+1}}$$

$$= \left(C_p\, C_\Gamma^{\frac{\mu}{2}} + \sqrt{C_F\, C_M}\, C_\gamma^{-\frac{1}{2}}\right) \varrho^{\frac{1}{\mu+1}}\, \varepsilon^{\frac{\mu}{\mu+1}}.$$

Das war nachzuweisen. ∎

Um mit der Wahl (3.30) Ordnungsoptimalität zu erzielen, müssen wir sowohl ϱ als auch μ kennen. Dabei haben wir meist keinen Zugang zu ϱ, können manchmal aber μ für konkrete inverse Probleme angeben (z.B. für das inverse Problem der Computer-Tomographie). Dann führt die Wahl von $\gamma(\varepsilon) = C\,\varepsilon^{2/(\mu+1)}$ (C ist eine positive Konstante) noch zu einem ordnungsoptimalen Regularisierungsverfahren bez. X_μ, d.h. $\|f^+ - R_{\gamma(\varepsilon)} g^\varepsilon\|_X = \mathrm{O}(\varepsilon^{\mu/(\mu+1)})$ für $\varepsilon \to 0$ und $f^+ \in X_\mu$. Kennen wir auch μ nicht, dann müssen wir auf a posteriori Parameterwahlstrategien ausweichen, wie wir sie in Kapitel 3.4 und 3.5 vorstellen.

Die Konvergenzordnung des Rekonstruktionsfehlers in ε wird durch das asymptotische Verhalten (3.29) von ω_μ bestimmt. Die maximale Abklingrate nennen wir daher *Qualifikation* des Filters.

Definition 3.3.8 *Sei $\{F_t\}_{t>0}$ ein regularisierender Filter für $A \in \mathcal{L}(X,Y)$ mit $M(t) \le C_M\,t^{-1}$ für $t \to 0$. Das maximale μ_0, so dass für alle $\mu \in]0,\mu_0]$ eine positive Konstante $C_p = C_p(\mu)$ existiert, mit der gilt*

$$\sup_{0 \le \lambda \le \|A\|^2} \lambda^{\mu/2}\,|p_t(\lambda)| \le C_p\,t^{\mu/2} \quad \text{für } t \to 0,$$

*heißt die **Qualifikation** des Filters. (Zur Erinnerung: $p_t(\lambda) = 1 - \lambda\,F_t(\lambda)$.)*

Ist die Qualifikation endlich, kann keine bessere Konvergenzrate als $\mathrm{O}(\varepsilon^{\mu_0/(\mu_0+1)})$ erzielt werden. Für $\mu_0 = \infty$ kann die maximale Konvergenzrate $\mathrm{O}(\varepsilon)$ beliebig nahe erreicht werden. Unter diesem Aspekt sind Filter mit unendlicher Qualifikation vorzuziehen.

Nachfolgend geben wir drei Beispiele von Filtern an, auf die wir die oben entwickelte Theorie anwenden können. Insbesondere sehen wir, dass sowohl endliche als auch unendliche Qualifikationen vorkommen.

In den Beispielen sei $A \in \mathcal{K}(X,Y)$ mit singulärem System $\{(\sigma_k; v_k, u_k)\}$.

Beispiel 3.3.9 *Abgeschnittene* oder *abgebrochene Singulärwertzerlegung*
Die Namensgebung dieser Methode rührt daher, dass die Summanden mit kleinen Singulärwerten in der Reihendarstellung von A^+ (Satz 2.3.9) weggelassen, d.h. abgeschnitten, werden. Der Filter $\{F_t\}_{t>0}$ der abgeschnittenen Singulärwertzerlegung ist gegeben durch

$$F_t(\lambda) = \begin{cases} \lambda^{-1} & : \ \lambda \ge t \\ 0 & : \ \lambda < t \end{cases}.$$

Die zugehörigen Operatoren $\{R_t\}_{t>0}$ haben die Gestalt

$$R_t y = F_t(A^*A)A^*y = \sum_{k=1}^{\infty} F_t(\sigma_k^2)\,\sigma_k\,\langle y, u_k\rangle_Y\,v_k$$

$$= \sum_{\sigma_k \geq \sqrt{t}} \sigma_k^{-1} \, \langle y, u_k \rangle_Y \, v_k,$$

d.h. die Spektraldarstellung von A^+ wird nach endlich vielen Summanden abgebrochen. Es werden nur Summanden berücksichtigt, für die die Faktoren σ_k^{-1} beschränkt sind durch $1/\sqrt{t}$.

Wir sehen sofort, dass gilt

$$\lim_{t \to 0} F_t(\lambda) = 1/\lambda \quad \text{für } \lambda > 0 \quad \text{und} \quad \sup_{0 \leq \lambda \leq \|A\|^2} \lambda \, |F_t(\lambda)| = 1.$$

Der Filter der abgeschnittenen Singulärwertzerlegung ist also regularisierend mit $C_F = 1$. Weiterhin haben wir für alle $\mu > 0$ und $0 < t \leq \|A\|^2$

$$\sup_{0 \leq \lambda \leq \|A\|^2} \lambda^{\mu/2} \, |p_t(\lambda)| = \sup_{0 \leq \lambda \leq \|A\|^2} \lambda^{\mu/2} |1 - \lambda F_t(\lambda)| = \sup_{0 \leq \lambda \leq t} \lambda^{\mu/2} = t^{\mu/2},$$

was wegen $M(t) = t^{-1}$ eine unendliche Qualifikation bedeutet: $\mu_0 = \infty$. Wir dürfen Satz 3.3.7 hier anwenden. Die abgeschnittene Singulärwertzerlegung mit der Parameterwahl (3.30) ist ordnungsoptimal bez. X_μ für jedes $\mu > 0$. Sie ist jedoch für kein μ optimal, siehe LOUIS [81, Satz 4.1.3].   ♠

Beispiel 3.3.10 *Showalter-Methode* oder *asymptotische Regularisierung*
Wir suchen die Lösung $u : [0, \infty[\to X$ des linearen Anfangswertproblems

$$\frac{\mathrm{d}}{\mathrm{d}\tau} u(\tau) + A^* A u(\tau) = A^* y, \quad \tau > 0,$$

$$u(0) = 0,$$

wobei $y \in Y$ ist. Solche abstrakten Cauchy-Probleme oder Evolutionsgleichungen werden z.B. von PAZY [100] studiert. Sie sind eindeutig lösbar und ihre Lösung strebt für große Zeiten einem stationären Zustand u_∞ entgegen: $\lim_{\tau \to \infty} u(\tau) = u_\infty$. Der stationäre Zustand erfüllt die Normalgleichung $A^* A u_\infty = A^* y$. Durch Auswerten von u in einem endlichen Zeitpunkt erhalten wir daher eine stabile Approximation an u_∞.

Aufgrund obiger Ausführungen definieren wir zu $t > 0$ eine lineare Abbildung $R_t : Y \to X$ durch

$$R_t y := u(1/t). \tag{3.31}$$

Mit Hilfe der Singulärwertzerlegung von A finden wir eine explizite Darstellung für R_t; denn

$$u(\tau) = \sum_{k=1}^{\infty} \frac{1 - \mathrm{e}^{-\sigma_k^2 \tau}}{\sigma_k^2} \, \langle A^* y, v_k \rangle_X \, v_k, \tag{3.32}$$

wovon wir uns folgendermaßen überzeugen können. Sei U die Reihe auf der rechten Seite von (3.32) (Die Reihe konvergiert, siehe Aufgabe 3.8). Offensichtlich erfüllt U die Anfangsbedingung: $U(0) = 0$. Wegen

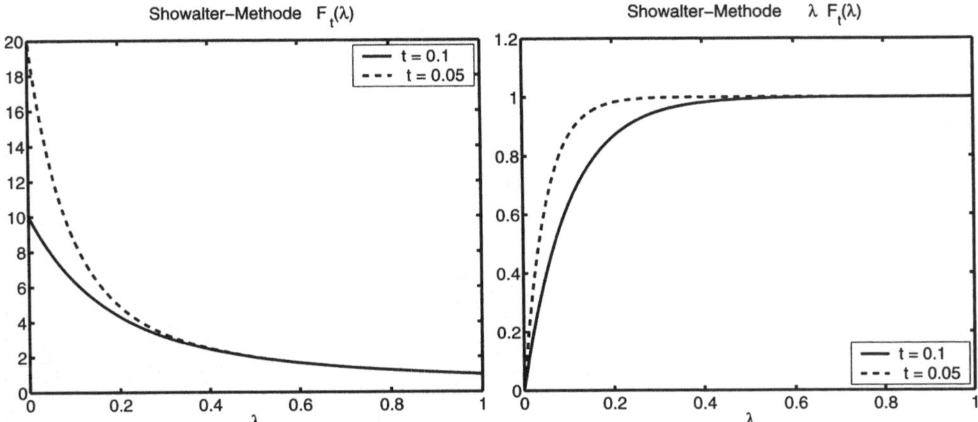

Bild 3.2: Die beiden Regularisierungseigenschaften des Showalter-Filters (3.33). Links: $F_t(\lambda)$, rechts: $\lambda\, F_t(\lambda)$ jeweils für $t = 0.1$ und $t = 0.05$.

$$\frac{\mathrm{d}}{\mathrm{d}\tau}U(\tau) \;=\; \sum_{k=1}^{\infty} \mathrm{e}^{-\sigma_k^2\,\tau}\,\langle A^*y, v_k\rangle_X\; v_k$$

erfüllt U die Differentialgleichung:

$$\frac{\mathrm{d}}{\mathrm{d}\tau}U(\tau) \;+\; A^*AU(\tau) \;=\; \sum_{k=1}^{\infty}\langle A^*y, v_k\rangle_X\; v_k \;=\; A^*y.$$

Die Eindeutigkeit der Lösung unseres Anfangswertproblems impliziert nun $u = U$. Daher lässt sich R_t schreiben als

$$R_t y \;=\; u(1/t) \;=\; \sum_{k=1}^{\infty} \frac{1 - \mathrm{e}^{-\sigma_k^2/t}}{\sigma_k^2}\,\langle A^*y, v_k\rangle_X\; v_k$$

$$=\; F_t(A^*A)A^*y$$

mit

$$F_t(\lambda) \;:=\; \begin{cases} \lambda^{-1}\left(1 - \mathrm{e}^{-\lambda/t}\right) & : \quad \lambda > 0 \\[2mm] t^{-1} & : \quad \lambda = 0 \end{cases}. \tag{3.33}$$

Wir überprüfen nun, ob der Filter $\{F_t\}_{t>0}$ ein ordnungsoptimales Regularisierungsverfahren erzeugt. Die beiden Eigenschaften

$$\lim_{t\to 0} F_t(\lambda) = 1/\lambda \quad \text{für } \lambda > 0 \quad \text{und} \quad \sup_{0\le\lambda\le\|A\|^2} \lambda\,|F_t(\lambda)| \le 1 \quad \text{für alle } t > 0$$

sehen wir sofort. Sie sind in Bild 3.2 illustriert. Somit liegt ein regularisierender Filter vor. Nun interessiert uns die Qualifikation des Filters. Dazu schätzen wir ab:

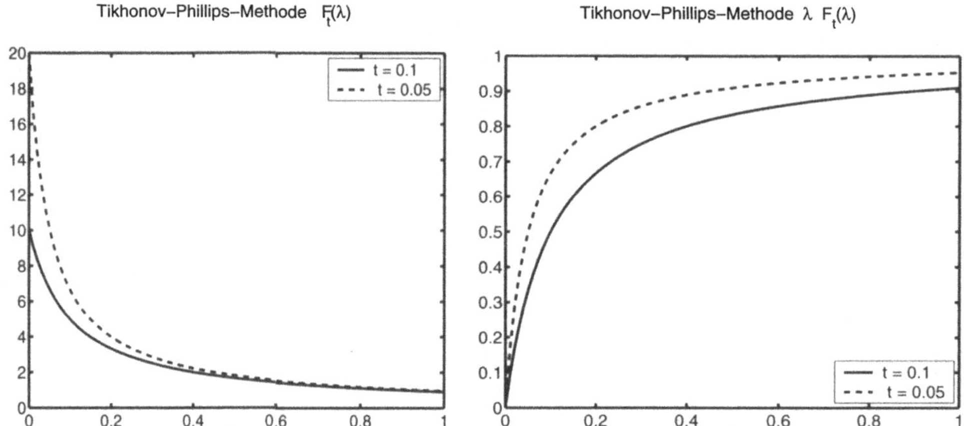

Bild 3.3: Die beiden Regularisierungseigenschaften des Filters der Tikhonov–Phillips-Regularisierung. Links: $F_t(\lambda)$, rechts: $\lambda\, F_t(\lambda)$ jeweils für $t = 0.1$ und $t = 0.05$.

$$\sup_{0\leq\lambda\leq\|A\|^2} \lambda^{\mu/2}\,|p_t(\lambda)| = t^{\mu/2}\sup_{0\leq\lambda\leq\|A\|^2} \left(\frac{\lambda}{t}\right)^{\mu/2} e^{-\lambda/t} \leq C_p\, t^{\mu/2}$$

mit $C_p = \sup_{0\leq z<\infty} z^{\mu/2}\,e^{-z} < \infty$. Wegen $M(t) \leq t^{-1}$ ist die Showalter-Methode (3.31) mit der Parameterwahl (3.30) ordnungsoptimal bez. X_μ für jedes $\mu > 0$. Die Parameterwahl $\gamma(\varepsilon) = \ln(\mu + 1)\,(\varepsilon/\varrho)^{2/(\mu+1)}$ macht die Showalter-Methode sogar zu einer optimalen Regularisierung für $\mu \in\,]0,\overline{\mu}]$ mit $\overline{\mu} \approx 7.124$. Das Optimalitätsresultat stammt von Vainniko, siehe [141, Kap. IX.B] und die dort zitierte russische Originalliteratur.   ♠

Beispiel 3.3.11 *(klassische) Tikhonov–Phillips-Regularisierung*
Die Idee hinter der Tikhonov–Phillips-Regularisierung ähnelt der Idee, die zur abgeschnittenen Singulärwertzerlegung führt. Anstatt die kleinen Singulärwerte wegzulassen, werden sie einfach von der Null weg ins Positive verschoben. Der Filter

$$F_t(\lambda) = \frac{1}{\lambda + t}, \quad t > 0,$$

leistet das Gewünschte. Damit ist $R_t y = F_t(A^*A)A^*y$, $y \in Y$, die eindeutige Lösung der regularisierten Normalgleichung

$$(A^*A + t\,I)\,R_t y = A^*y.$$

Sie sind mittlerweile so geübt, dass es Ihnen nicht schwer fällt, den Tikhonov–Phillips-Filter als regularisierend zu erkennen, siehe Bild 3.3. Darüber hinaus ist $M(t) \leq t^{-1}$. Die Ermittlung der Qualifikation gestaltet sich etwas schwieriger. Wir führen die Funktion

$$h_\mu(\lambda,t) := \frac{\lambda^{\mu/2}\,t}{\lambda + t} = t^{\mu/2}\,\frac{\left(\frac{\lambda}{t}\right)^{\mu/2}}{\frac{\lambda}{t} + 1}$$

ein und erhalten

$$\sup_{0\leq\lambda\leq\|A\|^2} \lambda^{\mu/2}\,|p_t(\lambda)| = \sup_{0\leq\lambda\leq\|A\|^2} h_\mu(\lambda,t).$$

Wir unterscheiden zwei Fälle. Für $\mu > 2$ ist $h_\mu(\lambda,t)$ streng monoton wachsend in λ. Das Supremum wird daher am rechten Intervallende für $\lambda = \|A\|^2$ angenommen. Für $\mu \leq 2$ haben wir $\sup_{0\leq\lambda\leq\|A\|^2} h_\mu(\lambda,t) \leq t^{\mu/2}\sup_{0\leq z<\infty} z^{\mu/2}/(z+1)$, wobei das Supremum über z endlich ist. Zusammengefasst ergibt sich

$$\sup_{0\leq\lambda\leq\|A\|^2} \lambda^{\mu/2}\,|p_t(\lambda)| \leq \begin{cases} C_p\,t^{\mu/2} & : \quad 0 < \mu \leq 2 \\[2mm] \|A\|^{\mu-2}\,t & : \qquad \mu > 2 \end{cases}$$

mit $C_p = \sup_{0\leq z<\infty} z^{\mu/2}/(z+1)$. Damit hat die Tikhonov–Phillips-Regularisierung die Qualifikation $\mu_0 = 2$ und ist ordnungsoptimal mit der a priori Parameterwahl (3.30) bez. X_μ für alle $0 < \mu \leq 2$. In demselben Intervall für μ wird das Tikhonov–Phillips-Verfahren optimal, wenn wir $\gamma(\varepsilon) = \mu^{-1}\,(\varepsilon/\varrho)^{2/(\mu+1)}$ wählen, siehe Vainikko [141, Kap. IX.A].

Die Tikhonov–Phillips-Regularisierung studieren wir erneut in Kapitel 4. ♠

3.4 Das Diskrepanzprinzip

Der Einsatz der a priori Parameterwahl (3.30), $\gamma(\varepsilon) = C\,\varepsilon^{2/(\mu+1)}$, scheitert an der benötigten Information $f^+ \in X_\mu$, die selten zugänglich ist. Einen Ausweg bieten die a posteriori Strategien an, z.B. das Diskrepanzprinzip von MOROZOV [90], das wir in diesem Abschnitt studieren werden.

Im Folgenden sei $\{F_t\}_{t>0}$ ein regularisierender Filter für den Operator A. Statt der exakten Daten $g \in \mathcal{D}(A^+)$ kennen wir nur ein $g^\varepsilon \in Y$ mit $\|g-g^\varepsilon\|_Y \leq \varepsilon$. Weiter gebrauchen wir die Notation $f_t^\varepsilon := F_t(A^*A)A^*g^\varepsilon$.

Dem Diskrepanzprinzip liegt die folgende Idee zugrunde: Wähle den Regularisierungsparameter $\gamma = \gamma(\varepsilon,g^\varepsilon)$ so, dass gilt

$$\|Af_{\gamma(\varepsilon,g^\varepsilon)}^\varepsilon - g^\varepsilon\|_Y \approx \varepsilon. \qquad (3.34)$$

Das *Residuum* oder die *Diskrepanz* von $f_{\gamma(\varepsilon,g^\varepsilon)}^\varepsilon$ habe die Größenordnung des Datenfehlers. Mit den gegebenen Daten wäre es auch sinnlos, eine höhere Genauigkeit erzielen zu wollen.

Wie können wir die Bedingung (3.34) realisieren? Zunächst studieren wir die Defektfunktion $d : t \mapsto \|Af_t^\varepsilon - g^\varepsilon\|_Y$, die wir umformulieren gemäß

$$\begin{aligned} d(t) &= \|AF_t(A^*A)A^*g^\varepsilon - g^\varepsilon\|_Y = \|p_t(AA^*)g^\varepsilon\|_Y \\[3mm] &= \left(\sum_{k=1}^\infty p_t^2(\sigma_k^2)\,|\langle g^\varepsilon,u_k\rangle_Y|^2 + \underbrace{p_t(0)}_{=1}\,\|P_{N(A^*)}g^\varepsilon\|_Y^2 \right)^{1/2}. \end{aligned}$$

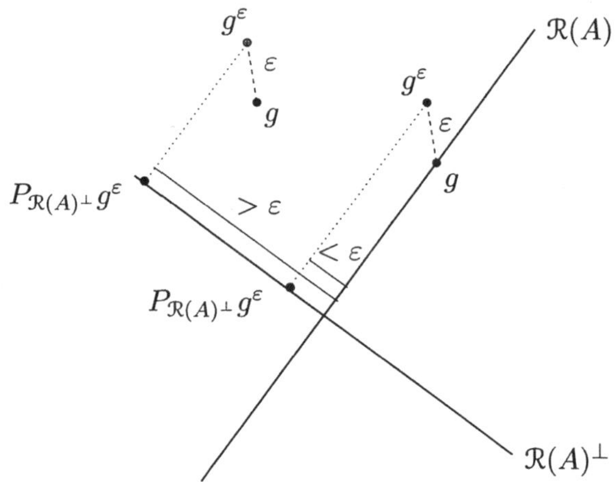

Bild 3.4: Sind die exakten Daten g *nicht* in $\mathcal{R}(A)$, dann kann die Orthogonalprojektion der gestörten Daten g^ε auf $\mathcal{R}(A)^\perp$ beliebig groß werden. Befindet sich g jedoch in $\mathcal{R}(A)$, so ist dieselbe Projektion durch den Datenfehler ε beschränkt.

Der rechtsseitige Grenzwert der Defektfunktion in der Null existiert

$$\lim_{t \to 0} d(t) \;=\; \|P_{\mathcal{N}(A^*)}g^\varepsilon\|_Y \;=\; \|P_{\mathcal{R}(A)^\perp}g^\varepsilon\|_Y; \tag{3.35}$$

denn $\lim_{t \to 0} \sum_{k=1}^{\infty} p_t^2(\sigma_k^2)\,|\langle g^\varepsilon, u_k\rangle_Y|^2 = 0$, was wir bereits nachgeprüft haben in dem Beweis von Satz 3.3.1. Im Falle von $g \notin \mathcal{R}(A)$ kann die Norm $\|P_{\mathcal{R}(A)^\perp}g^\varepsilon\|_Y$ beliebig groß werden, siehe Bild 3.4. Ausgehend von $g \in \mathcal{R}(A)$ erhalten wir jedoch

$$\|P_{\mathcal{R}(A)^\perp}g^\varepsilon\|_Y \;=\; \|P_{\mathcal{R}(A)^\perp}(g - g^\varepsilon)\|_Y \;\leq\; \|g - g^\varepsilon\|_Y \;\leq\; \varepsilon \tag{3.36}$$

und daraus $\lim_{t \to 0} d(t) \leq c$. Für $\tau > 1$ existiert somit ein t_0 mit $d(t) < \tau\varepsilon$ für alle $0 < t \leq t_0$. Das Diskrepanzprinzip arbeitet daher nach folgender Strategie.

Diskrepanzprinzip von Morozov. Sei $\{t_k\}_{k \in \mathbb{N}}$ eine streng monoton fallende Nullfolge und sei $\tau > 1$ fest gewählt. Bestimme k^*, so dass gilt

$$\|Af_{t_{k^*}}^\varepsilon - g^\varepsilon\|_Y \;\leq\; \tau\,\varepsilon \;<\; \|Af_{t_i}^\varepsilon - g^\varepsilon\|_Y, \quad i = 1,\dots,k^* - 1. \tag{3.37}$$

Setze $\gamma(\varepsilon,g^\varepsilon) = \gamma(\varepsilon,g^\varepsilon,\tau) := t_{k^*}$.

Der Index k^* ist wohldefiniert und damit auch der Regularisierungsparameter $\gamma(\varepsilon,g^\varepsilon)$. Klingt die Folge $\{t_k\}_{k \in \mathbb{N}}$ hinreichend langsam ab, können wir Ordnungsoptimalität zeigen, vorausgesetzt der Filter $\{F_t\}_{t>0}$ genügt den üblichen Bedingungen.

Satz 3.4.1 *Sei $A \in \mathcal{L}(X,Y)$ und der Filter $\{F_t\}_{t>0}$ sei regularisierend mit Qualifikation $\mu_0 > 1$. Zusätzlich gelte $M(t) = \sup\{|F_t(\lambda)| \,|\, 0 \le \lambda \le \|A\|^2\} \le C_M \, t^{-1}$ für $t \to 0$.*

Die Parameterwahl $\gamma :]0,\infty] \times Y \to]0,\infty[$ erfolge nach dem Diskrepanzprinzip (3.37). Die hierbei verwendete Folge $\{t_k\}_{k\in\mathbb{N}}$ erfülle $t_k = \theta_k \, t_{k-1}$, $k \ge 2$, mit $0 < \vartheta \le \theta_k < 1$. Außerdem sei $\tau > S_p := \sup\{|p_t(\lambda)| \,|\, t > 0, 0 \le \lambda \le \|A\|^2\} \ge p_t(0) = 1$.

Dann ist $(\{R_t\}_{t>0},\gamma)$, $R_t = F_t(A^*A)A^*$, ein ordnungsoptimales Regularisierungsverfahren für A^+ bez. X_μ für alle $\mu \in]0,\mu_0 - 1]$.

Beweis: Wir zeigen, dass $T_\varepsilon y := R_{\gamma(\varepsilon,y)}y$ ein ordnungsoptimales Rekonstruktionsverfahren bez. X_μ ist, und zwar für jedes $\mu \in]0,\mu_0 - 1]$. Dank der speziellen Struktur des Diskrepanzprinzips folgt mit Satz 3.2.7 die Behauptung von Satz 3.4.1; denn $\gamma(b\varepsilon,g^\varepsilon,\tau/b)$ ist dann wohldefiniert für alle $1 < b < \tau/S_p$ und darüber hinaus ist $\gamma(b\varepsilon,g^\varepsilon,\tau/b) = \gamma(\varepsilon,g^\varepsilon,\tau)$ für alle $\tau > S_p$.

Die exakten Daten g sind in $\mathcal{R}(A)$. Somit erfüllt $f^+ = A^+g$ die Gleichung $Af^+ = g$. Zum Nachweis der Ordnungsoptimalität nehmen wir f^+ aus X_μ an, d.h. es gibt ein $w \in X$ mit $f^+ = |A|^\mu w$. Weiter sei $\|w\|_X \le \varrho$. Für eine ökonomische Notation setzen wir $f_k = R_{t_k}g$ und $f_k^\varepsilon = R_{t_k}g^\varepsilon$. Den Gesamtfehler $\|f^+ - f_{k^*}^\varepsilon\|_X$ zerlegen wir in $\|f^+ - f_{k^*}^\varepsilon\|_X \le \|f^+ - f_{k^*}\|_X + \|f_{k^*} - f_{k^*}^\varepsilon\|_X$. Beide Komponenten beschränken wir nun durch ein Vielfaches von $\varrho^{1/(\mu+1)} \varepsilon^{\mu/(\mu+1)}$.

(a) *Abschätzung des Approximationsfehlers $\|f^+ - f_{k^*}\|_X$.* Wir verwenden die Identität (3.20) sowie die Interpolationsungleichung aus Satz 2.4.2:

$$
\begin{aligned}
\|f^+ - f_{k^*}\|_X &= \|p_{t_{k^*}}(A^*A)f^+\|_X \\[2mm]
&= \|\,|A|^\mu p_{t_{k^*}}(A^*A)w\|_X \\[2mm]
&\le \|\,|A|^{\mu+1} p_{t_{k^*}}(A^*A)w\|_X^{\frac{\mu}{\mu+1}} \, \|p_{t_{k^*}}(A^*A)w\|_X^{\frac{1}{\mu+1}} \\[2mm]
&\le \|A\,p_{t_{k^*}}(A^*A)f^+\|_Y^{\frac{\mu}{\mu+1}} \, S_p^{\frac{1}{\mu+1}} \, \varrho^{\frac{1}{\mu+1}} \\[2mm]
&= S_p^{\frac{1}{\mu+1}} \, \varrho^{\frac{1}{\mu+1}} \, \|Af_{k^*} - g\|_Y^{\frac{\mu}{\mu+1}}.
\end{aligned}
$$

Durch (3.37) können wir weiter abschätzen

$$
\begin{aligned}
\|Af_{k^*} - g\|_Y &= \|Af_{k^*}^\varepsilon - g^\varepsilon + A(f_{k^*} - f_{k^*}^\varepsilon) - (g - g^\varepsilon)\|_Y \\[2mm]
&\le \tau\varepsilon + \|A(f_{k^*} - f_{k^*}^\varepsilon) - (g - g^\varepsilon)\|_Y \\[2mm]
&= \tau\varepsilon + \|p_{t_{k^*}}(AA^*)(g - g^\varepsilon)\|_Y \\[2mm]
&\le (\tau + S_p)\,\varepsilon.
\end{aligned}
$$

Zusammenfassend erhalten wir

$$
\|f^+ - f_{k^*}\|_X \le S_p^{\frac{1}{\mu+1}} \, (\tau + S_p)^{\frac{\mu}{\mu+1}} \, \varrho^{\frac{1}{\mu+1}} \, \varepsilon^{\frac{\mu}{\mu+1}}.
$$

Dieses war der erste Streich, doch der zweite folgt sogleich.

(b) *Abschätzung des Datenfehlers* $\|f_{k^*}^{\varepsilon} - f_{k^*}\|_X$. Wir verwenden zunächst Satz 3.3.3 und dann unsere Wachstumsbedingung an M:

$$\|f_{k^*}^{\varepsilon} - f_{k^*}\|_X \leq \varepsilon \, \sqrt{C_F \, M(t_{k^*})} \leq \varepsilon \, \sqrt{C_F \, C_M}/\sqrt{t_{k^*}}. \tag{3.38}$$

Nun müssen wir herausfinden, wie $t_{k^*}^{-1/2}$ in Abhängigkeit von ε und ϱ wächst. Hierzu betrachten wir die rechte Ungleichung in (3.37). Wir haben für $k^* \geq 2$

$$
\begin{aligned}
\tau\,\varepsilon \;&<\; \|Af_{k^*-1}^{\varepsilon} - g^{\varepsilon}\|_Y \;=\; \|p_{t_{k^*-1}}(AA^*)g^{\varepsilon}\|_Y \\[4pt]
&\leq\; \|p_{t_{k^*-1}}(AA^*)g\|_Y + \|p_{t_{k^*-1}}(AA^*)(g^{\varepsilon} - g)\|_Y \\[4pt]
&\leq\; \|p_{t_{k^*-1}}(AA^*)Af^+\|_Y + S_p\,\varepsilon \\[4pt]
&=\; \|\,|A|^{\mu+1}p_{t_{k^*-1}}(A^*A)w\|_X + S_p\,\varepsilon \\[4pt]
&\leq\; C_p\, t_{k^*-1}^{(\mu+1)/2}\, \varrho + S_p\,\varepsilon,
\end{aligned}
\tag{3.39}
$$

wobei im letzten Abschätzungsschritt die Bedingung $\mu + 1 \leq \mu_0$ maßgeblich war. Es folgt

$$(\tau - S_p)\,\varepsilon < C_p\, t_{k^*-1}^{(\mu+1)/2}\, \varrho \leq C_p\, \vartheta^{-(\mu+1)/2}\, t_{k^*}^{(\mu+1)/2}\, \varrho$$

und daraus

$$t_{k^*}^{-\frac{1}{2}} < \left(\frac{C_p}{\tau - S_p}\right)^{\frac{1}{\mu+1}} \vartheta^{-\frac{1}{2}}\, \varrho^{\frac{1}{\mu+1}}\, \varepsilon^{-\frac{1}{\mu+1}} \quad \text{für } k^* \geq 2. \tag{3.40}$$

Noch sind wir nicht fertig: Der Fall $k^* = 1$ war bisher ausgeschlossen, könnte jedoch vorkommen, wenn die Diskrepanz von f_1^{ε} schon kleiner gleich $\tau\,\varepsilon$ ist. Ohne Beschränkung der Allgemeinheit sei $g \neq 0$. Für ε hinreichend klein gilt somit

$$\varepsilon \leq \|g\|_Y = \|\,|A|^{\mu+1}w\|_X \leq \|A\|^{\mu+1}\, \varrho$$

und daher ist auch hier

$$t_{k^*}^{-\frac{1}{2}} \leq t_1^{-\frac{1}{2}}\, \|A\|\, \varrho^{\frac{1}{\mu+1}}\, \varepsilon^{-\frac{1}{\mu+1}} \quad \text{für } k^* = 1 \text{ und } \varepsilon \leq \|g\|_Y. \tag{3.41}$$

Eingesetzt in (3.38) liefern die beiden Abschätzungen (3.40) und (3.41) schließlich

$$\|f_{k^*}^{\varepsilon} - f_{k^*}\|_X \leq \sqrt{C_F\,C_M}\, \max\left\{\left(\frac{C_p}{\tau - S_p}\right)^{\frac{1}{\mu+1}} \vartheta^{-\frac{1}{2}}; \; t_1^{-\frac{1}{2}}\, \|A\|\right\} \varrho^{\frac{1}{\mu+1}}\, \varepsilon^{\frac{\mu}{\mu+1}}$$

für $\varepsilon \to 0$, womit wir den Beweis von Satz 3.4.1 erbracht haben. $\blacksquare$

Im Gegensatz zur a priori Parameterwahl (3.30) konnten wir für das Diskrepanzprinzip nur die Ordnungsoptimalität bez. X_{μ} mit $\mu \in {]0, \mu_0 - 1]}$ zeigen. Bei endlicher Qualifikation μ_0 haben wir keine Aussage für $\mu \in {]\mu_0 - 1, \mu_0]}$. Dies liegt nicht an einer mangelhaften Beweisführung, wie der folgende Satz von GROETSCH [42, Theorem 3.3.6] verdeutlicht.

Satz 3.4.2 *Sei $A \in \mathcal{K}(X,Y)$ und sei $R_{t_{k^*}} = (A^*A + t_{k^*}I)^{-1}A^*$ die Tikhonov–Phillips-Regularisierung mit dem Parameter t_{k^*} aus (3.37). Für $g \in \mathcal{R}(A)$ gelte*

$$\lim_{\varepsilon \to 0} \frac{\sup\left\{ \|R_{t_{k^*}} g^\varepsilon - A^+ g\|_X \mid g^\varepsilon \in Y,\ \|g - g^\varepsilon\|_Y \le \varepsilon \right\}}{\sqrt{\varepsilon}} = 0. \tag{3.42}$$

Dann ist $\mathcal{R}(A)$ endlichdimensional.

Beweis: Sei $\{(\sigma_j; v_j, u_j)\}$ das Singulärsystem von A. Wir werden einen Widerspruchsbeweis führen, wir nehmen also an, das Bild von A sei unendlichdimensional. Die Folge der Singulärwerte bricht daher nicht ab: $\lim_{j \to \infty} \sigma_j = 0$.

Wir setzen $g := u_1$ und definieren zur Nullfolge $\{\varepsilon_n\}_{n \in \mathbb{N}}$ die gestörten Daten $g_n := g + \varepsilon_n u_n$ sowie den zugehörigen Regularisierungsparameter $\gamma_n := \gamma(\varepsilon_n, g_n) = t_{k_n^*}$, den das Diskrepanzprinzip (3.37) liefert. Es sind $f^+ = A^+ g = v_1/\sigma_1$ und $\|g - g_n\|_Y = \varepsilon_n$. Durch eine einfache Rechnung erzielen wir

$$R_{\gamma_n} g_n - f^+ = -\frac{\gamma_n/\sigma_1^3}{1 + \gamma_n/\sigma_1^2}\, v_1 + \frac{\varepsilon_n/\sigma_n}{1 + \gamma_n/\sigma_n^2}\, v_n.$$

Die spezielle Wahl $\varepsilon_n = \sigma_n^2$, die wegen $\lim_{n \to \infty} \sigma_n = 0$ erlaubt ist, führt auf

$$\|R_{\gamma_n} g_n - f^+\|_X \ge \frac{\sqrt{\varepsilon_n}}{1 + \gamma_n/\varepsilon_n},$$

woraus wir

$$\frac{\|R_{\gamma_n} g_n - f^+\|_X}{\sqrt{\varepsilon_n}} \ge \frac{1}{1 + \gamma_n/\varepsilon_n}$$

gewinnen. Nach (3.42) konvergiert die linke Seite gegen Null für große n, weshalb wir

$$\frac{\gamma_n}{\varepsilon_n} \to \infty \quad \text{für } n \to \infty \tag{3.43}$$

haben. Andererseits zeigen wir jetzt die Beschränktheit des Quotienten γ_n/ε_n, verursacht durch das Diskrepanzprinzip:

$$\tau^2 \varepsilon_n^2 \ge \|A R_{\gamma_n} g_n - g_n\|_Y^2 = \left(\frac{\gamma_n}{\sigma_1^2 + \gamma_n}\right)^2 + \left(\frac{\varepsilon_n\, \gamma_n}{\sigma_n^2 + \gamma_n}\right)^2 \ge \left(\frac{\gamma_n}{\sigma_1^2 + \gamma_n}\right)^2.$$

Hieraus bekommen wir

$$\frac{\gamma_n}{\varepsilon_n} \le \tau\,(\sigma_1^2 + \gamma_n) \le \tau\,(\sigma_1^2 + t_1); \tag{3.44}$$

denn $\gamma_n = t_{k_n^*} \le t_1$ (die in (3.37) verwendete Folge $\{t_k\}$ ist streng monoton fallend). Die Beschränktheit (3.44) des Quotienten γ_n/ε_n widerspricht seiner Unbeschränktheit (3.43). Unsere Annahme muß falsch sein, d.h. $\mathcal{R}(A)$ ist endlichdimensional. ∎

Das Tikhonov–Phillips-Verfahren zusammen mit dem Diskrepanzprinzip liefert für den Rekonstruktionsfehler keine bessere Konvergenzordnung als $O(\varepsilon^{1/2})$ für $\varepsilon \to 0$, außer $\mathcal{R}(A)$ ist endlichdimensional. Mit der a priori Wahl (3.30) erreichen wir jedoch die maximale Ordnung $O(\varepsilon^{2/3})$, siehe Beispiel 3.3.11, wenn die Lösung entsprechend glatt ist. Als Fazit formulieren wir:

Das Diskrepanzprinzip kann bei endlicher Qualifikation des Filters zu suboptimalen Konvergenzordnungen führen.

Insbesondere für das Tikhonov–Phillips-Verfahren ist das Diskrepanzprinzip als Parameterwahl nicht geeignet. Im nächsten Kapitel betrachten wir daher ein verallgemeinertes Diskrepanzprinzip, das für alle Verfahren mit endlicher Qualifikation die maximale Konvergenzordnung garantiert.

Abschließend wollen wir jedoch festhalten, dass jeder regularisierende Filter $\{F_t\}_{t>0}$ mit unendlicher Qualifikation auf Regularisierungsverfahren führt, die mit (3.37) ordnungsoptimal sind bez. X_μ für jedes $\mu > 0$.

3.5 Ein verallgemeinertes Diskrepanzprinzip

Hat ein regularisierender Filter die endliche Qualifikation $\mu_0 > 1$, dann ist das Diskrepanzprinzip keine adäquate Parameterwahl, wie wir am Ende des vorherigen Kapitels erläutert haben. Ordnungsoptimalität kann bestenfalls bez. X_μ für $\mu \in \,]0,\mu_0 - 1]$ erreicht werden. Woran liegt das? Wie können wir Abhilfe schaffen?

Das Diskrepanzprinzip formulieren wir um. In der neuen Form lässt es sich leichter verallgemeinern. Aus der streng monoton fallenden Nullfolge $\{t_k\}_{k\in\mathbb{N}}$ wählen wir t_{k^*} gemäß

$$t_{k^*} = \sup\{t_k \mid \|Af_{t_k}^\varepsilon - g^\varepsilon\|_Y^2 \leq \tau\,\varepsilon^2\},$$

wobei $\tau > 1$ hinreichend groß und $f_{t_k}^\varepsilon = F_{t_k}(A^*A)A^*g^\varepsilon$ ist. Wir erinnern uns: Das Residuum von $f_{t_k}^\varepsilon$ können wir mit Hilfe der Funktion p_{t_k} ausdrücken. Es gilt nämlich $Af_{t_k}^\varepsilon - g^\varepsilon = p_{t_k}(AA^*)g^\varepsilon$. Daher haben wir

$$t_{k^*} = \sup\{t_k \mid \eta(t_k) \leq \tau\,\varepsilon^2\}$$

mit $\eta(t) = \langle g^\varepsilon, s_t(AA^*)g^\varepsilon\rangle_Y$ und $s_t = p_t^2$.

Zur Herleitung eines verallgemeinerten Diskrepanzprinzips lassen wir nun beliebige s_t zu und studieren folgende Parameterwahl.

Verallgemeinertes Diskrepanzprinzip. Sei $\{t_k\}_{k\in\mathbb{N}}$ eine streng monoton fallende Nullfolge und sei $\tau > 1$ fest gewählt. Bestimme k^*, so dass gilt

$$t_{k^*} = \sup\{t_k \mid \eta(t_k) \leq \tau\,\varepsilon^2\} \quad \text{mit } \eta(t) = \langle g^\varepsilon, s_t(AA^*)g^\varepsilon\rangle_Y. \tag{3.45}$$

Setze $\gamma(\varepsilon, g^\varepsilon) = \gamma(\varepsilon, g^\varepsilon, \tau) := t_{k^*}$.

Wir haben nun die Freiheit (und die Last) nach einer geeigneten Funktionenfamilie $\{s_t\}_{t>0}$ zu fahnden, die im relevanten Parameterbereich $]0,\mu_0]$ auf ordnungsoptimale Verfahren führt. Versuchen wir, den Beweis von Satz 3.4.1 auf die neue Situation zu übertragen, so sehen wir, dass die asymptotische Bedingung $s_t(\lambda) \approx (t/(t + \lambda))^{\mu_0+1}$ zum Ziel führt. Die Details erfahren Sie im Beweis des nachfolgenden Satzes, der in dieser Allgemeinheit auf HANKE und ENGL [50, Theorem 5.1] zurückgeht. Für spezielle Funktionenfamilien $\{s_t\}_{t>0}$ wurde (3.45) früher schon von ENGL und GFRERER [33] sowie von RAUS [113], siehe (3.54) unten, untersucht.

Satz 3.5.1 *Sei $A \in \mathcal{L}(X,Y)$ und der Filter $\{F_t\}_{t>0}$ sei regularisierend mit Qualifikation $\mu_0 > 0$. Zusätzlich gelte $M(t) = \sup\{|F_t(\lambda)| \,|\, 0 \leq \lambda \leq \|A\|^2\} \leq C_M\, t^{-1}$ für $t \to 0$.*

Die Familie $\{s_t\}_{t>0}$ positiver, stückweise stetiger Funktionen erfülle

$$\underline{C}_s \left(\frac{t}{\lambda+t} \right)^{\mu_0+1} \leq s_t(\lambda) \leq \overline{C}_s \left(\frac{t}{\lambda+t} \right)^{\mu_0+1} \tag{3.46}$$

für $t > 0$ und $\lambda \in [0,\|A\|^2]$. Die Konstanten $\underline{C}_s$ und $\overline{C}_s$ sind positiv.

Die Parameterwahl $\gamma : \,]0,\infty] \times Y \to \,]0,\infty[$ erfolge nach dem verallgemeinerten Diskrepanzprinzip (3.45). Die hierbei verwendete Folge $\{t_k\}_{k\in\mathbb{N}}$ erfülle $t_k = \theta_k\, t_{k-1}$, $k \geq 2$, mit $0 < \vartheta \leq \theta_k < 1$. Außerdem sei $\tau > \tau_{\min} := \sup\{s_t(\lambda)\,|\,t > 0, 0 \leq \lambda \leq \|A\|^2\} \geq \underline{C}_s$.

Falls $g \in \mathcal{R}(A)$ ist, dann ist $\gamma(\varepsilon,g^\varepsilon)$ wohldefiniert für jedes g^ε mit $\|g-g^\varepsilon\|_Y \leq \varepsilon$. Darüber hinaus ist $(\{R_t\}_{t>0},\gamma)$, $R_t = F_t(A^*A)A^*$, ein ordnungsoptimales Regularisierungsverfahren für A^+ bez. X_μ für alle $\mu \in \,]0,\mu_0]$.

Beweis: Der Beweis gliedert sich in zwei Teile. Zunächst weisen wir die Wohldefiniertheit von t_{k^*} nach und zeigen dann die Ordnungsoptimalität.

1. *Wohldefiniertheit von t_{k^*}:* Hier beschränken wir uns auf kompaktes A mit singulärem System $\{(\sigma_k; v_k, u_k)\}$. Aus unserem Funktionalkalkül erhalten wir

$$\eta(t) = \sum_{k=1}^{\infty} s_t(\sigma_k^2)\, |\langle g^\varepsilon, u_k\rangle_Y|^2 + s_t(0)\, \|P_{\mathcal{N}(A^*)}g^\varepsilon\|_Y^2.$$

Berücksichtigen wir $s_t(0) \leq \tau_{\min}$ und $\|P_{\mathcal{N}(A^*)}g^\varepsilon\|_Y^2 = \|P_{\mathcal{R}(A)^\perp}g^\varepsilon\|_Y^2 \leq \varepsilon^2$, siehe (3.36), so folgt aus (3.46)

$$\eta(t) \leq \overline{\eta}(t) := \overline{C}_s \sum_{k=1}^{\infty} \left(\frac{t}{\sigma_k^2+t} \right)^{\mu_0+1} |\langle g^\varepsilon, u_k\rangle_Y|^2 + \tau_{\min}\, \varepsilon^2.$$

Analog zum Beweis von Satz 3.3.1 überzeugen wir uns von $\overline{\eta}(t) \searrow \tau_{\min}\,\varepsilon^2$ für $t \to 0$. Daher existiert für $\tau > \tau_{\min}$ ein $t_0 > 0$ mit $\eta(t) \leq \overline{\eta}(t) \leq \tau\,\varepsilon^2$ für $0 < t \leq t_0$. Damit ist t_{k^*} wohldefiniert.

2. *Ordnungsoptimalität von $(\{R_t\}_{t>0},\gamma)$:* Wir verifizieren nur die Ordnungsoptimalität von $T_\varepsilon y = R_{\gamma(\varepsilon,y)}y$ bez. X_μ für $\mu \in \,]0,\mu_0]$. Wie sich hieraus die Regularisierungseigenschaft von $(\{R_t\}_{t>0},\gamma)$ ergibt, haben wir bereits zu Beginn des Beweises von Satz 3.4.1 dargelegt.

In groben Zügen halten wir uns an den Beweis von Satz 3.4.1, wobei $s_t^{1/2}$ die Rolle von p_t übernimmt. Sei im Weiteren $g^\varepsilon \in Y$ mit $\|g - g^\varepsilon\|_Y \leq \varepsilon$. Wie gewohnt setzen wir $f_{k^*} = R_{t_{k^*}}g$, $f_{k^*}^\varepsilon = R_{t_{k^*}}g^\varepsilon$ und untersuchen Approximations- sowie Datenfehler getrennt.

(a) *Abschätzung des Approximationsfehlers $\|f^+ - f_{k^*}\|_X$.* Es sei $f^+ \in X_\mu$ mit $f^+ = |A|^\mu w$, $w \in X$ und $\|w\|_X \leq \varrho$. Hierbei ist $\mu \in \,]0,\mu_0]$. Die Qualifikation μ_0 des Filters bedeutet, dass $|p_t(\lambda)| \leq C_p\,(t/\lambda)^{\mu_0/2}$ ist, und zwar gleichmäßig für $\lambda \in [0,\|A\|^2]$. Außerdem gilt $|p_t(\lambda)| = |1 - \lambda F_t(\lambda)| \leq 1 + C_F$ (der Filter war als regularisierend vorausgesetzt). Eine Kombination der beiden letzten Abschätzungen von p_t ergibt, siehe Aufgabe 3.9,

$$|p_t(\lambda)| \leq 2^{\mu_0/2} \, \max\{C_p, 1+C_F\} \left(\frac{t}{t+\lambda}\right)^{\mu_0/2} \qquad \text{für } \lambda \in [0, \|A\|^2] \text{ und } t > 0.$$

Aufgrund von (3.46) beschränken wir den Term auf der rechten Seite nach oben durch

$$|p_t(\lambda)| \leq \widetilde{C}_p \, s_t^{\frac{\mu_0}{2(\mu_0+1)}}(\lambda), \quad \text{für } \lambda \in [0, \|A\|^2] \text{ und } t > 0, \tag{3.47}$$

wobei $\widetilde{C}_p = 2^{\mu_0/2} \, \max\{C_p, 1+C_F\}/\underline{C}_s^{\mu_0/(2\mu_0+2)}$ ist. Für den Approximationsfehler folgt

$$\|f^+ - f_{k^*}\|_X = \|p_{t_{k^*}}(A^*A)\,|A|^\mu w\|_X \leq \widetilde{C}_p \, \|s_{t_{k^*}}^{\frac{\mu_0}{2(\mu_0+1)}}(A^*A)\,|A|^\mu w\|_X.$$

Zur Vereinfachung setzen wir $S := s_{t_{k^*}}^{\frac{1}{2(\mu_0+1)}}(A^*A)\,|A|$ und $z := s_{t_{k^*}}^{\frac{\mu_0-\mu}{2(\mu_0+1)}}(A^*A)w$. Die Interpolationsungleichung anwendend (Satz 2.4.2), haben wir dann

$$\begin{aligned}
\|f^+ - f_{k^*}\|_X &\leq \widetilde{C}_p \, \|\,|S|^\mu z\|_X \leq \widetilde{C}_p \, \|\,|S|^{\mu+1}z\|_X^{\frac{\mu}{\mu+1}} \, \|z\|_X^{\frac{1}{\mu+1}} \\
&= \widetilde{C}_p \, \|s_{t_{k^*}}^{\frac{\mu+1+\mu_0-\mu}{2(\mu_0+1)}}(A^*A)\,|A|^{\mu+1}w\|_X^{\frac{\mu}{\mu+1}} \, \|z\|_X^{\frac{1}{\mu+1}} \\
&= \widetilde{C}_p \, \|s_{t_{k^*}}^{1/2}(A^*A)\,|A|f^+\|_X^{\frac{\mu}{\mu+1}} \, \|z\|_X^{\frac{1}{\mu+1}} \\
&= \widetilde{C}_p \, \|s_{t_{k^*}}^{1/2}(AA^*)g\|_Y^{\frac{\mu}{\mu+1}} \, \|z\|_X^{\frac{1}{\mu+1}}.
\end{aligned} \tag{3.48}$$

Im letzten Schritt wurde $\|s_{t_{k^*}}^{1/2}(A^*A)|A|f^+\|_X = \|s_{t_{k^*}}^{1/2}(AA^*)g\|_Y$ für $g \in \mathcal{R}(A)$ ausgenutzt, siehe Aufgabe 3.10. Die gleichmäßige Beschränktheit $s_t(\lambda) \leq \tau_{\min}$ bewirkt einerseits $\|z\|_X \leq \tau_{\min}^{\frac{\mu_0-\mu}{2(\mu_0+1)}} \varrho$ und andererseits $\|s_t^{1/2}(AA^*)(g-g^\varepsilon)\|_Y \leq \sqrt{\tau_{\min}}\,\varepsilon$, woraus wir folgern, dass

$$\begin{aligned}
\|s_{t_{k^*}}^{1/2}(AA^*)g\|_Y^2 &\leq \left(\|s_{t_{k^*}}^{1/2}(AA^*)(g-g^\varepsilon)\|_Y + \|s_{t_{k^*}}^{1/2}(AA^*)g^\varepsilon\|_Y\right)^2 \\
&\leq 2\,\|s_{t_{k^*}}^{1/2}(AA^*)(g-g^\varepsilon)\|_Y^2 + 2\,\|s_{t_{k^*}}^{1/2}(AA^*)g^\varepsilon\|_Y^2 \\
&\leq 2\,\tau_{\min}\,\varepsilon^2 + 2\,\eta(t_{k^*}) \\
&\leq 2\,(\tau_{\min} + \tau)\,\varepsilon^2.
\end{aligned} \tag{3.49}$$

Zusammengefasst haben wir

$$\|f^+ - f_{k^*}\|_X \leq \widetilde{C}_p \, (2\,(\tau_{\min}+\tau))^{\frac{\mu}{2(\mu+1)}} \, \tau_{\min}^{\frac{\mu_0-\mu}{2(\mu_0+1)(\mu+1)}} \, \varepsilon^{\frac{\mu}{\mu+1}} \, \varrho^{\frac{1}{\mu+1}}.$$

(b) *Abschätzung des Datenfehlers* $\|f_{k^*} - f_{k^*}^\varepsilon\|_X$. Wir verwenden zunächst Satz 3.3.3 und dann unsere Wachstumsbedingung an M:

$$\|f_{k^*} - f_{k^*}^\varepsilon\|_X \le \varepsilon \sqrt{C_F\, M(t_{k^*})} \le \varepsilon \sqrt{C_F\, C_M}/\sqrt{t_{k^*}}. \qquad (3.50)$$

Zuerst untersuchen wir die Situation, wenn $k^* \ge 2$ ist. Zur Abschätzung von $t_{k^*}^{-1/2}$ durch ein Vielfaches von $\varepsilon^{-\frac{1}{\mu+1}}\, \varrho^{\frac{1}{\mu+1}}$ beschränken wir $\|s_{t_{k^*-1}}^{1/2}(AA^*)g\|_Y$ nach unten und oben. Die Abschätzung nach unten erzielen wir durch (3.45); denn

$$
\begin{aligned}
\sqrt{\tau}\,\varepsilon \;&<\; \eta(t_{k^*-1})^{1/2} = \|s_{t_{k^*-1}}^{1/2}(AA^*)g^\varepsilon\|_Y \\[2mm]
&\le\; \|s_{t_{k^*-1}}^{1/2}(AA^*)(g^\varepsilon - g)\|_Y + \|s_{t_{k^*-1}}^{1/2}(AA^*)g\|_Y \qquad (3.51) \\[2mm]
&\le\; \sqrt{\tau_{\min}}\,\varepsilon + \|s_{t_{k^*-1}}^{1/2}(AA^*)g\|_Y.
\end{aligned}
$$

Wir erhalten

$$\left(\sqrt{\tau} - \sqrt{\tau_{\min}}\right)\varepsilon < \|s_{t_{k^*-1}}^{1/2}(AA^*)g\|_Y.$$

Mit (3.46) schließen wir auf

$$
\begin{aligned}
\lambda^{\frac{\mu+1}{2}}\, s_{t_{k^*-1}}^{1/2}(\lambda) \;&\le\; \overline{C}_s^{\frac{1}{2}}\, \lambda^{\frac{\mu+1}{2}}\left(\frac{t_{k^*-1}}{\lambda + t_{k^*-1}}\right)^{\frac{\mu_0+1}{2}} \\[3mm]
&\le\; \overline{C}_s^{\frac{1}{2}}\, \lambda^{\frac{\mu+1}{2}}\left(\frac{t_{k^*-1}}{\lambda + t_{k^*-1}}\right)^{\frac{\mu+1}{2}} = \overline{C}_s^{\frac{1}{2}}\left(\frac{\lambda\, t_{k^*-1}}{\lambda + t_{k^*-1}}\right)^{\frac{\mu+1}{2}} \quad (3.52) \\[3mm]
&\le\; \overline{C}_s^{\frac{1}{2}}\, t_{k^*-1}^{\frac{\mu+1}{2}}.
\end{aligned}
$$

Damit ist

$$
\begin{aligned}
\left(\sqrt{\tau} - \sqrt{\tau_{\min}}\right)\varepsilon \;&<\; \|s_{t_{k^*-1}}^{1/2}(AA^*)g\|_Y = \|s_{t_{k^*-1}}^{1/2}(A^*A)|A|^{\mu+1}w\|_X \\[2mm]
&\le\; \overline{C}_s^{\frac{1}{2}}\, t_{k^*-1}^{\frac{\mu+1}{2}}\,\varrho \le \overline{C}_s^{\frac{1}{2}}\, \vartheta^{-\frac{\mu+1}{2}}\, t_{k^*}^{\frac{\mu+1}{2}}\,\varrho,
\end{aligned}
$$

was

$$t_{k^*}^{-\frac{1}{2}} < \left(\frac{\sqrt{\overline{C}_s}}{\sqrt{\tau} - \sqrt{\tau_{\min}}}\right)^{\frac{1}{\mu+1}}\vartheta^{-\frac{1}{2}}\,\varepsilon^{-\frac{1}{\mu+1}}\,\varrho^{\frac{1}{\mu+1}} \quad \text{für } k^* \ge 2$$

impliziert. Im Falle von $k^* = 1$ dürfen wir $t_{k^*}^{-1/2}$ wie in (3.41) beschränken. Mit Blick auf (3.50) haben wir endlich

$$\|f_{k^*} - f_{k^*}^\varepsilon\|_X \le$$

$$\sqrt{C_F\, C_M}\,\max\left\{\left(\frac{\sqrt{\overline{C}_s}}{\sqrt{\tau} - \sqrt{\tau_{\min}}}\right)^{\frac{1}{\mu+1}}\vartheta^{-1/2},\; t_1^{-\frac{1}{2}}\|A\|\right\}\varepsilon^{\frac{\mu}{\mu+1}}\,\varrho^{\frac{1}{\mu+1}}$$

für $\varepsilon \to 0$. Approximations- und Datenfehler werden durch ein Vielfaches von $\varepsilon^{\frac{\mu}{\mu+1}}\,\varrho^{\frac{1}{\mu+1}}$ dominiert. Dies gilt dann natürlich auch für den Gesamtfehler, was zu zeigen war. $\blacksquare$

Bemerkung 3.5.2 Hat der Filter $\{F_t\}_{t>0}$ zwar die Qualifikation $\mu_0 > 0$, erfüllt aber $\{s_t\}_{t>0}$ die Asymptotik (3.46) nur für einen Exponenten $\nu + 1$ mit $\nu < \mu_0$, dann bleibt die Aussage von Satz 3.5.1 gültig, wenn wir μ auf das Intervall $]0,\nu]$ einschränken. Das sehen wir am obigen Beweis, wenn wir μ_0 durch ν ersetzen.

Wir betrachten ein Beispiel zur Wirkungsweise des verallgemeinerten Diskrepanzprinzips. Weiteren Beispielen werden wir in Kapitel 5.2.1 begegnen.

Beispiel 3.5.3 *(klassische) Tikhonov–Phillips-Regularisierung*

In der Tikhonov–Phillips-Regularisierung (Beispiel 3.3.11) tritt folgende Situation auf:

$$F_t(\lambda) = \frac{1}{t+\lambda}, \quad p_t(\lambda) = \frac{t}{t+\lambda}, \quad \mu_0 = 2.$$

Im Hinblick auf (3.46) versuchen wir unser Glück mit der Funktion

$$s_t(\lambda) = \left(\frac{t}{t+\lambda}\right)^3 = p_t^{2+\frac{2}{\mu_0}}(\lambda).$$

Das verallgemeinerte Diskrepanzprinzip (3.45) mit obigem s_t macht aus der Tikhonov–Phillips-Regularisierung ein ordnungsoptimales Regularisierungsverfahren bez. X_μ für $\mu \in]0,2]$.

Es stellt sich nun die Frage nach der Praktikabilität: Können wir η mit vertretbarem Aufwand auswerten? Als Aufgabe 3.11 werden Sie herleiten, dass

$$\eta(t) = \|g^\varepsilon - Af_t^\varepsilon\|_Y^2 - \langle A^*(g^\varepsilon - Af_t^\varepsilon), (A^*A + t\,I)^{-1}A^*(g^\varepsilon - Af_t^\varepsilon)\rangle_X \quad (3.53)$$

ist. Im Laufe der Berechnung von $f_{t_k}^\varepsilon$ fällt z.B. eine Faktorisierung von $A^*A + t\,I$ an, die wir zur Auswertung von η verwenden können. Auch in der Implementierung der Tikhonov–Phillips-Regularisierung nach ELDÉN [32] können wir Größen zur Berechnung von $\eta(t_k)$ heranziehen, die zuvor schon für $f_{t_k}^\varepsilon$ anfielen. Der Mehraufwand im Vergleich zum Diskrepanzprinzip hält sich in Grenzen.

An der obigen Darstellung von η erkennen wir, warum das Diskrepanzprinzip in Verbindung mit der Tikhonov–Phillips-Regularisierung nicht optimal arbeitet. Das zusätzliche Skalarprodukt in η ist positiv, damit ist der Wert von η kleiner als das Quadrat des Residuums. Das Diskrepanzprinzip liefert zu kleine Regularisierungsparameter; denn das Residuum geht nicht schnell genug gegen Null.

In Bild 3.5 zeigen wir die Resultate einer numerischen Simulation. Dazu haben wir eine Fredholm-Integralgleichung 1. Art diskretisiert, die Daten mit gleichverteiltem Rauschen kontaminiert und dann das erhaltene lineare System mit der Tikhonov–Phillips-Regularisierung gelöst, wobei wir beide Diskrepanzprinzipien, das Morozovsche (3.37) und das verallgemeinerte (3.45), zur Parametergewinnung eingesetzt haben. Wie von der Theorie vorhergesagt, erhalten wir für kleine Rauschpegel die besseren Rekonstruktionen mit dem verallgemeinerten Prinzip. Natürlich haben wir in diesem numerischen Beispiel die exakte Lösung so glatt gewählt, dass sich der Vorteil des verallgemeinerten Prinzips auch einstellen konnte. Des Weiteren wählten wir die Diskretisierungsschrittweite hinreichend klein. Das endlichdimensionale System spiegelte dadurch wesentliche Eigenschaften der Integralgleichung wider.　　　　　　　　　　　　　　　　　　　　　　　　　　　　♣

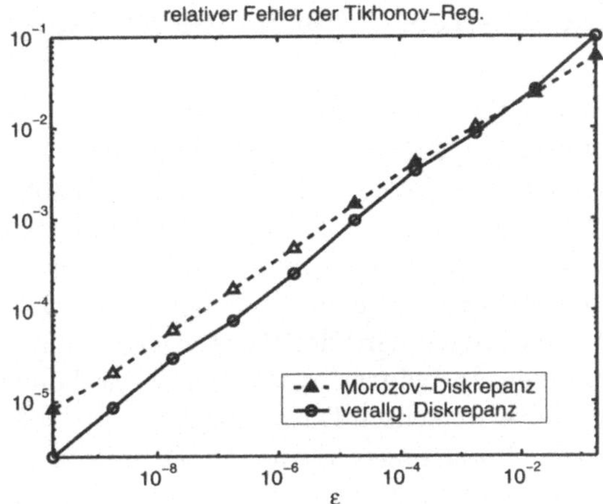

Bild 3.5: Relativer Rekonstruktionsfehler der Tikhonov–Phillips-Regularisierung als Funktion des (relativen) Rauschpegels ε. Gestrichelte Linie: Diskrepanzprinzip von Morozov (3.37), durchgezogene Linie: verallgemeinertes Diskrepanzprinzip (3.45). In beiden Fällen war $\tau = 1.01$ und $t_k = 2^{-k}$, $k \in \mathbb{N}$.

Was wir im obigen Beispiel beobachtet haben, gilt auch im Allgemeinen: Das Diskrepanzprinzip kann nicht ordnungsoptimal sein, da $s_t(\lambda) = p_t^2(\lambda)$ für $t \to 0$ zu langsam gegen Null konvergiert. Mit der Wahl von

$$s_t(\lambda) = p_t(\lambda)^{2+\frac{2}{\mu_0}}, \qquad (3.54)$$

erzielen wir ein modifiziertes Diskrepanzprinzip, das bei endlicher und unendlicher Qualifikation uneingeschränkte Ordnungsoptimalität garantiert. Denn durch (3.54) haben wir sofort die für den Beweis von Satz 3.5.1 so wichtige Abschätzung (3.47). (Hier kommen wir *ohne* die Voraussetzung (3.46) aus!) Im Falle einer unendlichen Qualifikation ($\mu_0 = \infty$) erhalten wir durch (3.54) das Morozovsche Diskrepanzprinzip zurück. In dieser Hinsicht dürfen wir Satz 3.4.1 als Spezialfall von Satz 3.5.1 auffassen.

Bemerkung 3.5.4 TAUTENHAHN und HÄMARIK [138] haben eine weitere a posteriori Parameterwahl vorgeschlagen, die das Tikhonov–Phillips-Verfahren ebenfalls zur ordnungsoptimalen Regularisierung macht, und zwar bez. X_μ mit $\mu \in {]0,2]}$. Diese Parameterwahl hat zwei bemerkenswerte Eigenschaften: Der zugehörige Rekonstruktionsfehler ist erstens immer kleiner als der Rekonstruktionsfehler beim verallgemeinerten Diskrepanzprinzip und wächst zweitens streng monoton mit t, d.h. $\|f^+ - (A^*A + t\,I)^{-1}A^*g^\varepsilon\|_X$ ist eine streng monoton wachsende Funktion in $]t_{k^*}, \infty[$, wobei t_{k^*} der Parameter nach Tautenhahn und Hämarik ist. Der Rekonstruktionsfehler nimmt also sein Minimum in $[t_{k^*}, \infty[$ am linken Intervallende an. In [46] haben beide Autoren diese Parameterwahl angepasst an eine größere Klasse von Regularisierungen unter Beibehaltung obiger Eigenschaften.

3.6 Heuristische ("ε-freie") Parameterstrategien

Alle bisher vorgestellten Parameterwahlstrategien, ob a priori oder a posteriori, verlangen die explizite Kenntnis des Rauschpegels ε. Je genauer der Wert des Rauschpegels bekannt ist, desto kleiner ist der Rekonstruktionsfehler. Ein Überschätzen des Rauschens führt dazu, dass der Regularisierungsparameter zu groß gewählt wird. Ein Unterschätzen liefert zu kleine Parameter. In jedem Fall müssen wir mit einem übergroßen Fehler rechnen, siehe Bild 3.1.

In konkreten Anwendungen wird der Rauschpegel häufig nicht oder nur ungenau zur Verfügung stehen. In beiden Situationen wünschen wir uns eine Parameterwahl, die nur auf die verrauschten Daten zurückgreift. Solche Strategien heißen *heuristisch* oder *ε-frei*. Im strengen Sinne der Definition 3.1.1 sind heuristische Verfahren keine Regularisierungsverfahren für A^+, wenn die Operatorgleichung $Af = g$ schlecht gestellt ist. Dieses negative Ergebnis wurde von BAKUSHINSKII [4] entdeckt.

Satz 3.6.1 *Sei $A \in \mathcal{L}(X,Y)$. Ein Regularisierungsverfahren $(\{R_t\}_{t>0},\gamma)$ für A^+, dessen Parameterwahl $\gamma : Y \to [0,\infty[$ nicht vom Rauschpegel ε abhängt, existiert genau dann, wenn das Bild von A abgeschlossen ist: $\mathcal{R}(A) = \overline{\mathcal{R}(A)}$.*

Beweis: 1. Solch ein Regularisierungsverfahren existiere, d.h.

$$\lim_{\varepsilon \to 0} \sup \left\{ \|A^+g - R_{\gamma(g^\varepsilon)}g^\varepsilon\|_X \mid g^\varepsilon \in Y, \|g - g^\varepsilon\|_Y \leq \varepsilon \right\} = 0$$

für jedes $g \in \mathcal{R}(A)$, siehe (3.1). Dann muss $R_{\gamma(g)}g = A^+g$ gelten für alle $g \in \mathcal{R}(A)$. Das aber ist die Stetigkeit von A^+ auf $\mathcal{R}(A)$, was nach Satz 2.1.8 (d) die Abgeschlossenheit von $\mathcal{R}(A)$ impliziert.

2. Sei umgekehrt das Bild von A abgeschlossen. An Satz 2.1.8 (a) und (d) sehen wir, dass $A^+ : Y \to X$ stetig ist. Jede Parameterwahl $\gamma : Y \to [0,\infty[$ erzeugt daher zusammen mit $\{R_t\}_{t>0}$, $R_t := A^+$, ein Regularisierungsverfahren für A^+. $\blacksquare$

Trotz dieses negativen Ergebnisses liefern heuristische Verfahren erstaunlich gute Resultate und stehen Regularisierungsverfahren für festes ε in nichts nach. Unter der Vielzahl von heuristischen Verfahren, wir erwähnen nur das *L-Kurven Kriterium* von HANSEN [55, 56], die *Generalized Cross-Validation* von WHABA [143] und das *Quasioptimalitätskriterium*, siehe TIKHONOV und GLASKO [139] sowie LEONOV [77] (siehe auch Kapitel 4), stellen wir die Methode von HANKE und RAUS [54] nachfolgend im Detail vor, weil sie auf Komponenten des verallgemeinerten Diskrepanzprinzips zurückgreift. Die Fehleranalyse kann mit Methoden durchgeführt werden, die wir bereits kennen gelernt haben. Auch erzielen wir Abschätzungen des Rekonstruktionsfehlers, die fast ordnungsoptimal sind.

Sei $\{t_k\}_{k\in\mathbb{N}}$ eine streng monoton fallende Nullfolge. Wie zuvor seien $A \in \mathcal{L}(X,Y)$, $g \in \mathcal{R}(A)$, $g^\varepsilon \in Y$ und $f_k = F_{t_k}(A^*A)A^*g$, $f_k^\varepsilon = F_{t_k}(A^*A)A^*g^\varepsilon$, wobei der Filter $\{F_t\}_{t>0}$ regularisiere mit Qualifikation $\mu_0 \in]0,\infty]$. Zusätzlich erlaube $f^+ = A^+g$ die Darstellung $f^+ = |A|^\mu w$ mit $0 < \mu \leq \mu_0$ und $\|w\|_X \leq \varrho$, d.h. $f^+ \in X_\mu$. Unter den weiteren Voraussetzungen von Satz 3.5.1 schätzen wir ab wie gewohnt:

$$
\begin{aligned}
\|f^+ - f_k^\varepsilon\|_X \;&\leq\; \|f^+ - f_k\|_X + \|f_k - f_k^\varepsilon\|_X \\
&\leq\; \|p_{t_k}(A^*A)f^+\|_X + \sqrt{C_F\,C_M}\,\|g - g^\varepsilon\|_Y\,t_k^{-1/2} \\
&=\; \|\,|A|^\mu p_{t_k}(A^*A)w\|_X + \sqrt{C_F\,C_M}\,\|g - g^\varepsilon\|_Y\,t_k^{-1/2} \\
&\leq\; \max\{C_p,\sqrt{C_F\,C_M}\}\,\bigl(\varrho\,t_k^{\mu/2} + \|g - g^\varepsilon\|_Y\,t_k^{-1/2}\bigr).
\end{aligned}
\tag{3.55}
$$

Sei $\eta(t)$ wie in (3.45), dabei erfülle s_t die Voraussetzung (3.46). Mit Abschätzungen wie in (3.51) und (3.52) erhalten wir

$$
\begin{aligned}
\eta(t_k)^{1/2} \;&=\; \|s_{t_k}^{1/2}(AA^*)g^\varepsilon\|_Y \\
&\leq\; \max\{\tau_{\min},\overline{C}_s\}^{1/2}\,\bigl(\varrho\,t_k^{(\mu+1)/2} + \|g - g^\varepsilon\|_Y\bigr) \\
&=\; \max\{\tau_{\min},\overline{C}_s\}^{1/2}\,t_k^{1/2}\,\bigl(\varrho\,t_k^{\mu/2} + \|g - g^\varepsilon\|_Y\,t_k^{-1/2}\bigr).
\end{aligned}
\tag{3.56}
$$

Die obere Schranke (3.55) für den Fehler und die obere Schranke (3.56) für das verallgemeinerte Residuum unterscheiden sich im Wesentlichen nur um den Faktor $t_k^{1/2}$. Insbesondere die Fehlerschranke beschreibt das tatsächliche Fehlerverhalten genau. Das wissen wir aus sogenannten *Inversen Resultaten*[‡] (converse results), siehe z.B. ENGL, HANKE und NEUBAUER [35, Abschnitt 4.2]. Skalieren wir $\eta(t_k)^{1/2}$ mit $t_k^{-1/2}$, so dürfen wir erwarten, dass

$$
\|f^+ - f_k^\varepsilon\|_X \;\approx\; \sqrt{\eta(t_k)/t_k} \;=:\; \varphi(t_k)
$$

ist. Die Funktion $\varphi(t) = \sqrt{\eta(t)/t}$ ist ein *Fehlerindikator*. Ein Fehlerindikator sagt nicht unbedingt etwas über die tatsächliche Größe des Fehlers aus. Vielmehr zeichnet er grob den qualitativen Verlauf des Fehlers nach, siehe Bild 3.6. Dies führt zu folgender Parameterstrategie.

Heuristisches Verfahren nach Hanke und Raus. Sei $\{t_k\}_{k\in\mathbb{N}}$ eine streng monoton fallende Nullfolge. Bestimme k^* bzw. t_{k^*} als minimierendes Argument von φ:

$$
t_{k^*} = \operatorname{argmin}\{\varphi(t_k)\,|\,k \in \mathbb{N}\}.
\tag{3.57}
$$

Setze $\gamma(g^\varepsilon) := t_{k^*}$.

Der Fehlerindikator φ muss kein globales Minimum besitzen. Es kann $\lim_{k\to\infty}\varphi(t_k) = 0$ auftreten. Hier versagt die Parameterwahl. Falls mehrere globale Minima vorkommen, wählen wir t_{k^*} als größten Wert, für den das Minimum angenommen wird.

In folgendem Satz nehmen wir $\|g - g^\varepsilon\|_Y \leq \|g\|_Y$ an. Diese Voraussetzung ist natürlich. Andernfalls würde das Rauschen in den Daten g^ε überwiegen und es wäre von vornherein keine vernünftige Rekonstruktion möglich.

[‡] Inverse Resultate ermöglichen den Schluss von der Konvergenzrate des Fehlers auf die Glattheit der Lösung: $\|f^+ - f_k\|_X = O(t_k^{\mu/(\mu+1)})$ für $k \to \infty$ impliziert $f^+ \in X_\mu$.

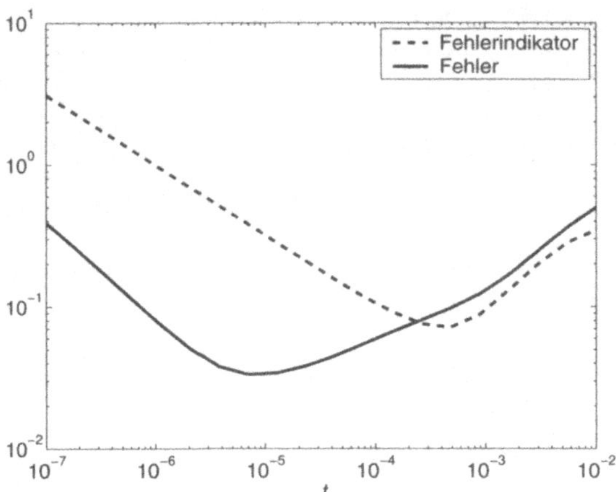

Bild 3.6: Durchgezogene Linie: Relativer Fehler $\|f - f_t\|_X / \|f\|_X$ der Tikhonov–Phillips-Regularisierung als Funktion von t. Gestrichelte Linie: Zugehöriger relativer Fehlerindikator $\varphi(t) = \sqrt{\eta(t)/t}/\|f\|_X$ mit η aus (3.53). Zugrunde liegt das lineare System aus Beispiel 3.5.3, erhalten durch Diskretisierung einer Fredholm-Integralgleichung 1. Art. Der relative Rauschpegel ist $\varepsilon = 0.01$.

Satz 3.6.2 *Sei $A \in \mathcal{L}(X,Y)$ und der Filter $\{F_t\}_{t>0}$ sei regularisierend mit Qualifikation $\mu_0 > 0$. Zusätzlich gelte $M(t) = \sup\{|F_t(\lambda)| \,|\, 0 \leq \lambda \leq \|A\|^2\} \leq C_M\, t^{-1}$ für $t \to 0$. Weiter seien $g \in \mathcal{R}(A)$ und $g^\varepsilon \in Y$ mit $\|g - g^\varepsilon\|_Y \leq \|g\|_Y$.*

Die Parameterwahl $\gamma : Y \to [0,\infty[$ gemäß (3.57) sei möglich mit $\varphi(t) = \sqrt{\eta(t)/t}$ und η wie in (3.45). Die zugrunde liegende Familie $\{s_t\}_{t>0}$ sei wie in Satz 3.5.1, insbesondere gelte (3.46), und die benutzte Folge $\{t_k\}_{k\in\mathbb{N}}$ erfülle $t_k = \theta_k t_{k-1}$, $k \geq 2$, mit $0 < \vartheta \leq \theta_k < 1$ für alle k.

Wenn $f^+ = A^+ g$ in X_μ ist mit $\mu \in]0,\mu_0]$ und $\|f^+\|_\mu \leq \varrho$, dann haben wir

$$\|f^+ - F_{\gamma(g^\varepsilon)}(A^*A)A^*g^\varepsilon\|_X \leq C_{\mathrm{HR}} \left(1 + \frac{\|g - g^\varepsilon\|_Y}{\sqrt{\eta(t_{k^*})}}\right) \varepsilon_*^{\frac{\mu}{\mu+1}}\, \varrho^{\frac{1}{\mu+1}} \tag{3.58}$$

mit $\varepsilon_* = \max\left\{\sqrt{\eta(t_{k^*})}, \|g - g^\varepsilon\|_Y\right\}$ und einer Konstanten $C_{\mathrm{HR}} > 0$.

Beweis: Auch in diesem Beweis spalten wir den Gesamtfehler auf in Approximations- und Datenfehler. Wir verwenden unsere übliche Notation $f_{k^*}^\varepsilon = F_{t_{k^*}}(A^*A)A^*g^\varepsilon$ sowie $f_{k^*} = F_{t_{k^*}}(A^*A)A^*g$.

1. *Abschätzung des Approximationsfehlers* $\|f^+ - f_{k^*}\|_X$. Ausgangspunkt ist

$$\|f^+ - f_{k^*}\|_X = \|p_{t_{k^*}}(A^*A)f^+\|_X = \|p_{t_{k^*}}(A^*A)|A|^\mu w\|_X,$$

worin die Darstellung $f^+ = |A|^\mu w$, $w \in X$, $\|w\|_X \leq \varrho$, zum Tragen kommt. Wie im Beweis von Satz 3.5.1, vgl. (3.48) und (3.49), folgt

$$\|f^+ - f_{k^*}\|_X \leq \widetilde{C}_p\, \tau_{\min}^{\frac{\mu_0 - \mu}{2\,(\mu_0+1)\,(\mu+1)}}\, \varrho^{\frac{1}{\mu+1}}\, \|s_{t_{k^*}}^{1/2}(AA^*)g\|_Y^{\frac{\mu}{\mu+1}}$$

$$\leq \ \widetilde{C}_p \, \tau_{\min}^{\frac{\mu_0-\mu}{2\,(\mu_0+1)\,(\mu+1)}} \ \max\{\tau_{\min}^{\frac{\mu}{2(\mu+1)}},1\} \ \varrho^{\frac{1}{\mu+1}}$$

$$\cdot\left(\|g-g^\varepsilon\|_Y + \sqrt{\eta(t_{k^*})}\,\right)^{\frac{\mu}{\mu+1}}$$

$$\leq \ \widetilde{C}_p \, \tau_{\min}^{\frac{\mu_0-\mu}{2\,(\mu_0+1)\,(\mu+1)}} \ \max\{\tau_{\min}^{\frac{\mu}{2(\mu+1)}},1\} \ 2^{\frac{\mu}{\mu+1}} \ \varrho^{\frac{1}{\mu+1}} \ \varepsilon_*^{\frac{\mu}{\mu+1}}.$$

2. *Abschätzung des Datenfehlers* $\|f_{k^*} - f_{k^*}^\varepsilon\|_X$. Wegen $g = Af^+ = A|A|^\mu w$, vgl. Teil 1 dieses Beweises, ist $\|g\|_Y \leq \| \, |A|^{\mu+1}\| \, \varrho$ und weiter

$$1 \leq \left(\frac{\|g\|_Y}{\|g-g^\varepsilon\|_Y}\right)^{\frac{2}{\mu+1}} \leq \left(\frac{\| \, |A|^{\mu+1}\| \, \varrho}{\|g-g^\varepsilon\|_Y}\right)^{\frac{2}{\mu+1}} =: \beta_\mu.$$

Ausgehend von $t_k = \theta_k\, t_{k-1}$, $0 < \vartheta \leq \theta_k < 1$, sowie $\beta_\mu^{-1} \leq 1$ schließen wir auf die Existenz eines $k_0 \in \mathbb{N}$ mit

$$\vartheta\, \beta_\mu^{-1} \leq t_{k_0} \leq \beta_\mu^{-1}. \tag{3.59}$$

Es folgt

$$\varphi(t_{k^*}) \ \leq \ \varphi(t_{k_0}) \ \overset{(3.56)}{\leq} \ \max\left\{\tau_{\min},\overline{C}_s\right\}^{1/2} \left(\varrho\, t_{k_0}^{\mu/2} + \|g-g^\varepsilon\|_Y\, t_{k_0}^{-1/2}\right)$$

$$\overset{(3.59)}{\leq} \ \max\left\{\tau_{\min},\overline{C}_s\right\}^{1/2} \left(\varrho\,\beta_\mu^{-\mu/2} + \|g-g^\varepsilon\|_Y\, \vartheta^{-1/2}\, \beta_\mu^{1/2}\right)$$

$$= \ \alpha_\mu\, \|g-g^\varepsilon\|_Y^{\frac{\mu}{\mu+1}}\, \varrho^{\frac{1}{\mu+1}},$$

worin $\alpha_\mu = \max\left\{\tau_{\min},\overline{C}_s\right\}^{1/2} \left(\| \, |A|^{\mu+1}\|^{-\frac{\mu}{\mu+1}} + \vartheta^{-1/2}\, \| \, |A|^{\mu+1}\|^{\frac{1}{\mu+1}}\right)$ ist. Wir erhalten schließlich

$$\|f_{k^*} - f_{k^*}^\varepsilon\|_X \ \leq \ \|F_{t_{k^*}}(A^*A)A^*\| \ \|g-g^\varepsilon\|_Y$$

$$\leq \ \sqrt{C_F\,C_M} \ t_{k^*}^{-1/2} \ \|g-g^\varepsilon\|_Y$$

$$= \ \sqrt{C_F\,C_M} \ \varphi(t_{k^*}) \ \frac{\|g-g^\varepsilon\|_Y}{\sqrt{\eta(t_{k^*})}}$$

$$\leq \ \sqrt{C_F\,C_M} \ \alpha_\mu\, \frac{\|g-g^\varepsilon\|_Y}{\sqrt{\eta(t_{k^*})}} \ \|g-g^\varepsilon\|_Y^{\frac{\mu}{\mu+1}}\, \varrho^{\frac{1}{\mu+1}}$$

$$\leq \ \sqrt{C_F\,C_M} \ \alpha_\mu\, \frac{\|g-g^\varepsilon\|_Y}{\sqrt{\eta(t_{k^*})}} \ \varepsilon_*^{\frac{\mu}{\mu+1}}\, \varrho^{\frac{1}{\mu+1}}.$$

Die beiden Beweisteile liefern (3.58). ∎

Wir betrachten die Abschätzung (3.58) aus Satz 3.6.2 etwas genauer. Kritisch ist das Verhalten von $\|g-g^\varepsilon\|_Y/\sqrt{\eta(t_{k^*})}$ für $g^\varepsilon \to g$. Unter der Annahme

$$C_1\, \|g-g^\varepsilon\|_Y^{1+\alpha} \leq \sqrt{\eta(t_{k^*})} \leq C_2\, \|g-g^\varepsilon\|_Y^{1+\alpha} \quad \text{für} \ g^\varepsilon \to g$$

mit $\alpha \geq 0$ unterscheiden wir drei Fälle.

1. Für $\alpha = 0$ konvergiert f_{k*}^{ε} mit optimaler Ordnung gegen f^{+}; denn

$$\|f^{+} - f_{k*}^{\varepsilon}\|_X \leq C \, \|g - g^{\varepsilon}\|_Y^{\frac{\mu}{\mu+1}} \, \varrho^{\frac{1}{\mu+1}} \quad \text{für} \quad g^{\varepsilon} \to g.$$

2. Für $0 < \alpha < \mu/(\mu+1)$ liegt suboptimale Konvergenz vor; denn

$$\|f^{+} - f_{k*}^{\varepsilon}\|_X \leq C \, \|g - g^{\varepsilon}\|_Y^{\frac{\mu}{\mu+1}-\alpha} \, \varrho^{\frac{1}{\mu+1}} \quad \text{für} \quad g^{\varepsilon} \to g.$$

3. Für $\alpha \geq \mu/(\mu+1)$ konvergiert die obere Schranke des Fehlers nicht gegen Null, d.h. f_{k*}^{ε} könnte divergieren.

Konsequenz: *Der Wert von $\eta(t_{k*})$ muss beobachtet werden und f_{k*}^{ε} sollte verworfen werden, falls $\sqrt{\eta(t_{k*})}$ sehr viel kleiner ist als der vermutete Datenfehler $\|g - g^{\varepsilon}\|_Y$.*

Unter Zusatzannahmen können wir den kritischen Quotienten $\|g-g^{\varepsilon}\|_Y/\sqrt{\eta(t_{k*})}$ nach oben beschränken.

Korollar 3.6.3 *Zusätzlich zu den Voraussetzungen von Satz 3.6.2 gelte*

$$\|P_{\mathcal{R}(A)^{\perp}}(g - g^{\varepsilon})\|_Y \geq \delta \, \|g - g^{\varepsilon}\|_Y \tag{3.60}$$

mit einer positiven Zahl δ. Dann existiert t_{k*}, definiert in (3.57), und es gilt

$$\|f^{+} - F_{t_{k*}}(A^*A)A^*g^{\varepsilon}\|_X \leq C_{\mathrm{HR}} \left(1 + \delta^{-1} \underline{C}_s^{-1/2}\right) \varepsilon_*^{\frac{\mu}{\mu+1}} \, \varrho^{\frac{1}{\mu+1}}.$$

Beweis: Wegen $s_t^{1/2}(AA^*)g^{\varepsilon} = \sum_{k=1}^{\infty} s_t^{1/2}(\sigma_k^2) \langle g^{\varepsilon}, u_k\rangle_Y u_k + s_t^{1/2}(0) P_{\mathcal{R}(A)^{\perp}} g^{\varepsilon}$ haben wir $P_{\mathcal{R}(A)^{\perp}} s_t^{1/2}(AA^*)g^{\varepsilon} = s_t^{1/2}(0) P_{\mathcal{R}(A)^{\perp}} g^{\varepsilon}$ und weiter

$$\sqrt{\eta(t)} \;=\; \|s_t^{1/2}(AA^*)g^{\varepsilon}\|_Y \geq \|P_{\mathcal{R}(A)^{\perp}} s_t^{1/2}(AA^*)g^{\varepsilon}\|_Y$$

$$=\; s_t^{1/2}(0) \, \|P_{\mathcal{R}(A)^{\perp}} g^{\varepsilon}\|_Y \overset{(3.46)}{\geq} \underline{C}_s^{1/2} \, \|P_{\mathcal{R}(A)^{\perp}}(g - g^{\varepsilon})\|_Y \tag{3.61}$$

$$\geq\; \underline{C}_s^{1/2} \, \delta \, \|g - g^{\varepsilon}\|_Y.$$

Daher geht $\varphi(t_k) = \sqrt{\eta(t_k)/t_k}$ gegen Unendlich für $k \to \infty$, d.h. $\{\varphi(t_k)\}_{k\in\mathbb{N}}$ besitzt ein Minimum und t_{k*} ist wohldefiniert. Aus (3.61) folgern wir $\|g - g^{\varepsilon}\|_Y/\sqrt{\eta(t_{k*})} \leq \underline{C}_s^{-1/2} \delta^{-1}$. Die Fehlerabschätzung ergibt sich nun aus (3.58). $\blacksquare$

Die Bedingung (3.60) ist immer dann erfüllt, wenn g^{ε} nicht in $\mathcal{R}(A)$ liegt; denn δ kann als Quotient $\|P_{\mathcal{R}(A)^{\perp}} g^{\varepsilon}\|_Y/\|g - g^{\varepsilon}\|_Y$ gewählt werden. Bleibt dieser Quotient auch für $\varepsilon \to 0$ von der Null weg beschränkt, so folgt sogar Konvergenz von $f_{k*}^{\varepsilon} \to f^{+}$ für $\varepsilon \to 0$.

Satz 3.6.4 *Es gelten die Voraussetzungen von Satz 3.6.2 und sei $\{g^\varepsilon\}_{\varepsilon>0} \subset Y$ mit $g^\varepsilon \to g$ für $\varepsilon \to 0$. Die Abschätzung (3.60) gelte gleichmäßig bez. $\{g^\varepsilon\}_{\varepsilon>0}$. Dann existiert $t_{k^*} = t_{k^*(g^\varepsilon)}$ für alle $\varepsilon > 0$, siehe (3.57). Ist zusätzlich $s_t(\lambda)$ stetig in t für jedes $\lambda > 0$, so haben wir*

$$\lim_{\varepsilon \to 0} \|f^+ - F_{t_{k^*}}(A^*A)A^*g^\varepsilon\|_X = 0.$$

Das obige Konvergenzresultat ist suboptimal. Zum einen muss die starke Bedingung (3.60) gleichmäßig in ε erfüllt sein, was die Struktur des Rauschens einschränkt. Zum anderen muss f^+ in einem X_μ mit $\mu > 0$ liegen. Bei optimalen Parameterstrategien haben wir dann die Konvergenzordnung $O(\varepsilon^{\mu/(\mu+1)})$.

Beweis von Satz 3.6.4: Wir weisen getrennt die Konvergenz des Daten- und des Approximationsfehlers gegen Null nach.

1. *Konvergenz des Datenfehlers* $\|f_{k^*} - f_{k^*}^\varepsilon\|$. Aus Satz 3.3.3 wissen wir, dass

$$\|f_{k^*} - f_{k^*}^\varepsilon\|_X \leq \sqrt{C_F\,C_M}\; t_{k^*}^{-1/2}\; \|g - g^\varepsilon\|_Y$$

ist. Die Voraussetzung (3.60) gleichmäßig in ε impliziert die Gültigkeit von (3.61) gleichmäßig in ε. Aus (3.61) wiederum folgt

$$t_{k^*}^{-1/2}\; \|g - g^\varepsilon\|_Y \leq \underline{C}_s^{-1/2}\; \delta^{-1}\; t_{k^*}^{-1/2}\; \sqrt{\eta(t_{k^*})} = \underline{C}_s^{-1/2}\; \delta^{-1}\; \varphi(t_{k^*}).$$

Insgesamt haben wir somit

$$\|f_{k^*} - f_{k^*}^\varepsilon\|_X \leq \sqrt{C_F\,C_M}\; \underline{C}_s^{-1/2}\; \delta^{-1}\; \varphi(t_{k^*}).$$

Es genügt, $\lim_{\varepsilon \to 0} \varphi(t_{k^*(g^\varepsilon)}) = 0$ zu zeigen, was wir jetzt tun werden. Dazu beginnen wir mit

$$
\begin{aligned}
\varphi(t) \;&=\; t^{-1/2}\; \sqrt{\eta(t)} \;=\; t^{-1/2}\; \|s_t^{1/2}(AA^*)g^\varepsilon\|_Y \\[4pt]
&\leq\; \|t^{-1/2}\, s_t^{1/2}(AA^*)\underbrace{Af^+}_{=\,g}\|_Y + t^{-1/2}\; \|s_t^{1/2}(AA^*)(g^\varepsilon - g)\|_Y \quad (3.62) \\[6pt]
&\overset{(3.46)}{\leq}\; \|T_t f^+\|_Y + \overline{C}_s^{1/2}\; t^{-1/2}\; \|g^\varepsilon - g\|_Y,
\end{aligned}
$$

wobei wir zur Vereinfachung $T_t := t^{-1/2}s_t^{1/2}(AA^*)A$ gesetzt haben. Die Familie $\{T_t\}_{t>0}$ konvergiert punktweise gegen Null auf $\mathcal{N}(A)^\perp$. Das wollen wir mit Hilfe des Satzes von Banach–Steinhaus (Satz 8.2.2) einsehen. Wir haben

$$\|T_t\| \leq \sup_{0 \leq \lambda \leq \|A\|^2} t^{-1/2}\; s_t^{1/2}(\lambda)\; \lambda^{1/2} \leq \overline{C}_s^{1/2}. \qquad (3.63)$$

Die letzte Abschätzung folgt aus (3.52), wenn $\mu = 0$ ist. Außerdem gilt für $x = |A|^\mu w$ mit $w \in X$ und einem $\mu > 0$

$$\begin{aligned}
\|T_t x\|_Y &= \|T_t |A|^\mu w\|_Y \leq \sup_{0 \leq \lambda \leq \|A\|^2} t^{-1/2}\, s_t^{1/2}(\lambda)\, \lambda^{\frac{\mu+1}{2}}\, \|w\|_X \\
&\leq \overline{C}_s^{1/2}\, \|w\|_X\, t^{\mu/2}.
\end{aligned} \tag{3.64}$$

Auch hier haben wir (3.52) im letzten Schritt angewendet. Die Familie $\{T_t\}_{t>0}$ ist gleichmäßig beschränkt, siehe (3.63), und $\lim_{t\to 0} T_t x = 0$ für alle $x \in \mathcal{R}(|A|^\mu)$, wenn $0 < \mu \leq \mu_0$ ist, siehe (3.64). Der Satz von Banach–Steinhaus liefert $\lim_{t\to 0} T_t x = 0$ für alle $x \in \overline{\mathcal{R}(|A|^\mu)} = \mathcal{N}(A)^\perp$. Inbesondere ist $\lim_{t\to 0} T_t f^+ = 0$. Wir wählen nun $k = k(\varepsilon)$ so, dass $k(\varepsilon) \to \infty$ und $t_{k(\varepsilon)}^{-1/2} \|g - g^\varepsilon\|_Y \to 0$ für $\varepsilon \to 0$ eintreten und erhalten

$$\begin{aligned}
\|f_{k^*} - f_{k^*}^\varepsilon\|_X &\leq \sqrt{C_F\, C_M}\; \underline{C}_s^{-1/2}\, \delta^{-1}\, \varphi(t_{k^*}) \\
&\leq \sqrt{C_F\, C_M}\; \underline{C}_s^{-1/2}\, \delta^{-1}\, \varphi(t_{k(\varepsilon)}) \\
&\leq \sqrt{C_F\, C_M}\; \underline{C}_s^{-1/2}\, \delta^{-1} \\
&\qquad \left(\|T_{t_{k(\varepsilon)}} f^+\|_Y + \overline{C}_s^{-1/2}\, t_{k(\varepsilon)}^{-1/2}\, \|g - g^\varepsilon\|_Y \right),
\end{aligned} \tag{3.65}$$

im letzten Schritt (3.62) einsetzend. Unsere Wahl von $k(\varepsilon)$ erzwingt die Konvergenz $\lim_{\varepsilon\to 0} \|f_{k^*} - f_{k^*}^\varepsilon\|_X = 0$.

2. *Konvergenz des Approximationsfehlers* $\|f^+ - f_{k^*}\|_X$. Für $\varepsilon \to 0$ hat die beschränkte Schar $\{t_{k^*(g^\varepsilon)}\}_{\varepsilon>0}$ Häufungspunkte (mindestens einen). Es bezeichne $\bar{t}$ einen Häufungspunkt. Wir unterscheiden die Fälle $\bar{t} = 0$ und $\bar{t} > 0$.

Wenden wir uns zunächst dem ersten Fall zu. Die Teilfolge $\{t_{k^*(g^{\varepsilon_i})}\}_{\varepsilon_i>0}$ konvergiere gegen Null für $\varepsilon_i \to 0$. Hier gilt

$$\lim_{\varepsilon_i\to 0} \|f^+ - f_{k^*(g^{\varepsilon_i})}\|_X = \lim_{\varepsilon_i\to 0} \|p_{t_{k^*(g^{\varepsilon_i})}}(A^*A) f^+\|_X = 0,$$

was wir wie im Beweis von Satz 3.3.1 einsehen.

Jetzt behandeln wir den zweiten Fall. Die Teilfolge $\{t_{k^*(g^{\varepsilon_j})}\}_{\varepsilon_j>0}$ konvergiere gegen ein $\bar{t} > 0$. Aus $t_k \leq t_1$ für alle $k \in \mathbb{N}$ folgt $0 \leq t_1^{-1/2}\, \eta(t_{k^*}) \leq t_{k^*}^{-1/2}\, \eta(t_{k^*}) = \varphi(t_{k^*})$. Wir wissen bereits, dass $\lim_{\varepsilon\to 0} \varphi(t_{k^*}) = 0$ ist, siehe (3.65). Somit haben wir auch $\lim_{\varepsilon\to 0} \eta(t_{k^*}) = 0$. Die Stetigkeit von $s_t(\lambda)$ in t überträgt sich auf η und wir erhalten

$$0 = \lim_{\varepsilon_j\to 0} \eta(t_{k^*(g^{\varepsilon_j})}) = \|s_{\bar{t}}^{1/2}(AA^*)g\|_Y^2.$$

Mit $f_{\bar{t}} := F_{\bar{t}}(A^*A)A^*g$ folgt unter Verwendung von (3.47) und der Interpolationsungleichung (Satz 2.4.2)

$$\begin{aligned}
\|A f_{\bar{t}} - g\|_Y &= \|p_{\bar{t}}(AA^*)g\|_Y \leq \widetilde{C}_p\, \|s_{\bar{t}}^{\frac{\mu_0}{2(\mu_0+1)}}(AA^*)g\|_Y \\
&\leq \widetilde{C}_p\, \|s_{\bar{t}}^{1/2}(AA^*)g\|_Y^{\frac{\mu_0}{\mu_0+1}}\, \|g\|_Y^{\frac{1}{\mu_0+1}} \\
&= 0.
\end{aligned}$$

Demnach ist $Af_{\bar{t}} = g$ und wegen $f_{\bar{t}} \in \mathcal{N}(A)^\perp$ muss $f_{\bar{t}} = f^+$ sein. Sei $t_j := t_{k^*(g^{\varepsilon_j})}$, dann gilt

$$
\begin{aligned}
\|f^+ - f_{k^*(g^{\varepsilon_j})}\|_X &= \|F_{t_j}(A^*A)A^*g^{\varepsilon_j} - f^+\|_X \\
&\leq \|F_{t_j}(A^*A)A^*(g^{\varepsilon_j} - g)\|_X + \|F_{t_j}(A^*A)A^*g - f^+\|_X \\
&\leq \sqrt{C_F C_M}\, t_j^{-1/2} \|g^{\varepsilon_j} - g\|_Y + \|F_{t_j}(A^*A)A^*g - f^+\|_X.
\end{aligned}
$$

Wegen $\lim_{\varepsilon_j \to 0} \|g^{\varepsilon_j} - g\|_Y = 0$, $\lim_{\varepsilon_j \to 0} t_j = \bar{t}$ und $\lim_{\varepsilon_j \to 0} F_{t_j}(A^*A)A^*g = f_{\bar{t}} = f^+$ konvergiert die Teilfolge $\{f_{k^*(g^{\varepsilon_j})}\}$ gegen f^+.

Unsere obige Argumentation garantiert für jede Teilfolge von $\{f_{k^*(\varepsilon)}\}_{\varepsilon>0}$ die Existenz einer gegen f^+ konvergenten Teilfolge. Damit konvergiert die ganze Schar $\{f_{k^*(\varepsilon)}\}_{\varepsilon>0}$ gegen f^+ für $\varepsilon \to 0$, siehe z.B. ZEIDLER [145, Proposition 10.13]. $\blacksquare$

Das nachfolgende Lemma liefert uns ein einfaches Kriterium, wann die wichtige Bedingung (3.60) gleichmäßig in ε gilt. Außerdem erhalten wir eine geometrische Interpretation von (3.60).

Lemma 3.6.5 *Es seien $\delta \in {]0,1[}$, $A \in \mathcal{L}(X,Y)$, $g \in Y$ sowie $\{g^\varepsilon\}_{\varepsilon \in]0,\bar\varepsilon]} \subset Y$ mit* $\max_{\varepsilon \in]0,\bar\varepsilon]} \|g - g^\varepsilon\|_Y \leq r$. *Dann sind die beiden Abschätzungen äquivalent.*

(a) *Es ist*

$$
|\langle g - g^\varepsilon, y\rangle_Y| \leq (1 - \delta^2)\, \|g - g^\varepsilon\|_Y\, \|y\|_Y \tag{3.66}
$$

gleichmäßig in $\varepsilon \in]0,\bar\varepsilon]$ und $y \in \overline{\mathcal{R}(A)}$ mit $\|y\|_Y \leq r$.

(b) *Es ist*

$$
\|P_{\mathcal{R}(A)^\perp}(g - g^\varepsilon)\|_Y \geq \delta\, \|g - g^\varepsilon\|_Y
$$

gleichmäßig in $\varepsilon \in]0,\bar\varepsilon]$.

Beweis: (a) $\Rightarrow$ (b). Den Satz des Pythagoras $\|g - g^\varepsilon\|_Y^2 = \|P_{\mathcal{R}(A)^\perp}(g - g^\varepsilon)\|_Y^2 + \|P_{\overline{\mathcal{R}(A)}}(g - g^\varepsilon)\|_Y^2$ formulieren wir um in $\|P_{\mathcal{R}(A)^\perp}(g - g^\varepsilon)\|_Y^2 = \|g - g^\varepsilon\|_Y^2 - \|P_{\overline{\mathcal{R}(A)}}(g - g^\varepsilon)\|_Y^2$. Den zweiten Summanden schätzen wir ab mit Hilfe von (3.66):

$$
\begin{aligned}
\|P_{\overline{\mathcal{R}(A)}}(g - g^\varepsilon)\|_Y^2 &= \langle g - g^\varepsilon, P_{\overline{\mathcal{R}(A)}}(g - g^\varepsilon)\rangle_Y \\
&\leq (1 - \delta^2)\, \|g - g^\varepsilon\|_Y\, \|P_{\overline{\mathcal{R}(A)}}(g - g^\varepsilon)\|_Y \\
&\leq (1 - \delta^2)\, \|g - g^\varepsilon\|_Y^2,
\end{aligned}
$$

was auf die behauptete Ungleichung

$$
\|P_{\mathcal{R}(A)^\perp}(g - g^\varepsilon)\|_Y^2 \geq \|g - g^\varepsilon\|_Y^2 - (1 - \delta^2)\, \|g - g^\varepsilon\|_Y^2 = \delta^2\, \|g - g^\varepsilon\|_Y^2
$$

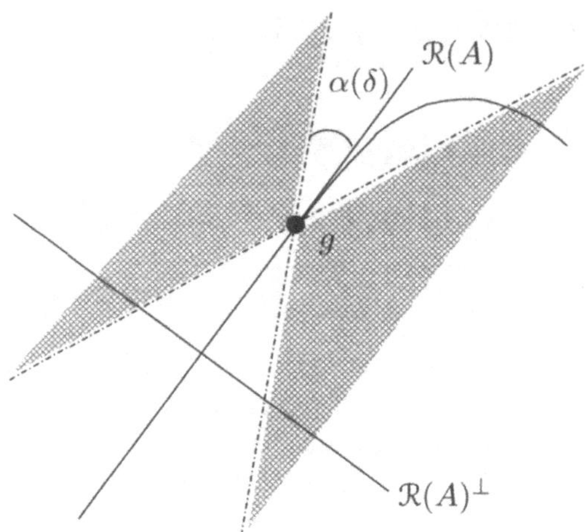

Bild 3.7: Die verschärfte Cauchy–Schwarzsche Ungleichung (3.66) ist für alle g^ε erfüllt, die im schraffierten Bereich liegen. Nähert sich g^ε jedoch tangential zu $\mathcal{R}(A)$ an g, z.B. entlang der eingezeichneten Parabel, dann können (3.66) und (3.60) nicht gleichmäßig in ε gelten.

führt.

(b) $\Rightarrow$ (a). Diese Implikation ergibt sich unmittelbar, wenn Sie Aufgabe 3.12 gelöst haben. ∎

Die Bedingung (3.66) heißt *verschärfte Cauchy–Schwarzsche Ungleichung*. Sie besagt, dass zwischen dem Rauschen $g - g^\varepsilon$ und den Elementen aus $\overline{\mathcal{R}(A)}$ ein positiver Winkel $\alpha(\delta)$ besteht, und zwar unabhängig von g^ε. Die gestörten Daten dürfen nicht tangential zu $\overline{\mathcal{R}(A)}$ gegen g konvergieren, wenn das Rauschen abnimmt. Die Skizze in Bild 3.7 verdeutlicht die Situation.

Zahlreiche numerische Experimente zu der in diesem Abschnitt vorgestellten heuristischen Parameterstrategie werden in der Originalarbeit [54] vorgestellt. Dort werden ebenfalls Effekte einer Diskretisierung diskutiert.

3.7 Übungsaufgaben

Aufgabe 3.1 Beweisen Sie Satz 3.2.2.

Hinweis: Wenden Sie die Hölder-Ungleichung für Reihen geschickt an.

Aufgabe 3.2 Es sei $A : L^2(0,1) \to L^2(0,1)$ der Integraloperator aus Beispiel 3.2.3 mit dem singulären System $\left\{(1/(\pi k)^2; v_k, v_k)\right\}_{k \in \mathbb{N}}$, worin $v_k(t) = \sqrt{2}\sin(\pi k t)$ ist. Weiter seien $\|\cdot\|_\nu$ die ν-Norm zu diesem System und X_ν die zugehörigen Räume, siehe (3.7). Zeigen Sie:

(a) Die konstante Funktion 1 ist in X_ν für $0 \leq \nu < 1/4$.

(b) Für $f \in \mathcal{C}^{2\nu}(0,1)$, $\nu \in \mathbb{N}$, mit den Randbedingungen $f^{(2i)})(0) = f^{(2i)}(1) = 0$, $i = 0,\ldots,\nu - 1$, gilt:

$$\|f\|_\nu = \|f^{(2\nu)}\|_{L^2(0,1)}.$$

Hinweis: Verwenden Sie $-v_k'' = (\pi k)^2 \, v_k$ in Verbindung mit partieller Integration.

Aufgabe 3.3 Seien $A \in \mathcal{L}(X,Y)$ und $y \in Y$. Die beiden Elemente f_1 und f_2 aus $X_\nu = \mathcal{R}(|A|^\nu)$ erfüllen $\|Af_i - y\|_Y \leq \varepsilon$, $i = 1,2$. Dann gilt

$$\|f_1 - f_2\|_X \leq e_\nu\big(2\,\varepsilon, 2 \max\{\|f_1\|_\nu, \|f_2\|_\nu\}\big).$$

Hier bezeichnet e_ν den besten schlimmsten Fehler (3.9).

Aufgabe 3.4 Die verallgemeinerte Inverse eines kompakten injektiven Operators $A : X \to Y$ hat die Darstellung $A^+ = (A^*A)^{-1}A^*$.

Aufgabe 3.5 Beweisen Sie unter den Voraussetzungen von Satz 3.3.1 die Konvergenz

$$\lim_{t\to 0} F_t(A^*A)A^*g + p_t(A^*A)f_* = \begin{cases} A^+g + P_{\mathcal{N}(A)}f_* & : \quad g \in \mathcal{D}(A^+) \\ \infty & : \quad g \notin \mathcal{D}(A^+) \end{cases}.$$

Aufgabe 3.6 Verifizieren Sie Korollar 3.3.4.

Aufgabe 3.7 Beweisen Sie die Abschätzung (3.28) von Lemma 3.3.6.
Hinweis: Nutzen Sie die Aussage von Aufgabe 2.16 und schauen Sie sich den Beweis von (3.27) an.

Aufgabe 3.8 Sei $A \in \mathcal{K}(X,Y)$ mit singulärem System $\{(\sigma_k; v_k, u_k)\}$. Konvergiert die Reihe

$$\sum_{k=1}^{\infty} \frac{1 - e^{-\sigma_k^2 \tau}}{\sigma_k^2} \, \langle x, v_k \rangle_X \, v_k$$

für $x \in X$ und $\tau > 0$?

Aufgabe 3.9 Sei $p : J \times \,]0,\infty[\to [0,\infty[$ mit $J = [0,\Lambda]$, $\Lambda > 0$. Es gebe ein $\nu > 0$ und ein $c_1 > 0$, so dass gilt

$$p(\lambda,t) \leq c_1 \, (t/\lambda)^\nu \quad \text{für } (\lambda,t) \in J \times \,]0.\infty[.$$

Weiter gebe es eine Konstante c_2 mit $p(\lambda,t) \leq c_2$, $(\lambda,t) \in J \times \,]0,\infty[$. Dann ist

$$p(\lambda,t) \leq 2^\nu \, \max\{c_1,c_2\} \left(\frac{t}{\lambda+t}\right)^\nu \quad \text{für } (\lambda,t) \in J \times \,]0,\infty[.$$

Hinweis: Untersuchen Sie die beiden Fälle $\lambda \geq t$ und $\lambda < t$ getrennt.

Aufgabe 3.10 Sei $s : [0,\infty[\to \mathbb{R}$ eine stückweise stetige Funktion mit Sprungunstetigkeiten. Seien $A \in \mathcal{K}(X,Y)$ und $g \in \mathcal{D}(A^+)$. Sowohl $s(0) = 0$ als auch $g \in \mathcal{R}(A)$ implizieren

$$\|s(A^*A)\,|A|A^+ g\|_X = \|s(AA^*)g\|_Y.$$

Aufgabe 3.11 Sei $F_t(\lambda) = 1/(\lambda + t)$, $t > 0$, der Filter der Tikhonov–Phillips-Regularisierung. Weiter sei $s_t(\lambda) = p_t^3(\lambda)$ mit $p_t(\lambda) = 1 - \lambda\, F_t(\lambda)$. Zu $A \in \mathcal{L}(X,Y)$ und $y \in Y$ betrachten wir die Funktion

$$\eta(t) = \langle y, s_t(AA^*)y\rangle_Y$$

des verallgemeinerten Diskrepanzprinzips (3.45). Zeigen Sie, dass

$$\eta(t) = \|y - Af_t\|_Y^2 - \langle A^*(y - Af_t), (A^*A + t\,I)^{-1}A^*(y - Af_t)\rangle_X$$

mit $f_t = F_t(A^*A)A^*y = (A^*A + t\,I)^{-1}A^*y$.

Aufgabe 3.12 Sei U ein abgeschlossener Unterraum des Hilbertraums V. Dann sind folgende Ungleichungen äquivalent für $\delta \in [0,1]$ und $v \in V$.

(a) $\|P_U\, v\|_V \leq \sqrt{1 - \delta^2}\, \|v\|_V$.

(b) $\|P_{U^\perp}\, v\|_V \geq \delta\, \|v\|_V$.

4 Tikhonov–Phillips-Regularisierung

Die Tikhonov–Phillips-Regularisierung haben wir schon in Beispiel 3.3.11 in einiger Ausführlichkeit kennen gelernt. Für $y \in Y$ und $t > 0$ erhalten wir $R_t y$ durch Lösen der stabilisierten Normalgleichung

$$(A^*A + t\,I)R_t y = A^*y. \tag{4.1}$$

Den zugrunde liegenden Filter $F_t(\lambda) = 1/(\lambda + t)$ haben wir auch schon studiert und gesehen, dass er die Qualifikation 2 besitzt.

In diesem Kapitel werden wir die Tikhonov–Phillips-Regularisierung verallgemeinern, und zwar auf zweierlei Art: Erstens werden wir die Identität I in (4.1) durch allgemeinere Operatoren ersetzen. Zweitens erhöhen wir die Qualifikation durch Iterieren.

4.1 Verallgemeinerte Tikhonov–Phillips-Regularisierung

Wie üblich sei $A \in \mathcal{L}(X,Y)$. Zur Vereinfachung der Darstellung schränken wir uns in diesem Kapitel auf *reelle* Hilberträume ein und verlangen von A die *Injektivität*. Wenn wir nicht-injektive Operatoren betrachten wollten, dann bräuchten wir nur X durch $\mathcal{N}(A)^\perp$ zu ersetzen.

Sei $B : X \to Z$ ein stetiger, linearer Operator in den Banachraum Z. Ferner sei B auf seinem Bild stetig invertierbar, d.h. es gibt ein $\beta > 0$ mit

$$\beta\,\|f\|_X \leq \|Bf\|_Z \quad \text{für alle } f \in X, \tag{4.2}$$

siehe Satz 8.1.15. Unter diesen Annahmen besitzt die Gleichung

$$(A^*A + t\,B^*B)f = A^*y \tag{4.3}$$

eine eindeutige Lösung f_t in X, die für $t > 0$ stetig von $y \in Y$ abhängt. Denn $A^*A + t\,B^*B$ bildet X bijektiv auf sich selbst ab und

$$\langle (A^*A + t\,B^*B)x,x \rangle_X = \|Ax\|_Y^2 + t\,\|Bx\|_Z^2 \geq t\,\beta^2\,\|x\|_X^2,$$

was

$$\left\| (A^*A + t\,B^*B)^{-1} \right\| \leq 1/(t\,\beta^2) \quad \text{sowie} \quad \|f_t\|_X \leq \|A^*y\|_X/(t\,\beta^2) \tag{4.4}$$

bewirkt, siehe Aufgabe 4.1. Die Lösung f_t von (4.3) können wir äquivalent charakterisieren als minimierendes Argument des *Tikhonov–Phillips-Funktionals*

$$J_{t,y}(x) := \|Ax - y\|_Y^2 + t\,\|Bx\|_Z^2. \tag{4.5}$$

Die zweite Komponente in $J_{t,y}$ heißt *Strafterm*.

Lemma 4.1.1 *Seien $A \in \mathcal{L}(X,Y)$, $B \in \mathcal{L}(X,Z)$, $y \in Y$ und $t \geq 0$. Für $f^* \in X$
sind äquivalent:*

(a) $\left(A^*A + t\,B^*B\right)f^* = A^*y$.

(b) $f^* = \mathrm{argmin}\left\{J_{t,y}(f)\,\middle|\,f \in X\right\}$.

Beweis: Zu $v \in X$ und $\alpha \in \mathbb{R}$ führen wir das Hilfsfunktional $F(\alpha,v) := J_{t,y}(f^* +
\alpha\,v)$ ein und formen um:

$$
\begin{aligned}
F(\alpha,v) &= \langle Af^* - y + \alpha\,Av,\, Af^* - y + \alpha\,Av\rangle_Y \\
&\quad + t\,\langle Bf^* + \alpha\,Bv,\, Bf^* + \alpha\,Bv\rangle_Z \\
&= \|Af^* - y\|_Y^2 + 2\,\alpha\,\langle Av, Af^* - y\rangle_Y + \alpha^2\,\langle Av, Av\rangle_Y + t\,\|Bf^*\|_Z^2 \\
&\quad + 2\,\alpha\,t\,\langle Bv, Bf^*\rangle_Z + \alpha^2\,t\,\langle Bv, Bv\rangle_Z \\
&= J_{t,y}(f^*) + 2\,\alpha\,\langle v,\left(A^*A + t\,B^*B\right)f^* - A^*y\rangle_X \\
&\quad + \alpha^2\,\langle v,\left(A^*A + t\,B^*B\right)v\rangle_X.
\end{aligned}
$$

Nun können wir die Äquivalenz der beiden Aussagen verifizieren. Wir zeigen
zuerst wie aus (a) die Minimaleigenschaft (b) folgt. Sei hierzu $w \in X$, das wir
in geeigneter Form darstellen als $w = f^* + \alpha\,v$ mit $v = (w - f^*)$ und $\alpha = 1$. So
erhalten wir

$$
\begin{aligned}
J_{t,y}(w) &= J_{t,y}(f^* + \alpha\,v) = F(1,v) = J_{t,y}(f^*) + \langle v,\left(A^*A + t\,B^*B\right)v\rangle_X \\
&= J_{t,y}(f^*) + \|Av\|_Y^2 + t\,\|Bv\|_Z^2 \geq J_{t,y}(f^*),
\end{aligned}
$$

d.h. f^* minimiert tatsächlich das Tikhonov-Funktional.

Umgekehrt sei nun f^* ein Minimum von $J_{t,y}$. Dann muss aber $F(\cdot,v)$ ein
Minimum in der Null haben, und zwar für *alle* v. Die Ableitung von F nach α
muss also verschwinden für alle v:

$$
0 = \frac{\partial}{\partial \alpha}F(\alpha,v)\Big|_{\alpha=0} = 2\,\langle v,\left(A^*A + t\,B^*B\right)f^* - A^*y\rangle_X \quad \text{für alle } v \in X.
$$

Wir dürfen insbesondere $v = \left(A^*A + t\,B^*B\right)f^* - A^*y$ einsetzen, woraus folgt,
dass f^* die Gleichung aus (a) löst, was zu zeigen war. ∎

Falls $t > 0$ ist und B die Eigenschaft (4.2) besitzt, dann hat die Gleichung
(4.3) die eindeutige Lösung f_t und damit das Tikhonov–Phillips-Funktional das
eindeutige Minimum f_t. Wir definieren die (verallgemeinerte) Tikhonov–Phillips-
Schar $\{R_t\}_{t>0}$ durch

$$
R_t y := f_t = \left(A^*A + t\,B^*B\right)^{-1}A^*y = \mathrm{argmin}\left\{J_{t,y}(f)\,\middle|\,f \in X\right\}
$$

Der Parameter t steuert, welcher Komponente in $J_{t,y}$ das größere Gewicht beigemessen wird. Es gilt nämlich $\|Bf_t\|_Z \leq t^{-1/2}\|y\|_Y$, siehe Aufgabe 4.2. Ein großer Wert von t bewirkt, dass die Norm $\|Bf_t\|_Z$ klein ist relativ zum Defekt $\|Af_t-y\|_Y$. Umgekehrt erzwingt $t \ll 1$ einen kleinen Defekt relativ zu $\|Bf_t\|_Z$. Mit der Wahl von B beeinflussen wir die Gestalt von f_t. Gewisse Merkmale können betont bzw. gedämpft werden. Weiter unten gehen wir genauer auf die Wirkung von B auf f_t ein.

Die Tikhonov–Phillips-Schar kombiniert mit einer a priori Parameterwahl ergibt ein Regularisierungsverfahren. Diese Aussage wollen wir jetzt beweisen. Dabei können wir *nicht* auf unsere Ergebnisse aus Kapitel 3.3 zurückgreifen, da A^*A und B^*B kein gemeinsames System von Eigenvektoren besitzen müssen, wir demnach R_t nicht mittels einer Filterfunktion aus A erzeugen können. Eine neue Technik muss her!

Satz 4.1.2 *Seien* $A \in \mathcal{L}(X,Y)$, $B \in \mathcal{L}(X,Z)$ *mit* (4.2) *und* $g \in \mathcal{D}(A^+)$. *Ferner sei*

$$\delta_r := \inf\left\{\|\beta^{-2}B^*BA^+g - A^*w\|_X \mid w \in Y, \|w\|_Y \leq r\right\}, \quad r \geq 0.$$

Dann gelten für $f_t = \left(A^*A + tB^*B\right)^{-1}A^*g$:

(a) $\|f_t - A^+g\|_X^2 \leq \delta_r^2 + t\,\beta^2\,r^2$ *für alle* $r, t > 0$.

(b) $\displaystyle\lim_{t \to 0} f_t = A^+g$.

Beweis: (a) In der folgenden Rechnung nutzen wir aus, dass $A^*Af^+ = A^*g$ für $f^+ = A^+g$ sowie $(A^*A + tB^*B)f_t = A^*g$ ist. Sei $w \in Y$ mit $\|w\|_Y \leq r$, dann

$$
\begin{aligned}
\|Af_t - Af^+\|_Y^2 &= \langle Af_t - Af^+, Af_t - Af^+\rangle_Y = \langle A^*Af_t - A^*Af^+, f_t - f^+\rangle_X \\
&= \langle A^*Af_t - A^*g, f_t - f^+\rangle_X = -t\,\langle B^*Bf_t, f_t - f^+\rangle_X \\
&= -t\,\langle B^*B(f_t - f^+), f_t - f^+\rangle_X \\
&\qquad\qquad -t\,\beta^2\,\langle\beta^{-2}B^*Bf^+, f_t - f^+\rangle_X \\
&= -t\,\|B(f_t - f^+)\|_Z^2 - t\,\beta^2\,\langle\beta^{-2}B^*Bf^+ - A^*w, f_t - f^+\rangle_X \\
&\qquad\qquad -t\,\beta^2\,\langle w, Af_t - Af^+\rangle_Y \\
&\leq -t\,\|B(f_t - f^+)\|_Z^2 \\
&\qquad\qquad + t\,\beta^2\,\|\beta^{-2}B^*Bf^+ - A^*w\|_X\,\|f_t - f^+\|_X \\
&\qquad\qquad + t\,\beta^2\,r\,\|Af_t - Af^+\|_Y.
\end{aligned}
$$

Wir bilden das Infimum der rechten Seite über w und gelangen so zu

$$
\begin{aligned}
\|Af_t - Af^+\|_Y^2 &\leq -t\,\|B(f_t - f^+)\|_Z^2 + t\,\beta^2\,\delta_r\,\|f_t - f^+\|_X \\
&\qquad\qquad + t\,\beta^2\,r\,\|Af_t - Af^+\|_Y.
\end{aligned}
$$

Nutzen wir $|ab| \leq (a^2 + b^2)/2$ für jeden der beiden letzten Summanden aus, so folgt:

$$\|Af_t - Af^+\|_Y^2 \leq -t\,\|B(f_t - f^+)\|_Z^2 + \frac{t\,\beta^2}{2}\left(\delta_r^2 + \|f_t - f^+\|_X^2\right) + \frac{t^2\,\beta^4\,r^2}{2}$$
$$+ \frac{1}{2}\,\|Af_t - Af^+\|_Y^2,$$

woraus wir

$$\frac{1}{2}\,\|Af_t - Af^+\|_Y^2 + t\,\|B(f_t - f^+)\|_Z^2 \leq \frac{t\,\beta^2}{2}\,\delta_r^2 + \frac{t\,\beta^2}{2}\,\|f_t - f^+\|_X^2 + \frac{t^2\,\beta^4\,r^2}{2}$$

herleiten. Da $\|B(f_t - f^+)\|_Z^2 \geq \beta^2\,\|f_t - f^+\|_X^2$ ist, können wir weiter abschätzen:

$$\frac{1}{2}\,\|Af_t - Af^+\|_Y^2 + \frac{t\,\beta^2}{2}\,\|f_t - f^+\|_X^2 \leq \frac{t\,\beta^2}{2}\,\delta_r^2 + \frac{t^2\,\beta^4\,r^2}{2}$$

und wir enden mit

$$\|f_t - f^+\|_X^2 = \|f_t - A^+g\|_X^2 \leq \delta_r^2 + t\,\beta^2\,r^2.$$

(b) Wegen $\mathcal{R}(B^*B) \subset X$ und $\overline{\mathcal{R}(A^*)} = \mathcal{N}(A)^\perp = X$ gilt $\lim_{r\to\infty} \delta_r = 0$. Wir wählen nun $r = r(t)$ so, dass $r(t) \to \infty$ und $t\,r^2(t) \to 0$ gehen, wenn $t \to 0$ strebt*. Dann folgt $\|f_t - f^+\|_X^2 \leq \delta_{r(t)}^2 + \beta^2\,t\,r^2(t) \to 0$ für $t \to 0$. ∎

Mit etwas Mehraufwand gewinnen wir aus Satz 4.1.2 die Regularisierungseigenschaft unter einer a priori Parameterwahl.

Satz 4.1.3 *Seien $A \in \mathcal{L}(X,Y)$ und $B \in \mathcal{L}(X,Z)$ mit (4.2). Wählen wir $\gamma : \,]0,\infty[\to\,]0,\infty[$, so dass gilt*

$$\gamma(\varepsilon) \to 0 \quad sowie \quad \varepsilon/\sqrt{\gamma(\varepsilon)} \to 0 \quad für \quad \varepsilon \to 0, \tag{4.6}$$

dann ist $(\{R_t\}_{t>0},\gamma)$ mit $R_t = \left(A^*A + t\,B^*B\right)^{-1} A^*$ ein Regularisierungsverfahren für A^+.

Beweis: Seien $g \in \mathcal{D}(A^+)$ und $g^\varepsilon \in Y$ mit $\|g - g^\varepsilon\|_Y \leq \varepsilon$. Wir spalten den Fehler auf in Approximations- und Datenfehler ($f^+ = A^+g$):

$$\|f^+ - R_{\gamma(\varepsilon)}g^\varepsilon\|_X \leq \|f^+ - R_{\gamma(\varepsilon)}g\|_X + \|R_{\gamma(\varepsilon)}(g - g^\varepsilon)\|_X$$
$$\leq \|f^+ - R_{\gamma(\varepsilon)}g\|_X + \|R_{\gamma(\varepsilon)}\|\,\varepsilon.$$

Um den Approximationsfehler brauchen wir uns nicht weiter zu kümmern, denn $\lim_{\varepsilon\to 0}\|f^+ - R_{\gamma(\varepsilon)}g\|_X = 0$ nach (4.6) und Satz 4.1.2.

Den Datenfehler bekommen wir in den Griff, wenn wir $\{\|R_t\|\}_{t>0}$ beschränken können. Für $C_t := A^*A + t\,B^*B$ haben wir $\|C_t^{-1}\| \leq 1/(t\,\beta^2)$, siehe (4.4). Daraus folgt

---

* Eine mögliche Wahl von $r(t)$ wäre $r(t) = t^{-1/3}$.

$$\|R_t\|^2 = \|R_t R_t^*\| = \|C_t^{-1} A^* A C_t^{-1}\| \le \|C_t^{-1} A^* A\|/(t\,\beta^2).$$

Gibt es eine positive Konstante M, so dass $\|C_t^{-1} A^* A\| \le M$ ist für alle $t > 0$, dann folgt für den Datenfehler

$$\|R_{\gamma(\varepsilon)}\|\varepsilon \le \sqrt{M/\beta^2}\;\varepsilon/\sqrt{\gamma(\varepsilon)}$$

und wir sind fertig in Hinblick auf (4.6).

Wir weisen die Existenz von M nach. Dazu wenden wir Satz 4.1.2 (b) mit $g = Af$ an und erhalten $\lim_{t\to 0} C_t^{-1} A^* g = A^+ Af = P_{\mathcal{N}(A)^\perp} f = f$ für alle $f \in X$ (A ist injektiv). Zu $f \in X$ finden wir daher ein $\bar{t}(f) > 0$, so dass gilt

$$\|C_t^{-1} A^* g - f\|_X \le \|f\|_X \quad \text{für alle } t \in\,]0,\bar{t}(f)].$$

Mit der Dreiecksungleichung erreichen wir für alle $t \in\,]0,\bar{t}(f)]$:

$$\|C_t^{-1} A^* Af\|_X \le \|C_t^{-1} A^* Af - f\|_X + \|f\|_X \le 2\,\|f\|_X.$$

Im verbleibenden Parameterbereich dürfen wir grob abschätzen unter Verwendung von (4.4):

$$\|C_t^{-1} A^* Af\|_X \le \|A\|^2\,\|f\|_X/(\bar{t}(f)\,\beta^2) \quad \text{für alle } t \ge \bar{t}(f).$$

Über den gesamten Parameterbereich erhalten wir

$$\|C_t^{-1} A^* Af\|_X \le \|f\|_X\,\max\left\{2, \|A\|^2/(\bar{t}(f)\,\beta^2)\right\} \quad \text{für alle } t > 0.$$

Aus dieser punktweisen Beschränktheit folgt die gleichmäßige Beschränktheit, d.h. es existiert ein $M > 0$, so dass $\|C_t^{-1} A^* A\| \le M$ ist für alle $t > 0$ (Satz 8.2.1). Der Beweis von Satz 4.1.3 ist jetzt komplett. ∎

Um Konvergenzaussagen zu erhalten, die über Satz 4.1.3 hinausgehen, stellen wir weitere Forderungen an B. Sei $\{(\sigma_k; v_k, u_k)\}$ das singuläre System von $A \in \mathcal{K}(X,Y)$. Wir verlangen von $B^* B$ die Darstellung

$$B^* B x = \sum_{k=1}^{\infty} \beta_k^2\,\langle x, v_k\rangle_X\,v_k \quad \text{mit } \{\beta_k\} \subset [\beta, \|B\|]. \tag{4.7}$$

Nun können wir R_t durch das singuläre System von A ausdrücken:

$$R_t y = \left(A^* A + t\,B^* B\right)^{-1} A^* y = \sum_{k=1}^{\infty} \frac{\sigma_k}{\sigma_k^2 + t\,\beta_k^2}\,\langle y, u_k\rangle_Y\,v_k.$$

Hier sehen wir deutlich den Einfluss von B auf die Rekonstruktion $f_t^\varepsilon = R_t g^\varepsilon$. Je größer β_k ist, desto stärker wird die Komponente $\langle g^\varepsilon, u_k\rangle_Y\,v_k$ in f_t^ε gedämpft. Bei dem klassischen Tikhonov–Phillips-Verfahren ($\beta_k = 1$) werden alle Komponenten einheitlich behandelt.

Obwohl R_t im Allgemeinen *nicht* in der Form $F_t(A^* A)A^*$ mit einem Filter F_t geschrieben werden kann, können wir die Ergebnisse von Kapitel 3.3 auf R_t übertragen. Entscheidend hierfür sind die Abschätzungen (siehe Aufgabe 4.4)

$$\|F_{\|B\|^2 t}(A^*A)A^*y\|_X \;\leq\; \|R_t y\|_X \;\leq\; \|F_{\beta^2 t}(A^*A)A^*y\|_X \quad \text{für alle } y \in Y \quad (4.8)$$

sowie

$$\|p_{\beta^2 t}(A^*A)x\|_X \;\leq\; \|(I - R_t A)x\|_X \;\leq\; \|p_{\|B\|^2 t}(A^*A)x\|_X \quad \text{für alle } x \in X, \quad (4.9)$$

in denen $p_t(\lambda) = 1 - \lambda\, F_t(\lambda) = t/(\lambda+t)$ und $F_t(\lambda) = 1/(\lambda+t)$ der Filter zur klassischen Tikhonov–Phillips-Methode ist. Die Familie $\{R_t\}_{t>0}$ hat dieselbe Asymptotik für $t \to 0$ wie die klassische Tikhonov–Phillips-Familie. Das Verhalten im Grenzfall $(\varepsilon \to 0)$ hängt daher nicht von B ab.

Satz 4.1.4 *Seien $A \in \mathcal{K}(X,Y)$ und $B \in \mathcal{L}(X,Z)$. Darüber hinaus gelte die Darstellung (4.7) und es sei $R_t = \left(A^*A + t\,B^*B\right)^{-1}A^*$, $t > 0$.*

(a) *Mit der a priori Parameterwahl γ von (3.30) ist $(\{R_t\}_{t>0},\gamma)$ ein ordnungsoptimales Regularisierungsverfahren für A^+ bez. X_μ für alle $\mu \in \,]0,2]$.*

(b) *Wählen wir γ nach dem Diskrepanzprinzip (3.37), dann ist $(\{R_t\}_{t>0},\gamma)$ ein ordnungsoptimales Regularisierungsverfahren für A^+ bez. X_μ für alle $\mu \in \,]0,1]$. Die Fehlerordnung $\mathrm{O}(\varepsilon^{1/2})$ im Rauschpegel ε ist maximal.*

(c) *Die Parameterwahl γ nach dem verallgemeinerten Diskrepanzprinzip (3.45) mit*

$$\eta(t) \;=\; \|g^\varepsilon - A f_t^\varepsilon\|_Y^2 \;-\; \langle A^*(g^\varepsilon - A f_t^\varepsilon), (A^*A + t\,B^*B)^{-1}A^*(g^\varepsilon - A f_t^\varepsilon)\rangle_X$$

(g^ε gestörte Daten und $f_t^\varepsilon = R_t g^\varepsilon$) macht $(\{R_t\}_{t>0},\gamma)$ zu einem ordnungsoptimalen Regularisierungsverfahren für A^+ bez. X_μ für alle $\mu \in \,]0,2]$.

Beweis: Seien $g \in \mathcal{R}(A)$ und $g^\varepsilon \in Y$ mit $\|g-g^\varepsilon\|_Y \leq \varepsilon$. Mit $f^+ = A^+ g$ betrachten wir

$$
\begin{aligned}
\|f^+ - R_t g^\varepsilon\|_X \;&<\; \|f^+ - R_t g\|_X \;+\; \|R_t(g - g^\varepsilon)\|_X \\[2pt]
&=\; \|(I - R_t A)f^+\|_X \;+\; \|R_t(g - g^\varepsilon)\|_X \\[2pt]
&\leq\; \|p_{\|B\|^2 t}(A^*A)f^+\|_X \;+\; \|F_{\beta^2 t}(A^*A)A^*\|\,\varepsilon.
\end{aligned}
$$

Die Behauptung (a) folgt nun sofort aus Beispiel 3.3.11 und Satz 3.3.7.

Für den ersten Teil von (b) müssen wir den Beweis von Satz 3.4.1 leicht modifizieren, wobei die Abschätzungen (4.8) und (4.9) an den entsprechenden Stellen zum Einsatz kommen. Der Beweis von Satz 3.4.2 kann der hier vorliegenden Situation ohne Probleme angepasst werden. Damit haben wir auch die maximale Fehlerordnung bewiesen.

Zur Verifikation von (c) formulieren wir η um in $\eta(t) = \Theta(t,g^\varepsilon)$ mit

$$\Theta(t,y) \;=\; \sum_{k=1}^{\infty}\left(\frac{t\,\beta_k^2}{\sigma_k^2 + t\,\beta_k^2}\right)^3 |\langle y,u_k\rangle_Y|^2, \quad y \in Y,$$

vgl. Aufgabe 3.11. Es bleibt, den Beweis von Satz 3.5.1 anzupassen. Exemplarisch führen wir die Modifikation zur Abschätzung des Approximationsfehlers vor. Dazu bringen wir (3.48) in eine geeignete Form. Sei $f^+ = |A|^\mu w$ mit $w \in X$ und $\|w\|_X \le \varrho$. Wir definieren einen Operator $S \in \mathcal{K}(X)$ und einen Vektor $z \in X$ durch

$$Sx := \sum_{k=1}^{\infty} \left(\frac{t\,\beta_k^2}{\sigma_k^2 + t\,\beta_k^2} \right)^{1/2} \sigma_k \, \langle x, v_k \rangle_X \, v_k$$

sowie

$$z := \sum_{k=1}^{\infty} \left(\frac{t\,\beta_k^2}{\sigma_k^2 + t\,\beta_k^2} \right)^{1-\mu/2} \langle w, v_k \rangle_X \, v_k \quad \text{mit } \|z\|_X \le \varrho.$$

Nun schätzen wir den Approximationsfehler ab, vgl. (3.48):

$$\|f^+ - R_t g\|_X = \| |S|^\mu z \|_X \le \| |S|^{\mu+1} z \|_X^{\frac{\mu}{\mu+1}} \|z\|_X^{\frac{1}{\mu+1}} \le \Theta(t,g)^{\frac{\mu}{2(\mu+1)}} \varrho^{\frac{1}{\mu+1}}.$$

Weiter haben wir

$$\Theta(t,g) \le 2\,\Theta(t, g - g^\varepsilon) + 2\,\Theta(t, g^\varepsilon) \le 2\,\|g - g^\varepsilon\|_Y^2 + 2\eta(t) \le 2\,(\eta(t) + \varepsilon^2).$$

Ist t_{k^*} der nach (3.45) gewählte Parameter, so folgt $\Theta(t_{k^*}, g) \le 2\,(\tau + 1)\,\varepsilon^2$ und schließlich

$$\|f^+ - R_{t_{k^*}} g\|_X \le \left(2\,(\tau+1) \right)^{\frac{\mu}{2(\mu+1)}} \varepsilon^{\frac{\mu}{\mu+1}} \varrho^{\frac{1}{\mu+1}}.$$

Schätzen Sie nun den Datenfehler analog zum Beweis von Satz 3.5.1 ab. ∎

Die maximale Fehlerordnung $O(\varepsilon^{2/3})$ des verallgemeinerten Diskrepanzprinzips nach Satz 4.1.4 (c) ist in der Tat maximal, wie der folgende Satz verdeutlicht.

Satz 4.1.5 *Seien $A \in \mathcal{K}(X,Y)$ und $B \in \mathcal{L}(X,Z)$. Darüber hinaus gelte die Darstellung (4.7) und es sei $R_t = \left(A^*A + t\,B^*B \right)^{-1} A^*$, $t > 0$. Zusätzlich seien $\mathcal{R}(A)$ unendlichdimensional und $g \in \mathcal{R}(A)$. Für die (a priori oder a posteriori) Parameterwahl $\gamma = \gamma(\varepsilon, g^\varepsilon)$ gelte*

$$\lim_{\varepsilon \to 0} \frac{\sup \left\{ \|R_{\gamma(\varepsilon, g^\varepsilon)} g^\varepsilon - A^+ g\|_X \mid g^\varepsilon \in Y, \ \|g - g^\varepsilon\|_Y \le \varepsilon \right\}}{\varepsilon^{2/3}} = 0. \tag{4.10}$$

Dann ist $g = 0$.

Beweis: GROETSCH [42, Theorem 3.2.4] beweist den Satz für das klassische Tikhonov–Phillips-Verfahren. Seine Beweisführung lässt sich auf den verallgemeinerten Fall übertragen, was wir nachfolgend demonstrieren.

Wie gewohnt sei $\{(\sigma_k; v_k, u_k)\}$ das singuläre System von A. Analog zum Beweis von Satz 3.4.2 führen wir einen Widerspruchsbeweis, indem wir annehmen, dass (4.10) für mindestens ein $g \ne 0$ gilt. Zu diesem g definieren wir Störungen $\{g_n\}_{n \in \mathbb{N}}$ durch $g_n := g + \varepsilon_n u_n$ mit $\varepsilon_n := \sigma_n^3$. Wir haben $\|g - g_n\|_Y = \varepsilon_n \to 0$ für $n \to \infty$, da $\mathcal{R}(A)$ unendlichdimensional ist. Die zu $\{g_n\}_{n \in \mathbb{N}}$ gehörenden Regularisierungsparameter bezeichnen wir mit $\{\gamma_n\}_{n \in \mathbb{N}}$, d.h. $\gamma_n := \gamma(\varepsilon_n, g_n)$. Sei $f^+ = A^+ g$. Aus

$$R_{\gamma_n}g_n - f^+ = R_{\gamma_n}g - f^+ + R_{\gamma_n}g_n - R_{\gamma_n}g = R_{\gamma_n}g - f^+ + \varepsilon_n\, R_{\gamma_n}u_n$$

$$= R_{\gamma_n}g - f^+ + \frac{\varepsilon_n\, \sigma_n}{\sigma_n^2 + \gamma_n\, \beta_n^2}\, v_n$$

erhalten wir

$$\|R_{\gamma_n}g_n - f^+\|_X^2 = \|R_{\gamma_n}g - f^+\|_X^2$$

$$+\, 2\, \frac{\varepsilon_n\, \sigma_n}{\sigma_n^2 + \gamma_n\, \beta_n^2}\, \langle R_{\gamma_n}g - f^+, v_n\rangle_X + \left(\frac{\varepsilon_n\, \sigma_n}{\sigma_n^2 + \gamma_n\, \beta_n^2}\right)^2$$

und weiter

$$\frac{\|R_{\gamma_n}g_n - f^+\|_X^2}{\varepsilon_n^{4/3}} \geq 2\, \frac{\langle R_{\gamma_n}g - f^+, v_n\rangle_X}{\varepsilon_n^{2/3} + \gamma_n\, \|B\|^2} + \left(\frac{\varepsilon_n^{2/3}}{\varepsilon_n^{2/3} + \gamma_n\, \|B\|^2}\right)^2$$

$$= 2\, \frac{\varepsilon_n^{-2/3}\, \langle R_{\gamma_n}g - f^+, v_n\rangle_X}{1 + \|B\|^2\, \gamma_n\, \varepsilon_n^{-2/3}} \tag{4.11}$$

$$+ \left(\frac{1}{1 + \|B\|^2\, \gamma_n\, \varepsilon_n^{-2/3}}\right)^2.$$

Als Nächstes zeigen wir, dass $\lim_{n\to\infty}\gamma_n\, \varepsilon_n^{-2/3} = 0$ ist. Elementare Umrechnungen unter Berücksichtigung von $\varepsilon_n := \sigma_n^3$ ergeben

$$\gamma_n\, B^*Bf^+ = \varepsilon_n^{4/3}\, v_n - (A^*A + \gamma_n\, B^*B)(R_{\gamma_n}g_n - f^+),$$

woraus mit (4.7) folgt

$$\beta^2\, \gamma_n\, \|f^+\|_X \leq \varepsilon_n^{4/3} + \left(\|A\|^2 + \sup_n\{\gamma_n\}\, \|B\|^2\right) \|R_{\gamma_n}g_n - f^+\|_X.$$

Da die Folge der Regularisierungsparameter nach (3.2) gegen Null konvergiert, ist das Supremum auf der rechten Seite endlich. Wegen $f^+ \neq 0$ ($g \in \mathcal{R}(A)\backslash\{0\}$) und (4.10) gilt tatsächlich $\lim_{n\to\infty}\gamma_n\, \varepsilon_n^{-2/3} = 0$. Gehen wir in (4.11) zu diesem Grenzwert über, erzielen wir

$$0 \geq 2\, \limsup_{n\to\infty} \frac{\varepsilon_n^{-2/3}\, \langle R_{\gamma_n}g - f^+, v_n\rangle_X}{1 + \|B\|^2\, \gamma_n\, \varepsilon_n^{-2/3}} + 1.$$

Nun impliziert (4.10) insbesondere auch, dass $\lim_{n\to\infty}\varepsilon_n^{-2/3}(R_{\gamma_n}g - f^+) = 0$ ist. Das bedeutet, der Limes superior ist ebenfalls Null, was uns auf den Widerspruch $0 \geq 1$ führt. Also kann (4.10) nur eintreten, wenn $g = 0$ ist. ∎

Die Verallgemeinerung (4.3) des Tikhonov–Phillips-Verfahrens unter den Annahmen (4.2) bzw. (4.7) erhöht nicht die Qualifikation. Unter diesem asymptotischen Gesichtspunkt haben wir nichts gewonnen. Allerdings unterscheiden sich die Rekonstruktionen $f_t^\varepsilon = \left(A^*A + t\,B^*B\right)^{-1}A^*g^\varepsilon$ mitunter deutlich in B.

SCHNEIDER [127] konstruiert B, d.h. die β_k, in Abhängigkeit von g^ε (damit wird das Verfahren *nichtlinear*) so, dass die Komponente $\langle g^\varepsilon, u_k\rangle_Y\, v_k$ in f_t^ε gedämpft wird, und zwar proportional zu ihrem Rauschanteil. Zur Bestimmung der β_k müssen zumindest qualitative Eigenschaften des Rauschens zur Verfügung stehen. Schneider gewinnt die nötige Information aus Charakteristika seiner Messelektroden. Einen anderen Weg schlägt KLOSS in [74] ein. Er schätzt das Rauschen $\varepsilon = g - g^\varepsilon$ mittels Wavelet-Methoden. Der Quotient $\langle\varepsilon,u_k\rangle_Y/\langle g^\varepsilon,u_k\rangle_Y$ kann nun herangezogen werden zur Definition der β_k.

Die in diesem Abschnitt vorgestellte Verallgemeinerung der Tikhonov–Phillips-Methode erschließt uns keine neue Qualität; denn die beiden Normen $\|B\cdot\|_Z$ und $\|\cdot\|_X$ sind auf X äquivalent. Ersetzen wir den Strafterm im Tikhonov–Phillips-Funktional durch eine stärkere Norm, dann ändert sich die Qualität der Methode, wodurch die Qualifikation erhöht wird. Dieses Konzept wurde von NATTERER [94] vorgeschlagen und analysiert.

4.2 Iterierte Tikhonov–Phillips-Regularisierung

Die Qualifikation des Tikhonov–Phillips-Verfahrens erhöhen wir durch Iteration. Das *n-fach iterierte Tikhonov–Phillips-Verfahren* ist definiert durch $R_{t,n}y := f_{t,n}$, wobei $f_{t,n}$ rekursiv berechnet wird aus $f_{t,0} = 0$ und

$$(A^*A + t\,I)f_{t,i} = A^*y + t\,f_{t,i-1}, \quad i = 1,2,3,\dots,n. \qquad (4.12)$$

Das einfach iterierte und das klassische Tikhonov–Phillips-Verfahren (4.1) fallen zusammen. In Aufgabe 4.5 zeigen Sie folgende Minimaleigenschaft von $R_{t,n} : Y \to X$:

$$R_{t,n}y = \operatorname{argmin}\{\|Af - y\|_Y^2 + t\,\|f - R_{t,n-1}y\|_X^2 \mid f \in \mathcal{N}(A)^\perp\}.$$

Somit minimiert $R_{t,n}y$ ein Tikhonov-Funktional mit modifiziertem Strafterm. Über die Wahl von t beeinflussen wir, ob der Defekt oder der Abstand von $R_{t,n}y$ zur vorherigen Iterierten $R_{t,n-1}y$ klein wird.

Zum iterierten Tikhonov–Phillips-Verfahren gehört der Filter

$$F_{t,n}(\lambda) = \frac{(\lambda + t)^n - t^n}{\lambda\,(\lambda + t)^n}, \qquad (4.13)$$

d.h. $R_{t,n} = F_{t,n}(A^*A)A^*$, siehe Aufgabe 4.5. Zur Analyse von $R_{t,n}$ stehen uns daher die Ergebnisse aus den Abschnitten 3.3 und 3.4 zur Verfügung. Die Qualifikation des n-mal iterierten Tikhonov–Phillips-Verfahrens ist $2n$ (Aufgabe 4.6). Versehen wir $\{R_{t,n}\}_{t>0}$ mit dem Diskrepanzprinzip (3.37), dann erhalten wir ein

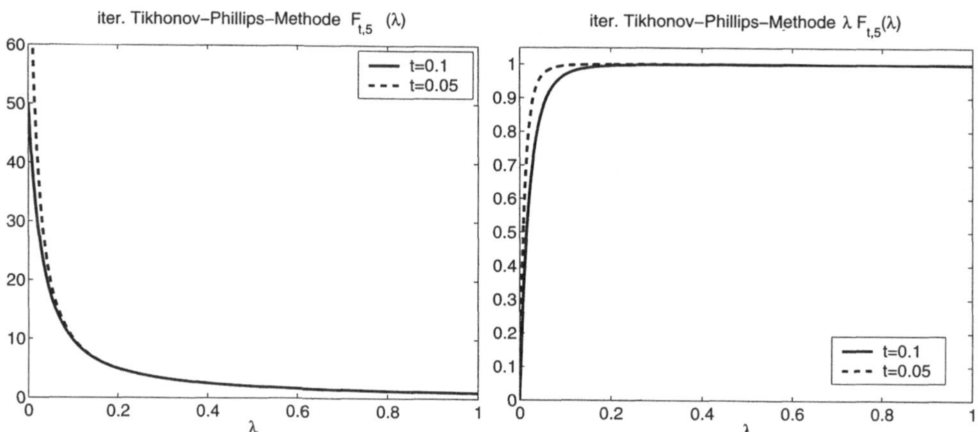

Bild 4.1: Die beiden Regularisierungseigenschaften des Filters der 5-fach iterierten Tikhonov–Phillips-Regularisierung. Links: $F_{t,5}(\lambda)$, rechts: $\lambda\,F_{t,5}(\lambda)$ jeweils für $t = 0.1$ und $t = 0.05$.

ordnungsoptimales Verfahren bez. X_μ für $0 < \mu \leq 2n - 1$, während $\{R_{t,n}\}_{t>0}$ mit der Parameterwahl (3.45) von optimaler Ordnung bez. X_μ für $0 < \mu \leq 2n$ ist. Die maximale Konvergenzordnung ist $O(\varepsilon^{2n/(2n+1)})$. Bild 4.1 zeigt die Graphen von $F_{t,5}(\lambda)$ und $\lambda\,F_{t,5}(\lambda)$.

Wir betrachten nun für festes t die Folgen der Iterierten $f_{t,n} = F_{t,n}(A^*A)A^*g$ und $f_{t,n}^\varepsilon = F_{t,n}(A^*A)A^*g^\varepsilon$ mit exakten Daten $g \in \mathcal{D}(A^+)$ und gestörten Daten $g^\varepsilon \in Y$. Eigenschaften dieser beiden Folgen motivieren die Definition des *Quasioptimalitätskriteriums*, das ist eine heuristische Parameterwahl, angepasst an das iterierte Tikhonov–Phillips-Verfahren.

Aus $p_{t,n+1}(\lambda) = 1 - \lambda F_{t,n+1}(\lambda) = t^{n+1}/(t+\lambda)^{n+1} < t^n/(t+\lambda)^n = p_{t,n}(\lambda)$ für $t, \lambda > 0$ folgt

$$\|f_{t,n+1} - f^+\|_X < \|f_{t,n} - f^+\|_X.$$

Wegen $F_{t,n}(\lambda) < F_{t,n+1}(\lambda) < (1 + 1/n)\,F_{t,n}(\lambda)$ (Aufgabe 4.7) haben wir

$$\|f_{t,n}^\varepsilon - f_{t,n}\|_X < \|f_{t,n+1}^\varepsilon - f_{t,n+1}\|_X < (1 + 1/n)\,\|f_{t,n}^\varepsilon - f_{t,n}\|_X.$$

Die obigen Abschätzungen dürfen wir wie folgt interpretieren: Die erste besagt, dass der Approximationsfehler in $f_{t,n+1}^\varepsilon$ kleiner ist als in $f_{t,n}^\varepsilon$. Dahingegen sind die beiden zugehörigen Datenfehler ungefähr gleich groß, wie wir an der zweiten Abschätzung sehen. Da sich der Rekonstruktionsfehler addiert aus Approximations- und Datenfehler, vgl. (3.4), sehen wir $f_{t,n+1}^\varepsilon$ als die genauere Rekonstruktion von f^+ an. Wir erwarten daher, dass die Funktion

$$\psi_n(t) := \|f_{t,n+1}^\varepsilon - f_{t,n}^\varepsilon\|_X$$

grob den Verlauf des tatsächlichen Fehlers $\|f^+ - f_{t,n}^\varepsilon\|_X$ in t wiedergibt. Das Quasioptimalitätskriterium für das n-fach iterierte Tikhonov–Phillips-Verfahren

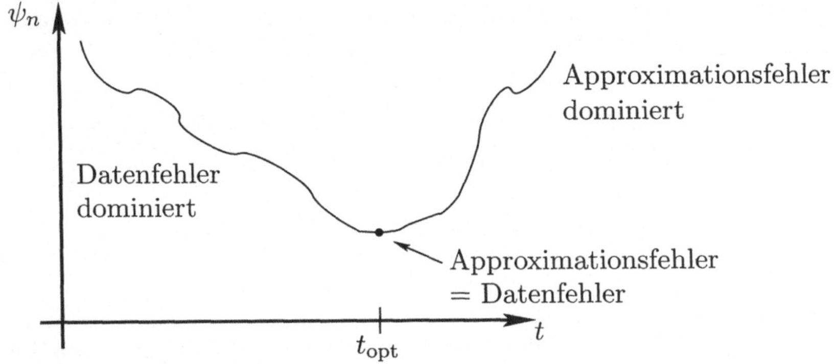

Bild 4.2: Qualitatives Verhalten der Funktion $\psi_n(t) = \|f^\varepsilon_{t,n+1} - f^\varepsilon_{t,n}\|_X$.

besteht nun darin, denjenigen Parameter t_{opt} zu bestimmnen, der ψ_n global minimiert: $\psi_n(t_{\mathrm{opt}}) \leq \psi_n(t)$ für alle $t > 0$. Die Existenz von t_{opt} können wir durch folgende Heuristik motivieren: Wenn ψ_n den Fehler auch nur grob nachzeichnet, dann nimmt für kleine t der Datenfehler und für große t der Approximationsfehler überhand. Das Verhalten von ψ_n ist in Bild 4.2 qualitativ skizziert. Der optimale Parameter ist wieder dort zu finden, wo sich Approximations- und Datenfehler die Waage halten.

Für das klassische Verfahren ($n = 1$) erhalten wir

$$\psi_1(t) = \|f^\varepsilon_{t,2} - f^\varepsilon_{t,1}\|_X = \|t\,(A^*A + t\,I)^{-1} f^\varepsilon_{t,1}\|_X = t\,\|(A^*A + t\,I)^{-2} A^* g^\varepsilon\|_X.$$

Ohne großen Mehraufwand lässt sich ψ_1 hier auswerten.

Durch Iterieren der Tikhonov–Phillips-Methode haben wir zwar die Qualifikation erhöht, sie ist aber weiterhin endlich. Halten wir bei der Iteration den Parameter t nicht fest, sondern variieren ihn geeignet in jedem Iterationsschritt und betrachten nun den Iterationsindex n als Regularisierungsparameter, dann erhalten wir ein Verfahren von unendlicher Qualifikation. Dieses Verfahren heißt *nicht-stationäres* iteriertes Tikhonov–Phillips-Verfahren definiert durch $R_n y := f_n$, $n \in \mathbb{N}_0$, wobei f_n rekursiv gegeben ist: $f_0 = 0$,

$$(A^*A + t_i\,I)f_i = A^*y + t_i\,f_{i-1}, \quad i = 1,2,3,\ldots,n. \tag{4.14}$$

Wir betonen, dass die Folge $\{t_i\}$ von vornherein gewählt ist und die Anzahl der Iterationen n als Regularisierungsparameter fungiert (in (4.12) wird n festgehalten). Damit gehört das nicht-stationäre iterierte Tikhonov–Phillips-Verfahren zur Klasse der iterativen Regularisierungen, die wir im nächsten Kapitel betrachten werden. In [51] zeigen HANKE und GROETSCH die Ordnungsoptimalität des nichtstationären iterierten Tikhonov–Phillips-Verfahrens mit dem Diskrepanzprinzip als Parameterwahl, falls es eine Konstante C gibt, so dass $t_i^{-1} \leq C \sum_{j=1}^{i-1} t_j^{-1}$ ist. Eine mögliche Folge wäre $t_i = t\,q^{i-1}$ mit festem $t > 0$ und $0 < q < 1$.

Bemerkung 4.2.1 Abschließend interpretieren wir das nicht-stationäre iterierte Tikhonov–Phillips-Verfahren als ein implizites Einschrittverfahren zur Diskretisierung der Showalter-Methode aus Beispiel 3.3.10. Zur Erinnerung: Die Showalter-Methode $R_t : Y \to X$ ist gegeben durch $R_t y = u(1/t)$, $t > 0$, wobei u das lineare Anfangswertproblem

$$\frac{\mathrm{d}}{\mathrm{d}\tau} u(\tau) + A^* A u(\tau) = A^* y, \quad \tau > 0,$$

$$u(0) = 0,$$

löst. Sehen wir A für einen Moment als injektive Matrix an, dann haben wir es mit einem System *steifer* Differentialgleichungen zu tun, das aus Stabilitätsgründen mit impliziten Verfahren diskretisiert werden sollte, siehe z.B. DEUFLHARD und BORNEMANN [22]. Das einfachste implizite Verfahren ist das implizite Euler-Verfahren. Der Ableitungsterm wird durch einen rückwärts genommenen Differenzenquotienten diskretisiert. Sei $\{h_i\} \subset \,]0,\infty[$ eine Folge von Diskretisierungsschrittweiten. Wir definieren $\{\eta_i\} \subset X$ durch $\eta_0 = 0$ und

$$\frac{\eta_i - \eta_{i-1}}{h_i} + A^* A \eta_i = A^* y, \quad i = 1,2,\dots\,.$$

Hierbei ist η_i eine Approximation von $u(\tau_i)$ mit $\tau_i = \sum_{j=0}^{i-1} h_j$.

Die beiden Folgen $\{\eta_i\}$ und $\{f_i\}$ (4.14) stimmen überein, wenn $1/h_i = t_i$ ist.

4.3 Übungsaufgaben

Aufgabe 4.1 Sei $L \in \mathcal{L}(X)$ mit $\langle Lx,x\rangle_X \geq \lambda \|x\|_X^2$ für alle $x \in X$ und ein $\lambda > 0$. Dann ist L stetig invertierbar mit $\|L^{-1}\| \leq 1/\lambda$.

Hinweis: Zum Nachweis der Surjektivität von L betrachten Sie die Abbildung $\Psi : X \to X$, $\Psi(x) = x - \kappa(Lx - y)$ mit $y \in X$ und $\kappa > 0$. Zeigen Sie: $\|\Psi(x) - \Psi(z)\|_X^2 \leq (1 - 2\kappa\lambda + \kappa^2 \|L\|^2)\|x - z\|_X^2$. Für $\kappa \in \,]0,2\lambda/\|L\|^2[$ ist Ψ eine Kontraktion. Jetzt hilft Ihnen der Banachsche Fixpunktsatz weiter.

Aufgabe 4.2 Sei f_t ein minimierendes Argument des Tikhonov–Phillips-Funktionals $J_{t,y}$, siehe (4.5). Zeigen Sie: $\|Bf_t\|_Z \leq t^{-1/2}\|y\|_Y$ für $t > 0$.

Aufgabe 4.3 Seien $A \in \mathcal{L}(X,Y)$, $B \in \mathcal{L}(X,Z)$ mit (4.2) und $g \in \mathcal{D}(A^+)$. Falls $B^* B A^+ g = A^* v$ ist mit einem $v \in Y$, dann gilt für $f_t = \left(A^* A + t\, B^* B\right)^{-1} A^* g$:

$$\|f_t - A^+ g\|_X \leq \beta^{-1}\|v\|_Y\, t^{1/2}.$$

Hinweis: Satz 4.1.2.

Aufgabe 4.4 Seien $A \in \mathcal{K}(X,Y)$ und $B \in \mathcal{L}(X,Z)$. Darüber hinaus gelte die Darstellung (4.7) und es sei $R_t = \left(A^*A + t\,B^*B\right)^{-1} A^*$, $t > 0$. Weiter seien $F_t(\lambda) = 1/(\lambda + t)$ und $p_t(\lambda) = 1 - \lambda\,F_t(\lambda) = t/(\lambda + t)$. Dann gelten für $t > 0$

$$\|F_{\|B\|^2 t}(A^*A)A^*y\|_X \;\leq\; \|R_t y\|_X \;\leq\; \|F_{\beta^2 t}(A^*A)A^*y\|_X \quad \text{für alle } y \in Y$$

sowie

$$\|p_{\beta^2 t}(A^*A)x\|_X \;\leq\; \|(I - R_t A)x\|_X \;\leq\; \|p_{\|B\|^2 t}(A^*A)x\|_X \quad \text{für alle } x \in X.$$

Aufgabe 4.5 Sei $A \in \mathcal{K}(X,Y)$ und sei $R_{t,n} \in \mathcal{L}(Y,X)$ das zugehörige n-fach iterierte Tikhonov–Phillips-Verfahren (4.12). Zeigen Sie

$$R_{t,n}y \;=\; \mathrm{argmin}\big\{\,\|Af - y\|_Y^2 + t\,\|f - R_{t,n-1}y\|_X^2 \mid f \in \mathcal{N}(A)^{\perp}\,\big\}.$$

und

$$R_{t,n}y = F_{t,n}(A^*A)A^*y$$

mit $F_{t,n}$ aus (4.13).

Aufgabe 4.6 Zeigen Sie, dass der Filter (4.13) der n-fach iterierten Tikhonov–Phillips-Regularisierung die Qualifikation $2n$ besitzt.

Hinweis: Schauen Sie sich an, wie wir die Qualifikation der (klassischen) Tikhonov–Phillips-Regularisierung in Beispiel 3.3.11 ermittelt haben. Aus den dort durchgeführten Abschätzungen lässt sich ohne zusätzlichen Aufwand die gesuchte Qualifikation herleiten.

Aufgabe 4.7 Sei $F_{t,n}$ der Filter (4.13) der n-fach iterierten Tikhonov–Phillips-Regularisierung. Dann gilt

$$F_{t,n}(\lambda) \;<\; F_{t,n+1}(\lambda) \;<\; (1 + 1/n)\,F_{t,n}(\lambda) \quad \text{für } \lambda > 0.$$

5 Iterative Regularisierungen

Das direkte und das duale direkte Problem, d.h. die Auswertungen von Ax für $x \in X$ und A^*y für $y \in Y$, sind stabil und meist einfach zu realisieren. Daher eignen sich iterative Methoden, angewandt auf die Normalgleichung, zur Regularisierung von A^+. Iterative Verfahren produzieren eine Folge von Approximationen an f^+. Liegen die Daten im Definitionsbereich von A^+, dann konvergiert die Folge der Iterierten gegen f^+. Bei gestörten Daten beobachten wir eine *Semikonvergenz*: Der Fehler nimmt mit dem Iterationsindex zuerst ab, um dann wieder anzusteigen. Das erinnert an das Verhalten des Rekonstruktionsfehlers, skizziert in Bild 3.1. In der Tat übernimmt der Iterationsindex die Rolle des Regularisierungsparameters. Eine Parameterwahl ist in diesem Rahmen eine Stoppregel für die Iteration.

In diesem Kapitel betrachten wir drei Gruppen von Iterationsverfahren: Das Landweber-Verfahren, die semi-iterativen Verfahren sowie das Verfahren der konjugierten Gradienten (cg-Verfahren). Während die ersten beiden lineare Verfahren sind, und damit in bewährter Manier, d.h. durch getrennte Analyse von Approximations- und Datenfehler behandelt werden können, ist die cg-Iteration nichtlinear und erfordert daher eine neue Analysetechnik.

5.1 Landweber-Verfahren

Das *Landweber*-Verfahren (auch *Richardson*-Verfahren) ist das einfachste iterative Verfahren. Wir erhalten es, indem wir die Normalgleichung $A^*Af = A^*g$ überführen in die Fixpunktgleichung

$$f = f + \omega \, A^*(g - Af)$$

und darauf Fixpunktiteration anwenden. Hier bezeichnet $\omega > 0$ einen Dämpfungsparameter. Mit einem beliebigen Startwert $f_0 \in X$ lautet die Landweber-Iteration bez. $A \in \mathcal{L}(X,Y)$ und $g \in Y$:

$$f_{m+1} = f_m + \omega \, A^*(g - Af_m) = (I - \omega \, A^*A) f_m + \omega \, A^*g, \quad m = 0,1,2,\dots.$$

Die zugehörige Familie von Operatoren $\{R_m\}_{m \in \mathbb{N}_0} \subset \mathcal{L}(Y,X)$ erhalten wir aus $R_m g := f_m$. Das Konvergenzverhalten des Landweber-Verfahrens ist Gegenstand unseres ersten Satzes.

Satz 5.1.1 *Sei $0 < \omega < 2/\|A\|^2$ und sei $A \in \mathcal{L}(X,Y)$. Dann gilt für $f_0 \in X$*

$$\lim_{m\to\infty} f_m = \begin{cases} A^+g + P_{\mathcal{N}(A)}f_0 & : \quad g \in \mathcal{D}(A^+) \\ \infty & : \quad g \notin \mathcal{D}(A^+) \end{cases}.$$

Die Wahl des Anfangswerts f_0 bestimmt entscheidend den Grenzwert der Landweber-Folge: $A^+g + P_{\mathcal{N}(A)}f_0$ ist die f_0-Minimum-Norm-Lösung von $Af = g$, siehe Bemerkung 2.1.7 sowie Aufgaben 2.3 und 2.4.

Beweis von Satz 5.1.1: Zur Abkürzung sei $M = I - \omega A^* A$. Die Landweber-Rekursion kann aufgelöst werden durch

$$f_m = M^m f_0 + \omega \sum_{k=0}^{m-1} M^k A^* g, \quad m = 0,1,2,\ldots, \tag{5.1}$$

wie ein Induktionsargument zeigt. Das Konvergenzverhalten der beiden Summanden betrachten wir getrennt.

Sei $\{(\sigma_k; v_k, u_k)\}$ das singuläre System von A, dann hat $M^m f_0$ die Darstellung

$$M^m f_0 = \sum_{k=1}^{\infty} (1 - \omega\,\sigma_k^2)^m \, \langle f_0, v_k\rangle_X \, v_k + P_{\mathcal{N}(A)}f_0\,.$$

Die Faktoren $(1 - \omega\,\sigma_k^2)^m$ streben gegen Null für $m \to \infty$, wenn $|1 - \omega\,\sigma_k^2| < 1$ ist für alle $k \in \mathbb{N}$. Durch Äquivalenzumformungen leiten wir daraus eine Bedingung an ω ab:

$$|1 - \omega\,\sigma_k^2| < 1 \quad\Longleftrightarrow\quad -1 < 1 - \omega\,\sigma_k^2 < 1 \quad \text{für alle } k$$

$$\Longleftrightarrow\quad 0 < \omega < 2/\sigma_k^2 \quad \text{für alle } k$$

$$\Longleftrightarrow\quad 0 < \omega < 2/\sigma_1^2 = 2/\|A\|^2.$$

Nach Voraussetzung erfüllt ω die letzte Ungleichung, daher haben wir $(1 - \omega\,\sigma_k^2)^m \to 0$ für $k \in \mathbb{N}$, falls $m \to \infty$. Nun können wir die Argumente aus dem Beweis von Satz 3.3.1 übernehmen, um $\lim_{m\to\infty} \sum_{k=1}^{\infty} (1 - \omega\,\sigma_k^2)^m \langle f_0, v_k\rangle_X v_k = 0$ und damit

$$\lim_{m\to\infty} M^m f_0 = P_{\mathcal{N}(A)}f_0 \tag{5.2}$$

zu zeigen.

Wir wenden uns jetzt der Summe aus (5.1) zu. Sei $g \in \mathcal{D}(A^+)$ und sei $f^+ = A^+g$, dann ist

$$f^+ - \omega \sum_{k=0}^{m-1} M^k A^* g = f^+ - \omega \sum_{k=0}^{m-1} (I - \omega A^* A)^k \, A^* A f^+$$

$$= \left(I - \sum_{k=0}^{m-1} (I - \omega A^* A)^k \, \omega A^* A \right) f^+.$$

Wegen $\sum_{k=0}^{m-1}(I - \omega\, A^*A)^k\, \omega\, A^*A = I - (I - \omega\, A^*A)^m$, siehe Aufgabe 5.1, gilt

$$f^+ - \omega \sum_{k=0}^{m-1} M^k\, A^*g \;=\; (I - \omega A^*A)^m\, f^+ \;=\; M^m f^+.$$

Von oben wissen wir bereits, dass $M^m f^+$ gegen $P_{\mathcal{N}(A)} f^+$ konvergiert für $m \to \infty$. Andererseits ist $P_{\mathcal{N}(A)} f^+ = 0$, d.h.

$$\lim_{k \to \infty} \omega \sum_{k=0}^{m-1} M^k\, A^*g \;=\; f^+. \tag{5.3}$$

Unsere Ergebnisse (5.1), (5.2) und (5.3) zusammengefasst, ergeben

$$\lim_{m \to \infty} f_m \;=\; \lim_{m \to \infty} \left(M^m f_0 + \omega \sum_{k=0}^{m-1} M^k A^*g \right) \;=\; P_{\mathcal{N}(A)} f_0 + f^+ \quad \text{für } g \in \mathcal{D}(A^+).$$

Sei nun $g \notin \mathcal{D}(A^+)$. Wir schreiben $f_m = F_m(A^*A)A^*g + M^m f_0$ mit dem Filter

$$F_m(\lambda) \;=\; \omega \sum_{k=0}^{m-1}(1 - \omega\,\lambda)^k \;=\; \omega\, \frac{1 - (1 - \omega\,\lambda)^m}{\omega\,\lambda} \;=\; \frac{1 - (1 - \omega\,\lambda)^m}{\lambda}. \tag{5.4}$$

Nach der Voraussetzung an ω folgt für $\lambda \in\,]0, \|A\|^2]$

$$F_m(\lambda) \;\to\; 1/\lambda \quad \text{sofern } m \to \infty.$$

Weiter ist $\sup_{\lambda \in\, [0, \|A\|^2]} \lambda\, |F_m(\lambda)| = \sup_{\lambda \in\, [0, \|A\|^2]} |1 - (1 - \omega\lambda)^m| \leq 2$. Also handelt es sich bei $\{F_m\}_{m \in \mathbb{N}}$ um einen regularisierenden Filter, vgl. Definition 3.3.5 ($1/m$ spielt hier die Rolle von t).[*] Nach Satz 3.3.1 wächst $F_m(A^*A)A^*g$ unbeschränkt für $g \notin \mathcal{D}(A^+)$, wenn m gegen Unendlich strebt.   ∎

Die zu den Filterpolynomen F_m gehörenden Funktionen p_m (3.21) heißen *Residuenpolynome*. Es sind Polynome vom Grad m:

$$p_m(\lambda) \;=\; 1 - \lambda\, F_m(\lambda) \;=\; (1 - \omega\,\lambda)^m.$$

Die oben gewonnene explizite Darstellung für die Landweber-Iteration wollen wir noch einmal hervorheben:

$$f_m \;=\; R_m g \;=\; F_m(A^*A)A^*g + (I - \omega\, A^*A)^m f_0.$$

Bild 5.1 illustriert die regularisierende Eigenschaft des Filters $\{F_m\}_{m \in \mathbb{N}}$.

---

[*] Gemäß Definition 3.3.5 müssten wir den Filter mit $1/m$ indizieren. Die Indizierung über den Iterationsschritt ist jedoch natürlicher. So werden wir auch bei den anderen Iterationsverfahren vorgehen. Die Ergebnisse aus Kapitel 3 gelten entsprechend.

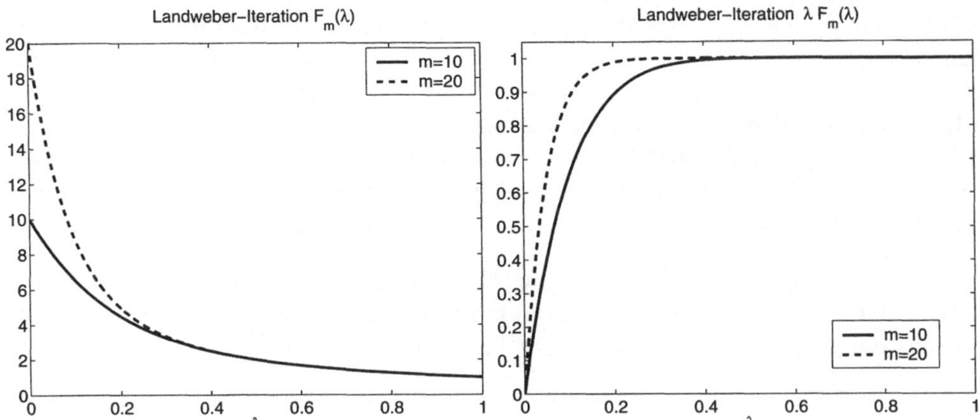

Bild 5.1: Die beiden Regularisierungseigenschaften des Filters der Landweber-Iteration für $\|A\| \leq 1$ und $\omega = 1$. Links: $F_m(\lambda)$, rechts: $\lambda\, F_m(\lambda)$ jeweils für $m = 10$ und $m = 20$.

Lemma 5.1.2 *Sei $A \in \mathcal{L}(X,Y)$ und seien $g, g^\varepsilon \in Y$ mit $\|g - g^\varepsilon\|_Y \leq \varepsilon$. Seien $\{f_m\}$ bzw. $\{f_m^\varepsilon\}$ die Landweber-Folgen bez. g bzw. g^ε mit demselben Startwert aus X, d.h. $f_0 = f_0^\varepsilon$, und demselben Dämpfungsparameter $\omega \in\,]0,2/\|A\|^2[$. Dann gilt*

$$\|f_m - f_m^\varepsilon\|_X \leq \varepsilon \cdot \begin{cases} \sqrt{2\,\omega} & : \quad m = 1 \\ \sqrt{m\,\omega} & : \quad m \geq 2 \end{cases} . \tag{5.5}$$

Beweis: Die Voraussetzung $f_0 = f_0^\varepsilon$ liefert $f_m - f_m^\varepsilon = F_m(A^*A)A^*(g - g^\varepsilon)$ und wir erhalten $\|f_m - f_m^\varepsilon\|_X \leq \|F_m(A^*A)A^*\|\,\varepsilon$. Es ist $\{F_m\}_{m\in\mathbb{N}}$ ein regularisierender Filter und mit Satz 3.3.3 haben wir $\|f_m - f_m^\varepsilon\|_X \leq \sqrt{2\,\omega\,m}\,\varepsilon$ für alle $m \in \mathbb{N}$, insbesondere für $m = 1$. Nutzen wir die spezielle Struktur von $\{F_m\}_{m\in\mathbb{N}}$ aus, dann können wir den Faktor $\sqrt{2}$ eliminieren für $m \geq 2$. Mit (2.12) und (5.4) schätzen wir ab

$$\|F_m(A^*A)A^*\| \leq \sup_{0 \leq \lambda \leq \|A\|^2} \sqrt{\lambda}\,|F_m(\lambda)| = \sqrt{\omega} \sup_{0 \leq \lambda \leq \|A\|^2} \frac{1 - (1 - \omega\,\lambda)^m}{\sqrt{\omega\,\lambda}} .$$

In Aufgabe 5.2 beschränken wir das Supremum der rechten Seite durch $\sqrt{m}$ für $m \geq 2$, wodurch der Beweis von Lemma 5.1.2 erbracht ist. ∎

Den Gesamtfehler spalten wir in bewährter Weise auf in Approximations- und Datenfehler

$$f^+ - f_m^\varepsilon = \underbrace{f^+ - f_m}_{\text{Approximationsfehler}} + \underbrace{f_m - f_m^\varepsilon}_{\text{Datenfehler}} .$$

Hier und im Weiteren bezeichnen $\{f_m\}$ bzw. $\{f_m^\varepsilon\}$ die Landweber-Folgen bez. $g \in \mathcal{D}(A^+)$ bzw. $g^\varepsilon \in Y$ mit *demselben* Startwert aus X und *demselben* Dämpfungsparameter. Der Approximationsfehler strebt gegen $P_{\mathcal{N}(A)}f_0$ für $m \to \infty$ (Satz 5.1.1).

Wählen wir f_0 aus $\mathcal{N}(A)^\perp$, z.B. $f_0 = 0$, so ist $P_{\mathcal{N}(A)}f_0 = 0$ und der Approximationsfehler geht gegen 0. Der Datenfehler explodiert im Allgemeinen; jedoch nicht schneller als $\sqrt{\omega\,m}$ für $m \to \infty$. Die Landweber-Folge zu g^ε weist ein Verhalten auf, das als *Semikonvergenz* bezeichnet wird: Mit zunehmendem Iterationsindex m fällt der Rekonstruktionsfehler zuerst, um dann wieder anzusteigen. Die Kunst besteht also darin, die Iteration rechtzeitig zu stoppen. Nicht zu früh (Approximationsfehler dominiert), aber auch nicht zu spät (Datenfehler explodiert).

Bemerkung 5.1.3 Ein Blick auf die Abschätzung (5.5) des Datenfehlers suggeriert, den Dämpfungsparameter ω möglichst klein zu wählen. Dann würde allerdings der Approximationsfehler sehr langsam abnehmen.

Auf der Suche nach einem Abbruchkriterium für die Landweber-Iteration schreiben wir das Residuum $Af_m^\varepsilon - g^\varepsilon$ um in

$$
\begin{aligned}
Af_m^\varepsilon - g^\varepsilon &= Af_{m-1}^\varepsilon + \omega\,AA^*(g^\varepsilon - Af_{m-1}^\varepsilon) - g^\varepsilon \\
&= (I - \omega AA^*)Af_{m-1}^\varepsilon - (I - \omega\,AA^*)g^\varepsilon \\
&= (I - \omega\,AA^*)(Af_{m-1}^\varepsilon - g^\varepsilon).
\end{aligned}
$$

Für $0 < \omega < 2/\|A\|^2$ fallen die Residuen monoton: $\|Af_m^\varepsilon - g^\varepsilon\|_Y \le \|Af_{m-1}^\varepsilon - g^\varepsilon\|_Y$. Ist darüber hinaus $g^\varepsilon \notin \mathcal{D}(A^+)^\dagger$, so folgt

$$
\|Af_m^\varepsilon - g^\varepsilon\|_Y < \|Af_{m-1}^\varepsilon - g^\varepsilon\|_Y,
$$

siehe Aufgabe 5.3. Die Residuen fallen sogar streng monoton, obwohl $\{f_m^\varepsilon\}$ divergiert. Ein kleines Residuum zieht keinen kleinen Fehler nach sich! Das ist das typische Dilemma schlecht gestellter Probleme.

Die Monotonie des Residuums legt das Diskrepanzprinzip (siehe Kapitel 3.4) als Stoppregel nahe: Sei $\tau > 1$ fest gewählt. Bestimme $m^* \in \mathbb{N}_0$, so dass gilt

$$
\|Af_{m^*}^\varepsilon - g^\varepsilon\|_Y < \tau\,\varepsilon < \|Af_m^\varepsilon - g^\varepsilon\|_Y, \quad m = 0,1,\ldots,m^*-1. \tag{5.6}
$$

Die obige Stoppregel stimmt mit dem Morozovschen Diskrepanzprinzip (3.37) überein, wenn wir $t_m = 1/m$ setzen. Dieses Abbruchkriterium ist für das Landweber-Verfahren besonders geeignet, denn solange das Residuum größer ist als 2ε nimmt der Fehler monoton ab, genauso wie das Residuum, vgl. Bemerkung 3.5.4. Diese Erkenntnis stammt von DEFRISE und DE MOL [19], wir präsentieren sie in Satz 5.1.4.

Satz 5.1.4 *Sei $A \in \mathcal{L}(X,Y)$. Seien $g \in \mathcal{R}(A)$ und $g^\varepsilon \in Y$ mit $\|g - g^\varepsilon\|_Y \le \varepsilon$. Falls $\|Af_m^\varepsilon - g^\varepsilon\|_Y > 2\varepsilon$ sowie $0 < \omega \le 1/\|A\|^2$, dann haben wir*

$$
\|f^+ - f_{m+1}^\varepsilon\|_X < \|f^+ - f_m^\varepsilon\|_X.
$$

Also ist f_{m+1}^ε eine bessere Approximation an $f^+ = A^+g$ als f_m^ε.

---

† Es gilt: $g^\varepsilon \notin \mathcal{D}(A^+)$ impliziert $Af_{m-1}^\varepsilon - g^\varepsilon \notin \mathcal{N}(A^*)$. Warum? (Lemma 2.1.2)

Beweis: Die Annahme $g \in \mathcal{R}(A)$ impliziert $Af^+ = g$. Elementare Umformungen ergeben[‡]

$$
\begin{aligned}
\|f^+ - f^\varepsilon_{m+1}\|^2_X \;=\; & \|f^+ - f^\varepsilon_m - \omega A^*(g^\varepsilon - Af^\varepsilon_m)\|^2_X \\[2mm]
=\; & \|f^+ - f^\varepsilon_m\|^2_X - 2\omega \left\langle f^+ - f^\varepsilon_m, A^*(g^\varepsilon - Af^\varepsilon_m)\right\rangle_X \\
& + \omega \left\langle g^\varepsilon - Af^\varepsilon_m, \omega AA^*(g^\varepsilon - Af^\varepsilon_m)\right\rangle_Y \\[2mm]
=\; & \|f^+ - f^\varepsilon_m\|^2_X - 2\omega \left\langle g - Af^\varepsilon_m, g^\varepsilon - Af^\varepsilon_m\right\rangle_Y \\
& + \omega \left\langle g^\varepsilon - Af^\varepsilon_m, (\omega AA^* - I)(g^\varepsilon - Af^\varepsilon_m)\right\rangle_Y \\
& + \omega \|g^\varepsilon - Af^\varepsilon_m\|^2_Y \\[2mm]
=\; & \|f^+ - f^\varepsilon_m\|^2_X - 2\omega \left\langle g - g^\varepsilon, g^\varepsilon - Af^\varepsilon_m\right\rangle_Y \\
& - 2\omega \left\langle g^\varepsilon - Af^\varepsilon_m, g^\varepsilon - Af^\varepsilon_m\right\rangle_Y \\
& + \omega \left\langle g^\varepsilon - Af^\varepsilon_m, (\omega AA^* - I)(g^\varepsilon - Af^\varepsilon_m)\right\rangle_Y \\
& + \omega \|g^\varepsilon - Af^\varepsilon_m\|^2_Y \\[2mm]
=\; & \|f^+ - f^\varepsilon_m\|^2_X - 2\omega \left\langle g - g^\varepsilon, g^\varepsilon - Af^\varepsilon_m\right\rangle_Y \\
& - \omega \|g^\varepsilon - Af^\varepsilon_m\|^2_Y \\
& + \omega \left\langle g^\varepsilon - Af^\varepsilon_m, (\omega AA^* - I)(g^\varepsilon - Af^\varepsilon_m)\right\rangle_Y .
\end{aligned}
$$

Für $y \in Y$ gilt

$$
\begin{aligned}
\left\langle (\omega AA^* - I)y, y\right\rangle_Y \;=\; & \left\langle \omega AA^* y, y\right\rangle_Y - \|y\|^2_Y \\[2mm]
=\; & \|\omega^{1/2} A^* y\|^2_Y - \|y\|^2_Y \\[2mm]
\leq\; & \left(\|\omega^{1/2} A^*\|^2_Y - 1\right) \|y\|^2_Y \;\leq\; 0;
\end{aligned}
$$

denn $\|\omega^{1/2} A^*\|^2 \leq 1$ nach Voraussetzung an ω. Somit ist

$$
\|f^+ - f^\varepsilon_{m+1}\|^2_X \;\leq\; \|f^+ - f^\varepsilon_m\|^2_X - 2\omega \left\langle g - g^\varepsilon, g^\varepsilon - Af^\varepsilon_m\right\rangle_Y - \omega \|g^\varepsilon - Af^\varepsilon_m\|^2_Y
$$

und aufgrund von $\|Af^\varepsilon_m - g^\varepsilon\|_Y > 2\varepsilon$ haben wir zudem

$$
\begin{aligned}
\|f^+ - f^\varepsilon_m\|^2_X - \|f^+ - f^\varepsilon_{m+1}\|^2_X \;\geq\; & 2\omega \left\langle g - g^\varepsilon, g^\varepsilon - Af^\varepsilon_m\right\rangle_Y + \omega \|g^\varepsilon - Af^\varepsilon_m\|^2_Y \\
>\; & 2\omega \left\langle g - g^\varepsilon, g^\varepsilon - Af^\varepsilon_m\right\rangle_Y + 2\omega \|g^\varepsilon - Af^\varepsilon_m\|_Y \, \varepsilon .
\end{aligned}
$$

Aus $\left|\left\langle g - g^\varepsilon, g^\varepsilon - Af^\varepsilon_m\right\rangle_Y\right| \leq \varepsilon \|g^\varepsilon - Af^\varepsilon_m\|_Y$ resultiert schließlich die Behauptung $\|f^+ - f^\varepsilon_m\|^2_X - \|f^+ - f^\varepsilon_{m+1}\|^2_X > 0$. ∎

Die Anzahl der Landweber-Schritte, die durchgeführt werden müssen bis das Diskrepanzprinzip greift, lässt sich nach oben beschränken in Abhängigkeit vom Rauschpegel ε.

[‡] Wir betrachten X als reellen Hilbertraum. Im komplexen Fall müssten wir an den entsprechenden Stellen nur die Realteile der Skalarprodukte berücksichtigen.

Satz 5.1.5 *Seien $A \in \mathcal{L}(X,Y)$ und $0 < \omega \leq 1/\|A\|^2$. Ferner seien $g \in \mathcal{R}(A)$ und $g^\varepsilon \in Y$ mit $\|g - g^\varepsilon\|_Y \leq \varepsilon$. Das Diskrepanzprinzip (5.6) mit $\tau > 1$ liefert für das Landweber-Verfahren einen Abbruchindex $m^* = m^*(\varepsilon, g^\varepsilon) \leq C_L\, \varepsilon^{-2}$, wobei C_L eine positive Konstante ist.*

Beweis: Sei $\{f_m\}$ die Landweber-Folge bez. der exakten Daten g. Wie im Beweis von Satz 5.1.4 zeigen wir, dass $(f^+ = A^+ g)$

$$
\begin{aligned}
\|f^+ - f_j\|_X^2 - \|f^+ - f_{j+1}\|_X^2 \;&=\; \omega\,\|g - Af_j\|_Y^2 \\
&\quad + \omega\,\langle g - Af_j, (I - \omega AA^*)(g - Af_j)\rangle_Y \\
&\geq\; \omega\,\|g - Af_j\|_Y^2
\end{aligned}
$$

ist. Aufsummieren beider Seiten von $j = 1$ bis $j = m$ ergibt wegen der Monotonie der Landweber-Residuen

$$
\|f^+ - f_1\|_X^2 - \|f^+ - f_{m+1}\|_X^2 \;\geq\; \omega \sum_{j=1}^{m} \|g - Af_j\|_Y^2 \;\geq\; \omega\, m\, \|g - Af_m\|_Y^2 .
$$

Also ist $\|f^+ - f_1\|_X^2 \geq m\,\omega\,\|g - Af_m\|_X^2$. Aus $Af_j - g = (I - \omega AA^*)(Af_{j-1} - g)$ folgt induktiv die Beziehung

$$
Af_m - g = (I - \omega AA^*)^m (Af_0 - g) \tag{5.7}
$$

und daher weiter

$$
\|(I - \omega AA^*)^m (Af_0 - g)\|_Y \;=\; \|Af_m - g\|_Y \;\leq\; (m\,\omega)^{-1/2}\,\|f^+ - f_1\|_X .
$$

Selbstverständlich trifft (5.7) auch auf die Landweber-Folge $\{f_m^\varepsilon\}$ mit gestörten Daten g^ε zu. So erhalten wir

$$
\begin{aligned}
\|Af_m^\varepsilon - g^\varepsilon\|_Y \;&=\; \|(I - \omega AA^*)^m (Af_0 - g^\varepsilon)\|_Y \\
&\leq\; \|(I - \omega AA^*)^m (Af_0 - g)\|_Y + \|(I - \omega AA^*)^m (g - g^\varepsilon)\|_Y \\
&\leq\; (\omega\, m)^{-1/2}\,\|f^+ - f_1\|_X + \varepsilon .
\end{aligned}
$$

Die rechte Seite ist kleiner als $\tau\,\varepsilon$ für $m > \varepsilon^{-2}\,\|f^+ - f_1\|_X^2/(\tau - 1)^2/\omega$. ∎

Die obige Schranke an m^* wurde ohne zusätzliche Glattheitsannahme an f^+ hergeleitet. Je höher die Glattheit von f^+ jedoch ist, desto weniger Schritte des Landweber-Verfahrens sind nötig, bis das Diskrepanzprinzip die Iteration stoppt.

Satz 5.1.6 *Seien $A \in \mathcal{L}(X,Y)$, $0 < \omega < 2/\|A\|^2$, $g \in \mathcal{R}(A)$ und $f_0 = 0$. Dann ist das Landweber-Verfahren zusammen mit dem Diskrepanzprinzip (5.6) mit $\tau > 1$ ein ordnungsoptimales Regularisierungsverfahren für A^+ bez. X_μ für alle $\mu \in {]0,\infty[}$ (Das Landweber-Verfahren hat unendliche Qualifikation). Der Stoppindex $m^* = m^*(\varepsilon, g^\varepsilon)$ genügt der Abschätzung $m^* \leq C_\mu\, \varepsilon^{-2/(\mu+1)}$, wobei C_μ eine positive Konstante und ε der Rauschpegel ist.*

Beweis: Wir können uns im Wesentlichen auf die Ergebnisse aus den Kapiteln 3.3 und 3.4 berufen. Zunächst bestimmen wir die Qualifikation des Landweber-Verfahrens. Dazu betrachten wir

$$\sup_{0\leq\lambda\leq\|A\|^2} \lambda^{\mu/2}\,|p_m(\lambda)| = \sup_{0\leq\lambda\leq\|A\|^2} \lambda^{\mu/2}\,|1-\omega\lambda|^m.$$

Zur Vereinfachung führen wir die Hilfsfunktion $h(\lambda) = \lambda^{\mu/2}\,|1-\omega\lambda|^m$ ein und setzen $t := m\,\lambda$. Die aus der Analysis bekannte Abschätzung $(1-x/m)^m \leq e^{-x}$ für $x \in \mathbb{R}$ führt uns auf

$$h(\lambda) = m^{-\mu/2}\,t^{\mu/2}\,(1-\omega\,t/m)^m \leq m^{-\mu/2}\,t^{\mu/2}\,e^{-\omega t}.$$

Um h weiter abzuschätzen, setzen wir $\varphi(t) = t^{\mu/2}\,e^{-\omega t}$ und bestimmen das Maximum dieser Funktion in $[0,\infty[$. Da $\varphi'(t) = e^{-\omega t}\,t^{\mu/2-1}\,(\mu/2 - \omega\,t)$ ist, nimmt φ sein Maximum in $\mu/(2\omega)$ an. Aus $\varphi(t) \leq (\mu/(2\omega))^{\mu/2}\,e^{-\mu/2}$ für alle $t \geq 0$ folgt

$$\sup_{0\leq\lambda\leq\|A\|^2} \lambda^{\mu/2}\,|p_m(\lambda)| \leq m^{-\mu/2}\,e^{-\mu/2}\left(\frac{\mu}{2\,\omega}\right)^{\mu/2} =: C_p\left(\frac{1}{m}\right)^{\mu/2}.$$

Da der Regularisierungsparameter nur die diskreten Werte $t_m = 1/m$ durchläuft, ist Definition 3.3.8 mit $\mu_0 = \infty$ erfüllt. Außerdem ist

$$\sup_{0\leq\lambda\leq\|A\|^2} |F_m(\lambda)| \leq \sup_{0\leq\lambda\leq\|A\|^2} \omega \sum_{j=0}^{m-1} |1-\omega\,\lambda|^j \leq \omega\,m = \omega\,t_m^{-1}, \quad m \in \mathbb{N},$$

sowie $\sup_{0\leq\lambda\leq\|A\|^2} |p_m(\lambda)| = 1 < \tau$.

Falls $m^* \geq 2$ ist, gilt $t_{m^*}/t_{m^*-1} = (m^*-1)/m^* \geq 1/2$ und Satz 3.4.1 impliziert die Behauptung. Die Abschätzung für m^* ist nichts anderes als die Abschätzung (3.40) für die vorliegende Situation.

Die Fälle $m^* = 0$ und $m^* = 1$ müssen wir noch abhandeln. Sei $m^* = 1$. Da $\tau\,\varepsilon < \|Af_0 - g^\varepsilon\|_Y = \|g^\varepsilon\|_Y \leq \|g\|_Y + \varepsilon$ ist, erhalten wir mit $f^+ = |A|^\mu z$

$$
\begin{aligned}
(\tau-1)\,\varepsilon \;&<\; \|g\|_Y = \|Af^+\|_Y \leq \||A\,|A|^\mu z\|_Y \\[4pt]
&\leq\; \|\,|A|^{\mu+1}\|\,\|z\|_X = \|\,|A|^{\mu+1}\|\,\|f^+\|_\mu \\[4pt]
&=\; \|\,|A|^{\mu+1}\|\,(m^*)^{-\frac{\mu+1}{2}}\,\|f^+\|_\mu;
\end{aligned}
$$

denn $m^* = 1$. Weiter haben wir[§]

$$m^* < \left(\frac{\|\,|A|^{\mu+1}\|}{\tau-1}\right)^{\frac{2}{\mu+1}} \|f^+\|_\mu^{\frac{2}{\mu+1}}\,\varepsilon^{-\frac{2}{\mu+1}}.$$

[§] Wir hätten hier auch einfach auf (3.41) verweisen können, hätten uns dabei allerdings die unnötige Einschränkung $\varepsilon \leq \|g\|_Y$ eingehandelt.

Das genügt, damit der Beweis von Satz 3.4.1 auf $m^* = 1$ übertragen werden kann.

Da wir den Fall $m^* = 0$ nicht mit Satz 3.4.1 erledigen können, führen wir eine eigenständige Fehlerabschätzung durch. Die beiden Abschätzungen

$$\|f^+ - f^\varepsilon_{m^*}\|_X = \|f^+\|_X = \||A|^\mu z\|_X$$

$$\leq \||A|^{\mu+1} z\|_X^{\frac{\mu}{\mu+1}} \|z\|_X^{\frac{1}{\mu+1}} = \|Af^+\|_Y^{\frac{\mu}{\mu+1}} \|f^+\|_\mu^{\frac{1}{\mu+1}} \tag{5.8}$$

sowie

$$\|Af^+\|_Y = \|g\|_Y \leq \varepsilon + \|g^\varepsilon\|_Y = \varepsilon + \|Af^\varepsilon_{m^*} - g^\varepsilon\|_Y \leq (1 + \tau)\,\varepsilon.$$

implizieren die Ordnungsoptimalität

$$\|f^+ - f^\varepsilon_{m^*}\|_X \leq (1 + \tau)^{\frac{\mu}{\mu+1}} \varepsilon^{\frac{\mu}{\mu+1}} \|f^+\|_\mu^{\frac{1}{\mu+1}}.$$

Damit ist Satz 5.1.6 bewiesen. $\blacksquare$

Was passiert, wenn wir die Landweber-Iteration mit einem $f_0 \in \mathcal{N}(A)^\perp$ starten, das *nicht* die Null ist? Nach Aufgabe 5.4 genügt es, die Konvergenz der Folge $\{\widetilde{f}^\varepsilon_m\}$ mit $\widetilde{f}^\varepsilon_0 = 0$ zu studieren, die das Landweber-Verfahren produziert, angewandt auf die Gleichung $Af = g^\varepsilon - Af_0$. Die Minimum-Norm-Lösung dieser Gleichung ist $A^+g - f_0$. Ist $A^+g \in X_\mu$, dann muss auch $f_0 \in X_\mu$ sein, damit die optimale Fehlerordnung $O(\varepsilon^{\mu/(\mu+1)})$ erreicht wird. Leider ist μ selten bekannt, wodurch wir im Allgemeinen keinen besseren Startwert finden als $f_0 = 0$.

Trotz seiner schönen Eigenschaften hat das Landweber-Verfahren den Nachteil der langsamen Konvergenz, d.h. der Stoppindex m^* ist in der Regel sehr groß. Die semi-iterativen Verfahren, die wir im folgenden Abschnitt betrachten, sind aus dem Wunsch heraus entstanden, das Landweber-Verfahren zu beschleunigen. Die Idee besteht darin, zur Berechnung von f_{m+1} nicht nur f_m heranzuziehen, sondern auch alle früheren Iterierten.

Bemerkung 5.1.7 Diskretisieren wir das Anfangswertproblem, das zur Showalter-Methode gehört (siehe Beispiel 3.3.10 und Bemerkung 4.2.1), durch das explizite Euler-Verfahren mit konstanter Schrittweite h, dann erhalten wir das Landweber-Verfahren: Die Folge $\{\eta_i\}$, definiert durch $\eta_0 = 0$ und

$$\frac{\eta_i - \eta_{i-1}}{h} + A^*A\eta_{i-1} = A^*y, \quad i = 1, 2, \dots,$$

stimmt mit der Landweber-Folge überein, sofern $\omega = h$ und der Landweber-Startwert Null ist. Die Konvergenzbedingung $0 < \omega < 2/\|A\|^2$ des Landweber-Verfahrens erscheint jetzt in einem anderen Licht. Sie ist ein Tribut an die Steifheit des Anfangswertproblems und notwendig, damit sich das Langzeitverhalten der Lösung des Anfangswertproblems auf die Näherungslösung überträgt, siehe z.B. DEUFLHARD und BORNEMANN [22].

5.2 Semi-iterative Verfahren (beschleunigte Landweber-Verfahren)

Das im letzten Abschnitt eingeführte Landweber-Verfahren mit Startwert $f_0 = 0$ hat die Darstellung

$$f_m = F_m(A^*A)A^*y \quad \text{mit} \quad F_m(\lambda) = \omega \sum_{j=0}^{m-1} (1 - \omega\lambda)^j = \frac{1 - (1 - \omega\lambda)^m}{\lambda}.$$

Die Filter-Polynome $\{F_m(\lambda)\}$ haben den Grad $m-1$ und konvergieren punktweise gegen $1/\lambda$ für $\lambda \in \,]0,\|A\|^2]$ und $m \to \infty$. Zur Beschleunigung des Landweber-Verfahrens liegt die Idee nahe, die Polynom-Familie $\{F_m\}$ durch eine andere Polynom-Familie zu ersetzen, die die Funktion $1/\lambda$ besser approximiert.

Wir betrachten daher ein beliebiges Polynom F_m vom Grad $m - 1$, wodurch das Polynom $p_m(\lambda) := 1 - \lambda F_m(\lambda)$ den Grad m hat. Definieren wir $f_m := F_m(A^*A)A^*y$, so gilt für das Residuum $y - Af_m = p_m(A^*A)y$. Falls $\{F_m\}$ ein regularisierender Filter ist, dann hat die zugehörige Familie $\{p_m\}$ folgende drei Eigenschaften:

1. Sie konvergiert punktweise gegen Null: $\lim_{m\to\infty} p_m(\lambda) = 0$ für $\lambda \in \,]0,\|A\|^2]$.

2. Sie ist gleichmäßig beschränkt über $[0,\|A\|^2]$.

3. Sie ist normiert durch $p_m(0) = 1$.

Haben wir umgekehrt eine Familie von Polynomen mit obigen Eigenschaften, dann erhalten wir durch

$$F_m(\lambda) = \frac{1 - p_m(\lambda)}{\lambda} \tag{5.9}$$

eine Polynom-Familie, die ein regularisierender Filter ist. Polynome $\{p_m\}$ mit den drei obigen Eigenschaften nennen wir daher *Residuenpolynome*. Aus ihnen können wir Iterations-Verfahren ableiten, die regularisierend wirken.

Besonders interessant sind Residuenpolynome $\{p_m\}_{m\in\mathbb{N}_0}$, die bezüglich eines Maßes orthogonal sind über dem Intervall $[0,\|A\|^2]$. Denn die Polynome p_m genügen dann einer Dreitermrekursion, siehe z.B. SZEGÖ [135, Theorem 3.2.1],

$$p_m(\lambda) = p_{m-1}(\lambda) + \mu_m\big(p_{m-1}(\lambda) - p_{m-2}(\lambda)\big) - \omega_m \lambda\, p_{m-1}(\lambda), \quad m \geq 2, \tag{5.10}$$

die sich auf die Iterierten überträgt (Aufgabe 5.5):

$$f_m = f_{m-1} + \mu_m\,(f_{m-1} - f_{m-2}) + \omega_m A^*(y - Af_{m-1}),$$

$$f_0 = 0, \quad f_1 = F_1(A^*A)A^*y, \quad F_1(\lambda) = \big(1 - p_1(\lambda)\big)/\lambda.$$

Starten wir mit $f_0 \neq 0$, dann ist $f_1 = f_0 + F_1(A^*A)A^*(y - Af_0)$. Da die m-te Iterierte nicht nur von der $(m-1)$-ten Iterierten abhängt, heißen diese Verfahren *semi-iterativ*.

Beispiel 5.2.1 *Tschebyscheff-Methode von Stiefel*

Seien $\{U_m\}_{m\in\mathbb{N}_0}$ die *Tschebyscheff-Polynome der zweiten Art*, vgl. (2.18). Im Intervall $[-1,1]$ haben sie die Darstellung

$$U_m(\lambda) = \frac{\sin\big((m+1)\arccos\lambda\big)}{\sin\big(\arccos(\lambda)\big)} = \frac{\sin\big((m+1)\arccos\lambda\big)}{\sqrt{1-\lambda^2}} \tag{5.11}$$

und genügen der Orthogonalitätsbeziehung

$$\int_{-1}^{1} U_m(\lambda)\,U_k(\lambda)\,\sqrt{1-\lambda^2}\,\mathrm{d}\lambda = \left\{ \begin{array}{ll} \pi/2 & : \quad m = k \\ 0 & : \quad \text{sonst} \end{array} \right. .$$

Sie sind normiert durch $U_m(1) = m+1$ und erfüllen die Dreitermrekursion: $U_0(\lambda) = 1$, $U_1(\lambda) = 2\lambda$,

$$U_m(\lambda) = 2\lambda\,U_{m-1}(\lambda) - U_{m-2}(\lambda) \quad \text{für } m \geq 2.$$

Ferner gilt $|U_m(\lambda)| \leq U_m(1)$ für alle $\lambda \in [-1,1]$. Wir definieren Residuenpolynome auf $[0,1]$ via $p_m(\lambda) := U_m(1-2\lambda)/(m+1)$. Offensichtlich haben wir $p_m(0) = 1$ sowie die gleichmäßige Beschränktheit $|p_m(\lambda)| \leq 1$ in $[0,1]$. Zum Nachweis der Konvergenz von $\{p_m\}$ betrachten wir nur solche $A \in \mathcal{L}(X,Y)$ mit $\|A\| < 1$ und erhalten

$$\sup_{0\leq\lambda\leq\|A\|^2} \sqrt{\lambda}\,|p_m(\lambda)| = \sup_{0\leq\lambda\leq\|A\|^2} \sqrt{\lambda}\,\frac{|U_m(1-2\lambda)|}{m+1}$$

$$\overset{(5.11)}{\leq} \sup_{0\leq\lambda\leq\|A\|^2} \frac{1}{\sqrt{1-\lambda}}\,\frac{1}{2m+2}$$

$$= \frac{1}{\sqrt{1-\|A\|^2}}\,\frac{1}{2m+2}.$$

Daraus folgt

$$|p_m(\lambda)| \leq \frac{1}{\sqrt{\lambda}\,\sqrt{1-\|A\|^2}}\,\frac{1}{2m+2} \quad \text{für alle } \lambda \in\,]0,\|A\|^2], \tag{5.12}$$

was die punktweise Konvergenz $\lim_{m\to\infty} p_m(\lambda) = 0$ für $\lambda \in\,]0,\|A\|^2]$ impliziert.

Durch eine einfache Variablensubstitution folgt aus der Orthogonalität der Tschebyscheff-Polynome über $[-1,1]$ die Orthogonalität der Residuenpolynome über dem Intervall $[0,1]$ bez. des Gewichts $\sqrt{\lambda/(1-\lambda)}$. Wir schreiben die Rekursion der Tschebyscheff-Polynome um in eine Rekursion für die Residuenpolynome: $p_0(\lambda) = 1$, $p_1(\lambda) = 1 - 2\lambda$,

$$p_m(\lambda) = 2(1-2\lambda)\,\frac{m}{m+1}\,p_{m-1}(\lambda) - \frac{m-1}{m+1}\,p_{m-2}(\lambda)$$

$$= \; p_{m-1}(\lambda) + \frac{m-1}{m+1}\left(p_{m-1}(\lambda) - p_{m-2}(\lambda)\right)$$

$$- \frac{4\,m}{m+1}\,\lambda\,p_{m-1}(\lambda) \quad \text{für} \quad m \geq 2.$$

Die zugehörige semi-iterative Methode heißt *Tschebyscheff-Methode von Stiefel*. Zur Lösung von $Af = g$ mit Startwert f_0 lautet sie

$$f_m \;=\; \frac{2\,m}{m+1}\,f_{m-1} - \frac{m-1}{m+1}\,f_{m-2} + \frac{4\,m}{m+1}\,A^*(g - Af_{m-1}),$$

$$f_1 \;=\; f_0 + 2A^*(g - Af_0).$$

Die *Tschebyscheff-Methode von Nemirovskii und Polyak* ist ein weiteres semi-iteratives Verfahren. Sie finden sie in Aufgabe 5.6. ♣

Für unsere weiteren Betrachtungen sei A normiert: $\|A\| \leq 1$ (Dies kann leicht durch eine Skalierung von A erreicht werden). Somit brauchen wir nur Polynomsysteme über $[0,1]$ zu studieren.

Semi-iterative Verfahren fallen in die Klasse derjenigen Regularisierungen, die wir in Kapitel 3.3 untersucht haben.

Satz 5.2.2 *Sei $\{p_m\}_{m\in\mathbb{N}_0}$ eine Folge von Residuenpolynomen, d.h. sie ist gleichmäßig beschränkt über $[0,1]$, sie ist normiert durch $p_m(0) = 1$ und sie konvergiert punktweise gegen Null auf $]0,1]$. Ist $\{F_m\}_{m\in\mathbb{N}_0}$ die zugehörige Folge von Filterpolynomen, dann gilt für $A \in \mathcal{L}(X,Y)$ und $f_0 \in X$*

$$\lim_{m\to\infty} f_m \;=\; \lim_{m\to\infty}\left(f_0 + F_m(A^*A)A^*(g - Af_0)\right)$$

$$= \; \begin{cases} A^+g + P_{\mathcal{N}(A)}f_0 & : \quad g \in \mathcal{D}(A^+) \\ \infty & : \quad g \notin \mathcal{D}(A^+) \end{cases}.$$

Beweis: Nach Satz 3.3.1 gilt

$$\lim_{m\to\infty} F_m(A^*A)A^*(g - Af_0) = \begin{cases} A^+(g - Af_0) & : \quad g \in \mathcal{D}(A^+) \\ \infty & : \quad g \notin \mathcal{D}(A^+) \end{cases}.$$

Wegen $f_0 + A^+(g - Af_0) = f_0 + A^+g - P_{\mathcal{N}(A)^\perp}f_0 = A^+g + (I - P_{\mathcal{N}(A)^\perp})f_0$, siehe Aufgabe 2.6, sind wir fertig. ∎

Satz 5.2.3 *Sei $A \in \mathcal{L}(X,Y)$. Seien $\{f_m\}$ bzw. $\{f_m^\varepsilon\}$ die Iterierten einer semi-iterativen Methode bez. $g \in \mathcal{R}(A)$ bzw. $g^\varepsilon \in Y$ mit demselben Startwert. Die Residuenpolynome der semi-iterativen Methode seien gleichmäßig beschränkt durch C_p. Dann gilt für den Datenfehler*

$$\|f_m - f_m^\varepsilon\|_X \leq 2\,C_p\,m\,\varepsilon.$$

Zusammen mit der Stoppstrategie

$$m^*(\varepsilon) \to 0, \quad \varepsilon\,m^*(\varepsilon) \to 0, \quad \text{für } \varepsilon \to 0$$

ist die semi-iterative Methode ein Regularisierungsverfahren für A^+.

Beweis: Auch hier können wir unsere Vorarbeiten aus Kapitel 3.3 heranziehen. Die Details sollen Sie in Aufgabe 5.7 ausarbeiten. ∎

Zur Bestimmung der Konvergenzgeschwindigkeit von $\{f_m\}$ müssen wir nach Lemma 3.3.6 das Supremum $\omega_\mu(m) = \sup\{\lambda^{\mu/2}\,|p_m(\lambda)| \,|\, 0 \le \lambda \le 1\}$ untersuchen. In [47, Theorem 4.1] konnte HANKE zeigen, dass $\omega_\mu(m)$ bestenfalls die Asymptotik

$$\omega_\mu(m) = O(m^{-\mu}) \quad \text{für } m \to \infty \tag{5.13}$$

besitzt.

Satz 5.2.4 *Jede Folge von Polynomen $\{p_m\}_{m\in\mathbb{N}_0}$, $p_m(0) = 1$, die (5.13) erfüllt für ein $\mu > 0$, ist gleichmäßig beschränkt auf $[0,1]$ und konvergiert punktweise gegen Null auf $]0,1]$. Mit anderen Worten: $\{p_m\}_{m\in\mathbb{N}_0}$ ist eine Folge von Residuenpolynomen, für die darüber hinaus $\omega_\kappa(m) = O(m^{-\kappa})$ gilt, und zwar für $0 < \kappa \le \mu$.*

Beweis: Nach (5.13) gibt es eine positive Konstante C, so dass gilt

$$|p_m(\lambda)| \le C\,\lambda^{-\mu/2}\,m^{-\mu}, \quad \text{für alle } \lambda \in\,]0,1]. \tag{5.14}$$

An (5.14) können wir sofort die punktweise Konvergenz gegen Null ablesen (Dieselbe Argumentation haben wir bereits in Beispiel 5.2.1 angewendet, vgl. (5.12)).

Ebenfalls aus (5.14) folgt die Beschränktheit $p_m(\lambda) \le C$ für $\lambda \in [m^{-2},1]$. Hieraus ergibt sich aber schon die gleichmäßige Beschränktheit von $\{p_m\}_m$ über $[0,1]$ durch eine fundamentale Abschätzung von Bernstein, siehe Aufgabe 5.8.

Schließlich verifizieren wir $\omega_\kappa(m) = O(m^{-\kappa})$ für $0 < \kappa < \mu$. Mit $\lambda \in [m^{-2},1]$ erhalten wir aus (5.14) die Abschätzung

$$\lambda^{\kappa/2}\,|p_m(\lambda)| \le C\,\lambda^{(\kappa-\mu)/2}\,m^{-\mu} = C\,(\lambda\,m^2)^{(\kappa-\mu)/2}\,m^{-\kappa} \le C\,m^{-\kappa}.$$

Außerdem ist

$$\lambda^{\kappa/2}\,|p_m(\lambda)| \le \sup\{\|p_n\|_{\mathcal{C}(0,1)} \,|\, n \in \mathbb{N}_0\}\,m^{-\kappa} \quad \text{für } \lambda \in [0,m^{-2}].$$

Nach dem ersten Teil dieses Beweises ist das obige Supremum endlich. Damit haben wir Satz 5.2.4 vollständig bewiesen. ∎

Obiger Satz hat zur Konsequenz, dass eine Folge von normierten Polynomen $(p_m(0) = 1)$, die (5.13) erfüllen, eine semi-iterative Methode erzeugt, die zusammen mit der einfachen Stoppregel von Satz 5.2.3 ein Regularisierungsverfahren ist. Das Diskrepanzprinzip ist natürlich eine raffiniertere Stoppregel.

Satz 5.2.5 *Seien $A \in \mathcal{L}(X,Y)$ und $g \in \mathcal{R}(A)$. Die normierten Polynome $\{p_m\}_{m\in\mathbb{N}_0}$, $p_m(0) = 1$, mögen (5.13) erfüllen für ein $\mu > 1$. Dann ist die zugehörige semi-iterative Methode mit Startwert $f_0 = 0$ ein ordnungsoptimales Regularisierungsverfahren für A^+ bez. X_κ für $0 < \kappa \le \mu-1$, wenn sie gestoppt wird durch das Diskrepanzprinzip (5.6) (bzw. (3.37)) mit $\tau > \sup\{\|p_m\|_{\mathcal{C}(0,1)} \,|\, m \in \mathbb{N}_0\} \ge 1$. Der Stoppindex erfüllt $m^* = m^*(\varepsilon,g^\varepsilon) = O(\varepsilon^{-1/(\kappa+1)})$ für $\varepsilon \to 0$.*

Beweis: Nach Satz 5.2.4 sind die Polynome p_m gleichmäßig beschränkt über [0,1], d.h. es existiert ein $\tau < \infty$ mit der benötigten Eigenschaft. Nach Aufgabe 5.7 haben wir

$$|F_m(\lambda)| = \left| \frac{p_m(\lambda) - p_m(0)}{\lambda - 0} \right| \leq \max_{\xi \in [0,1]} |p'_m(\xi)| \leq 2\,\tau\, m^2$$

für $\lambda \in [0,1]$. Die Behauptung folgt, wenn wir Satz 3.4.1 auf den modifzierten Filter $\{\widetilde{F}_{t_m}\}_{m \in \mathbb{N}}$, $\widetilde{F}_{t_m} := F_m$, $t_m = m^{-2}$, anwenden, d.h. wenn wir für den Regularisierungsparameter t nur die diskreten Werte $t = m^{-2}$ zulassen (Der Filter $\{\widetilde{F}_{t_m}\}_{m \in \mathbb{N}}$ hat die Qualifikation μ). Außerdem müssen wir dieselben Modifikationen wie im Beweis von Satz 5.1.6 vornehmen. Die Ausführung der Details sei Ihnen als Übung empfohlen. ∎

Bemerkung 5.2.6

(a) Semi-iterative Methoden (SIM) sind asymptotisch schneller als das Landweber-Verfahren (LWV), wenn beide durch das Diskrepanzprinzip terminiert werden. Denn die jeweiligen Stoppindizes erfüllen

$$m^*_{\text{SIM}} = \mathrm{O}(\varepsilon^{-\frac{1}{\kappa+1}}) \quad \text{und} \quad m^*_{\text{LWV}} = \mathrm{O}(\varepsilon^{-\frac{2}{\kappa+1}}) \quad \text{für } \varepsilon \to 0$$

bei entsprechender Glattheit der Lösung.

(b) Normierte Polynome, die (5.13) erfüllen, führen automatisch auf semi-iterative Verfahren, die ordnungsoptimale Regularisierungen sind. Das liegt daran, dass (5.13) schon die gleichmäßige Beschränktheit der Polynome über [0,1] sowie die Schranke $\sup_{\lambda \in [0,1]} |F_m(\lambda)| \leq 2\,\tau\, m^2$ für die zugehörigen Filter impliziert. Für allgemeine Funktionen der Bauart $p_t(\lambda) = 1 - \lambda F_t(\lambda)$, wie wir sie in Kapitel 3.3 untersucht haben, impliziert (3.29), das Analogon zu (5.13), weder die gleichmäßige Beschränktheit von $\{p_t\}_{t>0}$ noch eine Abschätzung der Art $|F_t(\lambda)| \leq C_F\, t^{-\alpha}$. Dies muss im Einzelfall nachgerechnet werden.

5.2.1 Die ν-Methoden

In [10] konstruierte Brakhage zu jedem $\nu > 0$ Residuenpolynome $\{p_m^{(\nu)}\}_{m \in \mathbb{N}_0}$, die die optimale Abschätzung $\sup\{\lambda^\nu |p_m^{(\nu)}(\lambda)| \mid 0 \leq \lambda \leq 1\} = \mathrm{O}(m^{-2\nu})$ für $m \to \infty$ erfüllen, vgl. (5.13). Die daraus resultierenden semi-iterativen Verfahren heißen ν-*Methoden*. Die Polynome $p_m^{(\nu)}$ haben folgende explizite Gestalt

$$p_m^{(\nu)}(\lambda) = \frac{P_m^{(2\nu-1/2,\,-1/2)}(1-2\lambda)}{P_m^{(2\nu-1/2,\,-1/2)}(1)}. \tag{5.15}$$

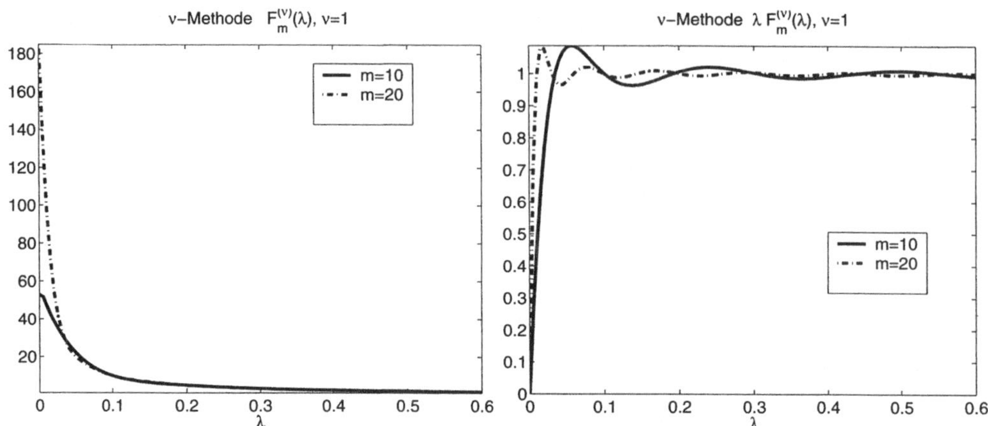

Bild 5.2: Die beiden Regularisierungseigenschaften des Filters der ν-Methode für $\nu = 1$. Links: $F_m^{(\nu)}(\lambda)$, rechts: $\lambda\, F_m^{(\nu)}(\lambda)$ jeweils für $m = 10$ und $m = 20$.

Hier bezeichnen $\{P_m^{(\alpha,\beta)}\}_{m\in\mathbb{N}_0}$ die *Jacobi-Polynome*, siehe z.B. SZEGÖ [135, Kapitel IV]. Sie sind orthogonal auf dem Intervall $[-1,1]$ bez. des Gewichts $(1-\lambda)^\alpha(1+\lambda)^\beta$ mit $\alpha > -1$ und $\beta > -1$. Die transformierten Polynome $p_m^{(\nu)}$ sind orthogonal auf $[0,1]$ bez. des Gewichts $\lambda^{2\nu+1/2}(1-\lambda)^{-1/2}$. Bild 5.2 veranschaulicht die Regularisierungseigenschaften des Filters $F_m^{(\nu)}(\lambda) = (1 - p_m^{(\nu)}(\lambda))/\lambda$ für $\nu = 1$.

Satz 5.2.7 *Die Polynome* $\{p_m^{(\nu)}\}_{m\in\mathbb{N}_0}$ *sind normiert durch* $p_m^{(\nu)}(0) = 1$ *und sie sind gleichmäßig beschränkt auf* $[0,1]$:

$$\sup_{0\le\lambda\le 1} |p_m^{(\nu)}(\lambda)| = 1.$$

Sie erfüllen weiterhin

$$\sup_{0\le\lambda\le 1} \lambda^{\kappa/2}\,|p_m^{(\nu)}(\lambda)| \le C_\nu\, m^{-\kappa}, \quad \kappa \in [0,2\nu],\ m \ge 1,$$

mit einer positiven Konstanten C_ν.

Beweis: siehe BRAKHAGE [10, (2.2)].   ∎

Mit Blick auf Satz 5.2.4 sind die $p_m^{(\nu)}$ tatsächlich Residuenpolynome.

Die Dreitermrekursion der Jacobi-Polynome führt auf folgende Rekursion für die ν-Methode: $f_0 \in X$,

$$f_m = f_{m-1} + \mu_m(f_{m-1} - f_{m-2}) + \omega_m\, A^*(g - Af_{m-1}), \quad m = 1,2,\dots,$$

mit den Koeffizienten

$$\mu_1 = 0 \quad \text{und} \quad \omega_1 = \frac{4\nu + 2}{4\nu + 1}$$

sowie

$$\mu_m = \frac{(m-1)\,(2m-3)\,(2m+2\nu-1)}{(m+2\nu-1)\,(2m+4\nu-1)\,(2m+2\nu-3)},$$

$$\omega_m = 4\,\frac{(2m+2\nu-1)\,(m+\nu-1)}{(m+2\nu-1)\,(2m+4\nu-1)}$$

für $m \geq 2$ (Da $\mu_1 = 0$ ist, brauchen wir f_{-1} nicht zu definieren).

Satz 5.2.8 *Seien $A \in \mathcal{L}(X,Y)$ und $g \in \mathcal{R}(A)$. Wird die ν-Methode, $\nu > 1/2$, nach dem Diskrepanzprinzip gestoppt, dann ist sie ein ordnungsoptimales Regularisierungsverfahren für A^+ bez. X_κ für $0 < \kappa \leq 2\nu - 1$.*

Beweis: Anwenden der Sätze 5.2.5 und 5.2.7 ergibt die Behauptung. ∎

Wir wissen, wie wir theoretisch die Ordnungsoptimalität bis zum Maximalwert 2ν garantieren können, nämlich durch Verwendung des verallgemeinerten Diskrepanzprinzips aus Kapitel 3.5. Dazu müssen wir eine Funktion s_t finden, die der Asymptotik (3.46) genügt, worin $t = m^{-2}$ und $\mu_0 = 2\nu$ zu setzen sind. Aus praktischen Gründen kommt einschränkend hinzu, dass die durch s_t definierte Funktion η (3.45) mit einfachen numerischen Operationen auswertbar sein sollte. HANKE und ENGL [50] gelingt die Konstruktion von s_t mit beiden gewünschten Eigenschaften (s_t ist ein Polynom).

Die Konvergenzgeschwindigkeit der ν-Methode saturiert in der Tat. Sie kann mit keiner Stoppregel ordnungsoptimal sein bez. X_κ für $\kappa > 2\nu$. Dieses Ergebnis stammt von HANKE [47, Theoreme 6.1 und 6.2]. Wir formulieren es im nachfolgenden Satz.

Satz 5.2.9 *Seien $A \in \mathcal{L}(X,Y)$ und $g \in \mathcal{D}(A^+)$. Für die Folge $\{f_m\}$ der Iterierten der ν-Methode bez. A und g gelte*

$$\|A^+g - f_m\|_X = o(m^{-2\nu}), \quad m \to \infty.$$

Dann ist $A^+g = 0$ und $f_m = A^+g$ für alle m.

Darüber hinaus ist die Asymptotik $\|A^+g - f_m\|_X = O(m^{-2\nu})$, $m \to \infty$, dann und nur dann erfüllt, wenn $A^+g \in X_{2\nu}$ ist.

5.3   Das Verfahren der konjugierten Gradienten (cg-Verfahren)

Die semi-iterativen Regularisierungen stellen gegenüber der Landweber-Iteration eine deutliche Verbesserung hinsichtlich Konvergenzgeschwindigkeit dar. Gemeinsam besitzen sie jedoch einen Nachteil, der sich je nach Anwendung als durchaus gravierend herausstellen kann: Vor Anwendung der Verfahren muss der Operator so skaliert werden, dass seine Norm kleiner oder gleich 1 ist.

Das Verfahren der konjugierten Gradienten (kurz: cg-Verfahren, cg für
conjugate gradients) ist einerseits frei von einer Skalierungsbedingung und andererseits noch schneller als jedes semi-iterative Verfahren, wenn das Diskrepanzprinzip die Stoppstrategie ist. Allerdings handelt es sich bei dem cg-Verfahren
nicht mehr um ein lineares Verfahren. Die allgemeine Theorie aus Kapitel 3.3
hilft uns daher bei seiner Analyse nicht weiter. Das cg-Verfahren verlangt nach
neuen Beweistechniken.

5.3.1 Herleitung

Wir konstruieren ein Iterationsverfahren, das möglichst wenige Iterationsschritte
braucht, um das Diskrepanzprinzip zu erfüllen.

Sei $A \in \mathcal{L}(X,Y)$. Zu einer aufsteigenden Folge $\{\mathcal{U}_m\}_{m\in\mathbb{N}}$, $\mathcal{U}_m \subset \mathcal{U}_{m+1}$, von
endlichdimensionalen Unterräumen von $\mathcal{N}(A)^\perp$ und zu $g \in Y$ definieren wir eine
Folge $\{f_m\}_{m\in\mathbb{N}_0}$ durch eine Minimaleigenschaft. Das erste Folgenglied $f_0 \in X$ ist
der Startwert. Die anderen Folgenglieder sind definiert durch

$$\|g - Af_m\|_Y = \min\left\{\|g - Af\|_Y \mid f \in X \text{ und } f - f_0 \in \mathcal{U}_m\right\}, \quad m \geq 1, \quad (5.16)$$

d.h. f_m minimiert das Residuum über der linearen Mannigfaltigkeit $V_m = \{f_0 +
u_m \mid u_m \in \mathcal{U}_m\}$. Übrigens ist f_m eindeutig durch (5.16) bestimmt.

Die Kunst besteht nun in der geeigneten Wahl der Unterräume $\{\mathcal{U}_m\}_{m\in\mathbb{N}}$,
die eine effiziente Berechnung der Folge $\{f_m\}_{m\in\mathbb{N}_0}$ gestatten. Dazu erinnern wir
uns an die semi-iterativen Verfahren: Die m-te Iterierte f_m hat die Darstellung

$$f_m = f_0 + F_m(A^*A)A^*(g - Af_0),$$

wobei F_m ein Polynom vom Grad $m - 1$ ist. Mit der Abkürzung $r^0 := g - Af_0$
haben wir, dass

$$f_m - f_0 \in \mathrm{span}\left\{A^*r^0, (A^*A)A^*r^0, (A^*A)^2A^*r^0, \ldots, (A^*A)^{m-1}A^*r^0\right\} \subset \mathcal{N}(A)^\perp$$

ist. Im Weiteren fixieren wir daher die Unterräume $\{\mathcal{U}_m\}_{m\in\mathbb{N}}$ durch

$$\mathcal{U}_m := \mathrm{span}\left\{A^*r^0, (A^*A)A^*r^0, (A^*A)^2A^*r^0, \ldots, (A^*A)^{m-1}A^*r^0\right\}.$$

Hierbei heißt $\mathcal{U}_m$ *Krylov-Raum* m-ter Ordnung bez. A^*A und A^*r^0.

Erhalten wir mit den Krylov-Räumen aus (5.16) ein praktikables Iterationsverfahren, so benötigt es weniger Iterationsschritte, um mit dem Diskrepanzprinzip zu stoppen als jedes semi-iterative Verfahren.

Im Hinblick auf (5.16) suchen wir ein $z_m \in AV_m = Af_0 + A\mathcal{U}_m$ mit

$$\|g - z_m\|_Y = \min\left\{\|g - z\|_Y \mid z = Af_0 + Au_m, \, u_m \in \mathcal{U}_m\right\}.$$

Ebenso wie f_m ist z_m eindeutig bestimmt und es gilt

$$z_m = Af_m. \tag{5.17}$$

Mit Hilfe der orthogonalen Projektion $P_m := P_{A\mathcal{U}_m} : Y \to Y$ auf $A\mathcal{U}_m$ können wir z_m ausdrücken durch

$$z_m = Af_0 + P_m(g - Af_0). \tag{5.18}$$

Das Residuum $r^m = g - z_m$ erfüllt $r^m = g - Af_0 - P_m(g - Af_0) = (I - P_m)(g - Af_0)$ und steht daher orthogonal auf $A\mathcal{U}_m$:

$$\langle r^m, Au_m \rangle_Y = \langle A^* r^m, u_m \rangle_X = 0 \quad \text{für alle } u_m \in \mathcal{U}_m. \tag{5.19}$$

Im nachfolgenden Lemma überzeugen wir uns davon, dass die Dimension des Krylov-Raums $\mathcal{U}_m$ tatsächlich m ist.

Lemma 5.3.1 *Sei $A^* r^m \neq 0$ mit $r^m = g - Af_m$. Dann wird $\mathcal{U}_{m+1}$ aufgespannt von $A^* r^0, A^* r^1, \ldots, A^* r^m$:*

$$\mathcal{U}_{m+1} = \mathrm{span}\{A^* r^0, A^* r^1, \ldots, A^* r^m\}. \tag{5.20}$$

Insbesondere ist $\dim \mathcal{U}_{m+1} = m + 1$. Außerdem gilt

$$\langle A^* r^i, A^* r^j \rangle_X = \delta_{i,j} \|A^* r^j\|_X^2, \quad i,j \in \{0, \ldots, m\}. \tag{5.21}$$

Beweis: Wir wenden vollständige Induktion über m an. Der Nachweis der Aussage für $m = 0$ ist trivial. Die Behauptungen (5.20) und (5.21) seien nun richtig für m, d.h. $\mathcal{U}_m = \mathrm{span}\{A^* r^0, A^* r^1, \ldots, A^* r^{m-1}\}$. Sei $\{q^1, q^2, \ldots, q^m\}$ eine Orthogonalbasis in $A\mathcal{U}_m$, die wir durch einen Orthogonalisierungsprozess aus der Basis $\{AA^* r^0, AA^* r^1, \ldots, AA^* r^{m-1}\}$ erhalten haben, siehe z.B. FISCHER [38]. Der Orthogonalisierungsprozess gewährleistet überdies, dass $\{q^1, q^2, \ldots, q^{m-1}\}$ eine Orthogonalbasis von $A\mathcal{U}_{m-1}$ ist. Mit der so gewonnenen Orthogonalbasis können wir P_m und damit z_m ausdrücken:

$$z_m = Af_0 + P_m(g - Af_0) = Af_0 + \sum_{j=1}^{m} \frac{\langle g - Af_0, q^j \rangle_Y}{\|q^j\|_Y^2} \, q^j$$

$$= Af_0 + \underbrace{\sum_{j=1}^{m-1} \frac{\langle g - Af_0, q^j \rangle_Y}{\|q^j\|_Y^2} \, q^j}_{= P_{m-1}(g - Af_0)} + \alpha_m \, q^m$$

$$= z_{m-1} + \alpha_m \, q^m \quad \text{mit } \alpha_m = \frac{\langle g - Af_0, q^m \rangle_Y}{\|q^m\|_Y^2}. \tag{5.22}$$

Nun können wir r^m aus r^{m-1}, q^m und α_m ermitteln; denn

$$r^m = g - z_m = g - z_{m-1} - \alpha_m \, q^m = r^{m-1} - \alpha_m \, q^m. \tag{5.23}$$

Es folgt somit, dass

$$A^* r^m = A^* r^{m-1} - \alpha_m A^* q^m$$

gilt. Da $q^m \in A\mathfrak{U}_m$ ist, gibt es ein $p^m \in \mathfrak{U}_m$ mit $q^m = Ap^m$, weswegen wir auf $A^* q^m \in \mathfrak{U}_{m+1}$ schließen dürfen. Weiter haben wir nach Induktionsvoraussetzung $A^* r^{m-1} \in \mathfrak{U}_m \subset \mathfrak{U}_{m+1}$. Die obige Darstellung von $A^* r^m$ verrät uns daher: $A^* r^m$ ist in $\mathfrak{U}_{m+1}$ enthalten. Ziehen wir noch (5.19) in Betracht, dann haben wir $\mathfrak{U}_m \oplus \mathrm{span}\{A^* r^m\} \subset \mathfrak{U}_{m+1}$, wobei es sich um eine orthogonale Summe handelt. Die Dimension von $\mathfrak{U}_m \oplus \mathrm{span}\{A^* r^m\}$ ist $m+1$, andererseits kann die Dimension von $\mathfrak{U}_{m+1}$ höchstens $m+1$ sein. Also muss $\mathfrak{U}_m \oplus \mathrm{span}\{A^* r^m\} = \mathfrak{U}_{m+1}$ gelten. Gemäß (5.19) steht $A^* r^m$ senkrecht auf $\mathfrak{U}_m = \mathrm{span}\{A^* r^0, A^* r^1, \ldots, A^* r^{m-1}\}$. Damit ist der Induktionsschritt erbracht. ∎

In (5.22) liegt der Schlüssel zur iterativen Berechnung von f_m aus f_{m-1}. Denn nach (5.17) ist $z_i = Af_i$ und $q^m = Ap^m$ für ein $p^m \in \mathfrak{U}_m$. Da $f_m - f_{m-1}$ und p^m aus $\mathcal{N}(A)^\perp$ sind, muss

$$f_m = f_{m-1} + \alpha_m \, p^m \tag{5.24}$$

sein. Der weitere Weg zeichnet sich nun ab: Wir müssen eine Basis $\{p^1, p^2, \ldots, p^m\}$ in $\mathfrak{U}_m$ finden, so dass $\{Ap^1, \ldots, Ap^m\}$ eine Orthogonalbasis von $A\mathfrak{U}_m$ ist. Dazu führen wir den bereits im Beweis von Lemma 5.3.1 erwähnten Orthogonalisierungsprozess explizit durch. Wir orthogonalisieren also $\{AA^* r^0, AA^* r^1, AA^* r^2, \ldots\}$:

Setze $p^1 := A^* r^0 = A^*(g - Af_0)$ sowie $q^1 := Ap^1$.

Für $m = 1, 2, 3, \ldots$:

Falls $A^* r^m = 0$: Breche den Orthogonalisierungsprozess ab.

Andernfalls sind $q^1, \ldots, q^m$ und $AA^* r^m$ linear unabhängig. Setze

$$q^{m+1} := AA^* r^m - \sum_{j=1}^{m} \frac{\langle AA^* r^m, q^j \rangle_Y}{\|q^j\|_Y^2} \, q^j. \tag{5.25}$$

Der vorzeitige Abbruch des Orthogonalisierungsprozesses im m-ten Schritt tritt nur dann ein, wenn $A^*(g - Af_m) = 0$ ist. Das bedeutet g ist in $\mathcal{D}(A^+)$ (Lemma 2.1.2) und wegen $f_m - f_0 \in \mathcal{N}(A)^\perp$ muss $f_m = A^+ g + P_{\mathcal{N}(A)} f_0$ sein (Aufgabe 5.9).

Nach Konstruktion gilt

$$A\mathfrak{U}_j = \mathrm{span}\{AA^* r^0, \ldots, AA^* r^{j-1}\} = \mathrm{span}\{q^1, \ldots, q^j\}.$$

Insbesondere ist $A^* q^j$ in $A^* A\mathfrak{U}_j$, was wegen $A^* A\mathfrak{U}_j \subset \mathfrak{U}_{j+1}$ auf $A^* q^j \in \mathfrak{U}_{j+1}$ führt. Damit haben wir $\langle AA^* r^m, q^j \rangle_Y = \langle A^* r^m, A^* q^j \rangle_X = 0$ für $j \leq m-1$ nach (5.19) und Lemma 5.3.1. Die Summe in (5.25) reduziert sich somit auf einen Summanden:

$$q^{m+1} = AA^*r^m + \beta_m \, q^m \quad \text{mit } \beta_m := -\frac{\langle AA^*r^m, q^m \rangle_Y}{\|q^m\|_Y^2}. \tag{5.26}$$

Jedes q^j ist in $A\mathcal{U}_j$, d.h. $q^j = Ap^j$ für ein $p^j \in \mathcal{U}_j \subset \mathcal{N}(A)^\perp$. Wegen $A^*r^m \in \mathcal{N}(A)^\perp$ überträgt sich (5.26) auf die p^j: $p^1 = A^*r^0$,

$$p^{m+1} = A^*r^m + \beta_m \, p^m. \tag{5.27}$$

In (5.27) haben wir eine effiziente Berechnungsvorschrift für die gesuchte Basis der Krylov-Räume gefunden.

Die Berechnung von α_m und β_m kann ökonomischer gestaltet werden.

Lemma 5.3.2 *Für die Koeffizienten α_m aus (5.22) und β_m aus (5.26) gilt*

$$\alpha_m = \frac{\|A^*r^{m-1}\|_X^2}{\|q^m\|_Y^2} \quad und \quad \beta_m = \frac{\|A^*r^m\|_X^2}{\|A^*r^{m-1}\|_X^2}. \tag{5.28}$$

Beweis: Es gilt $\langle Af_{m-1} - Af_0, q^m \rangle_Y \overset{(5.18)}{=} \langle P_{m-1}r^0, q^m \rangle_Y = 0$; denn $q^m = Ap^m$ steht senkrecht auf $A\mathcal{U}_{m-1} = \text{span}\{q^1, \ldots, q^{m-1}\}$. Daher ist

$$
\begin{aligned}
\alpha_m \|q^m\|_Y^2 &= \langle g - Af_0, Ap^m \rangle_Y = \langle g - Af_{m-1}, Ap^m \rangle_Y \\[2mm]
&= \langle A^*r^{m-1}, p^m \rangle_X \\[2mm]
&\overset{(5.27)}{=} \langle A^*r^{m-1}, A^*r^{m-1} + \beta_{m-1}\, p^{m-1} \rangle_X \\[2mm]
&= \|A^*r^{m-1}\|_X^2 + \beta_{m-1} \langle A^*r^{m-1}, p^{m-1} \rangle_X \\[2mm]
&\overset{(5.19)}{=} \|A^*r^{m-1}\|_X^2.
\end{aligned}
\tag{5.29}
$$

Aus

$$
-\alpha_m \langle AA^*r^m, q^m \rangle_Y = \langle AA^*r^m, -\alpha_m q^m \rangle_Y \overset{(5.23)}{=} \langle AA^*r^m, r^m - r^{m-1} \rangle_Y
$$
$$
\overset{(5.21)}{=} \|A^*r^m\|_X^2
$$

und (5.29) erhalten wir

$$\beta_m = \frac{-\alpha_m \langle AA^*r^m, q^m \rangle_Y}{\alpha_m \|q^m\|_Y^2} = \frac{\|A^*r^m\|_X^2}{\|A^*r^{m-1}\|_X^2},$$

womit (5.28) bewiesen ist. ∎

Unsere obigen Resultate (5.23), (5.24), (5.27) sowie (5.28) versetzen uns in die Lage, die Folge $\{f_m\}_{m \in \mathbb{N}_0}$ aus (5.16) rekursiv zu bestimmen. Der resultierende Algorithmus heißt *cg-Algorithmus* oder *cg-Verfahren* (Verfahren der konjugierten Gradienten). Wir formulieren ihn in Schema 5.3.

Notabene: Es ist wichtig, zwischen der cg-Folge und dem cg-Algorithmus bez. $A \in \mathcal{L}(X,Y)$ und $g \in Y$ zu unterscheiden. Die cg-Folge $\{f_m\}_{m \in \mathbb{N}_0}$ ist definiert durch (5.16), worin $\{\mathcal{U}_m\}$ die Krylov-Räume sind. Das cg-Verfahren (Schema 5.3) dient "nur" der Berechnung der cg-Folgenglieder bis zum *Abbruchindex*

cg-Algorithmus für $A \in \mathcal{L}(X,Y)$, $g \in Y$ und Startvektor $f_0 \in X$.

$r^0 := g - Af_0$; $p^1 = d^0 := A^*r^0$;

$m := 1$;

$\mathtt{while}\ (d^{m-1} \neq 0)$

   $\{\, q^m := Ap^m$;

     $\alpha_m := \|d^{m-1}\|_X^2 / \|q^m\|_Y^2$;

     $f_m := f_{m-1} + \alpha_m\, p^m$;

     $r^m := r^{m-1} - \alpha_m\, q^m$;

     $d^m := A^*r^m$;

     $\beta_m := \|d^m\|_X^2 / \|d^{m-1}\|_X^2$;

     $p^{m+1} := d^m + \beta_m\, p^m$;

     $m := m + 1; \}$

Schema 5.3: Der cg-Algorithmus.

$$m_\mathrm{A} := \sup\{m \in \mathbb{N} \mid A^*(g - Af_{m-1}) = A^*r^{m-1} \neq 0\}. \tag{5.30}$$

Dabei ist $m_\mathrm{A} = \infty$ ausdrücklich zugelassen. Das Supremum der leeren Menge setzen wir auf 0 ($m_\mathrm{A} = 0$, wenn A^*r^0 schon Null ist). Bei einem endlichen Abbruchindex stimmen alle cg-Folgenglieder ab dem Abbruchindex überein mit f_{m_A} und es ist $A^*r^{m_\mathrm{A}} = 0$. Außerdem gilt dann $g \in \mathcal{D}(A^+)$ sowie $f_{m_\mathrm{A}} = A^+g + P_{\mathcal{N}(A)}f_0$, siehe Aufgabe 5.9.

Wir ziehen ein Fazit:

Das cg-Verfahren kann abbrechen. Die cg-Folge nicht.

5.3.2 Historische Herleitung des cg-Verfahren

Wir skizzieren hier kurz den historischen Weg zum cg-Verfahren nach HESTENES und STIEFEL [58], der insbesondere die Namensgebung erklärt. Es seien X und Y reelle Hilberträume.

Die Lösung der Normalgleichung ist äquivalent zur Minimierung des Funktionals (siehe Satz 2.1.1)

$$\Phi(\xi) = \frac{1}{2}\,\|A\xi - g\|_Y^2 \quad \text{in } X. \tag{5.31}$$

Eine naheliegende Möglichkeit zur iterativen Lösung dieses Problems besteht darin, das Funktional in Richtung des steilsten Abstiegs zu minimieren. Ausgehend von der aktuellen Iterierten x_m folgen wir dem negativen Gradienten von Φ in x_m so lange bis keine weitere Verbesserung mehr möglich ist:

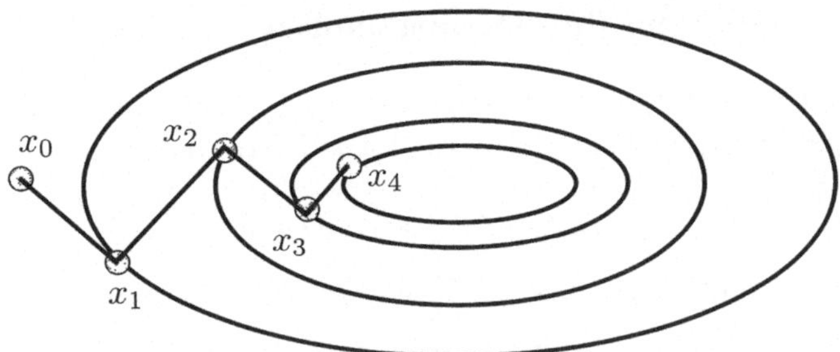

Bild 5.4: Das Gradienten-Verfahren minimiert in jedem zweiten Schritt über dieselbe Suchrichtung. Die Niveau-Linien des Funktionals Φ (5.31) im $\mathbb{R}^2$ sind Ellipsen.

$$x_{m+1} = x_m + \lambda_{\text{opt}} \left(- \nabla\Phi(x_m) \right)$$
$$= x_m + \lambda_{\text{opt}} A^*(g - Ax_m),$$

siehe Aufgabe 7.6. Hierbei wird λ_{opt} so gewählt, dass gilt

$$\Phi(x_{m+1}) = \min\left\{ \Phi(x_m + \lambda A^* r^m) \,\middle|\, \lambda \in \mathbb{R} \right\} \quad \text{mit } r^m = g - Ax_m.$$

Die Lösung dieses quadratischen Optimierungsproblems ist $\lambda_{\text{opt}} = \|A^* r^m\|_X^2 / \|AA^* r^m\|_Y^2$, siehe Aufgabe 5.10. Wir haben so das *Gradienten-Verfahren* erhalten

$$x_{m+1} = x_m + \lambda_m A^* r^m,$$
$$\lambda_m = \|A^* r^m\|_X^2 / \|AA^* r^m\|_Y^2.$$

In $X = \mathbb{R}^2$ kann man das Gradienten-Verfahren graphisch veranschaulichen, siehe Bild 5.4. Das Gradienten-Verfahren hat kein Gedächtnis: In jedem zweiten Schritt wird über die gleiche Richtung minimiert.

Die folgende Beobachtung weist den Weg, wie das Gradienten-Verfahren mit einem Gedächtnis versehen werden kann. Ist $v \in X$ optimal bez. der Richtung p, d.h. ist $\Phi(v) \leq \Phi(v + \lambda p)$ für alle $\lambda \in \mathbb{R}$, so vererbt sich die Optimalität auf $\widetilde{v} = v + q$ genau dann, wenn gilt

$$\langle Ap, Aq \rangle_Y = \langle A^* Ap, q \rangle_X = 0,$$

siehe Aufgabe 5.10. Die Richtungen p und q heißen dann A^*A-*orthogonal* bzw. A^*A-*konjugiert*.

Als Konsequenz ersetzen wir die negativen Gradienten $A^* r^m$ im Gradienten-verfahren durch A^*A-konjugierte Richtungen, die durch A^*A-Orthogonalisieren der $A^* r^m$ entstehen. Genau dies wird im Verfahren der konjugierten Gradienten durchgeführt, vgl. (5.25). Die Suchrichtungen $\{p^1, p^2, p^3, \dots\}$ des cg-Verfahrens sind A^*A-konjugiert im Gegensatz zu den Suchrichtungen $\{A^* r^0, A^* r^1, A^* r^2, \dots\}$ des Gradienten-Verfahrens.

5.3.3 cg-Polynome und ihre Orthogonalität

Sei $\{f_m\}_{0 \le m \le m_A}$ [¶] die Folge der Iterierten des cg-Verfahrens (Schema 5.3). Da $f_m - f_0$ in $\mathcal{U}_m = \mathrm{span}\{A^* r^0, \ldots, (A^* A)^{m-1} A^* r^0\}$ ist, gibt es *genau* ein Polynom q_{m-1} in Π_{m-1} mit

$$f_m - f_0 = q_{m-1}(A^* A) A^* r^0. \tag{5.32}$$

Die Minimaleigenschaft (5.16) der f_m überträgt sich auf die q_{m-1}.

Hinweis: In (5.32) begehen wir einen Bruch mit unserer bisherigen Notation aus den Kapiteln 5.1 und 5.2. Dort hatten wir dasjenige Polynom mit m indiziert, welches zur Darstellung der m-ten Iterierten f_m verwendet wird, siehe (5.4) sowie (5.9). Hier indizieren wir mit $m - 1$, um den Grad des Polynoms hervorzuheben.

Lemma 5.3.3 *Für $1 \le m \le m_A$ minimiert das Polynom q_{m-1} aus (5.32) das Funktional*

$$H(S) := \|(I - AS(A^* A) A^*) r^0\|_Y \quad in \ \Pi_{m-1}.$$

Das Minimum ist $H(q_{m-1}) = \|A f_m - g\|_Y$.

Beweis: Nach (5.16) erfüllt f_m die Ungleichung $\|A f_m - g\|_Y \le \|A f - g\|_Y$ für alle $f \in V_m$. Es gilt $f \in V_m = f_0 + \mathcal{U}_m$ genau dann, wenn ein $S \in \Pi_{m-1}$ existiert mit $f = f_0 + S(A^* A) A^* r^0$. Also ist $g - Af = g - A f_0 - AS(A^* A) A^* r^0 = (I - AS(A^* A) A^*) r^0$ und wir erhalten

$$
\begin{aligned}
H(q_{m-1}) &= \|(I - A q_{m-1}(A^* A) A^*) r^0\|_Y = \|g - A f_m\|_Y \\[2mm]
&\le \|g - Af\|_Y = \|(I - AS(A^* A) A^*) r^0\|_Y = H(S)
\end{aligned}
$$

für alle $S \in \Pi_{m-1}$. ∎

Von nun an sei $f_0 = 0$, dies ist keine Einschränkung, siehe Aufgabe 5.11. Dann ist $f_m = q_{m-1}(A^* A) A^* g$, d.h. auch das cg-Verfahren wird durch einen Filter beschrieben: $F_m(\lambda) := q_{m-1}(\lambda)$. Trotzdem besteht ein wesentlicher Unterschied zu den bisher betrachteten Verfahren mit Filter. Die Koeffizienten der Polynome q_{m-1} hängen nämlich von g ab: $F_m(\lambda) = F_m(\lambda, g)$. Das cg-Verfahren ist *nichtlinear!*

Wir betrachten nun das Funktional H unter dem Funktionalkalkül aus Kapitel 2.4. Mit dem singulären System $\{(\sigma_k; v_k, u_k)\}$ von $A \in \mathcal{K}(X, Y)$ schreiben wir (wegen $f_0 = 0$ ist $r^0 = g$)

$$H^2(S) = H^2(S, g) = \sum_{k=1}^{\infty} \left(1 - \sigma_k^2\, S(\sigma_k^2)\right)^2 |\langle g, u_k \rangle_Y|^2 + \|P_{\mathcal{N}(A^*)} g\|_Y^2.$$

Setzen wir $p_m(\lambda) := 1 - \lambda\, q_{m-1}(\lambda) \in \Pi_m$, dann ist

$$H^2(q_{m-1}) = \sum_{k=1}^{\infty} p_m^2(\sigma_k^2) |\langle g, u_k \rangle_Y|^2 + \|P_{\mathcal{N}(A^*)} g\|_Y^2 = \|p_m(AA^*) g\|_Y^2.$$

[¶] Falls $m_A = \infty$ ist, dann bedeutet die Notation $0 \le m \le m_A$, dass $m \in \mathbb{N}_0$ ist.

Das Polynom p_m minimiert also das Funktional

$$\widetilde{H}(Q) = \widetilde{H}(Q,g) := \left(\sum_{k=1}^{\infty} Q^2(\sigma_k^2)\, |\langle g,u_k\rangle_Y|^2 \right)^{1/2} + \|P_{\mathcal{N}(A^*)}g\|_Y$$

$$= \|Q(AA^*)g\|_Y \tag{5.33}$$

in $\Pi_m^0 := \{p \in \Pi_m \,|\, p(0) = 1\}$, das sind die *normierten* Polynome vom Maximalgrad m.

Wir weisen auf den Zusammenhang $\widetilde{H}(p_m) = H(q_{m-1})$ ausdrücklich hin. Insbesondere ist für jedes $g \in Y$

$$\|g - Af_m\|_Y = \|p_m(AA^*,g)g\|_Y = \min\left\{ \widetilde{H}(p,g) \,\middle|\, p \in \Pi_m^0 \right\}. \tag{5.34}$$

Wir bevorzugen die Schreibweise $q_{m-1}(\cdot,g)$ und $p_m(\cdot,g)$ nur, wenn wir die Abhängigkeit der Polynome von g besonders hervorheben wollen.

Mit Hilfe der cg-Polynome $\{p_m\}_{1 \le m \le m_A}$ können wir den vorzeitigen Abbruch des cg-Verfahrens vollständig charakterisieren.

Satz 5.3.4 *Sei $g \in Y$ und $A \in \mathcal{K}(X,Y)$ mit unendlichdimensionalem Bild habe das singuläre System $\{(\sigma_k; v_k, u_k)\}$. Die Vielfachheit von σ_k sei s_k. Das cg-Verfahren sei mit $f_0 = 0$ gestartet.*

Der Abbruchindex (5.30) des cg-Verfahrens ist endlich genau dann, wenn gilt

$$g = g_0 + \sum_{i=1}^{n} \xi_i \quad \text{mit } g_0 \in \mathcal{R}(A)^\perp \text{ und } 0 \neq \xi_i \in \mathrm{span}\{u_{k_i}, \dots, u_{k_i+s_i-1}\},$$

*für ein $n \in \mathbb{N}_0$, wobei $u_{k_i}, \dots, u_{k_i+s_i-1}$ die singulären Vektoren zu σ_{k_i} sind, d.h. wenn $P_{\overline{\mathcal{R}(A)}}g$ Linearkombination ist aus genau n Eigenvektoren von AA^* zu **verschiedenen** Eigenwerten. Darüber hinaus haben wir $\mathbf{m}_A = n$.*

Beweis: Wir beginnen damit, dass $P_{\overline{\mathcal{R}(A)}}g$ Linearkombination ist aus genau n Eigenvektoren von AA^* zu verschiedenen Eigenwerten. Hier bricht das cg-Verfahren nach höchstens n Schritten ab mit $f_n = A^+g$. Das sehen wir wie folgt: Den Abbruch erzwingt die Minimaleigenschaft (5.34). Setzen wir nämlich in $\widetilde{H}$ das spezielle Polynom

$$p(\lambda) := \prod_{i=1}^{n}(1 - \lambda/\sigma_{k_i}^2) \tag{5.35}$$

aus Π_n^0 ein, dann ist

$$\|Af_n - g\|_Y^2 \le \widetilde{H}^2(p,g) = \sum_{k=1}^{\infty} p^2(\sigma_k^2)\, |\langle g,u_k\rangle_Y|^2 + \|g_0\|_Y^2 = \|g_0\|_Y^2; \tag{5.36}$$

denn einerseits gilt $p(\sigma_{k_i}^2) = 0$ für $i \in \{1, \dots, n\}$ und andererseits ist $\langle g,u_k\rangle_Y = 0$ für $k \notin \{k_i, \dots, k_i + s_i - 1 \,|\, i = 1, \dots, n\}$. Alle Summanden obiger Reihe verschwinden daher. Damit ist

$$\|Af_n - P_{\overline{\mathcal{R}(A)}}g\|_Y^2 + \|g_0\|_Y^2 = \|Af_n - g\|_Y^2 \leq \|g_0\|_Y^2,$$

d.h. $Af_n = P_{\overline{\mathcal{R}(A)}}g$ bzw. $A^*Af_n = A^*g$ (Satz 2.1.1), was $m_A \leq n$ zur Konsequenz hat. Kann $m_A < n$ sein? Nein! Angenommen, es wäre so. Dann hätten wir $A^*(g - Af_{m_A}) = 0$ und somit $Af_{m_A} = P_{\overline{\mathcal{R}(A)}}g$. Zudem gäbe es ein $Q \in \Pi_{m_A}^0$ mit

$$\|g_0\|_Y^2 = \|Af_{m_A} - g\|_Y^2 = \widetilde{H}^2(Q,g) = \sum_{i=1}^{n} Q^2(\sigma_{k_i}^2)\,\|\xi_i\|_Y^2 + \|g_0\|_Y^2.$$

Jeder Summand der Summe müsste Null sein. Alle ξ_i sind von Null verschieden, das Polynom Q müsste also n Nullstellen besitzen. Solch ein Polynom existiert nicht in $\Pi_{m_A}^0$, d.h. es ist $m_A = n$.

Jetzt untersuchen wir den Umkehrschluss, es liege die Situation $m_A \in \mathbb{N}$ vor ($m_A = 0$ liefert sofort $g = g_0$). Also erfüllt f_{m_A} die Normalgleichung $A^*Af_{m_A} = A^*g$. Mit $f_{m_A} = q_{m_A-1}(A^*A)A^*g$ ergibt sich

$$0 = A^*g - A^*Aq_{m_A-1}(A^*A)A^*g = p_{m_A}(A^*A)A^*g$$

und weiter

$$0 = \|p_{m_A}(A^*A)A^*g\|_X^2 = \sum_{k=1}^{\infty} p_{m_A}^2(\sigma_k^2)\,\sigma_k^2\,|\langle g,u_k\rangle_Y|^2.$$

Demnach ist $p_{m_A}(\sigma_k^2)\,\langle g,u_k\rangle_Y = 0$ für alle $k \in \mathbb{N}$. Es gelte $p_{m_A}(\sigma_{k_i}^2) = 0$ für $i = 1,\ldots,n$, $n \in \mathbb{N}_0$ mit $n \leq m_A$. Ansonsten sei $p_{m_A}(\sigma_k^2) \neq 0$ ($n = 0$ bedeutet, dass keine Nullstelle von p_{m_A} mit dem Quadrat eines Singulärwerts zusammenfällt). Dann ist aber $\langle g,u_k\rangle_Y = 0$ für jedes $k \in \mathbb{N}\backslash\{k_i,\ldots,k_i + s_i - 1 | i = 1,\ldots,n\}$. Daraus folgt $P_{\overline{\mathcal{R}(A)}}g = \sum_{i=1}^{n}\xi_i$ mit $\xi_i \in \text{span}\{u_{k_i},\ldots,u_{k_i+s_i-1}\}$, $i = 1,\ldots,n$. Ohne Einschränkung der Allgemeinheit dürfen wir $\xi_i \neq 0$, $i = 1,\ldots,n$, annehmen, andernfalls verkleinern wir n entsprechend. Wäre $n < m_A$, so wäre n bereits der Abbruchindex, wie wir an (5.36) mit p aus (5.35) sehen. Mit anderen Worten: $n = m_A$.   ■

Überlegen Sie sich, wie die Aussage von Satz 5.3.4 formuliert werden muss, damit auch $f_0 \neq 0$ zugelassen ist und A ein endlichdimensionales Bild haben darf.

Die folgende Beobachtung ist für die weitere Analyse des cg-Verfahrens grundlegend. Wegen

$$d^m = A^*r^m = A^*(g - Af_m) = A^*g - A^*Aq_{m-1}(A^*A)A^*g = p_m(A^*A)A^*g$$

folgt aus der Orthogonalität der d^m (Lemma 5.3.1) sofort eine Orthogonalität der cg-Polynome:

$$\delta_{i,j} = \langle d^j, d^i\rangle_X = \langle p_j(A^*A)A^*g, p_i(A^*A)A^*g\rangle_X$$

$$= \sum_{k=1}^{\infty} p_j(\sigma_k^2)\,p_i(\sigma_k^2)\,\sigma_k^2\,|\langle g,u_k\rangle_Y|^2. \tag{5.37}$$

Lemma 5.3.5 *Sei $A \in \mathcal{K}(X,Y)$ mit singulärem System $\{(\sigma_k; v_k, u_k)\}$ und sei $g \in Y$.*

(a) *Ist $\boldsymbol{m}_A = \infty$, dann ist*

$$\langle Q,P \rangle_\pi := \sum_{k=1}^{\infty} Q(\sigma_k^2)\, P(\sigma_k^2)\, \sigma_k^2\, |\langle g, u_k \rangle_Y|^2$$

ein Skalarprodukt in $\Pi = \bigcup_m \Pi_m$, das ist der Raum aller Polynome. Falls $\boldsymbol{m}_A < \infty$ ist, dann erzeugt $\langle \cdot, \cdot \rangle_\pi$ ein Skalarprodukt in $\Pi_{\boldsymbol{m}_A - 1}$.

(b) *Die Polynome $\{p_m\}_{0 \leq m \leq \boldsymbol{m}_A}$ ($p_0 := 1$) des cg-Verfahrens sind orthogonal: $\langle p_i, p_j \rangle_\pi = 0$ für $i \neq j$.*

Beweis: Der Beweis von Teil (a) bleibt Ihnen überlassen (Aufgabe 5.12). Teil (b) haben wir bereits in (5.37) verifiziert. ∎

Die Orthogonalität der cg-Polynome hat einige wichtige Konsequenzen, auf die wir in unseren Untersuchungen zur Konvergenz und Regularisierungseigenschaft des cg-Verfahrens zurückgreifen werden. Die allgemeine Theorie über Orthogonalpolynome liefert nämlich, dass die Nullstellen $\lambda_{m,j}$ von p_m einfach sind und in $]0, \|A\|^2[$ liegen, siehe z.B. SzEGÖ [135, Theorem 3.3.1]. Wir ordnen sie daher folgendermaßen an

$$0 < \lambda_{m,1} < \lambda_{m,2} < \ldots < \lambda_{m,m} < \|A\|^2.$$

Außerdem sind die Nullstellen zweier aufeinander folgender Polynome p_{m-1} und p_m geschachtelt, SzEGÖ [135, Theorem 3.3.2],

$$0 < \lambda_{m,1} < \lambda_{m-1,1} < \lambda_{m,2} < \lambda_{m-1,2} < \ldots < \lambda_{m,m-1} < \lambda_{m-1,m-1} < \lambda_{m,m} < \|A\|^2.$$

Wegen $0 = p_m(\lambda_{m,j}) = 1 - \lambda_{m,j}\, q_{m-1}(\lambda_{m,j})$ folgt sofort

$$q_{m-1}(\lambda_{m,j}) = \frac{1}{\lambda_{m,j}}, \quad j = 1, \ldots, m, \tag{5.38}$$

d.h. das Polynom q_{m-1} interpoliert die Funktion $1/\lambda$ an den Nullstellen von p_m. Diese Interpolationseigenschaft bestärkt uns in der Hoffnung, mit $\{q_{m-1}\}$ einen regularisierenden Filter gefunden zu haben.

Aufgrund der Normalisierung $p_m(0) = 1$ zerfällt p_m in die folgenden Linearfaktoren

$$p_m(\lambda) = \prod_{j=1}^{m} (1 - \lambda/\lambda_{m,j}) = \prod_{j=1}^{m} \frac{\lambda_{m,j} - \lambda}{\lambda_{m,j}}. \tag{5.39}$$

Notabene: Sowohl die Filterpolynome $\{q_m\}_{0 \leq m \leq \boldsymbol{m}_A - 1}$ als auch die Polynome $\{p_m\}_{1 \leq m \leq \boldsymbol{m}_A}$ hängen von $g \in Y$ ab.

5.3.4   Stabilität und Konvergenz

Der mögliche vorzeitige Abbruch des cg-Verfahrens bewirkt, dass die Folgenglieder der cg-Folge $\{f_m\}_{m\in\mathbb{N}_0}$ nicht immer stetig von g abhängen. Dieses Phänomen wurde entdeckt von EICKE, LOUIS und PLATO [31]. Das cg-Verfahren zeigt damit ein grundsätzlich anderes Verhalten als die bisher untersuchten Regularisierungsverfahren.

Satz 5.3.6 *Sei $A \in \mathcal{K}(X,Y)$ und sei $\mathcal{R}(A)$ unendlichdimensional. Die Abbildung $R_m : g \mapsto f_m$, die $g \in Y$ auf das m-te Glied der cg-Folge bez. g und A abbildet, ist unstetig für alle $m \in \mathbb{N}$.*

Beweis: Sei $\{(\sigma_k; v_k, u_k)\}$ das singuläre System von A. Ohne Beschränkung der Allgemeinheit seien die Singulärwerte paarweise verschieden. Wir definieren

$$f := \sum_{j=1}^{m-1} \zeta_j\, v_j \ \text{ mit } \ \zeta_j \neq 0 \ \text{ sowie } \ g := Af = \sum_{j=1}^{m-1} \sigma_j\, \zeta_j\, u_j \qquad (5.40)$$

und betrachten zwei spezielle Störungen $g_\pm^\varepsilon := g \pm \varepsilon\, u_r$ von g mit $\varepsilon > 0$ und $r \geq m$. Wegen $\dim \mathcal{R}(A) = \infty$ ist diese Konstruktion wohldefiniert für alle $m \in \mathbb{N}$ und liefert $g_\pm^\varepsilon \in \mathcal{R}(A)$ mit $\lim_{\varepsilon \to 0} g_\pm^\varepsilon = g$.

Es bezeichne $\{f_l^\pm\}_l$ die Folgen der cg-Iterierten bez. $g_\pm^\varepsilon$ mit $f_0^\pm = 0$. Beide Folgen sind ab ihrem m-ten Glied konstant (Satz 5.3.4): $m_A = m$ und $f_k^\pm = f_m^\pm$ für $k \geq m$. Nach (5.36) ist $0 = \|Af_m^\pm - g_\pm^\varepsilon\|_Y = \|A(f_m^\pm - f \mp \varepsilon\, v_r/\sigma_r)\|_Y$. Wegen $f_m^\pm - f \mp \varepsilon\, v_r/\sigma_r \in \mathcal{N}(A)^\perp$ schließen wir auf $f_m^\pm = f \pm \varepsilon\, v_r/\sigma_r$.

Mit der Wahl von $r = r(\varepsilon)$ so, dass $\varepsilon/\sigma_{r(\varepsilon)} \to \infty$ für $\varepsilon \to 0$ gilt, erhalten wir

$$\|R_m g_+^\varepsilon - R_m g_-^\varepsilon\|_X = \|f_m^+ - f_m^-\|_X = 2\varepsilon/\sigma_{r(\varepsilon)} \to \infty \ \text{ für } \ \varepsilon \to 0.$$

Weil aber $\lim_{\varepsilon \to 0} g_\pm^\varepsilon = g$ ist, kann die Abbildung $R_m : g \mapsto f_m$ nicht stetig sein. ∎

Korollar 5.3.7 *Sei $A \in \mathcal{K}(X,Y)$ und sei $\mathcal{R}(A)$ unendlichdimensional. Dann gibt es **keine** a priori Parameterwahl $m^* = m^*(\varepsilon)$ (unabhängig von g^ε), die das cg-Verfahren zu einem Regularisierungsverfahren macht.*

Beweis: Wir unterscheiden zwei Fälle: 1. $m^*(\varepsilon) = 0$ für alle $\varepsilon > 0$ hinreichend klein. 2. Es gibt ein $\varepsilon_{\max} > 0$ mit $m^*(\varepsilon) \geq 1$ für alle $0 < \varepsilon \leq \varepsilon_{\max}$. Im ersten Fall wählen wir $g = Af$ mit einem $0 \neq f \in \mathcal{N}(A)^\perp$ sowie $f_0 = 0$ und erhalten $\|f_0 - A^+ g\|_X = \|0 - f\|_X \nrightarrow 0$ für $\varepsilon \to 0$. Mit solch einer Stoppregel kann das cg-Verfahren also nicht regularisierend wirken.

Im zweiten Fall setzen wir $g^\varepsilon := \varepsilon\, u_r$ und $g = 0 = f_0$. Wieder bezeichne $\{(\sigma_k; v_k, u_k)\}$ das singuläre System von A. Wie im Beweis von Satz 5.3.6 schließen wir auf $f_{m^*(\varepsilon)} = \varepsilon\, v_r/\sigma_r$. Bei geeigneter Wahl von $r = r(\varepsilon)$ haben wir $\|f_{m^*(\varepsilon)}^\varepsilon - A^+ g\|_X = \varepsilon/\sigma_{r(\varepsilon)} \to \infty$ für $\varepsilon \to 0$. Andererseits ist $\lim_{\varepsilon \to 0} g^\varepsilon = g$. Auch hier stellt sich keine Regularisierung ein. ∎

Die beiden letzten Ergebnisse wecken den Anschein, das cg-Verfahren eigne sich nicht zur Stabilisierung schlecht gestellter Probleme. Die genaue Charakterisierung seiner Instabilitäten erlaubt eine fundiertere Aussage: Unstetigkeit kann nur bei vorzeitigem Abbruch auftreten. Für den Beweis des folgenden Satzes verweisen wir auf HANKE [48, Theorem 2.11].

Satz 5.3.8 *Sei $A \in \mathcal{L}(X,Y)$ und $\mathcal{R}(A)$ sei nicht endlichdimensional.*

(a) *Die Abbildung $R_m : Y \to X$ aus Lemma 5.3.6 ist unstetig in $g \in Y$ genau dann, wenn $P_{\overline{\mathcal{R}(A)}}g$ im Spann von höchstens $m - 1$ Eigenvektoren von AA^* liegt, d.h., wenn das cg-Verfahren terminiert mit $m_A = m - 1$.*

(b) *Seien g und g^ε in Y mit $\|g - g^\varepsilon\|_Y \leq \varepsilon$. Die zugehörigen cg-Folgen seien mit $\{f_k\}$ bzw. mit $\{f_k^\varepsilon\}$ bezeichnet. Hängt f_m stetig von g ab, dann gilt sogar*

$$\|f_m - f_m^\varepsilon\|_X = O(\varepsilon) \quad \text{für } \varepsilon \to 0. \tag{5.41}$$

Wir betrachten nun die Konstruktion aus dem Beweis von Satz 5.3.6 im Licht des obigen Satzes. Es sei also $g \in Y$ wie in (5.40) und g^ε sowie $\{f_k\}$ und $\{f_k^\varepsilon\}$ seien wie in Satz 5.3.8. Bei geeigneter Wahl von $\{g^\varepsilon\}_{\varepsilon>0}$ divergiert f_m^ε, wenn ε gegen Null geht (Beweis von Satz 5.3.6). Andererseits haben wir $f_{m-1} = A^+g$ und f_{m-1} hängt stetig von g ab (Satz 5.3.8 (a)). Nach (5.41) gilt daher

$$\|A^+g - f_{m-1}^\varepsilon\|_X = O(\varepsilon) \quad \text{für } \varepsilon \to 0.$$

Jede a posteriori Stoppregel $m^* = m^*(\varepsilon,g^\varepsilon)$, die das cg-Verfahren zu einer Regularisierung machen will, muss in diesem Fall den Wert $m^* = m - 1$ annehmen, zumindest für ε hinreichend klein.

Wir untersuchen jetzt noch cg-Konvergenz bei exakten Daten. Hierbei gewonnene Einsichten setzen wir auch im nächsten Abschnitt Gewinn bringend ein, wenn wir die Regularisierungseigenschaft der cg-Iteration mit dem Diskrepanzprinzip nachweisen. Die cg-Konvergenz in der Allgemeinheit von Satz 5.3.9 wurde zuerst von GILYAZOV [40] bewiesen. Unser Beweis stammt von NEMIROVSKII und POLYAK [97].

Satz 5.3.9 *Die Folge der cg-Iterierten $\{f_m\}_{m\in\mathbb{N}_0}$ bez. $A \in \mathcal{L}(X,Y)$ und $g \in \mathcal{D}(A^+)$ mit Startwert $f_0 \in X$ konvergiert gegen $f^+ = A^+g + P_{\mathcal{N}(A)}f_0$.*

Beweis: Wir beschränken uns auf $A \in \mathcal{K}(X,Y)$ mit singulärem System $\{(\sigma_k; v_k, u_k)\}$. Falls die cg-Iteration nach endlich vielen Schritten terminiert, stimmt die letzte Iterierte mit $A^+g + P_{\mathcal{N}(A)}f_0$ überein, siehe Aufgabe 5.9.

Wir gehen im Weiteren davon aus, dass die Iteration nicht abbricht. Außerdem genügt es, den Startwert $f_0 = 0$ zu betrachten (Aufgabe 5.11). Seien $\{p_m\}_{m\in\mathbb{N}}$ die Polynome des cg-Verfahrens bez. g. Zum Zwecke einer ökonomischen Notation führen wir zwei Familien von Orthogonalprojektoren ein: $\{\mathcal{E}_\tau\}_{\tau>0} \subset \mathcal{L}(X)$ sowie $\{\mathcal{F}_\tau\}_{\tau>0} \subset \mathcal{L}(Y)$, definiert durch

$$\mathcal{E}_\tau x := \sum_{k \in \mathfrak{I}(\tau)} \langle x, v_k \rangle_X \, v_k + P_{\mathcal{N}(A)} x \quad \text{und} \quad \mathcal{F}_\tau y := \sum_{k \in \mathfrak{I}(\tau)} \langle y, u_k \rangle_Y \, u_k + P_{\mathcal{N}(A^*)} y \quad (5.42)$$

mit der Indexmenge $\mathfrak{I}(\tau) := \{k \in \mathbb{N} \mid \sigma_k^2 \leq \tau\}$.[||] Wir werden die Abschätzungen

$$\|(I - \mathcal{E}_\tau)x\|_X \leq \|(I - \mathcal{F}_\tau)Ax\|_Y / \sqrt{\tau},$$

$$\|\mathcal{E}_\tau p_m(A^*A)x\|_X \leq \sup_{0 \leq \lambda \leq \tau} |p_m(\lambda)| \, \|\mathcal{E}_\tau x\|_X$$

benötigen, die in Aufgabe 5.13 nachgewiesen werden sollen.

Wir beginnen mit einer Dreiecksungleichung und wenden dann beide Ungleichungen von oben an unter Beachtung von $P_{\overline{\mathcal{R}(A)}}\, g = A f^+$:

$$
\begin{aligned}
\|f^+ - f_m\|_X \;=\;& \|p_m(A^*A)f^+\|_X \\[4pt]
\leq\;& \|\mathcal{E}_\tau p_m(A^*A)f^+\|_X + \|(I - \mathcal{E}_\tau)p_m(A^*A)f^+\|_X \\[4pt]
\leq\;& \sup_{0 \leq \lambda \leq \tau} |p_m(\lambda)| \, \|\mathcal{E}_\tau f^+\|_X + \|(I - \mathcal{F}_\tau)A(f^+ - f_m)\|_Y / \sqrt{\tau} \\[4pt]
\leq\;& \sup_{0 \leq \lambda \leq \tau} |p_m(\lambda)| \, \|\mathcal{E}_\tau f^+\|_X + \|P_{\overline{\mathcal{R}(A)}}\, g - A f_m\|_Y / \sqrt{\tau}.
\end{aligned}
$$

Die beiden Terme auf der rechten Seite schätzen wir weiter ab, um ihre Konvergenz gegen Null für $m \to \infty$ zeigen zu können. Dazu werden wir $\tau = \tau_m$ geschickt wählen.

Zunächst wenden wir uns dem Residuum $\|P_{\overline{\mathcal{R}(A)}}\, g - A f_m\|_Y$ zu. Die cg-Polynome $\{p_m\}_{m \in \mathbb{N}}$ haben einfache reelle Wurzeln $\lambda_{m,j}$, $j = 1, \ldots, m$, aufsteigend geordnet: $0 < \lambda_{m,1} < \lambda_{m,2} < \ldots < \lambda_{m,m} < \|A\|^2$ (Kapitel 5.3.3).

Da $p_m(\cdot)/(\lambda_{m,1} - \cdot) \in \Pi_{m-1} = \mathrm{span}\{1, p_1, \ldots, p_{m-1}\}$ ist, liefert die Orthogonalitätsbedingung (Lemma 5.3.5)

$$0 = \langle p_m(\cdot), p_m(\cdot)/(\lambda_{m,1} - \cdot) \rangle_\pi = \sum_{k=1}^{\infty} \sigma_k^2 \, p_m(\sigma_k^2) \, \frac{p_m(\sigma_k^2)}{\lambda_{m,1} - \sigma_k^2} \, |\langle g, u_k \rangle_Y|^2.$$

Daraus leiten wir

$$
\begin{aligned}
\sum_{k \in \mathfrak{I}(\lambda_{m,1})} p_m^2(\sigma_k^2) \, \frac{\sigma_k^2}{\lambda_{m,1} - \sigma_k^2} \, |\langle g, u_k \rangle_Y|^2 \;=\;& \sum_{k \notin \mathfrak{I}(\lambda_{m,1})} p_m^2(\sigma_k^2) \, \frac{\sigma_k^2}{\sigma_k^2 - \lambda_{m,1}} \, |\langle g, u_k \rangle_Y|^2 \\[4pt]
\geq\;& \sum_{k \notin \mathfrak{I}(\lambda_{m,1})} p_m^2(\sigma_k^2) \, |\langle g, u_k \rangle_Y|^2
\end{aligned}
$$

her und schätzen damit die Norm des Residuums ab:

[||] Die Familien $\{\mathcal{E}_\tau\}$ und $\{\mathcal{F}_\tau\}$ sind die Spektralscharen zu A^*A bzw. AA^*, siehe Bemerkung 2.3.5 (d).

$$\|P_{\overline{\mathcal{R}(A)}}\, g - A f_m\|_Y^2 = \|p_m(AA^*,g)P_{\overline{\mathcal{R}(A)}}\, g\|_Y^2$$

$$= \sum_{k\in\mathcal{I}(\lambda_{m,1})} p_m^2(\sigma_k^2)\,|\langle P_{\overline{\mathcal{R}(A)}}\, g, u_k\rangle_Y|^2$$

$$+ \sum_{k\notin\mathcal{I}(\lambda_{m,1})} p_m^2(\sigma_k^2)\,|\langle P_{\overline{\mathcal{R}(A)}}\, g, u_k\rangle_Y|^2$$

$$\le \sum_{k\in\mathcal{I}(\lambda_{m,1})} \left(1 + \frac{\sigma_k^2}{\lambda_{m,1}-\sigma_k^2}\right) p_m^2(\sigma_k^2)\,|\langle P_{\overline{\mathcal{R}(A)}}\, g, u_k\rangle_Y|^2$$

$$= \sum_{k\in\mathcal{I}(\lambda_{m,1})} \varphi_m^2(\sigma_k^2)\,\sigma_k^2\,|\langle f^+, v_k\rangle_X|^2 \tag{5.43}$$

$$\le \max_{0\le\lambda\le\lambda_{m,1}} \lambda\,\varphi_m^2(\lambda)\,\|\mathcal{E}_{\lambda_{m,1}} f^+\|_X^2.$$

Hierbei ist die Funktion φ_m definiert durch

$$\varphi_m(\lambda) := p_m(\lambda)\left(1 + \frac{\lambda}{\lambda_{m,1}-\lambda}\right)^{1/2} = p_m(\lambda)\left(\frac{\lambda_{m,1}}{\lambda_{m,1}-\lambda}\right)^{1/2}. \tag{5.44}$$

Unsere bisherigen Abschätzungen fassen wir zusammen in

$$\|f^+ - f_m\|_X \le \sup_{0\le\lambda\le\tau} |p_m(\lambda)|\,\|\mathcal{E}_\tau f^+\|_X$$

$$+ \max_{0\le\lambda\le\lambda_{m,1}} \sqrt{\lambda\,\varphi_m^2(\lambda)}\,\|\mathcal{E}_{\lambda_{m,1}} f^+\|_X/\sqrt{\tau}. \tag{5.45}$$

Nun beschränken wir $\lambda\,\varphi_m^2(\lambda)$ über dem Intervall $[0,\lambda_{m,1}]$. Aus der Darstellung (5.39) von p_m folgt $0 \le \varphi_m(\lambda) \le 1$ für $\lambda \in [0,\lambda_{m,1}]$. Wir interessieren uns für Extremalstellen λ^* von $\lambda\,\varphi_m^2(\lambda)$, d.h.

$$\frac{\mathrm{d}}{\mathrm{d}\lambda}\big(\lambda\,\varphi_m^2(\lambda)\big)\Big|_{\lambda=\lambda^*} \overset{!}{=} 0.$$

Es gelten

$$\frac{\mathrm{d}}{\mathrm{d}\lambda}\big(\lambda\varphi_m^2(\lambda)\big) = \varphi_m^2(\lambda) + \lambda\,\frac{\mathrm{d}}{\mathrm{d}\lambda}\varphi_m^2(\lambda), \tag{5.46}$$

$$\frac{\mathrm{d}}{\mathrm{d}\lambda}\varphi_m^2(\lambda) = 2\,p_m(\lambda)\,p_m'(\lambda)\,\frac{\lambda_{m,1}}{\lambda_{m,1}-\lambda} + p_m^2(\lambda)\,\frac{\lambda_{m,1}}{(\lambda_{m,1}-\lambda)^2},$$

$$p_m'(\lambda) = -p_m(\lambda)\sum_{j=1}^{m}\frac{1}{\lambda_{m,j}-\lambda}. \tag{5.47}$$

Durch Einsetzen der letzten Gleichung in die vorletzte erhalten wir

$$\frac{\mathrm{d}}{\mathrm{d}\lambda}\varphi_m^2(\lambda) = \varphi_m^2(\lambda)\left(\frac{1}{\lambda_{m,1}-\lambda} - 2\sum_{j=1}^{m}\frac{1}{\lambda_{m,j}-\lambda}\right),$$

woraus zusammen mit (5.46) folgt

$$\frac{\mathrm{d}}{\mathrm{d}\lambda}\left(\lambda\,\varphi_m^2(\lambda)\right)\Big|_{\lambda=\lambda^*} = \varphi_m^2(\lambda)\left[1 + \lambda\left(\frac{1}{\lambda_{m,1}-\lambda} - \sum_{j=1}^{m}\frac{2}{\lambda_{m,j}-\lambda}\right)\right]\Big|_{\lambda=\lambda^*} \overset{!}{=} 0.$$

Das obige Produkt wird Null, wenn mindestens einer der beiden Faktoren verschwindet: $\varphi_m(\lambda^*) = 0$ (hier liegt ein globales Minimum von $\lambda\,\varphi_m^2(\lambda)$ in $[0,\lambda_{m,1}]$ vor, das uns nicht interessiert) oder aber es existiert ein $\lambda^* \in\,]0,\lambda_{m,1}[$ mit

$$1 + \lambda^*\left(\frac{1}{\lambda_{m,1}-\lambda^*} - \sum_{j=1}^{m}\frac{2}{\lambda_{m,j}-\lambda^*}\right) = 0. \tag{5.48}$$

Die Existenz eines $\lambda^* \in\,]0,\lambda_{m,1}[$, das obige Gleichung befriedigt, ist gesichert aufgrund von

$$0 = 0 \cdot \varphi_m^2(0) = \lambda_{m,1}\,\varphi_m^2(\lambda_{m,1})$$

sowie dem Satz von Rolle[**]. Ausgehend von (5.48) erzielen wir eine obere Schranke für λ^*:

$$\begin{aligned}
1 &= \lambda^*\left(\sum_{j=1}^{m}\frac{2}{\lambda_{m,j}-\lambda^*} - \frac{1}{\lambda_{m,1}-\lambda^*}\right) \geq \lambda^*\sum_{j=1}^{m}\frac{1}{\lambda_{m,j}-\lambda^*}\\
&\geq \lambda^*\sum_{j=1}^{m}\frac{1}{\lambda_{m,j}} = \lambda^*\,|p_m'(0)|.
\end{aligned}$$

Also ist $\lambda^* \leq |p_m'(0)|^{-1}$, womit wir angekommen sind bei

$$\sup_{0\leq\lambda\leq\lambda_{m,1}} \lambda\,\varphi_m^2(\lambda) \leq \lambda^*\,\varphi_m^2(\lambda^*) \leq \lambda^* \leq |p_m'(0)|^{-1}. \tag{5.49}$$

Sei nun $0 < \tau \leq \lambda_{m,1}$. Dann ist $|p_m(\lambda)| \leq 1$ für $\lambda \in [0,\tau]$, siehe (5.39), und (5.45) vereinfacht sich weiter zu

$$\|f^+ - f_m\|_X \leq \|\mathcal{E}_\tau f^+\|_X + \left(|p_m'(0)|\,\tau\right)^{-1/2}\|\mathcal{E}_{\lambda_{m,1}}f^+\|_X.$$

[**] Zwischen zwei Nullstellen einer differenzierbaren Funktion liegt mindestens eine Nullstelle ihrer Ableitung.

Wir müssen nun klären, wie sich die Folge $\{\lambda_{m,1}\}_m$ verhält, wenn m gegen Unendlich geht. Wegen der Schachtelungseigenschaft der Nullstellen orthogonaler Polynome (Kapitel 5.3.3) ist $\{\lambda_{m,1}\}_m$ eine monoton fallende, nach unten beschränkte Folge und somit konvergent: $\lim_{m\to\infty} \lambda_{m,1} =: \lambda_1 \geq 0$. Wir unterscheiden die beiden Fälle $\lambda_1 = 0$ und $\lambda_1 > 0$.

Falls $\lambda_1 = 0$ ist, setzen wir $\tau = \tau_m = \lambda_{m,1}$. Aus $|p'_m(0)| \geq \lambda_{m,1}^{-1}$ folgt $\|f^+ - f_m\|_X \leq 2\|\mathcal{E}_{\lambda_{m,1}} f^+\|_X \to 0$ für $m \to \infty$, womit die behauptete Konvergenz bewiesen ist.

Es bleibt, den Fall $\lambda_1 > 0$ zu betrachten. Hier setzen wir $\tau = \tau_m = |p'_m(0)|^{-1/2}$. Über die Abschätzung $|p'_m(0)| = \sum_{j=1}^m \lambda_{m,j}^{-1} \geq m(\max|\lambda_{m,j}|)^{-1} \geq m\,\|A\|^{-2}$ erhalten wir die Schranke $\tau_m \leq \|A\|/\sqrt{m}$, d.h. $\lim_{m\to\infty}\tau_m = 0$. Für hinreichend große m gilt daher

$$\|f^+ - f_m\|_X \leq \|\mathcal{E}_{\tau_m} f^+\|_X + (\tau_m^{-2}\tau_m)^{-1/2}\,\|\mathcal{E}_{\lambda_{m,1}} f^+\|_X \leq \|\mathcal{E}_{\tau_m} f^+\|_X + \sqrt{\tau_m}\,\|f^+\|_X.$$

Auch in diesem Fall liegt die behauptete Konvergenz vor für $m \to \infty$. $\blacksquare$

Unter Glattheitsvoraussetzungen an f^+ kann man auch Konvergenzgeschwindigkeiten beweisen. Der folgende Satz ist dem Buch [81, Satz 4.3.12] von LOUIS entnommen. Er basiert auf Originalarbeiten von BRAKHAGE [10] und LOUIS [80].

Satz 5.3.10 *Sei $A \in \mathcal{K}(X,Y)$ mit singulärem System $\{(\sigma_k; v_k, u_k)\}$ und sei $g \in \mathcal{D}(A^+)$. Falls $f^+ = A^+ g \in X_\mu$ ist für ein $\mu > 0$, so gilt für die Folge der cg-Iterierten mit $f_0 = 0$*

$$\|f^+ - f_m\|_X \leq C_{\mathrm{cg}}\,\min\big\{\sigma_{m+1}^\mu\,\|\mathcal{E}_{\sigma_{m+1}^2}|A|^{-\mu}f^+\|_X, m^{-\mu}\,\|f^+\|_\mu\big\}.$$

Hierbei bezeichnet C_{cg} eine positive Konstante.

Die Konvergenzgeschwindigkeit diskutieren wir in Abhängigkeit vom asymptotischen Verhalten der Singulärwerte. Wir betrachten dazu A mit Singulärwerten, die $\sigma_m = O(m^{-\alpha})$ für $m \to \infty$ erfüllen mit einem $\alpha > 0$. Die Abschätzung aus Satz 5.3.10 lautet nun

$$\|f^+ - f_m\|_X \leq \widetilde{C}_{\mathrm{cg}}\,\min\big\{m^{-\alpha\mu}\,\|\mathcal{E}_{\sigma_{m+1}^2}|A|^{-\mu}f^+\|_X, m^{-\mu}\,\|f^+\|_\mu\big\} \quad \text{für } m \to \infty.$$

Liegt ein mäßig schlecht gestelltes Problem vor, d.h. $\alpha < 1$, so gilt $\|f^+ - f_m\|_X = O(m^{-\mu})$ für $m \to \infty$. Ist das Problem stärker schlecht gestellt, d.h. $\alpha \geq 1$, dann konvergiert das cg-Verfahren schneller: $\|f^+ - f_m\|_X = o(m^{-\alpha\mu})$ für $m \to \infty$. Die Konvergenz vom Typ "klein o" stellt sich ein wegen $\lim_{m\to\infty}\|\mathcal{E}_{\sigma_m^2} x\|_X = 0$ für alle $x \in X$.

5.3.5 Das Diskrepanzprinzip

Nach Konstruktion hat das cg-Verfahren das kleinste Residuum unter allen Krylov-Raum-Verfahren, angewandt auf die Normalgleichung (bei fester Schrittzahl). Daher bedeutet Satz 5.1.5 für das Landweber-Verfahren hier: Das Diskrepanzprinzip (5.6) mit $\tau > 1$ liefert für das cg-Verfahren einen eindeutigen Stoppindex $m^* = m^*(\varepsilon, g^\varepsilon)$ für $g \in \mathcal{R}(A)$ und $g^\varepsilon \in Y$ mit $\|g - g^\varepsilon\|_Y \leq \varepsilon$:

$$\|Af_{m^*}^{\varepsilon} - g^{\varepsilon}\|_Y \leq \tau\,\varepsilon < \|Af_m^{\varepsilon} - g^{\varepsilon}\|_Y, \quad m = 0,\dots,m^* - 1. \tag{5.50}$$

Der Stoppindex des Diskrepanzprinzips ist immer kleiner gleich dem Abbruchindex: $m^* \leq m_A$ (Aufgabe 5.14).

Wir werden im Folgenden zeigen, dass das cg-Verfahren zusammen mit (5.50) ein ordnungsoptimales Regularisierungsverfahren bez. X_μ ist für jedes $\mu > 0$. Die Nichtlinearität des cg-Verfahrens erlaubt es nicht mehr, Approximations- und Datenfehler getrennt zu untersuchen. Zwar haben wir weiterhin

$$\begin{aligned}
\|f_{m^*}^{\varepsilon} - f^+\|_X &\leq \|f_{m^*}^{\varepsilon} - f_{m^*}\|_X + \|f_{m^*} - f^+\|_X \\
&= \|q_{m^*-1}(A^*A,g^{\varepsilon})A^*g^{\varepsilon} - q_{m^*-1}(A^*A,g)A^*g\|_X \\
&\qquad + \|p_{m^*}(A^*A,g)f^+\|_X,
\end{aligned}$$

aber wie sollen wir den Datenfehler abschätzen? Von den cg-Filterpolynomen q_m bez. g und g^{ε} kennen wir nur ein paar qualitative Eigenschaften. Eine neue Beweistechnik ist daher nötig. Wir orientieren uns im Weiteren an PLATO [102], der wiederum auf Argumenten von NEMIROVSKII [96] aufbaut.

In einem ersten Lemma präsentieren wir die grundlegende Fehlerabschätzung.

Lemma 5.3.11 *Seien $\{q_m\}_{0\leq m\leq m_A-1}$ die cg-Filterpolynome bez. $A \in \mathcal{L}(X,Y)$ und $g^{\varepsilon} \in Y$, d.h. $f_m^{\varepsilon} = q_{m-1}(A^*A,g^{\varepsilon})A^*g^{\varepsilon}$. Seien $g \in \mathcal{R}(A)$ mit $\|g - g^{\varepsilon}\|_Y \leq \varepsilon$ sowie $f^+ = A^+g \in X_\mu$, $\mu > 0$. Dann gilt für jedes $\Lambda > 0$ die Abschätzung*

$$\begin{aligned}
\|f_m^{\varepsilon} - f^+\|_X &\leq \Lambda^{-1/2}\left(\varepsilon + \|g^{\varepsilon} - Af_m^{\varepsilon}\|_Y\right) \\
&\quad + \|f^+\|_\mu \sup_{0\leq\lambda\leq\Lambda} \lambda^{\mu/2}\,|p_m(\lambda,g^{\varepsilon})| \\
&\quad + \varepsilon \sup_{0\leq\lambda\leq\Lambda} |q_{m-1}(\lambda,g^{\varepsilon})|^{1/2} \\
&\qquad\qquad \cdot \sup_{0\leq\lambda\leq\Lambda} \lambda^{1/2}\,|q_{m-1}(\lambda,g^{\varepsilon})|^{1/2},
\end{aligned} \tag{5.51}$$

wobei $\{p_m\}$ die Folge der zu $\{q_m\}$ gehörenden cg-Polynome ist: $p_m(\lambda) = 1 - \lambda\,q_{m-1}(\lambda)$.

Beweis: Sei $\{(\sigma_k; v_k, u_k)\}$ das singuläre System von $A \in \mathcal{K}(X,Y)$ und sei $\mathcal{E}_\Lambda \in \mathcal{L}(X)$ der in (5.42) definierte Projektionsoperator. Wir beginnen mit der Dreiecksungleichung

$$\|f^+ - f_m^{\varepsilon}\|_X \leq \|(I - \mathcal{E}_\Lambda)(f^+ - f_m^{\varepsilon})\|_X + \|\mathcal{E}_\Lambda(f^+ - f_m^{\varepsilon})\|_X. \tag{5.52}$$

Zuerst schätzen wir den linken Summanden ab:

$$\|(I - \mathcal{E}_\Lambda)(f^+ - f_m^{\varepsilon})\|_X^2 = \||A|^+|A|(I - \mathcal{E}_\Lambda)(f^+ - f_m^{\varepsilon})\|_X^2$$

$$
\begin{aligned}
&= \sum_{k=1}^{\infty} \sigma_k^{-2} \left| \langle |A|(I - \mathcal{E}_\Lambda)(f^+ - f_m^\varepsilon), v_k \rangle_X \right|^2 \\
&= \sum_{k \notin \mathcal{I}(\Lambda)} \sigma_k^{-2} \left| \langle |A|(f^+ - f_m^\varepsilon), v_k \rangle_X \right|^2 \\
&\leq \Lambda^{-1} \, \| |A|(f^+ - f_m^\varepsilon) \|_X^2 \\
&= \Lambda^{-1} \, \| A(f^+ - f_m^\varepsilon) \|_Y^2 = \Lambda^{-1} \, \| g - A f_m^\varepsilon \|_Y^2 \quad (5.53) \\
&\leq \Lambda^{-1} \left(\| g - g^\varepsilon \|_Y + \| g^\varepsilon - A f_m^\varepsilon \|_Y \right)^2 \\
&\leq \Lambda^{-1} \left(\varepsilon + \| g^\varepsilon - A f_m^\varepsilon \|_Y \right)^2 .
\end{aligned}
$$

Wir wenden uns nun dem rechten Summanden in (5.52) zu

$$
\begin{aligned}
\| \mathcal{E}_\Lambda (f^+ - f_m^\varepsilon) \|_X &= \left\| \mathcal{E}_\Lambda \big(f^+ - q_{m-1}(A^* A, g^\varepsilon) A^* g^\varepsilon \big) \right\|_X \\
&= \big\| \mathcal{E}_\Lambda \big(f^+ - q_{m-1}(A^* A, g^\varepsilon) A^* g \\
&\qquad - q_{m-1}(A^* A, g^\varepsilon) A^* (g^\varepsilon - g) \big) \big\|_X \quad (5.54) \\
&\leq \| \mathcal{E}_\Lambda \, p_m(A^* A, g^\varepsilon) f^+ \|_X \\
&\qquad + \| \mathcal{E}_\Lambda \, q_{m-1}(A^* A, g^\varepsilon) A^* (g^\varepsilon - g) \|_X .
\end{aligned}
$$

Da f^+ in X_μ ist, existiert ein w in X mit $f^+ = |A|^\mu w$ und $\| f^+ \|_\mu = \| w \|_X$. Darauf aufbauend, folgt weiter

$$
\| \mathcal{E}_\Lambda (f^+ - f_m^\varepsilon) \|_X \leq \| w \|_X \sup_{0 \leq \lambda \leq \Lambda} \lambda^{\mu/2} \, |p_m(\lambda, g^\varepsilon)| + \varepsilon \, \| \mathcal{E}_\Lambda \, q_{m-1}(A^* A, g^\varepsilon) A^* \| .
$$

Im letzten Schritt untersuchen wir die Norm des Operators $\mathcal{E}_\Lambda \, q_{m-1}(A^* A, g^\varepsilon) A^* \in \mathcal{L}(Y, X)$:

$$
\begin{aligned}
\| \mathcal{E}_\Lambda \, q_{m-1}(A^* A, g^\varepsilon) A^* \|^2 &= \| \mathcal{E}_\Lambda \, q_{m-1}(A^* A, g^\varepsilon) A^* A q_{m-1}(A^* A, g^\varepsilon) \mathcal{E}_\Lambda \| \\
&\leq \| \mathcal{E}_\Lambda \, q_{m-1}(A^* A, g^\varepsilon) \| \, \| A^* A q_{m-1}(A^* A, g^\varepsilon) \mathcal{E}_\Lambda \| \\
&\leq \sup_{0 \leq \lambda \leq \Lambda} |q_{m-1}(\lambda, g^\varepsilon)| \sup_{0 \leq \lambda \leq \Lambda} \lambda \, |q_{m-1}(\lambda)| .
\end{aligned}
$$

Fassen wir alle unsere Zwischenergebnisse zusammen, so erhalten wir schließlich die behauptete Abschätzung (5.51). ∎

Bemerkung 5.3.12 Sie haben sicher bemerkt, dass im Beweis von Lemma 5.3.11 keine cg-spezifischen Eigenschaften der Polynomfolge $\{q_m\}$ verwendet wurden. In der Tat gilt Lemma 5.3.11 unter allgemeineren Voraussetzungen, z.B. genügt die Stetigkeit von $q_m : [0, \|A\|^2] \to \mathbb{R}$.

Die weitere Vorgehensweise besteht nun darin, die einzelnen Komponenten der Fehlerabschätzung (5.51) hinreichend scharf zu beschränken. Dies geschieht in einer Reihe von Lemmata.

Lemma 5.3.13 *Seien* $q_{m-1}(\cdot,g^\varepsilon)$ *und* $p_m(\cdot,g^\varepsilon)$ *wie in Lemma 5.3.11. Dann gilt für* $0 < \Lambda \le \lambda_{m,1}$ *(* $\lambda_{m,k}$ *Nullstellen von* $p_m(\cdot,g^\varepsilon)$ *):*

$$\sup_{0 \le \lambda \le \Lambda} |q_{m-1}(\lambda,g^\varepsilon)| = q_{m-1}(0,g^\varepsilon) = |p'_m(0,g^\varepsilon)| = \sum_{j=1}^{m} \lambda_{m,j}^{-1}.$$

Beweis: Aus der Darstellung (5.39) von p_m folgt sofort $0 \le p_m(\lambda) \le 1$ in $[0,\lambda_{m,1}]$. An (5.47) sehen wir, dass $p'_m(\lambda) \le 0$ ist für $\lambda \in [0,\lambda_{m,1}]$, und darüber hinaus erhalten wir

$$p''_m(\lambda) = p_m(\lambda) \left(\Big(\sum_{j=1}^{m} \frac{1}{\lambda_{m,j} - \lambda} \Big)^2 - \sum_{j=1}^{m} \frac{1}{(\lambda_{m,j} - \lambda)^2} \right),$$

woraus sich $p''_m \ge 0$ in $[0,\lambda_{m,1}]$ ergibt. Wegen $p_m(\lambda) = 1 - \lambda\, q_{m-1}(\lambda)$ ist

$$p'_m(\lambda) = -q_{m-1}(\lambda) - \lambda\, q'_{m-1}(\lambda) \tag{5.55}$$

und daher

$$q_{m-1}(0) = -p'_m(0) \overset{(5.47)}{=} \sum_{j=1}^{m} \lambda_{m,j}^{-1}. \tag{5.56}$$

Die Behauptung ist erbracht, wenn q_{m-1} im Intervall $[0,\lambda_{m,1}]$ monoton fällt. Diese Monotonie weisen wir dadurch nach, dass wir $q'_{m-1}(\lambda) \le 0$ in $[0,\lambda_{m,1}]$ verifizieren.

Nach (5.55) ist $q'_{m-1}(\lambda) = -p'_m(\lambda)/\lambda - \big(1-p_m(\lambda)\big)/\lambda^2$. Auf $-\big(1-p_m(\lambda)\big)/\lambda = \big(p_m(\lambda) - p_m(0)\big)/(\lambda - 0)$ wenden wir den Zwischenwertsatz der Differentialrechnung an, der die Existenz eines $\xi \in [0,\lambda]$ garantiert mit

$$-\frac{1 - p_m(\lambda)}{\lambda} = p'_m(\xi) \le p'_m(\lambda) \quad \text{für } \lambda \le \lambda_{m,1}.$$

Die obige Ungleichung gilt, da p'_m in $[0,\lambda_{m,1}]$ monoton wächst (p''_m ist dort nichtnegativ, siehe oben). Unsere Abschätzung für $-\big(1 - p_m(\lambda)\big)/\lambda$ impliziert

$$q'_{m-1}(\lambda) = -\frac{1}{\lambda}\, p'_m(\lambda) + \frac{1}{\lambda}\Big(-\frac{1 - p_m(\lambda)}{\lambda} \Big) \le -\frac{1}{\lambda}\, p'_m(\lambda) + \frac{1}{\lambda}\, p'_m(\lambda) = 0$$

für $0 \le \lambda \le \lambda_{m,1}$. Also fällt q'_{m-1} monoton in $[0,\lambda_{m,1}]$, was noch zu zeigen war. ∎

Die Fehlerabschätzung (5.51) vereinfachen wir im nächsten Korollar.

Korollar 5.3.14 *Die Voraussetzungen von Lemma 5.3.11 seien erfüllt. Zusätzlich sei* $\|f^+\|_\mu \le \varrho$. *Dann gilt für* $0 < \Lambda \le \lambda_{m,1}$ *und* $1 \le m \le m_A$:

$$\|f_m^\varepsilon - f^+\|_X \le \Lambda^{-1/2} \left(\varepsilon + \|g^\varepsilon - Af_m^\varepsilon\|_Y \right) + \varrho\, \Lambda^{\mu/2} + \varepsilon\, q_{m-1}^{1/2}(0). \tag{5.57}$$

Beweis: Die Beschränkung $0 \le p_m(\lambda,g^\varepsilon) \le 1$ für $0 \le \lambda \le \lambda_{m,1}$, siehe Beweis von Lemma 5.3.13, impliziert

$$\sup_{0 \le \lambda \le \Lambda} \lambda^{\mu/2} \, |p_m(\lambda,g^\varepsilon)| \le \Lambda^{\mu/2}.$$

Wegen $p_m(\lambda) = 1 - \lambda \, q_{m-1}(\lambda)$ erhalten wir $0 \le \lambda \, q_{m-1}(\lambda) \le 1$. Also ist

$$\sup_{0 \le \lambda \le \Lambda} \lambda^{1/2} \, |q_{m-1}(\lambda,g^\varepsilon)|^{1/2} \le 1.$$

Mit Lemma 5.3.13 folgt sofort

$$\sup_{0 \le \lambda \le \Lambda} |q_{m-1}(\lambda,g^\varepsilon)|^{1/2} \le q_{m-1}^{1/2}(0).$$

Die drei Abschätzungen von oben in (5.51) eingesetzt, ergeben (5.57). ∎

Die Fehlerabschätzung (5.57) für den speziellen Index $m = m^*(\varepsilon,g^\varepsilon) \le m_A$ lautet

$$\|f_{m^*}^\varepsilon - f^+\|_X \overset{(5.50)}{\le} \Lambda^{-1/2} \, (1+\tau)\,\varepsilon + \varrho\,\Lambda^{\mu/2} + \varepsilon\,q_{m^*-1}^{1/2}(0) \quad \text{für } 0 \le \Lambda \le \lambda_{m,1}. \quad (5.58)$$

Für den Rest dieses Abschnitts sei $\|f^+\|_\mu \le \varrho$ angenommen. Wir legen nun den noch freien Parameter Λ fest durch

$$\Lambda := \min\left\{ \left(\frac{\varepsilon}{\varrho}\right)^{\frac{2}{\mu+1}}, q_{m^*-1}^{-1}(0) \right\}. \quad (5.59)$$

Unsere Wahl von Λ ist kompatibel mit (5.58); denn

$$0 < \Lambda \le q_{m^*-1}^{-1}(0) = \left(\sum_{j=1}^{m^*} \lambda_{m^*,j}^{-1} \right)^{-1} < \lambda_{m^*,1}. \quad (5.60)$$

Jeden der drei Summanden auf der rechten Seite von (5.58) beschränken wir im Weiteren durch ein Vielfaches von $\varepsilon^{\frac{\mu}{\mu+1}} \varrho^{\frac{1}{\mu+1}}$.

Abschätzung von $\varrho\,\Lambda^{\mu/2}$:

$$\varrho\,\Lambda^{\mu/2} \le \varrho \left(\frac{\varepsilon}{\varrho}\right)^{\frac{2}{\mu+1} \frac{\mu}{2}} = \varepsilon^{\frac{\mu}{\mu+1}} \varrho^{\frac{1}{\mu+1}}. \quad (5.61)$$

Abschätzung von $\varepsilon\,\Lambda^{-1/2}$: Wir unterscheiden die zwei Fälle

a) $\left(\dfrac{\varepsilon}{\varrho}\right)^{\frac{2}{\mu+1}} \le q_{m^*-1}^{-1}(0)$. Hier ist

$$\varepsilon\,\Lambda^{-1/2} = \varepsilon \left(\frac{\varrho}{\varepsilon}\right)^{\frac{2}{\mu+1} \frac{1}{2}} = \varepsilon^{\frac{\mu}{\mu+1}} \varrho^{\frac{1}{\mu+1}}.$$

b) $q_{m^*-1}^{-1}(0) < \left(\dfrac{\varepsilon}{\varrho}\right)^{\frac{2}{\mu+1}}$. Hier ist

$$\varepsilon\,\Lambda^{-1/2} \;=\; \varepsilon\,q_{m^*-1}^{1/2}(0).$$

Aus (5.58) ziehen wir die Zwischenbilanz

$$\|f_{m^*}^\varepsilon - f^+\|_X \;\leq\; (1+\tau)\,\max\left\{\varepsilon^{\frac{\mu}{\mu+1}}\,\varrho^{\frac{1}{\mu+1}}, q_{m^*-1}^{1/2}(0)\,\varepsilon\right\}$$
$$+\;\varepsilon^{\frac{\mu}{\mu+1}}\,\varrho^{\frac{1}{\mu+1}} + q_{m^*-1}^{1/2}(0)\,\varepsilon. \tag{5.62}$$

Wenn wir jetzt noch $q_{m^*-1}^{1/2}(0)\,\varepsilon \leq C\,\varepsilon^{\frac{\mu}{\mu+1}}\,\varrho^{\frac{1}{\mu+1}}$ zeigen können, dann sind wir fertig. Dieses Ziel wollen wir nicht aus den Augen verlieren, auch wenn der Weg dorthin einen hohen technischen Aufwand erfordert. Die Reise beginnt mit Lemma 5.3.16. Doch zuvor noch eine Analogie zwischen der nichtlinearen cg-Iteration und den linearen Verfahren aus Kapitel 3.3.

Bemerkung 5.3.15 Mit dem Faktor $q_{m-1}^{1/2}(0)$ wird der Datenfehler ε verstärkt. Er spielt für das cg-Verfahren somit dieselbe Rolle wie die Norm $\|R_t\| \leq \sqrt{C_F\,M(t)}$ bei linearen Regularisierungen, vgl. (3.24) und (3.25).

Welcher Strategie zur Abschätzung von $q_{m^*-1}^{1/2}(0)\,\varepsilon$ sollen wir folgen? Bisher haben wir die Information, die uns zur Verfügung steht, noch nicht komplett ausgenutzt. In der Tat haben wir die rechte Ungleichung in (5.50) noch nicht berücksichtigt. Wir tun dies nachfolgend in der Form

$$\tau\,\varepsilon \;<\; \|Af_{m^*-1}^\varepsilon - g^\varepsilon\|_Y. \tag{5.63}$$

Wir werden also versuchen, das Residuum auf der rechten Seite durch einen Ausdruck zu beschränken, der ε und $q_{m^*-1}(0)$ in geeigneter Weise enthält. Dies gelingt uns erst in Korollar 5.3.18, das wir durch die beiden folgenden Lemmata vorbereiten.

Lemma 5.3.16 *Die Voraussetzungen von Lemma 5.3.11 seien erfüllt. Zusätzlich sei $\|f^+\|_\mu \leq \varrho$. Dann gilt*

$$\|g^\varepsilon - Af_m^\varepsilon\|_Y \;\leq\; \varepsilon + \varrho\,(\mu+1)^{\frac{\mu+1}{2}}\,q_{m-1}^{-\frac{\mu+1}{2}}(0) \qquad \textit{für } 1 \leq m \leq m_A.$$

Beweis: Die Schritte der Abschätzung (5.43) kopierend, erhalten wir

$$\|g^\varepsilon - Af_m^\varepsilon\|_Y \;\leq\; \|\mathcal{F}_{\lambda_{m,1}}\varphi_m(AA^*,g^\varepsilon)g^\varepsilon\|_Y. \tag{5.64}$$

Dabei sind $\mathcal{F}_\tau \in \mathcal{L}(Y)$ und $\varphi_m \in \mathcal{C}(\mathbb{R})$ wie in (5.42) bzw. in (5.44).

Die obige rechte Seite schätzen wir weiter ab unter Berücksichtigung der Identität $g = Af^+ = A|A|^\mu w$ für ein $w \in X$ mit $\|w\|_X \leq \varrho$ sowie der Ungleichung $0 \leq \varphi_m(\lambda, g^\varepsilon) \leq 1$ in $[0, \lambda_{m,1}]$:

$$\|g^\varepsilon - Af_m^\varepsilon\|_Y \;\leq\; \|\mathcal{F}_{\lambda_{m,1}}\varphi_m(AA^*,g^\varepsilon)g\|_Y + \|\mathcal{F}_{\lambda_{m,1}}\varphi_m(AA^*,g^\varepsilon)(g^\varepsilon - g)\|_Y$$

$$\leq\; \|\mathcal{F}_{\lambda_{m,1}}\varphi_m(AA^*,g^\varepsilon)A|A|^\mu\,w\|_Y + \varepsilon$$

$$=\; \|\mathcal{E}_{\lambda_{m,1}}\varphi_m(A^*A,g^\varepsilon)|A|^{\mu+1}\,w\|_X + \varepsilon$$

$$\leq\; \|w\|_X \sup_{0\leq\lambda\leq\lambda_{m,1}} \lambda^{\frac{\mu+1}{2}}\,|\varphi_m(\lambda,g^\varepsilon)| + \varepsilon.$$

Das Supremum können wir beschränken; denn es ist

$$\sup_{0\leq\lambda\leq\lambda_{m,1}} \lambda^\nu\,|\varphi_m(\lambda,g^\varepsilon)|^2 \leq \nu^\nu\,q_{m-1}^{-\nu}(0) \quad \text{für jedes } \nu > 0, \qquad (5.65)$$

wie wir durch eine Modifikation des Beweises von (5.49) einsehen (Aufgabe 5.15). Damit ist die Behauptung verifiziert. ∎

Die Voraussetzungen von Lemma 5.3.11 seien erfüllt. Zusätzlich sei $\|f^+\|_\mu \leq \varrho$. Weiter seien $\vartheta > 2$ und $2 < r \leq 2(\vartheta - 1)$.
Wenn $\vartheta\, q_{m-2}(0) \leq q_{m-1}(0)$ ist für $1 \leq m \leq m_A$ ($q_{-1} := 0$), dann gilt

$$\frac{r-2}{r-1}\,\|g^\varepsilon - Af_{m-1}^\varepsilon\|_Y < \varepsilon + \alpha^{\frac{\mu+1}{2}}\,\varrho\, q_{m-1}^{-\frac{\mu+1}{2}}(0) \qquad (5.66)$$

mit $\alpha = r/(1 - \vartheta^{-1})$.

Beweis: Für den Beweis ziehen wir erneut die Minimaleigenschaft der cg-Polynome heran:

Lemma 5.3.17 $\quad \|Af_{m-1}^\varepsilon - g^\varepsilon\|_Y = \min\{\widetilde{H}(p,g^\varepsilon)\,|\,p \in \Pi_{m-1}^0\}$

mit $\widetilde{H}$ aus (5.33). Setzen wir in $\widetilde{H}$ das Polynom $p(\lambda) := p_m(\lambda,g^\varepsilon)(1-\lambda/\lambda_{m,1})^{-1} \in \Pi_{m-1}^0$ ein, so folgt

$$\|g^\varepsilon - Af_{m-1}^\varepsilon\|_Y \;=\; \|p_{m-1}(AA^*)g^\varepsilon\|_Y \leq \|p(AA^*)g^\varepsilon\|_Y$$

$$\leq\; \|\mathcal{F}_{r\,\lambda_{m,1}}p(AA^*)g^\varepsilon\|_Y + \|(I - \mathcal{F}_{r\,\lambda_{m,1}})p(AA^*)g^\varepsilon\|_Y.$$

Zuerst wenden wir uns der rechten Norm zu ($\mathcal{J}$ ist die Indexmenge aus (5.42)):

$$\|(I - \mathcal{F}_{r\,\lambda_{m,1}})p(AA^*)g^\varepsilon\|_Y^2 \;=\; \sum_{k\notin\mathcal{J}(r\lambda_{m,1})} p^2(\sigma_k^2)\,|\langle g^\varepsilon,u_k\rangle_Y|^2$$

$$=\; \sum_{k\notin\mathcal{J}(r\lambda_{m,1})} p_m^2(\sigma_k^2)\,(1-\sigma_k^2/\lambda_{m,1})^{-2}\,|\langle g^\varepsilon,u_k\rangle_Y|^2$$

$$\leq\; (1-r)^{-2} \sum_{k\notin\mathcal{J}(r\lambda_{m,1})} p_m^2(\sigma_k^2)\,|\langle g^\varepsilon,u_k\rangle_Y|^2$$

$$\leq\; (1-r)^{-2} \sum_{k=1}^{\infty} p_m^2(\sigma_k^2)\,|\langle g^\varepsilon,u_k\rangle_Y|^2$$

$$\leq \ (1-r)^{-2} \, \|p_m(AA^*,g^\varepsilon)g^\varepsilon\|_Y^2$$

$$= \ (1-r)^{-2} \, \|g^\varepsilon - Af_m^\varepsilon\|_Y^2.$$

Aus beiden Abschätzungen von oben resultiert

$$\|g^\varepsilon - Af_{m-1}^\varepsilon\|_Y \ \leq \ \|\mathcal{F}_{r\,\lambda_{m,1}}p(AA^*)g^\varepsilon\|_Y + (r-1)^{-1}\,\|g^\varepsilon - Af_m^\varepsilon\|_Y$$

$$\overset{(5.16)}{\leq} \ \|\mathcal{F}_{r\,\lambda_{m,1}}p(AA^*)g^\varepsilon\|_Y + (r-1)^{-1}\,\|g^\varepsilon - Af_{m-1}^\varepsilon\|_Y$$

und daraus

$$\frac{r-2}{r-1}\,\|g^\varepsilon - Af_{m-1}^\varepsilon\|_Y \leq \|\mathcal{F}_{r\,\lambda_{m,1}}p(AA^*)g^\varepsilon\|_Y. \tag{5.67}$$

Es bleibt, die Norm $\|\mathcal{F}_{r\,\lambda_{m,1}}p(AA^*)g^\varepsilon\|_Y$ abzuschätzen. Hierzu verwenden wir die Darstellung $f^+ = |A|^\mu w$ mit $w \in X$ und $\|w\|_X \leq \varrho$ gemäß

$$\|\mathcal{F}_{r\,\lambda_{m,1}}p(AA^*)g^\varepsilon\|_Y \leq \|\mathcal{F}_{r\,\lambda_{m,1}}p(AA^*)g\|_Y + \|\mathcal{F}_{r\,\lambda_{m,1}}p(AA^*)(g^\varepsilon - g)\|_Y$$

$$= \|\mathcal{F}_{r\,\lambda_{m,1}}p(AA^*)Af^+\|_Y$$
$$+ \|\mathcal{F}_{r\,\lambda_{m,1}}p(AA^*)(g^\varepsilon - g)\|_Y$$
$$= \|\mathcal{E}_{r\,\lambda_{m,1}}|A|^{\mu+1}p(A^*A)w\|_X \tag{5.68}$$
$$+ \|\mathcal{F}_{r\,\lambda_{m,1}}p(AA^*)(g^\varepsilon - g)\|_Y$$
$$\leq \varrho \ \sup_{0\leq\lambda\leq r\lambda_{m,1}} \lambda^{\frac{\mu+1}{2}}\,|p(\lambda)| + \varepsilon \ \sup_{0\leq\lambda\leq r\lambda_{m,1}} |p(\lambda)|.$$

Die behauptete Ungleichung (5.66) ist wahr für $m = 1$; denn mit $p(\lambda) = 1$ und $q_0 = 1/\lambda_{1,1}$ folgt sie unmittelbar aus (5.68). Sei nun im Weiteren $m \geq 2$. Wir fahren fort unter den beiden Hypothesen

$$r\lambda_{m,1} < 2\,\lambda_{m,2} \tag{5.69a}$$

und

$$\lambda_{m,1} < \frac{1}{1-\vartheta^{-1}}\,q_{m-1}^{-1}(0). \tag{5.69b}$$

Die Hypothese (5.69a) führt uns auf $r\lambda_{m,1}/\lambda_{m,j} < 2,\ j = 2,\ldots,m$, womit wir

$$|p(\lambda)| = \prod_{j=2}^{m}|1 - \lambda/\lambda_{m,j}| < 1 \quad \text{für } 0 < \lambda \leq r\,\lambda_{m,1}$$

finden; denn jeder Faktor des Produkts ist kleiner 1. Beide Abschätzungen (5.67) und (5.68) zusammen mit (5.69) liefern daher

$$\frac{r-2}{r-1} \, \|g^\varepsilon - A f^\varepsilon_{m-1}\|_Y \; < \; \varrho \, (r\,\lambda_{m,1})^{\frac{\mu+1}{2}} + \varepsilon \; < \; \varrho \, \alpha^{-\frac{\mu+1}{2}} \, q_{m-1}^{-\frac{\mu+1}{2}}(0) + \varepsilon.$$

Der Beweis von (5.66) ist demnach erbracht, sobald beide Hypothesen in (5.69) überprüft sind.

Wir schauen uns als Erstes (5.69b) an. Wegen der Schachtelungseigenschaft der Wurzeln von p_{m-1} und p_m, d.h. $\lambda_{m-1,j} < \lambda_{m,j+1}$, $j = 1,\ldots,m-1$, siehe Kapitel 5.3.3, haben wir

$$q_{m-1}(0) \overset{(5.56)}{=} \lambda_{m,1}^{-1} + \sum_{j=1}^{m-1} \lambda_{m,j+1}^{-1} < \lambda_{m,1}^{-1} + \sum_{j=1}^{m-1} \lambda_{m-1,j}^{-1} = \lambda_{m,1}^{-1} + q_{m-2}(0). \tag{5.70}$$

Die Voraussetzung $q_{m-2}(0) \leq \vartheta^{-1} q_{m-1}(0)$ impliziert nun $q_{m-1}(0) \leq \lambda_{m,1}^{-1} + \vartheta^{-1} q_{m-1}(0)$ und somit (5.69b).

Wir wenden uns letztlich (5.69a) zu:

$$(\vartheta - 1)\,\lambda_{m-1,1}^{-1} \quad < \quad (\vartheta - 1) \sum_{j=1}^{m-1} \lambda_{m-1,j}^{-1} = \vartheta \, q_{m-2}(0) - q_{m-2}(0)$$

$$\overset{\substack{\text{nach}\\ \text{Voraus.}}}{\leq} \quad q_{m-1}(0) - q_{m-2}(0) \overset{(5.70)}{<} \lambda_{m,1}^{-1}.$$

Also gilt $\lambda_{m,1} < (\vartheta - 1)^{-1} \lambda_{m-1,1} < (\vartheta - 1)^{-1} \lambda_{m,2}$ (Schachtelungseigenschaft), woraus wir in Verbindung mit der Voraussetzung $r/(\vartheta - 1) \leq 2$ auf (5.69a) schließen dürfen.

Den Nachweis von (5.66) haben wir jetzt vollständig ausgeführt. ∎

Die beiden letzten Lemmata verschmelzen in folgendem Korollar.

Korollar 5.3.18 *Unter den Voraussetzungen von Lemma 5.3.11 mit $\|f^+\|_\mu \leq \varrho$ gibt es zu jedem $\Theta \in\,]0,1[$ ein $a_\Theta > 0$, so dass für alle $1 \leq m \leq m_A$ gilt*

$$\Theta \, \|g^\varepsilon - A f^\varepsilon_{m-1}\|_Y < \varepsilon + a_\Theta \, \varrho \, q_{m-1}^{-\frac{\mu+1}{2}}(0).$$

*Hierbei hängt a_Θ **nur** von Θ und μ ab.*

Beweis: Zu $\Theta \in\,]0,1[$ gibt es genau ein $r = r(\Theta) > 2$, so dass $\Theta = \frac{r-2}{r-1}$ ist. Dieses r sei fixiert. Mit ihm definieren wir $\vartheta := r/2 + 1 > 2$, d.h. $r = 2(\vartheta - 1)$. Genau einer der beiden folgenden Fälle tritt ein.

1. Es ist $\vartheta\, q_{m-2}(0) \leq q_{m-1}(0)$. Hier folgt die Behauptung direkt aus Lemma 5.3.17, wenn wir

$$a_{\Theta,1} := \left(\frac{r}{1 - \vartheta^{-1}}\right)^{\frac{\mu+1}{2}} = \left(\frac{r}{1 - (r/2 + 1)^{-1}}\right)^{\frac{\mu+1}{2}}$$

setzen.

2. Es ist $q_{m-1}(0) < \vartheta\, q_{m-2}(0)$, d.h. $q_{m-2}^{-1}(0) < \vartheta\, q_{m-1}^{-1}(0)$. Da $\Theta < 1$ ist, liefern Lemma 5.3.16 und die letzte Ungleichung:

$$\Theta\,\|g^\varepsilon - Af_{m-1}^\varepsilon\|_Y \leq \varepsilon + \varrho\,(\mu+1)^{\frac{\mu+1}{2}}\, q_{m-2}^{-\frac{\mu+1}{2}}(0) < \varepsilon + \varrho\, a_{\Theta,2}\, q_{m-1}^{-\frac{\mu+1}{2}}(0)$$

mit

$$a_{\Theta,2} := (\mu+1)^{\frac{\mu+1}{2}}\,\vartheta^{\frac{\mu+1}{2}} = (\mu+1)^{\frac{\mu+1}{2}}\,(r/2+1)^{\frac{\mu+1}{2}}.$$

Aufgrund beider Fälle gilt die Behauptung von Korollar 5.3.18 mit $a_\Theta := \max\{a_{\Theta,1}, a_{\Theta,2}\}$.   ■

Wir sind am Ziel. Für $m^* \geq 1$ können wir $\varepsilon\, q_{m^*-1}^{1/2}(0)$ geeignet abschätzen unter Mithilfe von (5.63). Zu $\tau > 1$ finden wir ein $\Theta \in\,]0,1[$, für das $\Theta\tau > 1$ ist. Korollar 5.3.18 liefert damit

$$\Theta\,\tau\,\varepsilon < \Theta\,\|g^\varepsilon - Af_{m^*-1}^\varepsilon\|_Y < \varepsilon + a_\Theta\,\varrho\, q_{m^*-1}^{-\frac{\mu+1}{2}}(0),$$

woraus wir

$$\varepsilon\, q_{m^*-1}^{1/2}(0) < a_\Theta^{\frac{1}{\mu+1}}\,(\Theta\,\tau - 1)^{-\frac{1}{\mu+1}}\,\varepsilon^{\frac{\mu}{\mu+1}}\,\varrho^{\frac{1}{\mu+1}} \tag{5.71}$$

erhalten. Das Resultat unserer Bemühungen fassen wir abschließend zusammen.

Satz 5.3.19   *Seien $A \in \mathcal{L}(X,Y)$, $g \in \mathcal{R}(A)$ und $f^+ = A^+ g$ sei in X_μ für ein $\mu > 0$ mit $\|f^+\|_\mu \leq \varrho$. Weiter sei $g^\varepsilon \in Y$ mit $\|g - g^\varepsilon\|_Y \leq \varepsilon$ und es bezeichne $\{f_m^\varepsilon\}$ die cg-Folge bez. A und $g^\varepsilon \in Y$, gestartet mit $f_0^\varepsilon = 0$.*
Stoppen wir das cg-Verfahren mit $m^* = m^*(\varepsilon, g^\varepsilon)$ gemäß (5.50), dann gilt

$$\|f^+ - f_{m^*}^\varepsilon\|_X \leq C_{\mathrm{cg}}\,\varrho^{\frac{1}{\mu+1}}\,\varepsilon^{\frac{\mu}{\mu+1}}$$

mit einer positiven Konstanten C_{cg} unabhängig von ε sowie ϱ.
Das cg-Verfahren zusammen mit dem Diskrepanzprinzip ist ein ordnungsoptimales Regularisierungsverfahren für A^+ bez. X_μ für alle $\mu \in\,]0,\infty[$.

Beweis: Für $m^* \geq 1$ setzen wir (5.71) in (5.62) ein. Sollte $m^* = 0$ sein, dann argumentieren wir wie zum Schluss des Beweises von Satz 5.1.6 vorgeführt.   ■

5.3.6   Anzahl der Iterationen

Unter allen Krylov-Raum-Verfahren produziert das cg-Verfahren das kleinste Residuum. Also wird das cg-Verfahren durch das Diskrepanzprinzip auch am ehesten gestoppt: Der Stoppindex des cg-Verfahrens ist kleiner gleich dem Stoppindex jedes anderen Krylov-Raum-Verfahrens. Wie aber sieht es mit dem asymptotischen Verhalten von m^* aus, wenn $\varepsilon \to 0$ geht? Mit dieser Thematik setzen wir uns hier auseinander.

Lemma 5.3.20 *Die Voraussetzungen von Satz 5.3.19 seien erfüllt, insbesondere sei $f^+ \in X_\mu$, $\mu > 0$. Dann gilt*

$$m^*(\varepsilon, g^\varepsilon) = O\big(\varepsilon^{-\frac{1}{\mu+1}}\big) \quad \textit{für } \varepsilon \to 0.$$

*Der Exponent $1/(\mu+1)$ ist **optimal**, er kann im Allgemeinen nicht durch einen kleineren ersetzt werden.*

Beweis: Sei $m_\nu^*(\varepsilon, g^\varepsilon)$ der Stoppindex des Diskrepanzprinzips, angewandt auf die ν-Methode mit $\nu = (\mu+1)/2$. Selbstverständlich sei die ν-Methode mit demselben Startwert gestartet wie das cg-Verfahren. Wir haben

$$m^*(\varepsilon, g^\varepsilon) \le m_\nu^*(\varepsilon, g^\varepsilon) = O\big(\varepsilon^{-\frac{1}{\mu+1}}\big) \quad \text{für } \varepsilon \to 0$$

nach den Sätzen 5.2.5 und 5.2.8. Zum Nachweis der Optimalität des Exponenten verweisen wir auf die Originalarbeit von NEMIROVSKII [96]. In ENGL, HANKE und NEUBAUER [35, Theorem 7.13] kann der Beweis ebenfalls nachgelesen werden. ∎

Die obige Asymptotik von $m^*(\varepsilon, g^\varepsilon)$ ist zwar scharf, aber in vielen Fällen auch zu pessimistisch, da sie uniform für alle $A \in \mathcal{L}(X,Y)$ gilt, daher auch die ungünstigen Fälle abdecken muss. Schon in der Diskussion von Satz 5.3.10 haben wir gesehen, dass das Abklingverhalten der Singulärwerte eines kompakten Operators einen großen Einfluss hat auf die Konvergenzgeschwindigkeit des cg-Verfahrens bei ungestörten Daten. Ähnliches gilt hier: Je schlechter gestellt ein Problem, desto früher stoppt das Diskrepanzprinzip das cg-Verfahren. Die präzise Formulierung dieser Eigenschaft verdanken wir NEMIROVSKII und POLYAK [97].

Satz 5.3.21 *Sei $A \in \mathcal{K}(X,Y)$ mit dem singulären System $\{(\sigma_k; v_k, u_k)\}$. Weiter seien die Voraussetzungen von Satz 5.3.19 übernommen, insbesondere sei $f^+ \in X_\mu$, $\mu > 0$.*

(a) *Polynomiale Schlechtgestelltheit. Falls $\sigma_k = O(k^{-\alpha})$ für $k \to \infty$ gilt mit einem $\alpha > 0$, dann haben wir*

$$m^*(\varepsilon, g^\varepsilon) = O\big(\varepsilon^{-\frac{1}{(\mu+1)(\alpha+1)}}\big) \quad \textit{für } \varepsilon \to 0.$$

(b) *Exponentielle Schlechtgestelltheit. Falls $\sigma_k = O(q^k)$ für $k \to \infty$ gilt mit einem $q \in \,]0,1[\,$, dann haben wir*

$$m^*(\varepsilon, g^\varepsilon) = O\big(|\ln \varepsilon^{\frac{1}{\mu+1}}|\big) \quad \textit{für } \varepsilon \to 0.$$

Beweis: Wir nutzen, wie schon des Öfteren, geschickt die Minimaleigenschaft des cg-Verfahrens. Dazu definieren wir das Hilfspolynom

$$\varphi_m(\lambda) := \psi_r(\lambda)\, p_{m-r}^{(\nu)}\big(\lambda/\sigma_{r+1}^2\big)$$

für $1 \leq r \leq m$. Hierbei ist

$$\psi_r(\lambda) := \prod_{j=1}^{r} \left(1 - \lambda/\sigma_j^2\right)$$

und $p_{m-r}^{(\nu)}$ bezeichnet das $(m-r)$-te Residuenpolynom der ν-Methode. Wir setzen $\nu := (\mu+1)/2$. Wegen $\varphi_m \in \Pi_m^0$ liefert die Minimaleigenschaft des cg-Verfahrens

$$\|Af_m^\varepsilon - g^\varepsilon\|_Y \leq \|\varphi_m(AA^*)g^\varepsilon\|_Y = \|\mathcal{F}_{\sigma_{r+1}^2}\varphi_m(AA^*)g^\varepsilon\|_Y,$$

wobei sich die Gleichheit ergibt aus $\varphi_m(\sigma_i) = 0$, $i = 1,\ldots,r$ ($\mathcal{F}_\tau$ wie in (5.42)). Wie in (5.68) erhalten wir

$$\|Af_m^\varepsilon - g^\varepsilon\|_Y \leq \varrho \sup_{0 \leq \lambda \leq \sigma_{r+1}^2} \lambda^{\frac{\mu+1}{2}} |\varphi_m(\lambda)| + \varepsilon \sup_{0 \leq \lambda \leq \sigma_{r+1}^2} |\varphi_m(\lambda)|.$$

Aufgrund von $|\varphi_m(\lambda)| \leq |p_{m-r}^{(\nu)}(\lambda/\sigma_{r+1}^2)| \leq 1$ für $\lambda \in [0,\sigma_{r+1}^2]$ haben wir

$$\|Af_m^\varepsilon - g^\varepsilon\|_Y \quad \leq \quad \varrho \sup_{0 \leq \lambda \leq \sigma_{r+1}^2} \lambda^{\frac{\mu+1}{2}} |p_{m-r}^{(\nu)}(\lambda/\sigma_{r+1}^2)| + \varepsilon$$

$$= \quad \varrho\, \sigma_{r+1}^{\mu+1} \sup_{0 \leq t \leq 1} t^\nu |p_{m-r}^{(\nu)}(t)| + \varepsilon$$

$$\overset{\text{Satz 5.2.7}}{\leq} \begin{cases} C_{\mu+1}\, \varrho\, \sigma_{r+1}^{\mu+1}\, (m-r)^{-(\mu+1)} + \varepsilon & : \quad 1 \leq r < m \\[2mm] \varrho\, \sigma_{m+1}^{\mu+1} + \varepsilon & : \quad r = m \end{cases}.$$

Zum Beweis von Teil (a) wählen wir $r = m/2$ bzw. $r = (m+1)/2$ je nachdem, ob m gerade oder ungerade ist. Berücksichtigen wir die Asymptotik der Singulärwerte, dann ist

$$\|Af_m^\varepsilon - g^\varepsilon\|_Y \leq C\, \varrho\, m^{-(\mu+1)(\alpha+1)} + \varepsilon$$

mit einer Konstanten $C > 0$. Für m, die

$$m^{-(\mu+1)(\alpha+1)} \leq \frac{\tau-1}{C}\, \frac{\varepsilon}{\varrho}$$

erfüllen, ist garantiert $\|Af_m^\varepsilon - g^\varepsilon\|_Y \leq \tau\,\varepsilon$. Daher kann $m^*(\varepsilon,g^\varepsilon)$ nicht schneller wachsen als behauptet, wenn ε kleiner wird.

Den Nachweis von Teil (b) erbringen wir durch die Wahl von $r = m$. Hier impliziert die Asymptotik der Singulärwerte die Ungleichung

$$\|Af_m^\varepsilon - g^\varepsilon\|_Y \leq \sigma_{m+1}^{\mu+1}\, \varrho + \varepsilon \leq C\, (q^{m+1})^{\mu+1}\, \varrho + \varepsilon,$$

woraus die Behauptung folgt wie unter (a). ∎

Das cg-Verfahren weist ein facettenreiches Konvergenzverhalten auf. Nicht nur ein gleichmäßiges Abklingen der Spektralwerte, sondern auch deren Konzentrierung (Cluster-Bildung) beschleunigt die cg-Konvergenz, wie ENGL, HANKE und NEUBAUER [35, Theorem 7.15] zeigen konnten.

Satz 5.3.22 *Unter den Voraussetzungen von Satz 5.3.19 sei $\sigma(AA^*)$ enthalten in der Menge $[0,\delta_0] \cup [1 - \delta_1, 1 + \delta_1] \cup \{\lambda_1, \ldots, \lambda_p\}$ für ein $p \in \mathbb{N}$. Hierbei seien δ_0 und δ_1 positiv mit $\delta_0 < 1 - \delta_1$ und sämtliche λ_j seien größer als $1 + \delta_1$. Falls*

$$\delta_0^{(\mu+1)/2} \leq (\tau - 1)\, \frac{\varepsilon}{\varrho}$$

ist, dann gibt es ein $C(\delta_1) > 0$ unabhängig von δ_0 und p, so dass gilt

$$m^*(\varepsilon, g^\varepsilon) \leq p + C(\delta_1)\bigl(1 + \ln(\max\{1, \varrho/\varepsilon\})\bigr).$$

Zusätzlich haben wir $C(\delta_1) \to 0$ für $\delta_1 \to 0$.

Der obige Satz rechtfertigt ein Vorkonditionieren auch von schlecht gestellten Problemen. Dazu transformiere man das ursprüngliche Problem dergestalt, dass sich das transformierte Spektrum um die 1 konzentriert, abgesehen von ein paar Ausreißern (Der Spektralanteil um die 0 ist bei schlecht gestellten Problemen immer vorhanden). HANKE und NAGY [52] sowie NAGY und O'LEARY [91] wenden diese Strategie erfolgreich in der Bildverarbeitung an.

5.4 Übungsaufgaben

Aufgabe 5.1 Sei $T : Z \to Z$ eine lineare Selbstabbildung des Banachraums Z. Dann gilt die Identität

$$\sum_{j=0}^{m-1} T^j\,(I - T) = I - T^m \quad \text{für alle } m \in \mathbb{N}_0.$$

Aufgabe 5.2 Für $\omega \in [0, 2/a^2[$, $a > 0$, und $m \in \mathbb{N}$ haben wir

$$\sup_{0 \leq \lambda \leq a^2} \frac{1 - (1 - \omega\lambda)^m}{\sqrt{\omega\lambda}} \leq \sqrt{m} \quad \text{für alle } m \geq 2.$$

Hinweis: Setzen Sie $\tau := \sqrt{\omega\lambda}$ und untersuchen Sie $\sup_{0 \leq \tau \leq \sqrt{2}} (1 - (1 - \tau^2)^m)/\tau$. Unterteilen Sie dazu das τ-Intervall in die drei Teilintervalle $[0, m^{-1/2}]$, $[m^{-1/2}, 1]$ und $[1, \sqrt{2}]$. Wenden Sie im ersten Intervall die Bernoullische-Ungleichung an. In den beiden anderen Intervallen kommen Sie mit elementaren Abschätzungen voran. Sollte Ihnen der Beweis nicht gelingen, dann können Sie ihn bei LOUIS [81] auf Seite 109 nachlesen.

Aufgabe 5.3 Sei $A \in \mathcal{K}(X, Y)$. Für $0 < \omega < 2/\|A\|^2$ und $x \notin \mathcal{N}(A)$ gilt

$$\|(I - \omega A^* A)x\|_X < \|x\|_X.$$

Wieso ist das kein Widerspruch zu $\|I - \omega A^* A\| = 1$, auch wenn $\mathcal{N}(A) = \{0\}$ ist?

Aufgabe 5.4 Sei $\{f_m\}_{m \in \mathbb{N}_0}$ die Landweber-Folge zu $Af = y$, $A \in \mathcal{L}(X,Y)$, mit Startwert $f_0 \in X$. Sei $\{\tilde{f}_m\}_{m \in \mathbb{N}_0}$ die Landweber-Folge zu $Af = y - Af_0$ gestartet mit $\tilde{f}_0 = 0$. In beiden Folgen werde derselbe Dämpfungsparameter benutzt. Dann ist

$$\tilde{f}_m + f_0 = f_m \quad \text{für alle } m \in \mathbb{N}_0.$$

Aufgabe 5.5 Seien $\{p_m\}_{m \in \mathbb{N}_0}$, $p_0 = 1$, Residuenpolynome, die die Dreitermrekursion

$$p_m(\lambda) = p_{m-1}(\lambda) + \mu_m \left(p_{m-1}(\lambda) - p_{m-2}(\lambda)\right) - \omega_m \lambda \, p_{m-1}(\lambda), \quad m \geq 2,$$

erfüllen. Ferner sei $f_m = f_0 + F_m(A^*A)A^*(y - Af_0)$, $m \geq 1$, mit $A \in \mathcal{L}(X,Y)$, $y \in Y$, $f_0 \in X$ und $F_m(\lambda) = \left(1 - p_m(\lambda)\right)/\lambda$. Dann gilt

$$f_m = f_{m-1} + \mu_m \left(f_{m-1} - f_{m-2}\right) + \omega_m A^*(y - Af_{m-1}) \quad \text{für } m \geq 2.$$

Aufgabe 5.6 Seien $\{T_m\}_{m \in \mathbb{N}_0}$ die *Tschebyscheff-Polynome erster Art*, vgl. (2.24). In $[-1,1]$ haben sie die Darstellung $T_k(\lambda) = \cos(k \arccos \lambda)$ und genügen der Orthogonalitätsbeziehung

$$\int_{-1}^{1} T_m(\lambda) \, T_k(\lambda) \, \frac{d\lambda}{\sqrt{1 - \lambda^2}} = \begin{cases} \pi & : \quad m = k, \, k = 0 \\ \pi/2 & : \quad m = k, \, k \neq 0 \\ 0 & : \quad \text{sonst} \end{cases}.$$

Außerdem erfüllen sie die Dreitermrekursion: $T_0(\lambda) = 1$, $T_1(\lambda) = \lambda$,

$$T_m(\lambda) = 2 \lambda \, T_{m-1}(\lambda) - T_{m-2}(\lambda) \quad \text{für } m \geq 2.$$

Zeigen Sie: Die durch

$$p_k(\lambda) = \frac{(-1)^k \, T_{2k+1}(\sqrt{\lambda})}{(2k + 1)\sqrt{\lambda}}, \quad k = 0,1,\ldots,$$

definierten Polynome sind Residuenpolynome über $[0,1]$. Sie sind orthogonal auf $[0,1]$ bez. des Gewichts $w(\lambda) = \sqrt{\lambda/(1 - \lambda)}$. Für die Iterierten $\{f_k\}$ des zugehörigen semi-iterativen Verfahrens gilt die Dreitermrekursion

$$f_k = 2 \, \frac{2k - 1}{2k + 1} \, f_{k-1} - \frac{2k - 3}{2k + 1} \, f_{k-2} + 4 \, \frac{2k - 1}{2k + 1} \, A^*(g - Af_{k-1}),$$

$$f_1 = f_0 + \frac{4}{3} \, A^*(g - Af_0).$$

Diese Iteration heißt *Tschebyscheff-Methode von Nemirovskii und Polyak*.

Aufgabe 5.7 Beweisen Sie Satz 5.2.3.

Hinweis: Verwenden Sie zur Abschätzung von $M(m)$ aus (3.24) die Markov-Ungleichung:
Sei q_m ein Polynom vom Grad m, dann gilt

$$\max_{0 \le \lambda \le 1} |q_m'(\lambda)| \le 2\, m^2 \max_{0 \le \lambda \le 1} |q_m(\lambda)|,$$

siehe z.B. LORENTZ [78, Kap. 3.3].

Aufgabe 5.8 Sei $\{q_m\}_{m \in \mathbb{N}}$ eine Familie von Polynomen. Der Grad von q_m sei
m. Weiter gebe es eine Zahl M, so dass $\max\{q_m(\lambda) \mid m^{-2} \le \lambda \le 1, m > 1\} \le M$
ist. Dann ist $\{q_m\}_{m \in \mathbb{N}}$ gleichmäßig beschränkt über $[0,1]$.

Hinweis: Verwenden Sie folgende Abschätzung von Bernstein: Wenn Q_m ein Polynom
vom Grad $m > 1$ ist, dann gilt

$$\max_{|\lambda| \le 1} |Q_m(\lambda)| \le C \max_{|\lambda| \le 1 - m^{-2}} |Q_m(\lambda)|$$

mit einer absoluten[††] Konstanten C, siehe z.B. LORENTZ [78, Kap. 3.4].

Aufgabe 5.9 Seien $A \in \mathcal{L}(X,Y)$, $g \in Y$ und $\{f_m\}_{0 \le m \le m_A}$ die cg-Folge bez.
A und g mit Startwert $f_0 \in X$. Bricht das cg-Verfahren nach endlich vielen
Schritten ab, dann gelten $g \in \mathcal{D}(A^+)$ und $f_{m_A} = A^+ g + P_{\mathcal{N}(A)} f_0$, d.h. f_{m_A} ist die
f_0-Minimum-Norm-Lösung von $Af = g$, siehe Bemerkung 2.1.7.

Aufgabe 5.10 Seien $A \in \mathcal{L}(X,Y)$ und $x, p \in X$ sowie $g \in Y$. Die Hilberträume
X und Y seien reell.

(a) Zeigen Sie: Die Funktion $\varphi_{x,p} : \mathbb{R} \to \mathbb{R}$, definiert durch

$$\varphi_{x,p}(\lambda) = \Phi(x + \lambda\, p) \quad \text{mit} \quad \Phi(\xi) = \frac{1}{2}\, \|A\xi - g\|_Y^2,$$

nimmt für $p \notin \mathcal{N}(A)$ ihr Minimum an in

$$\lambda_{\text{opt}} = \frac{\langle A^*(g - Ax), p \rangle_X}{\|Ap\|_Y^2}.$$

(b) Ist $v \in X$ optimal bez. der Richtung p, d.h. $\varphi_{v,p}(0) \le \varphi_{v,p}(\lambda)$ für alle $\lambda \in \mathbb{R}$,
dann vererbt sich die Optimalität auf $\widetilde{v} = v + q$, $q \in X$, genau dann, wenn
gilt

$$\langle Ap, Aq \rangle_Y = \langle A^* Ap, q \rangle_X = 0.$$

[††] Die Konstante C hängt weder vom Polynom noch vom Grad des Polynoms ab.

Aufgabe 5.11 Sei $\{f_m\}_{m\in\mathbb{N}_0}$ die cg-Folge bez. $A \in \mathcal{L}(X,Y)$ und $g \in Y$ mit Startwert $f_0 \in X$. Sei $\{\tilde{f}_m\}_{m\in\mathbb{N}_0}$ die cg-Folge bez. A und $g - Af_0$, gestartet mit $\tilde{f}_0 = 0$. Dann ist

$$\tilde{f}_m + f_0 = f_m \quad \text{für alle } m \in \mathbb{N}_0.$$

Hinweis: Benutzen Sie die Minimaleigenschaft (5.16) der cg-Folge.

Aufgabe 5.12 Beweisen Sie Teil (a) von Lemma 5.3.5.

Hinweis: Schauen Sie sich zum Nachweis der Definitheit der Bilinearform $\langle\cdot,\cdot\rangle_\pi$ den Beweis von Satz 5.3.4 an. Einige Argumente können Sie verwenden.

Aufgabe 5.13 Sei $A \in \mathcal{K}(X,Y)$ mit singulärem System $\{(\sigma_k;v_k,u_k)\}$. Für die beiden Projektionen

$$\mathcal{E}_\tau x := \sum_{\sigma_k^2 \leq \tau} \langle x,v_k\rangle_X\, v_k + P_{\mathcal{N}(A)}x \quad \text{und} \quad \mathcal{F}_\tau y := \sum_{\sigma_k^2 \leq \tau} \langle y,u_k\rangle_Y\, u_k + P_{\mathcal{N}(A^*)}y, \quad \tau > 0,$$

gilt

$$\|\mathcal{F}_\tau A x\|_Y \leq \sqrt{\tau}\, \|\mathcal{E}_\tau x\|_X \quad \text{sowie} \quad \|(I - \mathcal{E}_\tau)x\|_X \leq \|(I - \mathcal{F}_\tau)Ax\|_Y/\sqrt{\tau}.$$

Ist $p : [0,\|A\|^2] \to \mathbb{R}$ eine stückweise stetige Funktion mit Sprungunstetigkeiten, dann haben wir

$$\|\mathcal{E}_\tau p(A^*A)x\|_X \leq \sup_{0\leq\lambda\leq\tau} |p(\lambda)|\, \|\mathcal{E}_\tau x\|_X \quad \text{für } 0 < \tau \leq \|A\|^2.$$

Aufgabe 5.14 Seien $A \in \mathcal{L}(X,Y)$, $g \in \mathcal{R}(A)$ und $g^\varepsilon \in Y$ mit $\|g - g^\varepsilon\|_Y \leq \varepsilon$. Überzeugen Sie sich davon, dass der Stoppindex m^* des Diskrepanzprinzips (5.50) kleiner gleich dem Abbruchindex (5.30) ist: $m^* \leq m_\mathrm{A}$.

Hinweis: Der interessante Fall ist $m_\mathrm{A} < \infty$. Zeigen Sie $\|g^\varepsilon - Af_{m_\mathrm{A}}^\varepsilon\|_Y \leq \varepsilon$. Ein Blick auf Aufgabe 5.9 schadet nicht.

Aufgabe 5.15 Seien $\{q_m\}_{0\leq m\leq m_\mathrm{A}-1}$ und $\{p_m\}_{1\leq m\leq m_\mathrm{A}}$ die Folgen der cg-Filterpolynome bzw. der cg-Residuenpolynome bez. $A \in \mathcal{L}(X,Y)$ und $g \in Y$. Die Funktion $\varphi_m \in \mathcal{C}(\mathbb{R})$ sei wie in (5.44), d.h.

$$\varphi_m(\lambda) := p_m(\lambda)\left(1 + \frac{\lambda}{\lambda_{m,1} - \lambda}\right)^{1/2} = p_m(\lambda)\left(\frac{\lambda_{m,1}}{\lambda_{m,1} - \lambda}\right)^{1/2},$$

wobei $\lambda_{m,1}$ die kleinste Nullstelle von p_m ist.

Verifizieren Sie die Aussage

$$\sup_{0\leq\lambda\leq\lambda_{m,1}} \lambda^\nu\, \varphi_m^2(\lambda,g^\varepsilon) \leq \nu^\nu\, q_{m-1}^{-\nu}(0)$$

für jedes $\nu > 0$.

Hinweis: Zeigen Sie zunächst, dass die Maximalstelle $\lambda^* \in\,]0,\lambda_{m,1}[$ von $\lambda^\nu\, \varphi_m^2(\lambda)$ kleiner ist als $\nu\, q_{m-1}^{-1}(0)$. Orientieren Sie sich dazu am Beweis der Abschätzung (5.49).

6 Diskretisierung und Regularisierung

Grau, teurer Freund, ist alle Theorie, und grün des Lebens goldner Baum. Mit dieser Metapher foppt Mephisto den wissbegierigen Schüler in GOETHES "Faust I", um ihm das Studieren zu verleiden. Vielleicht sind Sie geneigt, Mephisto zuzustimmen, haben wir uns doch bisher hauptsächlich der Theorie inverser Probleme gewidmet.

Wie berechne ich die regularisierte Lösung eines inversen Problems? Um rechnen zu können, muss die unendlichdimensionale Operatorgleichung in ein endlichdimensionales Gleichungssystem überführt werden. Wie geht man hierzu geschickt vor? Kann die Theorie ohne weiteres auf das Gleichungssystem übertragen werden? Treten etwa neue Effekte auf? Solche Fragen beschäftigen uns in diesem Kapitel, konkret: Wie lässt sich $f^+ = A^+ g$ aus der Kenntnis eines g^ε mit $\|g - g^\varepsilon\|_Y \leq \varepsilon$ numerisch stabil auf dem Rechner annähern?

6.1 Projektionsverfahren

6.1.1 Diskretisierung durch Projektionsverfahren

Die Minimum-Norm-Lösung f^+ der Operatorgleichung

$$Af = g \tag{6.1}$$

wollen wir numerisch approximieren unter den üblichen Voraussetzungen $A \in \mathcal{L}(X,Y)$ und $g \in \mathcal{R}(A)$. Dazu formulieren wir eine endlichdimensionale Version von (6.1), das ist ein lineares Gleichungssystem.

In diesem Kapitel seien $\{X_l\}_{l\in\mathbb{N}}$ und $\{Y_l\}_{l\in\mathbb{N}}$ durchweg *aufsteigende* Folgen endlichdimensionaler Teilräume von X bzw. Y der Dimensionen n_l bzw. m_l: $\dim X_l = n_l =: n$ und $\dim Y_l = m_l =: m$. Mit den Orthogonalprojektoren $P_l := P_{X_l} : X \to X_l$ und $Q_l := P_{Y_l} : Y \to Y_l$ auf die jeweiligen Unterräume (siehe Kapitel 8.3.1 im Anhang) definieren wir die Approximation $A_l := Q_l A P_l \in \mathcal{K}(X,Y)$ an A. Nun suchen wir die Minimum-Norm-Lösung $f_l^+ \in \mathcal{N}(A_l)^\perp$ der Gleichung (6.1), projiziert auf Y_l:

$$A_l f_l = Q_l g, \tag{6.2}$$

d.h. $f_l^+ = A_l^+ Q_l g$.

Die Diskretisierungsmethoden, die (6.1) in (6.2) überführen, heißen *Projektionsverfahren*. Ein Projektionsverfahren ist eindeutig bestimmt durch die Wahl der Unterraumfamilien $\{\mathcal{X}_l\}_{l\in\mathbb{N}}$ und $\{\mathcal{Y}_l\}_{l\in\mathbb{N}}$. Ein Projektionsverfahren heißt *konvergent*, wenn für jedes $g \in \mathcal{R}(A)$ die zugehörige Folge $\{f_l^+\}_{l\in\mathbb{N}}$ gegen $f^+ = A^+g$ konvergiert.

Die Minimum-Norm-Lösung des diskreten Systems (6.2) kann natürlich durch das Lösen eines linearen Gleichungssystems bestimmt werden. Dazu wählen wir Basen $\Phi_l = \{\varphi_{l,1},\ldots,\varphi_{l,n}\}$ und $\Psi_l = \{\psi_{l,1},\ldots,\psi_{l,m}\}$ in $\mathcal{X}_l$ bzw. in $\mathcal{Y}_l$.[*] Die zugehörigen Gramschen Matrizen bezeichnen wir mit $\mathbf{G}_{\Phi_l} \in \mathbb{K}^{n\times n}$[†] bzw. $\mathbf{G}_{\Psi_l} \in \mathbb{K}^{m\times m}$:

$$(\mathbf{G}_{\Phi_l})_{i,j} = \langle \varphi_{l,i},\varphi_{l,j}\rangle_X \quad \text{und} \quad (\mathbf{G}_{\Psi_l})_{k,r} = \langle \psi_{l,k},\psi_{l,r}\rangle_Y.$$

Beide Matrizen sind positiv definit.[‡] Die Gramschen Matrizen prägen dem $\mathbb{K}^n$ und dem $\mathbb{K}^m$ die Geometrien von X bzw. Y auf, z.B. haben wir

$$\left\| \sum_{i=1}^{n} \xi_{l,i}\,\varphi_{l,i} \right\|_X^2 = \langle \mathbf{G}_{\Phi_l}\xi_l,\xi_l\rangle_{\mathbb{K}^n}, \quad \xi_l = (\xi_{l,1},\ldots,\xi_{l,n})^t. \tag{6.3}$$

Unsere Aufgabe besteht darin, den Koordinatenvektor $\xi_l^+ = (\xi_{l,1}^+,\ldots,\xi_{l,n}^+)^t \in \mathbb{K}^n$ von f_l^+ bez. Φ_l zu finden, d.h. $f_l^+ = \sum_{k=1}^{n} \xi_{l,k}^+\,\varphi_{l,k}$. Zunächst drücken wir die Koordinaten von $A_l x_l \in \mathcal{Y}_l$ und von $A_l^* y_l \in \mathcal{X}_l$ aus durch die jeweiligen Koordinaten $\xi_l \in \mathbb{K}^n$ von $x_l \in \mathcal{X}_l$ bzw. durch die Koordinaten $\eta_l \in \mathbb{K}^m$ von $y_l \in \mathcal{Y}_l$.

Lemma 6.1.1 *Sei* $x_l = \sum_{i=1}^{n} \xi_{l,i}\,\varphi_{l,i}$. *Dann gilt*

$$A_l x_l = \sum_{k=1}^{m} \overline{\left(\mathbf{G}_{\Psi_l}^{-1}\mathbf{A}_l\xi_l\right)}_k\,\psi_{l,k}$$

mit der Matrix $\mathbf{A}_l \in \mathbb{K}^{m\times n}$, *gegeben durch* $(\mathbf{A}_l)_{k,i} = \langle \psi_{l,k},A\varphi_{l,i}\rangle_Y$. *Ebenso haben wir*

$$A_l^* y_l = \sum_{i=1}^{n} \overline{\left(\mathbf{G}_{\Phi_l}^{-1}\mathbf{A}_l^H\eta_l\right)}_i\,\varphi_{l,i}$$

für $y_l = \sum_{k=1}^{m} \eta_{l,k}\,\psi_{l,k}$.

Beweis: Der entscheidende Beweisschritt ist die Koordinatendarstellung der Projektionen $Q_l : Y \to \mathcal{Y}_l$ und $P_l : X \to \mathcal{X}_l$. Bezeichnen wir mit $q_l(g) \in \mathbb{K}^m$, $g \in Y$, den Vektor $(\langle \psi_{l,1},g\rangle_Y,\ldots,\langle \psi_{l,m},g\rangle_Y)^t$ und mit $\gamma_l \in \mathbb{K}^m$ den Koordinatenvektor von $Q_l g$ bez. Ψ_l, dann haben wir

---

$$q_l(g)_r = q_l(Q_lg)_r = \sum_{k=1}^{m} \langle \psi_{l,r},\psi_{l,k}\rangle_Y \,\overline{\gamma}_{l,k} = (\mathbf{G}_{\Psi_l}\overline{\gamma}_l)_r, \quad r = 1,\ldots,m.$$

Also ist $\gamma_l = \overline{\mathbf{G}_{\Psi_l}^{-1}q_l(g)}$, d.h.

$$Q_lg = \sum_{k=1}^{m} \overline{\left(\mathbf{G}_{\Psi_l}^{-1}q_l(g)\right)_k}\,\psi_{l,k}.$$

Die Koordinatendarstellung von A_lx_l bekommen wir jetzt aus

$$A_lx_l = \sum_{i=1}^{n} \xi_{l,i}\,Q_lA\varphi_{l,i} = \sum_{i=1}^{n}\xi_{l,i}\sum_{k=1}^{m}\overline{\left(\mathbf{G}_{\Psi_l}^{-1}q_l(A\varphi_{l,i})\right)_k}\,\psi_{l,k}.$$

Analog folgern wir die Koordinatendarstellung von $A_l^*y_l$. ∎

Lemma 6.1.1 anwendend, finden wir die Koordinatendarstellung der Normalgleichung $A_l^*A_lf_l = A_l^*Q_lg$ zu (6.2):

$$\overline{\mathbf{G}_{\Phi_l}^{-1}\mathbf{A}_l^H\mathbf{G}_{\Psi_l}^{-1}\mathbf{A}_l}\xi_l = \overline{\mathbf{G}_{\Phi_l}^{-1}\mathbf{A}_l^H\mathbf{G}_{\Psi_l}^{-1}}q_l(g) \quad \text{mit } q_l(g) = \begin{pmatrix} \langle\psi_{l,1},g\rangle_Y \\ \vdots \\ \langle\psi_{l,m},g\rangle_Y \end{pmatrix}. \tag{6.4}$$

Mit Blick auf (6.3) können wir den Koordinatenvektor ξ_l^+ der Minimum-Norm-Lösung f_l^+ von (6.2) charakterisieren durch

$$\xi_l^+ = \operatorname{argmin}\{\langle\mathbf{G}_{\Phi_l}\xi_l,\xi_l\rangle_{\mathbb{K}^n} \mid \xi_l \text{ löst (6.4)}\}.$$

Wir betrachten zwei Beispiele.

Beispiel 6.1.2 *Fehlerquadratmethode, Teil 1*

Die Fehlerquadratmethode erhalten wir durch die Wahl der Basis $\Phi_l = \{\varphi_{l,1},\ldots,\varphi_{l,n}\}$ von $\mathcal{X}_l$ und der Setzung $\mathcal{Y}_l := A\mathcal{X}_l$. Hier haben wir $A_l = AP_l$. Ohne weitere Voraussetzungen an A oder $\mathcal{X}_l$ kann $m < n$ eintreten. In diesem Fall müssten wir aus $\{A\varphi_{l,1},\ldots,A\varphi_{l,n}\}$ linear abhängige Elemente entfernen, um eine Basis in $\mathcal{Y}_l$ zu erlangen. Zur Vereinfachung nehmen wir an, dass $\mathcal{X}_l \subset \mathcal{N}(A)^\perp$ ist. Damit wird $\Psi_l = \{\psi_{l,k} \mid \psi_{l,k} := A\varphi_{l,k}, k = 1,\ldots,n\}$ zur natürlichen Basis in $\mathcal{Y}_l$. Eine einfache Rechnung zeigt die Identität $\mathbf{G}_{\Psi_l} = \mathbf{A}_l$. Die Normalgleichung (6.4) kann hier reduziert werden auf die eindeutig lösbare Gleichung

$$\overline{\mathbf{A}_l}\xi_l = q_l(g) \quad \text{mit } (\mathbf{A}_l)_{i,j} = \langle A\varphi_{l,i},A\varphi_{l,j}\rangle_Y \text{ und } q_l(g) = \begin{pmatrix} \langle A\varphi_{l,1},g\rangle_Y \\ \vdots \\ \langle A\varphi_{l,n},g\rangle_Y \end{pmatrix}.$$

Der Minimaleigenschaft

$$f_l^+ = \operatorname{argmin}\{\|Af_l - g\|_Y^2 \mid f_l \in \mathcal{X}_l\}$$

verdankt die Fehlerquadratmethode ihren Namen. ♠

Beispiel 6.1.3 *Duale Fehlerquadratmethode, Teil 1*

Die duale Fehlerquadratmethode erhalten wir durch die Wahl der Basis $\Psi_l = \{\psi_{l,1},\ldots,\psi_{l,m}\}$ von $\mathcal{Y}_l$ und der Setzung $\mathcal{X}_l := A^*\mathcal{Y}_l$. Hier haben wir $A_l = Q_l A$. Wir nehmen an, dass $\mathcal{Y}_l \subset \mathcal{N}(A^*)^\perp = \overline{\mathcal{R}(A)}$ ist. Damit wird $\Phi_l = \{\varphi_{l,k} \,|\, \varphi_{l,k} := A^*\psi_{l,k},\ k = 1,\ldots,m\}$ zur natürlichen Basis in $\mathcal{X}_l$. Wegen $\mathbf{G}_{\Phi_l} = \mathbf{A}_l$ geht die Normalgleichung (6.4) über in

$$\overline{\mathbf{A}_l}\xi_l = q_l(g) \quad \text{mit } (\mathbf{A}_l)_{i,j} = \langle A^*\psi_{l,i}, A^*\psi_{l,j}\rangle_X \text{ und } q_l(g) \text{ wie in (6.4).}$$

Falls $g = Au$ ist, dann entspricht die duale Fehlerquadratmethode der Fehlerquadratmethode, angewandt auf die zu (6.1) duale Gleichung $A^*y = u$. Dies erklärt die Namensgebung. ♠

6.1.2 Konvergenz von Projektionsverfahren

Wir untersuchen nun, wie gut f_l^+ die exakte Lösung f^+ approximiert. Wegen $g \in \mathcal{R}(A)$ ist $g = Af^+$. Daraus erhalten wir für den Diskretisierungsfehler

$$f^+ - f_l^+ = f^+ - A_l^+ Q_l g = (I - A_l^+ Q_l A)f^+. \tag{6.5}$$

Darüber hinaus haben wir $A_l^+ Q_l A x_l = A_l^+ A_l x_l = P_{\mathcal{N}(A_l)^\perp} x_l$ für jedes $x_l \in \mathcal{X}_l$ (Satz 2.1.9), woraus sich

$$(I - A_l^+ Q_l A)x_l = (I - P_{\mathcal{N}(A_l)^\perp})x_l = P_{\mathcal{N}(A_l)} x_l$$

ergibt. Diese Identität arbeiten wir mit $x_l = P_l f^+$ in (6.5) ein:

$$\begin{aligned}
f^+ - f_l^+ &= (I - A_l^+ Q_l A)(f^+ - P_l f^+) + P_{\mathcal{N}(A_l)} P_l f^+ \\
&= (I - A_l^+ Q_l A)(f^+ - P_l f^+) + P_{\mathcal{N}(A_l)} f^+,
\end{aligned} \tag{6.6}$$

wobei die letzte Gleichung auf Satz 8.3.16 zurückgeht. Wir bekommen so die Fehlerabschätzung

$$\begin{aligned}
\left\|f^+ - f_l^+\right\|_X &\leq \left(1 + \left\|A_l^+ Q_l A\right\|\right) \left\|f^+ - P_l f^+\right\|_X + \left\|P_{\mathcal{N}(A_l)} f^+\right\|_X \\
&= \left(1 + \left\|A_l^+ Q_l A\right\|\right) \min_{x_l \in \mathcal{X}_l} \left\|f^+ - x_l\right\|_X + \left\|P_{\mathcal{N}(A_l)} f^+\right\|_X.
\end{aligned} \tag{6.7}$$

Hieran können wir Bedingungen ablesen, die die Konvergenz des Projektionsverfahrens erzwingen. Diese Bedingungen erweisen sich auch als notwendig.

Satz 6.1.4 *Seien $A \in \mathcal{L}(X,Y)$ und $g \in \mathcal{R}(A)$. Die aufsteigende Unterraumfolge $\{\mathcal{X}_l\}_{l\in\mathbb{N}} \subset X$ erfülle $\mathcal{N}(A)^\perp \subset \overline{\bigcup_{l\in\mathbb{N}} \mathcal{X}_l}$.*

Das Projektionsverfahren bez. $\{\mathcal{X}_l\}_{l\in\mathbb{N}}$ und $\{\mathcal{Y}_l\}_{l\in\mathbb{N}}$ konvergiert genau dann, wenn die Operatorfolge $\{A_l^+ Q_l A\}_{l\in\mathbb{N}} \subset \mathcal{L}(X)$ gleichmäßig beschränkt ist,

$$\left\| A_l^+ Q_l A \right\| \le C_A \quad \text{für alle } l \in \mathbb{N}, \tag{6.8}$$

und die Projektorfolge $\{P_{\mathcal{N}(A_l)}\}_{l\in\mathbb{N}} \subset \mathcal{L}(X)$ *punktweise gegen Null konvergiert auf* $\mathcal{N}(A)^\perp$*, d.h.*

$$\lim_{l\to\infty} P_{\mathcal{N}(A_l)} x = 0 \quad \text{für alle } x \in \mathcal{N}(A)^\perp. \tag{6.9}$$

Darüber hinaus gilt die Fehlerabschätzung

$$\left\| f^+ - f_l^+ \right\|_X \le (1 + C_A) \min_{x_l \in \mathcal{X}_l} \left\| f^+ - x_l \right\|_X + \left\| P_{\mathcal{N}(A_l)} f^+ \right\|_X. \tag{6.10}$$

Beweis: An (6.7) sehen wir: Unter (6.8) und (6.9) liegt Konvergenz vor, wenn $\lim_{l\to\infty} P_l x = x$ ist für alle $x \in \mathcal{N}(A)^\perp$. Die getroffene Annahme an $\{\mathcal{X}_l\}_{l\in\mathbb{N}}$ garantiert letztere Konvergenz, siehe Aufgabe 6.1.

Gehen wir jetzt von der Konvergenz des Projektionsverfahrens aus, dann impliziert (6.5) die punktweise Beschränktheit von $\{A_l^+ Q_l A\}_{l\in\mathbb{N}} \subset \mathcal{L}(X)$: Zu jedem $x \in X$ gibt es eine Zahl $C(x)$ mit $\|A_l^+ Q_l A x\|_X \le C(x)$, und zwar für alle $l \in \mathbb{N}$. Der Satz von der gleichmäßigen Beschränktheit (Satz 8.2.1), liefert nun die Existenz einer Konstanten C_A, mit der (6.8) gilt.

Zum Nachweis von (6.9) greifen wir auf (6.6) zurück:

$$P_{\mathcal{N}(A_l)} f^+ = f^+ - f_l^+ - (I - A_l^+ Q_l A)(f^+ - P_l f^+).$$

Obige Darstellung gilt für jedes $f^+ \in \mathcal{N}(A)^\perp$ und die zugehörige Folge $\{f_l^+\}_{l\in\mathbb{N}}$. Wegen der Konvergenzen $\lim_{l\to\infty} f_l^+ = f^+$ und $\lim_{l\to\infty} P_l f^+ = f^+$ sowie der Beschränktheit $\sup_{l\in\mathbb{N}} \|A_l^+ Q_l A\| \le C_A$, die wir gerade eben aus der Konvergenz des Projektionsverfahrens hergeleitet haben, konvergiert die obige rechte Seite gegen Null für $l \to \infty$, womit (6.9) gezeigt ist. $\blacksquare$

Bedingung (6.9) sollte bei vernünftiger Wahl der Familien $\{\mathcal{X}_l\}_{l\in\mathbb{N}}$ und $\{\mathcal{Y}_l\}_{l\in\mathbb{N}}$ erfüllt sein. Davon handelt das nächste Lemma.

Lemma 6.1.5 *Sei* $A \in \mathcal{L}(X,Y)$ *und* $\{\mathcal{X}_l\}_{l\in\mathbb{N}}$ *sowie* $\{\mathcal{Y}_l\}_{l\in\mathbb{N}}$ *seien wie oben. Zusätzlich gelten*

$$\lim_{l\to\infty} \|x - P_l x\|_X = 0 \text{ für alle } x \in \mathcal{R}(A^*),$$
$$\lim_{l\to\infty} \|y - Q_l y\|_Y = 0 \text{ für alle } y \in \mathcal{R}(A). \tag{6.11}$$

Dann haben wir $\lim_{l\to\infty} P_{\mathcal{N}(A_l)} x = 0$ *für alle* $x \in \mathcal{N}(A)^\perp$.

Beweis: Das Bild von $\mathcal{R}(A)$ unter A^* liegt dicht in $\mathcal{N}(A)^\perp$. Daher finden wir zu $x \in \mathcal{N}(A)^\perp$ und $\varepsilon > 0$ ein $y \in \mathcal{R}(A)$ mit $\|x - A^* y\|_X \le \varepsilon$. Die Projektion von x auf $\mathcal{N}(A_l)$ spalten wir auf gemäß

$$P_{\mathcal{N}(A_l)} x = P_{\mathcal{N}(A_l)}(x - A^* y) + P_{\mathcal{N}(A_l)} A_l^* y + P_{\mathcal{N}(A_l)}(A^* - A_l^*) y.$$

Der mittlere Term auf der rechten Seite verschwindet; denn $A_l^* y \in \mathcal{N}(A_l)^\perp$. Somit
ist

$$\|P_{\mathcal{N}(A_l)} x\|_X \le \varepsilon + \|(A^* - A_l^*) y\|_X. \tag{6.12}$$

Von $A^* - A_l^* = (I - P_l)A^* - (I - P_l)A^*(I - Q_l) + A^*(I - Q_l)$ schließen wir auf

$$\|(A^* - A_l^*) y\|_X \le \|(I - P_l)A^* y\|_X + 2\|A\| \|(I - Q_l)y\|_Y.$$

Nach den Voraussetzungen an $\{P_l\}_{l \in \mathbb{N}}$ und $\{Q_l\}_{l \in \mathbb{N}}$ konvergiert die rechte Seite
gegen Null für $l \to \infty$. Die Behauptung folgt nun aus (6.12), da ε beliebig klein
gewählt werden kann.   ∎

Die beiden Inklusionen $\mathcal{N}(A)^\perp \subset \overline{\bigcup_{l \in \mathbb{N}} \mathcal{X}_l}$ und $\mathcal{R}(A) \subset \overline{\bigcup_{l \in \mathbb{N}} \mathcal{Y}_l}$ implizieren (6.11)
(Aufgabe 6.1). Somit stellt die gleichmäßige Beschränktheit (6.8) die wesentliche
Bedingung für die Konvergenz eines Projektionsverfahrens dar.

Unsere Konvergenztheorie wollen wir an der Fehlerquadratmethode und der
dualen Fehlerquadratmethode erläutern.

Beispiel 6.1.6 *Fehlerquadratmethode, Teil 2*

In der Fehlerquadratmethode ist $\mathcal{Y}_l := A\mathcal{X}_l$ mit $\mathcal{X}_l = \operatorname{span}\{\varphi_{l,1}, \dots, \varphi_{l,n}\}$, siehe
Beispiel 6.1.2. Von $\{\mathcal{X}_l\}_{l \in \mathbb{N}}$ verlangen wir $\overline{\bigcup_{l \in \mathbb{N}} \mathcal{X}_l} = X$. Damit garantieren wir
(6.9) über (6.11). Die Fehlerquadratmethode konvergiert also genau dann, wenn
(6.8) gilt, was leider nicht für alle $A \in \mathcal{L}(X,Y)$ zutrifft, wie SEIDMAN [132, Example 3.1] belegen konnte. Seine Konstruktion skizzieren wir in Beispiel 6.1.8
unten. Zusatzannahmen an A sind nötig. Konvergenz tritt z.B. ein, wenn es eine
Konstante $\widetilde{C}_A$ gibt, so dass gilt

$$\alpha_l \|A(I - P_l)x\|_Y \le \widetilde{C}_A \|x\|_X \quad \text{für alle } x \in \mathcal{N}(A)^\perp \tag{6.13}$$

mit

$$\alpha_l = \sup\left\{ \frac{\|x_l\|_X}{\|A_l x_l\|_Y} \,\middle|\, 0 \ne x_l \in \mathcal{N}(A_l)^\perp \right\}. \tag{6.14}$$

Unter obiger Annahme bleibt $\{A_l^+ Q_l A\}_{l \in \mathbb{N}} \subset \mathcal{L}(X)$ in der Tat gleichmäßig beschränkt durch $1 + \widetilde{C}_A$: Es ist

$$\begin{aligned}
\|A_l^+ Q_l A x\|_X &\le \|A_l^+ A_l x\|_X + \|A_l^+ Q_l A(I - P_l)x\|_X \\
&\le \|x\|_X + \|A_l^+ Q_l\| \, \|A(I - P_l)x\|_X,
\end{aligned} \tag{6.15}$$

was (6.8) mit $C_A = 1 + \widetilde{C}_A$ ergibt; denn $\|A_l^+ Q_l\| \le \alpha_l$ (Aufgabe 6.2).

Für schlecht gestellte Probleme divergiert $\{\alpha_l\}_{l \in \mathbb{N}}$ gegen Unendlich (Aufgabe 6.3), die Zusatzannahme (6.13) ist daher nicht trivial. Außerdem kann (6.13)
im schlecht gestellten Fall nur für kompaktes A gelten, da $\{AP_l\}_{l \in \mathbb{N}} \subset \mathcal{K}(X,Y)$
in der Operatornorm gegen A konvergiert.

Die Fehlerquadratmethode haben wir bisher in einem abstrakten Rahmen
vorgestellt. Hierin fällt es schwer, den Charakter der Bedingung (6.13) zu verstehen. Handelt es sich um eine milde oder eine starke Bedingung? Grob gesprochen,

bestehen gute Aussichten, (6.13) im konkreten Fall nachzuweisen, wenn der Operator glättet, was bei schlecht gestellten Problemen typischerweise der Fall ist. In den Kapiteln 6.1.2.1 und 6.1.3.1 geben wir Beispiele, weitere werden von NATTERER [93] untersucht. ♠

Beispiel 6.1.7 *Duale Fehlerquadratmethode, Teil 2*

In der dualen Fehlerquadratmethode ist $X_l := A^* Y_l$ mit $Y_l = \mathrm{span}\{\psi_{l,1},\dots,\psi_{l,m}\}$, siehe Beispiel 6.1.3. Von $\{Y_l\}_{l\in\mathbb{N}}$ verlangen wir $\overline{\bigcup_{l\in\mathbb{N}} Y_l} = Y$. Diese milde Voraussetzung genügt für die Konvergenz der dualen Fehlerquadratmethode. Es gelten nämlich (6.11) und damit (6.9). Außerdem ist $\|A_l^+ Q_l A\| = 1$, wovon wir uns noch überzeugen müssen.

Wegen $\mathcal{N}(Q_l A) = \mathcal{R}(A^* Q_l)^\perp = (A^* Y_l)^\perp = X_l^\perp$ haben wir für $x \in X$

$$A_l^+ Q_l A x = A_l^+ Q_l A P_l x + A_l^+ Q_l A (I - P_l) x = A_l^+ A_l x = P_{\mathcal{N}(A_l)^\perp} x = P_l x, \quad (6.16)$$

wobei die letzte Gleichheit aufgrund von $X_l = \mathcal{R}(A^* Q_l) = \mathcal{R}(A_l^*) = \mathcal{N}(A_l)^\perp$ gilt. Somit ist $A_l^+ Q_l A = P_l$. ♠

Beispiel 6.1.8 *Nichtkonvergenz der Fehlerquadratmethode*

Wir skizzieren das Beispiel von SEIDMAN [132, Example 3.1] zur Nichtkonvergenz der Fehlerquadratmethode bei schlecht gestellten Problemen.

Es sei X ein reeller, separabler Hilbertraum mit der Orthonormalbasis $\{e_i\}_{i\in\mathbb{N}}$. Weiter seien $\{a_i\}_{i\in\mathbb{N}}$ und $\{b_i\}_{i\in\mathbb{N}}$ Nullfolgen mit $a_1 = 1$, $b_1 = 0$ sowie $a_i \neq 0$ für alle $i \in \mathbb{N}$ und $\sum_{i=1}^\infty b_i^2 < \infty$. Wir definieren den injektiven Operator $A \in \mathcal{K}(X)$ durch

$$Ax := \sum_{i=1}^\infty \left(a_i \xi_i + b_i \xi_1\right) e_i \quad \text{mit} \quad \xi_i = \langle x, e_i \rangle_X{}^\S$$

sowie $g := A f^+$ mit $f^+ := \sum_{i=1}^\infty \xi_i^+ e_i$, wobei $\sum_{i=1}^\infty (\xi_i^+)^2 < \infty$ ist.

Auf $Af = g$ wenden wir die Fehlerquadratmethode an mit Ansatzraum $X_l = \mathrm{span}\{e_1,\dots,e_{n_l}\}$. Wegen $Ae_k = a_k e_k$, $k \geq 2$ und $Ae_1 = e_1 + \sum_{i=2}^\infty b_i e_i$ können wir die Einträge der Matrix $\mathbf{A}_l \in \mathbb{R}^{n_l \times n_l}$ aus Beispiel 6.1.2 ausrechnen:

$$(\mathbf{A}_l)_{i,j} = \begin{cases} a_i^2 & : \quad i = j \text{ und } i,j \geq 2 \\[1mm] 0 & : \quad i \neq j \text{ und } i,j \geq 2 \\[1mm] a_j b_j & : \quad i = 1 \text{ und } j \geq 2 \\[1mm] 1 + \sum_{k=2}^\infty b_k^2 & : \quad i = j = 1 \end{cases} \quad , \quad (\mathbf{A}_l)_{i,j} = (\mathbf{A}_l)_{j,i}.$$

Die von Null verschiedenen Einträge von $\mathbf{A}_l$ befinden sich auf der Diagonalen sowie der ersten Zeile und der ersten Spalte. Des Weiteren berechnen wir

---

$\S$ Warum ist A ein kompakter Operator? Korollar 2.2.9!

$$q_l(g)_i = \begin{cases} \left(1 + \sum_{k=2}^{\infty} b_k^2\right)\xi_1^+ + \sum_{k=2}^{\infty} a_k\,b_k\,\xi_k^+ & : \quad i = 1 \\[2ex] a_i\left(a_i\,\xi_i^+ + b_i\,\xi_1^+\right) & : \quad 2 \le i \le n_l \end{cases}$$

An der einfachen Struktur von $\mathbf{A}_l$ sehen wir, dass gilt

$$(\mathbf{A}_l\xi)_i = q_l(g)_i \quad \Longleftrightarrow \quad -b_i\left(\xi_1 - \xi_1^+\right) = a_i\left(\xi_i - \xi_i^+\right), \quad i = 2,\dots,n_l, \quad (6.17)$$

sowie

$$(\mathbf{A}_l\xi)_1 = q_l(g)_1 \quad \Longleftrightarrow \quad \left(1 + \sum_{k=2}^{\infty} b_k^2\right)\left(\xi_1 - \xi_1^+\right) + \sum_{k=2}^{n_l} a_k\,b_k\left(\xi_k - \xi_k^+\right)$$

$$= \sum_{k=n_l+1}^{\infty} a_k\,b_k\,\xi_k^+.$$

Die Gleichungen aus (6.17) setzen wir in die rechte Gleichung von oben ein und erhalten

$$\xi_1 - \xi_1^+ = \left(\sum_{k=n_l+1}^{\infty} a_k\,b_k\,\xi_k^+\right)\Big/\left(1 + \sum_{k=n_l+1}^{\infty} b_k^2\right),$$

woraus, wiederum mit (6.17), folgt:

$$\xi_i - \xi_i^+ = -\frac{b_i}{a_i}\left(\xi_1 - \xi_1^+\right)$$

$$= -\frac{b_i}{a_i}\left(\sum_{k=n_l+1}^{\infty} a_k\,b_k\,\xi_k^+\right)\Big/\left(1 + \sum_{k=n_l+1}^{\infty} b_k^2\right), \quad i = 2,\dots,n_l.$$

Daher ist

$$\left\|f^+ - f_l^+\right\|_X^2 \ge \sum_{i=1}^{n_l}\left(\xi_i - \xi_i^+\right)^2$$

$$= \left(1 + \sum_{i=2}^{n_l} \frac{b_i^2}{a_i^2}\right)\left(\sum_{k=n_l+1}^{\infty} a_k\,b_k\,\xi_k^+\right)^2\Big/\left(1 + \sum_{k=n_l+1}^{\infty} b_k^2\right)^2.$$

Unter der Annahme, dass alle Folgenglieder von $\{a_i\}$, $\{b_i\}$ und $\{\xi_i^+\}$ nichtnegativ sind, schätzen wir nach unten ab durch

$$\left\|f^+ - f_l^+\right\|_X \ge \frac{a_{n_l+1}}{a_{n_l}}\,b_{n_l}\,b_{n_l+1}\,\xi_{n_l+1}^+\Big/\left(1 + \sum_{k=2}^{\infty} b_k^2\right).$$

Wählen wir z.B.

$$\xi_i^+ = i^{-1}, \quad b_i = i^{-1},\ i \ge 2, \quad a_i = \begin{cases} i^{-1} & : \quad i \text{ ungerade} \\[1ex] i^{-5} & : \quad i \text{ gerade} \end{cases} \quad \text{sowie } n_l = 2l,$$

so explodiert $\left\|f^+ - f_l^+\right\|_X$ für $l \to \infty$.

6.1.2.1 Anwendung der Fehlerquadratmethode auf die Symmsche Integralgleichung

Wir werden die Fehlerquadratmethode anwenden auf eine Integralgleichung 1. Art und Konvergenz beweisen. Das Beispiel haben wir dem Buch [72] von KIRSCH entnommen. Dort werden alle Details präsentiert.

Der Rand einer ideal elastischen Membran der Form $\Omega \subset \mathbb{R}^2$ werde längs einer Kurve $f : \partial\Omega \to \mathbb{R}$ eingespannt ($\partial\Omega$ bezeichnet den Rand von Ω). Wie wird die Membran dadurch verformt?

Wegen ihrer Elastizität nimmt sie eine Form an, die ihre Oberfläche minimiert. Beschreiben wir die Lage der Membran durch die Punkte $(x, u(x)) \in \mathbb{R}^3$, $x \in \Omega$, dann erfüllt die Funktion $u : \Omega \to \mathbb{R}$ das homogene Dirichlet-Problem

$$\Delta u = 0 \text{ in } \Omega, \quad u = f \text{ auf } \partial\Omega,$$

mit dem Laplace-Operator $\Delta = \partial^2/\partial x_1^2 + \partial^2/\partial x_2^2$, siehe z.B. BRAESS [9, §1.3]. Im Weiteren sei f stetig und Ω sei ein beschränktes, einfach zusammenhängendes Gebiet mit glattem Rand.

Die Integralgleichungsmethode, siehe z.B. HACKBUSCH [44], überführt das obige Randwertproblem in eine Integralgleichung 1. Art. Das *Einfachschichtpotential*

$$u(x) := -\frac{1}{\pi} \int_{\partial\Omega} \varphi(y) \, \ln\|x - y\| \, d\sigma(y), \quad x \in \Omega,$$

löst das Randwertproblem dann und nur dann, wenn die Dichte φ die *Symmsche Integralgleichung* löst:

$$-\frac{1}{\pi} \int_{\partial\Omega} \varphi(y) \, \ln\|x - y\| \, d\sigma(y) = f(x), \quad x \in \partial\Omega$$

($\|\cdot\|$ ist die Euklidische Norm im $\mathbb{R}^2$). Die Symmsche Integralgleichung hat eine eindeutige Lösung nur unter Zusatzannahmen an Ω, die wir voraussetzen, ohne sie jedoch zu spezifizieren, siehe z.B. KIRSCH [72, Theorem 3.16].

Wir nehmen nun an, dass der Rand von Ω durch eine glatte Kurve $\gamma : [0, 2\pi] \to \mathbb{R}^2$ parametrisiert werden kann, deren Ableitung nirgends verschwindet. Die Symmsche Integralgleichung für die transformierte Dichte $\widetilde{\varphi}(s) = \varphi(\gamma(s))\|\dot\gamma(s)\|$ lautet jetzt

$$-\frac{1}{\pi} \int_0^{2\pi} \widetilde{\varphi}(s) \, \ln\|\gamma(t) - \gamma(s)\| \, ds = f(\gamma(t)), \quad t \in [0, 2\pi].$$

Das ist die Gleichung, die wir mit der Fehlerquadratmethode lösen wollen. Der zu betrachtende Operator ist

$$A\widetilde{\varphi}(t) := -\frac{1}{\pi} \int_0^{2\pi} \widetilde{\varphi}(s) \, \ln\|\gamma(t) - \gamma(s)\| \, ds, \tag{6.18}$$

der den $L^2(0,2\pi)$ kompakt auf sich selbst abbildet: $A \in \mathcal{K}(L^2(0,2\pi))$, d.h. $X = Y = L^2(0,2\pi)$. Außerdem ist A injektiv. Da $\{e^{\imath kt}/\sqrt{2\pi} \mid k \in \mathbb{Z}\}$ eine Orthonormalbasis von X ist, setzen wir

$$\mathcal{X}_l := \mathrm{span}\{e^{\imath kt} \mid k = -l,\dots,l\},$$

wodurch $X = \overline{\bigcup_{l \in \mathbb{N}} \mathcal{X}_l}$ gewährleistet ist. Es ist $\mathcal{X}_l$ der Raum aller trigonometrischen Polynome vom Grad l.

Der Nachweis von (6.13) wird uns durch eine Glättungseigenschaft von A gelingen, zu deren Formulierung wir periodische Sobolevräume einführen. Die für uns wichtigen Ergebnisse über Sobolevräume geben wir ohne Beweis an. Hierzu verweisen wir auf Kapitel 8 des Buchs [76] von KRESS.

Der *periodische Sobolevraum* $\mathcal{H}^r(0,2\pi) \subset L^2(0,2\pi)$ der Ordnung $r \geq 0$ ist definiert durch

$$\mathcal{H}^r(0,2\pi) := \Big\{ \sum_{k \in \mathbb{Z}} c_k\, e^{\imath kt} \ \Big| \ \sum_{k \in \mathbb{Z}} |c_k|^2 \left(1 + k^2\right)^r < \infty \Big\}.$$

Offensichtlich ist $\mathcal{H}^0(0,2\pi) = L^2(0,2\pi)$. Der Sobolevraum $\mathcal{H}^r(0,2\pi)$ ist ein Hilbertraum mit dem Skalarprodukt

$$(v,w)_r := \sum_{k \in \mathbb{Z}} c_k(v)\, \overline{c_k(w)} \left(1 + k^2\right)^r, \quad c_k(v) := \frac{1}{\sqrt{2\pi}} \int_0^{2\pi} v(t)\, e^{-\imath kt}\, \mathrm{d}t,$$

und induzierter Norm $\|\cdot\|_r = \sqrt{(\cdot,\cdot)_r}$. Die Ordnung r misst in der Tat die Glattheit der Elemente in $\mathcal{H}^r(0,2\pi)$; denn für $r > k + 1/2$ enthält $\mathcal{H}^r(0,2\pi)$ nur 2π-periodische $\mathcal{C}^k$-Funktionen, siehe z.B. WLOKA [144, Aufgabe 6.1].

Wir benötigen schließlich noch die Sobolevräume *negativer* Ordnung. Für $r > 0$ definieren wir $\mathcal{H}^{-r}(0,2\pi)$ als den Dualraum von $\mathcal{H}^r(0,2\pi)$, d.h. die Elemente aus $\mathcal{H}^{-r}(0,2\pi)$ können als stetige Linearformen auf $\mathcal{H}^r(0,2\pi)$ interpretiert werden (Seite 279). Eine äquivalente, aber handlichere Definition ist

$$\mathcal{H}^{-r}(0,2\pi) = \overline{L^2(0,2\pi)}^{\,\|\cdot\|_{-r}} \quad \text{mit } \|v\|_{-r}^2 := \sum_{k \in \mathbb{Z}} |c_k(v)|^2 \left(1 + k^2\right)^{-r}.$$

Mit anderen Worten, die Vervollständigung von $L^2(0,2\pi)$ bez. der Norm $\|\cdot\|_{-r}$ ergibt den $\mathcal{H}^{-r}(0,2\pi)$ (Satz 8.3.2).

KIRSCH [72] zeigt, dass der Symmsche Operator (6.18) ein stetiger Isomorphismus ist von $\mathcal{H}^r(0,2\pi)$ nach $\mathcal{H}^{r+1}(0,2\pi)$, und zwar für jedes $r \in \mathbb{R}$, d.h. es gibt positive Konstanten C_u und C_o, so dass gilt

$$C_u \|v\|_r \leq \|Av\|_{r+1} \leq C_o \|v\|_r. \tag{6.19}$$

Der Symmsche Operator glättet demnach um eine Sobolevordnung.

Für $r > s$ ist $\mathcal{H}^r(0,2\pi) \subsetneq \mathcal{H}^s(0,2\pi)$; denn $\|v\|_s \leq \|v\|_r$. Schränken wir uns auf trigonometrische Polynome ein, so können wir die stärkere Norm sogar durch die schwächere abschätzen. Mit $x_l = \sum_{k=-l}^{l} \xi_{l,k}\, e^{\imath kt} \in \mathcal{X}_l$ haben wir nämlich

$$\|x_l\|_r^2 = \sum_{k=-l}^{l} |\xi_{l,k}|^2 \left(1 + k^2\right)^r = \sum_{k=-l}^{l} |\xi_{l,k}|^2 \left(1 + k^2\right)^{r-s} \left(1 + k^2\right)^s \tag{6.20}$$

$$\leq 2^{r-s}\, l^{2(r-s)} \|x_l\|_s^2 \quad \text{für } r \geq s \text{ und } x_l \in \mathfrak{X}_l.$$

Ebenso einfach erhalten wir die Konvergenzordung von $P_l v$ gegen $v \in \mathcal{H}^r(0,2\pi)$:

$$\|v - P_l v\|_s^2 = \sum_{|k|>l} |c_k(v)|^2 \left(1 + k^2\right)^s \leq l^{-2(r-s)} \|v\|_r^2, \quad s \leq r. \tag{6.21}$$

Jetzt können wir zur Tat schreiten, indem wir α_l (6.14) abschätzen. Wir haben

$$\|x_l\|_0 \overset{(6.20)}{\leq} \sqrt{2}\, l\, \|x_l\|_{-1} \overset{(6.19)}{\leq} \sqrt{2}\, C_{\mathrm{u}}^{-1}\, l\, \|A x_l\|_0 = \sqrt{2}\, C_{\mathrm{u}}^{-1}\, l\, \|A_l x_l\|_0$$

für jedes $x_l \in \mathfrak{X}_l$, was

$$\alpha_l \leq \sqrt{2}\, C_{\mathrm{u}}^{-1}\, l \tag{6.22}$$

nach sich zieht. Weiter gilt

$$\alpha_l\, \|A(I - P_l)v\|_0 \overset{(6.19)}{\leq} \sqrt{2}\, C_{\mathrm{u}}^{-1}\, C_{\mathrm{o}}\, l\, \|(I - P_l)v\|_{-1}$$

$$\overset{(6.21)}{\leq} \sqrt{2}\, C_{\mathrm{u}}^{-1}\, C_{\mathrm{o}}\, \|v\|_0 \quad \text{für } v \in L^2(0,2\pi),$$

das ist (6.13) im vorliegenden Fall. Also konvergiert die Fehlerquadratmethode, angewandt auf die Symmsche Integralgleichung unter Verwendung trigonometrischer Polynome als Ansatzfunktionen.

Die hier vorgeführte Technik zum Nachweis von (6.13) kann in einem wesentlich allgemeineren Rahmen angewendet werden (NATTERER [93]). Benötigt werden von den Ansatzräumen $\{\mathfrak{X}_l\}_{l \in \mathbb{N}}$ eine *inverse Eigenschaft* wie (6.20) und eine *Approximationseigenschaft* wie (6.21). Spline- und Finite-Element-Räume z.B. genügen beiden Anforderungen. Der zugrunde liegende Operator A muss eine dazu passende *Normäquivalenz* wie (6.19) erfüllen.

6.1.3 Regularisierung durch Projektionsverfahren

Projektionsverfahren nähern die Minimum-Norm-Lösung von (6.1) an durch die Minimum-Norm-Lösung $f_l^+ = A_l^+ Q_l g$ von (6.2). Die Konvergenz bei exakten Daten $g \in \mathcal{R}(A)$ haben wir im vorherigen Kapitel geklärt. Hier stellen wir uns die Frage, was passiert, wenn gestörte Daten vorliegen? Wie sieht es mit der Regularisierungskraft von $R_l := A_l^+ Q_l$ aus? Die letzte Frage ist durchaus sinnvoll; denn $R_l : Y \to X$ ist ein *stetiger* Operator (A_l hat ein abgeschlossenes Bild, Satz 2.1.8 (d)).

Gegeben sei ein $g^\varepsilon \in Y$ mit $\|g - g^\varepsilon\|_Y \leq \varepsilon$. Es sei $f_l^\varepsilon := R_l g^\varepsilon$ und das gewählte Projektionsverfahren sei konvergent. Wir haben

$$\left\| f_l^\varepsilon - f^+ \right\|_X = \left\| R_l(g^\varepsilon - g) + R_l g - f^+ \right\|_X \leq \left\| R_l \right\| \varepsilon + \left\| f_l^+ - f^+ \right\|_X. \quad (6.23)$$

Die Norm von R_l verstärkt den Datenfehler. Daher müssen wir untersuchen, wie sich $\| R_l \|$ verhält, wenn l groß wird:

$$\begin{aligned}
\| R_l \| &= \sup\left\{ \frac{\| R_l y \|_X}{\| y \|_Y} \,\middle|\, 0 \neq y \in Y \right\} \\[2mm]
&\geq \sup\left\{ \frac{\| R_l A_l x_l \|_X}{\| A_l x_l \|_Y} \,\middle|\, 0 \neq x_l \in \mathcal{N}(A_l)^\perp \right\} \\[2mm]
&= \sup\left\{ \frac{\| P_{\mathcal{N}(A_l)^\perp} x_l \|_X}{\| A_l x_l \|_Y} \,\middle|\, 0 \neq x_l \in \mathcal{N}(A_l)^\perp \right\} \\[2mm]
&= \sup\left\{ \frac{\| x_l \|_X}{\| A_l x_l \|_Y} \,\middle|\, 0 \neq x_l \in \mathcal{N}(A_l)^\perp \right\} = \alpha_l.
\end{aligned}$$

Auf die Größe α_l sind wir schon bei der Konvergenzuntersuchung der Fehlerquadratmethode gestoßen, siehe (6.14) und Aufgabe 6.2. Wir wissen, dass $\{\alpha_l\}_{l \in \mathbb{N}}$ für schlecht gestellte Probleme monoton gegen Unendlich divergiert (Aufgabe 6.3). Wenn $\{\| R_l \|\}_{l \in \mathbb{N}}$ asymptotisch nicht stärker wächst als $\{\alpha_l\}_{l \in \mathbb{N}}$, wenn es also eine Konstante $C_R \geq 1$ gibt mit

$$\alpha_l \leq \| R_l \| \leq C_R\, \alpha_l \quad \text{für } l \to \infty,$$

dann nennen wir das Projektionsverfahren *robust* und betrachten es als tauglich zur Regularisierung.

Satz 6.1.9 *Sei $A \in \mathcal{L}(X,Y)$. Das Projektionsverfahren bez. $\{X_l\}_{l \in \mathbb{N}} \subset X$ und $\{Y_l\}_{l \in \mathbb{N}} \subset Y$ sei konvergent sowie robust. Wählen wir $l^* = l^*(\varepsilon)$ so, dass gilt*

$$l^*(\varepsilon) \to \infty \quad \text{und} \quad \varepsilon\, \alpha_{l^*(\varepsilon)} \to 0 \quad \text{für } \varepsilon \to 0,$$

dann ist $(\{R_l\}_{l \in \mathbb{N}}, l^*)$ mit $R_l = A_l^+ Q_l$ ein Regularisierungsverfahren für A^+.

Beweis: Die Behauptung folgt sofort aus (6.23). ∎

Sowohl die Fehlerquadratmethode als auch die duale Fehlerquadratmethode eignen sich zur Regularisierung.

Beispiel 6.1.10 *Regularisierungseigenschaft der Fehlerquadratmethode*
Die Robustheit der Fehlerquadratmethode mit $C_R = 1$ war bereits in Aufgabe 6.2 zu verifizieren. Hier haben wir $\| R_l \| = \alpha_l$ für alle $l \in \mathbb{N}$. Unter der Zusatzannahme (6.13), die Konvergenz impliziert, trifft Satz 6.1.9 für die Fehlerquadratmethode zu.

Im Beispiel zur Symmschen Integralgleichung (Kapitel 6.1.2.1) können wir sogar Konvergenzordnungen des Rekonstruktionsfehlers im Rauschpegel angeben. Liegt f^+ in $\mathcal{H}^r(0,2\pi)$ mit $r > 0$, so schätzen wir die rechte Seite von (6.23) weiter ab, wobei wir (6.22), (6.21) sowie (6.10) und $P_{\mathcal{N}(A_l)} f^+ = 0$ (A ist injektiv) einsetzen:

$$\left\|f_l^\varepsilon - f^+\right\|_0 \leq \sqrt{2}\, C_\mathrm{u}^{-1}\, l\, \varepsilon + (1 + C_A)\, l^{-r}\, \left\|f^+\right\|_r.$$

Aus der a priori Wahl $l^*(\varepsilon) = \left\lfloor (\|f^+\|_r/\varepsilon)^{1/(r+1)} \right\rfloor$ resultiert

$$\left\|f_l^\varepsilon - f^+\right\|_0 \leq C\, \left\|f^+\right\|_r^{\frac{1}{r+1}}\, \varepsilon^{\frac{r}{r+1}} \quad \text{für } \varepsilon \to 0$$

mit einer positiven Konstanten C. ♠

Beispiel 6.1.11 *Regularisierungseigenschaft der dualen Fehlerquadratmethode*
Der Nachweis der Robustheit der dualen Fehlerquadratmethode gestaltet sich
aufwändiger. Auch ist eine zusätzliche Annahme analog zu (6.13) nötig. Wir
verlangen die Existenz einer Konstanten $\widetilde{C}_{A^*}$ mit

$$\alpha_l^* \, \|A^*(I - Q_l)y\|_X \leq \widetilde{C}_{A^*}\, \|y\|_Y \quad \text{für alle } y \in \mathcal{N}(A^*)^\perp, \tag{6.24}$$

wobei

$$\alpha_l^* = \sup\left\{ \frac{\|y_l\|_Y}{\|A_l^* y_l\|_X} \,\Big|\, 0 \neq y_l \in \mathcal{N}(A_l^*)^\perp \right\}$$

ist. Die getroffene Annahme (6.24) gewährleistet die Konvergenz der Fehlerquadratmethode bez. $\mathcal{Y}_l$, angewandt auf

$$A^* y = u, \quad u \in \mathcal{R}(A^*). \tag{6.25}$$

Genauer haben wir

$$\left\|(A_l^*)^+ P_l A^*\right\| \leq 1 + \widetilde{C}_{A^*} \quad \text{für alle } l \in \mathbb{N},$$

siehe (6.15) sowie (6.8). In den nachfolgenden Rechnungen bezeichnen f^+ und
y^+ jeweils die Minimum-Norm-Lösungen von (6.1) und (6.25). Weiter seien $f_l^+ = A_l^+ Q_l g = R_l g$ und $y_l^+ = (A_l^*)^+ P_l u$. Wegen $\mathcal{X}_l = \mathcal{R}(A_l^*)$ (Beispiel 6.1.7) und
$A_l^* y_l^+ = P_{\mathcal{R}(A_l^*)} u$ erhalten wir

$$\begin{aligned}
\langle A f_l^+, y^+ \rangle_Y &= \langle f_l^+, u \rangle_X = \langle f_l^+, P_{\mathcal{R}(A_l^*)} u \rangle_X \overset{(6.16)}{=} \langle P_l f^+, A_l^* y_l^+ \rangle_X \\
&= \langle P_l f^+, \underbrace{A^* y_l^+}_{\in \mathcal{X}_l} \rangle_X = \langle f^+, A^* y_l^+ \rangle_X = \langle g, y_l^+ \rangle_Y,
\end{aligned}$$

woraus folgt

$$\begin{aligned}
|\langle A R_l g, y^+ \rangle_Y| &\leq \|g\|_Y\, \|y_l^+\|_Y = \|g\|_Y\, \left\|(A_l^*)^+ P_l A^* y^+\right\|_Y \\
&\leq (1 + \widetilde{C}_{A^*})\, \|g\|_Y\, \|y^+\|_Y
\end{aligned}$$

für alle $y^+ \in \mathcal{N}(A^*)^\perp = \overline{\mathcal{R}(A)}$, d.h.

$$\|A R_l g\|_Y \leq (1 + \widetilde{C}_{A^*})\, \|g\|_Y.$$

Die Robustheit der dualen Fehlerquadratmethode ergibt sich nun aus

$$\|R_l g\|_X = \frac{\|R_l g\|_X}{\|A_l R_l g\|_Y}\, \|A_l R_l g\|_Y \le \alpha_l\,(1 + \widetilde{C}_{A^*})\, \|g\|_Y \quad \text{für alle } g \in \mathcal{R}(A),$$

wenn wir zusätzlich fordern

$$Y = \overline{\mathcal{R}(A)} \quad \text{oder} \quad \bigcup_{l \in \mathbb{N}} \mathcal{Y}_l \subset \overline{\mathcal{R}(A)}. \tag{6.26}$$

Im ersten Fall gilt obige Abschätzung aus Stetigkeitsgründen nämlich für alle $g \in Y$. Dies trifft auch im zweiten Fall zu; denn $R_l g = R_l Q_l (P_{\overline{\mathcal{R}(A)}} g + P_{\mathcal{R}(A)^\perp} g) = R_l P_{\overline{\mathcal{R}(A)}} g$.

Unter (6.24) und (6.26) wird die Regularisierungseigenschaft der dualen Fehlerquadratmethode durch Satz 6.1.9 beschrieben. ♠

6.1.3.1 Ein numerisches Experiment zur Regularisierungseigenschaft der Fehlerquadratmethode

Mit Hilfe der Fehlerquadratmethode wollen wir (6.1) numerisch lösen in der konkreten Situation einer Integralgleichung. Sei $A \in \mathcal{K}(L^2(0,1))$ der Integraloperator $Af(x) := \int_0^1 k(x,y)\, f(y)\, \mathrm{d}y$ mit Kern

$$k(x,y) = \begin{cases} x - y & : \quad x \ge y \\ 0 & : \quad \text{sonst} \end{cases}. \tag{6.27}$$

Es ist $Af = g$ genau dann, wenn gilt $g'' = f$ und $g(0) = g'(0) = 0$. Daher ist $\mathcal{N}(A) = 0$.

Als Ansatzraum $\mathfrak{X}_l$ verwenden wir die stetigen, stückweise linearen Funktionen. Zu $l \in \mathbb{N}$, $l \ge 2$, definieren wir die Schrittweite $h_l = 1/(l-1)$ sowie die Intervalle $I_{l,j} = [(j-1)\,h_l, j\,h_l]$, $j = 1, \ldots, l-1$. Damit ist

$$\mathfrak{X}_l = \left\{ v \subset \mathcal{C}(0,1) \,\middle|\, v|_{I_{l,j}} \text{ ist affin-linear, } j = 1, \ldots, l-1 \right\}. \tag{6.28}$$

Die Funktionen aus $\mathfrak{X}_l$ sind eindeutig durch ihre Werte an den Knoten $x_{l,j} := (j-1)\,h_l$, $j = 1, \ldots, l$, festgelegt. Die Dimension von $\mathfrak{X}_l$ ist daher $n_l = l$ und die Funktionen $\varphi_{l,j} \in \mathfrak{X}_l$, $j = 1, \ldots, n_l$, definiert durch

$$\varphi_{l,j}(x_{l,i}) := \begin{cases} 1 & : \quad i = j \\ 0 & : \quad \text{sonst} \end{cases}, \quad i = 1, \ldots, n_l, \tag{6.29}$$

erzeugen eine Basis von $\mathfrak{X}_l$, siehe Bild 6.1. Die Fehlerquadratmethode mit $\{\mathfrak{X}_l\}_{l \ge 2}$, angewandt auf die Integralgleichung von oben, ist konvergent, da (6.13) auch hier zutrifft.

Zum Beweis von (6.13) könnten wir so vorgehen wie am Ende von Kapitel 6.1.2.1 vorgeschlagen. Das Zusammenspiel von $\{\mathfrak{X}_l\}_{l \ge 2}$ mit dem Integralkern k erlaubt jedoch einen elementareren Zugang. Am Ende dieses Beispiels zeigen wir mit einfachen Mitteln, dass folgende beide Abschätzungen gelten

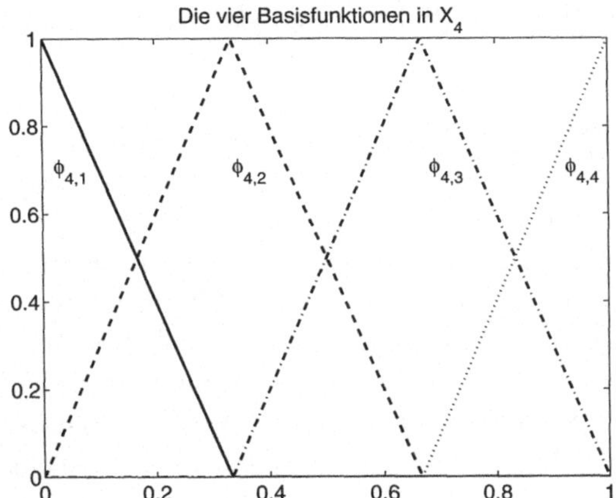

Bild 6.1: Die vier Basisfunktionen (6.29) in $\mathcal{X}_4$ (6.28) zur Schrittweite $h_4 = 1/3$.

$$\left\|(Ax_l)''\right\|_{L^2(0,1)} \leq C_I \, h_l^{-2} \, \|Ax_l\|_{L^2(0,1)} \quad \text{für alle } x_l \in \mathcal{X}_l, \tag{6.30}$$

worin C_I eine Konstante ist, und

$$\|v - P_l v\|_{L^2(0,1)} \leq h_l^2 \, \|v''\|_{L^2(0,1)} \quad \text{für alle } v \in L^2(0,1)$$
$$\text{mit } v'' \in L^2(0,1). \tag{6.31}$$

Aus der ersten folgt, unter Berücksichtigung von $x_l = (Ax_l)''$,

$$\|x_l\|_{L^2(0,1)} \leq C_I \, h_l^{-2} \, \|Ax_l\|_{L^2(0,1)} = C_I \, h_l^{-2} \, \|A_l x_l\|_{L^2(0,1)}$$

für alle $x_l \in \mathcal{X}_l$ und weiter ist

$$\alpha_l \leq C_I \, h_l^{-2}. \tag{6.32}$$

Der zu $A \in \mathcal{K}(L^2(0,1))$ adjungierte Operator ist $A^* w(y) = \int_0^1 k(x,y) \, w(x) \, \mathrm{d}x = \int_y^1 (x - y) \, w(x) \, \mathrm{d}x$. Auch hier haben wir $(A^* w)'' = w$. Aus (6.31) erhalten wir deswegen

$$\|(I - P_l)A^* w\|_{L^2(0,1)} \leq h_l^2 \, \|w\|_{L^2(0,1)} \quad \text{bzw.} \quad \|(I - P_l)A^*\| \leq h_l^2.$$

Letztere Abschätzung impliziert

$$\alpha_l \, \|A(I - P_l)\| = \alpha_l \, \|(I - P_l)A^*\| \leq C_I,$$

das ist (6.13) im vorliegenden Fall und die Fehlerquadratmethode konvergiert.

Ist $(f^+)'' \in L^2(0,1)$, dann können wir die rechte Seite von (6.23) weiter abschätzen durch

$$\left\|f_l^\varepsilon - f^+\right\|_{L^2(0,1)} \leq C_I \, h_l^{-2} \, \varepsilon + (2 + C_I) \, h_l^2 \, \|(f^+)''\|_{L^2(0,1)},$$

wobei wir (6.10), (6.31) und (6.32) eingesetzt haben. Mit der Wahl $l^*(\varepsilon) = \max\left\{2, \lfloor \varepsilon^{-1/4} \rfloor\right\}$ stellt sich die Asymptotik

$$\left\| f^{\varepsilon}_{l^*(\varepsilon)} - f^+ \right\|_{L^2(0,1)} = O\left(\varepsilon^{1/2}\right) \quad \text{für } \varepsilon \to 0 \tag{6.33}$$

ein, die wir experimentell beobachten wollen.

In Beispiel 6.1.2 haben wir die Koordinatenformulierung der Normalgleichung (6.4) angegeben, das ist das lineare Gleichungssystem, das wir lösen müssen. Die Einträge der Matrix $\mathbf{A}_l$ könnten wir hier exakt bestimmen. Bei komplizierteren Operatoren oder Ansatzfunktionen ist das nicht mehr möglich: die Integrale müssen numerisch ausgewertet werden. In unserer Theorie haben wir diesen zusätzlichen Fehler nicht berücksichtigt. Diesbezügliche Untersuchungen wurden z.B. von BRILL [11] und VAINIKKO [140] durchgeführt. Der Einsatz geeigneter Quadraturformeln verschlechtert nicht die theoretisch zu erwartenden Ergebnisse.

Zum Auswerten von $\langle v, \varphi_{l,j} \rangle_{L^2(0,1)}$, $j = 1, \ldots, n_l$, wählen wir die Quadraturformeln

$$E_{l,j}(v) := \frac{h_l}{3}\left(v(x_{l,j} - h_l/2) + v(x_{l,j}) + v(x_{l,j} + h_l/2)\right), \quad j = 2, \ldots, n_l - 1,$$

$$E_{l,1}(v) := h_l\left(v(h_l/2)/3 + v(0)/6\right), \quad E_{l,n_l}(v) := h_l\left(v(1 - h_l/2)/3 + v(1)/6\right),$$

die exakt sind für Polynome bis zum Grad 2.

Der Kern des Integraloperators A^*A ist $\mathbf{k}(x,y) = \int_0^1 k(t,x)\,k(t,y)\,\mathrm{d}t$ und kann analytisch berechnet werden. Daher approximieren wir $\mathbf{A}_l$ durch $\widetilde{\mathbf{A}}_l$ mit

$$(\widetilde{\mathbf{A}}_l)_{i,j} := E_{l,i}E_{l,j}\mathbf{k}, \tag{6.34}$$

wobei die Quadraturformeln auf unterschiedliche Argumente von $\mathbf{k}$ wirken.

Unsere numerischen Rechnungen führen wir durch mit der exakten rechten Seite $g(x) = x^2(x^2 - 4x + 9)/12 + (1 - \cos(3\pi x))/\pi^2/18$ und zugehöriger Lösung $f^+(x) = (1 - x)^2 + \cos^2(3\pi x/2)$. Außerdem arbeiten wir mit der hochfrequenten Störung

$$g^{\varepsilon}(x) := g(x) + \varepsilon\,\sqrt{2}\,\sin(30\pi x), \quad \varepsilon > 0,$$

für die $\|g - g^{\varepsilon}\|_{L^2(0,1)} = \varepsilon$ ist. Wir lösen das lineare System

$$\widetilde{\mathbf{A}}_l\widetilde{\xi}_l = \widetilde{q}_l(g^{\varepsilon}) \quad \text{mit } \widetilde{q}_l(g^{\varepsilon})_j := E_{l,j}(A^*g^{\varepsilon}), \quad j = 1, \ldots, n_l, \tag{6.35}$$

und erhalten $\widetilde{f}^{\varepsilon}_l := \sum_{j=1}^{n_l} \widetilde{\xi}_{l,j}\,\varphi_{l,j}$ als Näherung an f^{ε}_l.

In Bild 6.2 ist links der relative Rekonstruktionsfehler in Abhängigkeit von ε aufgetragen. Genauer: Es ist

$$\mathrm{err}(\varepsilon) := \left(\mathrm{T}_{h_{l^*(\varepsilon)}}\left((\widetilde{f}^{\varepsilon}_{l^*(\varepsilon)} - f^+)^2\right)\Big/\mathrm{T}_{h_{l^*(\varepsilon)}}\left((f^+)^2\right)\right)^{1/2} \tag{6.36}$$

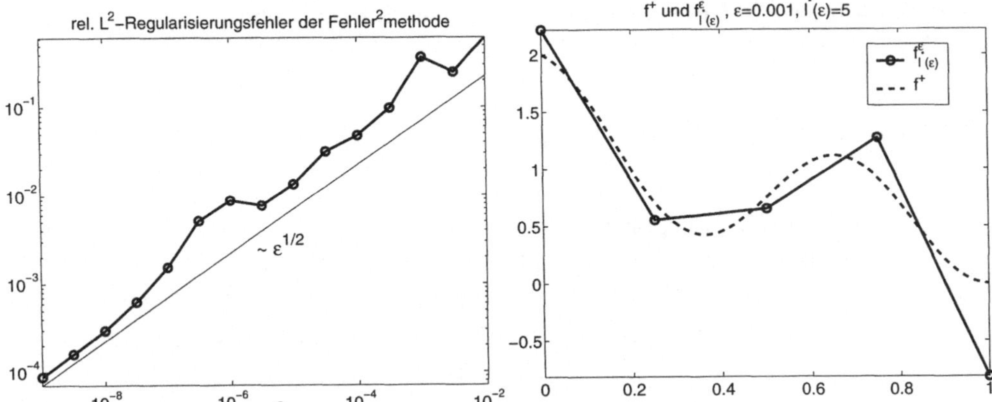

Bild 6.2: Links: Relativer L^2-Regularisierungsfehler (6.36) der Fehlerquadratmethode in Abhängigkeit vom Rauschpegel ε. Die dünne Linie veranschaulicht exaktes Abfallverhalten $\mathrm{O}(\varepsilon^{1/2})$ für $\varepsilon \to 0$. Rechts: Rekonstruktion $\widetilde{f}^{\varepsilon}_{l^*(\varepsilon)}$ für $\varepsilon = 0.001$ (durchgezogene Linie) und exakte Lösung f^+ (gestrichelte Linie).

dargestellt, wobei $\mathrm{T}_h v$ die Trapezsumme bezeichnet zur Berechnung von $\int_0^1 v(t)\,dt$ mit der Schrittweite h. Da $\mathrm{err}(\varepsilon)$ den relativen Rekonstruktionsfehler approximiert von der Ordnung $h^2_{l^*(\varepsilon)} = \mathrm{O}(\varepsilon^{1/2})$, erwarten wir im Hinblick auf (6.33) die Gesamtasymptotik $\mathrm{err}(\varepsilon) = \mathrm{O}(\varepsilon^{1/2})$ für $\varepsilon \to 0$, die sich tatsächlich einstellt. Zur weiteren Illustration zeigt Bild 6.2 rechts die berechnete Rekonstruktion $\widetilde{f}^{\varepsilon}_{l^*(\varepsilon)}$ für $\varepsilon = 0.001$, d.h. $l^*(\varepsilon) = 5$, zusammen mit der Lösung f^+.

Nachweis von (6.30) **und** (6.31). Die wesentliche Beobachtung zum Beweis der inversen Abschätzung (6.30) ist, dass Ax_l für $x_l \in \mathcal{X}_l$ auf jedem der Intervalle $\{I_{l,j}\}_{1 \le j \le n_{l-1}}$ ein Polynom vom Maximalgrad 3 ist. Es bezeichne $s_{l,j} : [0,1] \to I_{l,j}$ die affin-lineare Funktion $s_{l,j}(t) := h_l\, t + x_{l,j}$. Die Substitutionsregel für Integrale sowie die Kettenregel der Differentialrechnung anwendend, erhalten wir

$$\left\| (Ax_l)'' \right\|^2_{L^2(I_{l,j})} = h_l \int_0^1 \left| (Ax_l)''(s_{l,j}(\tau)) \right|^2 d\tau = h_l^{-3} \int_0^1 \left| (Ax_l \circ s_{l,j})''(\tau) \right|^2 d\tau.$$

Die Komposition $Ax_l \circ s_{l,j}$ ist ein Polynom vom Maximalgrad 3. Daher haben wir

$$\frac{\left\| (Ax_l \circ s_{l,j})'' \right\|^2_{L^2(0,1)}}{\left\| Ax_l \circ s_{l,j} \right\|^2_{L^2(0,1)}} \le C_I^2 := \sup \left\{ \left. \frac{\left\| p'' \right\|^2_{L^2(0,1)}}{\left\| p \right\|^2_{L^2(0,1)}} \,\right|\, p \in \Pi_3 \backslash \{0\} \right\} < \infty.$$

Das Supremum ist in der Tat endlich und wird angenommen; es handelt sich also um ein Maximum (Aufgabe 6.4). Wir dürfen nun fortfahren mit

$$\left\| (Ax_l)'' \right\|^2_{L^2(I_{l,j})} \le C_I^2\, h_l^{-3} \left\| Ax_l \circ s_{l,j} \right\|^2_{L^2(0,1)} = C_I^2\, h_l^{-4} \left\| Ax_l \right\|^2_{L^2(I_{l,j})}.$$

Summation über alle Intervalle $\{I_{l,j}\}_{1\leq j \leq n_l-1}$ ergibt schließlich (6.30). Wir müssen uns noch von (6.31) überzeugen. Offensichtlich ist

$$\|v - P_l v\|_{L^2(0,1)} \leq \|v - v_l\|_{L^2(0,1)} \quad \text{mit } v_l := \sum_{j=1}^{n_l} v(x_{l,j})\, \varphi_{l,j}. \tag{6.37}$$

Das Element $v_l \in \mathcal{X}_l$ interpoliert v in den Knoten $\{x_{l,j}\}$: $v_l(x_{l,j}) = v(x_{l,j})$, $j = 1,\ldots,n_l$. Die Interpolierende v_l ist wohldefiniert; denn $v'' \in L^2(0,1)$ impliziert $v \in \mathcal{C}^1(0,1)$. Im Weiteren sei $\Delta = v - v_l$ der Interpolationsfehler. Wegen $\|\Delta\|_{L^2(0,1)}^2 = \sum_{j=1}^{n_l-1} \|\Delta\|_{L^2(I_{l,j})}^2$ genügt es, die einzelnen Normen der Summe abzuschätzen. Nun ist $\|\Delta\|_{L^2(I_{l,j})}^2 = \|d_{l,j}\|_{L^2(0,h_l)}^2$ mit $d_{l,j}(\cdot) = \Delta(\cdot - x_{l,j})$. Wir entwickeln $d_{l,j}$ in eine Fourier-Sinus-Reihe über $[0,h_l]$:

$$d_{l,j}(t) = \sqrt{\frac{2}{h_l}} \sum_{r=1}^{\infty} a_r\, \sin(\pi\, r\, t/h_l), \quad a_r = \sqrt{\frac{2}{h_l}} \int_0^{h_l} d_{l,j}(t)\, \sin(\pi\, r\, t/h_l)\, \mathrm{d}t.$$

Zweifache partielle Integration unter Verwendung von $d_{l,j}(0) = d_{l,j}(h_l) = 0$ und $d_{l,j}''(\cdot) = v''(\cdot - x_{l,j})$ ¶ ergibt

$$a_r = -\frac{h_l^2}{\pi^2 r^2} \underbrace{\sqrt{\frac{2}{h_l}} \int_0^{h_l} v''(t - x_{l,j})\, \sin(\pi\, r\, t/h_l)\, \mathrm{d}t}_{=:\, b_r}.$$

Das Integral b_r ist der r-te Entwicklungskoeffizient der Fourier-Sinus-Reihe von $v''(\cdot - x_{l,j})$, weswegen

$$\|d_{l,j}\|_{L^2(0,h_l)}^2 = \sum_{r=1}^{\infty} a_r^2 = \frac{h_l^4}{\pi^4} \sum_{r=1}^{\infty} \frac{b_r^2}{r^4} \leq h_l^4 \sum_{r=1}^{\infty} b_r^2 = h_l^4\, \|v''(\cdot - x_{l,j})\|_{L^2(0,h_l)}^2$$

gilt. Aus (6.37) und

$$\|v - v_l\|_{L^2(0,1)}^2 = \sum_{j=1}^{n_l-1} \|\Delta\|_{L^2(I_{l,j})}^2 = \sum_{j=1}^{n_l-1} \|d_{l,j}\|_{L^2(0,h_l)}^2$$
$$\leq h_l^4 \sum_{j=1}^{n_l-1} \|v''(\cdot - x_{l,j})\|_{L^2(0,h_l)}^2 = h_l^4\, \|v''\|_{L^2(0,1)}^2 \tag{6.38}$$

folgt (6.31).

¶ $v_l(\cdot - x_{l,j})$ ist linear über $[0,h_l]$!

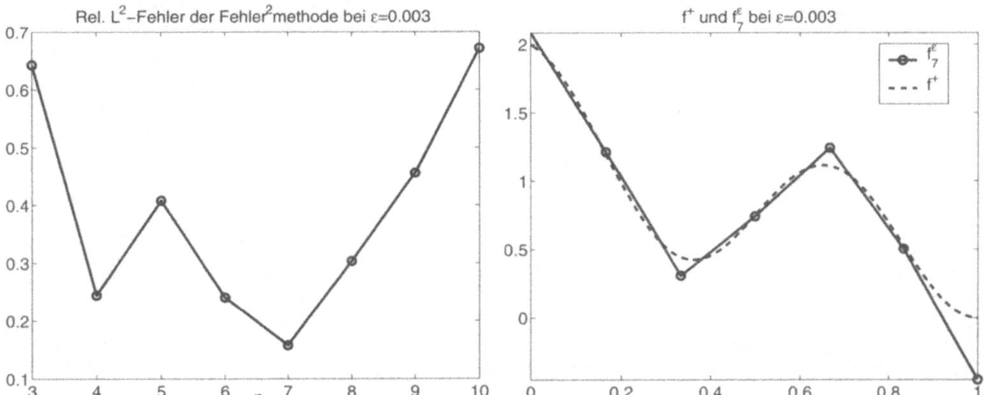

Bild 6.3: Links: Relativer L^2-Regularisierungsfehler (6.39) der Fehlerquadratmethode in Abhängigkeit von $l = n_l$ bei $\varepsilon = 0.003$. Rechts: exakte Lösung f^+ (gestrichelte Linie) und Rekonstruktion $\widetilde{f}_7^\varepsilon$ (durchgezogene Linie) mit einem minimalen relativen L^2-Fehler von 15%.

6.2 Regularisierung von Projektionsverfahren

Sie werden sich fragen, warum wir in den vorausgegangenen Kapiteln so viele verschiedene Regularisierungsverfahren für die Operatorgleichung (6.1) vorgestellt und untersucht haben. Zum Rechnen müssen wir diskretisieren, wodurch wir – wie in Kapitel 6.1.3 gezeigt – schon regularisieren. Eine andere oder eine zusätzliche Regularisierung scheint überflüssig zu sein. Diese These überprüfen wir an einem numerischen Beispiel.

Beispiel 6.2.1 *Güte der Regularisierung durch Projektionsverfahren*
Wir beziehen uns hier auf das Beispiel der Integralgleichung aus Kapitel 6.1.3.1 und deren dort beschriebene Diskretisierung durch die Fehlerquadratmethode mit stetigen, stückweise linearen Ansatzfunktionen (6.28). Zur Beurteilung der Regularisierungsgüte der Fehlerquadratmethode fixieren wir den Rauschpegel $\varepsilon = 0.003$ und ermitteln, welcher der Ansatzräume $\{\mathcal{X}_l\}_{l \in \mathbb{N}}$ die beste Rekonstruktion von f^+ erlaubt. Dazu betrachten wir den approximierten relativen Rekonstruktionsfehler

$$\mathrm{err}(l) := \left(\mathrm{T}_{h_l}\big((\widetilde{f}_l^\varepsilon - f^+)^2\big) \big/ \mathrm{T}_{h_l}\big((f^+)^2\big) \right)^{1/2}, \quad \varepsilon = 0.003, \qquad (6.39)$$

in Abhängigkeit von l, vgl. (6.36), der in Bild 6.3 links aufgetragen ist. Rechts daneben ist die Rekonstruktion mit minimalem Fehler dargestellt, das ist $\widetilde{f}_7^\varepsilon$. Der Fehler beläuft sich auf 15%. Können wir den gestörten Daten g^ε wirklich keine bessere Rekonstruktion entlocken?

Doch! Und das geht so: Wir wählen l groß, damit der Diskretisierungsfehler $\|f^+ - P_l f^+\|_{L^2(0,1)}$ klein ist und regularisieren das projizierte System (6.2) mit

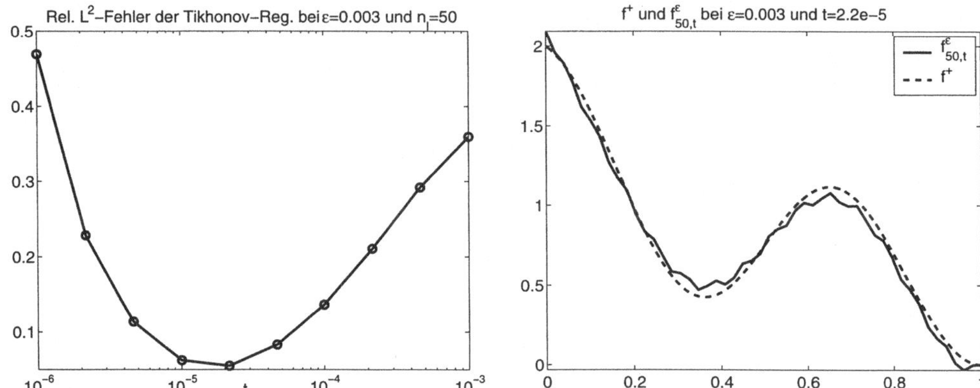

Bild 6.4: Links: Relativer L^2-Regularisierungsfehler, vgl. (6.39), der Tikhonov–Phillips-Regularisierung, angewandt auf (6.2), in Abhängigkeit vom Regularisierungsparameter t. Hierbei sind $\varepsilon = 0.003$ und $n_l = 50$. Rechts: exakte Lösung f^+ (gestrichelte Linie) und Tikhonov–Phillips-Rekonstruktion $\widetilde{f}^{\varepsilon}_{50,t}$ für $t = 2.2 \cdot 10^{-5}$ (durchgezogene Linie) mit einem minimalen relativen L^2-Fehler von 6%.

einem der in den vorausgegangenen Kapiteln besprochenen Regularisierungsverfahren. Wenden wir z.B. das Tikhonov–Phillips-Verfahren an, so resultiert das lineare Gleichungssystem

$$\left(\mathbf{A}_l + t\,\mathbf{G}_{\Phi_l}\right)\xi_l = q_l(g^{\varepsilon}), \tag{6.40}$$

wie wir im Laufe dieses Kapitels noch sehen werden. In unseren Rechnungen haben wir selbstverständlich $\mathbf{A}_l$ durch $\widetilde{\mathbf{A}}_l$ (6.34) sowie q_l durch $\widetilde{q}_l$ (6.35) ersetzt. Die Gramsche Matrix $\mathbf{G}_{\Phi_l}$ haben wir jedoch exakt bestimmt. Statt ξ_l erhalten wir $\widetilde{\xi}_l$ und daraus die Rekonstruktion $\widetilde{f}^{\varepsilon}_{l,t} := \sum_{j=1}^{n_l} \widetilde{\xi}_{l,j}\,\varphi_{l,j}$, deren relativer Fehler, vgl. (6.39), aufgezeichnet ist in Bild 6.4 links als Funktion von t, und zwar für $\varepsilon = 0.003$ und $l = 50$. Der minimale Fehler stellt sich ein bei $t = 2.2 \cdot 10^{-5}$. Die zugehörige Rekonstruktion ist in Bild 6.4 rechts zu sehen. Sie weist einen relativen Fehler von 6% auf. Es lohnt sich also, fein zu diskretisieren und dann zu regularisieren. Diesen Zugang verfolgen wir anschließend systematisch.

ELDÉN [32], FROMMER und MAASS [39], MAASS und RIEDER [88] sowie RIEDER [114, 115] schlagen Verfahren vor zur schnellen Auflösung von (6.40), gerade bei hohen Dimensionen. ♠

Durch obiges Beispiel motiviert, wenden wir ein Regularisierungsverfahren an auf die diskretisierte Gleichung (6.2) mit gestörter rechter Seite g^{ε}. Das zur Diskretisierung benutzte Projektionsverfahren sei konvergent. Wir erhalten die Rekonstruktion

$$f^{\varepsilon}_{l,t} := F_t(A_l^* A_l) A_l^* Q_l\, g^{\varepsilon}, \tag{6.41}$$

wobei $\{F_t\}_{t>0}$ den regularisierenden Filter des Verfahrens bezeichnet.

Wie müssen wir $\gamma = \gamma(\varepsilon, g^{\varepsilon}, l)$ wählen, damit $f^{\varepsilon}_{l,\gamma(\varepsilon,g^{\varepsilon},l)}$ gegen f^+ konvergiert für $\varepsilon \to 0$ und $l \to \infty$?

Im Weiteren setzen wir voraus, dass der Filter $F_t : [0, \|A\|^2] \to \mathbb{R}$ eine stetige rationale Funktion ist, d.h. $F_t(\lambda) = r_t(\lambda)/s_t(\lambda)$, wobei r_t sowie s_t teilerfremde Polynome sind. Hierunter fallen das Landweber-Verfahren und die ν-Methoden. Bei ihnen ist jeweils $s_t = 1$. Ebenso trifft die Forderung auf das k-fach iterierte Tikhonov–Phillips-Verfahren zu mit $s_t(\lambda) = (\lambda + t)^k$ und $r_t(\lambda) = ((\lambda + t)^k - t^k)/\lambda$.

Lemma 6.2.2 *Es ist $\sum_{i=1}^{n} \xi_{l,i}\, \varphi_{l,i}$ genau dann die Koordinatendarstellung von $f_{l,t}^{\varepsilon}$, wenn gilt*

$$s_t\big(\overline{\mathbf{G}_{\Phi_l}^{-1}\mathbf{A}_l^H\, \mathbf{G}_{\Psi_l}^{-1}\mathbf{A}_l}\big)\xi_l \;=\; r_t\big(\overline{\mathbf{G}_{\Phi_l}^{-1}\mathbf{A}_l^H\, \mathbf{G}_{\Psi_l}^{-1}\mathbf{A}_l}\big)\overline{\mathbf{G}_{\Phi_l}^{-1}\mathbf{A}_l^H\mathbf{G}_{\Psi_l}^{-1}}\, q_l(g^{\varepsilon}). \tag{6.42}$$

Insbesondere ist die Matrix $s_t\big(\overline{\mathbf{G}_{\Phi_l}^{-1}\mathbf{A}_l^H\, \mathbf{G}_{\Psi_l}^{-1}\mathbf{A}_l}\big)$ regulär.

Beweis: Siehe Aufgabe 6.5. $\blacksquare$

Gleichung (6.42) beschreibt die Anwendung des Regularisierungsverfahrens, gegeben durch den Filter $F_t = r_t/s_t$, auf die Normalgleichung in Koordinatendarstellung (6.4). Hierbei ist Folgendes zu beachten: Die Matrix $\overline{\mathbf{G}_{\Phi_l}^{-1}\mathbf{A}_l^H\, \mathbf{G}_{\Psi_l}^{-1}\mathbf{A}_l}$, die $A_l^* A_l$ repräsentiert, ist nicht notwendigerweise hermitesch. Der Ausdruck $F_t\big(\overline{\mathbf{G}_{\Phi_l}^{-1}\mathbf{A}_l^H\, \mathbf{G}_{\Psi_l}^{-1}\mathbf{A}_l}\big)$ macht für allgemeines F_t keinen Sinn. Daher haben wir uns auf rationale Filter eingeschränkt; denn Polynome können für beliebige quadratische Matrizen ausgewertet werden.

Achtung: Wir wenden die Verfahren an auf (6.4) und *nicht* auf $\overline{\mathbf{A}_l^H \mathbf{A}_l}\xi_l = \overline{\mathbf{A}_l^H}\, q_l(g^{\varepsilon})$, hervorgegangen durch Normalisierung von $\overline{\mathbf{A}_l}\xi_l = q_l(g^{\varepsilon})$. Letztere Gleichung ist äquivalent zur Koordinatendarstellung von (6.2). Bei dieser alternativen Vorgehensweise werden die Geometrien auf X und Y allerdings nicht berücksichtigt. Daher unterscheiden sich die Rekonstruktionen, die unser Zugang (6.41) und der eben skizzierte Zugang liefern, mitunter deutlich, und zwar bei gleichem Filter und gleichem Regularisierungsparameter, siehe Bild 6.5.

Die bereits oben gestellte Frage, wie wir $\gamma = \gamma(\varepsilon, g^{\varepsilon}, l)$ wählen müssen, damit $(\{R_{l,t}\}_{l\in\mathbb{N},\, t>0}, \gamma)$, $R_{l,t} := F_t(A_l^* A_l)A_l^* Q_l \in \mathcal{L}(Y, X)$, ein Regularisierungsverfahren für A^+ ist, werden wir nur eingeschränkt beantworten. Wir untersuchen im nächsten Kapitel ein Diskrepanzprinzip als Parameterstrategie. Allgemeinere Resultate wurden von PLATO [102] sowie von PLATO und VAINIKKO [103] veröffentlicht, an deren Darstellung wir uns orientieren.

6.2.1 Ein Diskrepanzprinzip für lineare Verfahren

Die diskrete Gleichung (6.2) sei hervorgegangen aus (6.1) durch Anwendung eines Projektionsverfahrens bez. der Familien $\{\mathcal{X}_l\}_{l\in\mathbb{N}}$ und $\{\mathcal{Y}_l\}_{l\in\mathbb{N}}$ endlichdimensionaler Unterräume von X bzw. von Y. Wir verlangen, dass die Inklusionen $\mathcal{N}(A)^{\perp} \subset \overline{\bigcup_{l\in\mathbb{N}} \mathcal{X}_l}$ und $\mathcal{R}(A) \subset \overline{\bigcup_{l\in\mathbb{N}} \mathcal{Y}_l}$ gelten.

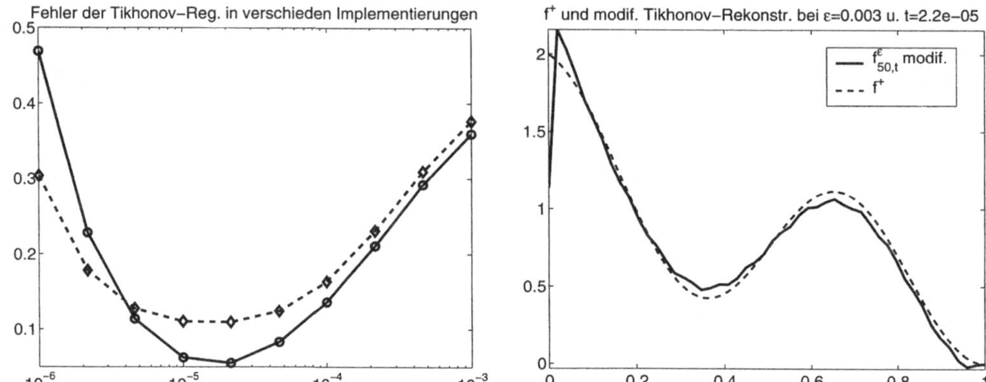

Bild 6.5: Links: Relativer L^2-Regularisierungsfehler, vgl. (6.39), zweier Versionen der Tikhonov–Phillips-Regularisierung, angewandt auf (6.2), in Abhängigkeit vom Regularisierungsparameter t. Durchgezogene Linie: Fehler der Rekonstruktion gemäß (6.40), vgl. Bild 6.4 links. Gestrichelte Linie: Fehler der Rekonstruktion gemäß (6.40), worin $\mathbf{G}_{\Phi_l}$ durch $h_l\,\mathbf{I}$ ($\mathbf{I}$ Einheitsmatrix) ersetzt ist. Hierbei sind $\varepsilon = 0.003$ und $l = n_l = 50$. Rechts: exakte Lösung f^+ (gestrichelte Linie) und die eben beschriebene, modifizierte Tikhonov–Phillips-Rekonstruktion für $t = 2.2 \cdot 10^{-5}$ (durchgezogene Linie) mit einem minimalen relativen L^2-Fehler von 11%, vgl. Bild 6.4 rechts.

Der regularisierende Filter $\{F_t\}_{t>0}$ mit $F_t : [0,\|A\|^2] \to \mathbb{R}$, den wir in (6.41) verwenden, habe die unter (6.43) zusammengefassten Eigenschaften. Wie üblich bezeichnet $p_t(\lambda) = 1 - \lambda\,F_t(\lambda)$ die Residuenfunktion des Filters.

Es gibt stetige Funktionen $\{\overline{p}_t\}_{t>0}$, $\overline{p}_t : [0,\|A\|^2] \to \mathbb{R}$ mit $p_t(\lambda) \leq \overline{p}_t(\lambda)$ und $\overline{p}_t(\lambda)$ fällt monoton für $t \to 0$ für jedes feste $\lambda > 0$. Außerdem gelten

$$\sup_{0\leq\lambda\leq\|A\|^2} \lambda^{\mu/2}\,|\overline{p}_t(\lambda)| \leq C_p\,t^{\alpha\mu/2} \quad \text{für } 0 \leq \mu \leq \mu_0$$

sowie

$$\sup_{0\leq\lambda\leq\|A\|^2} \lambda^{1/2}\,|F_t(\lambda)| \leq C_M\,t^{-\alpha/2},$$

wobei α, μ_0, C_p und C_M positive Konstanten sind.

$$\left.\begin{array}{c} \\ \\ \\ \\ \\ \\ \\ \\ \\ \\ \end{array}\right\} \quad (6.43)$$

Zum Zwecke einer einheitlichen Notation haben wir die Funktionen $\{\overline{p}_t\}_{t>0}$ und den Parameter α eingeführt. Die Filter folgender Regularisierungsverfahren erfüllen z.B. die Forderung (6.43):

- Beim n-fach iterierten Tikhonov–Phillips-Verfahren kann $\overline{p}_t = p_t$ gesetzt werden, womit $\alpha = 1$ und $\mu_0 = 2n$ sind.

- Auch beim Landweber-Verfahren mit Startwert 0 kann $\overline{p}_t = p_t$ gesetzt werden. Die Abschätzungen in (6.43) gelten dann mit $\alpha = 1$ und $\mu_0 = \infty$, wenn wir t einschränken auf $t_m = 1/m$, wobei m der Iterationsindex ist.

- Die Funktionen $\{\overline{p}_t\}_{t>0}$ wurden eingeführt, damit unsere Untersuchungen auch auf die ν-Methode mit Startwert 0 angewendet werden können. Hier dürfen wir nämlich *nicht* $\overline{p}_t = p_t$ setzen, da die Residuenfunktion der ν-Methode die geforderte Monotonie nicht erfüllt. Jedoch gilt für das Residuenpolynom $p_m^{(\nu)}$ (5.15) der ν-Methode

$$p_m^{(\nu)}(\lambda) \leq C_\nu \left(\frac{1/m^2}{\lambda + 1/m^2} \right)^\nu := \overline{p}_m^{(\nu)}(\lambda),$$

  siehe HANKE und ENGL [50, Beweis von Theorem 3.1]. Somit gelten auch hier die Abschätzungen in (6.43) mit $\alpha = 2$ und $\mu_0 = 2\nu$, wobei t nur die diskreten Werte $t_m = 1/m$ durchläuft.

In Aufgabe 6.6 sollen Sie oben behauptete Eigenschaften der jeweiligen Verfahren überprüfen.

Zur sinnvollen Definition eines Diskrepanzprinzips für Projektionsverfahren studieren wir den Defekt $d_l(t) = \|A_l f_{l,t}^\varepsilon - Q_l g^\varepsilon\|_Y = \|p_t(A_l A_l^*)Q_l g^\varepsilon\|_Y$. Es gilt $\lim_{t\to 0} d_l(t) = \|P_{\mathcal{R}(A_l)^\perp} Q_l g^\varepsilon\|_Y$, siehe (3.35). Sind $g \in \mathcal{R}(A)$ und $g^\varepsilon \in Y$ mit $g = Af^+$ und $\|g - g^\varepsilon\|_Y \leq \varepsilon$, so folgt

$$\begin{aligned}
\lim_{t\to 0} d_l(t) &= \|(I - P_{\mathcal{R}(A_l)})Q_l g^\varepsilon\|_Y = \min_{v\in X} \|Q_l g^\varepsilon - Q_l A P_l v\|_Y \\
&\leq \min_{v\in X} \|g^\varepsilon - A P_l v\|_Y \leq \varepsilon + \min_{v\in X} \|Af^+ - A P_l v\|_Y \\
&\leq \varepsilon + \|A(I - P_l)\| \, \|(I - P_l)f^+\|_X.
\end{aligned}$$

Liegt f^+ sogar in X_ν, $\nu > 0$, dann haben wir nach Lemma 6.2.12 (Kapitel 6.2.4 unten)

$$\lim_{t\to 0} d_l(t) \leq \varepsilon + a_\nu \|A(I - P_l)\|^{1+\min\{\nu,1\}} \|f^+\|_\nu. \tag{6.44}$$

Ein Diskrepanzprinzip muss daher neben dem Rauschen in den Daten auch noch den Diskretisierungsfehler $\|A(I - P_l)\|$ berücksichtigen. Unter unseren Voraussetzungen an $\{X_l\}_{l\in\mathbb{N}}$ gilt die Äquivalenz

$$\|A(I - P_l)\| \longrightarrow 0 \text{ für } l \to \infty \quad \Longleftrightarrow \quad A \in \mathcal{K}(X,Y),$$

die z.B. von GROETSCH in [42, Lemma 4.2.1] bewiesen wird.

Den exakten Wert von $\|A(I - P_l)\|$ werden wir im konkreten Fall nur abschätzen können. Auch kennen wir f^+ nicht. Diesen Umständen tragen wir Rechnung in folgendem modifizierten Diskrepanzprinzip (6.45), worin wir die Stärke der Regularisierung an den Rauschpegel ε sowie an den Diskretisierungsfehler $\|A(I - P_l)\|$ koppeln. Die Größe α hängt vom jeweiligen Verfahren ab, vgl. (6.43).

Diskrepanzprinzip. Sei $\zeta_l \in \mathbb{R}$ mit $\|A(I - P_l)\| \leq \zeta_l$ und sei $\{t_k\}_{k\in\mathbb{N}}$ eine streng monoton fallende Nullfolge. Mit $\tau > 1$ definiere

$$\mathcal{T}_l := \left\{ t_k \mid \|A_l f^\varepsilon_{l,t_k} - Q_l g^\varepsilon\|_Y \leq \tau\,\varepsilon \text{ und } t_k \geq \zeta_l^{2/\alpha} \right\}$$

und bestimme

$$t_{k^*} = \begin{cases} \max \mathcal{T}_l & : \quad \mathcal{T}_l \neq \emptyset \\ \max\left\{ t_k \mid t_k < \zeta_l^{2/\alpha} \right\} & : \quad \text{sonst} \end{cases}.$$

Setze $\gamma(\varepsilon,g^\varepsilon,l) = \gamma(\varepsilon,g^\varepsilon,l,\tau) := t_{k^*}.$

$$(6.45)$$

Zur Implementierung des Diskrepanzprinzips auf einem Rechner müssen wir Residuen auswerten. Wie dies auf der Ebene der Koordinatendarstellungen bewerkstelligt wird, steht in Lemma 6.2.3.

Lemma 6.2.3 *Sei $x_l = \sum_{i=1}^n \xi_{l,i}\,\varphi_{l,i} \in \mathfrak{X}_l$ und sei y aus Y. Dann gilt*

$$\|A_l x_l - Q_l y\|_Y = \left\langle \mathbf{G}_{\Psi_l}^{-1} \left(\overline{\mathbf{A}_l}\xi_l - \overline{q_l(y)} \right), \overline{\mathbf{A}_l}\xi_l - \overline{q_l(y)} \right\rangle_{\mathbb{K}^m}^{1/2}.$$

Hierbei ist $q_l(y)_j = \langle \psi_{l,j},y \rangle_Y$, $j = 1,\ldots,m$.

Beweis: Siehe Aufgabe 6.7. ∎

Im Falle von $\zeta_l = 0$ sowie $Q_l = I$ (es liegt also keine Diskretisierung vor) erhalten wir aus (6.45) das Morozovsche Diskrepanzprinzip zurück. Entsprechend geht in dieser Situation das folgende Ergebnis über in Satz 3.4.1 zur Ordnungsoptimalität des Morozovschen Diskrepanzprinzips.

Satz 6.2.4 *Sei $A \in \mathcal{K}(X,Y)$ und der regularisierende Filter $\{F_t\}_{t>0}$ erfülle (6.43) mit $\mu_0 > 1$. Seien $\{\mathfrak{X}_l\}_{l\in\mathbb{N}} \subset X$ und $\{\mathcal{Y}_l\}_{l\in\mathbb{N}} \subseteq Y$ Familien endlichdimensionaler, aufsteigender Unterräume mit $\mathcal{N}(A)^\perp \subset \overline{\bigcup \mathfrak{X}_l}$ sowie $\mathcal{R}(A) \subset \overline{\bigcup \mathcal{Y}_l}$.*

Die Parameterwahl γ erfolge nach dem Diskrepanzprinzip (6.45). Die hierbei verwendeten Nullfolgen $\{\zeta_l\}_{l\in\mathbb{N}}$ und $\{t_k\}_{k\in\mathbb{N}}$ erfüllen $\|A(I - P_l)\| \leq \zeta_l$ und $t_k = \theta_k\, t_{k-1}$, $k \geq 2$, mit $0 < \vartheta \leq \theta_k < 1$. Außerdem sei $\tau > S_p := \sup\{|\overline{p}_t(\lambda)| \mid t > 0,\ \lambda \in [0,\|A\|^2]\} \geq 1$.

Dann ist $(\{R_{l,t}\}_{l\in\mathbb{N},t>0}, \gamma)$, $R_{l,t} = F_t(A_l^* A_l)A_l^*$, ein Regularisierungsverfahren, d.h. für jedes $g \in \mathcal{R}(A)$ haben wir[||]

$$\sup\left\{ \|A^+ g - R_{l,\gamma(\varepsilon,g^\varepsilon,l)} g^\varepsilon\|_X \mid g^\varepsilon \in Y,\ \|g - g^\varepsilon\|_Y \leq \varepsilon \right\} \longrightarrow 0$$

$$\text{für } \varepsilon \to 0 \text{ und } l \to \infty.$$

$$(6.46)$$

Sei $\mu \in\,]0,\mu_0 - 1]$ und $A^+ g$ liege in X_μ für $g \in \mathcal{R}(A)$ mit Norm $\|A^+ g\|_\mu \leq \varrho$. Ist $g^\varepsilon \in Y$ mit $\|g - g^\varepsilon\|_Y \leq \varepsilon$, dann gilt

---

[||] Die Schreibweise $a(\varepsilon,l) \to 0$ für $\varepsilon \to 0$ und $l \to \infty$ bedeutet: Für jede Folge $\{(\varepsilon_n,l_n)\}_{n\in\mathbb{N}} \subset\,]0,\infty[\times \mathbb{N}$ mit $\varepsilon_n \to 0$ und $l_n \to \infty$ für $n \to \infty$ ist $\lim_{n\to\infty} a(\varepsilon_n,l_n) = 0$.

$$\|f^+ - R_{l,t_{k*}} g^\varepsilon\|_X \leq C_\mu \left(\varepsilon^{\frac{\mu}{\mu+1}} \varrho^{\frac{1}{\mu+1}} \right.$$
$$\left. + \varrho \left(\zeta_l^{\min\{\mu,1\}} + \|(I - Q_l)A\|^{\min\{\mu,2\}} \right) \right) \tag{6.47}$$

für $\varepsilon \to 0$ und $l \to \infty$. Die Konstante C_μ hängt nicht ab von ε, ϱ und l.

Bemerkung 6.2.5 Zu einem festen Rauschpegel ε erhalten wir eine vernünftige Diskretisierung, wenn wir wie folgt vorgehen. Sind weder ϱ noch μ bekannt, dann wählen wir l so, dass $\zeta_l \approx \varepsilon$ gilt. Liegen ϱ und μ vor, so wählen wir $\zeta_l^{\min\{\mu,1\}} \approx (\varepsilon/\varrho)^{\mu/(\mu+1)}$.

Zum Beweis des Satzes stellen wir ein Lemma bereit.

Lemma 6.2.6 *Der Filter $\{F_t\}_{t>0}$ erfülle (6.43). Dann gibt es ein $\kappa > 0$, so dass für $0 < \delta \leq t$ gilt*

$$p_t^2(\lambda) \leq \kappa \left(p_\delta^2(\lambda) + \delta^{-\alpha} \lambda \, p_t^2(\lambda) \right) \tag{6.48}$$

für alle $\lambda \in [0, \|A\|^2]$.

Beweis: Aus der zweiten Abschätzung in (6.43) schließen wir auf

$$p_\delta(\lambda) = 1 - \lambda \, F_\delta(\lambda) \; \geq \; 1 - \lambda^{1/2} \, C_M \, \delta^{-\alpha/2}$$
$$\geq \; 1/2 \quad \text{für } \delta^{-\alpha/2} \, \lambda^{1/2} \leq (2\,C_M)^{-1}.$$

In der ersten Abschätzung aus (6.43) setzen wir $\mu = 0$ und erhalten

$$|p_t(\lambda)| \leq |\bar{p}_t(\lambda)| \leq C_p \leq 2\,C_p \, p_\delta(\lambda) \quad \text{für } \delta^{-\alpha/2} \, \lambda^{1/2} \leq (2\,C_M)^{-1}.$$

Sei nun $\delta^{-\alpha/2} \, \lambda^{1/2} > (2\,C_M)^{-1}$, d.h. $1 < 2\,C_M \, \delta^{-\alpha/2} \, \lambda^{1/2}$. Hier haben wir offensichtlich

$$|p_t(\lambda)| \leq 2\,C_M \, \delta^{-\alpha/2} \, \lambda^{1/2} \, |p_t(\lambda)|.$$

Zusammengefasst ergibt sich

$$p_t^2(\lambda) \; \leq \; 4 \max \left\{ C_p^2 \, p_\delta^2(\lambda), C_M^2 \, \delta^{-\alpha} \, \lambda \, p_t^2(\lambda) \right\}$$
$$\leq \; 4 \max \left\{ C_p^2, C_M^2 \right\} \left(p_\delta^2(\lambda) + \delta^{-\alpha} \, \lambda \, p_t^2(\lambda) \right),$$

was der Behauptung (6.48) mit $\kappa = 4 \max\{C_p^2, C_M^2\}$ entspricht. $\blacksquare$

Beweis von Satz 6.2.4: Mit $f^+ = A^+ g$ schreiben wir den Fehler $f^+ - R_{l,t} g^\varepsilon$ um in

$$f^+ - R_{l,t} g^\varepsilon \;=\; f^+ - P_l f^+ + P_l f^+ - R_{l,t} \, A_l f^+ + R_{l,t}(A_l f^+ - g^\varepsilon)$$
$$=\; (I - P_l)f^+ + p_t(A_l^* A_l) P_l f^+ + F_t(A_l^* A_l) A_l^* Q_l(A P_l f^+ - g^\varepsilon).$$

Die dritte Fehlerkomponente schätzen wir ab unter Verwendung von (6.43)

$$\|F_t(A_l^* A_l) A_l^* Q_l (A P_l f^+ - g^\varepsilon)\|_X$$

$$\leq C_M \, t^{-\alpha/2} \, \|A P_l f^+ - g^\varepsilon\|_Y$$

$$= C_M \, t^{-\alpha/2} \, \|A P_l f^+ - A f^+ + g - g^\varepsilon\|_Y \qquad (6.49)$$

$$= C_M \, t^{-\alpha/2} \, \|A (P_l - I)^2 f^+ + g - g^\varepsilon\|_Y$$

$$\leq C_M \, t^{-\alpha/2} \, \left(\zeta_l \, \|(I - P_l) f^+\|_X + \varepsilon \right).$$

Die Konvergenzen (6.46) und (6.47) sind asymptotisch zu verstehen. Wir dürfen l daher so groß annehmen, dass $\zeta_l \leq \min\{1, t_1^{\alpha/2}\}$ zutrifft. Nach (6.45) ist $t_{k^*-1} \geq \zeta_l^{2/\alpha}$, falls $k^* \geq 2$ ist. Es folgen $t_{k^*} \geq \vartheta \, t_{k^*-1} \geq \vartheta \, \zeta_l^{2/\alpha}$ sowie

$$t_{k^*}^{-\alpha/2} \, \zeta_l \leq \vartheta^{-\alpha/2}. \qquad (6.50)$$

Sollte $k^* = 1$ sein, dann gilt (6.50) auch; denn $t_1^{-\alpha/2} \, \zeta_l \leq 1$.

Insgesamt bekommen wir für den Regularisierungsfehler die Schranke

$$\|f^+ - R_{l, t_{k^*}} g^\varepsilon\|_X \leq \left(1 + C_M \, \vartheta^{-\alpha/2}\right) \|(I - P_l) f^+\|_X$$
$$+ \|p_{t_{k^*}}(A_l^* A_l) P_l f^+\|_X + C_M \, t_{k^*}^{-\alpha/2} \, \varepsilon. \qquad (6.51)$$

1. *Regularisierungseigenschaft* (6.46): Im Hinblick auf (6.51) haben wir die behauptete Konvergenz nachgewiesen, wenn wir

$$\|p_{t_{k^*}}(A_l^* A_l) P_l f^+\|_X \to 0 \quad \text{für } \varepsilon \to 0 \text{ und } l \to \infty \qquad (6.52)$$

sowie

$$t_{k^*}^{-\alpha/2} \varepsilon \to 0 \quad \text{für } \varepsilon \to 0 \text{ und } l \to \infty \qquad (6.53)$$

verifizieren.

(a) *Nachweis von* (6.52). Wir setzen $\delta = \delta(\varepsilon, l) := (\varepsilon^{1/2} + \zeta_l)^{2/\alpha}$ und unterscheiden die beiden Fälle $\delta \leq t_{k^*}$ sowie $\delta > t_{k^*}$.

Zunächst untersuchen wir $\delta \leq t_{k^*}$. Hier wenden wir (6.48) an

$$\|p_{t_{k^*}}(A_l^* A_l) P_l f^+\|_X^2 \leq \kappa \left(\|p_\delta(A_l^* A_l) P_l f^+\|_X^2 \right.$$
$$\left. + \delta^{-\alpha} \|A_l p_{t_{k^*}}(A_l^* A_l) P_l f^+\|_Y^2 \right). \qquad (6.54)$$

Jede der beiden Normen auf der rechten Seite konvergiert gegen Null, was wir jetzt darlegen. Beginnen wir mit der zweiten. Dazu stellen wir fest, dass

$$A_l \, p_{t_{k^*}}(A_l^* A_l) P_l f^+ \; = \; p_{t_{k^*}}(A_l A_l^*) Q_l g^\varepsilon + p_{t_{k^*}}(A_l A_l^*)(A_l f^+ - Q_l g^\varepsilon)$$

$$= (I - A_l R_{l,t_{k*}}) Q_l g^\varepsilon + p_{t_{k*}}(A_l A_l^*)(A_l f^+ - Q_l g^\varepsilon)$$

ist, woraus wir die Abschätzung

$$\|A_l p_{t_{k*}}(A_l^* A_l) P_l f^+\|_Y \leq \|Q_l g^\varepsilon - A_l f^\varepsilon_{l,t_{k*}}\|_Y + S_p \left(\zeta_l \|(I - P_l)f^+\|_X + \varepsilon\right) \quad (6.55)$$

gewinnen, vgl. (6.49). Wegen $t_{k*} \geq \delta > \zeta_l^{2/\alpha}$ muss nach (6.45) t_{k*} in $\mathcal{T}_l$ sein, d.h. $\|Q_l g^\varepsilon - A_l f^\varepsilon_{l,t_{k*}}\|_Y \leq \tau \varepsilon$. Oben eingesetzt, ergibt sich

$$\delta^{-\alpha} \|A_l p_{t_{k*}}(A_l^* A_l) P_l f^+\|_Y^2 \leq (\varepsilon^{1/2} + \zeta_l)^{-2} \left((\tau + S_p) \varepsilon\right.$$
$$\left. + S_p \zeta_l \|(I - P_l)f^+\|_X\right)^2 \quad (6.56)$$
$$\leq \left((\tau + S_p) \varepsilon^{1/2} + S_p \|(I - P_l)f^+\|_X\right)^2.$$

Wir wenden uns jetzt der ersten Norm auf der rechten Seite von (6.54) zu:

$$\|p_\delta(A_l^* A_l) P_l f^+\|_X \leq \|p_\delta(A_l^* A_l) f^+\|_X + \|p_\delta(A_l^* A_l)(P_l - I)f^+\|_X$$
$$\leq \|p_\delta(A_l^* A_l) f^+\|_X + S_p \|(I - P_l)f^+\|_X. \quad (6.57)$$

Mit Hilfe des Satzes von Banach–Steinhaus (Satz 8.2.2) überzeugen wir uns von der punktweisen Konvergenz von $\mathcal{P} = \{p_{\delta(\varepsilon,l)}(A_l^* A_l)\}_{\varepsilon>0,l\in\mathbb{N}}$ gegen Null in $\mathcal{L}(\mathcal{N}(A)^\perp, X)$. Es ist klar, dass $\mathcal{P}$ durch S_p gleichmäßig beschränkt wird. Die Menge $\mathcal{R}(|A|^\nu)$ mit $\nu = 1$ liegt dicht in $\mathcal{N}(A)^\perp$ und $\mathcal{P}$ konvergiert dort punktweise gegen Null; denn für $w \in X$ haben wir

$$\|p_\delta(A_l^* A_l)|A|^\nu w\|_X \leq \|p_\delta(A_l^* A_l)|A_l|^\nu w\|_X$$
$$+ \|p_\delta(A_l^* A_l)(|A|^\nu - |A_l|^\nu)w\|_X$$
$$\leq \|p_\delta(A_l^* A_l)|A_l|^\nu w\|_X + S_p \|w\|_X \||A|^\nu - |A_l|^\nu\| \quad (6.58)$$
$$\leq \|w\|_X \left(C_p \delta^{\alpha\nu/2} + S_p c_\nu \eta_{l,\nu}\right)$$
$$= \|w\|_X \left(C_p (\varepsilon^{1/2} + \zeta_l)^\nu + S_p c_\nu \eta_{l,\nu}\right),$$

wobei wir im vorletzten Schritt (6.43) sowie die Abschätzung

$$\||A|^\nu - |A_l|^\nu\| \leq c_\nu \eta_{l,\nu}, \quad \nu > 0, \quad (6.59)$$

mit

$$\eta_{l,\nu} := \zeta_l^{\min\{\nu,1\}} + \|(I - Q_l)A\|^{\min\{\nu,2\}} \quad (6.60)$$

verwendet haben, deren Beweis wir in Kapitel 6.2.4 (Korollar 6.2.15) erbringen werden.

Aus (6.54), (6.56) und (6.57) erhalten wir schließlich $\|p_{t_{k*}}(A_l^* A_l) P_l f^+\|_X \to 0$ für $\varepsilon \to 0$ und $l \to \infty$, falls $t_{k*} \geq \delta$ ist für alle $\varepsilon > 0$ und $l \in \mathbb{N}$.

Nun untersuchen wir die Situation, wenn $\delta > t_{k*}$ ist. Wegen (6.43), insbesondere wegen der Montonie von $\{\bar{p}_t\}_{t>0}$, gilt hier

$$\|p_{t_{k^*}}(A_l^*A_l)P_lf^+\|_X \ \leq\ \|\overline{p}_{t_{k^*}}(A_l^*A_l)P_lf^+\|_X \ \leq\ \|\overline{p}_{\delta}(A_l^*A_l)P_lf^+\|_X. \qquad (6.61)$$

Dieselben Argumente, die zur Konvergenz der linken Seite von (6.57) führten, zeigen auch $\|\overline{p}_\delta(A_l^*A_l)P_lf^+\|_X \to 0$ für $\varepsilon \to 0$ und $l \to \infty$, falls $t_{k^*} < \delta$ ist für alle $\varepsilon > 0$ und $l \in \mathbb{N}$.

Zusammenfassend haben wir (6.52) bewiesen: Seien $\{\varepsilon_n\}_{n\in\mathbb{N}} \subset\,]0,\infty[$ und $\{l_n\}_{n\in\mathbb{N}} \subset \mathbb{N}$ zwei Folgen mit $\varepsilon_n \to 0$ und $l_n \to \infty$ für $n \to \infty$. Wir definieren $\delta_n := (\varepsilon_n^{1/2} + \zeta_{l_n})^{2/\alpha}$ sowie $t_{k_n^*} := t_{k^*}(\varepsilon_n, g^{\varepsilon_n}, l_n)$. Die Folge $\{t_{k_n^*}\}$ zerfällt in zwei disjunkte Teilfolgen $\{t_{k_n^*}\} = \{t^1_{k_{n_i}^*}\} \cup \{t^2_{k_{n_j}^*}\}$ mit $t^1_{k_{n_i}^*} \geq \delta_{n_i}$ und $t^2_{k_{n_j}^*} < \delta_{n_j}$, von denen wir annehmen dürfen, dass sie nicht endlich sind. Durch unsere obigen Überlegungen finden wir zu jedem $d > 0$ zwei natürliche Zahlen $m^1(d)$ und $m^2(d)$ mit

$$\|p_{t^1_{k_{n_i}^*}}(A_l^*A_l)P_lf^+\|_X \ <\ d \quad \text{für alle } n_i \geq m^1(d),$$

$$\|p_{t^2_{k_{n_j}^*}}(A_l^*A_l)P_lf^+\|_X \ <\ d \quad \text{für alle } n_j \geq m^2(d),$$

d.h. $\|p_{t_{k_n^*}}(A_l^*A_l)P_lf^+\|_X < d$ für alle $n \geq \max\{m^1(d), m^2(d)\}$.

(b) *Nachweis von* (6.53). Ohne Einschränkung der Allgemeinheit dürfen wir $t_{k^*} \to 0$ (und deswegen auch $k^* \geq 2$ sowie $t_{k^*-1} \to 0$) für $\varepsilon \to 0$ und $l \to \infty$ annehmen. Wäre nämlich $\{t_{k^*}\}_{\varepsilon>0, l\in\mathbb{N}}$ nach unten beschränkt durch $d > 0$, so folgte (6.53) sofort aus $t_{k^*}^{-\alpha/2}\varepsilon \leq d^{-\alpha/2}\varepsilon$.

Wir betrachten das Residuum

$$
\begin{aligned}
\|A_lf_{l,t}^\varepsilon - Q_lg^\varepsilon\|_Y \ &=\ \|Q_lp_t(A_lA_l^*)g^\varepsilon\|_Y \leq \|p_t(A_lA_l^*)g\|_Y + S_p\,\varepsilon\\
&=\ \|p_t(A_lA_l^*)Q_lAf^+\|_Y + S_p\,\varepsilon\\
&\leq\ \|p_t(A_lA_l^*)A_lf^+\|_Y + S_p\,(\zeta_l\,\|(I - P_l)f^+\|_X + \varepsilon).
\end{aligned}
$$

Nach (6.45) haben wir $\tau\varepsilon < \|A_lf_{l,t_{k^*-1}}^\varepsilon - Q_lg^\varepsilon\|_Y$ und daher ist

$$
\begin{aligned}
t_{k^*}^{-\alpha/2}(\tau - S_p)\,\varepsilon \ &\leq\ t_{k^*}^{-\alpha/2}\,\|p_{t_{k^*-1}}(A_lA_l^*)A_lf^+\|_Y\\
&\qquad\qquad + S_p\,t_{k^*}^{-\alpha/2}\,\zeta_l\,\|(I - P_l)f^+\|_X\\[4pt]
&\stackrel{(6.50)}{\leq}\ t_{k^*}^{-\alpha/2}\,\|p_{t_{k^*-1}}(A_lA_l^*)A_lf^+\|_Y\\
&\qquad\qquad + S_p\,\vartheta^{-\alpha/2}\,\|(I - P_l)f^+\|_X\\[4pt]
&\leq\ \vartheta^{-\alpha/2}\big(t_{k^*-1}^{-\alpha/2}\,\|p_{t_{k^*-1}}(A_lA_l^*)A_lf^+\|_Y\\
&\qquad\qquad + S_p\,\|(I - P_l)f^+\|_X\big).
\end{aligned}
\qquad (6.62)
$$

Die verbleibende Aufgabe besteht darin, die punktweise Konvergenz der Familie $\mathcal{P} = \{t_{k^*-1}^{-\alpha/2}\, p_{t_{k^*-1}}(A_l A_l^*) A_l\}_{\varepsilon>0, l\in\mathbb{N}}$ gegen Null in $\mathcal{L}(\mathcal{N}(A)^\perp, Y)$ zu sichern. Hierzu bietet sich wieder der Satz von Banach–Steinhaus an. Wir fixieren ein ν mit $0 < \nu \leq \min\{1, \mu_0 - 1\}$ sowie ein $w \in X$. Mit (6.43) und (6.59) schätzen wir ab

$$
\begin{aligned}
t_{k^*-1}^{-\alpha/2} &\,\|p_{t_{k^*-1}}(A_l A_l^*) A_l |A|^\nu w\|_Y \\[2mm]
&\leq t_{k^*-1}^{-\alpha/2} \left(\|p_{t_{k^*-1}}(A_l A_l^*) A_l |A_l|^\nu w\|_Y \right. \\[2mm]
&\qquad\qquad \left. + \|p_{t_{k^*-1}}(A_l A_l^*) A_l (|A|^\nu - |A_l|^\nu) w\|_Y \right) \\[2mm]
&\leq C_p \, \|w\|_X \, t_{k^*-1}^{-\alpha/2} \left(t_{k^*-1}^{\alpha(\nu+1)/2} + t_{k^*-1}^{\alpha/2} \, c_\nu \, \eta_{l,\nu} \right) \\[2mm]
&= C_p \, \|w\|_X \left(t_{k^*-1}^{\alpha\nu/2} + c_\nu \, \eta_{l,\nu} \right).
\end{aligned}
\tag{6.63}
$$

Der letzte Ausdruck strebt gegen Null für $\varepsilon \to 0$ und $l \to \infty$. Außerdem beschränkt C_p aus (6.43) die Familie $\mathcal{P}$. Wie oben liefert der Satz von Banach–Steinhaus die Konvergenz $t_{k^*-1}^{-\alpha/2}\, p_{t_{k^*-1}}(A_l A_l^*) A_l x \to 0$ für $\varepsilon \to 0$, $l \to \infty$ und alle $x \in \mathcal{N}(A)^\perp$, was via (6.62) die Behauptung (6.53) impliziert. Den Nachweis der Regularisierungseigenschaft (6.46) haben wir erbracht.

2. *Konvergenzrate* (6.47): Nach Voraussetzung an f^+ gibt es ein $w \in X$ mit $\|w\|_X \leq \varrho$ und $f^+ = |A|^\mu w$ für ein $\mu \in\,]0, \mu_0 - 1]$. Lemma 6.2.12 liefert daher

$$
\|(I - P_l) f^+\|_X = O\big(\varrho \, \zeta_l^{\min\{\mu,1\}}\big) \quad \text{für } l \to \infty.
\tag{6.64}
$$

Mit Blick auf (6.51) müssen wir nur noch die Ordnungen ($\eta_{l,\mu}$ aus (6.60))

$$
\|p_{t_{k^*}}(A_l^* A_l) P_l f^+\|_X = O\big(\varepsilon^{\frac{\mu}{\mu+1}} \varrho^{\frac{1}{\mu+1}} + \varrho \, \eta_{l,\mu}\big)
\tag{6.65}
$$
$$
\text{für } \varepsilon \to 0 \text{ und } l \to \infty
$$

sowie

$$
t_{k^*}^{-\alpha/2} \varepsilon = O\big(\varepsilon^{\frac{\mu}{\mu+1}} \varrho^{\frac{1}{\mu+1}} + \varrho \, \eta_{l,\mu}\big) \quad \text{für } \varepsilon \to 0 \text{ und } l \to \infty
\tag{6.66}
$$

herleiten. Hierfür können wir bereits unter 1. bewiesene Abschätzungen heranziehen.

(a) *Nachweis von* (6.65). Wir setzen $\delta = \delta(\varepsilon, l) := \big((\varepsilon/\varrho)^{\frac{1}{\mu+1}} + \zeta_l^{\min\{1/\mu,1\}}\big)^{2/\alpha}$ und unterscheiden die beiden Fälle $\delta \leq t_{k^*}$ sowie $\delta > t_{k^*}$.

Im zweiten Fall starten wir mit (6.61) und fahren fort wie in (6.57) und (6.58). Schließlich setzen wir (6.64) ein und gelangen zu

$$
\|p_{t_{k^*}}(A_l^* A_l) P_l f^+\|_X \leq \varrho\, C_p \left(\left(\frac{\varepsilon}{\varrho}\right)^{\frac{1}{\mu+1}} + \zeta_l^{\min\{1/\mu,1\}} \right)^\mu + O(\varrho \, \eta_{l,\mu}).
$$

Wegen $(x + y)^\mu \le \max\{1,2^{\mu-1}\}(x^\mu + y^\mu)$ für $x,y \ge 0$ und $\mu > 0$ (Aufgabe 6.8) folgt die gewünschte Konvergenzrate.

Ist $\delta \le t_{k^*}$, so beginnen wir mit (6.54). Dort taucht erneut die Norm $\|p_\delta(A_l^* A_l)P_l f^+\|_X$ auf, die wir bereits in (6.57) sowie (6.58) behandelt haben. Um die Norm $\delta^{-\alpha} \|A_l p_{t_{k^*}}(A_l^* A_l)P_l f^+\|_Y^2$ müssen wir uns noch kümmern. Da $\zeta_l \le 1$ ist, gilt $t_{k^*} \ge \delta \ge \zeta_l^{\min\{1/\mu,1\}\,2/\alpha} \ge \zeta_l^{2/\alpha}$, d.h. es ist $\|Q_l g^\varepsilon - A_l f_{l,t_{k^*}}^\varepsilon\|_Y \le \tau\,\varepsilon$. Jetzt argumentieren wir wie in (6.55) und (6.56):

$$\delta^{-\alpha}\,\|A_l p_{t_{k^*}}(A_l^* A_l)P_l f^+\|_Y^2 \quad \le \quad \left(\left(\frac{\varepsilon}{\varrho}\right)^{\frac{1}{\mu+1}} + \zeta_l^{\min\{1/\mu,1\}}\right)^{-2}$$

$$\left((\tau + S_p)\,\varepsilon + S_p\,\zeta_l\,\|(I - P_l)f^+\|_X\right)^2$$

$$\le \quad \left((\tau + S_p)\,\varepsilon^{\frac{\mu}{\mu+1}}\,\varrho^{\frac{1}{\mu+1}} + S_p\,\|(I - P_l)f^+\|_X\right)^2$$

$$\overset{(6.64)}{=} \quad \left((\tau + S_p)\,\varepsilon^{\frac{\mu}{\mu+1}}\,\varrho^{\frac{1}{\mu+1}} + O\!\left(\varrho\,\zeta_l^{\min\{\mu,1\}}\right)\right)^2.$$

Damit haben wir (6.65) verifiziert.

(b) *Nachweis von* (6.66). Sei $k^* \ge 2$. Aus $(\varepsilon/\varrho)^{\frac{2}{\alpha(\mu+1)}} \le t_{k^*}$ folgt $t_{k^*}^{-\alpha/2}\,\varepsilon \le \varepsilon^{\frac{\mu}{\mu+1}}\,\varrho^{\frac{1}{\mu+1}}$ und es ist nichts mehr zu zeigen. Sei nun $t_{k^*} < (\varepsilon/\varrho)^{\frac{2}{\alpha(\mu+1)}}$. Auch hier sind wir schnell fertig; denn $t_{k^*-1} < \vartheta^{-1}(\varepsilon/\varrho)^{\frac{2}{\alpha(\mu+1)}}$ und (6.66) ergibt sich aus (6.62) und (6.63). Zur Behandlung von $k^* = 1$ vergleiche (3.41). ∎

6.2.2 Ein Diskrepanzprinzip für das cg-Verfahren

Die Vorteile des cg-Verfahrens gegenüber den linearen Iterationsverfahren wollen wir auch zur Regularisierung von (6.2) nutzen können. In diesem Kapitel schaffen wir hierfür die theoretischen Grundlagen.

Wir wenden das cg-Verfahren an auf (6.2), entstanden aus (6.1) durch ein Projektionsverfahren bez. $\{X_l\}_{l \in \mathbb{N}} \subset X$ und $\{Y_l\}_{l \in \mathbb{N}} \subset Y$. Die Eigenschaften der Unterraumfamilien seien wie bei den linearen Verfahren.

Sei $f_{l,k} \in X_l$ die k-te cg-Iterierte mit den Koordinaten $\xi_l^k \in \mathbb{K}^n$, d.h. $f_{l,k} = \sum_{i=1}^n \xi_{l,i}^k\,\varphi_{l,i}$. Die Folge der Koordinatenvektoren $\{\xi_l^k\}_{k \in \mathbb{N}}$ lässt sich iterativ durch den in Schema 6.6 angegebenen Algorithmus ausrechnen, der spätestens nach $\min\{n,m\}$ Iterationsschritten abbricht (Satz 5.3.4). Der Abbruchindex m_A des cg-Verfahrens (5.30) erfüllt also

$$m_A \le \min\{n,m\}.$$

Da der Datenfehler im k-ten Iterationsschritt durch $q_{k-1}^{1/2}(0)^{**}$ verstärkt wird (Bemerkung 5.3.15), sollte das cg-Verfahren gegebenenfalls früher abgebrochen werden. Die Größe $q_{k-1}^{-1}(0)$ spielt im modifizierten Diskrepanzprinzip (6.67) für das cg-Verfahren die Rolle von t_k aus (6.45).

** Zur Definition der cg-Polynome $\{q_k\}$ und $\{p_k\}$ siehe Kapitel 5.3.3.

cg-Algorithmus zur Lösung von (6.4) mit $g \in Y$ und Startvektor $\xi_l^0 \in \mathbb{K}^n$.

$$r^0 := \overline{\mathbf{G}_{\Psi_l}^{-1}}(q_l(g) - \overline{\mathbf{A}_l}\xi_l^0); \quad p^1 = d^0 := \overline{\mathbf{G}_{\Phi_l}^{-1}\mathbf{A}_l^H}r^0;$$

$$k := 1;$$

```
while (d^{k-1} ≠ 0)
```

$$\{ q^k := \overline{\mathbf{G}_{\Psi_l}^{-1}\mathbf{A}_l}p^k;$$

$$\alpha_k := \langle \mathbf{G}_{\Phi_l}d^{k-1},d^{k-1}\rangle_{\mathbb{K}^n}^2 / \langle \mathbf{G}_{\Psi_l}q^k,q^k\rangle_{\mathbb{K}^m}^2;$$

$$\xi_l^k := \xi_l^{k-1} + \alpha_k\ p^k;$$

$$r^k := r^{k-1} - \alpha_k\ q^k;$$

$$d^k := \overline{\mathbf{G}_{\Phi_l}^{-1}\mathbf{A}_l^H}r^k;$$

$$\beta_k := \langle \mathbf{G}_{\Phi_l}d^k,d^k\rangle_{\mathbb{K}^n}^2 / \langle \mathbf{G}_{\Phi_l}d^{k-1},d^{k-1}\rangle_{\mathbb{K}^n}^2;$$

$$p^{k+1} := d^k + \beta_k\ p^k;$$

$$k := k + 1; \}$$

Schema 6.6: Der cg-Algorithmus, angewandt auf (6.2) in Koordinatendarstellung.

Diskrepanzprinzip für das cg-Verfahren. Sei $\zeta_l \in \mathbb{R}$ mit $\|A(I - P_l)\| \leq \zeta_l$ und sei $\tau > 1$. Definiere

$$k_1 := \min\left\{k \leq m_A \mid \|A_l f_{l,k}^\varepsilon - Q_l g^\varepsilon\|_Y \leq \tau\ \varepsilon\right\}$$

sowie

$$k_2 := \min\left\{k \leq m_A \mid \zeta_l^{-2} \leq q_{k-1}(0)\right\},$$

wobei das Minimum der leeren Menge unendlich sei. Stoppe das cg-Verfahren mit dem Iterationsindex

$$k^* = k^*(\varepsilon,g^\varepsilon,l,\tau) = \begin{cases} k_2 - 1 & : \quad k_2 \leq \min\{k_1,m_A\} \\ \min\{k_1,m_A\} & : \quad \text{sonst} \end{cases}.$$

$$(6.67)$$

Nach Konstruktion ist $k^* \leq m_A \leq \min\{n,m\}$. Das obige Diskrepanzprinzip ist nur dann praktikabel, wenn wir die Folge $\{q_k(0)\}$ leicht berechnen können. Das ist der Fall dank der Rekursionsformel ($q_{-1} := 0$ und $q_0 = \alpha_1$)

$$q_k(0) = \alpha_{k+1} + q_{k-1}(0) + \frac{\alpha_{k+1}\beta_k}{\alpha_k}\left(q_{k-1}(0) - q_{k-2}(0)\right), \quad k = 1,2,\ldots\ .$$

Die Koeffizienten α_k und β_k werden während der cg-Iteration bestimmt, siehe Schemata 6.6 und 5.3. Die Rekursionsformel gründet in der Orthogonalität der cg-Polynome $\{p_k\}$ (Lemma 5.3.5). Sie erfüllen die Dreitermrekursion (5.10) mit $\mu_k =$

$\alpha_k\,\beta_{k-1}/\alpha_{k-1}$ und $\omega_k = \alpha_k$, siehe z.B. HANKE [48, Kapitel 2.1]. Die Rekursion für $\{q_k(0)\}$ bekommen wir, indem wir (5.10) differenzieren, $\lambda = 0$ einsetzen sowie $p_k(0) = 1$ und $q_{k-1}(0) = -p'_k(0)$ beachten (Lemma 5.3.13).

Bemerkung 6.2.7 Die Folge $\{q_k(0)\}_{0 \le k \le m_A - 1}$ wächst streng monton in k. Der Grund hierfür ist die Schachtelungseigenschaft der Nullstellen von p_{k-1} und p_k, d.h. $\lambda_{k,j} < \lambda_{k-1,j}$, $j = 1,\dots,k-1$, siehe Ende von Kapitel 5.3.3. Somit ist

$$q_{k-1}(0) = \sum_{j=1}^{k} \lambda_{k,j}^{-1} > \sum_{j=1}^{k-1} \lambda_{k-1,j}^{-1} + \lambda_{k,k}^{-1} > q_{k-2}(0) + \|A\|^{-2}.$$

Die letzte Abschätzung beruht auf $\lambda_{k,k} < \|A_l\|^2 \le \|A\|^2$.

Im Weiteren zielen wir darauf ab, für das cg-Verfahren, versehen mit der Stoppregel (6.67), eine Abschätzung wie (6.47) herzuleiten. Hierzu müssen wir unsere Ergebnisse aus Kapitel 5.3.5 um den "Diskretisierungsanteil" erweitern. Studieren wir die Struktur des Beweises von Satz 5.3.19, so erkennen wir, dass die Korollare 5.3.14 und 5.3.18 die zentralen Hilfsresultate sind. Beide Korollare übertragen wir auf den hier vorliegenden Fall.

Korollar 6.2.8 *Sei* $\{q_k\}_{0 \le k \le m_A - 1}$ *die Folge der cg-Filterpolynome bez.* $A_l \in \mathcal{L}(\mathcal{X}_l, \mathcal{Y}_l)$ *und* $Q_l g^\varepsilon$ *mit* $g^\varepsilon \in Y$, *d.h.* $f_{l,k}^\varepsilon = q_{k-1}(A_l^* A_l, Q_l g^\varepsilon) A_l^* Q_l g^\varepsilon$. *Seien* $g \in \mathcal{R}(A)$ *mit* $\|g - g^\varepsilon\|_Y \le \varepsilon$ *sowie* $f^+ = A^+ g \in X_\mu$, $\mu > 0$, *mit* $\|f^+\|_\mu \le \varrho$. *Dann gilt für* $0 < \Lambda \le \lambda_{k,1}$ *und* $1 \le k \le m_A$ *die Abschätzung*

$$\|f_{l,k}^\varepsilon - f^+\|_X \le \Lambda^{-1/2} \left(\omega + \|Q_l g^\varepsilon - A_l f_{l,k}^\varepsilon\|_Y\right)$$
$$+ \varrho \left(\Lambda^{\mu/2} + c_\mu\,\eta_{l,\mu}\right) + \omega\, q_{k-1}^{1/2}(0). \tag{6.68}$$

Hierin sind c_μ *und* $\eta_{l,\mu}$ *aus* (6.59) *bzw.* (6.60). *Außerdem ist*

$$\omega = \varepsilon + a_\mu\, \zeta_l^{1+\min\{1,\mu\}}\,\varrho \tag{6.69}$$

mit der Konstanten a_μ *aus Lemma 6.2.12 (unten).*

Beweis: In zwei Termen unterscheidet sich (6.68) von (5.57). Das sind ω und das Produkt $c_\mu\,\eta_{l,\mu}$. Beide Terme tauchen auf, wenn wir den Beweis von Lemma 5.3.11 auf die diskrete Situation übertragen. Hierbei behandeln wir die Norm $\|A_l(f^+ - f_{l,k}^\varepsilon)\|_Y$, vgl. (5.53), folgendermaßen:

$$\begin{aligned}
\|A_l(f^+ - f_{l,k}^\varepsilon)\|_Y &\le \|A_l f^+ - Q_l g^\varepsilon\|_Y + \|Q_l g^\varepsilon - A_l f_{l,k}^\varepsilon\|_Y \\
&\le \|A P_l f^+ - g\|_Y + \varepsilon + \|Q_l g^\varepsilon - A_l f_{l,k}^\varepsilon\|_Y \\
&= \|A(P_l - I)f^+\|_Y + \varepsilon + \|Q_l g^\varepsilon - A_l f_{l,k}^\varepsilon\|_Y \\
&\le \omega + \|Q_l g^\varepsilon - A_l f_{l,k}^\varepsilon\|_Y,
\end{aligned}$$

wobei wir die letzte Abschätzung bereits bei der Herleitung von (6.44) verifiziert haben.

Beim Abschätzen von $\|\mathcal{E}_\Lambda(f^+ - f^\varepsilon_{l,k})\|_X$, siehe (5.54), kommt das Produkt $c_\mu\,\eta_{l,\mu}$ ins Spiel:

$$
\begin{aligned}
\|\mathcal{E}_\Lambda(f^+ - f^\varepsilon_{l,k})\|_X \;\leq\;& \|\mathcal{E}_\Lambda(f^+ - q_{k-1}(A_l^* A_l)A_l^* A_l f^+)\|_X \\
&+ \|\mathcal{E}_\Lambda q_{k-1}(A_l^* A_l)A_l^*(Q_l g^\varepsilon - A_l f^+)\|_X \\
\leq\;& \|\mathcal{E}_\Lambda\, p_k(A_l^* A_l)|A_l|^\mu w\|_X \\
&+ \|\mathcal{E}_\Lambda\, p_k(A_l^* A_l)(|A|^\mu - |A_l|^\mu)w\|_X \\
&+ \|\mathcal{E}_\Lambda q_{k-1}(A_l^* A_l)A_l^*\|\,\omega \\
\leq\;& \varrho\left(\|\mathcal{E}_\Lambda\, p_k(A_l^* A_l)|A_l|^\mu\| + \||A|^\mu - |A_l|^\mu\|\right) \\
&+ \|\mathcal{E}_\Lambda q_{k-1}(A_l^* A_l)A_l^*\|\,\omega.
\end{aligned}
$$

Jetzt setzen wir (6.59) ein. Die restlichen Argumente in den Beweisen von Lemma 5.3.11 und Korollar 5.3.14 gehen durch ohne Modifikation. ∎

Korollar 6.2.9 *Unter den Voraussetzungen von Korollar 6.2.8 gibt es zu jedem $\Theta \in {]0,1[}$ ein $a_\Theta > 0$, so dass für alle $1 \leq k \leq \mathbf{m}_A$ gilt*

$$
\Theta\,\|Q_l g^\varepsilon - A_l f^\varepsilon_{l,k-1}\|_Y < \omega + a_\Theta\,\varrho\left(q_{k-1}^{-\frac{\mu+1}{2}}(0) + c_\mu\,\eta_{l,\mu}\,q_{k-1}^{-\frac{1}{2}}(0)\right).
$$

*Hierbei hängt a_Θ **nur** von Θ und μ ab.*

Beweis: Wieder passen wir den Beweis von Korollar 5.3.18 der diskreten Situation an, wobei wir nur die Stellen erläutern, wo neue Argumente nötig sind.

Wir beginnen mit der Beschränkung von $\|\mathcal{F}_{\lambda_{k,1}}\varphi_k(A_l A_l^*)Q_l g^\varepsilon\|_Y$, siehe (5.64). Hierzu schreiben wir

$$
Q_l g^\varepsilon \;=\; A_l |A_l|^\mu w + A_l(|A|^\mu - |A_l|^\mu)w + Q_l g^\varepsilon - A_l f^+ \tag{6.70}
$$

und erhalten

$$
\begin{aligned}
\|Q_l g^\varepsilon - A_l f^\varepsilon_{l,k}\|_Y \;\leq\;& \|\mathcal{F}_{\lambda_{k,1}}\varphi_k(A_l A_l^*)Q_l g^\varepsilon\|_Y \\
\leq\;& \varrho\left(\|\mathcal{E}_{\lambda_{k,1}}\varphi_k(A_l^* A_l)|A_l|^{\mu+1}\|\right. \\
&\left.+ \|\mathcal{E}_{\lambda_{k,1}}\varphi_k(A_l^* A_l)|A_l|\|\,c_\mu\,\eta_{l,\mu}\right) + \omega.
\end{aligned}
$$

Mit (5.65) erzielen wir

$$
\|Q_l g^\varepsilon - A_l f^\varepsilon_{l,k}\|_Y \leq \omega + \varrho\left((\mu+1)^{\frac{\mu+1}{2}}\,q_{k-1}^{-\frac{\mu+1}{2}}(0) + c_\mu\,\eta_{l,\mu}\,q_{k-1}^{-\frac{1}{2}}(0)\right), \tag{6.71}
$$

vgl. Lemma 5.3.16.

Jetzt übertragen wir die Aussage von Lemma 5.3.17. Die Ungleichung (5.67) gilt ganz analog:

$$\frac{r-2}{r-1}\,\|Q_l g^\varepsilon - A_l f^\varepsilon_{l,k-1}\|_Y \leq \|\mathcal{F}_{r\,\lambda_{m,1}} p(A_l A_l^*) Q_l g^\varepsilon\|_Y.$$

Zur weiteren Abschätzung verwenden wir erneut die Darstellung (6.70) und fahren fort wie nach (5.68). Es folgt: Für $\vartheta > 2$, $2 < r \leq 2(\vartheta - 1)$ sowie $\vartheta\, q_{k-2}(0) \leq q_{k-1}(0)$ $(q_{-1} := 0)$ gilt

$$\frac{r-2}{r-1}\,\|Q_l g^\varepsilon - A_l f^\varepsilon_{l,k-1}\|_Y < \omega + \varrho\,\left(\alpha^{\frac{\mu+1}{2}}\, q_{k-1}^{-\frac{\mu+1}{2}}(0) + \alpha^{\frac{1}{2}}\, c_\mu\, \eta_{l,\mu}\, q_{k-1}^{-\frac{1}{2}}(0)\right) \quad (6.72)$$

mit $\alpha = r/(1 - \vartheta^{-1})$, vgl. Lemma 5.3.17. Wie im Beweis von Korollar 5.3.18 folgt die Behauptung aus (6.71) sowie (6.72).   ■

Wir benötigen noch ein weiteres vorbereitendes Lemma, mit dem wir fast am Ziel sind.

Lemma 6.2.10 *Es gelten die Voraussetzungen von Korollar 6.2.8. Seien $\tau > 1$, $1 \leq k \leq m_A$, $q_{k-1}(0) \leq \zeta_l^{-2}$, $\tau\varepsilon \leq \|Q_l g^\varepsilon - A_l f^\varepsilon_{l,k-1}\|_Y$ und $\|Q_l g^\varepsilon - A_l f^\varepsilon_{l,k}\|_Y \leq \tau\varepsilon + C\,\varrho\,\zeta_l\,\eta_{l,\mu}$ (C eine Konstante) sowie $\zeta_l \leq 1$. Dann gibt es eine Konstante e_μ, mit der gilt*

$$\|f^\varepsilon_{l,k} - f^+\|_X \leq e_\mu\,\left(\varepsilon^{\frac{\mu}{\mu+1}}\, \varrho^{\frac{1}{\mu+1}} + \varrho\,\eta_{l,\mu}\right).$$

Beweis: Aus (6.68) ergibt sich mit unseren Voraussetzungen

$$\|f^\varepsilon_{l,k} - f^+\|_X \leq \widetilde{C}\,\Lambda^{-1/2}\,(\varepsilon + \varrho\,\zeta_l\,\eta_{l,\mu}) + \varrho\,(\Lambda^{\mu/2} + c_\mu\,\eta_{l,\mu}) + \omega\,q_{k-1}^{1/2}(0)$$

für $0 < \Lambda \leq \lambda_{k,1}$, wobei $\widetilde{C}$ eine Konstante ist. Die Terme der rechten Seite schätzen wir jetzt einzeln ab. Sei dazu $\delta = \delta(\varepsilon,l) := \left((\varepsilon/\varrho)^{\frac{1}{\mu+1}} + \zeta_l^{\min\{1/\mu,1\}}\right)^2$ und $\Lambda = \min\{\delta, q_{k-1}^{-1}(0)\} < \lambda_{k,1}$, vgl. (5.59) und (5.60).

(a) Unter Verwendung von Aufgabe 6.8 ist

$$\varrho\,\Lambda^{\mu/2} \;\leq\; \varrho\,\delta^{\mu/2} \leq \varrho\,\max\{1, 2^{\mu-1}\}\,\left(\left(\frac{\varepsilon}{\varrho}\right)^{\frac{\mu}{\mu+1}} + \zeta_l^{\min\{\mu,1\}}\right)$$

$$= \;\max\{1, 2^{\mu-1}\}\,\left(\varepsilon^{\frac{\mu}{\mu+1}}\, \varrho^{\frac{1}{\mu+1}} + \varrho\,\zeta_l^{\min\{\mu,1\}}\right).$$

(b) Wegen $\delta \geq \zeta_l^{2\min\{1/\mu,1\}} \geq \zeta_l^2$ $(\zeta_l \leq 1)$ und $\zeta_l^2 \leq q_{k-1}^{-1}(0)$ (nach Voraussetzung) ist $\zeta_l^2 \leq \Lambda$, was $\Lambda^{-1/2}\,\zeta_l \leq 1$ impliziert.

(c) Zur Abschätzung von $\Lambda^{-1/2}\varepsilon$ unterscheiden wir zwei Fälle:

1. $\delta \leq q_{k-1}^{-1}(0)$. Hier ist $\Lambda = \delta \geq (\varepsilon/\varrho)^{2/(\mu+1)}$ und somit

$$\Lambda^{-1/2}\,\varepsilon \leq \varepsilon^{\frac{\mu}{\mu+1}}\, \varrho^{\frac{1}{\mu+1}}.$$

2. $\delta > q_{k-1}^{-1}(0)$. Dieser Fall liegt etwas komplizierter. Wir wenden Korollar 6.2.9 an. Zu $\tau > 1$ finden wir ein $\Theta \in\,]0,1[$ mit $\Theta\,\tau > 1$. Mit diesem Θ haben wir

$$\Theta\,\tau\,\varepsilon \; < \; \Theta\,\|Q_l g^\varepsilon - A_l f^\varepsilon_{l,k-1}\|_Y$$

$$\leq \; \varepsilon + a_\mu\,\zeta_l^{1+\min\{1,\mu\}}\,\varrho + a_\Theta\,\varrho\,\Big(q_{k-1}^{-\frac{\mu+1}{2}}(0) + c_\mu\,\eta_{l,\mu}\,q_{k-1}^{-\frac{1}{2}}(0)\Big).$$

Wir subtrahieren auf beiden Seiten ε, multiplizieren mit $\Lambda^{-1/2}$ und berücksichtigen $\Lambda = q_{k-1}^{-1}(0) < \delta$ sowie $\Lambda^{-1/2}\,\zeta_l \leq 1$ (Teil (b)):

$$(\Theta\,\tau - 1)\,\Lambda^{-1/2}\,\varepsilon \; < \; a_\mu\,\zeta_l^{\min\{1,\mu\}}\,\varrho + a_\Theta\,\varrho\,\big(\delta^{\mu/2} + c_\mu\,\eta_{l,\mu}\big).$$

Wie unter (a) können wir hieraus $\Lambda^{-1/2}\,\varepsilon$ genau genug beschränken.

(d) Abschließend behandeln wir $\omega\,q_{k-1}^{1/2}(0)$. Da $q_{k-1}^{1/2}(0) \leq \Lambda^{-1/2}$ ist, können wir diesen Term mit den Abschätzungen aus (b) und (c) erledigen.   ■

Wir formulieren nun das Hauptergebnis dieses Abschnitts.

Satz 6.2.11 *Sei $A \in \mathcal{K}(X,Y)$ und seien $\{\mathcal{X}_l\}_{l\in\mathbb{N}} \subset X$ sowie $\{\mathcal{Y}_l\}_{l\in\mathbb{N}} \subset Y$ Familien endlichdimensionaler, aufsteigender Unterräume mit $\mathcal{N}(A)^\perp \subset \overline{\bigcup \mathcal{X}_l}$ sowie $\mathcal{R}(A) \subset \overline{\bigcup \mathcal{Y}_l}$. Sei $\{f^\varepsilon_{l,k}\}_{k\in\mathbb{N}_0}$, $f^\varepsilon_{l,0} = 0$, die cg-Folge bez. $A_l = Q_l A P_l$ und $Q_l g^\varepsilon$, wobei $g^\varepsilon \in Y$ ist mit $\|g^\varepsilon - Af^+\|_Y \leq \varepsilon$, $f^+ \in X_\mu$, $\mu > 0$, und $\|f^+\|_\mu \leq \varrho$. Falls das cg-Verfahren gestoppt wird mit $k^* = k^*(\varepsilon, g^\varepsilon, l)$ gemäß (6.67), gilt*

$$\|f^\varepsilon_{l,k^*} - f^+\|_X \leq C_{\mathrm{cg}}\left(\varepsilon^{\frac{\mu}{\mu+1}}\,\varrho^{\frac{1}{\mu+1}} + \varrho\,\big(\zeta_l^{\min\{\mu,1\}} + \|(I - Q_l)A\|^{\min\{\mu,2\}}\big)\right)$$

für $\varepsilon \to 0$ und $l \to \infty$. Die Konstante C_{cg} hängt nicht ab von ε, ϱ und l.

Beweis: Ohne Beschränkung der Allgemeinheit dürfen wir annehmen, dass $k^* \geq 1$ und $\zeta_l \leq 1$ sind für ε hinreichend klein sowie l hinreichend groß. Ist dies nämlich nicht der Fall, so folgt $f^+ = 0$, was in Aufgabe 6.9 gezeigt werden soll.

Für $k^* \geq 1$ gilt $\tau\varepsilon < \|Q_l g^\varepsilon - A_l f^\varepsilon_{l,k^*-1}\|_Y$. Sei $\overline{k} = \min\{k_1, k_2, m_\mathrm{A}\}$. Wir unterscheiden zwei Fälle:

(a) Wenn $\zeta_l^{-2} > q_{\overline{k}-1}(0)$ ist, so liegt $k^* = \overline{k}$ vor, d.h. $\|Q_l g^\varepsilon - A_l f^\varepsilon_{l,k^*}\|_Y \leq \tau\varepsilon$ oder $k^* = m_\mathrm{A}$. In beiden Situationen ist $\|Q_l g^\varepsilon - A_l f^\varepsilon_{l,k^*}\|_Y \leq \tau\omega$ mit ω aus (6.69); denn für $k^* = m_\mathrm{A}$ erfüllt das Residuum

$$\|Q_l g^\varepsilon - A_l f^\varepsilon_{l,k^*}\|_Y = \|Q_l g^\varepsilon - P_{\mathcal{R}(A_l)} Q_l g^\varepsilon\|_Y \overset{(6.44)}{\leq} \omega < \tau\,\omega,$$

siehe Aufgabe 5.9. Die Behauptung folgt jetzt mit Lemma 6.2.10, worin wir $k = k^*$ zu setzen haben.

(b) Wenn $\zeta_l^{-2} \leq q_{\overline{k}-1}(0)$ ist, dann gilt $\overline{k} = k_2$, d.h. $k^* = \overline{k} - 1$. Mit Korollar 6.2.9 $(\Theta = 1/\tau)$ folgt

$$\|Q_l g^\varepsilon - A_l f^\varepsilon_{l,k^*}\|_Y \leq \tau\,\big(\omega + a_{1/\tau}\,\zeta_l\,\varrho\,(\zeta_l^\mu + c_\mu\,\eta_{l,\mu})\big).$$

Wegen $\tau\varepsilon < \|Q_l g^\varepsilon - A_l f^\varepsilon_{l,k^*-1}\|_Y$ ergibt sich die Behauptung wieder aus Lemma 6.2.10, wenn wir $k = k^*$ setzen.   ■

6.2.3 Numerische Experimente

Die Wirkungsweise der beiden Diskrepanzprinzipien aus den vorausgegangenen Kapiteln wollen wir durch numerische Simulationen demonstrieren. Wir reproduzieren insbesondere die beiden Fehlerabschätzungen aus den Sätzen 6.2.4 und 6.2.11. Dazu lösen wir dieselbe Integralgleichung wie in Kapitel 6.1.3.1, allerdings nicht mit der Fehlerquadratmethode.

In (6.1) sei $A \in \mathcal{K}\big(L^2(0,1)\big)$ der Integraloperator $Af(x) = \int_0^1 k(x,y)f(y)\,\mathrm{d}y$ mit Kern k aus (6.27). Wieder arbeiten wir mit der rechten Seite $g(x) = x^2(x^2 - 4x + 9)/12 + (1 - \cos(3\pi x))/\pi^2/18$ und der zugehörigen Lösung $f^+(x) = (1 - x)^2 + \cos^2(3\pi x/2)$. Wegen $f^+ = A^* w$ mit $w(x) = 2 - 9\pi^2 \cos(3\pi x)/2$ liegt f^+ in $X_1 = \mathcal{R}(|A|)$, siehe Satz 2.4.3.

Als Ansatzraum $\mathcal{X}_l$ wählen wir die stetigen, stückweise linearen Funktionen zur Schrittweite $h_l = 1/(l - 1)$, $l \geq 2$, siehe (6.28). Darüber hinaus setzen wir $\mathcal{Y}_l = \mathcal{X}_l$, was $P_l = Q_l$ nach sich zieht. Die Einträge der Matrix $\mathbf{A}_l \in \mathbb{R}^{n_l \times n_l}$ mit $n_l = \dim \mathcal{X}_l = l$, das sind die Doppelintegrale

$$(\mathbf{A}_l)_{i,j} = \langle \varphi_{l,i}, A\varphi_{l,j} \rangle_{L^2(0,1)} = \int_0^1 \varphi_{l,i}(x) \int_0^x (x - y)\,\varphi_{l,j}(y)\,\mathrm{d}y\,\mathrm{d}x, \quad i,j = 1,\dots,n_l,$$

haben wir analytisch berechnet.[††] Ebenso kennen wir analytisch die beiden Gramschen Matrizen $\mathbf{G}_{\Phi_l}$ und $\mathbf{G}_{\Psi_l}$:

$$\mathbf{G}_{\Phi_l} = \mathbf{G}_{\Psi_l} = \frac{h_l}{6}
\begin{pmatrix}
2 & 1 & 0 & \cdots & 0 & 0 & 0 \\
1 & 4 & 1 & \cdots & 0 & 0 & 0 \\
0 & 1 & 4 & \cdots & 0 & 0 & 0 \\
\multicolumn{7}{c}{\dotfill} \\
\multicolumn{7}{c}{\dotfill} \\
0 & 0 & 0 & \cdots & 1 & 4 & 1 \\
0 & 0 & 0 & \cdots & 0 & 1 & 2
\end{pmatrix}
\in \mathbb{R}^{n_l \times n_l}.$$

Im Gegensatz zu Kapitel 6.1.3.1 gehen wir hier von dem realistischen Szenario aus, die verrauschte rechte Seite g^ε nur an den diskreten Stellen $x_{l,j} = (j - 1)h_l$, $j = 1,\dots,n_l$, zu kennen. Um auf die diskreten Daten unsere "kontinuierliche" Theorie anwenden zu können, interpolieren wir die Daten stückweise linear: Anstatt mit g^ε arbeiten wir mit

$$g_l^\varepsilon := \sum_{j=1}^{n_l} \big(g(x_{l,j}) + \delta(x_{l,j})\big)\,\varphi_{l,j},$$

wobei $\delta : [0,1] \to [-\delta,\delta]$, $\delta > 0$, eine gleichverteilte Zufallsvariable bezeichnet. Wie groß ist der Rauschpegel ε in g_l^ε? Wir haben

$$\|g - g_l^\varepsilon\|_{L^2(0,1)} \leq \Big\|g - \sum_{j=1}^{n_l} g(x_{l,j})\,\varphi_{l,j}\Big\|_{L^2(0,1)} + \Big\|\sum_{j=1}^{n_l} \delta(x_{l,j})\,\varphi_{l,j}\Big\|_{L^2(0,1)}.$$

[††] $\mathbf{A}_l$ ist eine *untere Hessenberg-Matrix*, d.h. ihre Einträge oberhalb der oberen Nebendiagonalen sind sämtlich Null.

Den Interpolationsfehler dürfen wir gemäß (6.38) beschränken. Zur Abschätzung der Norm rechts verwenden wir die Eigenschaft $\sum_{j=1}^{n_l} \varphi_{l,j} = \chi_{[0,1]}$. Daher ist

$$\|g - g_l^\varepsilon\|_{L^2(0,1)} \le h_l^2 \, \|g''\|_{L^2(0,1)} + \delta \; =: \; \varepsilon.$$

Der Rauschpegel ε setzt sich zusammen aus einem Diskretisierungsfehler und einem Messrauschen.

In unseren Simulationen ersetzen wir $q_l(g^\varepsilon)$ in (6.42) bzw. im cg-Algorithmus (Schema 6.6) durch die Approximation $q_l(g_l^\varepsilon)$. Letztere Größe erhalten wir durch

$$q_l(g_l^\varepsilon) = \mathbf{G}_{\Phi_l}\, \mathbf{g} \quad \text{mit } \mathbf{g} = \big(g_l^\varepsilon(x_{l,1}), \dots, g_l^\varepsilon(x_{l,n_l})\big)^t,$$

wie eine einfache Überlegung bestätigt.

Mit Hilfe von (6.31) überzeugen wir uns von

$$\|A(I - P_l)\| \le h_l^2 \quad \text{sowie} \quad \|(I - P_l)A\| \le h_l^2,$$

indem wir sowohl $(Aw)'' = w$ als auch $(A^*w)'' = w$ ausnutzen.

Für das hier zugrunde gelegte Beispiel gehen die Fehlerabschätzungen aus den Sätzen 6.2.4 und 6.2.11 über in

$$\|\tilde{f}_{l,k^*}^\varepsilon - f^+\|_{L^2(0,1)} \le C(f^+)\left((h_l^2 + \delta)^{1/2} + h_l^2\right),$$

wobei $\tilde{f}_{l,k^*}^\varepsilon = R_{l,t_{k^*}} g_l^\varepsilon$ ist bei den linearen Verfahren, und beim cg-Verfahren bezeichnet $\tilde{f}_{l,k^*}^\varepsilon$ die k^*-te Iterierte mit Startwert Null und rechter Seite g_l^ε. Die positive Größe $C(f^+)$ hängt vom Verfahren und von f^+ ab.

Die Wahl $\delta = h_l^2$ führt auf die Asymptotik

$$\|\tilde{f}_{l,k^*}^\varepsilon - f^+\|_{L^2(0,1)} = O(h_l) \quad \text{für } l \to \infty.$$

Prinzipiell können wir den Rekonstruktionsfehler $\|f^+ - \tilde{f}_{l,k^*}^\varepsilon\|_{L^2(0,1)}$ exakt bestimmen. Das ist aber nicht nötig; denn durch die Trapezsumme T_{h_l} zur Schrittweite h_l können wir den Fehler einfach und genau genug berechnen. In der Tat approximiert

$$\mathrm{err}(l) := \left(T_{h_l}((\tilde{f}_{l,k^*}^\varepsilon - f^+)^2)/T_{h_l}((f^+)^2)\right)^{1/2} \tag{6.73}$$

den relativen Rekonstruktionsfehler mit der Ordnung h_l^2. Wir sollten also

$$\mathrm{err}(l) = O(h_l) \quad \text{für } l \to \infty$$

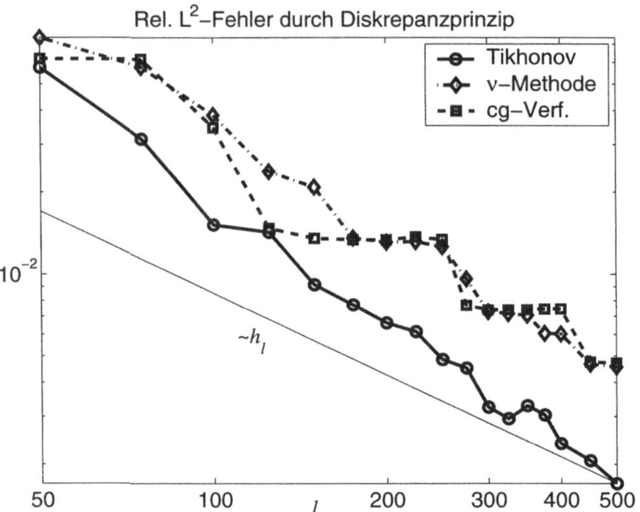

Bild 6.7: Diskreter relativer L^2-Fehler (6.73) für die ν-Methode ($\nu = 1$, gestrichelt-gepunktete Linie), das cg-Verfahren (gestrichelte Linie) und das Tikhonov–Phillips-Verfahren (durchgezogene Linie). Die Regularisierungsparameter wurden gemäß (6.45) bzw. (6.67) bestimmt, wobei mit $\tau = 1.01$ gerechnet wurde. Die dünne durchgezogene Linie veranschaulicht exakte Asymptotik $O(h_l)$ für $l \to \infty$.

auf dem Rechner reproduzieren. In Bild 6.7 sind die Graphen der approximierten relativen Rekonstruktionsfehler (6.73) dargestellt für die Tikhonov–Phillips-Regularisierung, die ν-Methode ($\nu = 1$) und das cg-Verfahren. In den Diskrepanzprinzipien (6.45) und (6.67) verwendeten wir $\tau = 1.01$ und die Auswertung der Residuen wurde nach Lemma 6.2.3 organisiert. Die erwartete Asymptotik stellt sich bei allen drei Verfahren ein.

Ebenso wurde in allen drei Verfahren der Regularisierungsparameter (Stopp-index) gewählt, weil das Residuum kleiner als $\tau \varepsilon$ war. Die Größenbeschränkung an den Regularisierungsparameter, siehe (6.45) und (6.67), war hier keine aktive Restriktion. Die gewählten Regularisierungsparameter bzw. Stoppindizes sind in Bild 6.8 als Funktion von l aufgetragen. Das cg-Verfahren benötigt deutlich weniger Iterationsschritte als die ν-Methode, und das bei vergleichbaren Rekonstruktionsfehlern.

6.2.4 Gebrochene Potenzen von Operatoren: Normabschätzungen

Die Abschätzungen über gebrochene Potenzen von nichtnegativen selbstadjungierten Operatoren, auf denen unsere Untersuchungen in den beiden Abschnitten 6.2.1 und 6.2.2 wesentlich aufbauen, sollen nun bewiesen werden. Das zentrale

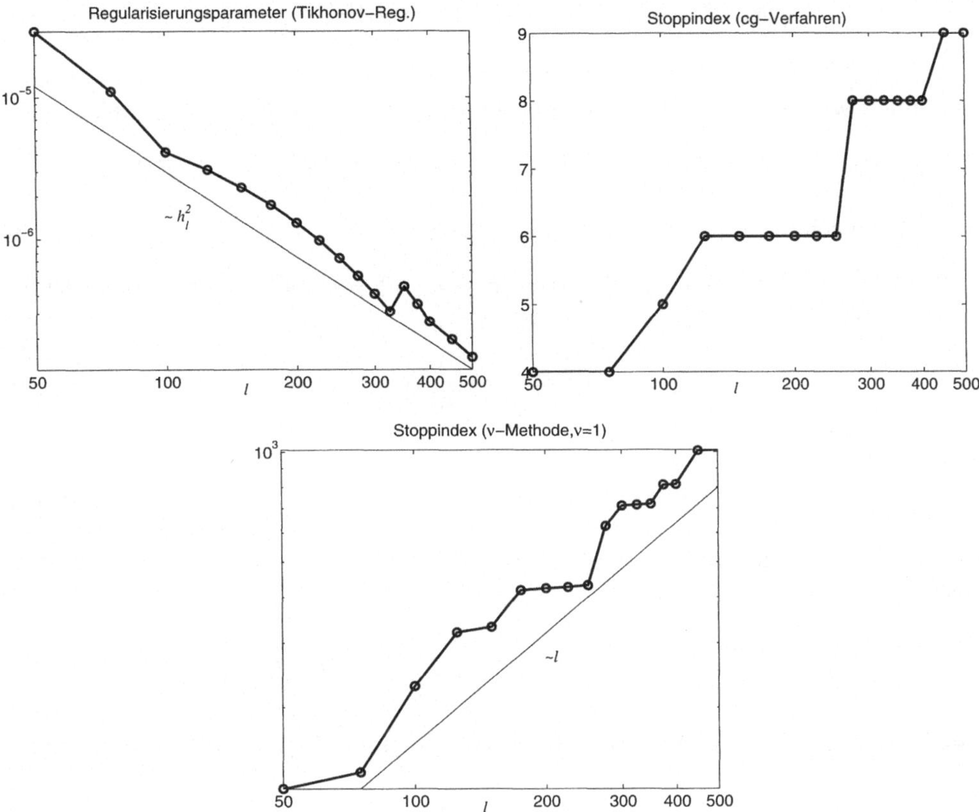

Bild 6.8: Oben links: Regularisierungsparameter beim Tikhonov–Phillips-Verfahren, oben rechts: Stoppindizes für das cg-Verfahren, unten: Stoppindizes für die ν-Methode, die sich asymptotisch gemäß Satz 5.2.5 verhalten.

Ergebnis ist die Abschätzung in Korollar 6.2.15 am Ende dieses Kapitels. Zu ihrem Beweis stellen wir ein paar Hilfsresultate bereit.

Lemma 6.2.12 *Sei $A \in \mathcal{L}(X,Y)$ und sei $P \in \mathcal{L}(X)$ eine Orthogonalprojektion. Für $\nu > 0$ gilt*

$$\||P|A|^{\nu}\| \leq a_{\nu} \, \|AP\|^{\min\{\nu,1\}} \quad \textit{mit } a_{\nu} = \left\{ \begin{array}{lcl} 1 & : & \nu \leq 1 \\ \|A\|^{\nu-1} & : & \nu > 1 \end{array} \right. .$$

Beweis: Wir unterscheiden die drei Fälle $\nu < 1$, $\nu = 1$ und $\nu > 1$.
(a) Da $|A|$ und P selbstadjungiert sind, gilt

$$\||P|A|\| = \|\,|A|P\| = \|AP\|,$$

wobei wir Aufgabe 2.16 verwendet haben. Für $\nu = 1$ ist die Abschätzung gezeigt.
(b) Sei nun $\nu > 1$. Hier folgt

$$\||P|A|^\nu\|| \leq \||P|A|\|| \; \||A|^{\nu-1}\|| = \|A\|^{\nu-1} \; \|AP\|.$$

(c) Wegen $\||P|A|^\nu\|| = \||\,|A|^\nu P\||$ schätzen wir für $\nu < 1$ die letztere Norm ab. Hierzu verwenden wir die Interpolationsungleichung (Satz 2.4.2). Für $x \in X$ haben wir

$$\||A|^\nu Px\|_X \leq \||A|Px\|_X^\nu \; \|Px\|_X^{1-\nu} = \|APx\|_Y^\nu \; \|Px\|_X^{1-\nu} \leq \|AP\|^\nu \; \|x\|_X.$$

Obige Ungleichung impliziert die Behauptung. ∎

Lemma 6.2.13 *Sei $A \in \mathcal{L}(X,Y)$ und $P \in \mathcal{L}(X)$ sowie $Q \in \mathcal{L}(Y)$ seien Orthogonalprojektionen. Für $0 < \nu \leq 2$ gelten*

$$\||P|A|^\nu P - |AP|^\nu\|| \leq \frac{4}{\pi} \|A(I-P)\|^\nu \tag{6.74}$$

und

$$\||\,|A|^\nu - |QA|^\nu\|| \leq \frac{4}{\pi} \|(I-Q)A\|^\nu. \tag{6.75}$$

Beweis: Wir brauchen die folgende Integralformel für nichtnegative selbstadjungierte Operatoren $T \in \mathcal{L}(X)$:

$$T^\kappa = \frac{\sin(\kappa\,\pi)}{\pi} \int_0^\infty t^{\kappa-1}\,(t\,I + T)^{-1}\,T\,\mathrm{d}t, \quad 0 < \kappa < 1. \tag{6.76}$$

Für kompakte T sehen wir obige Identität ein über die Singulärwertzerlegung; denn

$$\lambda^\kappa = \frac{\sin(\kappa\,\pi)}{\pi} \int_0^\infty t^{\kappa-1}\,(t + \lambda)^{-1}\,\lambda\,\mathrm{d}t, \quad \lambda \geq 0,\, 0 < \kappa < 1.$$

Den allgemeinen Fall beweisen KRASNOSELSKII et al. in [75].

Zum Beweis von (6.74) wenden wir obige Formel an auf $B = A^*A$ sowie auf $\widetilde{B} = PBP$ und erhalten die Abschätzung

$$\begin{aligned}
&\|\widetilde{B}^\kappa - PB^\kappa P\| \\
&\qquad \leq \frac{\sin(\kappa\,\pi)}{\pi} \int_0^\infty t^{\kappa-1}\, \|(t\,I + \widetilde{B})^{-1}\widetilde{B} - PB(t\,I + B)^{-1}P\|\,\mathrm{d}t.
\end{aligned} \tag{6.77}$$

Die Operatordifferenz im Integranden formulieren wir um in

$$\begin{aligned}
(t\,I + \widetilde{B})^{-1}\widetilde{B} - PB(t\,I + B)^{-1}P \\
= (t\,I + \widetilde{B})^{-1}P\big((t\,I + B) - (t\,I + \widetilde{B})\big)B(t\,I + B)^{-1}P \\
= (t\,I + \widetilde{B})^{-1}PA^*A(I-P)A^*A(t\,I + B)^{-1}P.
\end{aligned}$$

Die Norm des Operators auf der rechten Seite beschränken wir mit Hilfe folgender Abschätzungen, die für kompakte Operatoren über die Singulärwertzerlegung einzusehen sind. Wir haben

$$\|(t\,I + \widetilde{B})^{-1}PA^*\| \leq t^{-1/2}, \quad \|A(t\,I + B)^{-1}\| \leq t^{-1/2},$$

$$\|(t\,I + \widetilde{B})^{-1}\widetilde{B}\| \leq 1 \quad \text{und} \quad \|(t\,I + B)^{-1}B\| \leq 1.$$

Mit dem ersten Paar von Abschätzungen erzielen wir

$$\|(t\,I + \widetilde{B})^{-1}\widetilde{B} - PB(t\,I + B)^{-1}P\| \leq t^{-1}\,\|A(I-P)A^*\|$$

$$\leq t^{-1}\,\|A(I-P)\|^2 \tag{6.78}$$

und mit dem zweiten

$$\|(t\,I + \widetilde{B})^{-1}\widetilde{B} - PB(t\,I + B)^{-1}P\| \leq 1. \tag{6.79}$$

Hierbei haben wir benutzt, dass für zwei selbstadjungierte, nichtnegative Operatoren S und T mit $\max\{\|S\|,\|T\|\} \leq 1$ gilt $\|S-T\| \leq 1$ (Aufgabe 6.10).

Den Integrationsbereich in (6.77) spalten wir auf in $[0,\|A(I-P)\|^2]$ und $[\|A(I-P)\|^2,\infty[$. Über dem ersten Intervall schätzen wir den Integranden ab mit (6.79) und über dem zweiten Intervall mit (6.78). Wir erhalten

$$\|\widetilde{B}^\kappa - PB^\kappa P\| \;\leq\; \frac{\sin(\kappa\,\pi)}{\pi}\left(\frac{1}{\kappa} + \frac{1}{1-\kappa}\right)\|A(I-P)\|^{2\kappa}$$

$$= \frac{\sin(\kappa\,\pi)}{\pi\,\kappa\,(1-\kappa)}\,\|A(I-P)\|^{2\kappa}.$$

Wegen $\frac{\sin(\kappa\,\pi)}{\pi\,\kappa\,(1-\kappa)} \leq \frac{4}{\pi}$ folgt (6.74), wenn wir $\kappa = \nu/2$ für $0 < \nu < 2$ setzen. Im Falle von $\nu = 2$ gilt (6.74) trivialerweise.

Der Beweis von (6.75) gestaltet sich einfacher aufgrund der bereits geleisteten Vorarbeit. Die eingangs präsentierte Integralformel wenden wir diesmal an auf $B = A^*A$ und $\widetilde{B} = A^*QA$. So erhalten wir

$$\|\widetilde{B}^\kappa - B^\kappa\| \leq \frac{\sin(\kappa\,\pi)}{\pi}\int_0^\infty t^{\kappa-1}\,\|(t\,I + \widetilde{B})^{-1}\widetilde{B} - B(t\,I + B)^{-1}\|\,dt.$$

Es ist

$$(t\,I + \widetilde{B})^{-1}\widetilde{B} - B(t\,I + B)^{-1} = t\,(t\,I + \widetilde{B})^{-1}A^*(Q-I)A(t\,I + B)^{-1} \tag{6.80}$$

und daher

$$\|(t\,I + \widetilde{B})^{-1}\widetilde{B} - B(t\,I + B)^{-1}\| \leq t^{-1}\,\|(I-Q)A\|^2.$$

Wir können nun die Argumentation von oben übernehmen.   ∎

Lemma 6.2.14 *Sei $A \in \mathcal{L}(X,Y)$ und $P \in \mathcal{L}(X)$ sowie $Q \in \mathcal{L}(Y)$ seien Orthogonalprojektionen. Für $\nu > 0$ gibt es ein $b_\nu > 0$, so dass*

$$\|\,|A|^\nu - |AP|^\nu\| \leq b_\nu\,\|A(I-P)\|^{\min\{\nu,1\}} \tag{6.81}$$

und

$$\|\,|A|^\nu - |QA|^\nu\| \leq b_\nu\,\|(I-Q)A\|^{\min\{\nu,2\}} \tag{6.82}$$

gelten. Die Abbildung $\nu \mapsto b_\nu$ ist beschränkt in $]0,\nu_{\max}]$ für jedes $\nu_{\max} > 0$.

Beweis: Wir verifizieren zuerst (6.81). Im Falle von $0 < \nu \leq 1$ wenden wir die Lemmata 6.2.12 und 6.2.13 an auf die rechte Seite von

$$|A|^{\nu} - |AP|^{\nu} = (I - P)|A|^{\nu} + P|A|^{\nu}(I - P) + P|A|^{\nu}P - |AP|^{\nu}$$

und erhalten die Abschätzung mit $b_{\nu} = 2\,a_{\nu} + 4/\pi$. Ist $1 < \nu \leq 2$, so folgt aus obiger Darstellung sowie den Lemmata 6.2.12 und 6.2.13:

$$\||A|^{\nu} - |AP|^{\nu}\| \leq \left(2\,a_{\nu} + \frac{4}{\pi}\,\|A(I - P)\|^{\nu-1}\right)\|A(I - P)\|.$$

Die Behauptung ist also für $\nu \in {]}0,2]$ gezeigt. Hieraus folgt (6.81) induktiv für alle $\nu > 0$. Wir skizzieren die Argumentation für $\nu \in {]}2,3]$. Die Darstellung

$$|A|^{\nu} - |AP|^{\nu} = \big(|A| - |AP|\big)|A|^{\nu-1} + |AP|\big(|A|^{\nu-1} - |AP|^{\nu-1}\big)$$

erlaubt den Rückgriff auf bereits Gezeigtes.

Von (6.82) überzeugen wir uns jetzt. Für $\nu \in {]}0,2]$ stimmt (6.82) mit (6.75) überein und es ist nichts mehr zu zeigen. Im Falle von $\nu > 2$ argumentieren wir induktiv, ausgehend von

$$|A|^{\nu} - |QA|^{\nu} = \big(|A|^2 - |QA|^2\big)|A|^{\nu-2} + |QA|^2\big(|A|^{\nu-2} - |QA|^{\nu-2}\big). \tag{6.83}$$

Den ersten Term auf der rechten Seite haben wir über (6.75) im Griff. Den zweiten Term müssen wir genauer analysieren. Wir betrachten zuerst $\nu = 4$. Hier ergibt sich (6.82) direkt aus (6.83). Jetzt sei $2 < \nu < 4$. Wir setzen $B = A^*A$, $\widetilde{B} = A^*QA$ sowie $\kappa = (\nu - 2)/2 \in {]}0,1[$. Aus (6.76) folgt

$$\big\||QA|^2\big(|A|^{\nu-2} - |QA|^{\nu-2}\big)\big\| = \|\widetilde{B}(\widetilde{B}^{\kappa} - B^{\kappa})\|$$

$$\leq \frac{\sin(\kappa\,\pi)}{\pi} \int_0^{\infty} t^{\kappa-1} \big\|\widetilde{B}\big((t\,I + \widetilde{B})^{-1}\widetilde{B} - B(t\,I + B)^{-1}\big)\big\|\,\mathrm{d}t.$$

Die Identität (6.80) liefert zum einen

$$\big\|\widetilde{B}\big((t\,I + \widetilde{B})^{-1}\widetilde{B} - B(t\,I + B)^{-1}\big)\big\| \leq \|(I - Q)A\|^2 \tag{6.84}$$

und zum anderen

$$\big\|\widetilde{B}\big((t\,I + \widetilde{B})^{-1}\widetilde{B} - B(t\,I + B)^{-1}\big)\big\| \leq t^{-1}\,\|\widetilde{B}\|\,\|(I - Q)A\|^2. \tag{6.85}$$

Das obige Integral spalten wir auf in ein Integral über $[0,1]$ und eines über $[1,\infty[$. Über dem ersten Intervall schätzen wir den Integranden ab mit (6.84) und über dem zweiten Intervall mit (6.85). So gelangen wir zu

$$\big\||QA|^2\big(|A|^{\nu-2} - |QA|^{\nu-2}\big)\big\| \leq \frac{4}{\pi}\,\max\{1,\|\widetilde{B}\|\}\,\|(I - Q)A\|^2$$

für $2 < \nu < 4$, d.h. wir haben (6.82) für ν in $]0,4]$ nachgewiesen. Aus (6.83) folgt induktiv (6.82) für größere ν. $\blacksquare$

Nun formulieren wir unser Hauptergebnis in diesem Abschnitt.

Korollar 6.2.15 *Sei* $A \in \mathcal{L}(X,Y)$ *und* $P \in \mathcal{L}(X)$ *sowie* $Q \in \mathcal{L}(Y)$ *seien Orthogonalprojektionen. Für* $\nu > 0$ *gibt es ein* $c_\nu > 0$, *so dass*

$$\left\| |A|^\nu - |QAP|^\nu \right\| \leq c_\nu \left(\|A(I-P)\|^{\min\{\nu,1\}} + \|(I-Q)A\|^{\min\{\nu,2\}} \right)$$

ist. Die Abbildung $\nu \mapsto c_\nu$ *ist beschränkt in* $]0,\nu_{\max}]$ *für jedes* $\nu_{\max} > 0$.

Beweis: Die Behauptung folgt aus

$$\left\| |A|^\nu - |QAP|^\nu \right\| \leq \left\| |A|^\nu - |QA|^\nu \right\| + \left\| |QA|^\nu - |QAP|^\nu \right\|,$$

wenn wir (6.82) sowie (6.81) anwenden. ∎

6.3 Semi-diskrete Probleme: Die Approximative Inverse

Die bisher untersuchte Art der Diskretisierung von schlecht gestellten Problemen entspricht nicht in Gänze der Situation, wie sie in Anwendungen vorliegt. Die gestörten Daten werden an diskreten Stellen gemessen; es steht also nur ein Datenvektor und kein Datenkontinuum zur Verfügung. Das mathematische Modell, welches die Wirklichkeit abbildet, sollte diesem Umstand von vornherein Rechnung tragen. Wir wollen in diesem Abschnitt ein Regularisierungsverfahren entwerfen, das auf ein wirklichkeitsnahes Modell aufsetzt. Wirklichkeitsnähe bedeutet in diesem Zusammenhang auch, dass kein Unterschied besteht zwischen dem Verfahren, das wir mathematisch analysieren, und dem Verfahren, das wir schließlich implementieren. Die Methode der Approximativen Inversen leistet das Gewünschte. Sie wurde von LOUIS und MAASS [84] als kontinuierliches Regularisierungsverfahren eingeführt, siehe auch [82, 83] für Weiterentwicklungen. Die diskrete Variante, wie wir sie hier vorstellen, wurde in den Arbeiten [121, 123, 122] von RIEDER und SCHUSTER entwickelt.

6.3.1 Einführende Betrachtungen

Wieder wollen wir die Gleichung

$$Af = g \tag{6.86}$$

lösen, worin $A : X \to Y$ ein stetiger linearer Operator ist zwischen den reellen oder komplexen unendlichdimensionalen Hilberträumen X und Y. In der Praxis wird uns die rechte Seite nicht vollständig zugänglich sein: Wir können nur endlich viele Momente $\Psi_n g \in \mathbb{K}^n$ von g beobachten (messen). Hierbei bezeichnet $\Psi_n : Y \to \mathbb{K}^n$ den linearen *Beobachtungsoperator*, mit dem wir die Mess- oder Aufnahmeprozedur beschreiben. Für den Moment wollen wir die Stetigkeit von Ψ_n annehmen. Wir betonen, dass der Beobachtungsoperator die Physik der Messtechnik modelliert. Die Diskretisierung, die er vornimmt, ist somit Teil des mathematischen Modells, das wir vom physikalischen Vorgang hergeleitet haben. Im Gegensatz dazu steht die Diskretisierung aus Kapitel 6.1.1, die rein durch mathematische Gesichtspunkte (Approximation des kontinuierlichen Problems) motiviert ist.

Beispiel 6.3.1 *Beobachtungsoperator*
Sei $\psi_i \in Y$ das Sensitivitätsprofil des i-ten Detektors. Dann wäre

$$\mathbf{\Psi}_n g := \big(\langle g,\psi_1\rangle_Y, \ldots, \langle g,\psi_n\rangle_Y\big)^t$$

eine mögliche Modellierung des Beobachtungsoperators. Der i-te Detektor "sieht" also das Moment $\langle g,\psi_i\rangle_Y$ von g. In einem konkreten Fall könnte ψ_i eine Art Bandpassfilter sein: Ein gewisser Frequenzbereich wird scharf erkannt, wohingegen das Messsignal an den Rändern des Bereichs durch den Detektor verfälscht wird. ♠

Da wir die Datenaufnahme als integralen Teil des mathematischen Modells ansehen, ersetzen wir (6.86) durch das *semi-diskrete Problem*: Finde ein $f_n \in X$, so dass

$$A_n f_n = g_n \tag{6.87}$$

ist, wobei wir $A_n = \mathbf{\Psi}_n A$ und $g_n = \mathbf{\Psi}_n g$ abgekürzt haben. Das obige Problem ist drastisch unterbestimmt, weswegen wir uns mit seiner Minimum-Norm-Lösung $f_n^+ \in \mathcal{N}(A_n)^\perp$ begnügen.* Falls das Bild von A nicht abgeschlossen ist in Y, d.h. falls die verallgemeinerte Inverse von A unbeschränkt ist, treten höchstwahrscheinlich Instabilitäten auf bei der Berechnung von f_n^+ direkt aus (6.87) oder der zugehörigen Normalgleichung, insbesondere unter fehlerbehafteten Messungen g_n. Zur Stabilisierung der Rekonstruktion von f_n^+ schlagen LOUIS und MAASS [84] vor, Momente von f_n^+ zu bestimmen: $\langle f_n^+,e_i\rangle_X$, $i = 1,\ldots,d$, mit geeigneten Funktionen $e_i \in X$, die wir im Weiteren *Mollifier* (Weichmacher) nennen.

Die Bezeichnung Mollifier erklärt sich aus der folgenden typischen Situation. Im Falle von $X = L^2(\mathbb{R}^m)$ können wir die e_i's durch $e_i(x) := e(x_i - x)$, $x_i \in \mathbb{R}^m$, erhalten, wobei e eine Funktion mit normalisiertem Mittelwert ist, $\int e(x)\,dx = 1$, deren kompakter Träger um den Ursprung lokalisiert. Die Skalarprodukte $\langle f_n^+,e_i\rangle_X = \int f_n^+(x)\,e(x_i - x)\,dx = f_n^+ * e(x_i)$ mitteln die Werte von f_n^+ in einer Umgebung von x_i. Zusätzlich ist das Faltungsprodukt $f_n^+ * e$ eine geglättete Version von f_n^+.

Mit den Mollifiern $\{e_i\}_{1\leq i\leq d}$ assoziieren wir die Familie $\{b_i\}_{1\leq i\leq d} \subset X$ und approximieren f_n^+ durch

$$E_d f_n^+ := \sum_{i=1}^{d} \langle f_n^+,e_i\rangle_X\, b_i. \tag{6.88}$$

Selbstverständlich hätten wir gerne Konvergenz von $E_d f_n^+$ gegen f_n^+ für $d \to \infty$. Daher verlangen wir vom Operator $E_d : X \to X$, $E_d w = \sum_{i=1}^{d}\langle w,e_i\rangle_X b_i$, die *Mollifier-Eigenschaft*

---

* Die Minimum-Norm-Lösung von (6.87) existiert für jedes $g_n \in \mathbb{K}^n$ (Warum?).

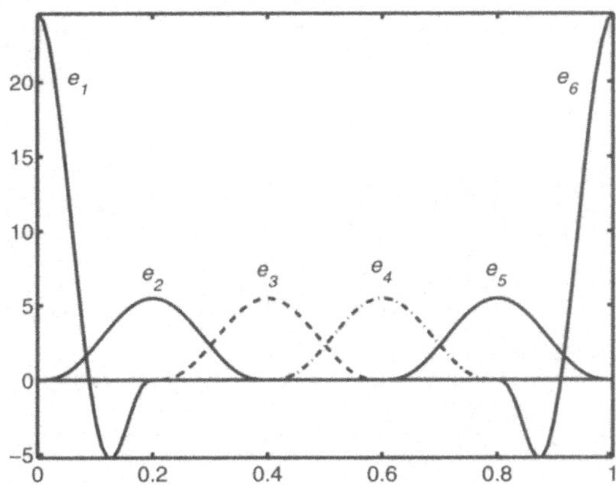

Bild 6.9: Eine Familie von sechs Mollifiern aus Beispiel 6.3.2. Hier ist $d = 6$. Die inneren Mollifier $e_2, \ldots, e_5$ wurden wie in (6.90) konstruiert mit $e(x) = \frac{35}{32}(1 - x^2)^3$ für $|x| \leq 1$ und $e(x) = 0$ ansonsten. Die beiden Rand-Mollifier e_1 and e_6 erhielten wir aus (6.91) mit $e^b(x) = \frac{1575}{64}(1 - x^2)^3(\frac{1}{5} - x^2)$ für $0 \leq x \leq 1$ und $e^b(x) = 0$ ansonsten.

$$\lim_{d \to \infty} \|E_d w - w\|_X = 0 \quad \text{für jedes } w \in X. \tag{6.89}$$

Die Mollifier-Eigenschaft verknüpft die beiden Familien $\{e_i\}_{1 \leq i \leq d}$ und $\{b_i\}_{1 \leq i \leq d}$.

Beispiel 6.3.2 *Mollifier-Eigenschaft*

Wir präsentieren Systeme $\{e_i\}_{1 \leq i \leq d}$ und $\{b_i\}_{1 \leq i \leq d}$ in $X = L^2(0,1)$, die (6.89) erfüllen.

Die gerade Funktion $e \in L^2(\mathbb{R})$ habe kompakten Träger in $[-1,1]$ und einen normierten Mittelwert: $\int e(x)\,\mathrm{d}x = 1$. Für $h = 1/(d - 1)$, $d \in \mathbb{N}$ und $d \geq 2$, definieren wir

$$e_i(x) := e\big(x/h - (i - 1)\big)/h, \quad i = 2, \ldots, d - 1. \tag{6.90}$$

Die Definition der Mollifier e_1 und e_d, die an den beiden Rändern von $[0,1]$ lokalisiert sind, bedarf erhöhter Aufmerksamkeit. Sei e^b eine Funktion mit kompaktem Träger in $[0,1]$ und $\int e^b(x)\,\mathrm{d}x = 1$ sowie $\int x\,e^b(x)\,\mathrm{d}x = 0$. Nun setzen wir

$$e_1(x) := e^b(x/h)/h \quad \text{und} \quad e_d(x) := e^b(d - 1 - x/h)/h. \tag{6.91}$$

Wir haben $\operatorname{supp} e_i \subset [x_{i-1}, x_{i+1}]$, $i = 2, \ldots, d - 1$, $\operatorname{supp} e_1 \subset [0, x_2]$ sowie $\operatorname{supp} e_d \subset [x_{d-1}, 1]$, worin $x_i = h(i - 1)$ ist. Außerdem gilt $\int e_i(x)\,\mathrm{d}x = 1$, $i = 1, \ldots, d$. In Bild 6.9 geben wir ein explizites Beispiel einer Familie $\{e_i\}_{1 \leq i \leq d}$ mit den geforderten Eigenschaften.

In analoger Weise definieren wir die b_i, ausgehend vom linearen B-Spline b:

$$b(x) := \begin{cases} 1 - |x| & : \quad |x| \leq 1 \\ 0 & : \quad \text{ansonsten} \end{cases}. \tag{6.92}$$

Wir setzen $b_i(x) := b\big(x/h - (i-1)\big)$, $i = 2,\ldots,d-1$, sowie

$$b_1(x) := \chi_{[0,x_2]}(x)\, b(x/h) \quad \text{und} \quad b_d(x) := \chi_{[x_{d-1},1]}(x)\, b(x/h - d + 1),$$

wobei χ_J die charakteristische Funktion des Intervalls J bezeichnet. Unter der Bezeichnung $\varphi_{d,j}$ haben wir b_j bereits in (6.29) eingeführt, siehe Bild 6.1.

Die Funktion $E_d f := \sum_{i=1}^{d} \langle f, e_i \rangle_{L^2(0,1)}\, b_i$ ist stetig und affin-linear über $[x_k, x_{k+1}]$, $k = 1,\ldots,d-1$, d.h. $E_d f$ liegt in $\mathfrak{X}_d$ aus (6.28). Darüber hinaus interpoliert $E_d f$ die Momente in x_k:

$$E_d f(x_k) = \langle f, e_k \rangle_{L^2(0,1)}, \quad k = 1,\ldots,d.$$

In [123, Appendix A] wird die Mollifier-Eigenschaft

$$\lim_{d \to \infty} \|E_d f - f\|_{L^2(0,1)} = 0 \quad \text{für alle } f \in L^2(0,1)$$

nachgewiesen. Es gilt sogar

$$\|E_d f - f\|_{L^2(0,1)} \le C_E\, d^{-s}\, \|f^{(s)}\|_{L^2(0,1)} \quad \text{für } s \in \{1,2\},$$

wobei $f^{(s)}$ die (schwache) Ableitung von f bezeichnet und $C_E > 0$ eine Konstante ist. Im Hinblick auf (6.31) hat $E_d : L^2(0,1) \to \mathfrak{X}_d$ die gleiche Approximationsgüte wie der Orthogonalprojektor $P_d : L^2(0,1) \to \mathfrak{X}_d$ ($\mathfrak{X}_d$ aus (6.28)).

Die Verwendung von Splines höherer Ordnung zur Definition der b_i in Verbindung mit geeigneten Mollifiern wird in [123, Example 3.1] diskutiert.   ♠

Zur Berechnung der Momente $\langle f_n^+, e_i \rangle_X$ approximieren wir e_i im Bild von A_n^* durch den *Rekonstruktionskern* $v_i^n \in \mathbb{K}^n$, der den Defekt $\|A_n^* v_i^n - e_i\|_X$ minimiert. Nach Satz 2.1.1 löst v_i^n die Normalgleichung

$$A_n A_n^* v_i^n = A_n e_i. \tag{6.93}$$

Die obige Gleichung für v_i^n hängt nicht von den Daten g_n ab. Der Kern kann deswegen berechnet werden ohne Beeinträchtigung durch etwaige Messfehler. Wir nennen (e_i, v_i^n) ein *Mollifier/Rekonstruktionskern-Paar* für A_n. Das folgende Lemma rechtfertigt die Bezeichnung *Rekonstruktionskern* für eine Lösung von (6.93).

Lemma 6.3.3 *Seien $A \in \mathcal{L}(X,Y)$, $A_n \in \mathcal{L}(X,\mathbb{K}^n)$ und sei v_i^n eine Lösung von (6.93) zu $e_i \in X$. Weiter liege g in $\mathcal{R}(A)$ oder v_i^n in $\mathcal{N}(A_n^*)^{\perp}$. Dann gilt*

$$\langle f_n^+, e_i \rangle_X = \langle g_n, v_i^n \rangle_{\mathbb{K}^n}.$$

Beweis: Der Rekonstruktionskern erfüllt $A_n^* v_i^n = P_{\mathcal{N}(A_n)^{\perp}} e_i$ (Satz 2.1.1). Somit ist

$$\langle f_n^+, e_i \rangle_X = \langle f_n^+, P_{\mathcal{N}(A_n)^{\perp}} e_i \rangle_X = \langle A_n f_n^+, v_i^n \rangle_{\mathbb{K}^n} = \langle P_{\mathcal{R}(A_n)} g_n, v_i^n \rangle_{\mathbb{K}^n}.$$

Im Falle von $g \in \mathcal{R}(A)$ haben wir $g_n = \boldsymbol{\Psi}_n g = \boldsymbol{\Psi}_n A u$ für ein $u \in X$, d.h. $P_{\mathcal{R}(A_n)} g_n = g_n$. Falls $v_i^n \in \mathcal{N}(A_n^*)^\perp = \mathcal{R}(A_n)$ ist, dann folgt $P_{\mathcal{R}(A_n)} v_i^n = v_i^n$. In beiden Fällen resultiert $\langle P_{\mathcal{R}(A_n)} g_n, v_i^n \rangle_{\mathbb{K}^n} = \langle g_n, v_i^n \rangle_{\mathbb{K}^n}$. ∎

Schließlich definieren wir die *Approximative Inverse* $\widetilde{A}_{n,d} : \mathbb{K}^n \to X$ von A_n durch

$$\widetilde{A}_{n,d} w := \sum_{i=1}^{d} \langle w, v_i^n \rangle_{\mathbb{K}^n} \, b_i. \tag{6.94}$$

Wir weisen darauf hin, dass sich die Berechnung von $\widetilde{A}_{n,d} w$ reduziert auf die Auswertung von d Skalarprodukten der Länge n. Gemäß Lemma 6.3.3 und (6.89) haben wir

$$\widetilde{A}_{n,d} g_n = E_d f_n^+ \xrightarrow{\ d \to \infty\ } f_n^+ = P_{\mathcal{N}(A_n)^\perp} f. \; ^\dagger$$

Für festes d führen wir in der Tat eine approximative Inversion des semi-diskreten Problems (6.87) durch.

Beispiel 6.3.4 *Approximative Inverse und Fehlerquadratmethode*
Zu $A \in \mathcal{L}(X,Y)$ sei der Beobachtungsoperator $\boldsymbol{\Psi}_n \in \mathcal{L}(Y,\mathbb{K}^n)$ aus Beispiel 6.3.1 gegeben. Die Adjungierte zu A_n ist $A_n^* w = A^* \boldsymbol{\Psi}_n^* w = \sum_{j=1}^{n} w_j A^* \psi_j$. Damit hat die Matrix $A_n A_n^* \in \mathbb{K}^{n \times n}$ die Einträge $(A_n A_n^*)_{i,j} = \overline{\langle A^* \psi_i, A^* \psi_j \rangle_X}$. Die Normalgleichung (6.93) zur Ermittlung des Rekonstruktionskerns entspricht der Normalgleichung (6.4) zur Fehlerquadratmethode, angewandt auf $A^* y = e_i$ mit Basis $\{\psi_1, \ldots, \psi_n\}$, siehe Beispiele 6.1.2 und 6.1.3. ♠

Beispiel 6.3.5 *Approximative Inverse und Backus–Gilbert-Verfahren*
Das Backus–Gilbert-Verfahren ist eine in der Geophysik häufig eingesetzte Methode zur Lösung des Momentenproblems. Es wurde 1967 von BACKUS und GILBERT [3] vorgeschlagen. Wir interpretieren es als Approximative Inverse.
Das Momentenproblem bezeichnet die Aufgabe, aus den Momenten

$$\int_\Omega f(y) \, \overline{\psi_k(y)} \; \mathrm{d}y = \langle f, \psi_k \rangle_{L^2(\Omega)} =: M_k, \quad k = 1, \ldots, n,$$

die Funktion f zu rekonstruieren. Hier sind f und die ψ_k quadratintegrierbare Funktionen über der beschränkten Menge $\Omega \subset \mathbb{R}^m$ mit Werten in $\mathbb{K}$. Backus und Gilbert machen den Ansatz

$$f_{\mathrm{BG}}(x) = \sum_{k=1}^{n} M_k \, \overline{\zeta_k(x)}.$$

Für jedes $x \in \Omega$ muss der Vektor $\zeta(x) = (\zeta_1(x), \ldots, \zeta_n(x))^t \in \mathbb{K}^n$ sinnvoll bestimmt werden: $f_{\mathrm{BG}}(x)$ soll möglichst nahe bei $f(x)$ sein, d.h.

---

† Die Gleichung auf der rechten Seite stimmt, wenn $g_n = A_n f$ ist.

$$f(x) \approx f_{\mathrm{BG}}(x) = \int_\Omega f(y) \sum_{k=1}^n \overline{\zeta_k(x)\,\psi_k(y)}\ \mathrm{d}y.$$

In der Sprache der Approximativen Inversen sollte $\sum_{k=1}^n \zeta_k(x)\,\psi_k$ daher ein Mollifier sein, der um x lokalisiert ist. Backus und Gilbert erreichen dies, indem sie $\zeta(x)$ bestimmen als minimierendes Argument des Streufunktionals $S_x : \mathbb{K}^n \to\ ]0,\infty[$,

$$S_x(v) := \int_\Omega \|x - y\|^{2\,d}\ \left|\sum_{k=1}^n v_k\,\psi_k(y)\right|^2 \mathrm{d}y,$$

unter der Nebenbedingung $\int_\Omega \sum_{k=1}^n v_k\,\psi_k(y)\ \mathrm{d}y = 1$, d.h.

$$\zeta(x) = \operatorname{argmin}\left\{ S_x(v) \ \middle|\ v \in \mathbb{K}^n,\ \int_\Omega \sum_{k=1}^n v_k\,\psi_k(y)\ \mathrm{d}y = 1\right\}.$$

Der Skalierungsfaktor $d \geq 1$ steuert, wie stark $\sum_{k=1}^n \zeta_k(x)\,\psi_k$ um x streut: Je größer d ist, desto konzentrierter liegt $\sum_{k=1}^n \zeta_k(x)\,\psi_k$ um x.

Inwiefern lässt sich das Backus–Gilbert-Verfahren als Approximative Inverse interpretieren? Wir definieren den Beobachtungsoperator $\boldsymbol{\Psi}_n : L^2(\Omega) \to \mathbb{K}^n$ durch

$$\boldsymbol{\Psi}_n g := \left(\langle g,\psi_1\rangle_{L^2(\Omega)},\dots,\langle g,\psi_n\rangle_{L^2(\Omega)}\right)^t,$$

vgl. Beispiel 6.3.1. Das Momentenproblem schreibt sich nun als semi-diskrete Operatorgleichung

$$A_n f = g_n$$

mit $A_n = \boldsymbol{\Psi}_n I \in \mathcal{L}(L^2(\Omega),\mathbb{K}^n)$ (die Identität spielt die Rolle des Operators A) und $(g_n)_k = M_k$. Wählen wir zu $x_i \in \Omega$ den Mollifier $e_i := \sum_{k=1}^n \zeta_k(x_i)\,\psi_k$, so ist der zugehörige Rekonstruktionskern $v_i^n = \zeta(x_i)$; denn $A_n^* v_i^n = e_i$. Folglich gilt die entscheidende Gleichung

$$\langle f_n^+, e_i\rangle_{L^2(\Omega)} = \langle g_n, v_i^n\rangle_{\mathbb{K}^n} = f_{\mathrm{BG}}(x_i),$$

worin $f_n^+ = A_n^+ g_n$ ist. Es ist uns also gelungen, das Backus–Gilbert-Verfahren als Approximative Inverse zu deuten.

Die Konvergenz von f_{BG} gegen f für $n \to \infty$ konnten KIRSCH, SCHOMBURG und BERENDT [73] nachweisen. ♠

Aus verschiedenen Gründen ist es ratsam, das Auflösen des Systems (6.93) zu vermeiden: $A_n A_n^*$ wird im Allgemeinen eine dicht besetzte, schlecht konditionierte Matrix hoher Dimension sein; eine Erhöhung von n, das ist eine Erhöhung der Messpunkte, erfordert eine komplett neue Berechnung der Rekonstruktionskerne; Invarianzen von A und A^*, die zu einer Effizienzsteigerung der kontinuierlichen Approximativen Inversen führen (LOUIS [82] und Lemma 6.3.9 unten), vererben sich im Allgemeinen nicht auf A_n oder A_n^*. Gravierender fällt jedoch ins Gewicht, dass $A_n : \mathcal{D}(A_n) \subset X \to \mathbb{K}^n$ ein unbeschränkter Operator sein könnte, dessen Adjungierte A_n^* nicht existiert. In solch einer pathologischen Situation, wie wir sie im nachfolgenden Beispiel 6.3.6 darlegen, hat (6.93) keine sinnvolle Bedeutung: Die Rekonstruktionskerne sind nicht definiert.

Beispiel 6.3.6 *Semi-diskrete Radon-Transformation*

Die Radon-Transformation $\mathbf{R} : L^2(\Omega) \to L^2(Z)$, $Z := [-1,1] \times [0,2\pi]$, haben wir bereits in Kapitel 1.1 eingeführt und in Kapitel 2.5 weiter untersucht: $\mathbf{R}f(s,\varphi)$ ist das Integral von $f : \Omega \to \mathbb{R}$ längs der Geraden $L(s,\varphi)$, siehe Bild 1.3. In der Computer-Tomographie werden diese Integralwerte durch einen Röntgen-Scanner für gewisse Geraden $L(s_i,\varphi_j)$ gemessen, d.h. der Beobachtungsoperator wertet $\mathbf{R}f$ an den Stellen (s_i,φ_j) aus. Damit die Punktauswertung wohldefiniert ist, muss $\mathbf{R}f$ eine stetige Funktion sein. Welche f garantieren stetige Radon-Bilder $\mathbf{R}f$? Die Abbildungseigenschaft

$$\mathbf{R} : H_0^\alpha(\Omega) \to H^{\alpha+1/2}(Z) \quad \text{ist stetig für jedes } \alpha \geq 0, \tag{6.95}$$

siehe [121, Appendix A], erlaubt eine Beantwortung der obigen Frage.

Die exakte Definition der Sobolevräume $H_0^\beta(\Omega) \subset L^2(\Omega)$ und $H^\beta(Z) \subset L^2(Z)$ finden Sie z.B bei WLOKA [144] oder im Anhang (Beispiel 8.3.5). Für unsere Zwecke reicht folgende Information aus: Punktauswertungen sind stetige Funktionale auf $H^\beta(Z)$ für $\beta > 1$ (insbesondere enthält $H^\beta(Z)$, $\beta > 1$, nur stetige Funktionen).

Nehmen wir an, unser Scanner misst äquidistant: $s_i = i/q$, $i = -q,\dots,q$, sowie $\varphi_j = j\,\pi/p$, $j = 0,\dots,p$, mit $p,q \in \mathbb{N}$. Es werden also $n = (p+1)(2q+1)$ Integralwerte aufgenommen.[‡] Den Scanner modellieren wir daher durch den Beobachtungsoperator $\mathbf{\Psi}_{q,p} : H^\kappa(Z) \to \mathbb{R}^n$, $(\mathbf{\Psi}_{q,p}g)_{i,j} = g(s_i,\varphi_j)$, $i = -q,\dots,q$, $j = 0,\dots,p$, wobei $\kappa > 1$ ist.

Unter der *semi-diskreten Radon-Transformation* verstehen wir den Operator

$$\mathbf{R}_{q,p} : \mathcal{D}(\mathbf{R}_{q,p}) \subset L^2(\Omega) \to \mathbb{R}^n, \qquad \mathbf{R}_{q,p} := \mathbf{\Psi}_{q,p}\mathbf{R}, \tag{6.96}$$

mit Definitionsbereich $\mathcal{D}(\mathbf{R}_{q,p}) = H_0^\alpha(\Omega)$ für $\alpha > 1/2$. Das Rekonstruktionsproblem der Computer-Tomographie lautet:

$$\text{Finde zu } y_{q,p} \in \mathbb{R}^n \text{ ein } f \in L^2(\Omega) \text{ mit } \mathbf{R}_{q,p}f = g_{q,p}. \tag{6.97}$$

Wollen wir hierauf die Approximative Inverse anwenden, wie oben entwickelt, dann stehen wir vor dem Problem, dass $\mathbf{R}_{q,p}$ zwar auf $L^2(\Omega)$ dicht definiert ist, sich aber nicht stetig auf ganz $L^2(\Omega)$ fortsetzen lässt: $\mathbf{R}_{q,p} : H_0^\alpha(\Omega) \subset L^2(\Omega) \to \mathbb{R}^n$ ist unbeschränkt. [§]

Zum Beweis der Unstetigkeit von $\mathbf{R}_{q,p}$ konstruieren wir eine Folge $\{f_r\}_{r \in \mathbb{N}} \subset$

[‡] Aufgrund der Symmetrie $\mathbf{R}f(s,\varphi) = \mathbf{R}f(-s,\varphi+\pi)$ genügt es, den Winkelbereich $[0,\pi]$ abzutasten.

[§] Es gibt einen Ausweg aus dem Dilemma. Versehen wir $H_0^\alpha(\Omega)$ mit seiner eigenen Topologie, dann ist $\mathbf{R}_{q,p} : H_0^\alpha(\Omega) \to \mathbb{R}^n$, $\alpha > 1/2$, stetig, die Approximative Inverse also definiert. Natürlich bezahlen wir einen Preis (*there is no free lunch*): Den adjungierten Operator zu $\mathbf{R}_{q,p}$ müssen wir bez. des Skalarprodukts in $H_0^\alpha(\Omega)$ bestimmen. Keine leichte Aufgabe! Außerdem ist die L^2-Topologie die natürliche, weil von $\mathbf{R}$ übernommene, Topologie für den Definitionsbereich von $\mathbf{R}_{q,p}$ (siehe auch Fußnote auf Seite 217).

$H_0^\alpha(\Omega)$, $\alpha > 1/2$, mit $\|f_r\|_{L^2(\Omega)} \leq 1$ und $\|\mathbf{R}_{q,p}f_r\|_{\mathbb{R}^n} \to \infty$ für $r \to \infty$. Wir definieren f_r als Tensorprodukt zweier univariater Funktionen χ_r und μ_r. Seien $\{a_r\}$ und $\{b_r\}$ monoton fallende Nullfolgen mit $0 < a_r < 1$, $0 < b_r < 1/2$ sowie $a_r^2 + (1 - b_r)^2 < 1$. Definiere $\chi_r \in \mathcal{C}_0^\infty(-a_r, a_r)$ mit Werten in $[0, 1/\sqrt{2a_r}]$, so dass $\chi_r(t) = 1/\sqrt{2a_r}$ ist für $|t| \leq a_r/2$. Ebenso sei $\mu_r \in \mathcal{C}_0^\infty(-1 + b_r, 1 - b_r)$ gegeben mit Werten in $[0, 1/\sqrt{2(1 - b_r)}]$ und $\mu_r(t) = 1/\sqrt{2(1 - b_r)}$ für $|t| \leq 1 - 2b_r$. Beide Funktionen können explizit konstruiert werden durch eine Zerlegung der Eins (WLOKA [144, Kap. 1.2]).

Die Funktion $f_r(x) := \chi_r(x_1)\,\mu_r(x_2)$ besitzt die gewünschten Eigenschaften. Wir haben $0 < \|f_r\|_{L^2(\Omega)} = \|\chi_r\|_{L^2(\mathbb{R})}\,\|\mu_r\|_{L^2(\mathbb{R})} \leq 1$ und f_r ist in $H_0^\alpha(\Omega)$; denn außerhalb des Einheitskreises verschwindet f_r: $\operatorname{supp} f_r \subset [-a_r, a_r] \times [-1 + b_r, 1 - b_r] \subset \Omega$, da $a_r^2 + (1 - b_r)^2 < 1$ ist.

Nun werten wir $\mathbf{R}f_r$ an $s_0 = 0$ und $\varphi_0 = 0$ aus

$$
\begin{aligned}
|\mathbf{R}f_r(s_0, \varphi_0)| \;&=\; \int_{\mathbb{R}} f_r(0, t)\,\mathrm{d}t = \chi_r(0) \int_{\mathbb{R}} \mu_r(t)\,\mathrm{d}t \\[2mm]
&\geq\; \chi_r(0) \int_{-1+2b_r}^{1-2b_r} \mu_r(t)\,\mathrm{d}t = \frac{1 - 2b_r}{\sqrt{a_r\,(1 - b_r)}} \;\overset{r \to \infty}{\longrightarrow}\; \infty,
\end{aligned}
$$

das bedeutet $\|\mathbf{R}_{q,p}f_r\|_{\mathbb{R}^n} \to \infty$ für $r \to \infty$.

Auch für unbeschränkte Operatoren gibt es das Konzept des adjungierten Operators (WEIDMANN [142, Kap. 4.4]) und wir könnten versuchen, damit weiterzuarbeiten. Diese Idee führt leider auch in eine Sackgasse; denn $\mathcal{D}(\mathbf{R}_{q,p}^*) = \{0\}$, was in [121, Theorem 5.1] gezeigt wurde.   ♠

6.3.2   Konvergenz und Stabilität

Die in Beispiel 6.3.6 vorgeführten Schwierigkeiten umgehen wir mit einer Erweiterung des Konzepts der Approximativen Inversen. Als Erstes definieren wir den Beobachtungsoperator präziser, so dass auch unbeschränkte A_n behandelt werden können. Dazu habe A die folgende Abbildungseigenschaft:

$$
A : \mathcal{X} \to \mathcal{Y} \text{ ist stetig.} \tag{6.98}
$$

Hierin sind $\mathcal{X}$ und $\mathcal{Y}$ Banachräume, deren Einbettungen $\mathcal{X} \hookrightarrow X$ bzw. $\mathcal{Y} \hookrightarrow Y$ stetig, injektiv und dicht sind. Wir können uns $\mathcal{X}$ und $\mathcal{Y}$ vorstellen als Unterräume von X bzw. Y, die "glatte" Elemente enthalten. Sind X und Y z.B. L^2-Räume, so könnten $\mathcal{X}$ und $\mathcal{Y}$ Sobolevräume sein, vgl. (6.95).

Nun definieren wir den Beobachtungsoperator $\mathbf{\Psi}_n : \mathcal{Y} \to \mathbb{K}^n$. Gegeben seien n Funktionale $\{\psi_{n,k}\}_{1 \leq k \leq n}$ in $\mathcal{Y}'$, das ist der Dualraum zu $\mathcal{Y}$. Wir setzen

$$
(\mathbf{\Psi}_n v)_k := \langle \psi_{n,k}, v \rangle_{\mathcal{Y}' \times \mathcal{Y}}, \quad k = 1, \ldots, n, \tag{6.99}
$$

wobei $\langle \cdot, \cdot \rangle_{\mathcal{Y}' \times \mathcal{Y}}$ die duale Paarung in $\mathcal{Y}' \times \mathcal{Y}$ bezeichnet.¶

Der semi-diskrete Operator $A_n := \boldsymbol{\Psi}_n A : \mathcal{D}(A_n) \subset X \to \mathbb{K}^n$ mit dem Definitionsbereich $\mathcal{D}(A_n) = X$ kann beschränkt oder unbeschränkt sein. Das Erstere trifft zu, wenn X und X (topologisch) übereinstimmen. Hier existiert A_n^*, womit die Rekonstruktionskerne durch (6.93) wohldefiniert sind. Typische Beispiele finden wir in Integraloperatoren mit glatten (Integral-)Kernen.

Wie wir Rekonstruktionskerne erhalten können, auch wenn kein adjungierter Operator zu A_n existiert, beschreiben wir als Nächstes. Die e_i, $i = 1,\ldots,d$, bezeichnen nach wie vor die gewählten Mollifier. Da $\mathcal{R}(A^*)$ dicht liegt in $\mathcal{N}(A)^{\perp}$, existiert zu jedem $\delta_i > 0$ ein $v_i \in \mathcal{Y}$ ($\mathcal{Y}$ ist dicht in Y) mit

$$\|P_{\mathcal{N}(A)^{\perp}} e_i - A^* v_i\|_X \leq \delta_i, \quad i = 1,\ldots,d. \tag{6.100}$$

Wir nehmen im Weiteren an, wir haben $v_i \in \mathcal{Y}$, $i = 1,\ldots,d$, zur Hand, die (6.100) mit den bekannten Ungenauigkeiten δ_i erfüllen. Die Methode der Approximativen Inversen steht und fällt mit der Kenntnis solcher v_i, wobei kleine δ_i für die Qualität der erzielten Rekonstruktion wichtig sind, siehe Satz 6.3.7 unten. In einigen Anwendungen gelingt es, v_i analytisch zu berechnen, wobei sogar $\delta_i = 0$ möglich ist, z.B. für die Radon-Transformation [95, 118] oder die 3D-Doppler-Transformation [122]. Steht eine Singulärwertzerlegung von A zur Verfügung, dann kann v_i numerisch berechnet werden, und zwar prinzipiell mit beliebig kleinem δ_i, siehe [121, Section 3.2]. Natürlich besteht auch die Möglichkeit, die Gleichung $A^* y = P_{\mathcal{N}(A)^{\perp}} e_i$ durch Projektionsverfahren numerisch zu lösen.

In (6.94) verwenden wir fortan die (approximativen) Rekonstruktionskerne

$$v_i^n := G_n \boldsymbol{\Psi}_n v_i, \quad i = 1,\ldots,d, \tag{6.101}$$

wobei die Matrix $G_n \in \mathbb{K}^{n \times n}$ in enger Beziehung zu $\boldsymbol{\Psi}_n$ steht, wie wir jetzt erläutern wollen. Nimmt die Anzahl der Daten zu, d.h. n wird größer, dann sollte der ganze Bildraum von A mit Messpunkten ausgeschöpft werden. Wie können wir diese vernünftige Forderung mathematisch beschreiben? Zum Beispiel so: Mit einer Familie $\{\varphi_k\}_{1 \leq k \leq n}$ aus Y konstruieren wir einen Operator $\Pi_n : \mathcal{Y} \to Y$ durch

$$\Pi_n v := \sum_{k=1}^{n} (\boldsymbol{\Psi}_n v)_k \, \varphi_k = \sum_{k=1}^{n} \langle \psi_{n,k}, v \rangle_{\mathcal{Y}' \times \mathcal{Y}} \, \varphi_k. \tag{6.102}$$

Den Zusammenhang zwischen $\{\varphi_k\}_{1 \leq k \leq n}$ und $\boldsymbol{\Psi}_n$ stellen wir über die *Approximationseigenschaft* (6.103) her. Wir fordern die Existenz einer monoton fallenden Nullfolge $\{\rho_n\}_{n \in \mathbb{N}} \subset [0,1]$ mit

$$\|v - \Pi_n v\|_Y \leq \rho_n \, \|v\|_{\mathcal{Y}} \quad \text{für alle } v \in \mathcal{Y} \text{ und } n \to \infty. \tag{6.103}$$

Die Matrix G_n ist die Gramsche Matrix bez. $\{\varphi_k\}_{1 \leq k \leq n}$. Sie erscheint in (6.101) wegen der Beziehung

---

¶ Eine andere gebräuchliche Schreibweise für $\langle \psi_{n,k}, v \rangle_{\mathcal{Y}' \times \mathcal{Y}}$ ist $\psi_{n,k}(v)$.

$$\langle \Pi_n v, \Pi_n w \rangle_Y = \langle G_n \boldsymbol{\Psi}_n v, \boldsymbol{\Psi}_n w \rangle_{\mathbb{K}^n}, \tag{6.104}$$

die wir in unserer Konvergenzanalysis benutzen werden.

Weiter verlangen wir von Π_n die gleichmäßige Beschränktheit

$$\|\Pi_n\|_{\mathcal{Y} \to Y} \leq C_\Pi \quad \text{für } n \to \infty. \tag{6.105}$$

Mit den bereitgestellten Zutaten können wir Konvergenz der Approximativen Inversen bei ungestörten Daten nachweisen. Zuvor erinnern wir an die Definition von $\widetilde{A}_{n,d}$ unter Berücksichtigung von (6.101) und (6.94):

$$\widetilde{A}_{n,d} w = \sum_{i=1}^{d} \langle w, G_n \boldsymbol{\Psi}_n v_i \rangle_{\mathbb{K}^n} b_i.$$

Satz 6.3.7 *Die Voraussetzungen an die Operatoren A, E_d, $\boldsymbol{\Psi}_n$ und Π_n seien wie in diesem Abschnitt spezifiziert. Zusätzlich seien die Familien $\{b_i\}_{1 \leq i \leq d} \subset X$ und $\{\varphi_k\}_{1 \leq k \leq n} \subset Y$ Riesz-Systeme.$^{\|}$ Die Tripel $\{(e_i, v_i, b_i)\}_{1 \leq i \leq d} \subset X \times \mathcal{Y} \times X$ mögen sowohl (6.89) als auch (6.100) erfüllen. Es sei $g_n = \boldsymbol{\Psi}_n g$ für $g \in \mathcal{R}(A)$. Liegt $f^+ = A^+ g$ in X, dann gilt*

$$\|\widetilde{A}_{n,d} g_n - f^+\|_X \leq \|(I - E_d) f^+\|_X$$
$$+ C_{\mathrm{AI}} \left(\frac{1}{d} \sum_{i=1}^{d} \left(\rho_n^2 \|v_i\|_{\mathcal{Y}}^2 + \delta_i^2 \right) \right)^{1/2} \|f^+\|_X \tag{6.106}$$

mit einer positiven Konstanten C_{AI}.

Falls die Tripel $\{(e_i, v_i, b_i)\}_{1 \leq i \leq d}$ die Wahl einer bestimmt gegen Unendlich divergierenden Folge $\{d_n\}_{n \in \mathbb{N}} \subset]0, \infty[$ zulassen, die

$$\lim_{n \to \infty} \frac{\rho_n^2}{d_n} \sum_{l=1}^{d_n} \|v_i\|_{\mathcal{Y}}^2 = 0 \quad \text{sowie} \quad \lim_{n \to \infty} \frac{1}{d_n} \sum_{i=1}^{d_n} \delta_i^2 = 0 \tag{6.107}$$

erfüllt, dann liegt Konvergenz vor, d.h.

$$\lim_{n \to \infty} \|\widetilde{A}_{n,d_n} g_n - f^+\|_X = 0.$$

Die obige Konvergenzbedingung koppelt die Anzahl n der Daten mit der Anzahl d der rekonstruierten Momente. Das war zu erwarten. Für die Kopplung von d an n ist letztlich die Approximationseigenschaft (6.103) verantwortlich, die auf $\widetilde{A}_{n,d}$ durch die Gramsche Matrix G_n einwirkt, siehe (6.101).

$^{\|}$ Eine Familie $\{z_j\}_{1 \leq j \leq m}$ im Hilbertraum Z heißt *Riesz-System*, falls es eine von m unabhängige positive Konstante C_R gibt mit

$$C_\mathrm{R}^{-1} \, m^{-1} \, \|w\|_{\mathbb{K}^m}^2 \leq \left\| \sum_{j=1}^{m} w_j z_j \right\|_Z^2 \leq C_\mathrm{R} \, m^{-1} \, \|w\|_{\mathbb{K}^m}^2 \quad \text{für alle } w \in \mathbb{K}^m.$$

Beweis von Satz 6.3.7: Wir beweisen nur die Fehlerabschätzung. Durch die Dreiecksungleichung erhalten wir

$$\|\widetilde{A}_{n,d}g_n - f^+\|_X \le \|(I - E_d)f^+\|_X + \|\widetilde{A}_{n,d}g_n - E_df^+\|_X.$$

Nur die rechte Norm muss noch betrachtet werden. Die Familie $\{b_i\}_{1\le i\le d}$ ist ein Riesz-System in X, woraus folgt

$$
\begin{aligned}
\|\widetilde{A}_{n,d}g_n - E_df^+\|_X^2 \quad &\le \quad \frac{C_{\mathrm{R}}}{d} \sum_{i=1}^{d} \left| \langle \boldsymbol{\Psi}_n g, G_n \boldsymbol{\Psi}_n v_i \rangle_{\mathbb{K}^n} - \langle f^+, e_i \rangle_X \right|^2 \\[2mm]
&\overset{(6.104)}{=} \quad \frac{C_{\mathrm{R}}}{d} \sum_{i=1}^{d} \left| \langle \Pi_n g, \Pi_n v_i \rangle_Y - \langle f^+, P_{\mathcal{N}(A)^\perp} e_i \rangle_X \right|^2 \\[2mm]
&\le \quad \frac{C_{\mathrm{R}}}{d} \sum_{i=1}^{d} \Big(\left| \langle \Pi_n A f^+, \Pi_n v_i \rangle_Y - \langle A f^+, v_i \rangle_Y \right| \\[1mm]
&\qquad\qquad\qquad\qquad + \left| \langle f^+, A^* v_i - P_{\mathcal{N}(A)^\perp} e_i \rangle_X \right| \Big)^2 \\[2mm]
&\overset{(6.100)}{\le} \quad \frac{C_{\mathrm{R}}}{d} \sum_{i=1}^{d} \Big(\left| \langle \Pi_n A f^+, \Pi_n v_i \rangle_Y - \langle A f^+, v_i \rangle_Y \right| \\[1mm]
&\qquad\qquad\qquad\qquad + \delta_i \, \|f^+\|_X \Big)^2.
\end{aligned}
$$

Weiter geht es mit

$$
\begin{aligned}
\left| \langle \Pi_n A f^+, \Pi_n v_i \rangle_Y - \langle A f^+, v_i \rangle_Y \right| \quad &\le \quad \|\Pi_n A f^+ - A f^+\|_Y \, \|\Pi_n v_i\|_Y \\[1mm]
&\qquad\qquad + \|\Pi_n v_i - v_i\|_Y \, \|A f^+\|_Y \\[2mm]
&\le \quad \rho_n \, \|v_i\|_{\mathcal{Y}} \left(C_\Pi \|A f^+\|_{\mathcal{Y}} + \|A f^+\|_Y \right) \\[2mm]
&\le \quad C_{\mathrm{S}} \, \rho_n \, \|f^+\|_{\mathcal{X}} \, \|v_i\|_{\mathcal{Y}},
\end{aligned}
$$

wobei $C_{\mathrm{S}} = C_\Pi \|A\|_{\mathcal{X}\to\mathcal{Y}} + \|A\|_{\mathcal{X}\to Y} C_X$ ist und C_X die Einbettung $\mathcal{X} \hookrightarrow X$ beschränkt. Zusammengefasst haben wir

$$\|\widetilde{A}_{n,d}g_n - E_df^+\|_X^2 \le \frac{C_{\mathrm{R}} \max\{C_{\mathrm{S}}^2, C_X^2\}}{d} \, \|f^+\|_{\mathcal{X}}^2 \sum_{i=1}^{d} \left(\rho_n \, \|v_i\|_{\mathcal{Y}} + \delta_i \right)^2,$$

woraus sich die behauptete Fehlerabschätzung ergibt. ∎

Uns interessiert nun, wie es um die Regularisierungseigenschaft der Approximativen Inversen bestellt ist. Das Rauschen in den Daten modellieren wir als Störung des Beobachtungsoperators. Jede einzelne Messung darf ungenau sein bis zu einem relativen Fehler $\varepsilon > 0$:

$$(\boldsymbol{\Psi}_n^\varepsilon w)_i = (\boldsymbol{\Psi}_n w)_i + \varepsilon_i \, \|w\|_{\mathcal{Y}}, \quad |\varepsilon_i| \le \varepsilon, \quad i = 1,\dots,n. \tag{6.108}$$

Versehen mit einer a-priori Wahl von n ist die Approximative Inverse ein Regularisierungsverfahren.

Satz 6.3.8 *Die Voraussetzungen von Satz 6.3.7 seien übernommen. Insbesondere sollen die Tripel $\{(e_i,v_i,b_i)\}_{1\le i\le d} \subset X \times \mathcal{Y} \times X$ eine Kopplung von d an n zulassen, so dass (6.107) eintritt.*

Wählen wir $n = n_\varepsilon$, so dass $\{n_\varepsilon\}_{\varepsilon>0} \subset \mathbb{N}$ bestimmt gegen Unendlich divergiert und $\varepsilon\,\rho_{n_\varepsilon}^{-1} = \mathrm{O}(1)$ ist für $\varepsilon \to 0$, dann haben wir

$$\lim_{\varepsilon\to 0}\sup\left\{\|\widetilde{A}_{n_\varepsilon,d_{n_\varepsilon}}w - f\|_X \,\big|\, w = \boldsymbol{\Psi}_{n_\varepsilon}^\varepsilon Af,\ \boldsymbol{\Psi}_{n_\varepsilon}^\varepsilon \text{ erfüllt } (6.108)\right\} = 0$$

für alle $f \in X \cap \mathcal{N}(A)^\perp$.

Beweis: Wir setzen $g_n = A_n f$ und $g_n^\varepsilon = \boldsymbol{\Psi}_n^\varepsilon Af$, wobei $\boldsymbol{\Psi}_n^\varepsilon$ eine Störung von $\boldsymbol{\Psi}_n$ gemäß (6.108) ist. Das Riesz-System $\{b_i\}_{1\le i\le d}$ erlaubt die Abschätzung des Datenfehlers durch

$$\|\widetilde{A}_{n,d}(g_n - g_n^\varepsilon)\|_X^2 \le \frac{C_{\mathrm{R}}}{d}\sum_{i=1}^{d}\left|\langle G_n^{1/2}(\boldsymbol{\Psi}_n - \boldsymbol{\Psi}_n^\varepsilon)Af,\, G_n^{1/2}\boldsymbol{\Psi}_n v_i\rangle_{\mathbb{K}^n}\right|^2.$$

Die Familie $\{\varphi_k\}_{1\le k\le n} \subset Y$ ist ebenfalls ein Riesz-System. Diese Eigenschaft liefert

$$\|G_n^{1/2}\| \le C_{\mathrm{G}}\, n^{-1/2}$$

mit einer Konstanten C_{G} (Aufgabe 6.11). Wegen

$$\left|\langle G_n^{1/2}(\boldsymbol{\Psi}_n - \boldsymbol{\Psi}_n^\varepsilon)Af,\, G_n^{1/2}\boldsymbol{\Psi}_n v_i\rangle_{\mathbb{K}^n}\right| \le C_{\mathrm{G}}\, n^{-1/2}\,\|(\boldsymbol{\Psi}_n - \boldsymbol{\Psi}_n^\varepsilon)Af\|_{\mathbb{K}^n}\,\|\Pi_n v_i\|_Y$$

$$\le C_\Pi\, C_{\mathrm{G}}\,\|A\|_{X\to\mathcal{Y}}\,\varepsilon\,\|f\|_X\,\|v_i\|_{\mathcal{Y}}$$

gilt

$$\|\widetilde{A}_{n,d}(g_n - g_n^\varepsilon)\|_X \le \sqrt{C_{\mathrm{R}}}\, C_\Pi\, C_{\mathrm{G}}\,\|A\|_{X\to\mathcal{Y}}$$

$$\cdot\,\varepsilon\,\|f\|_X\left(\frac{1}{d}\sum_{i=1}^{d}\|v_i\|_{\mathcal{Y}}^2\right)^{1/2}. \tag{6.109}$$

Die letzte Abschätzung zusammen mit (6.106) impliziert

$$\|\widetilde{A}_{n,d}g_n^\varepsilon - f\|_X \le \|f - E_d f\|_X$$

$$+ C_{\mathrm{reg}}\left[\left(1 + \frac{\varepsilon}{\rho_n}\right)\left(\frac{\rho_n^2}{d}\sum_{i=1}^{d}\|v_i\|_{\mathcal{Y}}^2\right)^{1/2} + \left(\frac{1}{d}\sum_{i=1}^{d}\delta_i^2\right)^{1/2}\right]\|f\|_X$$

mit einer geeigneten Konstanten C_{reg}. Die behauptete Konvergenz stellt sich ein, wenn wir n durch n_ε sowie d durch d_{n_ε} ersetzen und ε gegen Null gehen lassen. ∎

Prinzipiell ist es möglich, die Mollifier $\{e_i\}_{1\leq i\leq d}$ unabhängig voneinander zu wählen. Dann muss allerdings für jeden Mollifier individuell ein approximativer Rekonstruktionskern bestimmt werden. Diese mühsame Prozedur kann in vielen Anwendungen abgekürzt werden, wenn wir die Mollifier durch Transformation eines Basis-Mollifiers e erzeugen, etwa durch $e_i = T_i e$, wobei T_i aus $\mathcal{L}(X)$ ist. Konkret könnte es sich bei den T_i um Translations-Dilatationsoperatoren handeln. So haben wir in Beispiel 6.3.2 die Mollifier durch Translation und Dilatation aus zwei Basis-Mollifiern erzeugt, siehe (6.90) und (6.91). Kennen wir zu T_i ein $S_i \in \mathcal{L}(Y)$ mit $T_i A^* = A^* S_i$, dann ist

$$\|e_i - A^* S_i v\|_X = \|T_i(e - A^* v)\|_X \leq \|T_i\|\,\|e - A^* v\|_X.$$

Im Falle eines injektiven Operators A erfüllen die Paare (e_i, v_i), $v_i = S_i v$, die Bedingung (6.100) mit $\delta_i = \|T_i\|\,\|e - A^* v\|_X$. Es genügt also, ein v zu finden, für das die Differenz $e - A^* v$ den Genauigkeitsansprüchen genügt.

Besitzt A einen nicht-trivialen Kern, so liegen die Dinge zwar etwas komplizierter, aber das obige Vorgehen bleibt durchführbar unter vernünftigen (realistischen) Bedingungen an T_i und S_i.

Lemma 6.3.9 *Seien $A \in \mathcal{L}(X,Y)$, $T \in \mathcal{L}(X)$ und $S \in \mathcal{L}(Y)$ verknüpft durch $TA^* = A^* S$. Zusätzlich habe S ein dichtes Bild und T sei das Vielfache einer Isometrie: Es gibt ein $\tau > 0$ mit $\|Tu\|_X = \tau\,\|u\|_X$ für alle $u \in X$.*

Falls $\|P_{\mathcal{N}(A)^\perp} e - A^* v\|_X \leq \delta$ ist für das Paar $(e,v) \in X \times Y$, dann gilt auch

$$\|P_{\mathcal{N}(A)^\perp} Te - A^* Sv\|_X \leq \tau\,\delta.$$

Beweis: Wir brauchen nur zu beweisen, dass $P_{\mathcal{N}(A)^\perp}$ und T kommutieren; denn

$$P_{\mathcal{N}(A)^\perp} T = T P_{\mathcal{N}(A)^\perp} \tag{6.110}$$

impliziert

$$\|P_{\mathcal{N}(A)^\perp} Te - A^* Sv\|_X = \|T(P_{\mathcal{N}(A)^\perp} e - A^* v)\|_X \leq \tau\,\delta.$$

Jetzt verifizieren wir (6.110). Dazu leiten wir die Invarianzen $T\mathcal{N}(A)^\perp \subset \mathcal{N}(A)^\perp$ und $T\mathcal{N}(A) \subset \mathcal{N}(A)$ her.

Zu jedem $w \in \mathcal{N}(A)^\perp = \overline{\mathcal{R}(A^*)}$ gibt es eine Folge $\{z_i\}$ in Y mit $w = \lim_{i\to\infty} A^* z_i$. Aus $A^* S z_i = T A^* z_i$ ergibt sich $\lim_{i\to\infty} A^* S z_i = Tw$. Damit ist Tw in $\overline{\mathcal{R}(A^*)} = \mathcal{N}(A)^\perp$ und die erste Invarianz gilt.

Zum Nachweis der zweiten Invarianz verwenden wir die Identität $\tau^2 A = S^* A T$, die aus $TA^* = A^* S$ folgt, wenn wir $T^* T = \tau^2 I$ berücksichtigen (Die letzte Identität gilt, da T/τ eine Isometrie ist, siehe z.B. WEIDMANN [142, Satz 4.34]). Nach Voraussetzung besitzt S^* einen trivialen Nullraum, daher ist $T\mathcal{N}(A) \subset \mathcal{N}(A)$.

Schließlich haben wir

$$P_{\mathcal{N}(A)^\perp}Tu = P_{\mathcal{N}(A)^\perp}\underbrace{TP_{\mathcal{N}(A)^\perp}u}_{\in\mathcal{N}(A)^\perp}+P_{\mathcal{N}(A)^\perp}\underbrace{TP_{\mathcal{N}(A)}u}_{\in\mathcal{N}(A)} = TP_{\mathcal{N}(A)^\perp}u,$$

für jedes $u \in X$, womit (6.110) nachgeprüft ist. ∎

Die oben entwickelte abstrakte Theorie der Approximativen Inversen wollen wir im folgenden Abschnitt mit Leben füllen, indem wir sie auf das Rekonstruktionsproblem der Computer-Tomographie anwenden.

6.3.3 Anwendung der Approximativen Inversen auf die Tomographie

Wir präsentieren alle Zutaten, die nötig sind, um die Approximative Inverse auf das Rekonstruktionsproblem der Computer-Tomographie (6.97) anzuwenden. Daraus resultiert ein Algorithmus vom Typ der gefilterten Rückprojektion, dessen Wirkungsweise wir an numerischen Experimenten erproben.

6.3.3.1 Konvergenz und Stabilität

Die Bezeichnungen übernehmen wir von Beispiel 6.3.6. Es sei insbesondere erinnert an die Definitionen des Beobachtungsoperators $\boldsymbol{\Psi}_{q,p} : H^\kappa(Z) \to \mathbb{R}^n$, $\kappa > 1$, $n = (p+1)(2q+1)$, sowie der semi-diskreten Radon-Transformation $\mathbf{R}_{q,p} : H_0^\alpha(\Omega) \subset L^2(\Omega) \to \mathbb{R}^n$ für ein $\alpha > 1/2$, siehe (6.96). Die Räume $H_0^\alpha(\Omega)$ und $H^{\alpha+1/2}(Z)$ spielen die Rollen von X bzw. Y, vgl. (6.98) und (6.95). Folgende weitere Zutaten müssen wir noch bereitstellen: Mollifier, Rekonstruktionskerne sowie die beiden Operatoren E_d (6.88) und Π_n (6.102). Letzteren bezeichnen wir hier präziser mit $\Pi_{q,p}$.

Den Operator $\Pi_{q,p}$ definieren wir als stückweise bilinearen Interpolationsoperator $\Pi_{q,p} : H^{\alpha+1/2}(Z) \to L^2(Z)$, $\alpha > 1/2$,

$$\begin{aligned}
\Pi_{q,p}y(s,\varphi) &:= \sum_{i=-q}^{q}\sum_{j=0}^{p}(\boldsymbol{\Psi}_{q,p}y)_{i,j}\,b_{q,i}(s)\,b_{p,j}(\varphi)\\
&= \sum_{i=-q}^{q}\sum_{j=0}^{p}y(s_i,\varphi_j)\,b_{q,i}(s)\,b_{p,j}(\varphi),
\end{aligned}\tag{6.111}$$

mit $b_{q,i}(s) = b(q\,s - i)$, $i = -q,\ldots,q$, und $b_{p,j}(\varphi) = b(p\,\varphi - j)$, $j = 0,\ldots,p$, wobei b der lineare B-Spline (6.92) ist. Es gilt sowohl die gleichmäßige Beschränktheit

$$\|\Pi_{q,p}y\|_{L^2(Z)} \le C_\Pi\,\|y\|_{H^{\alpha+1/2}(Z)}\tag{6.112}$$

als auch die Approximationseigenschaft

$$\|\Pi_{q,p}y - y\|_{L^2(Z)} \le C_{\mathrm{AP}}\,h^{\min\{\alpha+1/2,2\}}\,\|y\|_{H^{\alpha+1/2}(Z)}\tag{6.113}$$

mit der Schrittweite $h := \max\{1/q, \pi/p\}$. Die beiden letzten Abschätzungen können z.B. mit Argumenten bewiesen werden, wie sie SCHUMAKER [129, Kapitel 12] benutzt.

Den Mollifier-Operator $E_d : L^2(\Omega) \to L^2(\Omega)$ definieren wir durch

$$E_d f(x) := \sum_{k \in \mathcal{J}_d} \langle f, e_{d,k} \rangle_{L^2(\Omega)} \, B(dx - k), \qquad (6.114)$$

wobei B das Tensorprodukt $B(x_1, x_2) = b(x_1)\, b(x_2)$ aus linearen B-Splines (6.92) ist und $\mathcal{J}_d$ die Indexmenge $\mathcal{J}_d = \{k \in \mathbb{Z}^2 \mid \operatorname{supp} B(d \cdot -k) \cap \Omega \neq \emptyset\}$ bezeichnet. Die Mollifier, die wir zur Konstruktion von E_d benutzen, sind translatierte und skalierte Versionen des Mollifiers e:

$$e_{d,k}(x) = \mathcal{T}^{d,k} e(x) := d^2 \, e(dx - k).$$

Dank der Skalierung haben die $e_{d,k}$ denselben Mittelwert wie e, und zwar

$$\int_{\mathbb{R}^2} e_{d,k}(x) \, dx = \int_{\mathbb{R}^2} e(x) \, dx = 1 \quad \text{für alle } d > 0 \text{ und } k \in \mathbb{Z}^2.$$

Setzen wir weiter voraus, dass e radialsymmetrisch ist mit kompaktem Träger in Ω, dann erfüllt E_d die Mollifier-Eigenschaft

$$\lim_{d \to \infty} \|E_d f - f\|_{L^2(\Omega)} = 0 \quad \text{für alle } f \in L^2(\Omega)$$

und darüber hinaus die Abschätzung

$$\|E_d f - f\|_{L^2(\Omega)} \leq C_E \, d^{-\min\{2,\alpha\}} \, \|f\|_{H^\alpha(\Omega)} \quad \text{für alle } f \in H_0^\alpha(\Omega), \, \alpha > 0, \quad (6.115)$$

siehe [123, Appendix B].

Für spezielle radialsymmetrische Mollifier e hat die Gleichung $\mathbf{R}^* v = e$ eine explizit bekannte Lösung $v \in L^2(Z)$, d.h. (6.100) liegt vor für ein i mit $\delta_i = 0$. Wegen der Radialsymmetrie von e hängt v nur noch von der Variablen s ab und ist eine gerade Funktion: $v(s, \varphi) = v(s) = v(-s)$. Wir geben konkrete Beispiele für solche Paare e und v. Diese und weitere finden sich in der Arbeit [118].

Beispiel 6.3.10 *Mollifier für die Radon-Transformation*
Wir betrachten die Familie $\{e^n\}_{n>0}$ von radialsymmetrischen Mollifiern mit kompaktem Träger in Ω, gegeben durch

$$e^n(x) := \frac{n+1}{\pi} \begin{cases} (1 - \|x\|^2)^n & : & \|x\| \leq 1 \\ 0 & : & \text{sonst} \end{cases}. \qquad (6.116)$$

Mit zunehmendem n werden die Mollifier glatter: $e^n \in H_0^\beta(\Omega)$ für $\beta < n + 1/2$. Die Gleichung $\mathbf{R}^* v^n = e^n$ wird von

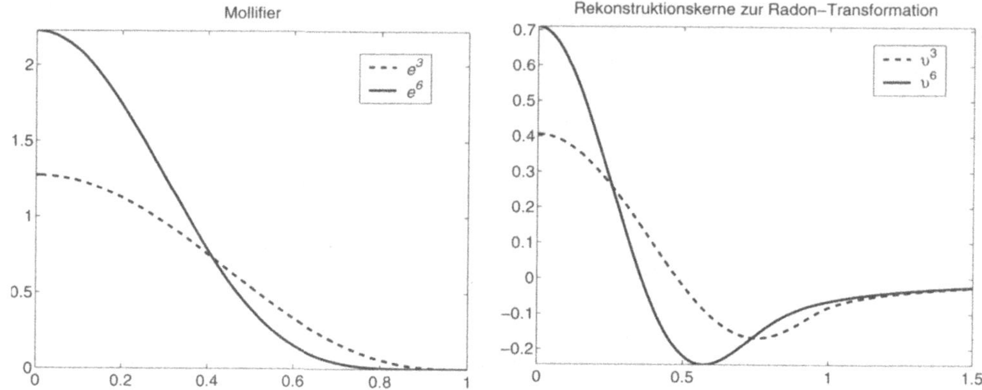

Bild 6.10: Links: Radialer Teil der Mollifier (6.116) für $n = 3$ (gestrichelte Kurve) und $n = 6$ (durchgezogene Kurve). Rechts: Die zugehörigen Rekonstruktionskerne (6.117).

$$v^n(s) = \frac{1}{2\pi^2} \begin{cases} 2(n+1)\, \mathrm{F}(1,\,-n;\,1/2;\,s^2) & : \quad |s| \leq 1 \\[2mm] -\mathrm{F}(1,3/2;\,n+2;\,1/s^2)/s^2 & : \quad |s| > 1 \end{cases} \qquad (6.117)$$

gelöst, wobei

$$\mathrm{F}(\alpha,\beta;\delta;z) = \sum_{k=0}^{\infty} \frac{(\alpha)_k\,(\beta)_k}{(\delta)_k\,k!}\, z^k \, {}^{*}$$

die *Hypergeometrische Reihe* ist. Bild 6.10 zeigt die Paare (e^3, v^3) sowie (e^6, v^6).

♣

Mit dem Translations-Dilatationsoperator $\mathcal{S}^{d,k} \in \mathcal{L}\big(L^2(\mathbb{R} \times [0,2\pi])\big)$,

$$\mathcal{S}^{d,k}u(s,\varphi) := d^2\, u\big(d\,s - k^t\,\omega(\varphi),\varphi\big), \quad \omega(\varphi) = (\cos\varphi, \sin\varphi)^t,$$

gilt die Vertauschungsrelation (Aufgabe 6.12)

$$\mathcal{T}^{d,k}\mathbf{R}^* = \mathbf{R}^*\mathcal{S}^{d,k} \quad \text{für } k \in \mathbb{Z}^2 \qquad (6.118)$$

Aus dieser Vertauschungsrelation erhalten wir den Rekonstruktionskern $v_{d,k}$ zum Mollifier $e_{d,k}$ durch Anwendung von $\mathcal{S}^{d,k}$ auf v:

$$v_{d,k} = \mathcal{S}^{d,k}v \quad \Longrightarrow \quad \mathbf{R}^*v_{d,k} = e_{d,k} \quad \text{für } d \geq 1 \text{ und } \|k\| \leq d-1.{}^{\dagger}$$

Bemerkung 6.3.11 Wir hätten obiges Ergebnis auch über Lemma 6.3.9 erhalten können, nämlich durch die Setzungen $A = \mathbf{R}$, $S = \mathcal{S}^{d,k}$, $T = \mathcal{T}^{d,k}$, $X = L^2_{\Omega}(\mathbb{R}^2) = \{f \in L^2(\mathbb{R}^2) \,|\, \operatorname{supp} f \subset \overline{\Omega}\}$ und $Y = L^2(\mathbb{R} \times [0,2\pi])$ sowie durch Berücksichtigung von $\delta = 0$. In diesem Kontext bedeuten die Bedingungen $d \geq 1$ und $\|k\| \leq d-1$, dass $\mathcal{T}^{d,k}$ in $\mathcal{L}\big(L^2_{\Omega}(\mathbb{R}^2)\big)$ ist.

---

* Die Notation $(\alpha)_k$ bezeichnet das *Pochhammer-Symbol*: $(\alpha)_k = \alpha\,(\alpha+1)\ldots(\alpha+k-1)$ für $k \in \mathbb{N}$ und $(\alpha)_0 = 1$.

† Die Beschränkungen an k und d garantieren, dass $e_{d,k} = \mathcal{T}^{d,k}e$ einen kompakten Träger in $\overline{\Omega}$ hat.

Nach diesen Vorbereitungen können wir zu $\mathbf{R}_{q,p}$ eine Approximative Inverse $\widetilde{\mathbf{R}}_{n,d}$: $\mathbb{R}^n \to L^2(\Omega)$ angeben durch

$$\widetilde{\mathbf{R}}_{n,d}w(x) := \sum_{\substack{k \in \mathbb{Z}^2 \\ \|k\| \le d-1}} \langle w, G_{q,p}\boldsymbol{\Psi}_{q,p}\mathsf{S}^{d,k}v\rangle_{\mathbb{R}^n} \; B(dx - k), \quad x \in \Omega, \qquad (6.119)$$

wobei $G_{q,p} \in \mathbb{R}^{n_\ell \times n_\ell}$ die Gramsche Matrix ist bez. des Riesz-Systems

$$\left\{b_{q,i}(s)\,b_{p,j}(\varphi)\,\big|\,i = -q,\dots,q,\; j = 0,\dots,p\right\} \subset L^2(Z), \qquad (6.120)$$

siehe (6.111). Die Berechnung der Skalarprodukte in $\widetilde{\mathbf{R}}_{n,d}$ wird effizient organisiert durch einen Algorithmus vom Typ der gefilterten Rückprojektion, siehe Kapitel 6.3.3.2 unten.

Jetzt formulieren wir das abstrakte Konvergenzergebnis aus Satz 6.3.7 für die Approximative Inverse $\widetilde{\mathbf{R}}_{n,d}$.

Satz 6.3.12 *Sei f in $H_0^\alpha(\Omega)$ für ein $\alpha > 1/2$. Ferner gelte* $\operatorname{supp} f \subset \Omega$*. Der radialsymmetrische Mollifier e liege in $H_0^{\alpha+1}(\Omega)$. Es bezeichne $\widetilde{d} = \widetilde{d}(f)$ die kleinste positive Zahl, für die* $\operatorname{supp} f$ *in der Kreisscheibe um den Ursprung mit Radius $1 - 1/\widetilde{d}$ liegt. Wenn $d \ge \widetilde{d}$ ist, dann gilt*

$$\|\widetilde{\mathbf{R}}_{n,d}\mathbf{R}_{q,p}f - f\|_{L^2(\Omega)} \le C_{\mathrm{RA}}\left(d^{-\min\{2,\alpha\}} + h^{\min\{\alpha+1/2,2\}}\,d^{\alpha+2}\right)\|f\|_{H^\alpha(\Omega)}$$

mit der Schrittweite $h = \max\{1/q,\pi/p\}$.

Beweis: Für $d \ge \widetilde{d}$ und $\|k\| \ge d$ verschwinden die Skalarprodukte $\langle f,e_{d,k}\rangle_{L^2(\Omega)}$. Somit ist

$$E_d f(x) = \sum_{\substack{k \in \mathbb{Z}^2 \\ \|k\| \le d-1}} \langle f,e_{d,k}\rangle_{L^2(\Omega)}\; B(dx - k)$$

und wir dürfen Satz 6.3.7 anwenden. Unter Berücksichtigung der Injektivität von $\mathbf{R}$ sowie von (6.113) und (6.115) erhalten wir

$$\|\widetilde{\mathbf{R}}_{n,d}\mathbf{R}_{q,p}f - f\|_{L^2(\Omega)} \le \Big(C_E\,d^{-\min\{2,\alpha\}} + C_{\mathrm{AI}}\,C_{\mathrm{AP}}\,h^{\min\{\alpha+1/2,2\}}$$

$$\cdot \max\left\{\|\mathsf{S}^{d,k}v\|_{H^{\alpha+1/2}(Z)}\,\big|\,k \in \mathbb{Z}^2, \|k\| \le d-1\right\}\Big)\|f\|_{H^\alpha(\Omega)}.$$

Die Abschätzung des obigen Maximums führen wir nicht im Detail aus. Die nachfolgenden Behauptungen sind sämtlich in [123] verifiziert. Seien $Z^{2d} = [-2d,2d] \times [0,2\pi]$ und $w \in H^\kappa(Z^{2d})$ für ein $\kappa > 0$, dann haben wir

$$\|\mathsf{S}^{d,k}w\|_{H^\kappa(Z)} \le C_S\,d^{\kappa+3/2}\,\|w\|_{H^\kappa(Z^{2d})} \quad \text{für } k \in \mathbb{Z}^2 \text{ mit } \|k\| \le d, \qquad (6.121)$$

siehe Aufgabe 6.13. Außerdem liegt v in $H^{\alpha+1/2}(\mathbb{R})$ aufgrund der Voraussetzung $e \in H_0^{\alpha+1}(\Omega)$. Daher folgt

$$\max\left\{\|\mathbb{S}^{d,k}v\|_{H^{\alpha+1/2}(Z)} \mid k \in \mathbb{Z}^2, \|k\| \le d-1\right\}$$
$$\le \sqrt{2\pi}\; C_S\; d^{\alpha+2}\; \|v\|_{H^{\alpha+1/2}(\mathbb{R})} \tag{6.122}$$

und Satz 6.3.12 ist bewiesen. ∎

Wie müssen wir $d = d(q,p)$ wählen, damit Konvergenz vorliegt, wenn q und p größer werden, d.h. wenn die Anzahl der Daten zunimmt? Die Radon-Daten gewährleisten eine optimale Auflösung, falls q und p über die Abtastbedingung $p = \pi q$ gekoppelt sind, siehe NATTERER [95, Kapitel III]. Deswegen nehmen wir im Weiteren an, dass p und q proportional wachsen. Die erste Aussage des folgenden Korollars ergibt sich unmittelbar aus (6.107), die zweite Aussage aus Satz 6.3.12.

Korollar 6.3.13 *Die Voraussetzungen seien wie in Satz 6.3.12. Sei $p = p(q)$ mit $q \le p(q) \le \pi q$. Falls $d = d(q) = C_\mathrm{d}\, q^\lambda$ mit einem $\lambda \in\;]0, \frac{\min\{\alpha+1/2,2\}}{\alpha+2}\,[$ gewählt ist, dann gilt*

$$\lim_{q\to\infty}\; \|\widetilde{\mathbf{R}}_{n,d}\mathbf{R}_{q,p}f - f\|_{L^2(\Omega)} = 0.$$

Wählen wir

$$\lambda = \lambda(\alpha) = \frac{\min\{\alpha+1/2,2\}}{\min\{2,\alpha\}+\alpha+2}, \tag{6.123}$$

dann gilt sogar

$$\|\widetilde{\mathbf{R}}_{n,d}\mathbf{R}_{q,p}f - f\|_{L^2(\Omega)} \le \widetilde{C}_{\mathrm{RA}}\; q^{-\lambda(\alpha)\,\min\{2,\alpha\}}\; \|f\|_{H^\alpha(\Omega)} \tag{6.124}$$

für $q \to \infty$.

In einem weiteren Korollar formulieren wir die Regularisierungseigenschaft der Approximativen Inversen $\widetilde{\mathbf{R}}_{n,d}$. Mit $\boldsymbol{\Psi}^\varepsilon_{q,p}$ bezeichnen wir eine verrauschte Version des Beobachtungsoperators $\boldsymbol{\Psi}_{q,p}$ mit einem relativen Rauschpegel $\varepsilon > 0$, vgl. (6.108):

$$\left|\left(\boldsymbol{\Psi}^\varepsilon_{q,p}y\right)_{i,j} - \left(\boldsymbol{\Psi}_{q,p}y\right)_{i,j}\right| \le \varepsilon\; \|y\|_{H^{\alpha+1/2}(Z)} \tag{6.125}$$

für $i = -q,\ldots,q$ und $j = 0,\ldots,p$.

Korollar 6.3.14 *Die Voraussetzungen von Satz 6.3.12 seien übernommen. Darüber hinaus treffe (6.125) zu. Wieder gelten $q \le p(q) \le \pi q$ und $d = d(q) = C_\mathrm{d}\, q^\lambda$ mit λ aus (6.123).*

Wählen wir $q = q(\varepsilon) = C_\mathrm{q}\,\varepsilon^{-1/\min\{\alpha+1/2,2\}}$, dann haben wir

$$\|\widetilde{\mathbf{R}}_{n,d}\boldsymbol{\Psi}^\varepsilon_{q,p}\mathbf{R}f - f\|_{L^2(\Omega)} \le C_{\mathrm{Reg}}\; \varepsilon^{\frac{\min\{2,\alpha\}}{\min\{2,\alpha\}+\alpha+2}}\; \|f\|_{H^\alpha(\Omega)} \quad \textit{für } \varepsilon \to 0.$$

Beweis: Den Regularisierungsfehler spalten wir auf in Appproximations- und Datenfehler:

$$\|\widetilde{\mathbf{R}}_{n,d}\boldsymbol{\Psi}_{q,p}^{\varepsilon}\mathbf{R}f - f\|_{L^2(\Omega)}$$

$$\leq \|\widetilde{\mathbf{R}}_{n,d}\boldsymbol{\Psi}_{q,p}\mathbf{R}f - f\|_{L^2(\Omega)} + \|\widetilde{\mathbf{R}}_{n,d}(\boldsymbol{\Psi}_{q,p}^{\varepsilon} - \boldsymbol{\Psi}_{q,p})\mathbf{R}f\|_{L^2(\Omega)}.$$

Zur Beschränkung des Datenfehlers ziehen wir die abstrakte Abschätzung (6.109) zusammen mit (6.122) heran. So erhalten wir

$$\|\widetilde{\mathbf{R}}_{n,d}(\boldsymbol{\Psi}_{q,p}^{\varepsilon} - \boldsymbol{\Psi}_{q,p})\mathbf{R}f\|_{L^2(\Omega)} \leq C_{\text{Dat}}\,\varepsilon\,d^{\alpha+2}\,\|v\|_{H^{\alpha+1/2}(\mathbb{R})}\,\|f\|_{H^{\alpha}(\Omega)}$$

$$= C_{\text{Dat}}\,C_{\text{d}}^{\alpha+2}\,\varepsilon\,q^{(\alpha+2)\lambda}\,\|v\|_{H^{\alpha+1/2}(\mathbb{R})}\,\|f\|_{H^{\alpha}(\Omega)}$$

mit einer geeigneten Konstanten C_{Dat}. Da $q = C_{\text{q}}\,\varepsilon^{-1/\min\{\alpha+1/2,2\}}$ gewählt wird, bekommen wir

$$\|\widetilde{\mathbf{R}}_{n,d}(\boldsymbol{\Psi}_{q,p}^{\varepsilon} - \boldsymbol{\Psi}_{q,p})\mathbf{R}f\|_{L^2(\Omega)}$$

$$\leq C_{\text{Dat}}\,C_{\text{d}}^{\alpha+2}\,C_{\text{q}}^{(\alpha+2)\lambda}\,\varepsilon^{\frac{\min\{2,\alpha\}}{\min\{2,\alpha\}+\alpha+2}}\,\|v\|_{H^{\alpha+1/2}(\mathbb{R})}\,\|f\|_{H^{\alpha}(\Omega)}.$$

Für den Approximationsfehler leiten wir über (6.124) eine analoge Abschätzung her, so dass der Gesamtfehler durch den behaupteten Term beschränkt wird. ∎

6.3.3.2 *Algorithmus der gefilterten Rückprojektion*

Ein zusätzlicher Approximationsschritt vereinfacht und beschleunigt die Berechnung der Skalarprodukte in $\widetilde{\mathbf{R}}_{n,d}$. Dazu faktorisieren wir $\mathcal{S}^{d,k} : L^2(Z^{2d}) \to L^2(Z)$ $(Z^{2d} = [-2d,2d] \times [0,2\pi])$ in $\mathcal{S}^{d,k} = \widetilde{\mathcal{S}}^{d,k}\mathcal{D}^d$ mit

$$\mathcal{D}^d : L^2(Z^{2d}) \to L^2(Z^2), \quad \mathcal{D}^d u(s,\varphi) := d^2\,u(d\,s,\varphi),$$

sowie ($\|k\| \leq d$)

$$\widetilde{\mathcal{S}}^{d,k} : L^2(Z^2) \to L^2(Z), \quad \widetilde{\mathcal{S}}^{d,k}u(s,\varphi) := u\big(s - k^t\omega(\varphi)/d,\varphi\big).$$

Wir ersetzen $\langle w, G_{q,p}\boldsymbol{\Psi}_{q,p}\mathcal{S}^{d,k}v\rangle_{\mathbb{R}^n}$ in $\widetilde{\mathbf{R}}_{n,d}$ durch $\langle w, G_{q,p}\boldsymbol{\Psi}_{q,p}\widetilde{\mathcal{S}}^{d,k}\widetilde{\Pi}_{q,p}\mathcal{D}^d v\rangle_{\mathbb{R}^n}$, wobei $\widetilde{\Pi}_{q,p} : H^{\alpha+1/2}(Z^2) \to L^2(Z^2)$, $\alpha > 1/2$, geben ist durch

$$\widetilde{\Pi}_{q,p}y(s,\varphi) := \sum_{i=-2q}^{2q}\sum_{j=0}^{p} y(s_i,\varphi_j)\,b_{q,i}(s)\,b_{p,j}(\varphi),$$

vgl. (6.111). Die Beschränktheit (6.112) und die Approximationseigenschaft (6.113) gelten entsprechend für $\widetilde{\Pi}_{q,p}$.

Anstatt $\widetilde{\mathbf{R}}_{n,d}$ bestimmen wir somit

$$\widetilde{\mathbf{R}}_{n,d}^{\text{gef}}w(x) := \sum_{\substack{k\in\mathbb{Z}^2 \\ \|k\|\leq d-1}} \langle G_{q,p}w, \boldsymbol{\Psi}_{q,p}\widetilde{\mathcal{S}}^{d,k}\widetilde{\Pi}_{q,p}\mathcal{D}^d v\rangle_{\mathbb{R}^n}\,B(d\,x - k), \quad x \in \Omega.$$

Der Vorteil von $\widetilde{\mathbf{R}}_{n,d}^{\text{gef}}$ gegenüber $\widetilde{\mathbf{R}}_{n,d}$ wird durch folgendes Lemma belegt.

Lemma 6.3.15 *Sei* $k \in \mathbb{Z}^2$ *mit* $\|k\| \leq d$. *Dann gilt*

$$\langle G_{q,p}w, \boldsymbol{\Psi}_{q,p}\widetilde{\mathbb{S}}^{d,k}\widetilde{\Pi}_{q,p}\mathcal{D}^d v\rangle_{\mathbb{R}^n} = \sum_{j=0}^{p}\sum_{\ell=-q}^{q} \mathrm{v}_{\ell,j}\, b_{q,\ell}\left(\frac{k^t\omega(\varphi_j)}{d}\right) \tag{6.126}$$

mit

$$\mathrm{v}_{\ell,j} = \sum_{i=-q}^{q}(G_{q,p}w)_{i,j}\,\mathcal{D}^d v\left(\frac{i-\ell}{q},\varphi_j\right).$$

Beweis: Mit $y = G_{q,p}w$ haben wir

$$\langle y, \boldsymbol{\Psi}_{q,p}\widetilde{\mathbb{S}}^{d,k}\widetilde{\Pi}_{q,p}\mathcal{D}^d v\rangle_{\mathbb{R}^n} = \sum_{i=-q}^{q}\sum_{j=0}^{p} y_{i,j}\,(\widetilde{\Pi}_{q,p}\mathcal{D}^d v)\left(s_i - \frac{k^t\omega(\varphi_j)}{d},\varphi_j\right)$$

$$= \sum_{i=-q}^{q}\sum_{j=0}^{p} y_{i,j}$$

$$\cdot \sum_{r=-2q}^{2q}\sum_{m=0}^{p} \mathcal{D}^d v(s_r,\varphi_m)\, b_{q,r}\left(s_i - \frac{k^t\omega(\varphi_j)}{d}\right) \underbrace{b_{p,m}(\varphi_j)}_{=\,\delta_{m,j}}$$

$$= \sum_{i=-q}^{q}\sum_{j=0}^{p} y_{i,j} \sum_{r=-2q}^{2q} \mathcal{D}^d v\left(\frac{r}{q},\varphi_j\right) b\left(i - r - \frac{q\,k^t\omega(\varphi_j)}{d}\right).$$

Setzen wir $\ell = i - r$, so erhalten wir weiter

$$\langle y, \boldsymbol{\Psi}_{q,p}\widetilde{\mathbb{S}}^{d,k}\widetilde{\Pi}_{q,p}\mathcal{D}^d v\rangle_{\mathbb{R}^n} = \sum_{i=-q}^{q}\sum_{j=0}^{p} y_{i,j} \sum_{\ell=i-2q}^{i+2q} \mathcal{D}^d v\left(\frac{i-\ell}{q},\varphi_j\right) b\left(\ell - \frac{q\,k^t\omega(\varphi_j)}{d}\right).$$

Nach Voraussetzung an k ist $|q\,k^t\omega(\varphi_j)/d| \leq q$. Daher dürfen wir die Summation über ℓ einschränken auf $\ell = -q,\ldots,q$ (Der Träger von b ist $[-1,1]$). Jetzt vertauschen wir die Reihenfolge der Summationen und sind am Ziel.   ■

Die $\mathrm{v}_{\ell,j}$, $j = 0,\ldots,p$, $\ell = -q,\ldots,q$ hängen nicht von k ab. Ihre Berechnung erfordert $\mathrm{O}(p\,q^2)$ arithmetische Operationen.[‡] Die Summe über ℓ in (6.126) interpoliert die Werte $\{\mathrm{v}_{\ell,j}\,|\,\ell = -q,\ldots,q\}$ stückweise linear. Der Aufwand hierfür ist konstant in k und j. Insgesamt müssen also $\mathrm{O}(p\,q^2) + \mathrm{O}(p\,d^2)$ arithmetische Operationen aufgebracht werden, um alle Skalarprodukte in $\widetilde{\mathbf{R}}_{n,d}^{\mathrm{gef}}$ zu berechnen. Die Gesamtheit der Skalarprodukte in $\widetilde{\mathbf{R}}_{n,d}$ erfordert dahingegen einen Berechnungsaufwand von $\mathrm{O}(p\,q\,d^2)$. Die approximative Inversion der Radon-Daten, basierend auf (6.126), heißt *Algorithmus der gefilterten Rückprojektion*, siehe Schema 6.11. Die Namensgebung erklärt sich aus den zwei Hauptbestandteilen des Algorith-

---

[‡] Mit Fourier-Techniken kann der Aufwand gemindert werden, z.B. auf $\mathrm{O}(p\,q\,\mathrm{ld}q)$, falls q eine Zweierpotenz ist.

Gefilterte Rückprojektion zur Lösung von (6.97) mit Radon-Daten $(g_{q,p})_{i,j} = \mathbf{R}f(i/q, j\,\pi/p)$, $i = -q, \ldots, q$, $j = 0, \ldots, p$. Sei $d > 1$.

$$g_{q,p} := G_{q,p}g_{q,p};$$

$\mathtt{for}\ j = 0, \ldots, p;$
  $\mathtt{for}\ \ell = -q, \ldots, q;$

$$v_{\ell,j} := \sum_{i=-q}^{q} (g_{q,p})_{i,j} \mathcal{D}^d v\left(\frac{i-\ell}{q}, \varphi_j\right);$$

$\mathtt{for}\ k \in \mathbb{Z}^2,\ \|k\| \le d-1;$
$\{\ \ \mathtt{for}\ j = 0, \ldots, p;$
   $\{\ \tau := q\,k^t\omega(j\,\pi/p)/d;\quad \ell_j := \lfloor \tau \rfloor;\quad u_j := \tau - \ell_j;\ \}$

$$\widetilde{\mathbf{R}}^{\mathrm{gef}}_{n,d}g_{q,p}(k/d) := \sum_{j=0}^{p} \big((1 - u_j)\,v_{\ell_j,j} + u_j\,v_{\ell_j+1,j}\big);\ \ \}$$

Schema 6.11: Algorithmus der gefilterten Rückprojektion.

mus: Die Filterung der Daten mit dem Filter $\mathcal{D}^d v$ (Summation über i) sowie einer anschließenden diskreten Version der Rückprojektion $\mathbf{R}^*$ (2.15) (Summation über j).

Bevor wir numerische Experimente mit der gefilterten Rückprojektion durchführen, wollen wir uns noch schnell überlegen, warum die Aussagen der beiden Korollare 6.3.13 und 6.3.14 ihre Gültigkeit behalten, wenn wir $\widetilde{\mathbf{R}}_{n,d}$ durch $\widetilde{\mathbf{R}}^{\mathrm{gef}}_{n,d}$ ersetzen. Die algorithmische Vereinfachung geht nicht zu Lasten der asymptotischen Genauigkeit.

Die Familie $\{B(d \cdot -k)\,|\,k \in \mathbb{Z}^2\}$, siehe (6.114) sowie (6.119), ist ein Riesz-System in $L^2(\mathbb{R}^2)$. Deswegen existiert eine Konstante C_{gef}, so dass gilt

$$\|(\widetilde{\mathbf{R}}_{n,d} - \widetilde{\mathbf{R}}^{\mathrm{gef}}_{n,d})\mathbf{R}_{q,p}f\|_{L^2(\Omega)} \le C_{\mathrm{gef}}\ \max\big\{|\eta^k_{q,p,d}|\,\big|\,k \in \mathbb{Z}^2,\ \|k\| \le d-1\big\}$$

mit

$$\eta^k_{q,p,d} \quad := \quad \big\langle \mathbf{R}_{q,p}f, G_{q,p}\boldsymbol{\Psi}_{q,p}\widetilde{S}^{d,k}(I - \widetilde{\Pi}_{q,p})\mathcal{D}^d v\big\rangle_{\mathbb{R}^n}$$

$$\overset{(6.104)}{=} \quad \big\langle \Pi_{q,p}\mathbf{R}f, \Pi_{q,p}\widetilde{S}^{d,k}(I - \widetilde{\Pi}_{q,p})\mathcal{D}^d v\big\rangle_{L^2(Z)}.$$

Zur Abschätzung von $\eta^k_{q,p,d}$ wenden wir zuerst die Cauchy–Schwarzsche Ungleichung und dann die Dreiecksungleichung an:

$$|\eta^k_{q,p,d}| \le \|\Pi_{q,p}\mathbf{R}f\|_{L^2(Z)} \Big(\big\|(\Pi_{q,p} - I)\widetilde{S}^{d,k}(I - \widetilde{\Pi}_{q,p})\mathcal{D}^d v\big\|_{L^2(Z)}$$

$$+ \big\|\widetilde{S}^{d,k}(I - \widetilde{\Pi}_{q,p})\mathcal{D}^d v\big\|_{L^2(Z)}\Big).$$

Im Weiteren berücksichtigen wir die Schranken ($\|k\| \leq d$)

$$\|\widetilde{S}^{d,k}\|_{L^2(Z^2)\to L^2(Z)} \leq 1 \quad \text{sowie} \quad \|\widetilde{S}^{d,k}\|_{H^{\alpha+1/2}(Z^2)\to H^{\alpha+1/2}(Z)} \leq C_{\widetilde{S}}.$$

Die Konstante $C_{\widetilde{S}}$ ist unabhängig von d und k. Mit Techniken, wie sie z.B. in [120, Appendix A] angewendet wurden, können wir

$$\left\|I - \widetilde{\Pi}_{q,p}\right\|_{H^{\alpha+1/2}(Z^2)\to H^{\alpha+1/2}(Z^2)} \leq \widetilde{C}_\Pi \quad \text{für } 1/2 < \alpha < 1$$

nachweisen, wobei die Konstante $\widetilde{C}_\Pi$ weder von q noch von p abhängt. Unter den Voraussetzungen von Satz 6.3.12 und unter Verwendung von (6.95) sowie von (6.112) und (6.113), die beide auch für $\widetilde{\Pi}_{q,p}$ gelten, erhalten wir

$$|\eta^k_{q,p,d}| \leq C_\Pi \, C_{\mathrm{AP}} \, (C_{\widetilde{S}} \, \widetilde{C}_\Pi + 1) \, \|\mathbf{R}\|_{H^\alpha_0(\Omega)\to H^{\alpha+1/2}(Z)}$$
$$\cdot \, h^{\alpha+1/2} \, \|f\|_{H^\alpha(\Omega)} \, \|\mathcal{D}^d v\|_{H^{\alpha+1/2}(Z^2)}$$

für $1/2 < \alpha < 1$. Abschätzung (6.121) trifft auch auf $\mathcal{D}^d$ zu, d.h. zu $\kappa > 0$ gibt es eine Konstante $C_\mathcal{D}$, so dass gilt

$$\|\mathcal{D}^d w\|_{H^\kappa(Z^2)} \leq C_\mathcal{D} \, d^{\kappa+3/2} \, \|w\|_{H^\kappa(Z^{2d})} \quad \text{für } k \in \mathbb{Z}^2 \text{ mit } \|k\| \leq d,$$

vgl. Aufgabe 6.13. Oben eingesetzt, erzielen wir

$$|\eta^k_{q,p,d}| \leq C_\eta \, h^{\alpha+1/2} \, d^{\alpha+2} \, \|v\|_{H^{\alpha+1/2}(Z^{2d})} \, \|f\|_{H^\alpha(\Omega)}$$

mit $C_\eta = C_\mathcal{D} \, C_\Pi \, C_{\mathrm{AP}} \, (C_{\widetilde{S}} \, \widetilde{C}_\Pi + 1) \, \|\mathbf{R}\|_{H^\alpha_0(\Omega)\to H^{\alpha+1/2}(Z)}$. Daher ist

$$\|(\widetilde{\mathbf{R}}_{n,d} - \widetilde{\mathbf{R}}^{\mathrm{gef}}_{n,d})\mathbf{R}_{q,p}f\|_{L^2(\Omega)} \leq C_{\mathrm{gef}} \, C_\eta \, h^{\alpha+1/2} \, d^{\alpha+2} \, \|v\|_{H^{\alpha+1/2}(Z^{2d})} \, \|f\|_{H^\alpha(\Omega)}$$

für $1/2 < \alpha < 1$. Die Schranke für den Rekonstruktionsfehler aus Satz 6.3.12 bleibt somit korrekt, wenn $\widetilde{\mathbf{R}}_{n,d}$ durch seine numerisch effizientere Version $\widetilde{\mathbf{R}}^{\mathrm{gef}}_{n,d}$ ausgetauscht wird (nur die Konstante ändert sich und $1/2 < \alpha < 1$ muss zusätzlich gefordert werden). Genauso übertragen sich die Korollare 6.3.13 und 6.3.14.

Abschließend berichten wir über numerische Simulationen mit der gefilterten Rückprojektion. Zugrunde gelegt haben wir eine Funktion, die die Geometrie sowie die Dichteverhältnisse in einem menschlichen Schädel widerspiegelt und für die wir die Radon-Transformation analytisch bestimmen können. Von SHEPP und LOGAN [134] wurde eine solche Funktion angegeben, siehe Bild 6.12. Die Funktion f_{SL} ist eine Superposition von 11 charakteristischen Funktionen von Ellipsen. Die Radon-Transformation von Ellipsen kann einfach bestimmt werden, siehe Aufgabe 6.14.

Zur Illustration der Asymptotik (6.124) definieren wir den diskreten relativen L^2-Rekonstruktionsfehler durch

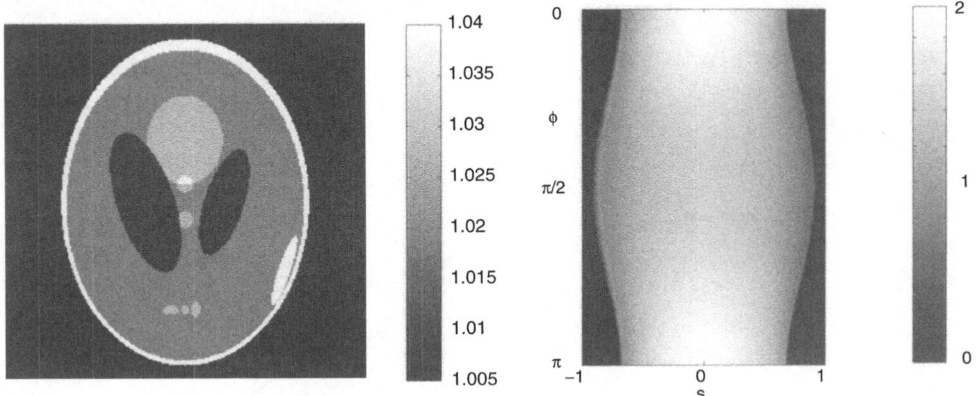

Bild 6.12: Links: Das Shepp-Logan Kopfphantom f_{SL}. Rechts: die zugehörigen Radon-Daten $\mathbf{R}f_{\mathrm{SL}}$.

$$\mathrm{err}(q) := \Big(\sum_{k \in K_d} (\widetilde{\mathbf{R}}_{n,d}^{\mathrm{gef}} \mathbf{R}_{q,p} f_{\mathrm{SL}}(k/d) - f_{\mathrm{SL}}(k/d))^2 \Big/ \sum_{k \in K_d} f_{\mathrm{SL}}^2(k/d) \Big)^{1/2} \qquad (6.127)$$

mit $K_d = \{k \in \mathbb{Z}^2 \mid k/d \in \mathrm{supp}\, f_{\mathrm{SL}}\}$. Obwohl f_{SL} nur für jedes $\alpha < 1/2$ in $H_0^\alpha(\Omega)$ ist[§], erwarten wir trotzdem die Asymptotik $\mathrm{err}(q) = \mathrm{O}(q^{-1/6})$ für $q \to \infty$, wenn wir z.B. $p = 3q$ sowie $d = 10\,\lfloor q^{1/3} \rfloor$ wählen, weil die Glattheitsvoraussetzung von Korollar 6.3.13 bzw. von Satz 6.3.12 nur knapp nicht erfüllt ist. Die hierzu errechneten Fehler sind in Abhängigkeit von q in Bild 6.13 aufgetragen. Zur besseren Orientierung haben wir die exakte Asymptotik $\mathrm{O}(q^{-1/6})$ eingezeichnet: Theorie und Praxis stimmen gut überein. Unseren Rechnungen lag der Rekonstruktionskern v^6 aus (6.117) zugrunde.

Die Konvergenzaussage von Korollar 6.3.13 gibt uns keine Information darüber, wie wir für *festes* q und p den Skalierungsfaktor d geschickt wählen. Diese Problematik wurde in [118] untersucht und gelöst. Im Rahmen dieses Buchs können wir nicht auf die Einzelheiten eingehen, aber ein numerisches Experiment soll dennoch auf den Erfolg der dort propagierten Methode hinweisen. Aus den Radon-Daten $\mathbf{R}_{q,p} f_{\mathrm{SL}}$ für $q = 200$ und $p = 600$ haben wir f_{SL} rekonstruiert, basierend auf dem Skalierungsfaktor $d = 84.8506$, siehe Bild 6.14. Zum Schluss sei noch erwähnt, dass die Qualität der Rekonstruktionen mitunter sehr sensibel auf eine unsachgemäße Wahl von d reagiert.

Bemerkung 6.3.16 Der Algorithmus der gefilterten Rückprojektion stammt ursprünglich aus der Radioastronomie (BRACEWELL und RIDDLE [8]) und wird seit den 70er Jahren des letzten Jahrhunderts in der Medizintechnik eingesetzt (RAMACHANDRAN und LAKSHMINARAYANAN [111] sowie SHEPP und LOGAN [134]). Entsprechend reichhaltig ist die Literatur zu seiner Wirkungsweise.

[§] Schnitte durch den menschlichen Körper können als Elemente aus $H_0^\alpha(\Omega)$ angesehen werden, und zwar für $\alpha < 1/2$, aber nahe bei $1/2$, siehe NATTERER [95, p. 92ff.].

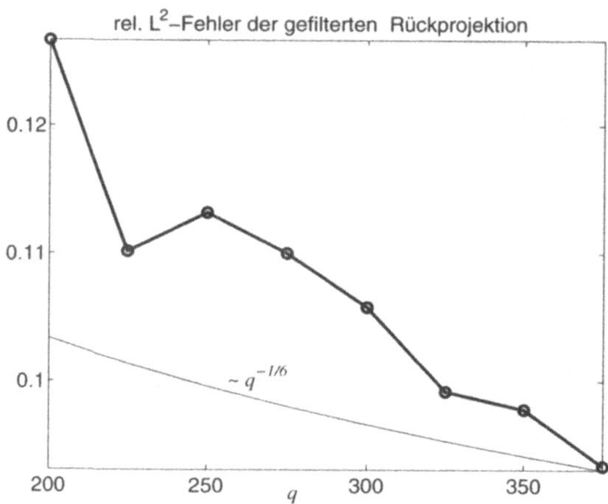

Bild 6.13: Diskreter relativer L^2-Fehler (6.127) der gefilterten Rückprojektion (Schema 6.11) zur Rekonstruktion des Shepp-Logan Kopfphantoms. Der Rekonstruktionskern v^6 aus (6.117) wurde verwendet. Außerdem wurde $p = 3q$ sowie $d = 10\lfloor q^{1/3}\rfloor$ gesetzt. Die dünne Linie veranschaulicht exakte Asymptotik $O(q^{-1/6})$ für $q \to \infty$.

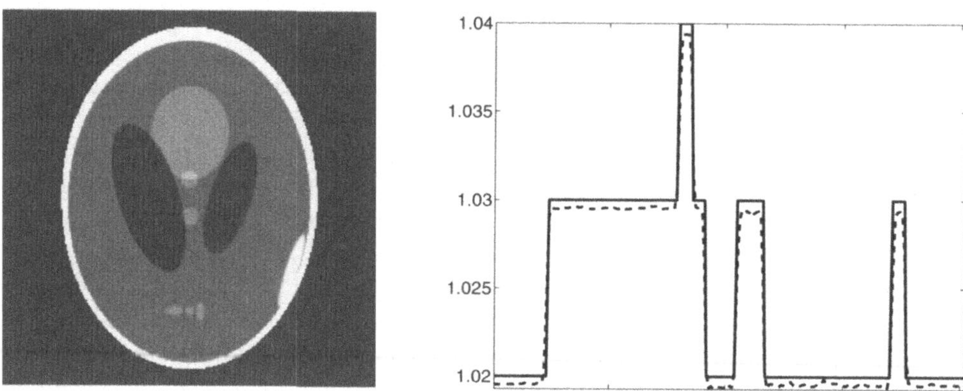

Bild 6.14: Links: Die Rekonstruktion von f_{SL} aus Radon-Daten zu $q = 200$ und $p = 600$, dargestellt auf einem 251×251-Gitter. Mit dem Skalierungsfaktor $d = 84.8506$ beträgt der diskrete relative L^2-Fehler 7.8%. Die Grauwertskala stimmt mit Bild 6.12 (links) überein. Rechts: Ein Querschnitt durch die Rekonstruktion (gestrichelte Linie) und das Original (durchgezogene Linie). Der Schnitt verläuft mittig in Nord/Süd-Richtung innerhalb der großen grauen Ellipse.

Erste Untersuchungen zielten darauf ab, wie der Filter und die Parameter p und q zu wählen sind, um eine gewünschte Auflösung zu erzielen. Die weitreichendsten Ergebnisse hierzu stammen von NATTERER [95, Kap. V.1] sowie von FARIDANI und RITMAN [37]. Die angegebenen Fehlerabschätzungen gelten nur für stetige Funktionen f, genauer: Die Fourier-Transformation von f muss integrierbar sein.

Den ersten strikten Konvergenzbeweis lieferte POPOV [104]. Er bewies punktweise Konvergenz der gefilterten Rückprojektion für Funktionen, die stückweise $\mathcal{C}^\infty$ sind mit Sprüngen über glatte Ränder. Das Shepp-Logan Kopfphantom f_{SL} ist solch eine Funktion. Die Konvergenz im L^2-Sinn wurde erstmals von RIEDER und SCHUSTER in [123] verifiziert. Ihr Zugang, dem wir in diesem Kapitel folgten, liefert als einziger neben der Konvergenz auch die Regularisierungseigenschaft. Die angegebenen Konvergenzraten sind nur suboptimal: Die beste L^2-Konvergenzrate zur Rekonstruktion von $f \in H_0^\alpha(\Omega)$ aus den Radon-Daten $\mathbf{R}_{q,3q}f$ ist $\mathrm{O}(q^{-\alpha})$ (NATTERER [95, Kap. IV, Theorem 2.2]). Der Faktor $\lambda(\alpha)$ in (6.124) ist kleiner als 1! Durch Umformulierung der gefilterten Rückprojektion gelang RIEDER und FARIDANI [120] der Nachweis der Optimalität, beschränkt allerdings auf einen semi-diskreten Rahmen (keine Diskretisierung im Winkel).

Wie wir gesehen haben, induziert die Approximative Inverse bei der klassischen Röntgen-Tomographie keinen neuen Rekonstruktionsalgorithmus, sondern erlaubt "nur" neue Einsichten in einen bewährten Algorithmus. In der Tat wurde die Approximative Inverse mit dem Ziel entwickelt, die gefilterte Rückprojektion auf allgemeine Operatorgleichungen zu übertragen. Ihr gesamtes Potential wird z.B. bei der Algorithmenentwicklung in der 3D-Doppler-Tomographie zur Rekonstruktion von Vektorfeldern ausgeschöpft (SCHUSTER [130, 131] sowie RIEDER und SCHUSTER [122]). Die Approximative Inverse wurde ebenfalls eingesetzt bei der Impedanz-Tomographie (DERTNIG [21]), der Ultraschall-Tomographie (ABDULLAH und LOUIS [1]), der 3D-Röntgen-Tomographie (DIETZ [28]) sowie der lokalen Tomographie (RIEDER, DIETZ und SCHUSTER [119]).

Auch die *Punktquellenmethode* (point source method) von POTTHAST [105, Chap. 5] zur Analyse und Lösung inverser Probleme der Streutheorie teilt viele Ideen mit der Approximativen Inversen. So z.B. die effiziente Berechnung von (approximativen) Rekonstruktionskernen durch Ausnutzen von Symmetrien, siehe (5.1.9) und Lemma 5.1.3 in [105].

6.4 Übungsaufgaben

Aufgabe 6.1 Sei X ein Banachraum und sei $\{\mathcal{X}_l\}_{l\in\mathbb{N}} \subset X$ eine aufsteigende Folge von endlichdimensionalen Unterräumen. Dann gilt

$$\lim_{l\to\infty} \min_{x_l\in\mathcal{X}_l} \|x - x_l\|_X = 0 \quad \text{für alle } x \in \overline{\bigcup_{l\in\mathbb{N}} \mathcal{X}_l}.$$

Aufgabe 6.2 Die Voraussetzungen und Bezeichnungen seien wie bei der Fehlerquadratmethode (Beispiele 6.1.2 und 6.1.6). Zeigen Sie:

$$\|A_l^+ Q_l\| \leq \alpha_l = \sup\left\{ \frac{\|x_l\|_X}{\|A_l x_l\|_Y} \,\Big|\, 0 \neq x_l \in \mathcal{N}(A_l)^\perp \right\}.$$

Hinweis: Überlegen Sie, warum $\|A_l^+ Q_l\| = \sup\left\{\|A_l^+ Q_l y\|_X / \|y\|_Y \mid 0 \neq y \in Y\right\} \leq$ $\sup\left\{\|A_l^+ y_l\|_X / \|y_l\|_Y \mid 0 \neq y_l \in \mathcal{Y}_l = A_l \mathcal{X}_l\right\}$ ist. Für die weitere Umformung ziehen Sie die Identität $A_l^+ A_l = P_{\mathcal{N}(A_l)^\perp}$ heran.

Aufgabe 6.3 Das Bild von $A \in \mathcal{L}(X,Y)$ sei nicht abgeschlossen. Die aufsteigenden Teilraumfamilien $\{\mathcal{X}_l\}_{l \in \mathbb{N}} \subset X$ und $\{\mathcal{Y}_l\}_{l \in \mathbb{N}} \subset Y$ erfüllen (6.11). Dann divergiert $\{\alpha_l\}_{l \in \mathbb{N}}$ mit α_l aus Aufgabe 6.2 gegen Unendlich.

Hinweis: Die verallgemeinerte Inverse von A ist unbeschränkt, d.h. es gibt eine Folge $\{y_k\}_{k \in \mathbb{N}}$ in $\mathcal{R}(A)$ mit $\|y_k\|_Y = 1$, für die $\{A^+ y_k\}_{k \in \mathbb{N}}$ monton gegen Unendlich divergiert, d.h. $\|A^+ y_k\|_X \geq k$. Offensichtlich ist $\alpha_l \geq \|P_{\mathcal{N}(A_l)^\perp} A^+ y_k\|_X / \|A_l P_{\mathcal{N}(A_l)^\perp} A^+ y_k\|_Y$ für jedes $l \in \mathbb{N}$ und jedes $k \in \mathbb{N}$.

Aufgabe 6.4 Überlegen Sie sich, warum das Supremum

$$\sup\left\{ \frac{\|p''\|_{L^2(0,1)}^2}{\|p\|_{L^2(0,1)}^2} \,\middle|\, p \in \Pi_3 \backslash \{0\} \right\}$$

endlich ist und angenommen wird.

Hinweis: Sie können die Markov-Ungleichung verwenden (siehe Aufgabe 5.7) und dann die Äquivalenz aller Normen auf endlichdimensionalen Räumen ausnutzen. Die Tatsache, dass stetige Funktionen über kompakten Mengen ihr Supremum annehmen, führt Sie ebenso zum Ziel.

Aufgabe 6.5 Beweisen Sie Lemma 6.2.2.

Hinweis: Beachten Sie zum Nachweis der Regularität von $s_t\left(\overline{\mathbf{G}_{\Phi_l}^{-1} \mathbf{A}_l^H \mathbf{G}_{\Psi_l}^{-1} \mathbf{A}_l}\right)$, dass s_t nach Voraussetzung keine Nullstellen hat in $[0, \|A\|^2]$. Sie müssen sich jetzt nur noch eines klar machen: Warum liegen sämtliche Eigenwerte von $\mathbf{G}_{\Phi_l}^{-1} \mathbf{A}_l^H \mathbf{G}_{\Psi_l}^{-1} \mathbf{A}_l$ in $[0, \|A\|^2]$?

Aufgabe 6.6 Sei $\{F_t\}_{t>0}$ mit $F_t : [0, \|A\|^2] \to \mathbb{R}$ ein regularisierender Filter für $A \in \mathcal{L}(X,Y)$. Zeigen Sie

$$\sup_{0 \leq \lambda \leq \|A\|^2} \lambda^{1/2} \, |F_t(\lambda)| \leq \sqrt{C_F} \sup_{0 \leq \lambda \leq \|A\|^2} |F_t(\lambda)|^{1/2},$$

wobei C_F wie in Definition 3.3.5 ist.

Weisen Sie mit diesem Ergebnis die zweite Abschätzung von (6.43) nach, jeweils für das n-fach iterierte Tikhonov–Phillips-Verfahrens, für die Landweber-Iteration sowie für die ν-Methode. In den beiden letzten Verfahren ist t selbstverständlich durch die diskreten Werte $t_m = 1/m$ zu ersetzen.

Hinweis: Untersuchen Sie $\sup_{0 \leq \lambda \leq \|A\|^2} \lambda F_t^2(\lambda)$.

Aufgabe 6.7 Beweisen Sie Lemma 6.2.3.

Hinweis: Schauen Sie sich den Beweis von Lemma 6.1.1 noch einmal an.

Aufgabe 6.8 Seien x und y nichtnegative reelle Zahlen und sei $\mu > 0$. Zeigen Sie

$$(x + y)^\mu \leq \max\{1, 2^{\mu-1}\} \left(x^\mu + y^\mu\right).$$

Hinweis: Zeigen Sie, dass die Funktion $\psi_\mu : [0,1] \to \mathbb{R}$, $\psi_\mu(t) = (1 + t)^\mu/(1 + t^\mu)$, ihr Maximum für $\mu \leq 1$ am linken und für $\mu > 1$ am rechten Intervallende annimmt. Was hat ψ_μ mit der gesuchten Abschätzung zu tun?

Aufgabe 6.9 Es gelten die Voraussetzungen von Satz 6.2.11. Das cg-Verfahren werde gestoppt mit $k^* = k^*(\varepsilon, g^\varepsilon, l)$ gemäß (6.67).
Zeigen Sie: Gibt es Teilfolgen $\{\varepsilon_i\}_{i\in\mathbb{N}} \subset \,]0,\infty[$ und $\{l_i\}_{i\in\mathbb{N}} \subset \mathbb{N}$ mit $\lim_{i\to\infty} \varepsilon_i = 0$ sowie $\lim_{i\to\infty} l_i = \infty$, für die $k^*(\varepsilon_i, g^{\varepsilon_i}, l_i) = 0$ gilt für alle $i \in \mathbb{N}$, dann ist $f^+ = 0$.
Hinweis: Überlegen Sie, warum $k^* = 0$ nur eintreten kann unter einem der folgenden Umstände: $m_A = 0$, $\|Q_l g^\varepsilon\|_Y \leq \tau\,\varepsilon$, oder $k_2 = 1$ mit $\zeta_l^{-2} \leq q_0(0)$. Zeigen Sie nun, dass in allen drei Fällen gilt: $\|Q_l g^\varepsilon\|_Y \leq C\,(\varepsilon + \zeta_l)$ (C eine Konstante). Verwenden Sie hierzu im Falle von $m_A = 0$ Aufgabe 5.9 sowie Abschätzung (6.44). Im Falle von $k_2 = 1$ mit $\zeta_l^{-2} \leq q_0(0)$ kommen Sie mit Korollar 6.2.9 zum Ziel.

Aufgabe 6.10 Seien S und T nichtnegative, selbstadjungierte Operatoren in $\mathcal{L}(X)$. Dann gilt

$$\|S - T\| \leq \max\left\{\|S\|, \|T\|\right\}.$$

Hinweis: Die Norm eines selbstadjungierten Operators $A \in \mathcal{L}(X)$ ist gegeben durch $\|A\| = \max\{|\langle Ax, x\rangle_X| \mid x \in X, \|x\|_X \leq 1\}$.

Aufgabe 6.11 Die Familie $\{z_j\}_{1\leq j\leq m}$ sei ein Riesz-System im Hilbertraum Z, siehe Fußnote auf Seite 204. Für die zugehörige Gramsche Matrix G_m gilt

$$\|G_m^{1/2}\| \leq \sqrt{C_R}\, m^{-1/2}.$$

Hinweis: Der Hinweis zu Aufgabe 6.10 hilft auch hier.

Aufgabe 6.12 Rechnen Sie die Vertauschungsrelation (6.118) nach.
Erinnerung: Die Adjungierte $\mathbf{R}^*$ der Radon-Transformation $\mathbf{R} \in \mathcal{L}\left(L^2(\Omega), L^2(Z)\right)$ haben wir in Satz 2.5.1 bestimmt.

Aufgabe 6.13 Weisen Sie die Abschätzung (6.121) für $\kappa \in \mathbb{N}_0$ nach.
Hinweis: Für $\kappa \in \mathbb{N}_0$ und $G \subset \mathbb{R}^2$ ist $\|w\|^2_{H^\kappa(G)} = \sum_{i=0}^\kappa |w|^2_{H^i(G)}$ mit

$$|w|^2_{H^i(G)} = \sum_{\substack{\alpha\in\mathbb{N}_0^2 \\ \alpha_1+\alpha_2=i}} \|D^\alpha w\|^2_{L^2(G)}.$$

Zeigen Sie durch Induktion, dass $|\mathcal{S}^{d,k}w|_{H^i(Z)} \leq d^{i+3/2}\,|w|_{H^i(Z^{2d})}$ gilt.

Aufgabe 6.14 Sei $\mathbf{R}$ die Radon-Transformation wie in (2.14) erklärt. Weiter sei $f : \mathbb{R}^2 \to \mathbb{R}$ eine Funktion mit kompaktem Träger im Einheitskreis: $\operatorname{supp} f \subset \Omega$.

(a) Für $b \in \mathbb{R}^2$ ist der Translationsoperator T^b gegeben durch $T^b f(x) := f(x-b)$. Falls $\operatorname{supp} T^b f \subset \Omega$ ist, dann gilt

$$\mathbf{R}T^b f(s,\varphi) = \mathbf{R}f(s - b^t \omega(\varphi),\varphi).$$

(b) Sei $A \in \mathbb{R}^{2 \times 2}$ eine reguläre Matrix. Der Skalierungsoperator D^A sei definiert durch $D^A f(x) = f(Ax)$. Falls $\operatorname{supp} D^A f \subset \Omega$ ist, dann gilt

$$\mathbf{R}D^A f(s,\varphi) = \alpha(\varphi)\,\mathbf{R}f\big(s\,\alpha(\varphi)\det A, \arg(A^{-t}\omega(\varphi))\big).$$

Dabei sind $\alpha(\varphi) = \|A\omega^\perp(\varphi)\|^{-1}$, $\omega^\perp(\varphi) = (-\sin\varphi, \cos\varphi)^t$, und $\arg(x)$ ist der Winkel in der Polardarstellung $x = \|x\|\,\omega(\arg(x))$ für $x \in \mathbb{R}^2$.

(c) Sei $\chi_{a,b}$ die charakteristische Funktion der Ellipse mit Halbachsen $0 < a, b \le 1$, d.h.

$$\chi_{a,b}(x) = \begin{cases} 1 & : \quad \left(\frac{x_1}{a}\right)^2 + \left(\frac{x_2}{b}\right)^2 \le 1 \\ 0 & : \qquad \text{sonst} \end{cases}$$

Berechnen Sie zuerst $\mathbf{R}\chi_{1,1}$ und daraus $\mathbf{R}\chi_{a,b}$ unter Verwendung von Teil (b).

7 Nichtlineare schlecht gestellte Probleme

Die Theorie zu linearen schlecht gestellten Problemen ist recht übersichtlich und nahezu vollständig, wie wir uns in den vorausgegangenen Kapiteln überzeugen konnten. Leider sind viele Zusammenhänge in Natur, Technik und Wirtschaft nichtlinear. Lineare Modelle hierfür beschreiben die Realität meist sehr eingeschränkt; daher muss mit nichtlinearen Modellen gearbeitet werden.

In diesem Kapitel entwerfen wir Konzepte zur Beschreibung und Lösung nichtlinearer inverser Probleme. Wegen der Vielfalt nichtlinearer Phänomene dürfen wir keine geschlossene Theorie wie bei den linearen Problemen erwarten. Die Forschung auf dem Gebiet nichtlinearer inverser Probleme ist zwar noch stark im Fluss, doch zeichnet sich in den letzten fünf Jahren eine Tendenz ab. Nachdem zunächst auch eine einheitliche Theorie für nichtlineare Probleme entwickelt wurde, allerdings unter Bedingungen an die Nichtlinearität, die für konkrete Anwendungsprobleme (z.B. Impedanz-Tomographie, inverses Streuproblem) bisher nicht nachgewiesen wurden oder tatsächlich nicht zutreffen, werden in letzter Zeit verstärkt Lösungsverfahren konstruiert, die auf das konkrete Problem zugeschnitten sind. Stabilitäts- und Konvergenzanalysen beruhen vorwiegend auf den spezifischen Eigenschaften des Einzelfalls.

Trotzdem konzentrieren wir unsere Ausführungen zu nichtlinearen inversen Problemen auf die einheitliche Theorie, deren solide Kenntnis in der konkreten Situation durchaus hilfreich ist. Wir wollen vermitteln, welche zusätzlichen Schwierigkeiten Nichtlinearitäten verursachen und wie sie in den Griff zu bekommen sind.

An Verfahren zur Regularisierung nichtlinearer Probleme stellen wir neben der Tikhonov–Phillips-Regularisierung noch iterative Methoden vom Newton-Typ vor.

7.1 Lokale Schlechtgestelltheit

Wir betrachten hier Gleichungen der Form

$$\Phi(f) = g, \tag{7.1}$$

wobei $\Phi : \mathcal{D}(\Phi) \subset X \to Y$ ein nichtlinearer stetiger Operator ist mit Definitionsbereich $\mathcal{D}(\Phi)$. Für alle folgenden Betrachtungen setzen wir voraus, dass Gleichung (7.1) lösbar ist, es existiert also ein $f^+ \in \mathcal{D}(\Phi)$ mit $\Phi(f^+) = g$.

Unter welchen Umständen betrachten wir Problem (7.1) als schlecht gestellt?

- Falls f^+ keine isolierte Lösung von (7.1) ist, d.h. für alle $r > 0$ existiert ein $f^r \in B_r(f^+) \cap \mathcal{D}(\Phi)$ mit $\Phi(f^r) = g$. In dieser Situation kann f^+ lokal nicht eindeutig aus den Daten rekonstruiert werden.

- Falls f^+ nicht stetig von g abhängt. Wie bei den schlecht gestellten linearen Problemen führt eine unbedarfte Rekonstruktion aus gestörten Daten zu unbrauchbaren Ergebnissen.

Die folgende Definition präzisiert den lokalen Charakter der Schlechtgestelltheit nichtlinearer Gleichungen und deckt beide oben erörterten Fälle ab.

Definition 7.1.1 *Die nichtlineare Operatorgleichung (7.1) auf Banachräumen heißt **lokal schlecht gestellt** in $f^+ \in \mathcal{D}(\Phi)$, falls es zu jedem $r > 0$ eine Folge $\{f_k^r\}_{k \in \mathbb{N}} \subset B_r(f^+) \cap \mathcal{D}(\Phi)$ gibt, die nicht gegen f^+ konvergiert, deren Bildfolge $\{\Phi(f_k^r)\}_{k \in \mathbb{N}}$ aber gegen $\Phi(f^+)$ konvergiert:*

$$\lim_{k \to \infty} \|\Phi(f_k^r) - \Phi(f^+)\|_Y = 0, \text{ aber } f_k^r \not\to f^+ \text{ für } k \to \infty. \tag{7.2}$$

*Andernfalls heißt (7.1) **lokal gut gestellt** in $f^+ \in \mathcal{D}(\Phi)$, d.h. es gibt ein $r > 0$, so dass für alle Folgen $\{f_k^r\}_{k \in \mathbb{N}} \subset B_r(f^+) \cap \mathcal{D}(\Phi)$ gilt*

$$\lim_{k \to \infty} \|\Phi(f_k^r) - \Phi(f^+)\|_Y = 0 \implies \lim_{k \to \infty} \|f_k^r - f^+\|_X = 0.$$

In einem nichtisolierten Punkt des Urbildes von g sollte (7.1) lokal schlecht gestellt sein. Unsere Definition von lokaler Schlechtgestelltheit leistet dies (Aufgabe 7.1).

Die Schlechtgestelltheit linearer Operatorgleichungen in Hilberträumen haben wir bereits in Kapitel 2.1 charakterisiert: Das Problem $Ax = y$, $A \in \mathcal{L}(X,Y)$, ist genau dann schlecht gestellt, wenn das Bild $\mathcal{R}(A)$ nicht abgeschlossen ist in Y (Definition 2.1.10 mit anschließender Vereinbarung). Wie hängt diese Art der Schlechtgestelltheit mit der lokalen Schlechtgestelltheit zusammen?

Die lineare Gleichung $Ax = y$ ist entweder in allen Punkten aus X lokal gut gestellt oder in allen Punkten lokal schlecht gestellt. Sie ist lokal schlecht gestellt genau dann, wenn A nicht injektiv oder das Bild $\mathcal{R}(A)$ nicht abgeschlossen ist (Aufgabe 7.2). Umgekehrt ist $Ax = y$ lokal gut gestellt in jedem Punkt aus X dann und nur dann, wenn A injektiv und das Bild $\mathcal{R}(A)$ abgeschlossen ist.

In drei Beispielen vertiefen wir Definition 7.1.1.

Beispiel 7.1.2 *Impedanz-Tomographie*

Die Impedanz-Tomographie haben wir in Kapitel 1.2 als nichtlineares inverses Problem vorgestellt. Hier werden wir ihre lokale Schlechtgestelltheit im homogenen Medium nachweisen.

Die Notation übernehmen wir von Kapitel 1.2; das Gebiet D aber fixieren wir als Einheitskreis ($D = B_1(0)$). Die zugrunde liegende nichtlineare Abbildung $\Phi : \sigma \mapsto \Lambda_\sigma$ ordnet dem elektrischen Widerstand σ in D die Neumann–Dirichlet-Abbildung Λ_σ zu. Zunächst schränken wir die zulässigen Widerstände σ in (1.8) auf Funktionen ein, für die Λ_σ, d.h. Φ, wohldefiniert ist. Wir setzen

$$\mathfrak{D}(\Phi) := \left\{\varsigma \in L^\infty(D) \,\big|\, \operatorname{ess\,inf}_{x\in D} \varsigma(x) > 0\right\}.$$

Für $\sigma \in \mathfrak{D}(\Phi)$ ist der Differentialoperator in (1.8) elliptisch. Zu einem vorgegebenen Strom j aus

$$L^2_\diamond(\partial D) := \left\{\varphi \in L^2(\partial D) \,\big|\, \langle\varphi, 1\rangle_{L^2(\partial D)} = 0\right\}$$

hat (1.8) eine eindeutige (schwache) Lösung $u \in H^1(D)$, deren Spur (Einschränkung) $u|_{\partial D}$ ebenfalls in $L^2_\diamond(\partial D)$ liegt, siehe z.B. BRAESS [9] oder HACKBUSCH [43]. Die Neumann–Dirichlet-Abbildung Λ_σ bildet damit den $L^2_\diamond(\partial D)$ auf sich selbst ab, und aus bekannten Resultaten über elliptische Operatoren und Spurabbildungen folgt auch die Stetigkeit von $\Lambda_\sigma : L^2_\diamond(\partial D) \to L^2_\diamond(\partial D)$. Damit besitzt Φ folgende Abbildungseigenschaft

$$\Phi : \mathfrak{D}(\Phi) \subset L^2(D) \to \mathcal{L}\left(L^2_\diamond(\partial D)\right).$$

Unsere obige Darstellung ist knapp gehalten, Details können bei BRÜHL [12, 13] nachgelesen werden, von ihm stammen auch unsere weiteren Ausführungen.

Zu $\rho \in \,]0,1]$ und $\kappa > 0$ definieren wir

$$\sigma_{\rho,\kappa}(x) = \begin{cases} \kappa & : & \|x\| < \rho \\[4pt] 1 & : & \rho < \|x\| < 1 \\[4pt] 0 & : & \text{sonst} \end{cases} \ \in \mathfrak{D}(\Phi).$$

Brühl konnte nachweisen, dass die trigonometrischen Grundfunktionen Eigenfunktionen von $\Lambda_{\sigma_{\rho,\kappa}}$ sind, genauer

$$\Lambda_{\sigma_{\rho,\kappa}}\big(\cos(k\,\cdot)\big)(\xi) = \lambda_k\,\cos(k\,\xi) \quad\text{und}\quad \Lambda_{\sigma_{\rho,\kappa}}\big(\sin(k\,\cdot)\big)(\xi) = \lambda_k\,\sin(k\,\xi), \quad k \in \mathbb{N},$$

mit den Eigenwerten

$$\lambda_k = \lambda_k(\rho,\kappa) = \frac{1}{k}\,\frac{(\kappa+1) - (\kappa-1)\,\rho^{2k}}{(\kappa+1) + (\kappa-1)\,\rho^{2k}}.$$

Da das System $\{\cos(k\,\cdot)/\sqrt{\pi}, \sin(k\,\cdot)/\sqrt{\pi}\}_{k\in\mathbb{N}}$ eine Orthonormalbasis in $L^2_\diamond(\partial D)$ ist, haben wir sogar die Spektralzerlegung des symmetrischen, kompakten Operators $\Lambda_{\sigma_{\rho,\kappa}}$ vorliegen.

Nun können wir die lokale Schlechtgestelltheit der Impedanz-Tomographie verifizieren. Wir haben ($\sigma_{1,1} = \chi_D$)

$$\begin{aligned} \|\Lambda_{\sigma_{\rho,\kappa}} - \Lambda_{\chi_D}\|_{\mathcal{L}(L^2_\diamond(\partial D))} &= \max\left\{|\lambda_k(\rho,\kappa) - \lambda_k(1,1)| \,\big|\, k \in \mathbb{N}\right\} \\[8pt] &= \max\left\{\frac{2}{k}\,\frac{|1-\kappa|\,\rho^{2k}}{(\kappa+1) + (\kappa-1)\,\rho^{2k}} \,\bigg|\, k \in \mathbb{N}\right\} \\[8pt] &= \frac{2\,|1-\kappa|\,\rho^2}{(\kappa+1) + (\kappa-1)\,\rho^2}. \end{aligned}$$

Wegen $\|\sigma_{\rho,\kappa} - \chi_D\|_{L^2(D)} = \sqrt{\pi}\,\rho\,|1 - \kappa|$ ist

$$\|\Phi(\sigma_{\rho,\kappa}) - \Phi(\chi_D)\|_{\mathcal{L}(L^2_\diamond(\partial D))} = \frac{2\,\rho\,\|\sigma_{\rho,\kappa} - \chi_D\|_{L^2(D)}}{\sqrt{\pi}\left((\kappa + 1) + (\kappa - 1)\,\rho^2\right)}.$$

Wir betrachten die speziellen Leitfähigkeitswerte $\kappa = \kappa(\rho) = 1 + r/(\sqrt{\pi}\,\rho)$, $r > 0$. Dann ist einerseits $\|\sigma_{\rho,\kappa(\rho)} - \chi_D\|_{L^2(D)} = r$, andererseits haben wir

$$\|\Phi(\sigma_{\rho,\kappa(\rho)}) - \Phi(\chi_D)\|_{\mathcal{L}(L^2_\diamond(\partial D))} = O(\rho) \quad \text{für } \rho \to 0.$$

Das Problem $\Phi(\sigma) = \Lambda_{\chi_D}$ ist daher lokal schlecht gestellt in χ_D. ♠

Beispiel 7.1.3 *SPECT (Single Photon Emission Computed Tomography)*
Die Tomographie-Varianten SPECT und PET erlauben die simultane Rekonstruktion der Verteilung einer radioaktiven Trägersubstanz in einem Körperquerschnitt sowie der dortigen Dichteverhältnisse aus Absorptionsmessungen außerhalb des Körpers. Beide Verfahren werden verwendet zur Aktivitätsdiagnostik des Gehirns und des Herzmuskels.

Wir leiten nun das mathematische Modell her. Dazu betrachten wir zunächst einen vereinfachten Fall: Die radioaktive Substanz habe sich genau in dem Punkt x angereichert und strahle Photonen aus. Damit haben wir eine Strahlungsquelle in x mit der Intensität $f(x)$, die wir nicht kennen. Angenommen, wir können die Anzahl der Photonen messen, die mit Richtung des Strahls L aus einer Körperseite austreten, siehe Bild 7.1 links. Dann können wir fortfahren wie in Kapitel 1.1. Sei μ die Dichte (Röntgenschwächungskoeffizient) des Körperquerschnitts und sei $\gamma(t) = x + t\,\omega^\perp(\varphi)$ die Parametrisierung von L. Wir erhalten den Zusammenhang

$$\mu(\gamma(\tau)) = -\frac{\mathrm{d}}{\mathrm{d}t}\,\ln \mathfrak{I}_L(\gamma(t))\big|_{t\,=\,\tau}, \quad \mathfrak{I}_L(\gamma(0)) = \mathfrak{I}_L(x) = f(x),$$

wobei $\mathfrak{I}_L$ die Photonenintensität entlang des Strahls L bezeichnet, siehe (1.5). Indem wir das Anfangswertproblem lösen, erhalten wir die Darstellung

$$\mathfrak{I}_L(\gamma(\infty)) = f(x)\,\exp\left(-\int_0^\infty \mu(x + \tau\,\omega^\perp)\,\mathrm{d}\tau\right)$$

für die Intensität am Detektor. Dabei haben wir einen kompakten Träger von μ angenommen. Wir lösen uns nun von der Annahme, nur in einem Punkt eine Strahlungsquelle zu haben. Die detektierten Photonen aus der Richtung L sind dann die Summe aller Photonen, emittiert von Strahlungsquellen auf L:

$$\mathfrak{I}_L(\gamma(\infty)) = \int_L f(x)\,\exp\left(-\mathbf{D}\mu(x,\varphi)\right)\,\mathrm{d}\sigma(x)$$

mit der *divergenten Röntgen-Transformation*

$$\mathbf{D}\mu(x,\varphi) := \int_0^{\ell(x,\varphi)} \mu\big(x + \tau\,\omega^\perp(\varphi)\big)\,\mathrm{d}\tau, \quad x \in \Omega,$$

Bild 7.1: Prinzip der Messungen bei SPECT und PET. Die technischen Details zu SPECT und PET werden z.B. von DÖSSEL [30] beschrieben.

mit $\ell(x,\varphi) := \max\left\{\tau \geq 0 \,\middle|\, x + \tau\,\omega^{\perp}(\varphi) \in \overline{\Omega}\right\}$. In der Definition von $\mathbf{D}$ haben wir bereits berücksichtigt, dass wir im Weiteren nur noch Funktionen mit einem kompakten Träger im Einheitskreis Ω betrachten werden. Daher ist die Röntgen-Transformation $\mathbf{D} : L^2(\Omega) \to L^2(\Omega \times [0,2\pi])$ beschränkt, siehe z.B. DICKEN [25, Proposition 3.4]. Parametrisieren wir die Gerade L durch s und φ, vgl. Bild 1.3, so ist das inverse Problem der SPECT gegeben durch

$$\Phi_{\mathrm{SPECT}}(f,\mu)(s,\varphi) = g(s,\varphi) \tag{7.3}$$

mit den Daten g und dem nichtlinearen SPECT-Operator ($\omega = \omega(\varphi)$, $\mathrm{w}(s) = \sqrt{1 - s^2}$ wie in Kapitel 2.5)

$$\Phi_{\mathrm{SPECT}}(f,\mu)(s,\varphi) := \int_{-\mathrm{w}(s)}^{\mathrm{w}(s)} f(s\,\omega + t\,\omega^{\perp})\,\exp\left(-\mathbf{D}\mu(s\,\omega + t\,\omega^{\perp},\varphi)\right)\,dt.$$

Wenn $\mu \geq 0$ ist[*], dann haben wir nach Satz 2.5.1 ($Z = [-1,1] \times [0,2\pi]$)

$$\|\Phi_{\mathrm{SPECT}}(f,\mu)\|_{L^2(Z)} \leq \||\mathbf{R}|f|\,\|_{L^2(Z)} \leq \sqrt{4\pi}\,\|f\|_{L^2(\Omega)}.$$

Somit hat der SPECT-Operator $\Phi = \Phi_{\mathrm{SPECT}}$ die folgende Abbildungseigenschaft

$$\Phi : \mathcal{D}(\Phi) \subset L^2(\Omega)^2 \to L^2(Z) \quad \text{mit } \mathcal{D}(\Phi) = \left\{(f,\mu) \in L^\infty(\Omega)^2 \,\middle|\, \mu \geq 0\right\}. \tag{7.4}$$

Außerdem ist Φ auf den angegebenen Räumen stetig; denn

$$\begin{aligned}
\|\Phi(f,\mu) - \Phi(w,\nu)\|_{L^2(Z)} &\leq \|\Phi(f - w,\mu)\|_{L^2(Z)} + \|\Phi(w,\mu) - \Phi(w,\nu)\|_{L^2(Z)} \\
&\leq \||\mathbf{R}|f - w|\,\|_{L^2(Z)} \\
&\qquad + \|w\|_{L^\infty(\Omega)}\,\|\mathbf{D}(\mu - \nu)\|_{L^2(\Omega \times [0,2\pi])},
\end{aligned}$$

---

[*] Die Einschränkung $\mu \geq 0$ ist nicht nötig; sie vereinfacht aber die folgenden Abschätzungen.

siehe Aufgabe 7.3. Die Abbildungseigenschaften von Φ wurden eingehend von DICKEN [25] studiert.

Nun zeigen wir die lokale Schlechtgestelltheit von (7.3) in $(f,0) \in \mathcal{D}(\Phi)$. Sei $\{(\sigma_{m,\ell}; v_{m,\ell}, u_{m,\ell})\}$ das singuläre System der Radon-Transformation (Satz 2.5.3). Wir definieren $(f_m^r,0) := (f + r\,v_{m,m},0) \in \mathcal{D}(\Phi)$ für $r > 0$. Einerseits gilt $\|(f,0) - (f_m^r,0)\|_{L^2(\Omega)^2} = r$, andererseits haben wir

$$\|\Phi(f,0) - \Phi(f_m^r,0)\|_{L^2(Z)} \;=\; r\,\|\mathbf{R}v_{m,m}\|_{L^2(Z)} = r\,\sigma_{m,m}\,\|u_{m,m}\|_{L^2(Z)}$$

$$=\; r\,\sigma_{m,m} \;\xrightarrow{\;m\to\infty\;}\; 0,$$

d.h. (7.3) ist lokal schlecht gestellt in $(f,0) \in \mathcal{D}$. ♠

Beispiel 7.1.4 *PET (Positron Emission Tomography)*
Das Prinzip der PET ist ähnlich zu SPECT. Hier wird jedoch eine radioaktive Substanz eingebracht, die Photonen zeitgleich in entgegengesetzte Richtungen emittiert. Ein Messereignis wird nur registriert, wenn zwei Detektoren, deren Verbindungslinie das Objekt schneidet, gleichzeitig einen Photoneneingang vermelden, siehe Bild 7.1 rechts. Das inverse Problem der PET lautet daher

$$\Phi_{\mathrm{PET}}(f,\mu)(s,\varphi) = g(s,\varphi), \tag{7.5}$$

wobei f und μ dieselbe Bedeutung haben wie bei der SPECT und der nichtlineare PET-Operator Φ_{PET} gegeben ist durch

$$\Phi_{\mathrm{PET}}(f,\mu)(s,\varphi) \;:=\; \int_{-\mathrm{w}(s)}^{\mathrm{w}(s)} f(s\,\omega + t\,\omega^\perp)\,\exp\left(-\int_{-\mathrm{w}(s)}^{\mathrm{w}(s)} \mu(s\,\omega + \tau\,\omega^\perp)\,\mathrm{d}\tau\right)\,\mathrm{d}t$$

$$=\; \exp\left(-\mathbf{R}\mu(s,\varphi)\right)\mathbf{R}f(s,\varphi).$$

Der Definitionsbereich des SPECT-Operators kann für Φ_{PET} übernommen werden. Damit haben beide Operatoren dieselbe Abbildungseigenschaft (7.4).

Gleichung (7.5) ist lokal schlecht gestellt in $(f,\mu) \in \mathcal{D}(\Phi_{\mathrm{PET}})$, das sehen wir mit Hilfe der Folge $\{(f_m^r,\mu)\}_{m\in\mathbb{N}} \subset \mathcal{D}(\Phi_{\mathrm{PET}})$, wobei f_m^r wie in Beispiel 7.1.3 ist. ♠

Ein weiteres Beispiel zur lokalen Schlechtgestelltheit finden Sie in Aufgabe 7.4 (a).

7.2　Fréchet-Differenzierbarkeit

Bei der Analysis von Funktionen vom $\mathbb{R}^q$ in den $\mathbb{R}^p$ spielt ihre Linearisierung, d.h. ihre Approximation durch eine lineare Abbildung, eine wichtige Rolle. Das Werkzeug der Linearisierung wollen wir auch für die Untersuchung von nichtlinearen schlecht gestellten Problemen zur Verfügung haben. Deshalb führen wir einen Differenzierbarkeitsbegriff für Operatoren auf Banachräumen ein und vertiefen ihn an den SPECT- und PET-Operatoren.

Definition 7.2.1 *Seien X und Y Banachräume. Eine Abbildung $\Phi : \mathcal{D}(\Phi) \subset X \to Y$ heißt **Fréchet-differenzierbar** in einem Punkt $x \in \operatorname{int}(\mathcal{D}(\Phi))$ (innerer Punkt), falls es eine offene Kugel $B_r(x) \subset \mathcal{D}(\Phi)$ und einen linearen Operator $A \in \mathcal{L}(X,Y)$ gibt mit*

$$\lim_{B_r(0)\ni h\to 0} \frac{\|\Phi(x+h) - \Phi(x) - Ah\|_Y}{\|h\|_X} = 0.$$

*Der Operator $\Phi'(x) := A$ heißt **Fréchet-Ableitung** oder **Linearisierung** von Φ in x. Die Abbildung Φ heißt **Fréchet-differenzierbar** in der offenen Menge $U \subset \mathcal{D}(\Phi)$, wenn sie in allen Punkten aus U eine Fréchet-Ableitung besitzt. Ist die Abbildung $\Phi' : U \to \mathcal{L}(X,Y)$ stetig, so heißt Φ **stetig Fréchet-differenzierbar** in U.*

Beispiele helfen, das Konzept der Fréchet-Differenzierbarkeit besser zu verstehen.

Beispiel 7.2.2 *Fréchet-Differenzierbarkeit des PET-Operators*
Es sei $\Phi = \Phi_{\mathrm{PET}}$ der nichtlineare Operator der Positron-Emissions-Tomographie aus Beispiel 7.1.4:

$$\Phi(f,\mu)(s,\varphi) = \exp\left(-\mathbf{R}\mu(s,\varphi)\right) \mathbf{R}f(s,\varphi) = \mathrm{e}^{-\mathbf{R}\mu(s,\varphi)} \, \mathbf{R}f(s,\varphi).$$

Zur Vereinfachung der Darstellung betrachten wir Φ hier als Abbildung von $L^\infty(\Omega)^2$ nach $L^\infty(Z)$:

$$\Phi : L^\infty(\Omega)^2 \to L^\infty(Z) \quad \text{mit } \mathcal{D}(\Phi) = L^\infty(\Omega)^2. \tag{7.6}$$

Der PET-Operator hat tatsächlich obige Abbildungseigenschaft; denn

$$\|\Phi(f,\mu)\|_{L^\infty(Z)} \le \mathrm{e}^{\|\mathbf{R}\mu\|_{L^\infty(Z)}} \|\mathbf{R}f\|_{L^\infty(Z)} \le 2 \, \mathrm{e}^{2\|\mu\|_{L^\infty(\Omega)}} \|f\|_{L^\infty(\Omega)}. \tag{7.7}$$

Wir weisen nun die Fréchet-Differenzierbarkeit von Φ in $(f,\mu) \in L^\infty(\Omega)^2$ nach mit der Fréchet-Ableitung

$$\Phi'(f,\mu)v = \Phi(v_1,\mu) - \mathbf{R}v_2 \, \Phi(f,\mu) \quad \text{für } v = (v_1,v_2) \in L^\infty(\Omega)^2. \tag{7.8}$$

Den $L^\infty(\Omega)^2$ versehen wir mit der Norm

$$\|v\|_{L^\infty(\Omega)^2} = \max\left\{\|v_1\|_{L^\infty(\Omega)}, \|v_2\|_{L^\infty(\Omega)}\right\}.$$

Sei $h = (h_1,h_2) \in L^\infty(\Omega)^2$. Die Norm des Linearisierungsfehlers

$$\begin{aligned}
\Delta \quad &:= \quad \Phi(f + h_1, \mu + h_2) - \Phi(f,\mu) - \Phi'(f,\mu)h \\
&= \quad \mathrm{e}^{-\mathbf{R}h_2}\left(\Phi(f,\mu) + \Phi(h_1,\mu)\right) - \Phi(f,\mu) - \Phi(h_1,\mu) + \mathbf{R}h_2 \, \Phi(f,\mu) \\
&= \quad \left(\mathrm{e}^{-\mathbf{R}h_2} - 1 + \mathbf{R}h_2\right)\Phi(f,\mu) + \left(\mathrm{e}^{-\mathbf{R}h_2} - 1\right)\Phi(h_1,\mu)
\end{aligned}$$

schätzen wir ab durch

$$\|\Delta\|_{L^\infty(Z)} \leq \left(\left\|e^{-\mathbf{R}h_2} - 1 + \mathbf{R}h_2\right\|_{L^\infty(Z)} 2\,\|f\|_{L^\infty(\Omega)}\right.$$

$$\left. + \left\|\left(e^{-\mathbf{R}h_2} - 1\right)\mathbf{R}h_1\right\|_{L^\infty(Z)}\right) e^{2\,\|\mu\|_{L^\infty(\Omega)}},$$

wobei (7.7) zum Einsatz kam. Die Taylor-Reihe

$$e^{-\mathbf{R}w} - 1 + \mathbf{R}w = \frac{1}{2}(\mathbf{R}w)^2 + \sum_{k=3}^{\infty} \frac{(-1)^k}{k!}\,(\mathbf{R}w)^k$$

zusammen mit $\|\mathbf{R}w\|_{L^\infty(Z)} \leq 2\,\|w\|_{L^\infty(\Omega)}$ liefert

$$\left\|e^{-\mathbf{R}h_2} - 1 + \mathbf{R}h_2\right\|_{L^\infty(Z)} \leq 2\,\|h\|^2_{L^\infty(\Omega)^2} + O\left(\|h\|^3_{L^\infty(\Omega)^2}\right) \quad \text{für } h \to 0.$$

Analog erhalten wir

$$\left\|\left(e^{-\mathbf{R}h_2} - 1\right)\mathbf{R}h_1\right\|_{L^\infty(Z)} \leq 4\,\|h\|^2_{L^\infty(\Omega)^2} + O\left(\|h\|^3_{L^\infty(\Omega)^2}\right) \quad \text{für } h \to 0.$$

Schlussendlich folgt

$$\frac{\|\Delta\|_{L^\infty(Z)}}{\|h\|_{L^\infty(\Omega)^2}} \leq 4\,e^{2\,\|\mu\|_{L^\infty(\Omega)}}\,(\|f\|_{L^\infty(\Omega)} + 1)\,\|h\|_{L^\infty(\Omega)^2} + O\left(\|h\|^2_{L^\infty(\Omega)^2}\right). \tag{7.9}$$

Die rechte Seite konvergiert gegen Null für $h \to 0$, damit ist Φ', definiert in (7.8), die Fréchet-Ableitung des PET-Operators $\Phi : L^\infty(\Omega)^2 \to L^\infty(Z)$, der daher auch stetig ist.

Aus den stetigen Einbettungen $H_0^\alpha(\Omega) \hookrightarrow L^\infty(\Omega)$ für $\alpha > 1$ (Lemma von Sobolev, siehe Beispiel 8.3.5) sowie $L^\infty(Z) \hookrightarrow L^2(Z)$ ergibt sich aus (7.9), dass der PET-Operator als Abbildung

$$\Phi : H_0^\alpha(\Omega)^2 \to L^2(Z), \quad \alpha > 1, \tag{7.10}$$

Fréchet-differenzierbar ist in $H_0^\alpha(\Omega)^2$.   ♠

Beispiel 7.2.3 *Fréchet-Differenzierbarkeit des SPECT-Operators*
Die Struktur des SPECT-Operators $\Phi = \Phi_{\mathrm{SPECT}}$ (Beispiel 7.1.3) ist komplizierter als die des PET-Operators. Entsprechend aufwändiger gestaltet sich die Berechnung seiner Fréchet-Ableitung. Die einfachste Situation liegt vor, wenn wir den SPECT-Operator unter der Abbildungseigenschaft (7.6) studieren. Das ist möglich; denn

$$\|\Phi(f,\mu)\|_{L^\infty(Z)} \leq 2\,\|f\|_{L^\infty(\Omega)}\,e^{\|\mathbf{D}\mu\|_{L^\infty(\Omega)}} \leq 2\,\|f\|_{L^\infty(\Omega)}\,e^{2\,\|\mu\|_{L^\infty(\Omega)}}.$$

Wir behaupten: Der beschränkte lineare Operator $\Phi' : L^\infty(\Omega)^2 \to L^\infty(Z)$, definiert durch

$$\Phi'(f,\mu)h := \widetilde{\mathbf{R}}\big((h_1 - f\,\mathbf{D}h_2)\,\mathrm{e}^{-\mathbf{D}\mu}\big), \tag{7.11}$$

ist die Fréchet-Ableitung des SPECT-Operators in $(f,\mu) \in L^\infty(\Omega)^2$. Hierbei bezeichnet $\widetilde{\mathbf{R}} : L^\infty(\Omega \times [0,2\pi]) \to L^\infty(Z)$ eine Modifikation der Radon-Transformation:

$$\widetilde{\mathbf{R}}g(s,\varphi) := \int_{-\mathrm{w}(s)}^{\mathrm{w}(s)} g\big(s\,\omega(\varphi) + t\,\omega^\perp(\varphi),\varphi\big)\,\mathrm{d}t.$$

Damit schreibt sich der SPECT-Operator als $\Phi(f,\mu) = \widetilde{\mathbf{R}}\big(f\,\mathrm{e}^{-\mathbf{D}\mu}\big)$. Den Linearisierungsfehler $\Delta := \Phi(f + h_1,\mu + h_2) - \Phi(f,\mu) - \Phi'(f,\mu)h$ formen wir um in

$$\Delta = \widetilde{\mathbf{R}}\big(h_1\,\mathrm{e}^{-\mathbf{D}\mu}(\mathrm{e}^{-\mathbf{D}h_2} - 1)\big) + \widetilde{\mathbf{R}}\big(f\,\mathrm{e}^{-\mathbf{D}\mu}(\mathrm{e}^{-\mathbf{D}h_2} - 1 + \mathbf{D}h_2)\big).$$

Dieselben Überlegungen wie in Beispiel 7.2.2 führen auf

$$\frac{\|\Delta\|_{L^\infty(Z)}}{\|h\|_{L^\infty(\Omega)^2}} = \mathrm{O}\big(\|h\|_{L^\infty(\Omega)^2}\big) \quad \text{für } h \to 0$$

und unsere Behauptung ist bewiesen. Daher ist auch der SPECT-Operator Fréchet-differenzierbar, aufgefasst als Abbildung zwischen den Hilberträumen $H_0^\alpha(\Omega)^2$, $\alpha > 1$, und $L^2(Z)$, vgl. (7.10). Betrachten wir das inverse Problem der SPECT (7.3) zwischen diesen Räumen, so könnten wir die nichtlineare Tikhonov–Phillips-Regularisierung, die wir in Kapitel 7.4 kennen lernen werden, zur Lösung einsetzen, siehe Bild 7.2. Leider ist die Bedingung $f, \mu \in H_0^\alpha(\Omega)$ für ein $\alpha > 1$ zu restriktiv für die klinische Anwendung. Realistisch wäre $\alpha < 1/2$, aber nahe bei $1/2$, siehe Fußnote auf Seite 217.

In seiner Dissertation [25] untersuchte DICKEN die Fréchet-Differenzierbarkeit des SPECT-Operators auf Sobolev-Räumen der Ordnung kleiner als $1/2$, siehe auch [26]. Wir zitieren ein Ergebnis ohne Beweis, die Details würden den Rahmen dieses Buchs sprengen. Zunächst wird der SPECT-Operator modifiziert, damit wird die Unbeschränktheit der Exponentialfunktion umgangen: Es sei η eine auf $\mathbb{R}$ zweimal stetig differenzierbare, nichtnegative, beschränkte Funktion mit beschränkten Ableitungen, die $\eta(t) = \exp(t)$ für $t \le 0$ erfüllt. Wir definieren den modifizierten SPECT-Operator $\Phi_{\mathrm{SPECT}}^{\mathrm{mod}}$ durch

$$\Phi_{\mathrm{SPECT}}^{\mathrm{mod}}(f,\mu) := \widetilde{\mathbf{R}}\big(f\,\eta(-\mathbf{D}\mu)\big).$$

Offensichtlich ist $\Phi_{\mathrm{SPECT}}(f,\mu) = \Phi_{\mathrm{SPECT}}^{\mathrm{mod}}(f,\mu)$ für $\mu \ge 0$. Die Nichtnegativität von μ trifft in der klinischen Anwendung zu. Der modifizierte SPECT-Operator ist Fréchet-differenzierbar als Abbildung

$$\Phi_{\mathrm{SPECT}}^{\mathrm{mod}} : H_0^{\alpha_1}(\Omega) \times H_0^{\alpha_2}(\Omega) \to L^2(Z), \quad 3\,\alpha_1 + 2\,\alpha_2 > 2,$$

mit Ableitung

$$\Phi_{\mathrm{SPECT}}^{\mathrm{mod}\,\prime}(f,\mu)h = \widetilde{\mathbf{R}}\big(h_1\,\eta(-\mathbf{D}\mu) - f\,\eta'(-\mathbf{D}\mu)\,\mathbf{D}h_2\big).$$

Ist $\mu \ge 0$, so stimmt die obige rechte Seite mit der rechten Seite von (7.11) überein. Unter der schwachen Bedingung $\alpha_1 > 0$ sowie $\alpha_2 \ge 0$ ist $\Phi_{\mathrm{SPECT}}^{\mathrm{mod}}$ Fréchet-differenzierbar in $(f,\mu) \in H_0^{\alpha_1}(\Omega) \times H_0^{\alpha_2}(\Omega)$, falls zusätzlich $f \in L^\infty(\Omega)$ ist. ♠

Die Aufgaben 7.4 (b), 7.5, 7.6 und 7.11 (a) geben Ihnen Gelegenheit, das Konzept der Fréchet-Ableitung weiter zu vertiefen. Zusätzliche Beispiele aus der Impedanz-Tomographie, der optischen Tomographie sowie zu inversen Streuproblemen finden Sie z.B. bei DIERKES ET AL. [27], DOBSON [29], HETTLICH [59] und KIRSCH [71].

Wir wollen einen Mittelwertsatz für die Fréchet-Ableitung angeben. Dazu benötigen wir den Begriff des Riemann-Integrals für Funktionen $v : [a,b] \to Y$ mit Werten in Banachräumen. Das Integral

$$\int_a^b v(t) \, \mathrm{d}t \ \in Y$$

ist definiert als gemeinsamer Grenzwert von Riemann-Summen von v, wenn die Feinheit der zugrunde liegenden Zerlegung von $[a,b]$ gegen Null konvergiert, siehe z.B. HEUSER [62, Abschnitt 175]. Das Integral existiert insbesondere für stetige Funktionen. Für integrierbare Funktionen gilt die Dreiecksungleichung

$$\left\| \int_a^b v(t) \, \mathrm{d}t \right\|_Y \leq \int_a^b \|v(t)\|_Y \, \mathrm{d}t. \tag{7.12}$$

Ein Beweis des Mittelwertsatzes findet sich z.B. bei HEUSER [62, Satz 175.3].

Satz 7.2.4 (Mittelwertsatz)
Sei $\Phi : \mathcal{D}(\Phi) \subset X \to Y$ in $\mathcal{D}(\Phi)$ stetig Fréchet-differenzierbar. Die Punkte f und $f + h$ mögen mitsamt ihrer Verbindungsstrecke in $\mathcal{D}(\Phi)$ liegen. Dann ist

$$\Phi(f + h) - \Phi(f) = \int_0^1 \Phi'(f + t\,h)h \, \mathrm{d}t. \tag{7.13}$$

7.3   Charakterisierung nichtlinearer schlecht gestellter Probleme

Lineare Probleme in Hilberträumen erlauben eine einfache, globale Charakterisierung der Schlechtgestelltheit (nach Nashed). Für $A \in \mathcal{L}(X,Y)$ haben wir nach Satz 2.1.8 die Äquivalenzrelationen

$$Ax = y \text{ ist schlecht gestellt} \iff \mathcal{R}(A) \text{ ist nicht abgeschlossen in } Y$$
$$\iff A^+ \text{ ist unstetig.} \tag{7.14}$$

Insbesondere lineare Gleichungen mit kompakten Operatoren sind stets schlecht gestellt. Im nichtlinearen Fall gibt es kein so übersichtliches Kriterium wie (7.14), das über lokale Schlechtgestelltheit entscheidet. Jedoch impliziert die Kompaktheit des nichtlinearen Operators im Wesentlichen wieder lokale Schlechtgestelltheit (Satz 7.3.4 unten).

Die Definition 2.2.1 der Kompaktheit eines linearen Operators kann ohne

Änderung auf nichtlineare Operatoren übertragen werden: $\Phi : \mathcal{D}(\Phi) \subset X \to Y$ ist *kompakt* genau dann, wenn das Bild $\Phi(U)$ einer beschränkten Menge $U \subset \mathcal{D}(\Phi)$ relativ kompakt ist in Y. Selbstverständlich gilt auch die äquivalente zweite Formulierung aus Definition 2.2.1. Die Kompaktheit nichtlinearer Operatoren impliziert *nicht* deren Stetigkeit[†], weswegen folgende Definition notwendig wird.

Definition 7.3.1 *Ein Operator* $\Phi : \mathcal{D}(\Phi) \subset X \to Y$ *zwischen normierten Räumen heißt* **vollstetig**, *wenn er kompakt und stetig ist.*

Lineare kompakte Operatoren sind immer vollstetig (Lemma 2.2.2).
$\quad$ Wir brauchen eine weitere Eigenschaft nichtlinearer Operatoren.

Definition 7.3.2 *Ein Operator* $\Phi : \mathcal{D}(\Phi) \subset X \to Y$ *zwischen Hilberträumen heißt* **schwach folgenabgeschlossen**, *wenn für alle Folgen* $\{x_n\}_{n\in\mathbb{N}} \subset \mathcal{D}(\Phi)$ *gilt: Die schwache Konvergenz der Folgen* $x_n \rightharpoonup x$ *in* X *und* $\Phi(x_n) \rightharpoonup y$ *in* Y *impliziert* $x \in \mathcal{D}(\Phi)$ *sowie* $\Phi(x) = y$.

Vollstetige und schwach folgenabgeschlossene Operatoren haben eine nützliche Eigenschaft.

Lemma 7.3.3 *Ein vollstetiger und schwach folgenabgeschlossener Operator* $\Phi :$ $\mathcal{D}(\Phi) \subset X \to Y$ *transformiert die schwach konvergente Folge* $\{x_n\}_{n\in\mathbb{N}} \subset$ $\mathcal{D}(\Phi)$ *in die stark konvergente Folge* $\{\Phi(x_n)\}_{n\in\mathbb{N}}$, *genauer:* $x_n \rightharpoonup x$ *impliziert* $\lim_{n\to\infty} \|\Phi(x_n) - \Phi(x)\|_Y = 0$.

Beweis: Aufgabe 7.7. $\hspace{2cm}$ ∎

Das nächste Ergebnis stammt von ENGL, KUNISCH und NEUBAUER [36, Prop. A3]. Wir formulieren und beweisen es in der Version von HOFMANN [64, Theorem 1.6], siehe auch [65, Satz 3.8].

Satz 7.3.4 *Sei* $\Phi : \mathcal{D}(\Phi) \subset X \to Y$ *vollstetig und schwach folgenabgeschlossen. Zusätzlich sei* X *separabel und unendlichdimensional. Dann ist* (7.1) *lokal schlecht gestellt in* $f^+ \in \mathrm{int}\big(\mathcal{D}(\Phi)\big)$.

Beweis: In dem separablen, unendlichdimensionalen Hilbertraum X existiert eine Orthonormalbasis $\{e_k\}_{k\in\mathbb{N}}$, die wie jede Orthonormalbasis schwach gegen Null konvergiert (Korollar 8.3.22). Da f^+ innerer Punkt ist, gibt es eine abgeschlossene Kugel um f^+ mit Radius $\rho > 0$, die in $\mathcal{D}(\Phi)$ enthalten ist. Sei $0 < r \leq \rho$ und $f_k^r := f^+ + r\, e_k$. Wegen $\|f_k^r - f^+\|_X = r$ kann $\{f_k^r\}_{k\in\mathbb{N}}$ nicht (stark) gegen f^+ konvergieren. Die schwache Konvergenz der Orthonormalbasis allerdings impliziert $f_k^r \rightharpoonup f^+$, woraus wir $\lim_{k\to\infty} \|\Phi(f_k^r) - \Phi(f^+)\|_Y = 0$ erhalten (Lemma 7.3.3). Damit liegt die Situation (7.2) vor und (7.1) ist lokal schlecht gestellt in f^+. $\quad$ ∎

[†] Sei $f : \mathbb{R}^n \to \mathbb{R}^n$ eine unstetige, beschränkte Funktion. Diese Funktion bildet eine beschränkte Menge auf eine beschränkte Menge ab. Im $\mathbb{R}^n$ sind beschränkte Mengen relativ kompakt, d.h. f ist kompakt.

Im Weiteren interessiert uns der Zusammenhang zwischen der lokalen Schlechtgestelltheit der nichtlinearen Gleichung (7.1) in f^+ und der Schlechtgestelltheit ihrer Linearisierung

$$\Phi'(f^+)f = y. \tag{7.15}$$

Eingehend untersucht wurde dieser Zusammenhang von HOFMANN und SCHERZER [66, 67]. Wir übernehmen zwei Resultate (Sätze 7.3.5 und 7.3.7).

Satz 7.3.5 *Seien X und Y Hilberträume. Die Abbildung $\Phi : \mathcal{D}(\Phi) \subset X \to Y$ sei Fréchet-differenzierbar mit lokal Lipschitz-stetiger Ableitung in $f^+ \in \mathrm{int}\big(\mathcal{D}(\Phi)\big)$, d.h. es gibt eine Konstante $L > 0$ und einen Radius $r_L > 0$ mit*

$$\|\Phi'(f) - \Phi'(f^+)\| \leq L \, \|f - f^+\|_X \quad \textit{für alle } f \in B_{r_L}(f^+) \subset \mathcal{D}(\Phi). \tag{7.16}$$

Falls die nichtlineare Gleichung (7.1) lokal schlecht gestellt ist in f^+, dann ist die Linearisierung (7.15) lokal schlecht gestellt in jedem $f \in X$, d.h. das Bild von $\Phi'(f^+)$ ist nicht abgeschlossen in Y oder $\Phi'(f^+)$ ist nicht injektiv.

Beweis: Wir führen einen Widerspruchsbeweis. Dazu nehmen wir an, (7.1) ist lokal schlecht gestellt in f^+, aber (7.15) ist lokal gut gestellt, d.h. $\mathcal{R}(A) = \overline{\mathcal{R}(A)}$ und $\mathcal{N}(A) = \{0\}$, wobei wir $A := \Phi'(f^+)$ gesetzt haben. Diese beiden Eigenschaften von A haben zur Folge, dass $A^+ \in \mathcal{L}(Y,X)$ und $\overline{\mathcal{R}(A^*)} = X$ sind. Wegen $A^*(A^*)^+ = P_{\overline{\mathcal{R}(A^*)}} = P_X = I$ (Satz 2.1.9) haben wir für jedes $f \in X$:

$$f - f^+ = A^* w \quad \text{mit} \quad w := (A^*)^+(f - f^+) = (A^+)^*(f - f^+).$$

Wählen wir $\mu \in \,]0,1[$ so, dass $r := 2\,\mu/(L\,\|A^+\|) \leq r_L$ und $B_r(f^+) \subset \mathcal{D}(\Phi)$ sind, dann folgt $\|w\|_Y \leq 2\,\mu/L$ für jedes $f \in B_r(f^+)$.

Im Weiteren verifizieren wir die Ungleichung

$$\|\Phi'(f^+)(f - f^+)\|_Y \leq \frac{1}{1 - \mu} \, \|\Phi(f) - \Phi(f^+)\|_Y \quad \text{für alle } f \in B_r(f^+), \tag{7.17}$$

die im Widerspruch steht zur angenommenen lokalen Gutgestelltheit von (7.15) in f^+ (Aufgabe 7.8), womit wir fertig sind.

Zum Nachweis von (7.17) schätzen wir das Taylor-Restglied

$$E(f,f^+) := \Phi(f) - \Phi(f^+) - \Phi'(f^+)(f - f^+)$$
$$\overset{(7.13)}{=} \int_0^1 \Big(\Phi'\big(f^+ + t\,(f - f^+)\big) - \Phi'(f^+) \Big)(f - f^+) \, \mathrm{d}t \tag{7.18}$$

ab für $f \in B_r(f^+)$, wobei wir (7.12) sowie (7.16) verwenden:

$$\|E(f,f^+)\|_Y \;\leq\; \frac{L}{2} \, \|f - f^+\|_X^2 \;=\; \frac{L}{2} \, \|A^* w\|_X^2 \;=\; \frac{L}{2} \, \langle AA^*w,w\rangle_Y$$
$$\leq\; \frac{L\,\|w\|_Y}{2} \, \|A(f - f^+)\|_Y \;\leq\; \mu \, \|A(f - f^+)\|_Y.$$

Anwenden der Dreiecksungleichung liefert

$$\|A(f - f^+)\|_Y \;\leq\; \|E(f,f^+)\|_Y + \|\Phi(f) - \Phi(f^+)\|_Y$$
$$\leq\; \mu\,\|A(f - f^+)\|_Y + \|\Phi(f) - \Phi(f^+)\|_Y,$$

woraus sich (7.17) ergibt.   ∎

Satz 7.3.5 kann leider nicht umgekehrt werden, wie Beispiel 7.3.6 zeigt. Die lokale Schlechtgestelltheit von (7.1) in f^+ lässt sich *nicht* an der lokalen Schlechtgestelltheit der Linearisierung (7.15) ablesen.

Beispiel 7.3.6   Wir präsentieren ein lokal gut gestelltes nichtlineares Problem, dessen (einseitige) Linearisierung lokal schlecht gestellt ist. Dazu variieren wir ein Beispiel von SCHOCK [128, Sec. 2].

Mit $\mathcal{D} = \{\xi \in \ell^2(\mathbb{N}) \,|\, \xi_i \geq 0,\, i \in \mathbb{N}\}$ definieren wir die Abbildung

$$\Phi : \mathcal{D} \subset \ell^2(\mathbb{N}) \to \ell^1(\mathbb{N}), \quad \Phi(\xi)_i := \xi_i^2,\, i \in \mathbb{N}.$$

Hier bezeichnet $\ell^1(\mathbb{N})$ den Banachraum der absolut summierbaren Folgen mit der Norm $\|\eta\|_{\ell^1} = \sum_{i=1}^{\infty} |\eta_i|$.

Die Abbildung Φ ist stetig und auf ihrem Bild $\mathcal{R}(\Phi) = \{\eta \in \ell^1 \,|\, \eta_i \geq 0,\, i \in \mathbb{N}\}$ stetig invertierbar durch $\Phi^{-1}(\eta)_i = \sqrt{\eta_i}$; denn wir haben (Aufgabe 7.9)

$$\|\Phi(\xi) - \Phi(\eta)\|_{\ell^1} \leq \|\xi + \eta\|_{\ell^2}\,\|\xi - \eta\|_{\ell^2} \quad \text{für alle } \xi, \eta \in \mathcal{D}$$

sowie

$$\|\Phi^{-1}(\xi) - \Phi^{-1}(\eta)\|_{\ell^2} \leq \|\xi - \eta\|_{\ell^1} \quad \text{für alle } \xi, \eta \in \mathcal{R}(\Phi).$$

Insbesondere ist die Operatorgleichung $\Phi(\xi) = v$ lokal gut gestellt in jedem Punkt von $\mathcal{D}$.

Der Kegel $\mathcal{D}$ besteht nur aus Randpunkten: $\operatorname{int}(\mathcal{D}) = \emptyset$. Eine Fréchet-Ableitung von Φ im Sinne der Definition 7.2.1 existiert daher nicht. Jedoch kann das Konzept der links- bzw. rechtsseitigen Ableitung auf das Konzept der Fréchet-Differenzierbarkeit übertragen werden, siehe z.B. DEIMLING [20, §19.4]. Der Operator $\Phi'(\xi) \in \mathcal{L}(\ell^2,\ell^1)$, gegeben durch $\big(\Phi'(\xi)\eta\big)_i = 2\xi_i\,\eta_i,\, i \in \mathbb{N}$, ist die rechtsseitige Fréchet-Ableitung von Φ in $\xi \in \mathcal{D}$, d.h.

$$\lim_{\mathcal{D} \ni h \to 0} \frac{\|\Phi(\xi + h) - \Phi(\xi) - \Phi'(\xi)h\|_{\ell^1}}{\|h\|_{\ell^2}} = 0.^{\ddagger}$$

Sei $\{e_k\}_{k \in \mathbb{N}} \subset \ell^2$ die kanonische Orthonormalbasis: $(e_k)_i = \delta_{k,i}$. Einerseits haben wir $\|e_k\|_{\ell^2} = 1$, andererseits gilt $\lim_{k \to \infty} \|\Phi'(\xi)e_k\|_{\ell^1} = \lim_{k \to \infty} 2\xi_k = 0$. Somit ist das lineare Problem $(\Phi'(\xi),\ell^2,\ell^1)$ lokal schlecht gestellt in jedem Punkt, das zugehörige nichtlineare Problem ist aber lokal gut gestellt in ξ.   ♠

---

‡ Der Grenzwert wird nur für solche Störungen h genommen, die im *positiven* Kegel $\mathcal{D}$ liegen (positiv: $\eta \in \mathcal{D} \Rightarrow \lambda\eta \in \mathcal{D} \;\forall \lambda \geq 0$), d.h. $\xi + h$ liegt "rechts" von ξ.

Warum ist der Zusammenhang zwischen der lokalen Schlechtgestelltheit einer nichtlinearen Gleichung in f^+ und der lokalen Schlechtgestelltheit ihrer Linearisierung in f^+ im Allgemeinen so schwach? Das liegt daran, dass die Taylor-Entwicklung

$$\Phi(f) - \Phi(f^+) = \Phi'(f^+)(f - f^+) + E(f,f^+)$$

das lokale Verhalten eines schlecht gestellten Problems nicht adäquat beschreibt. Zwar verhält sich das Restglied $E(f,f^+)$ wie $o(\|f - f^+\|_X)$ für $f \to f^+$, aber es muss im Vergleich zum Residuum $\Phi(f) - \Phi(f^+)$ bzw. zum linearisierten Residuum $\Phi'(f^+)(f - f^+)$ nicht klein sein: Falls Φ vollstetig ist, so ist $\Phi'(f^+)$ kompakt (siehe z.B. ZEIDLER [145, Prop. 7.33]). Dann kann $\Phi'(f^+)(f - f^+)$ signifikant kleiner sein als $E(f,f^+)$. Ebenso kann $\Phi(f) - \Phi(f^+)$ sehr viel kleiner sein als $f - f^+$ bzw. als $E(f,f^+)$.

Diese Situation ändert sich, wenn der Linearisierungsfehler durch das nichtlineare Residuum kontrolliert wird, z.B. wenn Φ der Bedingung (7.19) genügt: Es gibt ein $r > 0$ und ein $\omega > 0$, so dass gilt

$$\|E(v,w)\|_Y = \|\Phi(v) - \Phi(w) - \Phi'(w)(v - w)\|_Y \leq \omega \, \|\Phi(v) - \Phi(w)\|_Y$$
$$\text{für alle } v, w \in B_r(f^+) \subset \mathcal{D}(\Phi). \tag{7.19}$$

Bedingung (7.19) impliziert im Falle von $\omega < 1$:

$$1 - \omega \leq \frac{\|\Phi'(w)(v - w)\|_Y}{\|\Phi(v) - \Phi(w)\|_Y} \leq 1 + \omega, \tag{7.20}$$

d.h. nichtlineares und linearisiertes Residuum kontrollieren sich wechselseitig.

Satz 7.3.7 *Der stetige Operator* $\Phi : \mathcal{D}(\Phi) \subset X \to Y$ *zwischen Hilberträumen erfülle* (7.19) *mit* $\omega < 1$.

Das Problem (7.1) *ist lokal gut gestellt in* $f^+ \in \mathcal{D}(\Phi)$ *genau dann, wenn* $\Phi'(f^+)$ *injektiv und* $\mathcal{R}(\Phi'(f^+))$ *abgeschlossen ist. (D.h. das Problem* (7.1) *ist genau dann lokal gut gestellt, wenn die Linearisierung* (7.1) *lokal gut gestellt ist.)*

Das Problem (7.1) *ist lokal schlecht gestellt in* $f^+ \in \mathcal{D}(\Phi)$ *genau dann, wenn* $\Phi'(f^+)$ *einen nicht-trivialen Nullraum hat oder* $\mathcal{R}(\Phi'(f^+))$ *nicht abgeschlossen ist.*

Beweis: Da $\omega < 1$ ist, gilt (7.20) in $B_r(f^+) \subset \mathcal{D}(\Phi)$. Die beiden Äquivalenzen aus Satz 7.3.7 folgen nun aus den Aufgaben 7.8 sowie 7.10. ∎

Bemerkung 7.3.8 Die Äquivalenzen aus Satz 7.3.7 gelten auch unter einer schwächeren Voraussetzung. Es genügt, (7.20) anzunehmen, worin allerdings $1 - \omega$ und $1 + \omega$ durch beliebige positive Konstanten ersetzt sind.

In der Konvergenzanalyse Newton-artiger Iterationsverfahren (Kapitel 7.5) zur stabilen Lösung nichtlinearer schlecht gestellter Gleichungen benötigen wir eine weitere Einschränkung an die Nichtlinearität: Zu $\Phi : \mathcal{D}(\Phi) \subset X \to Y$ existiere eine Abbildung $Q : X \times X \to \mathcal{L}(Y)$ mit

$$\Phi'(v) = Q(v,w)\Phi'(w) \quad \text{und} \quad \|I - Q(v,w)\| \le C_Q \, \|v - w\|_X$$
$$\text{für alle } v, w \in B_r(f^+) \subset \mathcal{D}(\Phi). \tag{7.21}$$

Lemma 7.3.9 *Der Operator* $\Phi : \mathcal{D}(\Phi) \subset X \to Y$ *zwischen Banachräumen erfülle* (7.21). *Dann gelten:*

(a) *Für alle* $v, w \in B_r(f^+)$ *ist* $\mathcal{N}(\Phi'(v)) = \mathcal{N}(\Phi'(w))$.

(b) *Wenn* $\mathcal{N}(\Phi'(f^+))$ *nicht trivial ist, so kann* $f^+ \in \mathrm{int}\big(\mathcal{D}(\Phi)\big)$ *keine isolierte Lösung von* (7.1) *sein.*

(c) *Ist* $C_Q \, r < 1$, *dann impliziert* (7.21) *die Abschätzung* (7.19) *mit* $\omega = C_Q \, r / (1 - C_Q \, r)$. *Für* $C_Q \, r < 1/2$ *ist* $\omega < 1$.

Beweis: Teil (a) ergibt sich unmittelbar aus (7.21).

(b) Es gibt ein $\varrho > 0$ mit $B_\varrho(f^+) \subset \mathcal{D}(\Phi)$. Zu jedem $v \in \mathcal{N}(\Phi'(f^+)) \backslash \{0\}$ liegt die halboffene Strecke $\{f^+ + \tau \, v \,|\, 0 \le \tau < \varrho/\|v\|_X\}$ in $\mathcal{D}(\Phi)$. Aus (7.13) und (7.21) folgt

$$\Phi(f^+ + \tau \, v) - \Phi(f^+) = \int_0^1 \Phi'(f^+ + t\,\tau\,v)\,\tau\,v \; dt$$
$$= \tau \int_0^1 Q(f^+ + t\,\tau\,v, f^+)\,\Phi'(f^+) v \; dt = 0$$

für $0 \le \tau < \min\{r,\varrho\}/\|v\|_X$.

(c) Ausgehend von (7.21), leiten wir

$$\big\|(\Phi'(v) - \Phi'(w))(v - w)\big\|_Y \le C_Q \, \|v - w\|_X \, \|\Phi'(w)(v - w)\|_Y \tag{7.22}$$

her für $v, w \in B_r(f^+)$, woraus für den Taylor-Restterm E (7.18) folgt

$$\|E(v,w)\|_Y \le \int_0^1 t^{-1} \big\|(\Phi'(w + t\,(v - w)) - \Phi'(w))\,t(v - w)\big\|_Y \; dt$$
$$\le \int_0^1 t \, C_Q \, \|v - w\|_X \, \|\Phi'(w)(v - w)\|_Y \; dt$$
$$\le C_Q \, r \, \|\Phi'(w)(v - w)\|_Y.$$

Hieraus wiederum schließen wir auf

$$\|\Phi(v) - \Phi(w)\|_Y \ge (1 - C_Q \, r) \, \|\Phi'(w)(v - w)\|_Y \tag{7.23}$$

und weiter auf (7.19) mit $\omega = C_Q \, r / (1 - C_Q \, r)$. $\qquad\blacksquare$

Für konkrete nichtlineare Probleme ist es mitunter schwierig, die Gültigkeit oder Ungültigkeit einer der drei Bedingungen (7.19), (7.20) und (7.21) zu überprüfen. Soweit dem Autor bekannt, liegen für PET, SPECT und die Impedanz-Tomographie diesbezüglich keine gesicherten Erkenntnisse vor.[§]

Bei einfacheren Problemen kann (7.21) nachgewiesen werden, siehe Aufgabe 7.11. Das folgende Beispiel haben wir der Arbeit [53, Example 4.2] von HANKE, NEUBAUER und SCHERZER entnommen. Dort werden weitere Beispiele vorgestellt.

Beispiel 7.3.10 *Parameteridentifizierung bei einem Randwertproblem*
Der Parameter c des 1D-Randwertproblems

$$-u'' + c\,u = f \quad \text{in }]0,1[\text{ mit } u(0) = u_0,\ u(1) = u_1, \qquad (7.24)$$

soll aus der Kenntnis von u rekonstruiert werden. Hierbei ist f in $L^2(\Omega)$ und u_0 sowie u_1 sind reelle Zahlen.

Der Operator $\Phi : \mathcal{D}(\Phi) \subset L^2(0,1) \to H^2(0,1)$ bilde den Parameter c ab auf die Lösung u von (7.24). Diese Abbildung ist wohldefiniert auf $\mathcal{D}(\Phi) = \overline{B_\beta(\widetilde{c})}$ für ein $\widetilde{c} \geq 0$ und ein positives β hinreichend klein, siehe COLONIUS and KUNISCH [15, Lemma 2.1]. Die Identifizierung von c reduziert sich so auf die Lösung der nichtlinearen Gleichung

$$\Phi(c) = u. \qquad (7.25)$$

Falls u keine Nullstellen hat in Ω, dann können wir (7.25) explizit nach c lösen: $c^+ = (f + u'')/u$. Insbesondere hat (7.25) eine eindeutige Lösung c^+, die nicht stetig von den Daten abhängt (Differentiation von u). Bei verrauschten Daten sollte die Inversionsformel daher nicht verwendet werden.

Die Fréchet-Ableitung $\Phi'(c) : L^2(0,1) \to H^2(0,1)$ ist gegeben durch

$$\Phi'(c)h = -\mathsf{L}(c)^{-1}\big(h\,\Phi(c)\big), \qquad (7.26)$$

wobei $\mathsf{L}(c) : H^2(0,1) \cap H_0^1(0,1) \subset L^2(0,1) \to L^2(0,1)$ den selbstadjungierten Differentialoperator $\mathsf{L}(c)u = -u'' + c\,u$ bezeichnet [15, Lemma 2.4].

Zu $c^+ \in B_\beta(\widetilde{c})$ gebe es eine Konstante $\kappa > 0$ und einen Radius r derart, dass $\Phi(c) \geq \kappa$ ist fast überall für alle $c \in B_r(c^+) \subset B_\beta(\widetilde{c})$. Eine einfache Rechnung ergibt

$$\Phi'(v) = \underbrace{\mathsf{L}(v)^{-1} M(v,w)\,\mathsf{L}(w)}_{=:\ Q(v,w)\ \in\ \mathcal{L}\big(H^2(0,1)\big)}\ \Phi'(w) \quad \text{für alle } v,w \in B_r(c^+)$$

mit dem Multiplikator $M(v,w) \in \mathcal{L}\big(L^2(0,1)\big)$, $M(v,w)h = \Phi(v)\,h/\Phi(w)$.

Seien $q \in H^2(0,1)$ und $v,w \in B_r(c^+)$. Nach [15, Lemma 2.1] ist $\mathsf{L}(c) : H^2(0,1) \to L^2(0,1)$ ein Homöomorphismus, für den eine Konstante C_{L} existiert mit $\max\{\|\mathsf{L}(c)\|, \|\mathsf{L}(c)^{-1}\|\} \leq C_{\mathsf{L}}$ gleichmäßig für alle $c \in B_r(c^+)$. Wir haben

---

[§] DICKEN [25, Sec. 4.3] gibt ein Plausibilitätsargument für die Ungültigkeit von (7.19) und damit von (7.21) bei SPECT.

$$\|q - Q(v,w)q\|_{H^2} \leq \|q - \mathsf{L}(v)^{-1}\mathsf{L}(w)q\|_{H^2} + \|\mathsf{L}(v)^{-1}(I - M(v,w))\mathsf{L}(w)q\|_{H^2}$$

$$\leq C_{\mathsf{L}} \left(\|(v - w)q\|_{L^2} + \kappa^{-1} \|(\Phi(w) - \Phi(v))\mathsf{L}(w)q\|_{L^2} \right).$$

Aus $\|\Phi(w) - \Phi(v)\|_{H^2} \leq C_\Phi \|w - v\|_{L^2}$, siehe [15, Lemma 2.3], sowie $\|z\|_{L^\infty} \leq C_S \|z\|_{H^2}$ erhalten wir schließlich

$$\|q - Q(v,w)q\|_{H^2} \leq \underbrace{C_{\mathsf{L}}\,C_S\,(1 + C_{\mathsf{L}}\,C_\Phi/\kappa)}_{=:\,C_Q} \|v - w\|_{L^2}\,\|q\|_{H^2},$$

woraus

$$\|I - Q(v,w)\| \leq C_Q \|v - w\|_{L^2} \quad \text{für alle } v, w \in B_r(c^+)$$

folgt. Für das Parameteridentifizierungsproblem (7.25) trifft (7.21) also zu. ♠

Nun übertragen wir einige Begriffe aus der linearen Theorie auf das nichtlineare Umfeld.

Definition 7.3.11 *Die nichtlineare Abbildung $\Phi : \mathcal{D}(\Phi) \subset X \to Y$ sei stetig.*

(a) *Zu $g \in \mathcal{R}(\Phi)$ und $f^* \in X$ heißt $f^+ \in \mathcal{D}(\Phi)$ mit der Minimaleigenschaft*

$$\|f^+ - f^*\|_X = \min\left\{ \|f - f^*\|_X \mid \Phi(f) = g \right\}$$

f^*-__Minimum-Norm-Lösung__ bezüglich g. (Erinnerung: Bei linearen Operatoren ist die Minimum-Norm-Lösung eindeutig bestimmt, siehe Bemerkung 2.1.7.)

(b) *Ein __Regularisierungsverfahren__ für Φ ist ein Paar $(\{R_t\}_{t>0}, \gamma)$, bestehend aus einer Familie stetiger Operatoren $R_t : X \times Y \to X$ sowie einer Abbildung $\gamma : \,]0,\infty[\,\times Y \to\,]0,\infty[$, so dass gilt*

$$\sup\left\{ \|f^+ - R_{\gamma(\varepsilon,g^\varepsilon)}(f^*,g^\varepsilon)\|_X \mid g^\varepsilon \in Y,\ \|g - g^\varepsilon\|_Y \leq \varepsilon \right\} \longrightarrow 0 \quad \text{für } \varepsilon \to 0,$$

wobei f^+ eine f^*-Minimum-Norm-Lösung bezüglich $g \in \mathcal{R}(\Phi)$ ist. Die Parameterwahl γ erfülle (3.2).

(c) *Sei f^+ eine f^*-Minimum-Norm-Lösung bezüglich $g \in \mathcal{R}(\Phi)$ und sei Φ Fréchet-differenzierbar in f^+. Außerdem gelte*

$$f^+ - f^* = |\Phi'(f^+)|^\mu\, w \quad \text{für ein } w \in X \text{ und ein } \mu > 0. \tag{7.27}$$

Dann heißt $(\{R_t\}_{t>0}, \gamma)$ __ordnungsoptimal__, wenn für ε hinreichend klein mit einer positiven Konstanten C_μ gilt

$$\sup\left\{ \|f^+ - R_{\gamma(\varepsilon,g^\varepsilon)}(f^*,g^\varepsilon)\|_X \mid g^\varepsilon \in Y,\ \|g - g^\varepsilon\|_Y \leq \varepsilon \right\}$$

$$\leq C_\mu\, \|w\|_X^{1/(\mu+1)}\, \varepsilon^{\mu/(\mu+1)}.$$

Unter gewissen Umständen ist die f^*-Minimum-Norm-Lösung lokal eindeutig.

Lemma 7.3.12 *Sei $\Phi : \mathcal{D}(\Phi) \subset X \to Y$ Fréchet-differenzierbar in f^+. Zu $g = \Phi(f^+)$ bezeichne $\mathbb{U}(g) = \{f \in \mathcal{D}(\Phi) \,|\, \Phi(f) = g\}$ das Urbild. Es gelte (7.19) in $B_r(f^+)$ und es gebe ein $f^* \in X$ mit $f^+ - f^* \in \mathcal{N}\big(\Phi'(f^+)\big)^\perp$.*

Dann ist f^+ eindeutige f^*-Minimum-Norm-Lösung in $B_r(f^+)$ bezüglich g:

$$\|f^+ - f^*\|_X < \|f - f^*\|_X \quad \text{für alle } f \in \mathbb{U}(g) \cap B_r(f^+)\backslash\{f^+\}.$$

Beweis: Wir setzen $A := \Phi'(f^+)$. Für jedes $f \in \mathbb{U}(g) \cap B_r(f^+)\backslash\{f^+\}$ ist $f - f^+ \in \mathcal{N}(A)\backslash\{0\}$, was aus (7.19) folgt. Daher schreiben wir $f = f^+ + v$ mit $0 \neq v \in \mathcal{N}(A)$. Mit

$$\|f - f^*\|_X^2 = \|f^+ - f^* + v\|_X^2 = \|f^+ - f^*\|_X^2 + \|v\|_X^2 > \|f^+ - f^*\|_X^2$$

endet der Beweis von Lemma 7.3.12.   ∎

Bemerkung 7.3.13 Eigenschaft (7.27) zieht $f^+ - f^* \in \mathcal{N}\big(\Phi'(f^+)\big)^\perp$ nach sich. Daher muss f^+ lokal eindeutige f^*-Minimum-Norm-Lösung bezüglich $g = \Phi(f^+)$ sein.

7.4   Nichtlineare Tikhonov–Phillips-Regularisierung

Die Tikhonov–Phillips-Regularisierung aus Kapitel 4 lässt sich problemlos für nichtlineare Operatorgleichungen formulieren. Dazu erinnern wir an die Minimaleigenschaft der Tikhonov–Phillips-regularisierten Lösung f_t^ε für lineare Probleme mit $A \in \mathcal{L}(X,Y)$:

$$f_t^\varepsilon = \operatorname{argmin}\big\{\|Af - g^\varepsilon\|_Y^2 + t\,\|f\|_X^2 \,\big|\, f \in \mathcal{N}(A)^\perp\big\}, \quad t > 0,$$

siehe Lemma 4.1.1. Zur stabilen Lösung von (7.1) unter gestörten Daten $g^\varepsilon \in Y$ versuchen wir daher, das Funktional

$$J_t(f) = J_t(f,g^\varepsilon) := \|\Phi(f) - g^\varepsilon\|_Y^2 + t\,\|f - f^*\|_X^2, \quad t > 0,$$

über $\mathcal{D}(\Phi)$ zu minimieren. Hierbei ist $f^* \in X$ eine Art Startwert, mit dem a priori Information über eine Lösung von (7.1) in den Regularisierungsprozess eingebracht werden kann: f^* bestimmt, welche Lösung durch ein minimierendes Element von J_t approximiert wird, siehe Satz 7.4.4 unten.

Unser Vorgehen ist sinnvoll; denn das Minimierungsproblem hat eine Lösung (SEIDMAN und VOGEL [133, Theorem 1]).

Satz 7.4.1 *Sei $\Phi : \mathcal{D}(\Phi) \subset X \to Y$ eine schwach folgenabgeschlossene Abbildung zwischen Hilberträumen. Seien $t > 0$, $f^* \in X$ und $g^\varepsilon \in Y$. Dann existiert ein $f_t^\varepsilon \in \mathcal{D}(\Phi)$ mit*

$$J_t(f_t^\varepsilon) = \min\big\{J_t(f)\,\big|\, f \in \mathcal{D}(\Phi)\big\}.$$

Beweis: Das Funktional J_t ist durch die Null nach unten beschränkt. Daher existiert eine Folge $\{f_n\}_{n\in\mathbb{N}} \subset \mathcal{D}(\Phi)$ mit $J_t(f_n) \searrow \inf\{J_t(f)\,|\,f \in \mathcal{D}(\Phi)\}$ für $n \to \infty$ (die Folge $\{J_t(f_n)\}_{n\in\mathbb{N}}$ fällt monoton). Weiter haben wir

$$\|f_n\|_X \leq \|f_n - f^*\|_X + \|f^*\|_X \leq \sqrt{\frac{1}{t}J_t(f_n)} + \|f^*\|_X \leq \sqrt{\frac{1}{t}J_t(f_1)} + \|f^*\|_X$$

sowie

$$\|\Phi(f_n)\|_Y \leq \|g^\varepsilon\|_Y + \sqrt{J_t(f_n)} \leq \|g^\varepsilon\|_Y + \sqrt{J_t(f_1)}.$$

Beschränkte Folgen in Hilberträumen haben schwach konvergente Teilfolgen (Satz 8.3.7); daher existiert eine schwach konvergente Teilfolge $\{f_{n_i}\}_{i\in\mathbb{N}}$, für die auch $\{\Phi(f_{n_i})\}_{i\in\mathbb{N}}$ schwach konvergiert. Die schwachen Grenzwerte seien $\tilde{f} \in X$ und $\tilde{g} \in Y$. Nun liefert die schwache Folgenabgeschlossenheit von Φ zum einen $\tilde{f} \in \mathcal{D}(\Phi)$ und zum anderen $\Phi(\tilde{f}) = \tilde{g}$.

Die Implikation

$$x_n \rightharpoonup x \quad \text{für } n \to \infty \quad \Longrightarrow \quad \|x\|_X \leq \liminf_{n\to\infty}\|x_n\|_X, \tag{7.28}$$

siehe z.B. WEIDMANN [142, Satz 4.24], führt auf $\lim_{i\to\infty} J_t(f_{n_i}) \geq J_t(\tilde{f})$. Andererseits ist $\lim_{i\to\infty} J_t(f_{n_i}) = \inf\{J_t(f)\,|\,f \in \mathcal{D}(\Phi)\}$, damit muss $J_t(\tilde{f}) = \inf\{J_t(f)\,|\,f \in \mathcal{D}(\Phi)\}$ sein. ∎

Im Weiteren bezeichne f_t^ε *ein* minimierendes Element von J_t. Wir fragen uns, inwieweit f_t^ε zur Regularisierung taugt. Dazu stellen wir zunächst die Stabilität von f_t^ε bez. g^ε fest (SEIDMAN und VOGEL [133, Theorem 2] und ENGL, KUNISCH und NEUBAUER [36, Theorem 2.1]).

Satz 7.4.2 *Es gelten die Voraussetzungen von Satz 7.4.1. Sei $\{g^{\varepsilon_k}\}_{k\in\mathbb{N}} \subset Y$ eine gegen g^ε konvergierende Folge. Mit $\{f_t^{\varepsilon_k}\}_{k\in\mathbb{N}}$ sei eine zugehörige Folge minimierender Elemente von $J_t(\cdot,g^{\varepsilon_k})$ bezeichnet.*

Dann existiert eine konvergente Teilfolge von $\{f_t^{\varepsilon_k}\}_{k\in\mathbb{N}}$ und jede konvergente Teilfolge konvergiert gegen ein minimierendes Element f_t^ε von $J_t(\cdot,g^\varepsilon)$. Ist darüber hinaus f_t^ε eindeutig, so konvergiert die ganze Folge $\{f_t^{\varepsilon_k}\}_{k\in\mathbb{N}}$ gegen f_t^ε.

Beweis: Gemäß der Definition von $f_t^{\varepsilon_k}$ gilt

$$\|\Phi(f_t^{\varepsilon_k}) - g^{\varepsilon_k}\|_Y^2 + t\|f_t^{\varepsilon_k} - f^*\|_X^2 = J_t(f_t^{\varepsilon_k},g^{\varepsilon_k}) \leq J_t(f,g^{\varepsilon_k}) \tag{7.29}$$

für jedes $f \in \mathcal{D}(\Phi)$, weswegen die beiden Folgen $\{f_t^{\varepsilon_k}\}_{k\in\mathbb{N}}$ und $\{\Phi(f_t^{\varepsilon_k})\}_{k\in\mathbb{N}}$ beschränkt sind. Wie im Beweis von Satz 7.4.1 schließen wir auf die Existenz einer schwach konvergenten Teilfolge $\{f_t^{\varepsilon_{k_i}}\}_{i\in\mathbb{N}}$ mit

$$f_t^{\varepsilon_{k_i}} \rightharpoonup \tilde{f} \quad \text{und} \quad \Phi(f_t^{\varepsilon_{k_i}}) \rightharpoonup \Phi(\tilde{f}) \quad \text{für } i \to \infty.$$

Anwenden von (7.28) ergibt

$$\|\widetilde{f} - f^*\|_X \leq \liminf_{i \to \infty} \|f_t^{\varepsilon k_i} - f^*\|_X$$

sowie

$$\|\Phi(\widetilde{f}) - g^\varepsilon\|_Y \leq \liminf_{i \to \infty} \|\Phi(f_t^{\varepsilon k_i}) - g^{\varepsilon k_i}\|_Y. \tag{7.30}$$

Somit haben wir

$$J_t(\widetilde{f},g^\varepsilon) \;\leq\; \liminf_{i \to \infty} J_t(f_t^{\varepsilon k_i},g^{\varepsilon k_i}) \;\leq\; \limsup_{i \to \infty} J_t(f_t^{\varepsilon k_i},g^{\varepsilon k_i}) \;\overset{(7.29)}{\leq}\; \lim_{i \to \infty} J_t(f,g^{\varepsilon k_i})$$

$$=\; J_t(f,g^\varepsilon) \quad \text{für jedes } f \in \mathcal{D}(\Phi).$$

Insbesondere minimiert $\widetilde{f}$ das Funktional $J_t(\cdot,g^\varepsilon)$ und

$$\lim_{i \to \infty} J_t(f_t^{\varepsilon k_i},g^{\varepsilon k_i}) = J_t(\widetilde{f},g^\varepsilon). \tag{7.31}$$

Die (starke) Konvergenz von $\{f_t^{\varepsilon k_i}\}_{i \in \mathbb{N}}$ verifizieren wir durch einen Widerspruch. Wir nehmen an, $\{f_t^{\varepsilon k_i}\}_{i \in \mathbb{N}}$ konvergiert nicht gegen $\widetilde{f}$. Dann ist $C :=$ $\limsup_{i \to \infty} \|f_t^{\varepsilon k_i} - f^*\|_X > \|\widetilde{f} - f^*\|_X$ und es gibt eine Teilfolge $\{f_t^{\varepsilon k_{i_j}}\}_{j \in \mathbb{N}}$ mit den Eigenschaften: $f_t^{\varepsilon k_{i_j}} \rightharpoonup \widetilde{f}$, $\Phi(f_t^{\varepsilon k_{i_j}}) \rightharpoonup \Phi(\widetilde{f})$ sowie $\|f_t^{\varepsilon k_{i_j}} - f^*\|_X \to C$ für $j \to \infty$. Als Konsequenz aus (7.31) erhalten wir die Ungleichung

$$\lim_{j \to \infty} \|\Phi(f_t^{\varepsilon k_{i_j}}) - g^{\varepsilon k_{i_j}}\|_Y^2 = \|\Phi(\widetilde{f}) - g^\varepsilon\|_Y^2 + t\left(\|\widetilde{f} - f^*\|_X^2 - C^2\right) < \|\Phi(\widetilde{f}) - g^\varepsilon\|_Y^2,$$

die im Widerspruch zu (7.30) steht, d.h. $\{f_t^{\varepsilon k_i}\}_{i \in \mathbb{N}}$ konvergiert gegen $\widetilde{f}$.   ∎

Die *nichtlineare Tikhonov–Phillips-Regularisierung* $\{R_t^\eta\}_{t>0}$, $R_t^\eta : X \times Y \to X$, $\eta \geq 0$, definieren wir durch $R_t^\eta(f^*,g^\varepsilon) := f_t^{\varepsilon,\eta}$, wobei $f_t^{\varepsilon,\eta}$ bestimmt ist durch

$$J_t(f_t^{\varepsilon,\eta},g^\varepsilon) \leq \min\left\{ J_t(f,g^\varepsilon) \,\big|\, f \in \mathcal{D}(\Phi) \right\} + \eta.$$

Mit dem Parameter η modellieren wir Fehler, die bei einer numerischen Minimierung des Funktionals zwangsläufig auftreten. Die Existenz von $f_t^{\varepsilon,\eta}$ gewährleistet Satz 7.4.1.

Bei geeigneter Wahl von t verdient die nichtlineare Tikhonov–Phillips-Regularisierung tatsächlich ihren Namen (SEIDMAN und VOGEL [133, Theorem 4] sowie ENGL, HANKE und NEUBAUER [35, Theorem 10.3]).

Satz 7.4.3 *Es gelten die Voraussetzungen von Satz 7.4.1. Darüber hinaus sei $g \in \mathcal{R}(\Phi)$ und f^+ sei eine f^*-Minimum-Norm-Lösung von (7.1). Die Familie $\{g^\varepsilon\}_{\varepsilon > 0} \subset Y$ erfülle $\|g - g^\varepsilon\|_Y \leq \varepsilon$ und die Störung $\eta = \eta(t)$ verhalte sich wie $o(t)$ für $t \to 0$. Wählen wir $\gamma :]0,\infty[\to]0,\infty[$ so, dass gilt*

$$\gamma(\varepsilon) \to 0 \quad \text{sowie} \quad \varepsilon^2/\gamma(\varepsilon) \to 0 \quad \text{für } \varepsilon \to 0,$$

dann hat $\left\{R_{\gamma(\varepsilon)}^{\eta(\gamma(\varepsilon))}(f^*,g^\varepsilon)\right\}_{\varepsilon>0}$ *eine konvergente Teilfolge. Der Grenzwert jeder konvergenten Teilfolge ist eine f^*-Minimum-Norm-Lösung von (7.1). Ist die f^*-Minimum-Norm-Lösung eindeutig bestimmt, dann gilt sogar*

$$\lim_{\varepsilon\to 0}\|R_{\gamma(\varepsilon)}^{\eta(\gamma(\varepsilon))}(f^*,g^\varepsilon) - f^+\|_X = 0,$$

d.h. $(\{R_t^{\eta(t)}\}_{t>0},\gamma)$ *ist ein Regularisierungsverfahren.*

Beweis: Wir beginnen mit der Abschätzung

$$J_t(f_t^{\varepsilon,\eta},g^\varepsilon) \leq J_t(f^+,g^\varepsilon)+\eta = \varepsilon^2 + t\|f^+ - f^*\|_X^2 + \eta, \qquad (7.32)$$

die unter unseren Annahmen zwei Konsequenzen hat, nämlich

$$\lim_{\varepsilon\to 0}\|\Phi(f_{\gamma(\varepsilon)}^{\varepsilon,\eta}) - g\|_Y = 0 \quad\text{und}\quad \limsup_{\varepsilon\to 0}\|f_{\gamma(\varepsilon)}^{\varepsilon,\eta} - f^*\|_X \leq \|f^+ - f^*\|_X. \quad (7.33)$$

Insbesondere ist $\{f_{\gamma(\varepsilon)}^{\varepsilon,\eta}\}_{\varepsilon>0}$ beschränkt, beinhaltet also eine Teilfolge $\{f_{\gamma(\varepsilon_k)}^{\varepsilon_k,\eta_k}\}_{k\in\mathbb{N}}$, $\eta_k := \eta(\gamma(\varepsilon_k))$, die schwach konvergiert, sagen wir gegen $\widetilde{f}$. Wegen der schwachen Folgenabgeschlossenheit von Φ muss $\widetilde{f}\in\mathcal{D}(\Phi)$ sein mit $\Phi(\widetilde{f}) = g$.

Aus (7.28) und (7.33) folgt weiter

$$\|\widetilde{f} - f^*\|_X \leq \liminf_{k\to\infty}\|f_{\gamma(\varepsilon_k)}^{\varepsilon_k,\eta_k} - f^*\|_X \leq \|f^+ - f^*\|_X. \qquad (7.34)$$

Da aber f^+ als f^*-Minimum-Norm-Lösung vorausgesetzt ist, muss $\|\widetilde{f} - f^*\|_X = \|f^+ - f^*\|_X$ sein, d.h. auch $\widetilde{f}$ ist f^*-Minimum-Norm-Lösung.

Nun zeigen wir, dass die schwach konvergente Folge $\{f_{\gamma(\varepsilon_k)}^{\varepsilon_k,\eta_k}\}_{k\in\mathbb{N}}$ auch stark konvergiert, selbstverständlich gegen $\widetilde{f}$. Die schwache Konvergenz zusammen mit (7.33), (7.34) und der Identität

$$\|f_{\gamma(\varepsilon_k)}^{\varepsilon_k,\eta_k} - \widetilde{f}\|_X^2 = \|f_{\gamma(\varepsilon_k)}^{\varepsilon_k,\eta_k} - f^*\|_X^2 + \|f^* - \widetilde{f}\|_X^2 + 2\,\mathrm{Re}\,\langle f_{\gamma(\varepsilon_k)}^{\varepsilon_k,\eta_k} - f^*, f^* - \widetilde{f}\rangle_X$$

führt auf

$$\limsup_{k\to\infty}\|f_{\gamma(\varepsilon_k)}^{\varepsilon_k,\eta_k} - \widetilde{f}\|_X^2 \leq 2\|f^* - \widetilde{f}\|_X^2 + 2\lim_{k\to\infty}\mathrm{Re}\,\langle f_{\gamma(\varepsilon_k)}^{\varepsilon_k,\eta_k} - f^*, f^* - \widetilde{f}\rangle_X = 0.$$

Die behauptete Normkonvergenz folgt schließlich aus

$$0 \leq \liminf_{k\to\infty}\|f_{\gamma(\varepsilon_k)}^{\varepsilon_k,\eta_k} - \widetilde{f}\|_X^2 \leq \limsup_{k\to\infty}\|f_{\gamma(\varepsilon_k)}^{\varepsilon_k,\eta_k} - \widetilde{f}\|_X^2 = 0.$$

Ist f^+ eindeutig, dann konvergiert jede Teilfolge von $\{f_{\gamma(\varepsilon)}^{\varepsilon,\eta}\}_{\varepsilon>0}$ in der Norm gegen f^+, damit aber konvergiert schon die ganze Schar $\{f_{\gamma(\varepsilon)}^{\varepsilon,\eta}\}_{\varepsilon>0}$ gegen f^+. $\blacksquare$

Mit der Ordnungsoptimalität der nichtlinearen Tikhonov–Phillips-Regularisierung beschäftigen wir uns jetzt.

Satz 7.4.4 *Sei* $\Phi : \mathcal{D}(\Phi) \subset X \to Y$ *eine schwach folgenabgeschlossene Abbildung zwischen Hilberträumen. Weiter sei* Φ *in* $B_\rho(f^+) \subset \mathcal{D}(\Phi)$ *für ein* $\rho > 0$ *Fréchet-differenzierbar mit einer in* f^+ *Lipschitz-stetigen Ableitung:*

$$\|\Phi'(f) - \Phi'(f^+)\| \leq L \, \|f - f^+\|_X \quad \textit{für alle } f \in B_\rho(f^+).$$

Außerdem gebe es zu $f^* \in X$ *ein* $\mu \in [1,2]$*, so dass* $f^+ - f^* \in \mathcal{R}\big(|\Phi'(f^+)|^\mu\big)$ *ist. Diese Annahme garantiert die Existenz eines* $w \in Y$ *mit*

$$f^+ - f^* = \Phi'(f^+)^* \, w \tag{7.35}$$

(Satz 2.4.3). Die Familie $\{g^\varepsilon\}_{\varepsilon>0} \subset Y$ *erfülle* $\|g - g^\varepsilon\|_Y \leq \varepsilon$*, wobei* $g = \Phi(f^+)$ *ist, und die Störung* $\eta = \eta(t)$ *verhalte sich wie* $O(t^2)$ *für* $t \to 0$*. Die a priori Parameterwahl* $\gamma : {]0,\infty[} \to {]0,\infty[}$ *erfülle* $c_\gamma \, \varepsilon^{2/(\mu+1)} \leq \gamma(\varepsilon) \leq C_\gamma \, \varepsilon^{2/(\mu+1)}$ *mit Konstanten* $0 < c_\gamma \leq C_\gamma$.
　　Falls $L \, \|w\|_Y < 1$ *und* $\rho > 2 \, \|f^+ - f^*\|_X$ *ist, dann gilt*

$$\big\| R_{\gamma(\varepsilon)}^{\eta(\gamma(\varepsilon))}(f^*, g^\varepsilon) - f^+ \big\|_X = O\big(\varepsilon^{\frac{\mu}{\mu+1}}\big) \quad \textit{für } \varepsilon \to 0.$$

Beweis: Wir beweisen die Aussage nur für $\mu = 1$ mit Argumenten von Engl, Kunisch und Neubauer [36, Theorem 2.4]. Die allgemeine Version stammt von Neubauer [98, Theorem 2.4] unter etwas stärkeren Annahmen. Ein Beweis unter obigen Voraussetzungen findet sich bei Engl, Hanke und Neubauer [35, Theorem 10.7].

　　Wieder gehen wir aus von (7.32), addieren auf beiden Seiten $t \, \|f_t^{\varepsilon,\eta} - f^+\|_X^2$ und gelangen so zu

$$\begin{aligned}
\|\Phi(f_t^{\varepsilon,\eta}) - g^\varepsilon\|_Y^2 + t \, \|f_t^{\varepsilon,\eta} - f^+\|_X^2 \;\leq\;\; & \varepsilon^2 + \eta + t \, \big(\|f^+ - f^*\|_X^2 \\
& + \|f_t^{\varepsilon,\eta} - f^+\|_X^2 - \|f_t^{\varepsilon,\eta} - f^*\|_X^2\big) \\
=\;\; & \varepsilon^2 + \eta + 2t \, \mathrm{Re}\,\langle f^+ - f^*, f^+ - f_t^{\varepsilon,\eta}\rangle_X.
\end{aligned}$$

Hieraus erhalten wir mit der Implikation (Aufgabe 7.12)

$$a^2 \leq b + a \, c \ \text{ und } \ a, b, c \geq 0 \quad \Longrightarrow \quad a \leq \sqrt{b} + c$$

und der Cauchy–Schwarzschen Ungleichung die Abschätzung

$$\|f_t^{\varepsilon,\eta} - f^+\|_X \leq \sqrt{\frac{\varepsilon^2 + \eta}{t}} + 2 \, \|f^+ - f^*\|_X.$$

Daher gibt es ein $\bar{\varepsilon} > 0$ derart, dass $f_{\gamma(\varepsilon)}^{\varepsilon,\eta(\gamma(\varepsilon))} \in B_\rho(f^+)$ ist für $\varepsilon \in {]0,\bar{\varepsilon}]}$. Im Weiteren sei $\varepsilon \leq \bar{\varepsilon}$.

　　Bedingung (7.35) oben eingesetzt, liefert

$$\|\Phi(f_t^{\varepsilon,\eta}) - g^\varepsilon\|_Y^2 + t \, \|f_t^{\varepsilon,\eta} - f^+\|_X^2 \leq \varepsilon^2 + \eta + 2t\,\mathrm{Re}\,\langle w, \Phi'(f^+)(f^+ - f_t^{\varepsilon,\eta})\rangle_Y.$$

Wie im Beweis von Satz 7.3.5 erzielen wir für das Taylor-Restglied E in $\Phi(f_t^{\varepsilon,\eta}) - \Phi(f^+) = \Phi'(f^+)(f_t^{\varepsilon,\eta} - f^+) + E(f_t^{\varepsilon,\eta}, f^+)$ die Abschätzung

$$\|E(f_t^{\varepsilon,\eta}, f^+)\|_Y \leq \frac{L}{2}\|f_t^{\varepsilon,\eta} - f^+\|_X^2,$$

sofern $f_t^{\varepsilon,\eta} \in B_\rho(f^+)$ ist, z.B. für $t = \gamma(\varepsilon)$. Es folgt

$$\|\Phi(f_t^{\varepsilon,\eta}) - g^\varepsilon\|_Y^2 + t\|f_t^{\varepsilon,\eta} - f^+\|_X^2$$
$$\leq \varepsilon^2 + \eta + 2t\,\mathrm{Re}\,\langle w, g - g^\varepsilon + g^\varepsilon - \Phi(f_t^{\varepsilon,\eta}) + E(f_t^{\varepsilon,\eta}, f^+)\rangle_Y$$
$$\leq \varepsilon^2 + \eta + 2t\varepsilon\|w\|_Y + 2t\|w\|_Y\|g^\varepsilon - \Phi(f_t^{\varepsilon,\eta})\|_Y$$
$$+ tL\|w\|_Y\|f_t^{\varepsilon,\eta} - f^+\|_X^2$$

und daher ist

$$\left(\|\Phi(f_t^{\varepsilon,\eta}) - g^\varepsilon\|_Y - t\|w\|_Y\right)^2 + t(1 - L\|w\|_Y)\|f_t^{\varepsilon,\eta} - f^+\|_X^2$$
$$\leq (\varepsilon + t\|w\|_Y)^2 + \eta. \tag{7.36}$$

Wegen $L\|w\|_Y < 1$ haben wir so die Abschätzung

$$\|f_t^{\varepsilon,\eta} - f^+\|_X \leq (1 - L\|w\|_Y)^{-1/2}\left(\frac{\varepsilon}{\sqrt{t}} + \sqrt{t}\,\|w\|_Y + \sqrt{\frac{\eta}{t}}\right)$$

gefunden. Durch $t = \gamma(\varepsilon)$ ergibt sich die behauptete Asymptotik für $\mu = 1$. $\blacksquare$

Bemerkung 7.4.5

(a) Die schwache Folgenabgeschlossenheit von Φ spielt im Beweis von Satz 7.4.4 nur eine indirekte Rolle: Sie garantiert die Existenz und Stabilität von $\{f_t^{\varepsilon,\eta}\}_{t>0}$ für $\eta \geq 0$ (Sätze 7.4.1 und 7.4.2).

(b) Zwar kann (7.1) mehrere f^*-Minimum-Norm-Lösungen besitzen, aber nur eine davon kann die Voraussetzungen von Satz 7.4.4 erfüllen (Warum?).

(c) Für $\mu = 1$ können wir aus (7.36) die Konvergenzordnung

$$\left\|\Phi\left(R_{\gamma(\varepsilon)}^{\eta(\gamma(\varepsilon))}(f^*, g^\varepsilon)\right) - g\right\|_Y = O(\varepsilon) \quad \text{für } \varepsilon \to 0$$

des nichtlinearen Residuums herleiten (Aufgabe 7.13).

(d) Ändern wir für $\mu = 1$ die a priori Strategie γ in $\tilde{c}_\gamma \frac{\varepsilon}{\|w\|_Y} \leq \gamma(\varepsilon) \leq \tilde{C}_\gamma \frac{\varepsilon}{\|w\|_Y}$, dann ist $(\{R_t^{\eta(t)}\}_{t>0}, \gamma)$ ordnungsoptimal, sofern sich η wie $O(\|w\|_Y^2\,t^2)$ verhält.

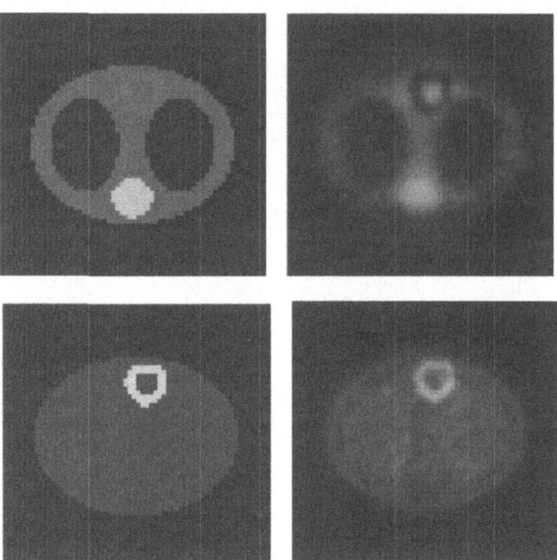

Bild 7.2: SPECT-Simulation zur Aktivitätsdiagnostik des Herzmuskels. Oben links: Dichteverteilung μ in einem vereinfachten Thorax-Modell (Lungenflügel, Wirbelsäule, Herz). Unten links: Strahlungsverteilung f mit einer Anreicherung im Herzen. Rechts: Die jeweiligen Rekonstruktionen durch Tikhonov–Phillips-Regularisierung von analytisch berechneten Daten, die mit 20-prozentigem gleichverteilten Rauschen kontaminiert wurden.

Die Rekonstruktionen wurden von Volker Dicken freundlicherweise zu Verfügung gestellt. In seiner Dissertation [25] präsentiert er zahlreiche weitere Rekonstruktionen, auch aus klinisch gemessenen Daten.

(e) DICKEN [25, Theorem 2.13] gibt Bedingungen an, unter denen das Tikhonov–Phillips-Funktional J_t lokal strikt konvex ist, mithin dort ein eindeutiges minimierendes Element besitzt.

(f) Wird der SPECT-Operator Φ_{SPECT} (Beispiele 7.1.3 und 7.2.3) zwischen geeigneten Hilberträumen definiert, so erfüllt er die Voraussetzungen von Satz 7.4.4, siehe DICKEN [25, Theorem 4.12] und [26, Theorem 4.6]). Bild 7.2 zeigt Tikhonov–Phillips-Rekonstruktionen der Dichte sowie der Strahlungsintensität in einem Körperquerschnitt. Die analytisch berechneten Daten wurden mit 20% relativem Rauschen gestört.

(g) A posteriori Parameterstrategien für das nichtlineare Tikhonov–Phillips-Verfahren untersuchen SCHERZER [124] sowie SCHERZER, ENGL und KUNISCH [126]. Zum Nachweis der Ordnungsoptimalität benötigen diese Autoren allerdings Bedingungen an die Nichtlinearität vom Typ (7.19) bzw. (7.21), die stärker sind als die aus Satz 7.4.4. RAMLAU [112] konnte zeigen, dass Ordnungsoptimalität des Morozovschen Diskrepanzprinzips möglich ist unter Bedingungen, die z.B. vom SPECT-Operator erfüllt werden.

7.5 Iterative Methoden vom Newton-Typ

Ein bewährtes Verfahren zur Lösung nichtlinearer (gut gestellter) Gleichungen ist das Newton-Verfahren mit seinen vielfältigen Varianten, siehe z.B. KELLEY [70]. Eignen sich diese Verfahren auch zur Regularisierung schlecht gestellter Gleichungen? Eine positive Anwort finden Sie auf den nächsten Seiten.

Zur numerischen Lösung von (7.1) mit gestörten Daten g^ε betrachten wir die Iteration

$$f_{n+1}^\varepsilon = f_n^\varepsilon + s_n^\varepsilon, \quad n \in \mathbb{N}_0, \tag{7.37}$$

mit Startwert $f_0 = f_0^\varepsilon \in \mathcal{D}(\Phi)$. Der Iterationsschritt s_n^ε muss bestimmt werden. Dazu versuchen wir dem *exakten* Iterationsschritt $s_n^e := f^+ - f_n^\varepsilon$ möglichst nahe zu kommen; hierbei ist f^+ eine Lösung von (7.1). Stimmen nämlich s_n^ε und s_n^e überein, dann haben wir $f_{n+1}^\varepsilon = f^+$.

Wie lässt sich eine Approximation an s_n^e gewinnen? Ist Φ Fréchet-differenzierbar, so löst der exakte Iterationsschritt das lineare System

$$\Phi'(f_n^\varepsilon)\, s_n^e = g - \Phi(f_n^\varepsilon) - E(f^+, f_n^\varepsilon) =: b_n, \tag{7.38}$$

wobei $E(v,w) = \Phi(v) - \Phi(w) - \Phi'(w)(v - w)$ der Linearisierungsfehler ist. Leider kennen wir die rechte Seite b_n nicht, sondern nur eine verrauschte Version

$$b_n^\delta := g^\varepsilon - \Phi(f_n^\varepsilon) \quad \text{mit } \|b_n^\delta - b_n\|_Y \leq \varepsilon + \|E(f^+, f_n^\varepsilon)\|_Y. \tag{7.39}$$

Das Rauschen in b_n^δ hat zwei Ursachen, zum einen das Rauschen in g^ε und zum anderen den Linearisierungsfehler.

Wir bestimmen s_n^ε daher als Lösung von

$$\Phi'(f_n^\varepsilon)\, s = b_n^\delta. \tag{7.40}$$

Dabei müssen wir damit rechnen, dass sich die Schlechtgestelltheit von (7.1) auf (7.40) vererbt (Dies ist zum Beispiel der Fall, wenn Φ und somit auch $\Phi'(f_n^\varepsilon)$ vollstetig sind). Da s_n^ε aus einer Linearisierung von (7.1) in f_n^ε bestimmt wird, ist die Iteration (7.37) vom *Newton-Typ*. Je nachdem, wie aus (7.40) Approximationen an s_n^e gewonnen werden, ergeben sich unterschiedliche Verfahren.

Zur Vermeidung einer Fehlerverstärkung muss, wie bei den iterativen Verfahren für lineare Probleme, die Iteration (7.37) rechtzeitig gestoppt werden. Hierzu setzen wir das Diskrepanzprinzip ein: Akzeptiere diejenige Iterierte f_{n*}^ε als Lösung von (7.1), für die gilt

$$\|\Phi(f_{n*}^\varepsilon) - g^\varepsilon\|_Y \leq \tau \varepsilon < \|\Phi(f_n^\varepsilon) - g^\varepsilon\|_Y, \quad n = 0,1,\dots,n^* - 1, \tag{7.41}$$

worin die Konstante $\tau > 1$ fest gewählt ist.

Im Weiteren werde $\Phi : \mathcal{D}(\Phi) \subset X \to Y$ als stetig differenzierbar zwischen den Hilberträumen X und Y vorausgesetzt. Außerdem seien $f^+ \in \mathcal{D}(\Phi)$, $g = \Phi(f^+)$, $g^\varepsilon \in Y$ mit $\|g - g^\varepsilon\|_Y \leq \varepsilon$, $A = \Phi'(f^+)$ und $A_n = \Phi'(f_n^\varepsilon)$.

Bemerkung 7.5.1 HETTLICH und RUNDELL [60] gehen einen Schritt weiter: Anstatt der Linearisierung (7.40) verwenden sie eine quadratische Approximation an Φ in f_n^ε, um den Iterationsschritt zu bestimmen.

Ein anderer interessanter Ansatz stammt von TAUTENHAHN [136]. Er formuliert das schlecht gestellte nichtlineare Problem (7.1) als ein gut gestelltes Fixpunktproblem.

7.5.1 Das nichtlineare Landweber-Verfahren

Das *nichtlineare Landweber-Verfahren* entsteht, indem ein ungedämpfter Landweber-Schritt mit Startwert 0 auf (7.40) angewendet wird, d.h.

$$s_n^\varepsilon = A_n^* b_n^\delta$$

bzw.

$$f_{n+1}^\varepsilon = f_n^\varepsilon + A_n^*\big(g^\varepsilon - \Phi(f_n^\varepsilon)\big), \quad n \in \mathbb{N}_0. \tag{7.42}$$

Die Operatoren A_n seien skaliert durch $\|A_n\| \le 1$ für alle $n \in \mathbb{N}_0$.

HANKE, NEUBAUER und SCHERZER haben das nichtlineare Landweber-Verfahren analysiert. Von ihnen stammen die folgenden beiden Ergebnisse [53, Theorem 2.4 und Theorem 3.2].

Satz 7.5.2 *Es gelte* (7.19) *mit* $\omega < 1/2$ *und* $r > 0$. *Falls mit* f_0 *hinreichend nahe bei* f^+ *gestartet wird, dann ist die nichtlineare Landweber-Iteration* (7.42) *zusammen mit* (7.41) *für* $\tau > 2(1+\omega)/(1-2\omega) > 2$ *wohldefiniert und konvergent:*

$$\{f_0,\dots,f_{n*}^\varepsilon\} \subset B_r(f^+) \quad sowie \quad f_{n*}^\varepsilon \to \widetilde{f} \quad für \quad \varepsilon \to 0,$$

wobei $\widetilde{f} \in B_r(f^+)$ *ebenfalls* (7.1) *löst.*

Satz 7.5.3 *Es gelten die Voraussetzungen von Satz 7.5.2. Statt* (7.19) *werde die stärkere Bedingung* (7.21) *in* $B_r(f^+)$ *mit* $C_Q\, r < 1/3$ *angenommen (Dies impliziert* (7.19) *in* $B_{2r}(f_0)$ *mit* $\omega < 1/2$). *Der Startwert* $f_0 \subset B_r(f^+)$ *erfülle* $f^+ - f_0 = |A|^\mu w$ *für ein* $w \in X$ *und ein* $\mu \in\,]0,1]$. *Falls* $\|w\|_X$ *hinreichend klein ist, gilt*

$$\|f_{n*}^\varepsilon - f^+\| \le C_{nlLand}\, \varepsilon^{\frac{\mu}{\mu+1}}\, \|w\|_X^{\frac{1}{\mu+1}}.$$

Somit ist das nichtlineare Landweber-Verfahren zusammen mit dem Diskrepanzprinzip ein ordnungsoptimales Regularisierungsverfahren.

Ebenso wie das lineare konvergiert das nichtlineare Landweber-Verfahren sehr langsam. Der numerische Aufwand bis zum Erreichen des Stoppkriteriums (7.41) ist im Allgemeinen erheblich.

NEUBAUER [99] untersuchte die Konvergenz des nichtlinearen Landweber-Verfahrens in Hilbertskalen unter Berücksichtigung von Diskretisierungseffekten. Zur Beschleunigung des nichtlinearen Landweber-Verfahrens schlägt SCHERZER in [125] eine Multilevel-Variante vor.

7.5.2 Regularisierungen vom Gauß–Newton-Typ

Zur Berechnung von s_n^ε wenden wir ein Regularisierungsverfahren auf (7.40) an, das durch einen regularisierenden Filter $\{F_t\}_{t>0}$ erzeugt wird, d.h.

$$s_n^\varepsilon = F_{t_n}(A_n^* A_n) A_n^* b_n^\delta + \big(I - F_{t_n}(A_n^* A_n) A_n^* A_n\big)(f_0 - f_n^\varepsilon).$$

Der zweite Summand führt den Anfangswert $f_0 - f_n^\varepsilon$ in die Regularisierung von (7.40) ein, siehe Bemerkung 3.3.2. Wir erhalten insgesamt die Iteration

$$f_{n+1}^\varepsilon = f_0 + F_{t_n}(A_n^* A_n) A_n^* \big(b_n^\delta - A_n(f_0 - f_n^\varepsilon)\big), \quad n \in \mathbb{N}_0, \qquad (7.43)$$

die als regularisierte Version einer *Gauß–Newton*-Iteration interpretiert werden darf, siehe z.B. DEUFLHARD und HOHMANN [24, Kap. 4.3].

Beispiel 7.5.4 Mit dem Filter $F_t(\lambda) = (\lambda + t)^{-1}$ des Tikhonov–Phillips-Verfahrens berechnet sich s_n^ε als eindeutige Lösung der Gleichung

$$(A_n^* A_n + t_n I)\, s_n^\varepsilon = A_n^* b_n^\delta + t_n\,(f_0 - f_n^\varepsilon).$$

Eine äquivalente Charakterisierung des Iterationsschritts ist

$$s_n^\varepsilon = \operatorname{argmin}\big\{ \|A_n s - b_n^\delta\|_Y^2 + t_n\,\|s - (f_0 - f_n^\varepsilon)\|_X^2 \;\big|\; s \in X \big\},$$

wie in Aufgabe 4.5 gezeigt. ♠

Beispiel 7.5.5 Auch iterative Verfahren können zur Bestimmung von s_n^ε herangezogen werden. So bedeutet die Wahl von $F_t(\lambda) = \sum_{j=0}^{1/t-1}(1-\lambda)^j$ für $t^{-1} \in \mathbb{N}$ zusammen mit der Skalierung $\|A_n\| \le 1$ die Anwendung von t_n^{-1} Schritten des ungedämpften Landweber-Verfahrens auf (7.40) mit Startwert $f_0 - f_n^\varepsilon$:

$$
\begin{aligned}
s_{n,0} &= f_0 - f_n^\varepsilon, \\
s_{n,k+1} &= s_{n,k} + A_n^*(b_n^\delta - A_n s_{n,k}), \quad k = 0,1,\ldots,t_n^{-1} - 1, \\
s_n^\varepsilon &:= s_{n,t_n^{-1}}.
\end{aligned}
$$

♠

Die Gauß–Newton-Iteration (7.43) wird durch das angepasste Diskrepanzprinzip (7.44) abgebrochen: Stoppe mit der Iterierten $f_{n^*}^\varepsilon$, wenn gilt

$$
\begin{aligned}
\max\big\{ \|\Phi(f_{n^*-1}^\varepsilon) - g^\varepsilon\|_Y, \|b_{n^*-1}^\delta - A_{n^*-1}\, s_{n^*-1}^\varepsilon\|_Y \big\} &\le \tau\,\varepsilon \\
< \max\big\{ \|\Phi(f_k^\varepsilon) - g^\varepsilon\|_Y, \|b_k^\delta - A_k s_k^\varepsilon\|_Y \big\}, \quad k &= 0,1,\ldots,n^* - 2.
\end{aligned}
\qquad (7.44)
$$

Satz 7.5.6 *Sei $\{F_t\}_{t>0}$ ein regularisierender Filter mit Qualifikation $\mu_0 > 1$ und sei $\sup\{|F_t(\lambda)| \,|\, 0 \le \lambda \le \overline{\lambda}\} = \mathrm{O}(t^{-1})$, wobei $\overline{\lambda}$ eine obere Schranke ist für $\|\Phi'(\cdot)\|^2$ über $B_\rho(f_0) \subset \mathcal{D}(\Phi)$. Weiter erlaube $f^+ \in B_\rho(f_0)$ die Darstellung*

$$f^+ - f_0 = |\Phi'(f^+)|^\mu\, w$$

für ein $\mu \in {]}0,\overline{\mu}]$, $\overline{\mu} = \min\{1,\mu_0 - 1\}$, und ein $w \in X$. Es gelte (7.21) in $B_{2\rho}(f_0)$ mit $C_Q\,\rho < 1/2$. Die Folge $\{t_n\}_{n \in \mathbb{N}_0}$ in (7.43) sei eine streng monoton fallende Nullfolge mit $0 < \vartheta \le t_{n+1}/t_n$.

Falls ρ und $\|w\|_X$ hinreichend klein und $\tau > 1$ hinreichend groß sind, dann ist die Gauß–Newton-Iteration (7.43) mit der Stoppregel (7.44) wohldefiniert, d.h. $\{f_0,\ldots,f_{n*}^\varepsilon\} \subset B_\rho(f^+)$, und wir haben

$$\|f^+ - f_{n*}^\varepsilon\|_X = \mathrm{O}\bigl(\varepsilon^{\frac{\mu}{\mu+1}}\bigr) \quad \text{für } \varepsilon \to 0.$$

In der hier präsentierten Allgemeinheit wurde Satz 7.5.6 von KALTENBACHER [69, Theorem 2.4] bewiesen. Teilergebnisse wurden schon vorher erzielt durch BAKUSHINSKII [5] sowie durch BLASCHKE(-KALTENBACHER), NEUBAUER und SCHERZER [6].

In einer Reihe von Arbeiten [106, 107, 108] analysierte QI-NIAN verschiedene Varianten und Erweiterungen der Gauß–Newton-Iteration (7.43). DEUFLHARD, ENGL und SCHERZER [23] übetrugen die affin-invariante Konvergenztheorie des Newton-Verfahrens für gut gestellte Probleme auf die Gauß–Newton-Iteration.

7.5.3   Inexakte Newton-Verfahren

Unter dem Blickwinkel der numerischen Effizienz weist die Gauß–Newton-Iteration (7.43) zwei Schwächen auf.

1. Wegen der Konvergenz von $\{f_{n*}^\varepsilon\}_{\varepsilon>0}$ gegen f^+ muss die Folge der Newton-Schritte $\{s_{n*}^\varepsilon\}_{\varepsilon>0}$ gegen Null konvergieren für $\varepsilon \to 0$. Daher ist der Startwert $f_0 - f_{n*}^\varepsilon$, der im Allgemeinen nicht gegen Null konvergiert für $\varepsilon \to 0$, zur Berechnung von s_{n*}^ε wenig geeignet. Der Startwert Null erscheint angebrachter.

2. Die Stärke der Regularisierung von (7.40) zur Berechnung von s_n^ε wird a priori festgesetzt durch die Vorgabe von $\{t_n\}$. Eine dynamische Wahl von $\{t_n\}$ ermöglicht dahingegen die Berücksichtigung von Erkenntnissen, die im Laufe der Iteration gewonnen werden, womit wir die Konvergenzgeschwindigkeit erhöhen können.

Um beiden Einwänden gerecht zu werden, schlagen wir folgendes Verfahren vor, das Aspekte der *inexakten* Newton-Verfahren aufgreift, siehe z.B. KELLEY [70]. Sei $\{t_i\}_{i \in \mathbb{N}}$ eine monoton fallende Nullfolge mit $t_{i+1}/t_i \ge \vartheta > 0$ für alle $i \in \mathbb{N}$. Wir setzen $s_{n,i} = F_{t_i}(A_n^* A_n)A_n^*(g^\varepsilon - \Phi(f_n^\varepsilon)) = F_{t_i}(A_n^* A_n)A_n^* b_n^\delta$. Eine a posteriori Wahl für t_i erfordert eine möglichst präzise Kenntnis des Rauschpegels $\|b_n - b_n^\delta\|_Y$. Wie uns (7.39) verrät, ist diese Information nicht zugänglich, auch wenn wir ε kennen. Da wir mit berechenbaren Größen arbeiten wollen, definieren wir s_n^ε durch

$$s_n^\varepsilon := s_{n,r_n} = F_{t_{r_n}}(A_n^* A_n)A_n^* b_n^\delta,$$

```
REGINN(f,τ,{tᵢ},{Θₙ})
n := 0;  f₀ᵉ := f;
while ‖Φ(fₙᵉ) − gᵉ‖_Y > τε do

{   i := 0;

    repeat

        i := i + 1;
        s_{n,i} := F_{t_i}(Φ'(fₙᵉ)*Φ'(fₙᵉ))Φ'(fₙᵉ)*(gᵉ − Φ(fₙᵉ));

    until ‖Φ'(fₙᵉ)s_{n,i} + Φ(fₙᵉ) − gᵉ‖_Y < Θₙ‖Φ(fₙᵉ) − gᵉ‖_Y

    f_{n+1}ᵉ := fₙᵉ + s_{n,i};
    n := n + 1;

}

f := fₙᵉ;
```

Schema 7.3: REGINN (REGularisierung basierend auf INexakten Newton-Iterationen).

wobei t_{r_n} so bestimmt wird, dass das relative (lineare) Residuum kleiner ist als eine vorgegebene *Toleranz* $\Theta_n \in \,]0,1]$, d.h.

$$\|A_n s_{n,r_n} - b_n^\delta\|_Y < \Theta_n \|b_n^\delta\|_Y \leq \|A_n s_{n,i} - b_n^\delta\|_Y, \quad i = 1,\dots,r_n - 1. \tag{7.45}$$

Die geschickte Wahl von Θ_n beschreiben wir später in Kapitel 7.5.3.4.

Die so erhaltene inexakte Newton-Iteration

$$f_{n+1}^\varepsilon = f_n^\varepsilon + F_{t_{r_n}}(A_n^* A_n)A_n^* b_n^\delta, \quad n \in \mathbb{N}_0, \tag{7.46}$$

brechen wir nach dem Diskrepanzprinzip (7.41) ab und nennen sie REGINN, siehe Schema 7.3. Die `while`-Schleife in Schema 7.3 realisiert die Newton-Iteration mit dem Diskrepanzprinzip, und die `repeat`-Schleife bestimmt den Korrekturschritt für die Newton-Iteration. REGINN wurde in [116, 117] entwickelt und analysiert.

Im Moment lassen wir solche Filter $\{F_t\}_{t>0}$ zu, die zusammen mit dem Diskrepanzprinzip aus Kapitel 3.4 ein Regularisierungsverfahren für A_n erzeugen. Insbesondere also die Tikhonov–Phillips-Regularisierung, die Landweber-Iteration und die ν-Methoden. Auch das cg-Verfahren ist zugelassen (hier hängen die F_t allerdings von b_n^δ ab). Verwenden wir die Tikhonov–Phillips-Regularisierung, dann stimmt REGINN mit dem *Levenberg–Marquardt-Verfahren* überein, dessen Potential zur Regularisierung nichtlinearer Probleme von HANKE [49] festgestellt wurde. Unser besonderes Interesse gilt allerdings den iterativen Methoden; denn das Kriterium des relativen Residuums (7.45) haben wir auf sie zugeschnitten. Die natürliche Setzung für $\{t_i\}_{i\in\mathbb{N}}$ ist hier $t_i = 1/i$, womit der Index i die Iterationsschritte nummeriert (Fußnote auf Seite 108).

Wenn Φ eine lineare Abbildung ist, dann reduziert sich REGINN auf das Regularisierungsverfahren, das durch die `repeat`-Schleife implementiert wurde. Die

Details formulieren wir im folgenden Lemma, dessen Beweis Sie in Aufgabe 7.14 erbringen sollen.

Lemma 7.5.7 *Sei $\{F_t\}_{t>0}$ ein regularisierender Filter, für den das Diskrepanzprinzip (3.37) einen Stoppindex liefert. Die Abbildung $\Phi : X \to Y$ sei linear und $f_0 \in X$ erfülle $\|\Phi(f_0) - g^\varepsilon\|_Y > \tau\,\varepsilon$, wobei $\tau > 1$ ist (andernfalls akzeptiere f_0 als Approximation an f^+).*

Falls $\Theta_0 = R\,\varepsilon/\|\Phi(f_0) - g^\varepsilon\|_Y$ ist mit $R \in\,]1,\tau]$, dann stoppt REGINN *mit der ersten Iterierten f_1^ε. Darüber hinaus reduziert sich* REGINN *auf das durch $\{F_t\}_{t>0}$ induzierte Regularisierungsverfahren mit Startwert f_0 (Bemerkung 3.3.2), gestoppt durch das Diskrepanzprinzip (7.41) mit $\tau = R$.*

Ein analoges, einfacher zu formulierendes Resultat gilt auch für die Gauß–Newton-Verfahren aus dem vorherigen Abschnitt.

7.5.3.1 *Termination der* repeat-*Schleife*

Als ersten Schritt in Richtung einer Konvergenzanalyse von REGINN untersuchen wir die Termination der repeat-Schleife.

Es gelte (7.19) in $B_\rho(f^+) \subset \mathcal{D}(\Phi)$ mit $\omega < 1$. Nun sind wir in der Lage, den Datenfehler $\|b_n^\delta - b_n\|_Y$ abzuschätzen, und zwar in Abhängigkeit von ε, ω und dem nichtlinearen Residuum

$$d_n := \|g^\varepsilon - \Phi(f_n^\varepsilon)\|_Y = \|b_n^\delta\|_Y.$$

Für $f_n^\varepsilon \in B_\rho(f^+)$ haben wir

$$\|E(f^+,f_n^\varepsilon)\|_Y \le \omega\,\|g - \Phi(f_n^\varepsilon)\|_Y \le \omega\left(\|g - g^\varepsilon\|_Y + d_n\right) \le \omega\,\varepsilon + \omega\,d_n.$$

Aus (7.39) folgt daher

$$\|b_n^\delta - b_n\|_Y \le (1 + \omega)\,\varepsilon + \omega\,d_n := \delta = \delta(f_n^\varepsilon,\varepsilon).$$

Lemma 7.5.8 *Sei $\{F_t\}_{t>0}$ ein regularisierender Filter, für den das Diskrepanzprinzip (3.37) einen Stoppindex liefert. Es gelte (7.19) in $B_\rho(f^+)$ mit $\omega < 1$. In (7.41) sei $\tau \ge (1+\omega)/(1-\omega)$. Falls $f_n^\varepsilon \in B_\rho(f^+)$ ist mit $n < n^*$, dann terminiert die* repeat-*Schleife für jedes*

$$\Theta_n \in\,\left]\omega + \frac{(1+\omega)\,\varepsilon}{d_n}, 1\right] = \,\left]\frac{\delta(f_n^\varepsilon,\varepsilon)}{d_n}, 1\right]. \tag{7.47}$$

Beweis: Da $\varepsilon < d_n/\tau$ ist (ansonsten würde die while-Schleife schon mit f_n^ε gestoppt haben), ergibt unsere Voraussetzung an τ die Abschätzung $(1+\omega)\,\varepsilon/d_n + \omega < (1+\omega)/\tau + \omega \le 1$. Das Intervall zur Bestimmung von Θ_n ist also nicht leer.

Jetzt schreiben wir das Kriterium (7.45) um in ein Diskrepanzprinzip. In der Tat stimmt (7.45) überein mit

$$\|A_n s_{n,r_n} - b_n^\delta\|_Y < R_n \,\delta \leq \|A_n s_{n,i} - b_n^\delta\|_Y, \quad i = 1,\ldots,r_n - 1, \qquad (7.48)$$

sofern

$$R_n = \frac{\Theta_n\, d_n}{\delta(f_n^\varepsilon,\varepsilon)} = \frac{\Theta_n}{(1+\omega)\,\varepsilon/d_n + \omega} \qquad (7.49)$$

ist. Die `repeat`-Schleife terminiert, da $R_n > 1$ ist (Dies folgt aus der unteren Schranke an Θ_n). ∎

7.5.3.2 *Termination der* `while`-*Schleife*

Wir zeigen, dass die nichtlinearen Residuen linear abnehmen.

Lemma 7.5.9 *Sei $\{F_t\}_{t>0}$ ein regularisierender Filter, für den das Diskrepanzprinzip (3.37) einen Stoppindex liefert. Die n-te Iterierte f_n^ε von* REGINN *sei wohldefiniert und liege in $B_\rho(f^+)$. Außerdem gelte (7.19) in $B_\rho(f^+)$ mit*

$$\omega < \eta/(2+\eta) \quad \text{für ein} \quad \eta < 1.\P \qquad (7.50)$$

Sind darüber hinaus

$$\tau \geq \frac{1+\omega}{\eta - (2+\eta)\,\omega}, \qquad \Theta_n \in \left]\, \omega + \frac{(1+\omega)\,\varepsilon}{d_n},\, \eta - (1+\eta)\,\omega\,\right] \qquad (7.51)$$

und $f_{n+1}^\varepsilon \in B_\rho(f^+)$, dann haben wir

$$\frac{\|g^\varepsilon - \Phi(f_{n+1}^\varepsilon)\|_Y}{\|g^\varepsilon - \Phi(f_n^\varepsilon)\|_Y} < \frac{\Theta_n + \omega}{1 - \omega} \leq \eta. \qquad (7.52)$$

Beweis: Bevor wir mit dem Beweis von (7.52) beginnen, diskutieren wir die Voraussetzungen an ω, τ und Θ_n. Die Schranke für ω impliziert, dass der Nenner der unteren Schranke für τ positiv ist. Die untere Schranke für τ garantiert, dass $\omega + (1+\omega)/\tau$ kleiner gleich ist als $\eta - (1+\eta)\,\omega$, das ist die obere Schranke für Θ_n, die $(\Theta_n + \omega)/(1 - \omega) \leq \eta$ erzwingt. Alle Parameter erfüllen die Forderungen von Lemma 7.5.8, weswegen s_{n,r_n} und damit f_{n+1}^ε durch (7.45) wohldefiniert sind.

Aus $\Phi(f_{n+1}^\varepsilon) - g^\varepsilon = A_n s_{n,r_n} + \Phi(f_n^\varepsilon) - g^\varepsilon + E(f_{n+1}^\varepsilon, f_n^\varepsilon)$ folgern wir

$$\begin{aligned}
\|\Phi(f_{n+1}^\varepsilon) - g^\varepsilon\|_Y \;&<\; \Theta_n\, \|\Phi(f_n^\varepsilon) - g^\varepsilon\|_Y + \omega\, \|\Phi(f_{n+1}^\varepsilon) - \Phi(f_n^\varepsilon)\|_Y \\
&\leq\; \Theta_n\, \|\Phi(f_n^\varepsilon) - g^\varepsilon\|_Y \\
&\qquad + \omega \left(\|\Phi(f_{n+1}^\varepsilon) - g^\varepsilon\|_Y + \|\Phi(f_n^\varepsilon) - g^\varepsilon\|_Y \right),
\end{aligned}$$

woraus sich sofort (7.52) ergibt. ∎

Unter den Annahmen von Lemma 7.5.9 nehmen die nichtlinearen Residuen η-linear ab. Dies genügt, damit REGINN terminiert.

$\P$ Diese Bedingung ist z.B. erfüllt, wenn (7.21) gilt und ρ hinreichend klein ist (Lemma 7.3.9 (c)).

Satz 7.5.10 *Die Annahmen von Lemma 7.5.9 seien übernommen, insbesondere die Einschränkungen (7.50) und (7.51) an ω, τ und die Θ_n. Zusätzlich sollen die ersten $N = N(\varepsilon)$ Iterierten von* REGINN *in $B_\rho(f^+)$ enthalten sein: $\{f_0,\dots,f_N^\varepsilon\} \subset B_\rho(f^+)$ für $\varepsilon \in {]0,\bar\varepsilon]}$ mit einem $\bar\varepsilon > 0$.*

Falls $d_0 = \|g^\varepsilon - \Phi(f_0)\|_Y > \tau\,\varepsilon$ und $N(\varepsilon) \geq \log_\eta(\tau\,\varepsilon/d_0)$ gleichmäßig in ${]0,\bar\varepsilon]}$ sind, dann terminiert REGINN *nach $n^* \leq N$ Iterationsschritten und es gilt*

$$n^*(\varepsilon) \leq \lfloor \log_\eta(\tau\,\varepsilon/d_0) \rfloor + 1 \quad \text{für alle } \varepsilon \in {]0,\bar\varepsilon]}. \tag{7.53}$$

Darüber hinaus haben wir

$$\|A(f^+ - f_{n^*(\varepsilon)}^\varepsilon)\|_Y \leq (1+\tau)\,(1+\omega)\,\varepsilon \quad \text{für alle } \varepsilon \in {]0,\bar\varepsilon]}, \tag{7.54}$$

wobei $A := \Phi'(f^+)$ ist.

Beweis: Die erste Behauptung sowie die Schranke (7.53) für $n^*(\varepsilon)$ folgt unmittelbar aus der Abschätzung

$$\|\Phi(f_n^\varepsilon) - g^\varepsilon\|_Y \leq \eta^n\,\|\Phi(f_0) - g^\varepsilon\|_Y, \quad n = 0,\dots,N,$$

die sich induktiv aus Lemma 7.5.9 ergibt. Aus (7.20) leiten wir

$$\left\|A(f^+ - f_n^\varepsilon)\right\|_Y \leq (1+\omega)\,\|g - \Phi(f_n^\varepsilon)\|_Y \leq (1+\omega)\,\left(\varepsilon + \|g^\varepsilon - \Phi(f_n^\varepsilon)\|_Y\right)$$

her, und zwar für $n \in \{0,\dots n^*(\varepsilon)\}$. Die Setzung $n = n^*(\varepsilon)$ zusammen mit (7.41) führt auf (7.54). ∎

Wir wollen (7.54) ins rechte Licht rücken. Durch $\|A\cdot\|_Y$ wird eine Norm auf $\mathcal{N}(A)^\perp$ induziert, die im Allgemeinen *schwächer* ist als die Standardnorm in X. Starten wir REGINN mit $f_0 \in \mathcal{N}(A)^\perp$, so bleiben alle Iterierten in $\mathcal{N}(A)^\perp = \overline{\mathcal{R}(A^*)}$, wenn anstatt (7.19) die stärkere Bedingung (7.21) vorliegt (Aufgabe 7.15). Im Falle von $f^+ \in \mathcal{N}(A)^\perp$ beschreibt die Abschätzung (7.54) also Normkonvergenz.

Hinsichtlich zweier Aspekte werden wir Satz 7.5.10 im Weiteren verbessern. Zum einen ersetzen wir die Annahme, dass alle Iterierten in einer Umgebung von f^+ bleiben, durch Bedingungen an Φ und f_0 (Satz 7.5.14 unten). Zum anderen beweisen wir Konvergenz in der X-Norm (Satz 7.5.17 unten).

In der weiteren Analyse von REGINN beschränken wir uns auf Filter $\{F_t\}_{t>0}$, die lineare Regularisierungen erzeugen und die den Bedingungen

$$\sup_{0\leq\lambda\leq1} |F_t(\lambda)| \leq C_M\,t^{-\alpha}, \qquad \sup_{0\leq\lambda\leq1} |p_t(\lambda)| = 1, \qquad \sup_{0\leq\lambda\leq1} \lambda\,|p_t(\lambda)| \leq C_p\,t^\alpha \tag{7.55}$$

für ein $\alpha > 0$ genügen, wobei C_M und C_p Konstanten sind. (Zur Erinnerung: $p_t(\lambda) = 1 - \lambda\,F_t(\lambda)$.) Von nun an scheidet das cg-Verfahren aus unseren Untersuchungen aus.

Die Voraussetzungen in (7.55) implizieren insbesondere

$$C_F = \sup_{t>0} \ \sup_{0 \le \lambda \le 1} \ \lambda \, |F_t(\lambda)| \le 2.$$

Um eine einheitliche Behandlung von iterativen und nichtiterativen Regularisierungen zu gewährleisten, skalieren wir Φ' durch

$$\|\Phi'(v)\| \le 1 \quad \text{für alle} \ v \in \mathcal{D}(\Phi). \tag{7.56}$$

Diese Normierung verwenden wir ohne weiteren Hinweis.

Beispiel 7.5.11 Folgende Verfahren erfüllen z.B. die Bedingungen in (7.55):

1. Tikhonov–Phillips-Verfahren: $C_M = C_p = \alpha = 1$.
2. Showalter-Methode: $C_M = \alpha = 1$, $C_p = \exp(-1)$.
3. Landweber-Iteration: $C_M = \alpha = 1$, $C_p = \exp(-1)$.
4. ν-Methode ($\nu \ge 1$): $\alpha = 2$ (genaue Abschätzungen für C_M und C_p sind schwer zu bekommen).

Bei den beiden letzten Verfahren durchläuft t jeweils die diskreten Werte $1/m$, $m \in \mathbb{N}$. ♠

Unsere Konvergenzanalyse von **REGINN** beruht auf der Abschätzung

$$\|s_{n,r_n}\|_X \le \|F_{t_{r_n}}(A_n^* A_n)A_n^*\| \ \|b_n^\delta\|_Y \le \sqrt{C_M\,C_F}\ t_{r_n}^{-\alpha/2}\,d_n, \tag{7.57}$$

wofür wir $\|F_t(A_n^* A_n)A_n^*\| \le \sqrt{C_M\,C_F}\ t^{-\alpha/2}$ verwendet haben, was aus (7.55) sowie (7.56) folgt, vgl. letzte Abschätzung im Beweis von Satz 3.3.3. Unser nächstes Ziel ist es daher, das Verhalten von $t_{r_n}^{-\alpha/2}$ sowie von $d_n = \|g^\varepsilon - \Phi(f_n^\varepsilon)\|_Y$ in n und ε zu analysieren. Die folgenden Untersuchungen sind recht technisch.

Wir kümmern uns zuerst um $t_{r_n}^{-\alpha/2}$. Indem wir die ersten drei Abschätzungen aus (3.39) übernehmen, erhalten wir aus (7.48) mit R_n wie in (7.49) die Ungleichung

$$\begin{aligned}
R_n\,\delta(f_n^\varepsilon,\varepsilon) &\le \|A_n\,s_{n,r_n-1} - b_n^\delta\|_Y \\[2mm]
&\le \|p_{t_{r_n-1}}(A_n A_n^*)\,b_n\|_Y + \|p_{t_{r_n-1}}(A_n A_n^*)\,(b_n^\delta - b_n)\|_Y \\[2mm]
&\le \|p_{t_{r_n-1}}(A_n A_n^*)\,A_n s_n^e\|_Y + \delta(f_n^\varepsilon,\varepsilon),
\end{aligned}$$

wobei wir im letzten Schritt die Beziehung (7.38) für den exakten Newton-Schritt $s_n^e = f^+ - f_n^\varepsilon$ sowie die Normierung von p_t nach (7.55) verwendet haben. Unter den Annahmen von Lemma 7.5.8 ist $R_n > 1$, was uns auf

$$\delta(f_n^\varepsilon,\varepsilon) \le (R_n - 1)^{-1}\,\|p_{t_{r_n-1}}(A_n A_n^*)\,A_n s_n^e\|_Y$$

führt. Zur Beschränkung der obigen Norm setzen wir die Existenz eines $w \in X$ und eines $\kappa \in [0,1]$ voraus, so dass gilt

$$s_0^{\mathrm{e}} = f^+ - f_0 = |A|^\kappa w. \tag{7.58}$$

Ausgehend von $s_n^{\mathrm{e}} = s_0^{\mathrm{e}} - \sum_{j=0}^{n-1} s_{j,r_j} = s_0^{\mathrm{e}} - \sum_{j=0}^{n-1} A_j^* F_{t_{r_j}}(A_j A_j^*) b_j^\delta$ gelangen wir zu

$$s_n^{\mathrm{e}} = |A|^\kappa w - w_n \quad \text{mit } w_n := \sum_{j=0}^{n-1} A_j^* F_{t_{r_j}}(A_j A_j^*)\, b_j^\delta \tag{7.59}$$

und zu

$$p_{t_{r_n-1}}(A_n A_n^*)\, A_n s_n^{\mathrm{e}} = p_{t_{r_n-1}}(A_n A_n^*)\, A_n |A|^\kappa w - p_{t_{r_n-1}}(A_n A_n^*)\, A_n w_n. \tag{7.60}$$

Für die folgende Ungleichungskette verwenden wir (7.58), (7.21) in $B_\rho(f^+)$, (7.55) sowie die Interpolationsungleichung (Satz 2.4.2) und die Abkürzung $Q_{\infty,n} := Q(f^+, f_n^\varepsilon)$:

$$\|p_{t_{r_n-1}}(A_n A_n^*)\, A_n |A|^\kappa w\|_Y = \|p_{t_{r_n-1}}(A_n A_n^*)\, A_n |Q_{\infty,n} A_n|^\kappa w\|_Y$$

$$\leq \| |Q_{\infty,n} A_n|^\kappa A_n^* p_{t_{r_n-1}}(A_n A_n^*)\| \, \|w\|_X$$

$$\leq \| |Q_{\infty,n} A_n| A_n^* p_{t_{r_n-1}}(A_n A_n^*)\|^\kappa \, \|A_n^* p_{t_{r_n-1}}(A_n A_n^*)\|^{1-\kappa} \, \|w\|_X \tag{7.61}$$

$$\leq \|Q_{\infty,n}\|^\kappa \, \|A_n A_n^* p_{t_{r_n-1}}(A_n A_n^*)\|^\kappa \, \|A_n A_n^* p_{t_{r_n-1}}(A_n A_n^*)\|^{(1-\kappa)/2} \, \|w\|_X$$

$$\leq \widetilde{C}_Q^\kappa \, C_p^{(1+\kappa)/2} \, \|w\|_X \, t_{r_n-1}^{\alpha(1+\kappa)/2},$$

wobei die Konstante $\widetilde{C}_Q$ den Operator Q beschränkt, d.h. $\|Q(v,z)\| \leq \widetilde{C}_Q$ für alle $v,z \in B_\rho(f^+)$.

Nochmals wenden wir (7.21) an mit der Notation $Q_{n,j} = Q(f_n^\varepsilon, f_j^\varepsilon)$ und erzielen so

$$\|p_{t_{r_n-1}}(A_n A_n^*)\, A_n w_n\|_Y \leq \sum_{j=0}^{n-1} \|p_{t_{r_n-1}}(A_n A_n^*)\, A_n A_j^* F_{t_{r_j}}(A_j A_j^*) b_j^\delta\|_Y$$

$$= \sum_{j=0}^{n-1} \|p_{t_{r_n-1}}(A_n A_n^*)\, Q_{n,j} A_j A_j^* F_{t_{r_j}}(A_j A_j^*) b_j^\delta\|_Y$$

$$\leq \sum_{j=0}^{n-1} \|p_{t_{r_n-1}}(A_n A_n^*)\, Q_{n,j} |A_j^*|^{1+\kappa}\|$$

$$\cdot \| |A_j^*|^{1-\kappa} F_{t_{r_j}}(A_j A_j^*) b_j^\delta\|_Y.$$

Mit Hilfe der Interpolationsungleichung und (7.55) leiten wir

$$\|p_{t_{r_n-1}}(A_n A_n^*)\, Q_{n,j} |A_j^*|^{1+\kappa}\| = \| |A_j^*|^{1+\kappa} Q_{n,j}^* p_{t_{r_n-1}}(A_n A_n^*)\|$$

$$\leq \widetilde{C}_Q^{(1-\kappa)/2} \, \|A_j A_j^* Q_{n,j}^* p_{t_{r_n-1}}(A_n A_n^*)\|^{(1+\kappa)/2}$$

$$= \widetilde{C}_Q^{(1-\kappa)/2} \, \|Q_{j,n} \, A_n A_n^* \, p_{t_{r_n}-1}(A_n \, A_n^*)\|^{(1+\kappa)/2}$$

$$\leq \widetilde{C}_Q \, C_p^{(1+\kappa)/2} \, t_{r_n-1}^{\alpha\,(1+\kappa)/2}$$

her, so dass

$$\|p_{t_{r_n}-1}(A_n \, A_n^*) \, A_n w_n\|_Y$$

$$\leq \widetilde{C}_Q \, C_p^{(1+\kappa)/2} \, t_{r_n-1}^{\alpha\,(1+\kappa)/2} \sum_{j=0}^{n-1} \| \, |A_j^*|^{1-\kappa} \, F_{t_{r_j}}(A_j A_j^*) b_j^\delta\|_Y \qquad (7.62)$$

ist. Unsere Zwischenergebnisse (7.60), (7.61) und (7.62) fassen wir zusammen in

$$\|p_{t_{r_n}-1}(A_n \, A_n^*) \, A_n s_n^{\mathrm{e}}\|_Y \leq C_w \, W(n) \, t_{r_n-1}^{\alpha\,(1+\kappa)/2}, \qquad (7.63)$$

worin wir $C_w := C_p^{(1+\kappa)/2} \, \max\{\widetilde{C}_Q^\kappa, \widetilde{C}_Q\}$ und

$$W(n) := \|w\|_X + \sum_{j=0}^{n-1} \| \, |A_j^*|^{1-\kappa} \, F_{t_{r_j}}(A_j A_j^*) b_j^\delta\|_Y \qquad (7.64)$$

gesetzt haben. Nun können wir $t_{r_n}^{-\alpha/2}$ beschränken, wenn wir wie in Teil (b) des Beweises von Satz 3.4.1 vorgehen, vgl. (3.40) und (3.41). Alle benötigten Voraussetzungen stellen wir im folgenden Lemma zusammen.

Lemma 7.5.12 *Der Filter $\{F_t\}_{t>0}$ erfülle (7.55). Es gelte (7.21) in $B_\rho(f^+)$ mit $C_Q \rho < 1/2$ (Insbesondere gilt dann (7.19) mit $\omega = C_Q\rho/(1 - C_Q\rho) < 1$, siehe Lemma 7.3.9 (c)). In (7.41) sei $\tau \geq (1+\omega)/(1-\omega)$, die Θ_n aus (7.45) mögen der Bedingung (7.47) genügen und die ersten N Iterierten $\{f_1^\varepsilon,\ldots,f_N^\varepsilon\}$ von* REGINN *seien wohldefiniert in $B_\rho(f^+)$.*

Falls der Startwert $f_0 \in B_\rho(f^+)$ wie in (7.58) gewählt ist für ein $\kappa \in [0,1]$, dann existiert eine Konstante C_I, so dass

$$t_{r_n}^{-\alpha/2} \leq C_I \left(\frac{W(n)}{R_n - 1}\right)^{1/(1+\kappa)} \delta(f_n^\varepsilon,\varepsilon)^{-1/(1+\kappa)} \qquad (7.65)$$

ist für $n = 0,\ldots,N$. Die Konstante C_I hängt weder von n noch von N ab.

Die nächste Frage lautet: Wie wächst $W(n)$ mit n? Unter den Voraussetzungen von Lemma 7.5.12 werden wir die Ungleichung

$$W(n) \leq \|w\|_X + C(N) \sum_{j=0}^{n-1} W(j), \quad n = 0,\ldots,N, \qquad (7.66)$$

nachweisen, die induktiv

$$W(n) \leq \Lambda_N^n \, \|w\|_X, \quad n = 0, \dots, N, \quad \text{mit } \Lambda_N = 1 + C(N)$$

impliziert. Hierbei ist $C(N)$ eine positive Konstante.

Unser Beweis von (7.66) stützt sich wesentlich auf (7.67): Für $f_j^\varepsilon, f_k^\varepsilon \in B_\rho(f^+)$ und $C_Q \rho < 1/2$, siehe (7.21), haben wir

$$\| \, |A_j|^{-\kappa} |A_k|^\kappa \, \| \leq \underbrace{(1 - 2\,C_Q\rho)^{-\kappa}}_{=: \, C_K} \quad \text{für alle } \kappa \in [0,1]. \tag{7.67}$$

Obige Aussage verifizieren wir in Lemma 7.5.16 am Ende dieses Abschnitts.

Die Summanden $\| \, |A_j^*|^{1-\kappa} F_{t_{r_j}}(A_j A_j^*) b_j^\delta \|_Y$ aus (7.64) müssen wir in den Griff bekommen. Die Dreiecksungleichung und $A_j s_j^{\mathrm{e}} = b_j$ (7.38) ergeben

$$\begin{aligned} \| \, |A_j^*|^{1-\kappa} F_{t_{r_j}}(A_j A_j^*) b_j^\delta \|_Y &\leq \| \, |A_j^*|^{1-\kappa} F_{t_{r_j}}(A_j A_j^*)(b_j^\delta - b_j) \|_Y \\ &\quad + \| \, |A_j^*|^{1-\kappa} F_{t_{r_j}}(A_j A_j^*) \, A_j s_j^{\mathrm{e}} \|_Y. \end{aligned} \tag{7.68}$$

Jede Norm auf der rechten Seite schätzen wir weiter ab und beginnen mit

$$\begin{aligned} & \| \, |A_j^*|^{1-\kappa} F_{t_{r_j}}(A_j A_j^*) \, (b_j^\delta - b_j) \|_Y \\[4pt] &\qquad \leq \| A_j A_j^* F_{t_{r_j}}(A_j A_j^*) \|^{(1-\kappa)/2} \, \| F_{t_{r_j}}(A_j A_j^*) \|^{(1+\kappa)/2} \, \delta(f_j^\varepsilon, \varepsilon) \\[4pt] &\qquad \leq C_F^{(1-\kappa)/2} \, C_M^{(1+\kappa)/2} \, t_{r_j}^{-\alpha\,(1+\kappa)/2} \, \delta(f_j^\varepsilon, \varepsilon), \end{aligned}$$

wo wir im ersten Schritt die Interpolationsungleichung eingesetzt haben. Aus (7.65) folgt weiter

$$\| \, |A_j^*|^{1-\kappa} F_{t_{r_j}}(A_j A_j^*) \, (b_j^\delta - b_j) \|_Y \leq C_F^{(1-\kappa)/2} \, C_M^{(1+\kappa)/2} \, C_I^{1+\kappa} \, \frac{W(j)}{R_j - 1}. \tag{7.69}$$

Als Nächstes behandeln wir die Norm $\| \, |A_j^*|^{1-\kappa} F_{t_{r_j}}(A_j A_j^*) \, A_j s_j^{\mathrm{e}} \|_Y$, indem wir auf (7.59) sowie (7.67) zurückgreifen:

$$\begin{aligned} & \| \, |A_j^*|^{1-\kappa} F_{t_{r_j}}(A_j A_j^*) \, A_j s_j^{\mathrm{e}} \|_Y \\[4pt] &\qquad \leq \| \, |A_j^*|^{1-\kappa} F_{t_{r_j}}(A_j A_j^*) \, A_j |A|^\kappa w \|_Y + \| \, |A_j^*|^{1-\kappa} F_{t_{r_j}}(A_j A_j^*) \, A_j w_j \|_Y \\[4pt] &\qquad \leq \| \, |A_j^*|^{1-\kappa} F_{t_{r_j}}(A_j A_j^*) \, A_j |A_j|^\kappa |A_j|^{-\kappa} |A|^\kappa \| \, \|w\|_X \\[4pt] &\qquad\qquad + \| \, |A_j^*|^{1-\kappa} F_{t_{r_j}}(A_j A_j^*) \, A_j w_j \|_Y \\[4pt] &\qquad \leq C_F \, C_K \, \|w\|_X + \| \, |A_j^*|^{1-\kappa} F_{t_{r_j}}(A_j A_j^*) \, A_j w_j \|_Y. \end{aligned} \tag{7.70}$$

Wir fahren fort mit

$$\| \, |A_j^*|^{1-\kappa} F_{t_{r_j}}(A_j A_j^*)\, A_j w_j \|_Y$$

$$= \left\| \, |A_j^*|^{1-\kappa} F_{t_{r_j}}(A_j A_j^*)\, A_j \sum_{k=0}^{j-1} A_k^* F_{t_{r_k}}(A_k A_k^*)\, b_k^\delta \right\|_Y$$

$$\leq \sum_{k=0}^{j-1} \| \, |A_j^*|^{1-\kappa} F_{t_{r_j}}(A_j A_j^*)\, A_j \, A_k^* F_{t_{r_k}}(A_k A_k^*)\, b_k^\delta \|_Y$$

$$= \sum_{k=0}^{j-1} \| \, |A_j^*|^{1-\kappa} F_{t_{r_j}}(A_j A_j^*)\, A_j \, |A_k|^\kappa |A_k|^{-\kappa} A_k^* F_{t_{r_k}}(A_k A_k^*)\, b_k^\delta \|_Y \qquad (7.71)$$

$$\leq \sum_{k=0}^{j-1} \| F_{t_{r_j}}(A_j A_j^*)\, |A_j^*|^{1-\kappa} A_j \, |A_k|^\kappa \| \, \| \, |A_k^*|^{1-\kappa} F_{t_{r_k}}(A_k A_k^*)\, b_k^\delta \|_Y$$

$$\overset{(\star)}{\leq} \sum_{k=0}^{j-1} \| F_{t_{r_j}}(A_j A_j^*)\, |A_j^*|^2 \| \, \| \, |A_j|^{-\kappa} |A_k|^\kappa \| \, \| \, |A_k^*|^{1-\kappa} F_{t_{r_k}}(A_k A_k^*)\, b_k^\delta \|_Y$$

$$\leq C_F \, C_K \sum_{k=0}^{j-1} \| \, |A_k^*|^{1-\kappa} F_{t_{r_k}}(A_k A_k^*)\, b_k^\delta \|_Y .$$

Die mit $(\star)$ gekennzeichnete Ungleichung kann über den Funktionalkalkül aus Kapitel 2.4 gezeigt werden.

Nach (7.70), (7.71) und (7.64) ist

$$\| \, |A_j^*|^{1-\kappa} F_{t_{r_j}}(A_j A_j^*)\, A_j s_j^{\mathrm{e}} \|_Y \leq C_F \, C_K \, W(j),$$

woraus wir, zusammen mit (7.68) und (7.69), schließen auf

$$\| \, |A_j^*|^{1-\kappa} F_{t_{r_j}}(A_j A_j^*) b_j^\delta \|_Y \leq C_{W,j} \, W(j)$$

$$\text{mit} \ \ C_{W,j} := C_F \, C_K + \frac{C_F^{(1-\kappa)/2} \, C_M^{(1+\kappa)/2} \, C_I^{1+\kappa}}{R_j - 1}. \qquad (7.72)$$

Das folgende Lemma 7.5.13 ist eine direkte Konsequenz aus (7.72) und (7.64).

Lemma 7.5.13 *Die Voraussetzungen seien wie in Lemma 7.5.12. Falls der Startwert $f_0 \in B_\rho(f^+)$ wie in (7.58) gewählt ist für ein $\kappa \in [0,1]$, dann haben wir*

$$W(n) \leq \Lambda_N^n \, \|w\|_X, \quad n = 0,\ldots,N,$$

$$\text{mit} \ \Lambda_N = 1 + C_F \, C_K + \frac{C_F^{(1-\kappa)/2} \, C_M^{(1+\kappa)/2} \, C_I^{1+\kappa}}{\widetilde{R}_N - 1}, \qquad (7.73)$$

wobei $\widetilde{R}_N = \min\{R_0,\ldots,R_N\} > 1$ *ist.*

Mit den von uns bisher erzielten Ergebnissen sind wir in der Lage, Satz 7.5.10, wie avisiert, zu modifizieren: Anstatt der Annahme, alle Iterierten bleiben in $B_\rho(f^+)$, arbeiten wir in Satz 7.5.14 elementarer mit Eigenschaften von f_0 sowie Φ.

Satz 7.5.14 *Der Filter $\{F_t\}_{t>0}$ erfülle (7.55). Es gelte (7.21) in $B_\rho(f^+)$ mit $C_Q\,\rho < 1/2$. Sei $R > 1$ und setze*

$$\Lambda = 1 + C_F\,C_K + \frac{C_F^{(1-\kappa)/2}\,C_M^{(1+\kappa)/2}\,C_I^{1+\kappa}}{R-1}.$$

Es sei (7.19) erfüllt mit

$$\omega < \frac{\eta}{\eta + R + 1} \quad \text{mit } \eta\,\Lambda < 1$$

(Diese Forderung trifft zu, wenn ρ hinreichend klein ist, siehe Lemma 7.3.9 (c)). Der Startwert $f_0 \in B_{\rho/2}(f^+)$ sei gewählt wie in (7.58), allerdings mit $\kappa \in\ ]\log_{1/\eta}\Lambda,1]$, und das Produkt $\|w\|_X\|g - \Phi(f_0)\|_Y$ sei hinreichend klein. Falls

$$\tau \geq \frac{R(1+\omega)}{\eta - \omega(\eta + R + 1)} \quad \text{und} \quad \Theta_n \in \left[R\left(\omega + \frac{(1+\omega)\varepsilon}{d_n}\right),\, \eta - (1+\eta)\,\omega \right]$$

gelten für $n \geq 0$, dann gibt es ein $n^*(\varepsilon) \in \mathbb{N}$ und ein $\bar\varepsilon > 0$, so dass alle Iterierten $\{f_1^\varepsilon,\ldots,f_{n^*(\varepsilon)}^\varepsilon\}$ wohldefiniert sind und in $B_\rho(f^+)$ liegen, und zwar für alle $\varepsilon \in\ ]0,\bar\varepsilon]$. Darüber hinaus erfüllt die letzte Iterierte $f_{n^*(\varepsilon)}^\varepsilon$ das Diskrepanzprinzip (7.41) und $n^*(\varepsilon)$ genügt der Schranke (7.53), sofern $d_0 > \tau\,\varepsilon$ ist.

Beweis: Wir beweisen Satz 7.5.14 durch Induktion über den Iterationsschritt. Als Induktionsvoraussetzung nehmen wir deswegen an, dass die Iterierten $\{f_0,\ldots,f_N^\varepsilon\}$ für ein $N \in \mathbb{N}$ wohldefiniert sind und in $B_\rho(f^+)$ liegen. Nach Lemma 7.5.9 gilt

$$\frac{d_{n+1}}{d_n} < \frac{\Theta_n + \omega}{1 - \omega} \leq \eta, \quad n = 0,\ldots,N-1. \tag{7.74}$$

Im Falle von $d_N \leq \tau\,\varepsilon$ wird die Iteration durch (7.41) mit $n^*(\varepsilon) = N$ gestoppt. Andernfalls ist $d_N > \tau\,\varepsilon$ und das Intervall zur Bestimmung von Θ_N ist nicht leer, was wir schnell erkennen: Die Schranke für ω impliziert, dass der Nenner der unteren Schranke von τ positiv ist. Diese Schranke für τ garantiert, dass $R(\omega + (1+\omega)\varepsilon/d_N) < R(\omega + (1+\omega)/\tau) \leq \eta - (1+\eta)\,\omega$ ist.

Gemäß Lemma 7.5.8 sind r_N und der Newton-Schritt s_{N,r_N} wohldefiniert. Aus (7.57), (7.65) sowie (7.73) folgt

$$\|s_{n,r_n}\|_X \leq \sqrt{C_M\,C_F}\;C_I\left(\frac{\|w\|_X}{R_n - 1}\right)^{1/(1+\kappa)} \Lambda_N^{n/(1+\kappa)}\,\delta(f_n^\varepsilon,\varepsilon)^{-1/(1+\kappa)}\,d_n$$

für $n = 0,\ldots,N$. Die untere Schranke an die Θ_n's ergibt $R_n \geq R > 1$, $n = 0,\ldots,N$, siehe (7.49), d.h. $\Lambda_n \leq \Lambda$. Außerdem ist $d_n/\delta(f_n^\varepsilon,\varepsilon) \leq 1/\omega$. Aus (7.74) erhalten wir so

$$\|s_{n,r_n}\|_X \leq C_S \|w\|_X^{1/(1+\kappa)} d_0^{\kappa/(1+\kappa)} \sigma(\kappa)^n, \quad n = 0,\ldots,N, \tag{7.75}$$

mit $C_S = \sqrt{C_M C_F} C_I/((R-1)\omega)^{1/(1+\kappa)}$ und

$$\sigma(\kappa) := \left(\Lambda \eta^\kappa\right)^{1/(1+\kappa)} < 1 \tag{7.76}$$

($\sigma(\kappa)$ ist kleiner als 1, da $\kappa > \log_{1/\eta} \Lambda$ vorausgesetzt ist). Wir definieren die Größe

$$a(\varepsilon) := C_S \|w\|_X^{1/(1+\kappa)} \|g^\varepsilon - \Phi(f_0)\|_X^{\kappa/(1+\kappa)} \Big/ \left(1 - \sigma(\kappa)\right). \tag{7.77}$$

In unserer Formulierung von Satz 7.5.14 haben wir $\|w\|_X \|g-\Phi(f_0)\|_X$ hinreichend klein vorausgesetzt. Jetzt können wir präziser sein: $\|w\|_X \|g-\Phi(f_0)\|_X$ sei so klein, dass $a(0) < \rho/2$ ist. Dann nämlich gibt es ein $\bar\varepsilon > 0$ mit $a(\varepsilon) < \rho/2$ für alle $\varepsilon \in {]}0,\bar\varepsilon]$ und die neue Iterierte $f_{N+1}^\varepsilon = f_N^\varepsilon + s_{N,r_N} = f_0 + \sum_{n=0}^N s_{n,r_n}$ liegt in $B_\rho(f^+)$:

$$\|f^+ - f_{N+1}^\varepsilon\|_X \leq \|f^+ - f_0\|_X + \sum_{n=0}^N \|s_{n,r_n}\|_X \overset{(7.75)}{\leq} \rho/2 + a(\varepsilon) < \rho, \quad \varepsilon \in {]}0,\bar\varepsilon].$$

Zusätzlich ist $d_{N+1} \leq \eta\, d_N$ gleichmäßig in $\varepsilon \in {]}0,\bar\varepsilon]$, siehe Lemma 7.5.9, womit der induktive Schritt durchgeführt und Satz 7.5.14 bewiesen ist. ∎

Die Reduktionsrate d_{n+1}/d_n nähert sich asymptotisch der Toleranz Θ_n für große n. Dieses Fazit dürfen wir aus folgendem Korollar ziehen.

Korollar 7.5.15 *Unter den Voraussetzungen von Satz 7.5.14 gilt*

$$\frac{\|g^\varepsilon - \Phi(f_{n+1}^\varepsilon)\|_Y}{\|g^\varepsilon - \Phi(f_n^\varepsilon)\|_Y} < \min\left\{ \frac{\Theta_n + \omega}{1 - \omega}, \Theta_n + C_D\, \sigma(\kappa)^n \right\}$$

für $n = 0,\ldots,n^*(\varepsilon) - 1$ und $\varepsilon \in {]}0,\bar\varepsilon]$ mit $\sigma(\kappa) < 1$ aus (7.76) und $C_D = C_Q C_S$ $\|w\|_X^{1/(1+\kappa)} \left(\|g - \Phi(f_0)\|_Y + \bar\varepsilon\right)^{\kappa/(1+\kappa)}$.

Beweis: Wegen (7.74) müssen wir nur noch $d_{n+1}/d_n \leq \Theta_n + C_D\, \sigma(\kappa)^n$ verifizieren.

Sei $\Delta_n := A_n s_{n,r_n} - b_n^\delta = \Phi'(f_n^\varepsilon)\, s_{n,r_n} + \Phi(f_n^\varepsilon) - g^\varepsilon$ das lineare Residuum im n-ten Schritt. Wir haben

$$\Phi(f_{n+1}^\varepsilon) - g^\varepsilon = \Phi(f_n^\varepsilon + s_{n,r_n}) - \Phi(f_n^\varepsilon) + \Phi(f_n^\varepsilon) - g^\varepsilon$$

$$\overset{(7.13)}{=} \int_0^1 \left(\Phi'(f_n^\varepsilon + t\, s_{n,r_n}) - \Phi'(f_n^\varepsilon)\right) s_{n,r_n}\, dt + \Delta_n.$$

Wir wenden (7.12) und (7.22) an:

$$\|g^\varepsilon - \Phi(f_{n+1}^\varepsilon)\|_Y \leq \frac{C_Q}{2} \|s_{n,r_n}\|_X \|\Phi'(f_n^\varepsilon)\, s_{n,r_n}\|_Y + \|\Delta_n\|_Y.$$

Es ist $\|\Delta_n\|_Y < \Theta_n \|g^\varepsilon - \Phi(f_n^\varepsilon)\|_Y \leq \|g^\varepsilon - \Phi(f_n^\varepsilon)\|_Y$ und daher folgt

$$\|\Phi'(f_n^\varepsilon)\, s_{n,r_n}\|_Y \leq \|\Delta_n\|_Y + \|g^\varepsilon - \Phi(f_n^\varepsilon)\|_Y < 2\,\|g^\varepsilon - \Phi(f_n^\varepsilon)\|_Y.$$

Die obigen beiden Ungleichungen fassen wir zusammen in

$$\|g^\varepsilon - \Phi(f_{n+1}^\varepsilon)\|_Y < (C_Q\,\|s_{n,r_n}\|_X + \Theta_n)\,\|g^\varepsilon - \Phi(f_n^\varepsilon)\|_Y.$$

Die Behauptung ergibt sich nun aus (7.75). ∎

Bevor wir im nächsten Abschnitt die Konvergenz und Regularisierungseigenschaft von REGINN behandeln können, müssen wir noch den Beweis von (7.67) nachtragen, der auf KALTENBACHER [69, Lemma 2.2] zurückgeht.

Lemma 7.5.16 *Seien $A \in \mathcal{L}(X,Y)$ und $Q \in \mathcal{L}(Y)$ mit $q = \|I - Q\| < 1$. Dann gilt*

$$\|\,|QA|^{-\nu}|A|^\nu\,\| \leq (1-q)^{-\nu} \quad \text{für } \nu \in [0,1].$$

Beweis: Unser Beweis beruht auf einer Ungleichung von HEINZ [57, Satz 3], siehe auch [35, Proposition 8.21]: Genügen zwei dicht definierte, selbstadjungierte und nichtnegative Operatoren T und L auf einem Hilbertraum X den Voraussetzungen

$$\mathcal{D}(T) \subset \mathcal{D}(L) \quad \text{und} \quad \|Lx\|_X \leq \|Tx\|_X \quad \text{für alle } x \in \mathcal{D}(T), \tag{7.78}$$

dann gilt für jedes $\nu \in [0,1]$

$$\mathcal{D}(T^\nu) \subset \mathcal{D}(L^\nu) \quad \text{und} \quad \|L^\nu x\|_X \leq \|T^\nu x\|_X \quad \text{für alle } x \in \mathcal{D}(T^\nu). \tag{7.79}$$

Wir setzen $T := |A|^{-1}$, $L := (1-q)|QA|^{-1}$ sowie $X := \mathcal{N}(|A|)^\perp = \mathcal{N}(A)^\perp = \mathcal{N}(QA)^\perp = \mathcal{N}(|QA|)^\perp \subset X$. Die kanonischen Definitionsbereiche von T und L sind $\mathcal{D}(T) = \mathcal{R}(|A|)$ sowie $\mathcal{D}(L) = \mathcal{R}(|QA|)$, für die gilt

$$\mathcal{D}(T) = \mathcal{R}(A^*) = \mathcal{R}(A^*Q^*) = \mathcal{D}(L),$$

wobei wir zweimal die Aussage von Satz 2.4.3 eingesetzt haben. Zu Hilfszwecken führen wir die *unitären* Operatoren

$$U := TA^* : \mathcal{N}(A^*)^\perp \to X \quad \text{und} \quad \widetilde{U} := (A^*Q^*)^{-1}|QA| : X \to \mathcal{N}(A^*Q^*)^\perp$$

ein. Mit $x \in \mathcal{D}(T) = \mathcal{D}(L)$, d.h. $x = |QA|w$ für ein $w \in X$, haben wir

$$\|Tx\|_X = \|UQ^*\widetilde{U}w\|_X = \|Q^*\widetilde{U}w\|_Y \geq (1-q)\|\widetilde{U}w\|_Y = (1-q)\|w\|_X = \|Lx\|_X.$$

Für unsere Operatoren T und L liegt (7.78) somit vor, was (7.79) und weiter die Behauptung von Lemma 7.5.16 impliziert. ∎

7.5.3.3 *Konvergenz und Regularisierungseigenschaft*

In diesem Abschnitt weisen wir die Regularisierungseigenschaft von REGINN nach, d.h. die Konvergenz von $f^\varepsilon_{n*(\varepsilon)}$ gegen f^+, falls die Voraussetzungen von Satz 7.5.14 erfüllt sind. Zu diesem Zweck studieren wir den Fehler

$$\|f^+ - f^\varepsilon_n\|^2_X = \langle s^e_n, s^e_n\rangle_X \overset{(7.59)}{=} \langle s^e_n, |A|^\kappa w\rangle_X - \sum_{j=0}^{n-1} \langle s^e_n, A^*_j F_{t_{r_j}}(A_j A^*_j) b^\delta_j\rangle_X. \quad (7.80)$$

Die Interpolationsungleichung führt uns auf

$$\begin{aligned}
|\langle s^e_n, |A|^\kappa w\rangle_X| &= |\langle s^e_n, |Q_{\infty,n} A_n|^\kappa w\rangle_X| \le \||Q_{\infty,n} A_n|^\kappa s^e_n\|_X \|w\|_X \\
&\le \||Q_{\infty,n} A_n| s^e_n\|^\kappa_X \|s^e_n\|^{1-\kappa}_X \|w\|_X \\
&\le \widetilde{C}^\kappa_Q \|A_n s^e_n\|^\kappa_Y \|s^e_n\|^{1-\kappa}_X \|w\|_X.
\end{aligned}$$

Da $A^*_j F_{t_{r_j}}(A_j A^*_j) b^\delta_j \in \mathcal{D}(|A_j|^{-\kappa})$ ist, haben wir weiter

$$\begin{aligned}
|\langle s^e_n, A^*_j F_{t_{r_j}}(A_j A^*_j) b^\delta_j\rangle_X| &= |\langle |A_j|^\kappa s^e_n, |A_j|^{-\kappa} A^*_j F_{t_{r_j}}(A_j A^*_j) b^\delta_j\rangle_X| \\
&\le \||A_j|^\kappa s^e_n\|_X \||A_j|^{-\kappa} A^*_j F_{t_{r_j}}(A_j A^*_j) b^\delta_j\|_X \\
&\le \||Q_{j,n} A_n| s^e_n\|^\kappa_X \|s^e_n\|^{1-\kappa}_X \||A^*_j|^{1-\kappa} F_{t_{r_j}}(A_j A^*_j) b^\delta_j\|_Y \\
&\le \widetilde{C}^\kappa_Q \|A_n s^e_n\|^\kappa_Y \|s^e_n\|^{1-\kappa}_X \||A^*_j|^{1-\kappa} F_{t_{r_j}}(A_j A^*_j) b^\delta_j\|_Y.
\end{aligned}$$

Die beiden eben hergeleiteten Ungleichungen zusammen mit (7.80) und (7.64) ergeben

$$\|s^e_n\|^2_X \le \widetilde{C}^\kappa_Q \, W(n) \, \|A_n s^e_n\|^\kappa_Y \|s^e_n\|^{1-\kappa}_X,$$

woraus folgt:

$$\|s^e_n\|_X \le \widetilde{C}^{\kappa/(1+\kappa)}_Q \, W(n)^{1/(1+\kappa)} \, \|A_n s^e_n\|^{\kappa/(1+\kappa)}_Y. \quad (7.81)$$

Der Beweis der Konvergenzaussage ist nun eine leichte Übung.

Satz 7.5.17 *Alle Voraussetzungen von Satz 7.5.14 seien übernommen, insbesondere gelte (7.58) für ein* $\kappa \in \,]\log_{1/\eta} \Lambda, 1]$. *Zusätzlich seien* $a(0) < \rho/2$, *siehe (7.77), und* $\Phi(f_0) \neq g = \Phi(f^+)$.

Dann haben wir

$$\|f^+ - f^\varepsilon_{n*(\varepsilon)}\|_X \le C_\kappa \|w\|^{1/(1+\kappa)}_X \, \varepsilon^{(\kappa - \log_{1/\eta} \Lambda)/(1+\kappa)} \quad \text{für } \varepsilon \to 0 \qquad (7.82)$$

mit einer geeigneten Konstanten C_κ.

Liegt kein Rauschen in den Daten vor, d.h. $\varepsilon = 0$, *so gilt*

$$\|f^+ - f^0_n\|_X = O(\sigma(\kappa)^n) \quad \text{für } n \to \infty, \qquad (7.83)$$

wobei $\sigma(\kappa) < 1$ *wie in (7.76) ist.*

Beweis: Aufgrund von $a(0) < \rho/2$ und von $\Phi(f_0) \neq g$ gibt es ein $\bar{\varepsilon} > 0$, so dass $\{\,f_n^\varepsilon \mid \varepsilon \in\,]0,\bar{\varepsilon}],\ n = 0,\ldots,n^*(\varepsilon)\,\}$ in $B_\rho(f^+)$ liegt (Beweis von Satz 7.5.14) sowie $d_0 = \|g^\varepsilon - \Phi(f_0)\|_Y > \tau\,\varepsilon$ ist für $\varepsilon \in\,]0,\bar{\varepsilon}]$. Aus (7.81), (7.23) und (7.41) erhalten wir

$$\|f^+ - f^\varepsilon_{n^*(\varepsilon)}\|_X \;\le\; \frac{\widetilde{C}_Q^{\kappa/(1+\kappa)}}{(1 - C_Q\,\rho)^{\kappa/(1+\kappa)}}\; W\!\big(n^*(\varepsilon)\big)^{1/(1+\kappa)}\; \|g - \Phi(f^\varepsilon_{n^*(\varepsilon)})\|_Y^{\kappa/(1+\kappa)}$$

$$\le\; \frac{\widetilde{C}_Q^{\kappa/(1+\kappa)}\,(\tau + 1)^{\kappa/(1+\kappa)}}{(1 - C_Q\,\rho)^{\kappa/(1+\kappa)}}\; W\!\big(n^*(\varepsilon)\big)^{1/(1+\kappa)}\; \varepsilon^{\kappa/(1+\kappa)}$$

$$\le\; \frac{\widetilde{C}_Q^{\kappa/(1+\kappa)}\,(\tau + 1)^{\kappa/(1+\kappa)}}{(1 - C_Q\,\rho)^{\kappa/(1+\kappa)}}\; \|w\|_X^{1/(1+\kappa)}\; \Lambda^{n^*(\varepsilon)/(1+\kappa)}\; \varepsilon^{\kappa/(1+\kappa)},$$

wobei wir für die letzte Ungleichung die Abschätzung (7.73) benutzt haben mit $n = N = n^*(\varepsilon)$ und $\Lambda_{n^*(\varepsilon)} \le \Lambda$.

Nach (7.53) ist $n^*(\varepsilon) \le \log_\eta(\tau\,\varepsilon/d_0) + 1$, woraus sich $\Lambda^{n^*(\varepsilon)} \le \Lambda\,\Lambda^{\log_\eta(\tau\,\varepsilon/d_0)} = \Lambda\,(\tau\,\varepsilon/d_0)^{\log_\eta\Lambda}$ ergibt. Wegen $\log_\eta\Lambda = -\log_{1/\eta}\Lambda$ folgt schließlich (7.82).

Den Nachweis von (7.83) sollen Sie als Aufgabe 7.16 erbringen. ∎

Bemerkung 7.5.18

(a) In Lemma 7.5.7 haben wir festgehalten, was passiert, wenn wir `REGINN` auf ein lineares Problem anwenden: `REGINN` stimmt mit dem Regularisierungsverfahren überein, das durch den Filter $\{F_t\}_{t>0}$ gegeben ist und durch das Diskrepanzprinzip gestoppt wird. Entsprechend geht der erste Teil von Satz 7.5.17 über in Satz 3.4.1; denn $n^*(\varepsilon) = 1$ und die Abschätzung aus dem Beweis von Satz 7.5.17 liefert die Ordnungsoptimalität

$$\|f^+ - f_1^\varepsilon\|_X \le \widetilde{C}_\kappa\, \|w\|_X^{1/(1+\kappa)}\, \varepsilon^{\kappa/(1+\kappa)}.$$

(b) Das Konvergenzergebnis (7.82) ist nur suboptimal. Woran liegt das? Die Darstellung von s_n^{e} in (7.59) können wir umschreiben in: Es gibt ein $\widetilde{w}_n \in X$, so dass $s_n^{\mathrm{e}} = |A|^\kappa \widetilde{w}_n$ ist. Dies folgt aus (7.21) und Satz 2.4.3. Uns gelang es nicht, das Wachstum der Folge $\{\widetilde{w}_n\}_{0\le n\le n^*(\varepsilon)}$ stark genug zu kontrollieren; wir mussten uns mit exponentiellem Wachstum begnügen, siehe (7.73). Gleichmäßige Beschränktheit würde die Ordnungsoptimalität von `REGINN` bedeuten.

(c) Gilt die Konvergenzordnung (7.82) auch für $\kappa > 1$, wenn (7.58) entsprechend zutrifft? Mit Blick auf (7.59) ist diese Frage wohl zu verneinen, da s_n^{e} für $n \ge 1$ höchstens in $\mathcal{R}(|A|)$ liegt, weswegen die Gültigkeit von (7.63) auf $\kappa \le 1$ beschränkt bleibt.

7.5.3.4   Dynamische Steuerung der Toleranzen

Bei der Implementierung von REGINN müssen wir uns Gedanken machen zur sachgemäßen Wahl der Toleranzen $\{\Theta_n\}$. In unserer Analyse von REGINN haben wir nicht-konstante Toleranzen innerhalb gewisser Grenzen berücksichtigt, siehe Lemma 7.5.9. Diese Freiheit wollen wir zu ihrer dynamischen Steuerung nutzen. Unsere Ziel ist hierbei, die numerische Effizienz von REGINN zu steigern. Der Arbeitsaufwand zur Berechnung von $f^\varepsilon_{n^*(\varepsilon)}$ soll also möglichst gering gehalten werden.

Mit Blick auf Korollar 7.5.15 versuchen wir deswegen $n^*(\varepsilon)$, die Anzahl der Newton-Schritte, zu minimieren, indem wir kleine Toleranzen erlauben. Andererseits müssen wir zu kleine Toleranzen vermeiden, da ansonsten der Datenfehler in b^δ_n verstärkt wird. Zur Erinnerung: Das Produkt von Toleranz Θ_n mit nichtlinearem Defekt d_n bestimmt den Grad der Regularisierung im Newton-Schritt s_{n,r_n}. In der Startphase von REGINN ist der nichtlineare Defekt relativ groß und die **repeat**-Schleife terminiert, auch wenn die Toleranz klein ist.

Also starten wir mit einer kleinen Toleranz und erhöhen sie im Laufe der Newton-Iteration. Dieses Vorgehen ist in Einklang mit (7.51). Wir gehen im Weiteren davon aus, dass die Folge $\{t_i\}$ gleichmäßig gegen Null geht. Eine Vergrößerung der Toleranz erachten wir dann als nötig, wenn die Zahl der Durchläufe durch die **repeat**-Schleife von zwei aufeinander folgenden Newton-Schritten signifikant ansteigt. Die Toleranz wird um einen konstanten Faktor verkleinert, sobald die aufeinander folgende Anzahl von Durchläufen durch die **repeat**-Schleife fällt.

Aufgrund unserer Überlegungen schlagen wir die Wahl (7.84) vor: Initialisiere $\Theta_{\text{start}} \in\,]0,1[,\ \varsigma \in\,]0,1]$, und wähle $\widetilde\Theta_0 = \widetilde\Theta_1 := \Theta_{\text{start}}$. Für $n = 0,\ldots,n^*(\varepsilon) - 1$ setzte

$$\Theta_n := \Theta_{\max} \max\left\{\tau\,\varepsilon/\|\Phi(f^\varepsilon_n) - g^\varepsilon\|_Y, \widetilde\Theta_n\right\}, \tag{7.84}$$

wobei

$$\widetilde\Theta_n := \begin{cases} 1 - \dfrac{r_{n-2}}{r_{n-1}}\,(1 - \Theta_{n-1}) &:\quad r_{n-1} \geq r_{n-2} \\[2ex] \varsigma\,\Theta_{n-1} &:\quad \text{sonst} \end{cases} \tag{7.85}$$

für $n \geq 2$ ist und $\Theta_{\max} \in\,]\Theta_{\text{start}},1[$ die Toleranzen von der 1 weg beschränkt, und zwar gleichmäßig in n und ε. Der Parameter $\Theta_{\max}$ sollte nahe bei der 1 sein, z.B. ist $\Theta_{\max} = 0.999$ eine angemessene Wahl. Wie wir wissen, könnte die **repeat**-Schleife nicht terminieren, wenn die Toleranz zu klein ist. Ein schnelles Abfallen der Toleranz sollten wir unbedingt vermeiden. Die Beschränkung von ς auf das Intervall $[0.9,1]$ hat sich in numerischen Experimenten bewährt.

In der Definition der Θ_n aus den Hilfstoleranzen $\widetilde\Theta_n$ haben wir eine Sicherung eingebaut gegen ein "Übererfüllen" des Diskrepanzprinzips (7.41). Die Idee hierzu ist einfach: Falls der nichtlineare Defekt im n-ten Schritt schon nahe bei $\tau\,\varepsilon$ liegt, dann ist es unötig, ihn im nächsten Schritt durch den Faktor $\widetilde\Theta_n$ möglicherweise weit unter das gewünschte Niveau zu reduzieren. Solche Sicherungstechniken (*safeguarding*) gehören zu den Standardwerkzeugen für inexakte Newton-Verfahren zur Lösung gut gestellter Probleme, siehe z.B KELLEY [70, Abschnitt 6.3].

Im folgenden Abschnitt demonstrieren wir die Effizienz von REGINN in Verbindung mit der Toleranzstrategie (7.84), wobei wir für Θ_{start} sogar den Wert 0.1 zulassen.

Bemerkung 7.5.19 Unsere Toleranzstrategie (7.84) kann auf eine offensichtliche Art und Weise modifiziert werden, wobei alle unsere Überlegungen berücksichtigt bleiben: Ersetze in (7.85) den Quotienten r_{n-2}/r_{n-1} durch $Q(r_{n-2}/r_{n-1})$. Die Funktion $Q : [0,1] \to [0,1]$ sollte streng monoton wachsen mit $Q(0) = 0$ und $Q(1) = 1$, z.B. $Q(x) = x^\beta$, $\beta > 0$. Für $\beta < 1$ ($\beta > 1$) wachsen die Toleranzen langsamer (schneller) verglichen mit der Wahl (7.85).

Selbstverständlich kann der Faktor $\varsigma = \varsigma_n$ ebenfalls dynamisch aus dem Verhältnis r_{n-1}/r_{n-2} bestimmt werden.

7.5.3.5 Numerische Experimente

Wir präsentieren numerische Experimente zur Identifizierung eines Parameters in einem 2D-Randwertproblem. Dieses Modellproblem eignet sich gut, um das Verhalten von REGINN zu studieren, da die Hauptvoraussetzung (7.21) erfüllt ist. In der Tat werden wir viele unserer theoretischen Vorhersagen im Experiment beobachten können.

Wir wollen die bivariate Funktion $c \geq 0$ in dem elliptischen Randwertproblem

$$-\Delta u + c\,u = f \quad \text{in } \Omega$$
$$u = g \quad \text{auf } \partial\Omega \tag{7.86}$$

rekonstruieren, und zwar aus der Kenntnis von u im Quadrat $\Omega =]0,1[^2$. Die Funktionen f und g seien stetig. Falls u keine Nullstellen in Ω hat, dann erhalten wir c explizit aus $c = (f + \Delta u)/u$. Damit ist c zwar eindeutig durch u bestimmt, hängt aber nicht stetig davon ab. Die Inversionsformel ist also bei gestörten Daten u^ε unbrauchbar. Das eben skizzierte Identifikationsproblem verallgemeinert Beispiel 7.3.10 auf zwei Raumdimensionen.

Zur Diskretisierung von (7.86) verwenden wir Finite Differenzen, siehe z.B. HACKBUSCH [43, Kap. 4.2] für die im Weiteren benutzte Notation. Die Wirkung des Differentialoperators $\mathsf{L} = -\Delta + c\,I$ auf u, ausgewertet in (x_i,y_j), approximieren wir durch den *Differenzenstern*

$$\mathsf{L}u(x_i,y_j) \approx h^{-2} \begin{bmatrix} 0 & -1 & 0 \\ -1 & 4 + h^2\,c(x_i,y_j) & -1 \\ 0 & -1 & 0 \end{bmatrix} u(x_i,y_j).$$

Hierbei ist $h = 1/(m + 1)$, $m \in \mathbb{N}$, die Diskretisierungsschrittweite und die Gitterpunkte sind gegeben durch $(x_i,y_j) = (i\,h, j\,h)$, $1 \leq i,j \leq m$. Indem wir die Gitterpunkte lexikographisch anordnen und die Randwerte in die rechte Seite einarbeiten, erhalten wir das $m^2 \times m^2$-Linearsystem

$$(\mathbf{A} + \operatorname{diag}(\mathbf{c}))\,\mathbf{u} = \mathbf{f},$$

wobei $\mathbf{A}$ die Matrix ist, die der Differenzenstern des Laplace-Operators $-\Delta$ erzeugt, und $\mathbf{c} = (\mathbf{c}_1, \ldots, \mathbf{c}_{m^2})^t$ ist der Vektor mit Einträgen $\mathbf{c}_{\ell(i,j)} = c(x_i, y_j)$. Die Abbildung $\ell : \{1, \ldots, m\}^2 \to \{1, \ldots, m^2\}$ beschreibt die lexikographische Anordnung. Die Lösung $\mathbf{u}$ der obigen Gleichung erfüllt $\mathbf{u}_{\ell(i,j)} = u(x_i, y_j) + \mathrm{O}(h^2)$ für $h \to 0$ und u hinreichend glatt.

In diesem diskreten Rahmen wollen wir $\mathbf{c}$ aus der Kenntnis von $\mathbf{u}$ rekonstruieren. Auch hier ist die Inversionsformel $\mathbf{c}_\ell = (\mathbf{f} - \mathbf{A}\mathbf{u})_\ell / \mathbf{u}_\ell$ nutzlos, wenn Rauschen die Daten kontaminiert. Daher betrachten wir die nichtlineare Gleichung

$$\Phi(\mathbf{c}) = \mathbf{u} \qquad (7.87)$$

mit $\Phi : \mathbb{R}_{\geq 0}^{m^2} \to \mathbb{R}^{m^2}$, definiert durch $\Phi(\mathbf{c}) = (\mathbf{A} + \operatorname{diag}(\mathbf{c}))^{-1}\,\mathbf{f}$. Die Funktion Φ ist differenzierbar mit Funktionalmatrix

$$\Phi'(\mathbf{c})w = -(\mathbf{A} + \operatorname{diag}(\mathbf{c}))^{-1}(\Phi(\mathbf{c}) \odot w), \qquad (7.88)$$

worin $\odot$ die komponentenweise Multiplikation von Vektoren bezeichnet, vgl. (7.26). Wie in Beispiel 7.3.10 können wir (7.21) für Φ' beweisen (Aufgabe 7.17).

In unseren numerischen Experimenten haben wir die folgenden Rahmenbedingungen gesetzt: Der zu identifizierende Parameter ist

$$c^+(x,y) = 1.5\,\sin(2\pi\,x)\,\sin(3\pi\,y) + 3\left((x - 0.5)^2 + (y - 0.5)^2\right) + 2, \qquad (7.89)$$

siehe Bild 7.5 oben. Außerdem haben wir f sowie g so ausgewählt, dass $u(x,y) = 16\,x\,(x-1)\,y\,(1-y) + 1$ die Lösung des Randwertproblems (7.86) bez. c^+ ist.

Die gestörte rechte Seite $\mathbf{u}^\varepsilon$ für (7.87) erzeugen wir durch $\mathbf{u}^\varepsilon = \tilde{\mathbf{u}} + \varepsilon\,\mathbf{v}$ mit $\tilde{\mathbf{u}}_{\ell(i,j)} = u(x_i, y_j)$ und $\mathbf{v} = \mathbf{z}/\|\mathbf{z}\|_h$, wobei die Einträge des Zufallsvektors $\mathbf{z}$ gleichverteilt sind in $[-1,1]$. Damit haben wir $\|\mathbf{u} - \mathbf{u}^\varepsilon\|_h \leq \varepsilon + \mathrm{O}(h^2)$, gemessen in der gewichteten Euklidischen Norm $\|\mathbf{z}\|_h = h\left(\sum_{i=0}^{m^2} \mathbf{z}_i^2\right)^{1/2}$ auf $\mathbb{R}^{m^2}$, die die L^2-Norm über Ω approximiert.

Aus der expliziten Kenntnis der Eigenwerte von $\mathbf{A}$, siehe z.B. HACKBUSCH [43, Lemma 4.4.2], leiten wir

$$\|\Phi'(\mathbf{c})\|_h \leq \left\|(\mathbf{A} + \operatorname{diag}(\mathbf{c}))^{-1}\right\|_h^2 \|\mathbf{f}\|_h \leq \|\mathbf{A}^{-1}\|_h^2 \|\mathbf{f}\|_h$$

$$\leq \frac{1}{4\,\pi^4}\left(\frac{\pi\,h/2}{\sin(\pi\,h/2)}\right)^4 \|\mathbf{f}\|_h$$

her für $\mathbf{c} \geq 0$ (komponentenweise). Damit ist die Normierung (7.56) automatisch garantiert, weswegen wir in unseren Rechnungen die ν-Methode mit $\nu = 1$ als inneres Regularisierungsverfahren verwenden dürfen.

Im ersten Experiment demonstrieren wir die Wirkungsweise unserer dynamischen Toleranzanpassung (7.84). Die auftretenden Effekte können anhand der Tabellen 7.1 und 7.2 studiert werden. Das Konvergenzverhalten von REGINN ist in Tabelle 7.1 gelistet für $\varepsilon = 10^{-5/2}$, $\tau = 1.5$, $\Theta_{\mathrm{start}} = 0.55$, $\Theta_{\max} = 0.999$, $\varsigma = 0.9$ und die Diskretisierungsschrittweite $h = 1/50$. Wir starten REGINN mit $\mathbf{c}_0$, $(\mathbf{c}_0)_{\ell(i,j)} = c_0(x_i, x_j)$, wobei

Tabelle 7.1: Konvergenzverhalten von `REGINN` in Verbindung mit der Toleranzwahl (7.84), wobei $\Theta_{\text{start}} = 0.55$, $\Theta_{\text{max}} = 0.999$, $\varsigma = 0.9$ und $h = 1/50$ sind.

n	Θ_{n-1}	r_{n-1}	d_n/d_{n-1}	$d_n/(\tau\,\varepsilon)$	e_n
1	0.5494	23	0.4779	26.81	0.7711
2	0.5494	18	0.4876	13.07	0.4678
3	0.4940	17	0.4752	6.212	0.3699
4	0.4442	22	0.4321	2.684	0.3355
5	0.5699	95	0.5654	1.517	0.1885
6	0.8995	57	0.8992	1.364	0.1596
7	0.8087	106	0.8076	1.102	0.0971
8	0.9065	168	0.9065	0.9989	0.0547
$8'$	0.8963	267	0.8962	0.9876	0.0499

$$c_0(x,y) = 3\left((x - 0.5)^2 + (y - 0.5)^2\right) + 2 + 128\,x\,(x - 1)\,y\,(1 - y) \qquad (7.90)$$

ist. In den Tabellen 7.1 und 7.2 bezeichnen $(\mathbf{c}^+_{\ell(i,j)} = c^+(x_i,y_j))$

$$d_n := \|\Phi(\mathbf{c}^\varepsilon_n) - \mathbf{u}^\varepsilon\|_h \quad \text{sowie} \quad e_n := \|\mathbf{c}^\varepsilon_n - \mathbf{c}^+\|_h / \|\mathbf{c}^+\|_h$$

den nichtlinearen Defekt bzw. den relativen L^2-Fehler der n-ten Iterierten.

Wir beobachten die folgenden Effekte in Tabelle 7.1:

- Die Toleranzen nehmen um den Faktor $\varsigma\,\Theta_{\text{max}}$ während der Iteration ab, sobald die Stoppindizes der **repeat**-Schleife für zwei aufeinander folgende Newton-Schritte fallen.

- Das Verhältnis d_n/d_{n-1} nähert sich Θ_{n-1} an, wenn n gegen $n^*(\varepsilon)$ strebt (Korollar 7.5.15).

- Die Safeguarding-Technik hält `REGINN` in der Tat von unnötiger Arbeit ab. In der Zeile $n = 8'$ stehen die Werte des letzten Schritts, wenn die Safeguarding-Technik ausgeschaltet ist (die Werte in den anderen Iterationsschritten ändern sich nicht).

Die Approximation $\mathbf{c}^\varepsilon_8$, die die in Tabelle 7.1 dokumentierte `REGINN`-Iteration liefert, ist in der Mitte von Bild 7.5 dargestellt.

Auf die Safeguarding-Technik kann bei kleinem Θ_{start} *nicht* verzichtet werden, siehe Tabelle 7.2. Bis auf $\Theta_{\text{start}} = 0.1$ wurden alle Parameter wie oben gewählt. Ohne Safeguarding würde `REGINN` divergieren! Die Gesamtzahl der Durchläufe durch die **repeat**-Schleife ist kleiner als mit der Wahl $\Theta_{\text{start}} = 0.55$. Das ist eine Beobachtung, die auch durch weitere Testrechnungen gestützt wurde: Moderat kleine Θ_{start} reduzieren den numerischen Aufwand von `REGINN`.

Unser nächstes Experiment ist der Regularisierungseigenschaft von `REGINN` gewidmet. Bild 7.4 zeigt den relativen Regularisierungsfehler

Tabelle 7.2: Konvergenzverhalten von `REGINN` in Verbindung mit der Toleranzwahl (7.84), wobei $\Theta_{\text{start}} = 0.1$, $\Theta_{\max} = 0.999$, $\varsigma = 0.9$ und $h = 1/50$ sind.

n	Θ_{n-1}	r_{n-1}	d_n/d_{n-1}	$d_n/(\tau\,\varepsilon)$	e_n
1	0.0999	40	0.2474	13.88	0.4342
2	0.0999	101	0.1121	1.556	0.1694
3	0.6429	183	0.6429	1.000	0.0531
4	0.9986	49	0.9986	0.9990	0.0522

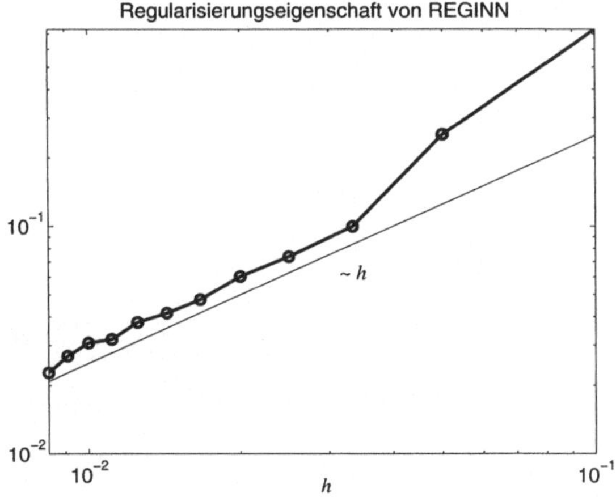

Bild 7.4: Relativer L^2-Regularisierungsfehler (7.91) in Abhängigkeit von h. Die dünne Linie veranschaulicht exaktes Abfallverhalten $O(h)$ für $h \to 0$.

$$\text{err}(h) := \|\mathbf{c}^{\varepsilon(h)}_{n^*(\varepsilon(h))} - \mathbf{c}^+\|_h / \|\mathbf{c}^+\|_h \quad \text{mit } \varepsilon(h) = 10\,h^2 \qquad (7.91)$$

für $h \in \{(10\,k)^{-1}\,|\,k = 1,\ldots,12\}$. Alle anderen Parameter wurden wie in Tabelle 7.1 gesetzt. Die dünne Linie in Bild 7.4 veranschaulicht die Asymptotik $O(h)$ für $h \to 0$. Das Experiment überzeugt uns von $\text{err}(h) = O(h)$ für $h \to 0$. Wegen $\|\mathbf{u} - \mathbf{u}^{\varepsilon(h)}\|_h \leq \varepsilon(h) + O(h^2) := \varepsilon(h) = O(h^2)$ erreicht der Regularisierungsfehler die nach Satz 7.5.17 maximale Konvergenzordnung $O(\varepsilon^{1/2})$ für $\varepsilon \to 0$, d.h. $\kappa = 1$ und $\Lambda = 1$.

Zum Schluss untersuchen wir den Einfluß des Startwerts auf die Rekonstruktionen von `REGINN`. Dazu starten wir `REGINN` mit den Einstellungen, die der Tabelle 7.1 zugrunde liegen, allerdings wählen wir den Startwert $c_0 = 2$, siehe Bild 7.5 unten. Obwohl der relative Anfangsfehler beim Startwert (7.90) von 169% deutlich größer ist 36.5%, dem Anfangsfehler bei $c_0 = 2$, liefert der erste Startwert die bessere Rekonstruktion. Die Randwerte der Rekonstruktion zu $c_0 = 2$ werden während der Iteration nicht verändert. Woran liegt das?

Jeder Newton-Schritt s_{n,r_n} ist im Bild von $\Phi'(\mathbf{c}_n^\varepsilon)^*$. Eine einfache Überle-

Parameter $c(x,y)$

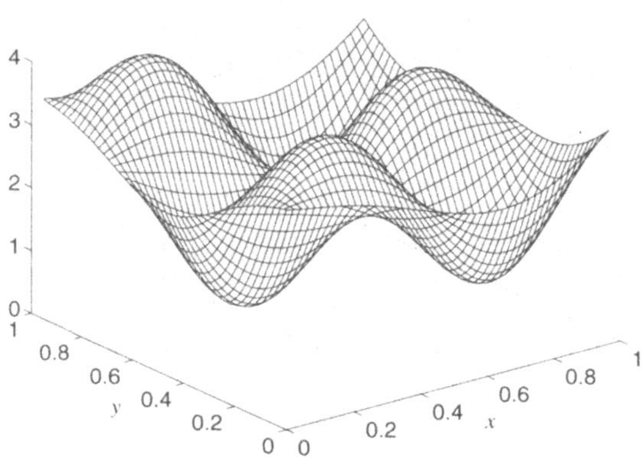

REGINN (rel. L^2-Fehler: 5.5%)

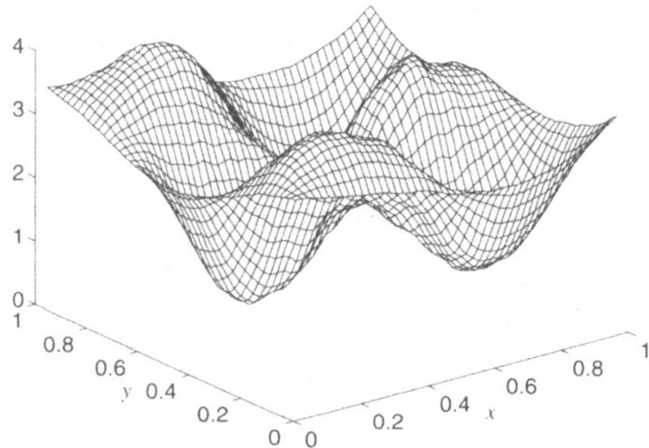

REGINN mit Startwert $c_0(x,y)=2$ (rel. L^2-Fehler: 13%)

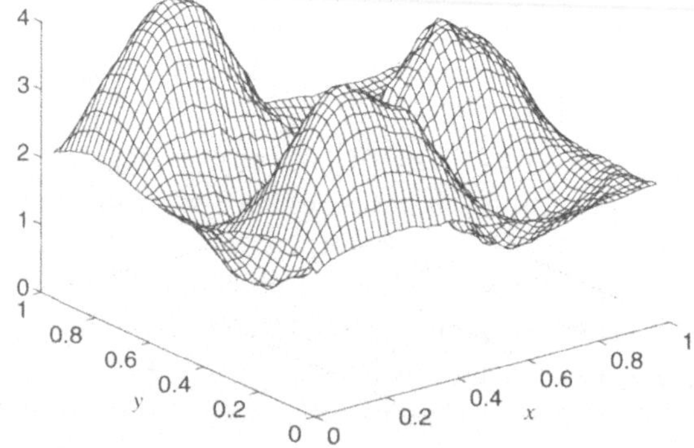

Bild 7.5: Oben: zu identifizierender Parameter c^+ (7.89), mitte: REGINN-Rekonstruktion mit Startwert c_0 (7.90), unten: REGINN-Rekonstruktion mit Startwert $c_0 = 2$. Die Diskretisierungsschrittweite ist in beiden Fällen $h = 1/50$.

gung liefert $\Phi'(\mathbf{c}_n^\varepsilon)^* w = \Phi(\mathbf{c}_n^\varepsilon) \odot (\mathbf{A} + \mathrm{diag}(\mathbf{c}_n^\varepsilon))^{-1} w$. Da $(\mathbf{A} + \mathrm{diag}(\mathbf{c}_n^\varepsilon))^{-1} w$ die Lösung eines Randwertproblems (7.86) mit *homogenen Randwerten* ($g = 0$) approximiert, weisen die Newton-Schritte ebenfalls Nullrandwerte auf. Die Newton-Schritte können also nicht die Randwerte von $\mathbf{c}_0$ verändern, d.h. alle Iterierten haben dieselben Randwerte wie $\mathbf{c}_0$. Konvergenz von REGINN kann nur vorliegen, wenn die Randwerte der Startiterierten mit denen von c^+ übereinstimmen, was für c_0 aus (7.90) zutrifft: $c_0|_{\partial\Omega} = c^+|_{\partial\Omega}$.

Das eben beschriebene Verhalten teilen übrigens alle iterativen Algorithmen, die den Korrekturschritt als Approximation an die Minimum-Norm-Lösung der Linearisierung (7.40) berechnen.

7.6 Übungsaufgaben

Aufgabe 7.1 Sei $\Phi : \mathcal{D}(\Phi) \subset X \to Y$ eine nichtlineare Abbildung. Zu $g \in Y$ sei das Urbild $\mathbb{U}(g) = \{x \in \mathcal{D}(\Phi) \,|\, \Phi(x) = g\}$ nicht leer. Zeigen Sie: In einem nichtisolierten Punkt $f^+ \in \mathbb{U}(g)$ ist die Gleichung $\Phi(f) = g$ lokal schlecht gestellt.

Aufgabe 7.2 Die Operatorgleichung $Af = g$, $A \in \mathcal{L}(X,Y)$, auf Hilberträumen ist lokal schlecht gestellt in jedem $f^+ \in X$ dann und nur dann, wenn A nicht injektiv oder das Bild $\mathcal{R}(A)$ nicht abgeschlossen ist in Y.

Hinweis: Falls A ein nicht abgeschlossenes Bild hat, dann ist A^+ unbeschränkt, d.h. es gibt eine Folge $\{y_k\}_{k\in\mathbb{N}} \subset \mathcal{R}(A)$ mit $\|y_k\|_Y \leq 1$, für die $\{A^+ y_k\}_{k\in\mathbb{N}}$ monton gegen Unendlich divergiert. Mit der Folge $f_k := f^+ + \varrho_k A^+ y_k$ können Sie die lokale Schlechtgestelltheit in f^+ nachweisen, falls die Folge $\{\varrho_k\}_{k\in\mathbb{N}} \subset \,]0,\infty[$ langsam genug gegen Null konvergiert.

Ist umgekehrt die Operatorgleichung lokal schlecht gestellt in jedem $f^+ \in X$, so führt Sie ein indirekter Beweis zum Ziel: Die Operatorgleichung sei lokal schlecht gestellt, aber $\overline{\mathcal{R}(A)} = \mathcal{R}(A)$ und $\mathcal{N}(A) = \{0\}$.

Aufgabe 7.3 Sei $\Phi = \Phi_{\mathrm{SPECT}}$ definiert wie in Beispiel 7.1.3. Seien w, μ und ν in $L^\infty(\mathbb{R})$, wobei μ und ν zusätzlich nichtnegativ seien. Dann gilt

$$\|\Phi(w,\mu) - \Phi(w,\nu)\|_{L^2(Z)} \leq \|w\|_{L^\infty(\Omega)} \, \|\mathbf{D}(\mu - \nu)\|_{L^2(\Omega \times [0,2\pi])}.$$

Hinweis: Verwenden Sie die Abschätzung $|\exp(-x) - \exp(-y)| \leq |x - y|$ für $x,y \geq 0$ und schauen Sie sich den Beweis von Satz 2.5.1 noch einmal an.

Aufgabe 7.4 Der Selbstfaltungsoperator $\Phi : L^2(0,1) \to L^2(0,1)$ ist definiert durch

$$\Phi(f)(t) := \int_0^t f(t - \tau)\, f(\tau)\, \mathrm{d}\tau.$$

Zeigen Sie:

(a) Die Selbstfaltungsgleichung $\Phi(f) = g$ ist in jedem $f \in L^2(0,1)$ lokal schlecht gestellt.

Hinweis: Betrachten Sie die Folge

$$f_k^r(t) = \begin{cases} f(t) & : \ 0 \le t \le 1 - 1/(k+1) \\ f(t) + r\sqrt{k+1} & : \ 1 - 1/(k+1) < t \le 1 \end{cases} \quad \text{für } r > 0 \text{ und } k \in \mathbb{N}.$$

(b) Der Selbstfaltungsoperator ist Fréchet-differenzierbar in $f \in L^2(0,1)$ mit Ableitung

$$\Phi'(f)h(t) = 2 \int_0^t f(t - \tau)\, h(\tau)\, \mathrm{d}\tau.$$

Weitere interessante Ergebnisse zur Selbstfaltung finden Sie bei GORENFLO und HOFMANN [41]. Zum Beispiel ist der Selbstfaltungsoperator Φ nicht kompakt, aber seine Linearisierung!

Aufgabe 7.5 Sei $B : X \times Y \to Z$ ein beschränkter bilinearer Operator$^{\|}$ zwischen den Banachräumen X, Y und Z. Das Cartesische Produkt $X \times Y$ sei mit der Norm $\|(x,y)\|_{X \times Y} = \max\{\|x\|_X, \|y\|_Y\}$ versehen. Wie sieht die Fréchet-Ableitung von B aus?

Aufgabe 7.6 Das quadratische Funktional $\Phi : X \to \mathbb{R}$ sei gegeben durch $\Phi(\xi) = \frac{1}{2}\|A\xi - g\|_Y^2$ mit $A \in \mathcal{L}(X,Y)$, $g \in Y$. Die Hilберträume X und Y seien reell. Zeigen Sie: Die Fréchet-Ableitung von Φ ist

$$\Phi'(\xi)h = \langle A^*A\xi - A^*g, h \rangle_X.$$

Aufgabe 7.7 Beweisen Sie Lemma 7.3.3.

Aufgabe 7.8 Sei $\Phi : \mathcal{D}(\Phi) \subset X \to Y$ (X, Y Hilберträume) in $f^+ \in \mathrm{int}\big(\mathcal{D}(\Phi)\big)$ Fréchet-differenzierbar und es gebe eine Konstante K und einen Radius r, so dass gilt

$$\|\Phi'(f^+)(f - f^+)\|_Y \le K \|\Phi(f) - \Phi(f^+)\|_Y \quad \text{für alle } f \in B_r(f^+) \cap \mathcal{D}(\Phi).$$

Falls die nichtlineare Gleichung (7.1) lokal schlecht gestellt ist in f^+, dann ist auch die Linearisierung (7.15) lokal schlecht gestellt.

Ist andererseits die Linearisierung (7.15) lokal gut gestellt, dann ist auch (7.1) lokal gut gestellt in f^+.

$^{\|}$ Ein bilinearer Operator ist linear in jedem Argument, wenn das andere festgehalten wird.

Aufgabe 7.9 Die Bezeichnungen seien wie Beispiel 7.3.6. Zeigen Sie:

$$\|\Phi(\xi) - \Phi(\eta)\|_{\ell^1} \leq \|\xi + \eta\|_{\ell^2} \|\xi - \eta\|_{\ell^2} \quad \text{für alle } \xi, \eta \in \mathcal{D}$$

und

$$\|\Phi^{-1}(\xi) - \Phi^{-1}(\eta)\|_{\ell^2} \leq \|\xi - \eta\|_{\ell^1} \quad \text{für alle } \xi, \eta \in \mathcal{R}(\Phi).$$

Hinweis: Es gilt: $|\sqrt{x} - \sqrt{y}| \leq \sqrt{|x - y|}$ für $x, y \geq 0$.

Aufgabe 7.10 Sei $\Phi : \mathcal{D}(\Phi) \subset X \to Y$ (X, Y Hilberträume) in $f^+ \in \text{int}(\mathcal{D}(\Phi))$ Fréchet-differenzierbar und es gebe eine Konstante κ und einen Radius r, so dass gilt

$$\|\Phi(f) - \Phi(f^+)\|_Y \leq \kappa \, \|\Phi'(f^+)(f - f^+)\|_Y \quad \text{für alle } f \in B_r(f^+) \cap \mathcal{D}(\Phi).$$

Falls die Linearisierung (7.15) lokal schlecht gestellt ist, dann ist auch die nichtlineare Gleichung (7.1) lokal schlecht gestellt in f^+.

Ist andererseits die nichtlineare Gleichung (7.1) lokal gut gestellt in f^+, dann ist auch (7.15) lokal gut gestellt.

Aufgabe 7.11 Der Operator $\Phi : L^2(0,1) \to L^2(0,1)$ sei gegeben durch

$$\Phi(f)(t) := \exp\left(\int_0^t f(\tau)\, d\tau \right).$$

Zeigen Sie:

(a) Der Operator Φ ist in $L^2(0,1)$ Fréchet-differenzierbar mit Ableitung

$$\Phi'(f)h(t) = \Phi(f)(t) \int_0^t h(\tau)\, d\tau.$$

(b) Die Abbildung $Q(v,w) : L^2(0,1)^2 \to \mathcal{L}\big(L^2(0,1)\big)$, definiert durch

$$Q(v,w)h(t) := \Phi(v - w)(t)\, h(t),$$

erfüllt:

$$\Phi'(v) = Q(v,w)\Phi'(w) \quad \text{und} \quad \|I - Q(v,w)\| \leq 2\,\|v - w\|_{L^2(0,1)}$$

für alle $v, w \in L^2(0,1)$ mit $\|v - w\|_{L^2(0,1)} \leq 1$.

Somit gilt (7.21) in $B_r(f^+)$ für jedes $f^+ \in L^2(0,1)$ und jedes $r \leq 1/2$.

Hinweis: Verwenden Sie $|1 - \exp(x)| \leq 2\,|x|$ für $|x| \leq 1$, um die Abschätzung zu zeigen.

Aufgabe 7.12 Verifizieren Sie die Implikation

$$a^2 \leq b + ac \quad \text{und} \quad a, b, c \geq 0 \quad \Longrightarrow \quad a \leq \sqrt{b} + c.$$

Hinweis: Quadratische Ergänzung.

Aufgabe 7.13 Zeigen Sie die Konvergenzbehauptung aus Bemerkung 7.4.5 (c) unter den Annahmen von Satz 7.4.4 mit $\mu = 1$.

Hinweis: Starten Sie mit der Abschätzung (7.36).

Aufgabe 7.14 Beweisen Sie Lemma 7.5.7.

Hinweis: Formulieren Sie das Abbruchkriterium (7.45) für $n = 0$ um in ein Diskrepanzprinzip.

Aufgabe 7.15 Betrachten Sie die inexakte Newton-Iteration (7.46), wobei der zugrunde liegende nichtlineare Operator Φ die Eigenschaft (7.21) besitze.

Zeigen Sie: Aus $f_n^\varepsilon \in \mathcal{N}(A)^\perp$ folgt $f_{n+1}^\varepsilon \in \mathcal{N}(A)^\perp$ $(A = \Phi'(f^+))$.

Aufgabe 7.16 Beweisen Sie die Konvergenzbehauptung (7.83) aus Satz 7.5.17.

Hinweis: Rufen Sie sich (7.81), (7.23) sowie (7.74) in Erinnerung.

Aufgabe 7.17 Es sei $\Phi : \mathcal{D}(\Phi) \subset \mathbb{R}^{m^2} \to \mathbb{R}^{m^2}$, $\Phi(\mathbf{c}) = (\mathbf{A} + \mathrm{diag}(\mathbf{c}))^{-1} \mathbf{f}$, die nichtlineare Abbildung aus Kapitel 7.5.3.5 mit Definitionsbereich $\mathcal{D}(\Phi) = \mathbb{R}^{m^2}_{\geq 0}$. Zeigen Sie:

(a) Φ ist (Fréchet-)differenzierbar in $\mathbf{c} \in \mathbb{R}^{m^2}_{>0}$ mit der Funktionalmatrix $\Phi'(\mathbf{c})$ aus (7.88). Die transponierte Funktionalmatrix $\Phi'(\mathbf{c})^* = \Phi'(\mathbf{c})^t$ hat die Darstellung $\Phi'(\mathbf{c})^* w = \Phi(\mathbf{c}) \odot (\mathbf{A} + \mathrm{diag}(\mathbf{c}))^{-1} w$ für $w \in \mathbb{R}^{m^2}$.

(b) Φ' erfüllt (7.21) in der Umgebung von Vektoren $\mathbf{c} \in \mathbb{R}^{m^2}_{>0}$, für die $\Phi_i(\mathbf{c}) > 0$ ist, $i = 1, \ldots, m^2$ (Diese Bedingung trifft z.B. für alle $\mathbf{c} \in \mathbb{R}^{m^2}_{>0}$ zu, wenn $\mathbf{f}$ komponentenweise positiv ist; denn $\mathbf{A} + \mathrm{diag}(\mathbf{c})$ ist eine M-Matrix und ihre Inverse weist daher nur nichtnegative Einträge auf, siehe z.B. HACKBUSCH [43, Kap. 4.3]).

Hinweis: Orientieren Sie sich an unserer Argumentation im zweiten Teil von Beispiel 7.3.10.

8 Anhang: Grundbegriffe aus der Funktionalanalysis

Die Funktionalanalysis ist das mathematische Fundament für dieses Buch. Einige ihrer wichtigsten Begriffe und Konzepte stellen wir in diesem Anhang zusammen. Auf Beweise verzichten wir weitgehend und verweisen hierzu auf Standardliteratur, z.B. HEUSER [63] sowie MEISE und VOGT [89].

8.1 Normierte Räume und lineare Abbildungen

Definition 8.1.1 *Ein Vektorraum X über einem Körper $\mathbb{K}$ heißt **normierter Raum**, wenn es eine Abbildung $\|\cdot\| : X \to [0,\infty[$ gibt, die die Normaxiome erfüllt:*

(a) $\|x\| = 0 \iff x = 0$,

(b) $\|\alpha x\| = |\alpha|\,\|x\|$, $\alpha \in \mathbb{K}$,

(c) $\|x + y\| \leq \|x\| + \|y\|$ *(Dreiecksungleichung)*.

Wollen wir betonen, auf welchen linearen Raum sich eine Norm bezieht, so verwenden wir die Schreibweise $\|\cdot\|_X$.

Auf einem normierten Raum X kann aufgrund der Normaxiome mittels $d(x,y) := \|x - y\|$ auf kanonische Weise eine *Metrik* definiert werden. Eine Folge $\{x_n\}_{n\in\mathbb{N}}$ konvergiert in X gegen x, wenn gilt $\lim_{n\to\infty} d(x_n,x) = 0$.

Ist X bezüglich seiner kanonischen Metrik vollständig, d.h. jede Cauchy-Folge konvergiert, so heißt X *Banachraum*.

Beispiel 8.1.2 *$\mathcal{C}^k$-Räume stetig differenzierbarer Funktionen*
Wir benutzen die Multiindexschreibweise zur Bezeichnung partieller Ableitungen. Sei $m \in \mathbb{N}_0^d$ ein Multiindex. Unter ∂^m verstehen wir den Differentialoperator $\partial^m := \partial_1^{m_1} \cdots \partial_d^{m_d}$ der Ordnung $|m| := \sum_{i=1}^d m_i$, wobei $\partial_i^{m_i}$ auf der i-ten Komponente operiert.

Sei $\Omega \subset \mathbb{R}^d$ eine offene Menge. Die Elemente von $\mathcal{C}^k(\overline{\Omega})$, $k \in \mathbb{N}_0$, sind alle Funktionen $\varphi : \Omega \to \mathbb{K}$, die auf Ω stetige und beschränkte Ableitungen $\partial^m \varphi$ bis zu Ordnung k besitzen ($|m| \leq k$), die stetig auf den Rand von Ω fortsetzbar sind. Versehen mit der Norm $\|\varphi\|_{\mathcal{C}^k(\overline{\Omega})} := \sum_{|m|\leq k} \max_{x\in\overline{\Omega}} |\partial^m \varphi(x)|$ ist $\mathcal{C}^k(\overline{\Omega})$ ein Banachraum. ♠

Beispiel 8.1.3 *L^p-Räume integrierbarer Funktionen*

Sei $\Omega \subset \mathbb{R}^d$ und sei $1 \leq p < \infty$. Den Raum der Funktionen $f : \Omega \to \mathbb{K}$, die messbar sind und für die das Integral $\int_\Omega |f(x)|^p \, dx$ im Lebesgueschen Sinne existiert, bezeichnet man mit $L^p(\Omega)$. Bezüglich der Norm $\|f\|_{L^p(\Omega)} = (\int_\Omega |f(x)|^p \, dx)^{1/p}$ ist $L^p(\Omega)$ ein Banachraum, wenn Funktionen identifiziert werden, die sich nur auf einer Nullmenge unterscheiden.

Unter $L^\infty(\Omega)$ versteht man den Raum der Abbildungen $f : \Omega \to \mathbb{K}$, die messbar und wesentlich beschränkt sind: Zu jedem $f \in L^\infty(\Omega)$ existiert eine positive Konstante $C(f)$ mit $|f(x)| \leq C(f)$ fast überall in Ω. Die kleinste Konstante $C(f)$, mit der diese Abschätzung gilt, heißt das essentielle Supremum (sup ess) von $|f|$. Mit der Normierung $\|f\|_{L^\infty(\Omega)} = \sup \mathrm{ess}_{x \in \Omega} |f(x)|$ wird $L^\infty(\Omega)$ zu einem Banachraum (auch hier sind Funktionen zu identifizieren, die sich nur auf einer Nullmenge unterscheiden). ♠

Beispiel 8.1.4 *ℓ^p-Räume summierbarer Folgen*

Der Raum $\ell^p(\mathbb{N})$, $1 \leq p < \infty$, der reellen oder komplexen Folgen $x = \{x_i\}_{i \in \mathbb{N}}$ mit $\sum_{i=1}^\infty |x_i|^p < \infty$ wird durch die Norm $\|x\|_{\ell^p(\mathbb{N})} = (\sum_{i=1}^\infty |x_i|^p)^{1/p}$ zu einem Banachraum.

Die Menge $\ell^\infty(\mathbb{N})$ der beschränkten reellen oder komplexen Folgen wird zum Banachraum durch die Norm $\|x\|_{\ell^\infty(\mathbb{N})} = \sup_{i \in \mathbb{N}} |x_i|$. ♠

Ein unvollständiger normierter Raum X kann durch "Hinzunahme der Grenzwerte von Cauchy-Folgen" zu einem Banachraum vervollständigt werden.

Satz 8.1.5 (Vervollständigung eines normierten Raums)
*Zu jedem unvollständigen normierten Raum X gibt es einen bis auf Normisomorphie[*] eindeutig bestimmten Banachraum $\overline{X}$, genannt die **Vervollständigung** von X, so dass X ein in $\overline{X}$ dichter Unterraum ist.*

Soll die Vervollständigung von X bez. der Norm $\| \cdot \|$ verdeutlicht werden, so schreiben wir $\overline{X}^{\|\cdot\|}$.

Beispiel 8.1.6 *Vervollständigung stetiger Funktionen bez. der L^p-Norm*

Die Vervollständigung der stetigen Funktionen über $\overline{\Omega}$ bez. der L^p-Norm ist der Raum $L^p(\Omega)$: $\overline{\mathcal{C}^0(\overline{\Omega})}^{\|\cdot\|_{L^p(\Omega)}} = L^p(\Omega)$ für $1 \leq p < \infty$. ♠

Sei $A : X \to Y$ eine Abbildung zwischen den Räumen X und Y. Mit

$$\mathcal{N}(A) = \{x \in X \mid Ax = 0\} \quad \text{und} \quad \mathcal{R}(A) = \{y = Ax \mid x \in X\}$$

bezeichnen wir den *Nullraum (Kern)* bzw. den *Bildraum (Range)* von A.

---

[*] Ein Normisomorphismus $U \in \mathcal{L}(X,Y)$ zwischen den normierten Räumen X und Y ist eine bijektive normerhaltende Abbildung: $\|Ux\|_Y = \|x\|_X$ für alle $x \in X$. Normisomorphe Räume sind daher gegenseitige Kopien und dürfen als identisch angesehen werden.

Definition 8.1.7 *Seien X und Y normierte Räume. Eine Abbildung $A : X \to Y$ heißt* **linear**, *wenn gilt:*

(a) $A(x + y) = Ax + Ay$ *für alle x, $y \in X$,*

(b) $A(\alpha x) = \alpha Ax$ *für alle $x \in X$ und alle $\alpha \in \mathbb{K}$.*

Die Abbildung A heißt **beschränkt**, *wenn eine Konstante $\lambda \geq 0$ existiert mit*

$$\|Ax\|_Y \leq \lambda \|x\|_X \quad \text{für alle } x \in X. \tag{8.1}$$

Die Beschränktheit linearer Abbildungen impliziert deren Stetigkeit, und umgekehrt.

Satz 8.1.8 *Seien X und Y normierte Räume. Eine lineare Abbildung $A : X \to Y$ ist genau dann stetig, wenn sie beschränkt ist.*

Beweis: Sei A beschränkt mit Schranke λ und sei $\{x_n\}_{n\in\mathbb{N}}$ eine Folge in X mit $\lim_{n\to\infty} x_n = x \in X$. Die Stetigkeit von A folgt aus

$$\|Ax - Ax_n\|_Y = \|A(x - x_n)\|_Y \leq \lambda \|x - x_n\|_X \xrightarrow{\;n\to\infty\;} 0.$$

Den Nachweis der Beschränktheit linearer stetiger Operatoren führen wir indirekt und nehmen daher an, A sei unbeschränkt. Dann existiert zu jedem $n \in \mathbb{N}$ ein $x_n \in X\setminus\{0\}$ mit $\|Ax_n\|_Y \geq n\|x_n\|_X$. Wir setzen $y_n := x_n/\|x_n\|_X$. Offensichtlich ist $\|y_n\|_X = 1$ und $\lim_{n\to\infty}\|Ay_n\|_Y = \infty$. Definieren wir die Nullfolge $z_n := y_n/\|Ay_n\|_Y$, so haben wir für deren Bild ebenfalls $\|Az_n\|_Y = 1$ im Widerspruch zur Stetigkeit von A. $\blacksquare$

Im Folgenden seien X, Y und Z – wenn nicht anders vermerkt – normierte Räume. Mit $\mathcal{L}(X,Y)$ bezeichnen wir die Menge aller stetigen linearen Abbildungen (Operatoren) von X nach Y und setzen $\mathcal{L}(X) := \mathcal{L}(X,X)$.

Die kleinste Zahl $\lambda \geq 0$, die für $A \in \mathcal{L}(X,Y)$ die Ungleichung (8.1) erfüllt, heißt *Norm* des Operators A und wird mit $\|A\|$ bezeichnet:

$$\|A\| = \sup_{x\neq 0} \frac{\|Ax\|_Y}{\|x\|_X} = \sup_{\|x\|_X \leq 1} \|Ax\|_Y = \sup_{\|x\|_X = 1} \|Ax\|_Y. \tag{8.2}$$

Zur Hervorhebung der Vektornormen, die einer Operatornorm zugrunde liegen, schreiben wir gelegentlich $\|A\|_{X\to Y}$.

Satz 8.1.9 *Versehen mit der Operatornorm (8.2) ist $\mathcal{L}(X,Y)$ ein normierter Vektorraum über $\mathbb{K}$.*

Beweis: Den Beweis überlassen wir Ihnen. $\blacksquare$

Der nächste Satz besagt, dass sich stetige lineare Abbildungen zwischen normierten Räumen eindeutig und normerhaltend auf die jeweiligen Vervollständigungen fortsetzen lassen.

Satz 8.1.10 *Sei $A \in \mathcal{L}(X,Y)$. Dann gibt es genau ein $\overline{A} \in \mathcal{L}(\overline{X},\overline{Y})$ mit $\|\overline{A}\| = \|A\|$ und $\overline{A}x = Ax$ für alle $x \in X$.*

Für Produkte linearer Abbildungen können wir folgenden Satz formulieren.

Satz 8.1.11 *Seien $A \in \mathcal{L}(X,Y)$ und $B \in \mathcal{L}(Y,Z)$. Dann ist $BA \in \mathcal{L}(X,Z)$ und*

$$\|BA\|_{X \to Z} \leq \|B\|_{Y \to Z}\,\|A\|_{X \to Y}.$$

Für $A \in \mathcal{L}(X)$ erhalten wir

$$\|A^n\| \leq \|A\|^n, \quad n = 1,2,\dots.$$

Beweis: Wegen $\|BAx\|_Z \leq \|B\|\,\|Ax\|_Y \leq \|B\|\,\|A\|\,\|x\|_X$ ist BA sicherlich in $\mathcal{L}(X,Z)$ mit Norm $\|BA\| \leq \|B\|\,\|A\|$. Setzen wir $B = A$ so folgt der zweite Teil der Behauptung induktiv. ∎

Eine Antwort auf die Frage, wann $\mathcal{L}(X,Y)$ ein Banachraum ist, gibt Satz 8.1.12.

Satz 8.1.12 *Ist X ein normierter Raum und Y ein Banachraum, dann ist auch $\mathcal{L}(X,Y)$ ein Banachraum.*

Beweis: Zur Cauchy-Folge $\{A_n\}_{n\in\mathbb{N}} \subset \mathcal{L}(X,Y)$ und zu $\varepsilon > 0$ existiert ein $N \in \mathbb{N}$, so dass $\|A_m - A_n\| < \varepsilon$ ist für $m,n \geq N$. Sei $x \in X$. Wegen

$$\|A_n x - A_m x\|_Y = \|(A_n - A_m)x\|_Y \leq \varepsilon\,\|x\|_X \quad \text{für alle } m,n \geq N$$

ist $\{A_n x\}_{n\in\mathbb{N}}$ eine Cauchy-Folge in Y, die aufgrund der Vollständigkeit von Y einen Grenzwert besitzt, den wir Ax nennen: $\lim_{n\to\infty} A_n x =: Ax \in Y$. Die so definierte Abbildung $A : X \to Y$ ist linear. Lassen wir in obiger Formelzeile m gegen Unendlich gehen, so haben wir $\|(A_n - A)x\| \leq \varepsilon\,\|x\|$, d.h. $A_n - A \in \mathcal{L}(X,Y)$ für $n \geq N$. Mit $A - A_N$ ist aber auch $A = (A - A_N) + A_N$ beschränkt. Wir haben also gezeigt, dass eine Cauchy-Folge in $\mathcal{L}(X,Y)$ einen Grenzwert in $\mathcal{L}(X,Y)$ besitzt. Damit sind wir fertig. ∎

Für Folgen von Operatoren existieren zwei unterschiedliche Konvergenzbegriffe.

Definition 8.1.13 *Seien $\{A_n\}_{n\in\mathbb{N}} \subset \mathcal{L}(X,Y)$ und $A \in \mathcal{L}(X,Y)$.*

(a) *Die Folge $\{A_n\}_{n\in\mathbb{N}}$ konvergiert **punktweise** gegen A, wenn $\lim_{n\to\infty} \|A_n x - Ax\|_Y = 0$ ist, und zwar für alle $x \in X$.*

(b) *Die Folge $\{A_n\}_{n\in\mathbb{N}}$ konvergiert **in der Norm** oder **gleichmäßig** gegen A, wenn $\lim_{n\to\infty} \|A_n - A\| = 0$ ist.*

Konvergenz in der Norm ist stärker; denn sie impliziert punktweise Konvergenz.

　　　Eine Anwendung der Operatorkonvergenz und des Satzes 8.1.12 ermöglicht uns das Studium der Folge $\{\sum_{k=0}^{n} A^k\}_{n\in\mathbb{N}}$ von Partialsummen.

Satz 8.1.14 (Neumannsche Reihe)
Ist A ein Endomorphismus des Banachraums X mit Norm kleiner 1, d.h. $A \in \mathcal{L}(X)$ und $\|A\| < 1$, dann besitzt $I - A$ eine stetige Inverse, gegeben durch die Neumannsche Reihe

$$(I - A)^{-1} = \sum_{k=0}^{\infty} A^k.$$

Darüber hinaus gilt

$$\|(I - A)^{-1}\| \leq \frac{1}{1 - \|A\|}.$$

Beweis: Wir skizzieren nur die wesentliche Idee. Zuerst wird die Konvergenz der Neumannschen Reihe gesichert, indem von der Folge $\{S_n\}_{n\in\mathbb{N}} \subset \mathcal{L}(X)$ der Partialsummen $S_n := \sum_{k=0}^{n} A^k$ gezeigt wird, dass sie in der Tat eine Cauchy-Folge ist, nach Satz 8.1.12 also einen Limes $S = \sum_{k=0}^{\infty} A^k$ in $\mathcal{L}(X)$ besitzt. Hierbei übernehmen Satz 8.1.11 sowie die geometrische Reihe wichtige Hilfsdienste. Weiter gilt $S_n(I - A) = I - A^{n+1}$. Letztlich liefert der Grenzübergang $n \to \infty$ die behauptete Identität $(I - A)^{-1} = S$. ∎

Wir geben ein Äquivalenzkriterium dafür an, wann ein Operator eine beschränkte Inverse besitzt, vgl. Aufgabe 2.5.

Satz 8.1.15 *Die Abbildung $A \in \mathcal{L}(X,Y)$ besitzt genau dann eine stetige Inverse $A^{-1} \in \mathcal{L}\big(\mathcal{R}(A),X\big)$, wenn eine Konstante $\alpha > 0$ existiert mit*

$$\alpha \|x\|_X \leq \|Ax\|_Y \quad \text{für alle } x \in X. \tag{8.3}$$

In diesem Falle gilt $\|A^{-1}\| \leq \alpha^{-1}$.

Beweis: Die Abschätzung (8.3) impliziert die Injektivität von A, daher ist A^{-1} auf $\mathcal{R}(A)$ wohldefiniert. Mit $y = Ax$, $x \in X$, gilt $\alpha \|A^{-1}y\|_X = \alpha \|x\|_X \leq \|Ax\|_Y = \|y\|_Y$. Damit ist $\|A^{-1}y\|_X \leq \|y\|_Y/\alpha$ für alle $y \in \mathcal{R}(A)$, d.h. A^{-1} ist beschränkt durch α^{-1}.

Sei nun A^{-1} die stetige Inverse der von Null verschiedenen Abbildung A, definiert auf $\mathcal{R}(A)$, und sei $y = Ax$, $x \in X$. Aus $\|x\|_X = \|A^{-1}y\|_X \leq \|A^{-1}\| \|y\|_Y = \|A^{-1}\| \|Ax\|_Y$ ergibt sich (8.3) mit $\alpha = 1/\|A^{-1}\|$. ∎

Hier ist ein Kriterium dafür, wann ein Operator keine stetige Inverse sein Eigen nennen darf.

Satz 8.1.16 *Die Abbildung $A \in \mathcal{L}(X,Y)$ besitzt genau dann keine stetige Inverse, wenn es eine Folge $\{x_n\}_{n\in\mathbb{N}} \subset X$ gibt mit $\|x_n\|_X = 1$ für alle $n \in \mathbb{N}$ und $\lim_{n\to\infty} Ax_n = 0$.*

Die Menge $\mathcal{L}(X,\mathbb{K})$ der stetigen Linearformen $l : X \to \mathbb{K}$ auf dem normierten Raum X ist nach Satz 8.1.12 ein Banachraum mit der üblichen Abbildungsnorm

$$\|l\| = \max_{x \neq 0} \frac{|l(x)|}{\|x\|_X}.$$

Diesen Banachraum bezeichnen wir mit dem Symbol X' und nennen ihn den *Dualraum* von X.

Beispiel 8.1.17 *Dualräume zu $\ell^p(\mathbb{N})$ und $L^p(\Omega)$*
Sei q die zu $p \in [1,\infty[$ *konjugierte Zahl*, d.h.

$$1/p + 1/q = 1, \quad \text{falls } p > 1 \quad \text{und} \quad q = \infty, \quad \text{falls } p = 1.$$

Der Dualraum von $\ell^p(\mathbb{N})$ ist normisomorph zu $\ell^q(\mathbb{N})$. Ohne Bedenken dürfen wir
also $\ell^p(\mathbb{N})' = \ell^q(\mathbb{N})$ schreiben. Genauer: Zu $l \in \ell^p(\mathbb{N})'$ existiert eine eindeutig
bestimmte Folge $\lambda \in \ell^q(\mathbb{N})$ mit $l(x) = \sum_{i=1}^{\infty} x_i \lambda_i$ und $\|l\| = \|\lambda\|_{\ell^q(\mathbb{N})}$.

Analoges gilt für die L^p-Räume: $L^p(\Omega)' = L^q(\Omega)$. Hier existiert zu jedem $l \in L^p(\Omega)'$ eine eindeutig bestimmte Funktion $\Lambda \in L^q(\Omega)$ mit $l(f) = \int_\Omega f(t)\,\Lambda(t)\,\mathrm{d}t$ und $\|l\| = \|\Lambda\|_{L^q(\Omega)}$. ♠

8.2   Drei Hauptsätze der Funktionalanalysis

Unter den Hauptsätzen der Funktionalanalysis verstehen wir Ergebnisse, ohne die
eine tieferes Studium der normierten Räume nicht möglich ist. Drei Hauptsätze,
auf die in diesem Buch öfter verwiesen wird, formulieren wir an dieser Stelle.

Satz 8.2.1 **(Satz von der gleichmäßigen Beschränktheit)**
*Sei X ein vollständiger, Y ein normierter Raum. Die Familie $\{A_i\}_{i\in\mathfrak{I}} \subset \mathcal{L}(X,Y)$
sei punktweise beschränkt, d.h. zu jedem $x \in X$ existiert eine Zahl $M(x)$ mit
$\|A_i x\|_Y \leq M(x)$ für alle $i \in \mathfrak{I}$. Dann ist die Familie der Normen $\{\|A_i\|\}_{i\in\mathfrak{I}}$
beschränkt.*

Satz 8.2.2 **(Satz von Banach–Steinhaus)**
*Seien X und Y Banachräume. Eine Folge $\{A_n\}_{n\in\mathbb{N}} \subset \mathcal{L}(X,Y)$ konvergiert genau
dann punktweise gegen $A \in \mathcal{L}(X,Y)$, wenn die beiden folgenden Bedingungen
erfüllt sind:*

(a) *Die Folge der Normen $\{\|A_n\|\}_{n\in\mathbb{N}}$ ist beschränkt.*

(b) *Die Folge $\{A_n x\}_{n\in\mathbb{N}}$ konvergiert punktweise auf einer dichten Teilmenge
von X.*

Satz 8.2.3 **(Satz von der stetigen Inversen)**
*Seien X und Y Banachräume. Ist $A \in \mathcal{L}(X,Y)$ bijektiv, so muss A^{-1} auch stetig
sein, d.h. $A^{-1} \in \mathcal{L}(Y,X)$.*

8.3   Innenprodukträume

Innenprodukträume sind um eine Struktur reicher als die normierten Räume:
Das auf ihnen definierte Innen- oder Skalarprodukt erlaubt die Einführung des
Begriffs der Orthogonalität mit allen seinen weitreichenden Konsequenzen.

Definition 8.3.1 *Sei X ein Vektorraum über $\mathbb{K}$. Eine Abbildung $\langle\cdot,\cdot\rangle : X \times X \to \mathbb{K}$ heißt* **Skalarprodukt** *oder* **Innenprodukt***, wenn für alle x, y, $z \in X$ und $\alpha \in \mathbb{K}$ gilt:*

(a) $\langle x+y,z\rangle = \langle x,z\rangle + \langle y,z\rangle$,

(b) $\langle\alpha x,y\rangle = \alpha\langle x,y\rangle$,

(c) $\langle x,y\rangle = \overline{\langle y,x\rangle}$,

(d) $\langle x,x\rangle \geq 0$, *wobei* $\langle x,x\rangle = 0$ *nur für* $x = 0$ *eintreten kann.*

Ein Vektorraum X über $\mathbb{K}$, versehen mit einem Skalarprodukt $\langle\cdot,\cdot\rangle = \langle\cdot,\cdot\rangle_X$, heißt **Innenproduktraum** *oder* **Prä-Hilbertraum***.*

In jedem Innenproduktraum X wird durch $\|x\| = \langle x,x\rangle^{1/2}$ auf kanonische Weise eine Norm induziert. Also ist jeder Innenproduktraum ein normierter Raum. Ist X hinsichtlich seiner induzierten Norm vollständig, so wird X als *Hilbertraum* bezeichnet

Jeder Prä-Hilbertraum wird durch Vervollständigung zum Hilbertraum.

Satz 8.3.2 (Vervollständigung eines Innenproduktraums)
Zu jedem unvollständigen Innenproduktraum X gibt es einen bis auf Normisomorphie eindeutig bestimmten Hilbertraum $\overline{X}$, so dass X ein in $\overline{X}$ dichter Unterraum ist (insbesondere wird also das Skalarprodukt auf X durch das in $\overline{X}$ induziert).

Beispiel 8.3.3 *Die stetigen Funktionen als Innenproduktraum*

Der Raum $\mathcal{C}^0(\overline{\Omega})$ der stetigen Funktionen auf $\overline{\Omega} \subset \mathbb{R}^d$ wird durch das Skalarprodukt $\langle f,g\rangle_{L^2(\Omega)} = \int_\Omega f(t)\,\overline{g(t)}\,\mathrm{d}t$ zu einem unvollständigen Innenproduktraum. Seine Vervollständigung ist der Raum $L^2(\Omega)$ der quadratintegrierbaren Funktionen. ♠

Beispiel 8.3.4 *Hilbertraum der quadratsummierbaren Folgen*

Der Raum $\ell^2(\mathbb{N})$ der quadratsummierbaren Folgen bildet mit dem Skalarprodukt $\langle x,y\rangle_{\ell^2(\mathbb{N})} = \sum_{i=1}^\infty x_i\,\overline{y_i}$ einen Hilbertraum. ♠

Beispiel 8.3.5 *Die Soboleräume $H^s(\Omega)$ und $H_0^s(\Omega)$*

Sei $s \geq 0$ und $k \geq s$ sei eine natürliche Zahl. Auf $\mathcal{C}^k(\overline{\Omega})$, $\Omega \subset \mathbb{R}^d$ offen, definieren wir das Skalarprodukt $\langle\cdot,\cdot\rangle_s$ durch ($m \in \mathbb{N}_0^d$)

$$\langle\varphi,\psi\rangle_s := \sum_{|m|\leq s} \langle\partial^m\varphi,\partial^m\psi\rangle_{L^2(\Omega)}, \quad \text{falls } s \in \mathbb{N} \text{ ist.}$$

Ist s keine natürliche Zahl, d.h. $s = \lfloor s\rfloor + \sigma$ für ein $\sigma \in\ ]0,1[$, so setzen wir

$$\langle\varphi,\psi\rangle_s := \langle\varphi,\psi\rangle_{\lfloor s\rfloor} + \sum_{|m|\leq s} \iint_{\Omega\times\Omega} \frac{(\partial^m\varphi(x) - \partial^m\varphi(y))\,\overline{(\partial^m\psi(x) - \partial^m\psi(y))}}{\|x - y\|_{\mathbb{R}^d}^{d+2\sigma}}\,\mathrm{d}y\,\mathrm{d}x.$$

Der Hilbertraum, der aus der Vervollständigung von $\mathcal{C}^k(\overline{\Omega})$ bezüglich der induzierten Norm $\|\cdot\|_{H^s(\Omega)} = \langle\cdot,\cdot\rangle_s^{1/2}$ hervorgeht, heißt *Sobolevraum s-ter Ordnung*.

Die Ordnung s misst die Glattheit von Funktionen in einer feineren Skala als die Differenzierbarkeitsordnung. In der Tat gilt das

Lemma von Sobolev: *Unter schwachen geometrischen Voraussetzungen an das Gebiet $\Omega \subset \mathbb{R}^d$, die z.B. von beschränkten Polyederbereichen erfüllt werden, ist die Einbettung*

$$H^s(\Omega) \hookrightarrow \mathcal{C}^k(\overline{\Omega}) \quad beschränkt \ für \ s > k + d/2.$$

Ein Beweis findet sich z.B. bei WLOKA [144, Satz 6.2].

Nun definieren wir $H_0^s(\Omega)$, den Sobolevraum s-ter Ordnung mit *Nullrandbedingungen*, der im Allgemeinen ein echter Unterraum von $H^s(\Omega)$ ist. Mit $H_0^s(\Omega)$ bezeichnen wir die Vervollständigung von $\mathcal{C}_0^k(\overline{\Omega})$, $k \geq s$, unter der $H^s(\Omega)$-Norm. Hierbei ist $\mathcal{C}_0^k(\overline{\Omega})$ der Unterraum aller Funktionen aus $\mathcal{C}^k(\overline{\Omega})$, die mit ihren Ableitungen bis zur Ordnung k auf dem Rand von Ω verschwinden.

Auf beschränktem Ω unterscheidet sich $H_0^s(\Omega)$ von $H^s(\Omega)$: $H_0^s(\Omega) \neq H^s(\Omega)$ für $s \in \mathbb{N}$. Andererseits haben wir $H_0^s(\mathbb{R}^d) = H^s(\mathbb{R}^d)$ für $s \geq 0$. Zum Schluss sei noch vermerkt, dass $H^0(\Omega) = H_0^0(\Omega) = L^2(\Omega)$ ist. ♠

Die Bestimmung des Dualraums eines Hilbertraums ist denkbar einfach: Ein Hilbertraum ist sein eigener Dualraum.

Satz 8.3.6 **(Darstellungssatz von Riesz)**
Zu jedem linearen Funktional $l : X \to \mathbb{K}$ eines Hilbertraums X gibt es ein eindeutig bestimmtes Element $\lambda \in X$ mit

$$l(\cdot) = \langle\cdot,\lambda\rangle_X \quad und \quad \|l\| = \|\lambda\|_X.$$

Jeder Hilbertraum ist also normisomorph zu seinem Dualraum.

In diesem Buch verwenden wir einen weiteren Konvergenzbegriff: Eine Folge $\{x_n\}_{n\in\mathbb{N}}$ im Hilbertraum X *konvergiert schwach* gegen $x \in X$ ($x_n \rightharpoonup x$ für $n \to \infty$), wenn gilt

$$\langle x_n,z\rangle_X \xrightarrow{\ n\to\infty\ } \langle x,z\rangle_X \quad \text{für alle } z \in X.$$

Konvergenz in der Norm, auch *starke* Konvergenz genannt, impliziert schwache Konvergenz (dies folgt mit der Cauchy–Schwarzschen Ungleichung aus Satz 8.3.8 unten).[†] In endlichdimensionalen Räumen stimmen schwache und starke Konvergenz überein.

Warum dieser neue Konvergenzbegriff? Weil es mit dieser Art der Konvergenz gelingt, den Satz von Bolzano-Weierstraß der klassischen (endlichdimensionalen) Analysis auf unendlichdimensionale Räume zu übertragen.

[†] Das Konzept der schwachen Konvergenz kann allgemeiner auf normierten Räumen eingeführt werden. Sehen Sie wie?

Satz 8.3.7 (**Satz von Bolzano–Weierstraß**)
Jede beschränkte Folge in einem Hilbertraum besitzt eine schwach konvergente Teilfolge.

Bei Untersuchungen in Innenprodukträumen leisten die Cauchy–Schwarzsche Ungleichung und die Parallelogrammgleichung nützliche Dienste.

Satz 8.3.8 *Sei X ein Innenproduktraum. Für alle x, $y \in X$ gilt:*

(a) $|\langle x,y \rangle_X| \leq \|x\|_X \, \|y\|_X$ (***Cauchy–Schwarzsche Ungleichung***),
  worin Gleichheit nur dann eintritt, wenn x und y linear abhängig sind.

(b) $\|x + y\|_X^2 + \|x - y\|_X^2 = 2\,\|x\|_X^2 + 2\,\|y\|_X^2$ (***Parallelogrammgleichung***).

Beispiel 8.3.9 *Eine Anwendung der Parallelogrammgleichung*
Mit Hilfe der Parallelogrammgleichung können wir nachweisen, dass die $\ell^p(\mathbb{N})$-Norm für $p \neq 2$ *nicht* durch ein Skalarprodukt induziert werden kann. Wäre $\|\cdot\|_{\ell^p(\mathbb{N})}$ durch ein Skalarprodukt induzierbar, so müsste die Parallelogrammgleichung gelten. Wählen wir die Folgen $x = (1,0,0,0,\dots)$ und $y = (0,1,0,0,\dots)$, so sind $\|x + y\|_{\ell^p(\mathbb{N})}^2 + \|x - y\|_{\ell^p(\mathbb{N})}^2 = 2^{1+2/p}$ und $2\,\|x\|_{\ell^p(\mathbb{N})}^2 + 2\,\|y\|_{\ell^p(\mathbb{N})}^2 = 4$. Die beiden Ausdrücke stimmen natürlich nur für $p = 2$ überein.

Analoges trifft für die $L^p(\Omega)$-Norm zu: Nur für $p = 2$ wird sie durch ein Skalarprodukt induziert. Überzeugen Sie sich davon! ♠

8.3.1 Orthogonalität und Orthogonalprojektoren

Definition 8.3.10 *Zwei Elemente x und y eines Innenproduktraums X heißen* **orthogonal** *zueinander ($x \perp y$), wenn $\langle x,y \rangle_X = 0$ ist.*
  Zwei Teilmengen U und V von X stehen orthogonal aufeinander ($U \perp V$), wenn alle ihre Elemente wechselseitig orthogonal zueinander sind.
  Die Menge $U^\perp := \{x \in X \mid \{x\} \perp U\}$ heißt **Orthogonalraum** *von U in X.*

Eigenschaften von Orthogonalräumen stellen wir im nächsten Lemma zusammen.

Lemma 8.3.11 *Sei X ein Innenproduktraum.*

(a) *Es gilt $\{0\}^\perp = X$, $X^\perp = \{0\}$.*

(b) *Für jede Teilmenge $U \subset X$ ist $U^\perp$ ein abgeschlossener Unterraum von X.*

(c) *Aus $U \subset V \subset X$ folgt $X^\perp \subset V^\perp \subset U^\perp$.*

Orthogonalität assoziiert jeder mit dem Satz des Pythagoras. Es folgt seine abstrakte Version.

Satz 8.3.12 (**Satz des Pythagoras**)
Die Elemente $x_1,\dots,x_n$ des Innenproduktraums X seien paarweise orthogonal, d.h. $x_j \perp x_k$ für $j \neq k$. Dann ist $\|\sum_{j=1}^n x_j\|_X^2 = \sum_{j=1}^n \|x_j\|_X^2$.

Satz 8.3.13 *Sei U ein abgeschlossener Unterraum des Innenproduktraums X. Dann gilt $(U^\perp)^\perp = U$. Es besteht die* **Orthogonalzerlegung**

$$X = U \oplus U^\perp,$$

d.h. jedes Element $x \in X$ lässt sich eindeutig darstellen in der Form

$$x = u + v \quad \text{mit } u \in U \text{ und } v \in U^\perp.$$

Definition 8.3.14 *Sei U ein abgeschlossener Unterraum des Innenprodukt-raums X. Die stetige lineare Abbildung $P_U : X \to U$, definiert durch*

$$P_U : x = u + v \mapsto u \quad \text{mit } u \in U \text{ und } v \in U^\perp,$$

heißt **Orthogonalprojektion** *oder* **orthogonaler Projektor** *von X auf U.*

Satz 8.3.15 *Sei U ein abgeschlossener Unterraum des Innenproduktraums X. Der Orthogonalprojektor P_U besitzt die folgenden Eigenschaften:*

(a) $\langle P_U x, y \rangle_X = \langle x, P_U y \rangle_X$ *für alle $x, y \in X$.*

(b) $P_U^2 = P_U$.

(c) $\|P_U\| = 1$.

(d) $\|x - P_U x\|_X = \min_{u \in U} \|x - u\|_X$, *d.h. $P_U x$ ist die Bestapproximation an x in U.*

(e) $I - P_U$ *ist der orthogonale Projektor auf $U^\perp$.*

(f) $\mathcal{R}(P_U) = \mathcal{N}(P_U)^\perp$.

In Kapitel 6.1.2 verwenden wir die Äquivalenz aus Satz 8.3.16.

Satz 8.3.16 *Für abgeschlossene Unterräume U und V des Innenprodukt-raums X sind die beiden Aussagen äquivalent:*

(a) $U \subset V$.

(b) $P_U P_V = P_V P_U = P_U$.

8.3.2   Orthonormalbasen

Definition 8.3.17 *Eine Familie $U = \{u_i\}_{i \in \mathfrak{J}}$ des Innenproduktraums X heißt* **Orthogonalsystem**, *wenn*

$$\langle u_i, u_j \rangle_X = \|u_j\|_X^2 \, \delta_{i,j} \quad \text{für } i, j \in \mathfrak{J}$$

erfüllt ist. Das Orthogonalsystem wird **Orthonormalsystem** *genannt, wenn $\|u_i\|_X = 1$ ist für alle $i \in \mathfrak{J}$.*

Satz 8.3.18 *Sei $U = \{u_i\}_{i\in\mathfrak{I}}$ ein Orthonormalsystem im Innenproduktraum X. Dann sind für jedes $x \in X$ höchstens abzählbar viele der Skalarprodukte $\langle x,u_i\rangle_X$, $i \in \mathfrak{I}$, von Null verschieden. Zusätzlich gilt die* **Besselsche Ungleichung:**

$$\|x\|_X^2 \geq \sum_{i\in\mathfrak{I}} |\langle x,u_i\rangle_X|^2.$$

Die Reihe hat nur abzählbar viele Summanden.

Jetzt können wir konkretisieren, was wir unter einer Orthonormalbasis verstehen.

Definition 8.3.19 *Ein Orthonormalsystem $U = \{u_i\}_{i\in\mathfrak{I}}$ des Innenproduktraums X heißt* **Orthonormalbasis,** *wenn für jedes $x \in X$ die Entwicklung*

$$x = \sum_{i\in\mathfrak{I}} \langle x,u_i\rangle_X\, u_i$$

besteht.

Satz 8.3.20 *Jeder Hilbertraum besitzt Orthonormalbasen.*

Ein Hilbertraum heißt *separabel*, wenn er eine abzählbare Orthonormalbasis besitzt.

Satz 8.3.21 *Ein Orthonormalsystem U ist genau dann eine Orthonormalbasis, wenn für jedes $x \in X$ die* **Parsevalsche Identität**

$$\|x\|_X^2 = \sum_{i\in\mathfrak{I}} |\langle x,u_i\rangle_X|^2$$

gilt.

Korollar 8.3.22 *Die Elemente eines abzählbar unendlichen Orthonormalsystems konvergieren schwach gegen Null, aber sie konvergieren nicht stark.*

Beweis: Sei $\{u_k\}_{k\in\mathbb{N}}$ das Orthonormalsystem in X. Die Besselsche Ungleichung erzwingt $\lim_{k\to\infty}\langle x,u_k\rangle_X = 0$ für jedes $x \in X$, das ist die schwache Konvergenz gegen Null. Wegen der Normierung $\|u_k\|_X = 1$, $k \in \mathbb{N}$, kann $\{u_k\}_{k\in\mathbb{N}}$ natürlich nicht stark gegen Null konvergieren. ∎

Satz 8.3.23 *Sei U ein abgeschlossener Unterraum des Innenproduktraums X. In U sei $\{u_i\}_{i\in\mathfrak{I}}$ eine Orthonormalbasis. Dann gilt*

$$P_U x = \sum_{i\in\mathfrak{I}} \langle x,u_i\rangle_X\, u_i.$$

Beispiel 8.3.24 *Fourier-Basis in $L^2(0,1)$*

Die Familie $\{e^{i\,2\pi\,n\,\cdot}\}_{n\in\mathbb{Z}}$ ist eine Orthonormalbasis in $L^2(0,1)$. Die Darstellung einer Funktion f in dieser Basis heißt Fourier-Reihenentwicklung. Die Entwicklungskoeffizienten $\langle f(\cdot),e^{i\,2\pi\,n\,\cdot}\rangle_{L^2(0,1)} = \int_0^1 f(t)\,e^{-i\,2\pi\,n\,t}\,dt$ heißen die Fourier-Koeffizienten von f. ♠

Beispiel 8.3.25 *Tschebyscheff-Polynome*

Die Tschebyscheff-Polynome $\{T_k\}_{k\in\mathbb{N}_0}$ der 1. Art, $T_k(t) = \cos(k\,\arccos t)$, und die Tschebyscheff-Polynome $\{U_k\}_{k\in\mathbb{N}_0}$ der 2. Art, $U_k(t) = \sin((k+1)\,\arccos t)/\mathrm{w}(t)$ mit $\mathrm{w}(t) = \sqrt{1-t^2}$, sind bei entsprechender Skalierung Orthonormalbasen in $L^2([-1,1],1/\mathrm{w})$ bzw. in $L^2([-1,1],\mathrm{w})$, siehe (2.24) und (2.19).

Die Notation $L^2([a,b],\mathrm{g})$ zeigt an, dass $L^2(a,b)$ mit dem gewichteten Skalarprodukt $\langle u,v\rangle_{\mathrm{g}} := \langle \mathrm{g}\,u,v\rangle_{L^2(a,b)}$ versehen ist. Dazu muss das Gewicht g fast überall positiv sein (Warum?). ♠

8.3.3 Adjungierte Operatoren

Adjungierte Operatoren verallgemeinern die Transponierte bzw. die Hermitesche einer Matrix.

Definition 8.3.26 *Sei $A : X \to Y$ eine beschränkte lineare Abbildung zwischen den Innenprodukträumen X und Y. Falls es einen Operator $B : Y \to X$ gibt, der*

$$\langle Ax,y\rangle_Y = \langle x,By\rangle_X \quad \text{für alle } x \in X \text{ und alle } y \in Y,$$

*erfüllt, so nennen wir ihn einen zu A **adjungierten** Operator.*

Der adjungierte Operator ist eindeutig bestimmt, wenn er denn existiert. Das sehen wir leicht: Gäbe es zu A zwei adjungierte Abbildungen B_1 und B_2, dann hätten wir $\langle x,(B_1 - B_2)y\rangle_X = 0$ für alle $x \in X$ und $y \in Y$. Einsetzen der speziellen Wahl $x = (B_1 - B_2)y$ ergibt $\|(B_1 - B_2)y\|_X = 0$ für alle $y \in Y$, d.h. $B_1 = B_2$.

Wir dürfen also von *dem* zu A adjungierten Operator sprechen und bezeichnen ihn mit A^*. Für $A \in \mathcal{L}(X,Y)$ ist die Existenz von $A^* \in \mathcal{L}(Y,X)$ gesichert.

Satz 8.3.27 *Seien X und Y Innenprodukträume und sei $A \in \mathcal{L}(X,Y)$. Dann existiert $A^* \in \mathcal{L}(Y,X)$ und es gilt $\|A^*\|_{Y\to X} = \|A\|_{X\to Y}$.*
Darüber hinaus haben wir: $(A^*)^* = A$ sowie $\|A^*A\| = \|A\|^2$.

Beweis: Wir skizzieren den Beweis, wenn X Hilbertraum ist. Zu $y \in Y$ betrachten wir die Linearform $l_y(x) := \langle Ax,y\rangle_Y$, $x \in X$. Sicherlich ist $l_y \in X'$. Nach dem Darstellungssatz von Riesz (Satz 8.3.6) existiert ein $\lambda_y \in X$, so dass $l_y(x) = \langle x,\lambda_y\rangle_X$ ist, d.h. $\langle Ax,y\rangle_Y = \langle x,\lambda_y\rangle_X$ für alle $y \in Y$. Es bleibt, die Linearität und Stetigkeit der Abbildung $B : Y \to X$, definiert durch $By := \lambda_y$, nachzuprüfen. ■

Satz 8.3.28 *Seien X, Y und Z Hilberträume.*

(a) *Für $A, B \in \mathcal{L}(X,Y)$ und $\alpha \in \mathbb{K}$ gelten*

$$(A + B)^* = A^* + B^* \quad und \quad (\alpha\, A)^* = \overline{\alpha}\, A^*.$$

(b) *Für $A \in \mathcal{L}(X,Y)$ sowie $B \in \mathcal{L}(Y,Z)$ gilt*

$$(B\,A)^* = A^*\, B^*.$$

Weiter bestehen für $A \in \mathcal{L}(X,Y)$ die folgenden Identitäten:

$$\mathcal{R}(A)^\perp = \mathcal{N}(A^*), \qquad \overline{\mathcal{R}(A)} = \mathcal{N}(A^*)^\perp,$$
$$\mathcal{R}(A^*)^\perp = \mathcal{N}(A), \qquad \overline{\mathcal{R}(A^*)} = \mathcal{N}(A)^\perp.$$

Insbesondere ist A dann und nur dann bijektiv, wenn A^* diese Eigenschaft hat.

Beweis: Wir zeigen nur die Gleichheit $\mathcal{R}(A)^\perp = \mathcal{N}(A^*)$ durch die folgende Kette von Äquivalenzen:

$$
\begin{aligned}
y \in \mathcal{N}(A^*) \quad &\Longleftrightarrow \quad A^*y = 0 \\
&\Longleftrightarrow \quad \langle x, A^*y\rangle_X = 0 \quad \text{für alle } x \in X \\
&\Longleftrightarrow \quad \langle Ax, y\rangle_X = 0 \quad \text{für alle } x \in X \\
&\Longleftrightarrow \quad y \in \mathcal{R}(A)^\perp.
\end{aligned}
$$

Die Verifikation der restlichen Behauptungen empfehlen wir Ihnen zur Übung. ■

Beispiel 8.3.29 *Adjungierter Operator eines Integraloperators*
Sei $A : L^2(a,b) \to L^2(a,b)$ der Integraloperator

$$Af(t) = \int_a^b \mathsf{k}(t,s)\, f(s)\,\mathrm{d}s$$

mit Kern $\mathsf{k} \in L^2\big([a,b] \times [a,b]\big)$. Für $f, g \in L^2(a,b)$ haben wir

$$
\begin{aligned}
\langle Af, g\rangle_{L^2(a,b)} &= \int_a^b Af(t)\, \overline{g(t)}\,\mathrm{d}t \\
&= \int_a^b \left(\int_a^b \mathsf{k}(t,s)\, f(s)\,\mathrm{d}s \right) \overline{g(t)}\,\mathrm{d}t \\
&= \int_a^b f(s) \,\overline{\left(\int_a^b \overline{\mathsf{k}(t,s)}\, g(t)\,\mathrm{d}t \right)}\,\mathrm{d}s.
\end{aligned}
$$

Damit ist

$$A^*g(s) = \int_a^b \overline{\mathsf{k}(t,s)}\, g(t)\,\mathrm{d}t.$$

Ein weiteres interessantes Beispiel ist der adjungierte Operator der Radon-Transformation in Satz 2.5.1. ♠

Literaturverzeichnis

[1]   H. ABDULLAH UND A. K. LOUIS, *The approximate inverse for solving an inverse scattering problem for acoustic waves in an inhomogeneous medium*, Inverse Problems, 15 (1999), pp. 1213–1230.

[2]   M. ABRAMOWITZ UND I. STEGUN, eds., *Handbook of Mathematical Functions*, Dover, New York, 1972.

[3]   G. BACKUS UND F. GILBERT, *Numerical applications of a formalism for geophysical inverse problems*, Geophys. J. R. Astron. Soc., 13 (1967), pp. 247–276.

[4]   A. B. BAKUSHINSKII, *Remarks on choosing a regularization parameter using the quasi-optimality and the ratio criterion*, USSR Comput. Math. Math. Phys., 24 (1984), pp. 181–182.

[5]   ——, *The problem of the convergence of the iteratively regularized Gauss-Newton method*, Comput. Math. Phys., 32 (1992), pp. 1353–1359.

[6]   B. BLASCHKE(-KALTENBACHER), A. NEUBAUER UND O. SCHERZER, *On convergence rates for the iteratively regularized Gauss-Newton method*, IMA J. Numer. Anal., 17 (1997), pp. 421–436.

[7]   L. BORCEA, *Electrical impedance tomography*, Inverse Problems, 18 (2002), pp. R99–R136.

[8]   R. N. BRACEWELL UND A. C. RIDDLE, *Inversion of fan-beam scans in radio astronomy*, The Astrophysical Journal, 150 (1967), pp. 427–434.

[9]   D. BRAESS, *Finite Elemente*, Springer-Lehrbuch, Springer-Verlag, Berlin, 1992.

[10]   H. BRAKHAGE, *On ill-posed problems and the method of conjugate gradients*, in Engl und Groetsch [34], pp. 165–175.

[11]   M. BRILL, *The numerical solution of Fredholm integral equations of the first kind with inaccurately given kernel using Marti's method*, in Proceedings of the Fifth International Seminar on 'Model Optimization in Exploration Geophysics', A. Vogel, ed., Vieweg, Braunschweig, 1987, pp. 89–104.

[12]   M. BRÜHL, *Gebietserkennung in der elektrischen Impedanztomographie*, Dissertation, Fakultät für Mathematik der Universität Fridericiana Karlsruhe (TH), D-76128 Karlsruhe, 1999.

[13]   ——, *Explicit characterization of inclusions in electrical impedance tomography*, SIAM J. Math. Anal., 32 (2001), pp. 1327–1341.

[14]   M. CHENEY, D. ISAACSON UND J. NEWELL, *Electrical impedance tomography*, SIAM Review, 41 (1999), pp. 85–101.

[15]   F. COLONIUS UND K. KUNISCH, *Stability for parameter estimation in two point boundary value problems*, J. Reine u. Angewandte Mathematik, 370 (1986), pp. 1–29.

[16] D. COLTON, J. COYLE UND P. MONK, *Recent developments in inverse acoustic scattering theory*, SIAM Review, 42 (2000), pp. 369–414.

[17] D. COLTON UND R. KRESS, *Inverse Acoustic and Electromagnetic Scattering Theory*, Band 93 der Reihe Applied Mathematical Sciences, Springer-Verlag, Berlin, 1998.

[18] M. E. DAVISON, *The ill-conditioned nature of the limited angle tomography problem*, SIAM J. Appl. Math., 43 (1983), pp. 428–448.

[19] M. DEFRISE UND C. DE MOL, *A note on stopping rules for iterative regularization methods and filtered SVD*, in Inverse Problems: An Interdisciplinary Study, Academic Press, San Diego, 1987, pp. 261–268.

[20] K. DEIMLING, *Nonlinear Functional Analysis*, Springer-Verlag, Berlin, 1985.

[21] G. F. DERTNIG, *Stabile und schnelle Algorithmen zur Approximation von Parametern eines elliptischen Differentialoperators*, Dissertation, Universität des Saarlandes, Fachbereich Mathematik, D-66041 Saarbrücken, 1996.

[22] P. DEUFLHARD UND F. BORNEMANN, *Numerische Mathematik II: Integration gewöhnlicher Differentialgleichungen*, de Gruyter Lehrbuch, Walter de Gruyter, Berlin, 1994.

[23] P. DEUFLHARD, H. W. ENGL UND O. SCHERZER, *A convergence analysis of iterative methods for the solution of nonlinear ill-posed problems under affinely invariant conditions*, Inverse Problems, 14 (1998), pp. 1081–1106.

[24] P. DEUFLHARD UND A. HOHMANN, *Numerische Mathematik I: Eine algorithmisch orientierte Einführung*, Walter de Gruyter, Berlin, 1993.

[25] V. DICKEN, *Simultaneous Activity and Attenuation Reconstruction in Single Photon Emission Computed Tomography: A nonlinear Ill-Posed Problem*, Dissertation, Universität Potsdam, Fachbereich Mathematik, 1998.

[26] ——, *A new approach towards simultaneous activity and attenuation reconstruction in emission tomography*, Inverse Problems, 15 (1999), pp. 931–960.

[27] TH. DIERKES, O. DORN, F. NATTERER, V. PALAMODOV UND H. SIELSCHOTT, *Fréchet derivatives for some bilinear inverse problems*, SIAM J. Appl. Math., 62 (2002), pp. 2092–2113.

[28] R. DIETZ, *Die Approximative Inverse als Rekonstruktionsmethode in der Röntgen-Computertomographie*, Dissertation, Universität des Saarlandes, Fachbereich Mathematik, D-66041 Saarbrücken, 1999.

[29] D. C. DOBSON, *Convergence of a reconstruction method for the inverse conductivity problem*, SIAM J. Appl. Math., 52 (1992), pp. 442–458.

[30] O. DÖSSEL, *Bildgebende Verfahren in der Medizin*, Springer-Verlag, Berlin, 2000.

[31] B. EICKE, A. K. LOUIS UND R. PLATO, *The instability of some gradient methods for ill-posed problems*, Numer. Math., 58 (1990), pp. 129–135.

[32] L. ELDÉN, *Algorithms for the regularization of ill-conditioned least squares problems*, BIT, 17 (1977), pp. 134–145.

[33] H. W. ENGL UND H. GFRERER, *A posteriori parameter choice for general regularization methods for solving linear ill-posed problems*, Appl. Numer. Math., 4 (1988), pp. 395–417.

[34] H. W. ENGL UND C. W. GROETSCH, eds., *Inverse and Ill-Posed Problems*, Band 4 der Reihe Notes and Reports in Mathematics in Science and Engineering, Boston, 1987, Academic Press.

[35] H. W. ENGL, M. HANKE UND A. NEUBAUER, *Regularization of Inverse Problems*, Band 375 der Reihe Mathematics and Its Applications, Kluwer Academic Publishers, Dordrecht, 1996.

[36] H. W. ENGL, K. KUNISCH UND A. NEUBAUER, *Convergence rates for Tikhonov regularization of nonlinear ill-posed problems*, Inverse Problems, 5 (1989), pp. 523–540.

[37] A. FARIDANI UND E. RITMAN, *High-resolution computed tomography from efficient sampling*, Inverse Problems, 16 (2000), pp. 635–650.

[38] G. FISCHER, *Lineare Algebra*, Grundkurs Mathematik, Vieweg, Braunschweig, 1981.

[39] A. FROMMER UND P. MAASS, *Fast cg-based methods for Tikhonov-Phillips regularization*, SIAM J. Sci. Comput., 20 (1999), pp. 1831–1850.

[40] S. F. GILYAZOV, *Iterative solution methods for inconsistent operator equations*, Moscow Univ. Comput. Math. Cybernet., 3 (1977), pp. 78–84.

[41] R. GORENFLO UND B. HOFMANN, *On autoconvolution and regularization*, Inverse Problems, 10 (1994), pp. 353–373.

[42] C. W. GROETSCH, *The Theory of Tikhonov Regularization for Fredholm Equations of the First Kind*, Pitman, Boston, 1984.

[43] W. HACKBUSCH, *Theorie und Numerik elliptischer Differentialgleichungen*, Teubner Studienbücher Mathematik, B. G. Teubner, Stuttgart, Germany, 1986.

[44] ———, *Integralgleichungen*, Band 68 der Reihe Leitfäden der angewandten Mathematik und Mechanik, B. G. Teubner, Stuttgart, 1989

[45] J. HADAMARD, *Lectures on the Cauchy Problem in Linear Partial Differential Equations*, Yale University Press, New Haven, 1923.

[46] U. HÄMARIK UND U. TAUTENHAHN, *On the monotone error rule for parameter choice in iterative and continuous regularization methods*, BIT, 41 (2001), pp. 1029–1038.

[47] M. HANKE, *Accelerated Landweber iterations for the solution of ill-posed problems*, Numer. Math. 5 (1991), pp. 341–373.

[48] ———, *Conjugate Gradient Type Methods for Ill-Posed Problems*, Band 327 der Reihe Pitman Research Notes in Mathematics, Longman Scientific & Technical, Harlow, UK, 1995.

[49] ———, *A regularizing Levenberg-Marquardt scheme, with applications to inverse groundwater filtration problems*, Inverse Problems, 13 (1997), pp. 79–95.

[50] M. HANKE UND H. W. ENGL, *An optimal stopping rule for the ν-method for solving ill-posed problems using Christoffel functions*, J. Approx. Theory, 79 (1994), pp. 89–108.

[51] M. HANKE UND C. W. GROETSCH, *Nonstationary iterated Tikhonov regularization*, J. Opt. Theory Appl., 98 (1998), pp. 37–53.

[52] M. HANKE UND J. G. NAGY, *Restoration of atmospherically blurred images by symmetric indefinite conjugate gradient techniques*, Inverse Problems, 12 (1996), pp. 157–173.

[53] M. HANKE, A. NEUBAUER UND O. SCHERZER, *A convergence analysis of the Landweber iteration for nonlinear ill-posed problems*, Numer. Math. 72 (1995), pp. 21–37.

[54] M. HANKE UND T. RAUS, *A general heuristic for choosing the regularization parameter in ill-posed problems*, SIAM J. Sci. Comput., 17 (1996), pp. 956–972.

[55] P. C. HANSEN, *Analysis of discrete ill-posed problems by means of the L-curve*, SIAM Review, 34 (1992), pp. 561–580.

[56] ——, *Rank-Deficient and Discrete Ill-Posed Problems: Numerical Aspects of Linear Inversion*, SIAM Monographs on Mathematical Modeling and Computation, SIAM, Philadelphia, 1998.

[57] E. HEINZ, *Beiträge zur Störungstheorie der Spektralzerlegung*, Math. Ann., 123 (1951), pp. 425–438.

[58] M. R. HESTENES UND E. STIEFEL, *Methods of conjugate gradients for solving linear systems*, J. Res. Nat. Bur. Standards, 49 (1952), pp. 409–436.

[59] F. HETTLICH, *Fréchet derivatives in inverse obstacle scattering*, Inverse Problems, 11 (1995), pp. 371–382. Erratum, 14 (1998), pp. 209-210.

[60] F. HETTLICH UND W. RUNDELL, *A second degree method for nonlinear inverse problems*, SIAM J. Numer. Anal., 37 (2000), pp. 587–620.

[61] H. HEUSER, *Lehrbuch der Analysis, Teil 1*, Mathematische Leitfäden, B. G. Teubner, Stuttgart, 1980.

[62] ——, *Lehrbuch der Analysis, Teil 2*, Mathematische Leitfäden, B. G. Teubner, Stuttgart, 1981.

[63] ——, *Funktionalanalysis*, Mathematische Leitfäden, B. G. Teubner, Stuttgart, 1986.

[64] B. HOFMANN, *On ill-posedness and local ill-posedness of operator equations in Hilbert spaces*, Preprint 97-8, Fakultät für Mathematik, Technische Universität Chemnitz-Zwickau, D-09107 Chemnitz, 1997.

[65] ——, *Mathematik inverser Probleme*, Mathematik für Ingenieure und Naturwissenschaftler, B. G. Teubner, Stuttgart-Leipzig, 1999.

[66] B. HOFMANN UND O. SCHERZER, *Factors influencing the ill-posedness of nonlinear problems*, Inverse Problems, 10 (1994), pp. 1277–1297.

[67] ——, *Local ill-posedness and source conditions of operator equations in Hilbert spaces*, Inverse Problems, 14 (1998), pp. 1189–1206.

[68] T. HOHAGE, *Regularization of exponentially ill-posed problems*, Numer. Funct. Anal. Optimization, 21 (2000), pp. 439–464.

[69] B. KALTENBACHER, *A posteriori parameter choice strategies for some Newton type methods for the regularization of nonlinear ill-posed problems*, Numer. Math., 79 (1998), pp. 501–528.

[70] C. T. KELLEY, *Iterative Methods for Linear and Nonlinear Equations*, Band 16 der Reihe Frontiers in Applied Mathematics, SIAM, Philadelphia, 1995.

[71] A. KIRSCH, *The domain derivative and two applications in inverse scattering*, Inverse Problems, 9 (1993), pp. 81–96.

[72] ——, *An Introduction to the Mathematical Theory of Inverse Problems*, Band 120 der Reihe Applied Mathematical Sciences, Springer-Verlag, New York, 1996.

[73] A. KIRSCH, B. SCHOMBURG UND G. BERENDT, *The Backus–Gilbert method*, Inverse Problems, 4 (1988), pp. 771–783.

[74] C. KLOSS, *Adaptive Tikhonov–Phillips-Regularisierung*, Diplomarbeit, Fakultät für Mathematik der Universität Fridericiana Karlsruhe(TH), D-76128 Karlsruhe, 2001.

[75] M. A. KRASNOSELSKII, P. P. ZABREIKO, E. I. PUSTLYNIK UND P. E. SBOLVE-SKII, *Integral Operators in Spaces of Summable Functions*, Noordhoff International Publishing, Leyden, 1976.

[76] R. KRESS, *Linear Integral Equations*, Band 82 der Reihe Applied Mathematical Sciences, Springer-Verlag, Berlin, 1989.

[77] A. S. LEONOV, *On the choice of regularization parameters by means of the quasi-optimality and ratio criteria*, Soviet Math. Dokl., 19 (1978), pp. 537–540.

[78] G. G. LORENTZ, *Approximation of Functions*, Holt, Rinehart and Winston, New York, 1966.

[79] A. K. LOUIS, *Orthogonal function series expansion and the null space of the Radon transform*, SIAM J. Math. Anal., 15 (1981), pp. 429–440.

[80] ——, *Convergence of the conjugate gradient method for compact operators*, in Engl und Groetsch [34], pp. 177–183.

[81] ——, *Inverse und schlecht gestellte Probleme*, Studienbücher Mathematik, B. G. Teubner, Stuttgart, Germany, 1989.

[82] ——, *Approximate inverse for linear and some nonlinear problems*, Inverse Problems, 12 (1996), pp. 175–190.

[83] ——, *A unified approach to regularization methods for linear ill-posed problems*, Inverse Problems, 15 (1999), pp. 489–498.

[84] A. K. LOUIS UND P. MAASS, *A mollifier method for linear operator equations of the first kind*, Inverse Problems, 6 (1990), pp. 427–440.

[85] A. K. LOUIS UND A. RIEDER, *Incomplete data problems in X-ray computerized tomography II: truncated projections and region-of-interest tomography*, Numer. Math., 56 (1989), pp. 371–383.

[86] P. Maass, *The x-ray transform: singular value decomposition and resolution*, Inverse Problems, 3 (1987), pp. 729–741.

[87] ——, *The interior Radon transform*, SIAM J. Appl. Math., 52 (1992), pp. 710–724.

[88] P. Maass und A. Rieder, *Wavelet-accelerated Tikhonov-Phillips regularizations with applications*, in Inverse Problems in Medical Imaging and Nondestructive Testing, H. W. Engl, A. K. Louis und W. Rundell, eds., Springer-Verlag, Wien, 1997, pp. 134–159.

[89] R. Meise und D. Vogt, *Einführung in die Funktionalanalysis*, Vieweg, Wiesbaden, 1992.

[90] V. A. Morozov, *The error principle in the solution of operational equations by the regularization method*, USSR Comput. Math. Math. Phys., 8 (1968), pp. 63–87.

[91] J. G. Nagy und D. R. O'Leary, *Restoring images degraded by spatially variant blur*, SIAM J. Sci. Comput., 19 (1998), pp. 1063–1082.

[92] M. Z. Nashed, *A new approach to classification and regularization of ill-posed operator equations*, in Engl und Groetsch [34], pp. 53–75.

[93] F. Natterer, *Regularisierung schlecht gestellter Probleme durch Projektionsverfahren*, Numer. Math., 28 (1977), pp. 329–341.

[94] ——, *Error bounds for Tikhonov regularization in Hilbert scales*, Applicable Anal., 18 (1984), pp. 29–37.

[95] ——, *The Mathematics of Computerized Tomography*, Wiley, Chichester, 1986.

[96] A. S. Nemirovskii, *The regularizing properties of the adjoint gradient method in ill-posed problems*, USSR Comp. Math. Math. Phys., 26 (1986), pp. 7–16.

[97] A. S. Nemirovskii und B. T. Polyak, *Iterative methods for solving linear ill-posed problems under precise information* I, Engrg. Cybernetics, 22 (1984), pp. 1–11.

[98] A. Neubauer, *Tikhonov regularisation for non-linear ill-posed problems: optimal convergence rates and finite-dimensional approximation*, Inverse Problems, 5 (1989), pp. 541–557.

[99] ——, *On Landweber iteration for nonlinear ill-posed problems in Hilbert scales*, Numer. Math., 85 (2000), pp. 309–328.

[100] A. Pazy, *Semigroups of Linear Operators and Applications to Partial Differential Equations*, Band 44 der Reihe Applied Mathematical Sciences, Springer-Verlag, New York, 1983.

[101] R. Plato, *Optimal algorithms for linear ill-posed problems yield regularization methods*, Numer. Funct. Anal. Optimization, 11 (1990), pp. 111–118.

[102] ——, *Über die Diskretisierung und Regularisierung schlecht gestellter Probleme*, Dissertation, Fachbereich Mathematik der Technischen Universität Berlin, D-10623 Berlin, 1990.

[103] R. Plato und G. M. Vainikko, *On the regularization of projection methods for solving ill-posed problems*, Numer. Math., 57 (1990), pp. 63–79.

[104] D. A. POPOV, *On convergence of a class of algorithms for the inversion of the numerical Radon transform*, in Mathematical Problems in Tomography, I. M. Gelfand und S. G. Gindikin, eds., Band 81 der Reihe Translations of Mathematical Monographs, AMS, Providence, RI, 1990, pp. 7–65.

[105] R. POTTHAST, *Point Sources and Multipoles in Inverse Scattering Theory*, Band 427 der Reihe Research Notes in Mathematics, Chapman & Hall/CRC, Boca Raton, 2001.

[106] J. QI-NIAN, *The analysis of a discrete scheme of the iteratively regularized Gauss-Newton method*, Inverse Problems, 16 (2000), pp. 1457–1476.

[107] ——, *Error estimates of some Newton-type methods for solving nonlinear inverse problems in Hilbert scales*, Inverse Problems, 16 (2000), pp. 187–197.

[108] ——, *On the iteratively regularized Gauss-Newton method for solving nonlinear ill-posed problems*, Math. Comp., 69 (2000), pp. 1603–1623.

[109] E. T. QUINTO, *Singular value decomposition and inversion methods for the exterior Radon transform and a spherical transform*, J. Math. Anal. Appl., 95 (1985), pp. 437–448.

[110] E. RADMOSER UND R. WINCOR, *Determining the inner contour of a furnace from temperature measurements*, Preprint 12, Institut für Industriemathematik, Johannes Kepler Universität, A-4040 Linz, Austria, 1998.

[111] G. N. RAMACHANDRAN UND A. V. LAKSHMINARAYANAN, *Three-dimensional reconstruction from radiographs and electron micrographs: application of convolutions instead of Fourier transforms*, Proc. Nat. Acad. Sci. US, 68 (1971), pp. 2236–2240.

[112] R. RAMLAU, *Morozov's discrepancy principle for Tikhonov regularization of nonlinear operators*, Numer. Funct. Anal. Optimization, 23 (2002), pp. 147–172.

[113] T. RAUS, *On the discrepancy principle for the solution of ill-posed problems with non-selfadjoint operators*, Acta Comment. Univ. Tartuensis, 715 (1985), pp. 12–20. In Russisch.

[114] A. RIEDER, *A wavelet multilevel method for ill-posed problems stabilized by Tikhonov regularization*, Numer. Math., 75 (1997), pp. 501–522.

[115] ——, *Wavelet multilevel solvers for linear ill-posed problems stabilized by Tikhonov regularization*, in Multiscale Wavelet Methods for Partial Differential Equations, W. Dahmen, A. Kurdila und P. Oswald, eds., Wavelet Analysis and Applications, Academic Press, San Diego, 1997, pp. 347–380.

[116] ——, *On the regularization of nonlinear ill-posed problems via inexact Newton iterations*, Inverse Problems, 15 (1999), pp. 309–327.

[117] ——, *On convergence rates of inexact Newton regularizations*, Numer. Math., 88 (2001), pp. 347–365.

[118] ——, *Principles of reconstruction filter design in 2D-computerized tomography*, in Radon Transforms and Tomography, E. T. Quinto, L. Ehrenpreis, A. Faridani, F. Gonzales und E. Grinberg, eds., Band 278 der Reihe Contemporary Mathematics, AMS, Providence, RI, 2001, pp. 201–226.

[119] A. RIEDER, R. DIETZ UND TH. SCHUSTER, *Approximate inverse meets local tomography*, Math. Meth. Appl. Sci., (2000), pp. 1373–1387.

[120] A. RIEDER UND A. FARIDANI, *The semi-discrete filtered backprojection algorithm is optimal for tomographic inversion*, SIAM J. Numer. Anal., 41 (2003), pp. 869–892.

[121] A. RIEDER UND TH. SCHUSTER, *The approximate inverse in action with an application to computerized tomography*, SIAM J. Numer. Anal., 37 (2000), pp. 1909–1929.

[122] ——, *The approximate inverse in action III: 3D-Doppler tomography*, Preprint 02/15, Institut für Wissenschaftliches Rechnen und Mathematische Modellbildung, Universität Fridericiana Karlsruhe (TH), D-76128 Karlsruhe, 2002.

[123] ——, *The approximate inverse in action II: convergence and stability*, Math. Comp., 72 (2003), pp. 1399–1415.

[124] O. SCHERZER, *The use of Morozov's discrepancy principle for Tikhonov regularization for solving nonlinear ill-posed problems*, Computing, 51 (1993), pp. 45–60.

[125] ——, *An iterative multi level algorithm for solving nonlinear ill-posed problems*, Numer. Math., 80 (1998), pp. 579–600.

[126] O. SCHERZER, H. W. ENGL UND K. KUNISCH, *Optimal a posteriori parameter choice for Tikhonov regularization for solving non-linear ill-posed problems*, SIAM J. Numer. Anal., 30 (1993), pp. 1796–1883.

[127] F. R. SCHNEIDER, *Das inverse Problem der Elektro- und Magnetokardiographie: Optimale Erfassung und Nutzung der meßbaren Information*, Dissertation, Fakultät für Elektrotechnik der Universität Fridericiana Karlsruhe (TH), D-76128 Karlsruhe, 1999.

[128] E. SCHOCK, *Non-linear ill-posed equations: counter-examples*, Inverse Problems, 18 (2002), pp. 715–717.

[129] L. L. SCHUMAKER, *Spline Functions: Basic Theory*, Pure & Applied Mathematics, John Wiley & Sons, New York, 1981.

[130] TH. SCHUSTER, *The 3D Doppler transform: elementary properties and computation of reconstruction kernels*, Inverse Problems, 16 (2000), pp. 701–723.

[131] ——, *An efficient mollifier method for three-dimensional vector tomography: convergence analysis and implementation*, Inverse Problems, 17 (2001), pp. 739–766.

[132] T. I. SEIDMAN, *Nonconvergence results for the application of least-squares estimation to ill-posed problems*, J. Optim. Theory Appl., 30 (1980), pp. 535–547.

[133] T. I. SEIDMAN UND C. R. VOGEL, *Well posedness and convergence of some regularisation methods for non-linear ill posed problems*, Inverse Problems, 5 (1989), pp. 227–238.

[134] L. A. SHEPP UND B. F. LOGAN, *The Fourier reconstruction of a head section*, IEEE Trans. Nuc. Sci., 21 (1974), pp. 21–43.

[135] G. SZEGÖ, *Orthogonal Polynomials*, Band 23 der Reihe Colloquium Publications, AMS, Providence, RI, 1975.

[136] U. TAUTENHAHN, *On a general regularization scheme for nonlinear ill-posed problems*, Inverse Problems, 13 (1997), pp. 1427–1437.

[137] ——, *Optimality for linear ill-posed problems under general source conditions*, Numer. Funct. Anal. Optimization, 19 (1998), pp. 377–398.

[138] U. TAUTENHAHN UND U. HÄMARIK, *The use of monotonicity for choosing the regularization parameter in ill-posed problems*, Inverse Problems, 15 (1999), pp. 1487–1505.

[139] A. N. TIKHONOV UND V. B. GLASKO, *Use of the regularization method in nonlinear problems*, USSR Comput. Math. Math. Phys., 5 (1965), pp. 93–107.

[140] G. M. VAINIKKO, *The discrepancy principle for a class of regularization methods*, USSR Comp. Math. Math. Phys., 22 (1982), pp. 1–19.

[141] ——, *On the optimality of regularization methods*, in Engl und Groetsch [34], pp. 77–95.

[142] J. WEIDMANN, *Lineare Operatoren in Hilберträumen*, Mathematische Leitfäden, B. G. Teubner, Stuttgart, Germany, 1976.

[143] G. WHABA, *Spline Models for Observational Data*, Band 59 der Reihe CBMS-NSF Regional Conference Series in Applied Mathematics, SIAM, Philadelphia, 1990.

[144] J. WLOKA, *Partielle Differentialgleichungen*, Mathematische Leitfäden, B. G. Teubner, Stuttgart, 1982.

[145] E. ZEIDLER, *Nonlinear Functional Analysis and its Applications I: Fixed-Point Theorems*, Springer-Verlag, New York, 1993.

Index